Experiences of
Anthropologists in China

Rong Shixing, Xu Jieshun

人类学世纪真言

荣仕星 徐杰舜／主编

中央民族大学出版社

图书在版编目(CIP)数据

人类学世纪真言/荣仕星,徐杰舜主编.—北京:中央民族大学出版社,2009.1
ISBN 978-7-81108-505-1

Ⅰ.人… Ⅱ.①荣…②徐… Ⅲ.人类学 Ⅳ.Q98

中国版本图书馆 CIP 数据核字(2008) 第 057300 号

人类学世纪真言

主　　编	荣仕星　徐杰舜
责任编辑	李苏幸
封面设计	布拉格
出 版 者	中央民族大学出版社
	北京市海淀区中关村南大街 27 号　邮编:100081
	电话:68472815(发行部)　传真:68932751(发行部)
	68932218(总编室)　　　68932447(办公室)
发 行 者	全国各地新华书店
印 刷 者	北京宏伟双华印刷有限公司
开　　本	880×1230(毫米)　1/32　印张:19.625
字　　数	500 千字
印　　数	2000 册
版　　次	2009 年 1 月第 1 版　2009 年 1 月第 1 次印刷
书　　号	ISBN 978-7-81108-505-1
定　　价	50.00 元

版权所有　翻印必究

序

　　从1999年开始,《广西民族学院学报》的哲学社会科学版在徐杰舜教授的主持之下,开辟了一个《人类学学者访谈录》的专栏。经过4年多时间的努力,徐先生和他的同事们访问了20多位包括台湾和香港在内的人类学工作者,并以翔实长篇幅刊登于专栏中。由于我一直是《广西民族学院学报》的忠实读者,所以几乎所有的访谈录都浏览阅读过,觉得很有意思,增加了许多以前不知道的行内故事,因此也常常对这些访谈录有先睹为快的感觉。如今,徐教授将这30多篇访谈录汇编出版为《人类学世纪坦言》一书,让更多的读者能阅读到学者们的"坦言",实在是很值得庆贺的事。徐先生来信要我为本书作序,我也就义不容辞地答应了。

　　徐教授与他的同事们访问的学者们在年龄上包括了老、中、青三代,所以在时间上代表了一段相当长的历史记忆;在区域空间分布上除去有台湾、香港特别行政区的学者外,也包括北中南各地区的人类学工作者,所以代表了我国不同地区、受不同训练背景学者的经验。在单一访问时也许没有真正很有计划的谈话原则,但是结集编辑成书后却似乎已构成了一部中国人类学发展的"口述历史",虽说少了较早期学者的访谈,却也代表较近代的发展过程。从我个人的观点看,这部非正式的口述史最少展示了下面几项意义:

　　一、记录了中国学者进入人类学领域的转折过程与经历。
　　二、显示了学者们对人类学学科建设的思考与努力。
　　三、说明了中国人类学理论与方法的探索与建构的情况。

四、展示出人类学本土化与中国化的努力。

五、阐述了人类学与其他学科互动的态势。

六、显示了中国人类学在不同地区发展的趋向。

七、凸显中国人类学者与国际人类学交流的状况。

八、展现中国人类学学者对全体人类未来的关怀。

由于有上述这几点很值得重视的意义,所以这本集三代中国人类学者的访谈口述史的出版的确是十分重要的。尤其是在这个世纪之交的时刻,取名为《人类学世纪坦言》,更是十分贴切的。我们从这些坦率诚恳、翔实道出我国人类学发展的种种情境、意见、观点与评论中既可看到人类学在中国百年发展的成果,也可以窥见新世纪人类学在国境内发展的前景。我个人作为中国人类学工作者的一分子,当然乐于为本书写序谨为推介。[①]

李亦园

写于台北南港中研院研究室

2002 年 10 月 30 日

---

① 此文为李亦园先生为《人类学世纪坦言》(黑龙江人民出版社 2004 年出版)一书所作的序。

目 录

国际人类学的中国责任
　　——访2008年人类学民族学世界大会委员会副主席
　　荣仕星教授 ………………………………… 徐杰舜（1）
古典与现代、学科与分支
　　——清华大学景军教授访谈录 …………… 徐杰舜（7）
在田野中追寻教育的文化性格
　　——中央民族大学滕星教授访谈录………… 徐杰舜（19）
山水云霓任观瞻
　　——广西师范大学覃德清教授访谈录………… 徐杰舜（47）
在历史学与人类学之间
　　——台北中央研究院王明珂研究员访谈录…… 徐杰舜（73）
走向人类学
　　——四川大学徐新建教授访谈录……………… 徐杰舜（99）
人类学与瑶族研究
　　——广西民族大学张有隽教授访谈录 ……… 徐杰舜（117）
漂泊中的永恒与永恒的漂泊
　　——台湾东华大学乔健教授访谈录 ………… 徐杰舜（148）
走过西藏　走进北京
　　——著名作家马丽华访谈录 ………………… 吴健玲（170）
民俗学与人类学
　　——北京师范大学刘铁梁教授访谈录 ……… 罗树杰（181）
人类学释放我的灵魂
　　——台湾佛光大学翁玲玲博士访谈录 ……… 徐杰舜（199）

走向深处：中国人类学中国研究的态势
　　——中山大学黄淑娉教授访谈录 ………… 徐杰舜（219）
我想象中的人类学
　　——北京大学王铭铭教授访谈录 ………… 徐杰舜（234）
历史人类学与"文化中国"的构建
　　——中山大学张应强博士访谈录 ………… 徐杰舜（272）
把基因分析引进人类学
　　——复旦大学金力教授访谈录 …………… 徐杰舜（285）
遗传结构与分子人类学
　　——复旦大学李辉博士访谈录 …………… 徐杰舜（308）
人类学与国学
　　——中央民族大学王庆仁教授访谈录 …… 徐杰舜（320）
从摇滚乐到人类学
　　——中央民族大学张原博士访谈录 ……… 徐杰舜（330）
《黄河边的中国》前后的故事
　　——华东理工大学曹锦清教授访谈录 …… 徐杰舜（353）
人类学物质与非物质文化保护
　　——浙江师范大学陈华文教授访谈录 …… 徐杰舜（385）
视觉人类学与图像时代
　　——中山大学邓启耀教授访谈录 ………… 徐杰舜（412）
让村民自己打开眼睛
　　——吉首大学罗康隆教授访谈录 ………… 徐杰舜（442）
民族学考古学本是一家
　　——云南民族大学汪宁生教授访谈录 …… 徐杰舜（459）
唯一剩下的只有挑战
　　——中南民族大学张玫博士访谈录 ……… 徐杰舜（474）
人类学世纪真言
　　——中共中央党校徐平教授访谈录 ……… 徐杰舜（487）

人类学中国体系的构建
　　——武汉大学朱炳祥教授访谈录 ·············· 徐杰舜（526）

附录

人类学本土化的必由之路
　　——访广西民族学院汉民族研究中心主任
　　　徐杰舜教授 ·············· 施宣圆（572）

我的人类学情怀
　　——徐杰舜教授访谈录 ·············· 海力波（579）

颠覆与创新：从边缘走向人类学的学术中心
　　——徐杰舜教授访谈录 ·············· 吴　雯（593）

人类学家也要反思自己
　　——人类学高级论坛秘书长徐杰舜教授
　　　访谈录 ·············· 吕永锋（608）

国际人类学的中国责任

——访2008年人类学民族学世界大会委员会副主席荣仕星教授

徐杰舜

2006年4月19日,国家民族事务委员会在北京召开了"2008年人类学民族学世界大会筹备工作会议",2008年人类学民族学世界大会筹委会副主席、国家民族事务委员会专职委员、原中央民族大学校长、博士生导师荣仕星教授接受了本刊特约记者、《广西民族学院学报》执行主编、中央民族大学人类学博士生导师徐杰舜教授的采访,本刊全文发表,以飨读者。

荣仕星教授

徐杰舜(以下简称徐):人类学是国际学术界的显学,对人类的生存、社会的发展、族际的和谐、人与自然的协调都有重要的理论意义和应用价值。近两年党中央提出了以人为本、科学发展观、和谐社会的理念实际上都是人类学理论的基本内涵。在这个大的背景下，2008年在中国昆明召开的"人类学民族学世界大会"有着重要的意义。为了使广大读者了解和关心这个国际人类学民族学的"奥林匹克大会"，我想先请您介绍一下"国际人类学民族学联合会"，可以吗？

荣仕星（以下简称荣）：非常高兴有这个机会向《中国民族》杂志的读者介绍这方面的情况。国际人类学与民族学联合会（英文缩写IUAES）组建于1934年，是联合国教科文组织联系的国际学术团体，是国际人类学、民族学界最具影响的世界性组织，汇集了社会、文化和生物人类学家以及致力于人类学和民族学研究的机构，同时也吸纳了考古学家和语言学家。联合会本身包括了世界各地50多个国家和地区的机构与组织，个人会员遍及全球。该组织的目标是加强世界各地区学者间的沟通和联系，共同推动人类知识的进步，更好地理解人类社会，促进自然与文化、不同文化之间的和谐共处，并在自然与文化和谐共存基础上创造一个可持续发展的未来。

联合会的研究和其他活动主要由其各个委员会安排，包含了生物人类学、社会文化人类学对当代众多重大社会问题和文化问题的研究。目前IUAES下设27个委员会。这些委员会研究的问题都与人类的生存有着密切的关系，如老龄化与老年人问题委员会、艾滋病人类学委员会、习惯法与法律多元委员会、食品与食品问题委员会、都市人类学委员会、旅游人类学委员会、女性人类学委员会、影视人类学委员会、儿童青少年与幼年期委员会、移民问题委员会、语言人类学委员会等。

IUAES通过每5年举办一次人类学民族学世界大会形式，为本领域提供一个讨论和传播研究成果的国际讲坛。它也举办中期会议、研讨会和论坛，鼓励参加其他国际会议与项目的人类学家参加。IUAES利用其委员会激发人类学家们研究的兴趣，并通过公开出版物传播研究成果。而其中人类学民族学世界大会是IUAES举办的规模最大的会议，也是世界人类学民族学界的盛事，每届世界大会约有来自100多个国家和地区的3000—5000名左右学者出席，有时也达万人，素有世界人类学民族学奥林匹克大会之称。除了1968年在日本、1978年在印度和1993年在墨西哥举行外，历届世界大会多在欧美国家举行：1934年在伦敦；1938年在哥本哈根；1948年在布鲁塞尔；1952年在维也纳；1956年在费城；1964年在莫斯科；1969年在巴黎；1973年在芝加哥；1983年在魁北克和温哥华；1988年在萨格勒布；1998年在美国威廉斯堡；2003年在意大利的佛罗伦萨。第16届世界大会将于2008年在中国昆明举行。

徐：从您的介绍里我们可以很清楚地了解到人类学是国际显学，对人类的生存和发展有重要的指导作用，但是人类学在中国还处在一个比较边缘和弱小的地位，与国际人类学的地位相比，差距很大。那么，中国为什么要申办2008年的人类学民族学世界大会，并且能得到国际人类学界的支持呢？

荣：你说得对，中国的人类学与国际人类学相比确实差距很大，但是，正因为有这个差距，而人类学的理论和方法对当代中国的和平发展、和谐发展又有着极为重要的意义。在这个背景下，中国申办2008年的人类学民族学世界大会就有着特别重要的意义，简要地说，中国是人类学研究的大宝库。众所周知，中国历史悠久，是世界上唯一历史连绵五千多年而未中断过的国家；民族众多，从古到今无数的民族或族群在中国的历史舞台上演出过许多民族互动、融合、整合、认同的历史活剧；文化多样，中国文化以博大的胸怀吸纳、融合、凝练了世界文化的精华，形成了独具特色又丰富多彩的东方文化。所有这些，都是人类学民族学取之不尽、用之不竭的研究课题。因此，为了进一步推动中国人类学研究的发展，我们需要申办2008年的世界大会。

另一方面，国际人类学的发展需要中国经验。世界上的事物都是相辅相成的。前面讲了中国需要人类学，反过来，国际人类学也需要中国。需要中国的什么呢？当今世界，人类的生存和发展被民族问题困扰着。民族问题已经成了许多国家的重要社会问题。如何解决民族问题，实现族际和谐？不仅政治家们在寻求药方，人类学家们与其他的社会科学家们也在探讨。而中国解决民族问题的战略和策略，或者说中国解决民族问题的政策和中国的民族工作，使得中国各民族在互动中走向了民族和谐，实现了民族团结，发展了民族经济社会，这一切越来越多地得到了世界各国广泛的赞誉，国际人类学界也十分需要了解和探讨人类学的中国经验，所以，我们申办 2008 年的世界大会，得到了国际人类学界的广泛支持。

当然，除此以外，中国申办 2008 年人类学民族学世界大会，还有利于进一步宣传、展示我国的民族政策和民族工作的成就，从而进一步提高我国的国际地位。所以，2008 年在中国召开的人类学民族学世界大会无论对中国，还是对国际人类学都是重要的，都是具有历史意义的。

徐：我很同意您的分析，2008 年人类学民族学世界大会在中国召开无论从国家层面，还是从学术层面来说，对中国既是机遇，又是挑战。您作为筹委会副主席，并且协助筹委会主席牟本理同志工作，现在离 2008 年大会的召开只有两年时间了，您认为当前应当如何做好筹备工作？

荣：正因为 2008 年在中国召开的人类学民族学世界大会意义重大，所以我们必须以国家利益为重，按照国家民委主任李德洙同志在筹备工作会议上的讲话所讲的那样，一要切实做好学术准备工作，写出能进行世界性对话、能与各国学者交流的一些较高水平的学术成果；二要通过各种媒体，采取多种形式，加大对 2008 年人类学民族学世界大会的宣传力度。不仅要让学术界的学者们广泛知晓、积极参与，还要让社会公众广泛知晓，通过宣传对公众进行一次人类学知识的普及教育，同时也可以进一步提高人类学在中国的学科地位。

徐：您讲到人类学的学科地位，这很重要，对于人类学来说甚至是一个学科的生存问题。而我们知道，国际人类学一般包括体质人类学（又称生物人类学）、文化人类学、语言学和考古学四个方面。人类学民族学世界大会涉及的领域也十分广泛，不仅涉及社会科学的方方面面，而且还包含了与自然科学交叉的众多学科；不仅包括了学术和理论问题，也包括了应用和实践问题。近几年，医学人类学、生态人类学、女性人类学等人类学分支学科的发展都证明了这一点，而人类学的学术队伍还比较弱小，而且从学科上来说还处于社会学之下的二级学科地位，甚至中国人类学会与中国民族学会至今还没有实现整合。对此，您有什么看法？面对2008年的世界大会，我们应该如何应对？

荣：你问的这个问题很尖锐。目前我国人类学的学科地位与2008年人类学民族学世界大会确实很不相称。但是，话又说回来，正因为历史的原因，造成了人类学在中国的边缘化和弱势，而为了发展中国的人类学，所以我们要申办2008年的世界大会。通过主办2008年的世界大会来促进中国人类学的发展。对此，李德洙主任在这次筹备工作会上的讲话十分明确地指出，要"加强协调，形成合力"，一要加强筹委会各部门间的协调，形成组织合力；二要加强与国际人类学民族学联合会的协调，形成国际合力；三要加强与相关学科的协调，形成学科合力；四要加强与相关部门的协调，形成社会合力，做好筹备工作，开好世界大会。我相信，只要大家以国家利益为重，万众一心，一定能开好这次世界大会。

至于中国人类学的一些具体问题，据我所知，目前正在协调处理之中，如关于组建中国人类学民族学联合会的问题，经过与教育部、民政部的协商，中国都市人类学会准备撤销或更名，在保留中国人类学会和中国民族学会的同时，成立中国人类学民族学研究会，2008年将以中国人类学民族学研究会的名义主办世界大会。人类学的学科地位问题，筹委会也提出了解决方案，即人类学与民族学并列为一级学科，目前还等待有关部门审批。凡此等等问题，只要我们勇于正视，积极协调，都是可以妥善解决的。只要对开好2008年世界大会有利的事我们一定努力争取办妥办好，为世界大会的召开创造最好的人文环境和学术环境。这就是国际人类学的中国责任。

徐：您介绍的情况正是大家所关心的。大家也希望通过2008年人类学民族学世界大会的召开来推动和促进中国人类学的发展，并进而推动和促进中国社会的发展，这是大家所期待的。最后，我想请您讲一讲中国主办2008年人类学民族学世界大会的目标是什么？

荣：俗话说"机不可失，时不再来"。中国主办2008年人类学民族学世界大会的目标，就是筹委会主席牟本理在筹备工作会上提出的：把2008年人类学民族学世界大会真正办成特色鲜明、内容丰富、影响广泛、最精彩、最成功的一次世界大会，为中国的人类学争光、为中国争光。

徐：谢谢您接受我的采访。

【原载《中国民族》2006年第6期】

古典与现代、学科与分支

——清华大学景军教授访谈录

徐杰舜

景军教授

徐杰舜（以下简称徐）：景军教授，欢迎您在阳春三月到南宁来讲学。我到台湾去的时候，在与李亦园先生、乔健先生谈到大陆的人类学情况时，都谈到清华，谈到清华就谈到您。今天您能够接受我的采访，我感到非常荣幸。我想请您先介绍一下您的简历和学术背景。

景军（以下简称景）：首先感谢学报采访我。我步入人类学这个学科是比较晚的，真正开始做研究的时间也比较短。早期只是感兴趣，真正严肃的研究是从1990年进入哈佛大学人类学系的博士班之后。在这之前我曾经当过记者。当时我做专访的时候就经常觉得自己的学术功底不够，碰到历史人物、事件，甚至包括对中国文化的理解，总觉得知识不够，所以1985年我决定去深造。我那时对亚洲地区的发展比较感兴趣，于是就申请了哈佛大学的东亚区域研究的硕士学位班。

徐：那您北外毕业是哪一年？后来又在哪里学习？

景：我在北外念完大三之后被选到《中国日报》，而后公派出国进修新闻学，所以大四是在夏威夷大学念的，1982年毕业之后回国到《中国日报》。1988年我从哈佛大学获得硕士学位之后，我并没有马上想上博士班，因为当时想先做一些事情，所以就回国了。回国工作就是在北京大学社会经济发展研究中心，是费孝通先生创办的。当时这个所有许多不错的学者，有一个很好的学术氛围。我真正对人类学感兴趣可以说是一个偶然。1988年我们接到一个课题，是黄河中上游水库移民研究。这个研究项目导致了我第一次真正的实地研究，时间是1989年夏天，地点是甘肃省永靖县大川村。那里有三座水库，造成了几万人的移民。这里的水库移民问题是费先生去西北地区考察的时候从地方干部反映那里听到的。费先生认为这个问题很值得研究，因为它牵扯到国家大型水利工程对农村人口的冲击。这个题目后来成为我整整10多年研究中的一个没有中断的课题。我们当时所关心的问题比较简单。第一个是移民社区的重新组建，第二个是生态问题。到1997年，为了研究水库移民问题，我先后考察了国内六个大型水库，最后把我的研究一直做到长江三峡移民的问题上。世界水坝委员会在1998年成立之后，我成为该会的中国顾问，写了一个背景报告，即《水库移民在中国》。

水库移民是我所做过的研究中的一个兴奋点。这种非常实用的研究对人类学有意思的地方在哪儿呢？我个人认为，人类学应该具备多元的研究方向，可以有非常古典的题目，也可以有非常现实的题目。比如说从北大走出的阎云翔，现在是美国加州大学洛杉矶分校人类学系的教授，也是今年马林诺夫斯基讲座的主讲人。他做的研究是礼品交换，就是送礼还礼，即他讲的"礼物流动"。我认为，他的研究题目是古典的题目，这是因为法国人类学家莫斯写了一本书叫《论馈赠》，后来成为人类学界的必读著作。我们知道，礼物交换后面是一个互惠的原则，而初民社会的基本经济运作形式就是礼物交换，所依靠的是互惠原则。在互惠原则支配下的礼物交换之外，初民社会还有其他交换方式和交换原则，比如说"无声交易"(silent trade)。初民社会的人们一般不好意思进行赤裸裸的交易。所以当张三用一只鸡换李四一捆柴的时候，他们使用了所谓"无声交易"，进行没有什么太多讨价还价的交易。这个交换形式在西南少数民族中到上世纪40—50年代还存在。阎云翔虽然做的是一个非常古典的人类学题目，但他把礼品交换的变迁从土改一直追踪到现在。所以在他的著作中，他还讨论了计划生育所引发的一种送礼场合。当女人做了节育手术之后，亲属和邻居都要送鸡蛋、红糖等物品，形成一个有简单仪式的送礼场合。所以他所研究的古典题目含有极为丰富的现代意义。北京大学蔡华教授的纳人研究也抓住一个非常古典的题目，即人类学中经常讨论的婚姻和家庭问题。他从性关系和性行为入手，讨论了纳人的婚姻和家庭组成特点。当然，即使是这样古典的题目也有现代性问题。所以蔡华检验了几个现代婚姻法对纳人的冲击以及我国政府的民族政策对纳人的影响。我所做的水库移民研究之切入点与古典题目无关。中国大规模的水库移民是在中华人民共和国中央政府直接的号召之下才出现的问题。自从上个世纪50年代，我们国家修建了3000多个水库、300多个大型水电站，带来的社会和生态问题非常多。但在这个比较新的问题中，我们也能找到比较古典的人类学问题。我在一篇关于水库移民的文章中就涉及一个婚姻圈的问题。当时我们做了一个比较简单的调查，其核心问题是移民之前当地人怎么通婚，移民之后又怎么通婚。这个问题涉及费孝通先生讲的地缘和血缘关系。现在大家知道，大规模的水库移民对人们的血缘和亲属关系产生很大的冲击力。地缘被破坏了，血缘的坐标就失去了，所以水库移民工程常常意味着亲属关系和其他社会关系的重新组合。当时我们问农民迁移对他们影响最大的是什么。大家的反映不一样：干部说经济上遭到严重破坏；年轻人说上学难以及工作出路难。但当问到老太太的时候，她们说家里娶媳妇难。对她们来说，娶媳妇难是一个特大的问题。在中国农村是否能娶到媳妇是检验一个人的社会地位和家庭经济地位的重要尺码。你娶不到媳妇，你还谈什么别的呀。所以那些老太太讲娶媳妇难是有道理的。换而言之，在一个非常实际而且好似与人类学传统题目无关的研究中，我们照样可以找到古典的问题而且是与人类学密切相关的问题。

  我1989年的水库移民研究地点是永靖县的一个孔氏村落。1990年我回到哈佛大学。在哈佛念了一年半博士班之后，老师就问我想做什么研究题目。当时也是出于对题目的选择，我考虑到的是选择一个比较古典还是选一个非古典的人类学题目。考虑一段时间之后，我决定研究一个我们中国人非常关心的问题，但是属于中国人类学家很少研究过的题目，即社会记忆。实际上，当时在国际人类学界，研究社会记忆的人数也很少。写完研究大纲之后，我回到了大川村。我做这个研究时的一个主线就是当地一座孔庙的修复。我的问题是：历史记忆在庙宇修复中是怎么展现出来的？人们如何在修复孔庙的过程中追忆当地历史，包括移民史？这种追忆如何以实物和集体行动的形式被展示出来？我认为，大川村人对历史记忆的建构在这个孔庙的修复过程中得以淋漓尽致地体现。例如，在当地我们几乎找不到任何有关水库移民经历的公共性展示物，没有一块移民纪念碑，没有一本移民史书。而在修复孔庙的时候，村民自己撰写了《重修大成殿序》，中间有一段文字专门提到1961年的水库移民和1973年的批林批孔运动，把大成殿的历史与当地人民的社会史紧紧地结合在一起。实际上，这个大成殿并没有因为修建水库而遭到毁坏。1961

年当地农民在"后靠移民"之后,大成殿被废弃,孤苦伶仃地留在河岸旁边。水库建成后,河边的土地严重盐碱化,盐碱和地下水位的提高将大成殿的地基毁坏。1973年全国大搞批林批孔运动,公社领导决定把大成殿拆掉。大川村老百姓一听到这个消息,连夜自己动手把大成殿拆毁,将大成殿的所有财产分头藏了起来。"文化大革命"的时候,许多属于所谓"封建迷信"的东西被毁掉。但大川村老百姓认为祖宗的东西不能毁,要分散保管,搞得公社领导也没有办法。1991年重新建大成殿时,其组织者把告示贴出去,督促村民将所保存的大成殿材料送回来。结果原来大成殿约60%～70%的材料被送了回来。征集大成殿原有建筑材料的过程导致了当地人对两段特殊历史经历的重新建构和历史记忆的重新整合。从集体行动和象征主义的角度看,其结果深深地影响了庙宇的修复,集中表现在《重修大成殿序》的撰写以及该《序》被写到一块精致的木版上面予以公开展示这一事实。应该特别指出,对历史记忆的左右是对文化资源的控制。当一部分人能够影响多数人历史记忆的时候,这些人不但控制了人们对历史事件或者过去经历的解释,而且因此支配人们对现实和未来的态度以及理解。所以我研究这个大成殿修复过程的时候特别注意了人们对当地历史的解释与当地权利关系的变化。历史和现实有着千丝万缕的联系。历史记忆的建构是社会过程,它既取决于人们的社会实践,同时整合人们的社会实践。所以历史记忆是社会记忆的一种。基于这种认识和实地调查,我撰写了《神堂记忆》,1996年由斯坦福大学出版社出版。

徐:我觉得你刚才讲的你的水库的兴奋点,是你进入人类学的一个切入点吧。你写了很多的文章,包括你的博士论文也有一部分是这个内容。所以从你的这个题目来讲,用人类学的理论方法来研究和思考你的研究对象,我觉得也是非常经典的。从你的人类学的研究来看,这是你的一个兴奋点,那你现在的兴奋点是不是在艾滋病？

景：到目前为止，我的研究分为三大块，即水库移民研究，儿童饮食习惯研究，艾滋病研究。我一般做研究通常愿意给它比较长的一段时间，所以我的水库移民研究整整做了10年。从1997年起，我开始研究儿童养育问题，是从儿童食品下手。这是受我导师的影响。我的导师James Watson是哈佛大学的一个人类学家，中文名字叫屈佑天。他研究过麦当劳与消费文化的关系。当时我们正好有一个小群体，都是他的人类学博士生。我们说每次到中国做实地调查都要有一个副产品，就是去的时候除了大家的主要研究之外，每个人都要注意儿童食品。其结果是2000年《喂养中国小皇帝》（Feeding China's Little Emperors）的出版。这本书由我编写，斯坦福大学出版社出版，收录我们各自的研究成果。除了一名营养学家之外，为此书提供稿件的学者都是人类学家。食品研究绝对是人类学中的一个古典题目。美国人类学家文思理（Sidney Mints）写过一本书叫《甜食与权力》（Sweetness and Power），从甘蔗糖的生产和消费入手，解剖殖民主义带来的世界经济体系的变化。法国人类学家列维—斯特劳斯写过一本书叫《生与熟》（The Raw and the Cooked）。生与熟在人类学对人类饮食研究中是非常重要的一个概念。就说我们中国人吧，我们的生与熟概念包括在人际关系中，关系生、关系熟，生人、熟人，都借用了食品语言。实际上，食品的生熟概念和贵贱之分都属于文化建构。没有一个民族把所有能吃的东西都算作是饮食。我们有些认为能吃的东西，外国人认为是不能吃的，这是因为人类对食品的分类是一种有文化差异的分类。

徐：儿童食品这块，从人类学角度来讲，你有什么观点要阐述？

景：首先我认为中国历史上没有儿童食品这个概念。1977年版的《辞海》里只有一个类似的词条，叫"婴儿辅助品"。除此之外，就没有其他涉及儿童食品的词条了，更没有现在所谓"儿童饮料"、"儿童健康食品"等五花八门的说法。我还认为，中国儿童食品业的形成就是消费文化对人类欲望的建构。人的欲望分两大类：一种是最为本能的欲望；一种是社会和文化建构出来的欲望。在现代社会，最为本能的欲望完全可以根据市场和金钱的推动来调节，而创造出一种新需求。在我们的研究中，我们查阅了老一辈人关于童年的回忆录，其中有一本是写老北京人的日常生活。在上个世纪二三十年代，老北京只有两种勉强可以称为"儿童食品"的饮食，而且都是米糊。在母亲没有奶的时候，用手指头抹在孩子嘴里吃。实际上，直到上个世纪的80年代末期，中国孩子断奶之后吃的都是成人食品，没有什么儿童食品可言。我国城市改革开始于1985年，随后儿童吃的东西和大人吃的东西开始有一定的差异，而且逐步出现了一个儿童食品市场。这个市场满足的需求不是原生的，而是一种文化构建所创造出来的欲望。

　　文化构建的问题属于人类学的一个关键问题。人的胃口就是一种文化的建构。小孩子吃什么、怎么吃，涉及广泛的文化问题。所以编辑《喂养中国小皇帝》的时候，我写了两章。一篇从儿童食品看中国社会文化的变迁。另外一篇讨论儿童养育中的文化权威问题。文化权威是一种说服艺术；而社会权威带有强制性。比如说逢年过节，有人写一手好字，而且是繁体字，我们认为对联绝对不能用简体字来写的，而且庙里的字也全是繁体字。对繁体字这种权威的追逐，是对一种文化权威的服从。这不是说你用简体字去写了就要受到惩罚，而是你如果用这个简体字去写了这个对联，别人就会觉得你不伦不类。再用另外一个例子说明，没有任何人拿着枪逼你去看西医，但西医直接进入我们躯体是一个社会事实，在看西医的过程中，我们接受的是现代科学权威，也是对一种文化权威的接受。在儿童养育这个问题上，有哪一种文化权威在体现着呢？在我的大川儿童养育研究中，我把文化权威问题归纳成几大类。第一类就是以市场经济为代表的消费文化权威，它有强大的说服力，有文化基础。第二类是科学权威，体现于中国优生优育的宣传，它不断告诉你，小孩子要吃得营养，儿童饮食要科学地调配。第三类是传统知识权威，包括天人合一和阴阳理念对中医的影响以及中医理念对中国人饮食习惯的左右。

徐：从你前面这两个案例来讲，你对人类学的方法、理论已经运用得非常成熟了，你可以从现在社会比较关注的热点问题当中找到比较古典的题目，这样做起来，尽管前面一个是比较政治化的，因为移民的问题，当时来讲是应该比较政治化的。儿童食品是比较生活化的题目，大家都很关注，在哪个地方它都是焦点问题，儿童食品也是非常多的，像现在这个问题，你这个题目就取得非常好，是《喂养中国小皇帝》。那你现在做这个艾滋病课题，你的结合点在哪里？

景：首先我对政治问题感兴趣。即使是儿童食品也碰到过政治问题，为什么能碰到呢？因为它马上和计划生育政治纠缠在一起。所以我应该承认我对政治感冒。1999年我想回国工作，2000年正式回来了。在清华，我和我的同事属于一个低度合作、高度认同的团体。这就是说，我们一般不在一块做课题或共同关心某一问题，但是大家的确可以相互欣赏，形成一种轻松的氛围，对我比较有吸引力。现在清华大学的社会学系在1952年以前一度是"社会学与人类学系"，在历史上集聚了一批优秀学者。所以每当走进我们系会议室的时候，我就会感到历史的重担。这个会议室两面墙上一边放了五张照片，都是中国社会学和人类学的开山人，其中包括杨堃（人类学）、吴文藻（人类学）、吴泽霖（人类学）、费孝通（人类学）、潘光旦（遗传学、历史人类学）。就是这些清华和其他院校的人类学老前辈使得中国人类学在国际上受到重视。伦敦经济学院人类学家福德里曼先生在1961年的一篇文章中指出，1950年之前，世界东半球的人类学重镇就在中国，因为那里的人类学家从事了最具有前沿性和创造性的研究。但是到"文化大革命"结束的时候，日本的人类学、韩国的人类学、中国台湾的人类学、中国香港的人类学、印度的人类学，包括泰国的人类学都把我们的人类学压倒了。今天，令我感觉到欣慰的是中国人类学仅用了大概15年的时间，形成了非常可观的团队，推出了一系列优秀的著作。

徐：我非常赞同你这个说法。你今天当然不一定谈太多，但是你从艾滋病，从现在第一块谈到水库，第二块谈到儿童食品，第三块我觉得你现在做的这个，你简单说一下做艾滋病课题的时候，古典与现代的结合点在哪里？

景：我刚回国的时候得知英国政府正在同中国政府建立一个"中英性病艾滋病防治合作项目办公室"，从事艾滋病预防和关怀工作。在设计这个项目的时候，其中一个条款要求中国社会科学家的参与，而且要把这种参与列为评估指标之一。了解到这些情况之后，我与项目负责人商量召开一次"社会科学与中国艾滋病防治工作研讨会"。在这次于2001年1月份召开的会议上，社会科学家对中国为什么会出现艾滋病的问题从社会结构角度提出了许多看法，提出了许多比较有意思的观点。艾滋病问题必须要放在中国社会变迁这种大结构中去考察。从感染渠道看，我国的艾滋病感染者约70%是静脉吸毒感染，其余同卖血和性活动有关。在这个构成比例里，我们会很快地发现一个社会问题，就是弱势群体的问题。吸毒问题对我们国家的少数民族影响非常大。我们国家的少数民族只占我国全部人口的10%左右，但是在艾滋病报告人数中，38%是少数民族，主要原因是吸毒。另外还有贫困导致的卖血问题和卖淫问题。前者以贫苦农民为主，后者以非正式就业的女性为主。无论是在吸毒群体还是在卖淫群体，以25

岁以下的青少年为主体，属于高风险群体。所以我们试图证明防治艾滋病在中国的蔓延必须注意三个问题。第一是弱势群体的易感性；第二是法律和政策环境；第三是社会公正和反对歧视的关系。在面对这些问题的时候，人类学家应该做些什么呢？目前，我的研究处在前期研究阶段。我对防治艾滋病的大环境有所了解，同时也参与了几次基层社会调查，包括对河南艾滋病村和云南路边店的初步研究。已经做到后期工作的人类学家是庄孔韶先生。凉山地区艾滋病感染数量和比例在四川最高，而且凉山少数民族彝族感染率也最高。面临这种局面，凉山彝族的反应是什么呢？为了回答这个问题，庄孔韶拍摄了一部禁毒片：《虎日——一个彝族家支的禁毒行动》。他所探讨的是彝族家族头人如何利用本土文化资源抗击艾滋病的威胁。对家族制度的研究当然是一个人类学的古典课题；对艾滋病的研究则是一个现代性很强的课题。我个人认为，老庄为大家做了一个如何将古典课题链接到现代课题的典范。

徐： 你这三大块研究，不仅对我有很大的教育和启发，对我们人类学界的朋友们也会有很大的启发。那么，现在我们来换一个题目讲。你是在我们大陆这边也做了，在美国那边也学了，我想你现在能不能对我们中国和美国的人类学硕士、博士的教育作一个比较？

景： 美国教育制度比较灵活，只要你是助教、副教授、教授，都可以带研究生和博士生，而且许多人认为，刚毕业的助教带研究生和博士生更好，因为他们追赶非常前沿的题目、读的书比较新、知识结构也比较新。所以，我在美国教了6年书，先后带过23个研究生和博士生。在这个过程中，我感到人类学在中国的发展还是应该有四个分支，应该包括体质人类学、考古人类学、语言人类学、文化人类学。这样做是有道理的。如果一个人类学家对种族和民族问题都不清楚，那么他可能成为一个文化沙文主义者。而要搞清楚这些问题，他就首先要知道人类学对种族这一概念的讨论和争论。种族概念实际上是一个文化建构，而且不断变化。在DNA技术出现之前，所有所谓种族的讨论无非以肤色和外观作为基本判断的依据。还应该指出，有严重问题的种族概念出现于欧洲中心观念的形成时期，我们中国人后来也接受了。北京一些知识分子一度成立了"中国人种改良促进会"，其基本假设就是中国人与欧洲人较量而失败的原因归根结蒂是一个人种和种族问题。当我们有了现代体质人类学知识的武装之后，我们就可以从人类进化的角度对种族问题形成自己的稳健而且是有依据的判断。

考古学也一定要学。所谓的考古学，一是对文化的研究，二是对文明的研究，这是考古人类学的两个部分。考古学使得我们了解人类的文化历史和人类文明历史，它帮助我们理解历史和文化传统的关系。比如通过考古学，我们对新大陆的食品历史研究可以帮助我们理解中国的农业发展史以及新大陆作物传入中国之后对我们人口增长和生态环境的影响。语言学也要学。通过语言，人与人的交流形式成为世界上所有生命中最完美、最为系统、最富有创新性的载体。所谓语言人类学是对语言的社会属性之研究。语言定义了我们之所以是人，语言给予我们具有人性的创造性。另外，中国人类学还应该努力发展医学人类学和生态人类学。所以我坚决反对人类学在我国可以等同于文化人类学或者是社会人类学的说法。起码在本科教育阶段，我们对四科分支应该给予相当的关注，以使我们的学生不要一上手就仅仅注重文化和社会人类学，而忽视其他分支。

徐：美国的人类学教育和我们的人类学教育相比如何？

景： 在美国比较好的大学里的人类学系绝对是四科取向，哪怕是不到10个教授的小系也是四科必修，包括考古学、体质人类学、文化人类学，还有语言人类学或者是医学人类学，或者是生态人类学，或者是政治人类学。反正前三科是缺不了的。我承认，国内现在能教四科人类学的大学只有中山大学。其关键是中山大学有教四科的老师。虽然受到种种限制，我还是主张中国人类学必须包括起码四个分支。否则人家会问你一个非常简单的问题，即人类学与社会学到底有什么差异？这一下就会把你给问住了。而有了考古学、体质人类学、语言人类学、文化人类学，人类学同社会学的区别就一目了然。如果你仅仅发展文化与社会人类学，人家会说你的人类在哪里呀？你跟我的社会学有什么差别？别人会说，蔡华老师做婚姻研究，社会学也做婚姻研究呀；你说你景军老师做历史记忆研究，我也有人做口述史研究呀；你说你做养老问题研究，我也有做养老制度比较的学者。所以我们一定要走四科的道路，必须使人类学这个学科有别于社会学。有人还会问，民族学放在哪里呀？答案十分简单：在人类学里面。实际上，在使用"民族学"一词的时候，国内许多学者经常忘记了民族学（ethnology）和民族研究（ethnic studies）之间的实质性差异。民族学是人类学的一部分，它绝对不等于民族研究，因为我们所讲的民族研究指对少数民族的研究。对少数民族的研究绝对是必要的，但是我们千万不能忘记，少数民族研究不等于人类学，它只能是人类学的一个部分。如果中国人类学仅仅局限于少数民族研究，那么中国的人类学就根本没有什么发展前途。道理很简单：人类学包括少数民族研究，但不等于少数民族研究。

徐：所以你刚才讲这个问题，实际上关系到中国人类学发展的方向和发展的思路。这对大家一定会有很大的启发。谢谢你接受我的采访。

【原载《广西民族学院学报》（哲学社会科学版）2004年第1期】

在田野中追寻教育的文化性格

——中央民族大学滕星教授访谈录

徐杰舜

滕星教授

徐杰舜（以下简称徐）：滕先生，您是20世纪80年代初最早开展中国少数民族教育研究的学者之一，也是最早由教育学研究转向人类学研究的学者，我想，先请您谈谈您的学习和研究的经历，好吗？

滕星（以下简称滕）：可以。我进入这个领域纯属偶然。1982年我从东北师范大学分配到中央民族学院（后改称中央民族大学）。那时在我们国家主流学术研究领域还几乎没人去研究教育人类学。当时在民族学院主要有三大优势研究领域：民族学研究、民族语言研究和民族历史研究。那是我第一次接触少数民族和有关少数民族的文献，觉得少数民族教育不同于普通教育，也就是说它带有不同的文化背景，这引起我很大的兴趣。为了研究这个问题，我开始去读有关民族学和文化人类学的书。我查阅了民族学院有关少数民族教育的所有的馆藏，发现新中国成立以后很少有人研究这个问题，而更多的是在民国时期，当时叫做边疆教育。包括一些边疆教育法规，但民国的边疆教育主要是一种"化夷教育"，即同化教育，而且我还看到蒋经国写有一本有关边疆教育的书，这些"发现"对我研究这个问题起到很大的激励作用。另外，那时由社会科学院民族研究所内部编过三本有关西方文化人类学理论流派和相关文献的小册子，这三本小册子对我的影响比较大，燃起了我对文化人类学的兴趣。最使我感兴趣的是文化人类学众多流派当中的心理人类学流派，比如本尼迪克特的《文化模式》、《菊花与刀》，以及米德对有关太平洋诸岛原始部落的一些研究。这个学派和我对教育的研究有极大的关联，这是因为它与我过去在东北师大教育系学习的教育学和心理学的知识相吻合，这是我进入文化人类学的启蒙阶段。

之后，我就开始旁听我国一些著名文化人类学家和社会学家的研究生课程和学术讲座，包括雷洁琼先生、费孝通先生、杨堃先生、林耀华先生。其中比较系统地听了一学期杨堃先生的研究生课程，那时杨堃先生想送我去日本攻读硕士研究生，但因为我学的是英语，不懂日语，此事就只好作罢，但此后仍时有机会与杨先生在校园中一起散步并请教一些有关文化人类学的问题。当时发现研究民族教育一定要研究民族心理的问题，可能是受了本尼迪克特和米德的影响，所以去北京图书馆（现更名为国家图书馆）查阅文献。当时的北京图书馆在北海，所以查阅资料比较辛苦，但是北京图书馆的有关资料并不是很多。我在北京大学查到了实验心理学的创始人冯特曾经编写的10部《民族心理学》的著作，但是借不出来。尽管这样，前人的研究成果奠定了我做这个领域研究的信心。当时在国内刚刚开始有一些人进行有关少数民族教育的研究，但大多是一些没有受过正规人类学、教育学、心理学训练的教育实践工作者，包括少数民族地区学校的校长、教育局（处）局（处）长等，所研究的大多也是从经验性的问题出发，还处在一个非学术性研究的初级水平。那时在我国的教育学领域几乎没有人做这方面的研究。而在中国人类学领域，也鲜有学者研究这一课题。从历史上看，除了美国心理人类学派有关文化与个性的一些研究成果外，这个领域的研究基本不包括在文化人类学的经典研究范畴之内。所以当时做这一方面的研究实际上是一种边缘化的学术研究，在学术界几乎没有知音，也没有任何研究的条件和研究氛围。

民族教育这一领域的学术化研究的开始应该是在中国"七五"（1985—1990）时期。当时由国家民委教育司牵头正式在国家哲学社会科学"七五"规划中立了一个特大重点研究项目，即中国少数民族教育研究项目，我当时是这个课题的主要负责人之一，并具体主持编写国内第一本《中国少数民族教育学概论》的教材。那时几乎没有任何学术参考框架，根据我当时的知识结构和对该学科体系构成的理解拟定了一个具体的研究框架，并组织一批相关学科的青年学者参与这项课题研究。该书经过5年的编写于1990年由劳动出版社出版。这本书的出版被国内学术界称为是民族教育从非学术化开始初步走向学术化的一个标志。当时在国内影响较大。那时我只是一名讲师，于是我请孙若穷教授担任主编，我担任副主编。可是，在编写完这本书以后，我总的一个感觉是民族教育的本体论研究很薄弱，许多重大的理论问题没有推进。这主要是由于：第一，这方面的研究成果很少，研究队伍尚未形成，特别是大部分受过正规化训练的人类学、教育学的学者还没有参与到这个研究领域的研究工作中来，而且研究这个领域需要多学科的知识结构，不仅要具备教育学、心理学，更需要人类学的系统训练，而且这项研究还涉及社会语言学、社会学、政治学、管理学等相关学科的知识，这是阻碍该领域学术研究发展的一个重要因素；第二，相关的国外研究当时在国内几乎还看不到。于是我开始关注国外该领域研究，经过资料查询，了解到国外该领域作为一门学科的研究是从20世纪50年代开始，经过50年的发展已涌现了大量的研究成果。于是从20世纪90年代初始，我相继去香港大学、香港中文大学、美国夏威夷大学和加州大学伯克利分校人类学系去做教育人类学的学习和研究工作。这段经历对我的学术发展起到了至关重要的作用。特别是在美国加州大学伯克利分校人类学系一年的研究工作对我的影响最大。这项研究得到美国富布莱特高级学者基金（Fulbright Senior Specialists Program）的资助，研究的课题是"美国多民族社会的教育"。我的研究指导者是西方当今最著名的教育人类学家奥格布教授（Professor John U. Ogbu）。这一阶段的学术收获很大。首先，我系统地参加了奥格布教授开设的4门有关教育人类学的博士生课程的学习；其次，奥格布教授将其所有的教育人类学讲义与研究生阅读参考资料复印并让我带回国内用于我的教学与研究工作，这段研究的成果部分已体现在我最近的出版物和研究生教学中；再次，我在美国印第安人保留地、非裔美国人、墨西哥裔美国人、亚裔美国人社区的田野工作，使我对美国多元文化社会与教育有了更深入的了解；另外，我还荣幸地受到被学术界誉为美国教育人类学之父的原斯坦福大学人类学系主任斯宾德勒教授夫妇的邀请去他们幽静的葡萄园山谷的家中做客，对其作为一名人类学家为何、如何进行教育人类学的研究进行了一天的采访，使我对斯宾德勒教授的研究工作和美国教育人类学的起源与发展有了进一步的认识。上述研究活动使我受益匪浅。对我的学术发展起到直接推动作用的是在回国后"九五"期间参与亚洲开发银行、世界银行、英国海外发展部、日本文部省等一些国际组织对中国少数民族教育的研究工作，以及西部民族地区少数民族教育的田野调查工作；另一个对我的学术发展很重要的因素就是我在研究生教学工作中的课堂上的学术讨论，我还在我国师范大学教育学领域推动采用人类学的田野调查工作方法和普及人类学知识。

　　以上就是我近 20 年在该领域学术研究的粗线条的轨迹。归纳起来，我这 20 年在学术上主要做了三件事：第一件事是教育人类学学科的理论体系建构。这项工作包括：一是与研究生在教学过程中一起初步翻译了 20 余部有代表性的西方教育人类学著作，作为研究生教学使用的内部教材；二是相继编写了带有中国本土化特色的、以少数民族教育为对象的教育人类学教材，即《中国少数民族教育学概论》与《民族教育学通论》。第二件事是开展与推动了教育人类学的田野工作。在四川凉山彝族地区、云南中缅边境的拉祜族地区、新疆南部的和田维吾尔族地区建立了较固定的田野工作点，并写出了相应的田野研究报告。第三件事是在学科建设和学科梯队建设方面，在 20 世纪 80 年代初，我提出在中央民族学院建立民族教育研究所，并和同事一道创建了中央民族大学民族教育研究所和我国第一个专业学术期刊——《民族教育研究》，并在中央民族大学筹建了本、硕、博三级培养教育人类学人才的教学体系，为今后该领域的学科发展奠定了一定的组织和师资基础。

　　徐：还听说您出生书香门第，却经历坎坷，这段经历对您的学习和学术研究有些什么影响？

　　滕：我的爷爷滕叔书曾任上海复旦大学的前身复旦公学外语系的系主任，他曾和蒋梦麟、陈布雷、王云五等人在抗战时期编写了我国第一部《韦伯斯特英汉大词典》(《Webster's Collegiate Dictionary with Chinese Translation》)，并于 1938 年由商务印书馆正式出版。我父亲早年也毕业于复旦公学外语系，后来在当时实业救国的理念吸引下，专攻土木工程，毕生从事建筑工程工作，新中国成立后曾任上海建筑总公司、鞍山钢铁总公司、首钢总公司以及冶金部的高级工程师，"文化大革命"中，被打成资产阶级反动学术权威,关进牛棚数年。我们家也从北京被扫地出门,遣返浙江绍兴老家,那时我13岁。在老家的农村劳动了6年。1972年作为北京知青转户去北大荒嫩江草原插队落户。在13年的农村生活中,插过秧、烧过窑,当过纤夫、羊倌、牛倌、马倌,还当过小队会计、大队会计、生产队长、拖拉机站站长。1978年恢复高考后才从北大荒考入东北师范大学教育系学习教育学、心理学。这段经历尽管曲折,但对我的性格塑造的确是十分有益的,对我的学习和学术研究的影响的正面意义就是对学术的一种锲而不舍、默默无闻的韧性,对既定目标的执著追求,此外还有对我自己和我带的研究生的严格要求、理解和宽容。

徐:您1982年进入中央民族学院工作,曾亲受老一辈人类学家的"濡化"20余年,包括您的导师林耀华先生,他们大多都已作古。您能不能谈谈他们对您的影响和您对他们的印象?

滕:我在1982年进入中央民族学院,当时中央民族学院聚集了一批国内外知名的社会学家、人类学家和民族学家,有幸能和这些国际著名的人类学家在同一个校园里生活和工作20余年,不能不说他们对我的学术生涯有很大的影响。我是1993年正式作为博士研究生投入林耀华先生门下学习的,在这期间林先生不光从学术上对我进行指导,更多的是他的人格魅力对我的影响。林先生为人忠厚,进入高龄后略显木讷,但仍有很敏锐的学术方向感。我们的学习更多的是以随意聊天的方式展开。林先生一生的学术和大多数老一代学者一样带有很强的时代特点。林先生对学生的培养更多地体现在学术方向和因材施教上。我比较感激林先生的是他对我博士论文选题上的指导。他根据我的学科知识结构和学术兴趣将我的博士论文研究方向确定在他早年对凉山彝族的追踪研究上,并给予资料、经验和重大理论问题的指导和支持。这项追踪研究可以说是我学术生涯的一个新的起点。这项研究采用了人类学的田野工作研究方法,探索了50年前林先生研究时的凉山彝家从一个单语单文的封闭社会如何在与外界汉族文明接触后形成了一个双语双文社会的历史变迁过程；该研究遵循解释人类学理论范式的思路，通过辅以文化唯物论的主客位研究方法，对中国四川凉山彝族社区 20 世纪 50 年代以来语言与教育的社会变迁的过程进行了描述，揭示了少数民族在力图融入现代主流社会、分享现代化社会的权利与成果的同时，试图保存自己的传统语言与文化的两难困境，并从教育人类学者的立场上给予意义上的解释。我在语言教育人类学田野工作的基础上，努力从文化进化论和文化相对论的有机统一的观点，对凉山彝族社区学校彝汉双语教育个案的人类社会意义予以积极的评价与肯定。同时我还对双语教育在当代社会所面临的理论与实践困境的根源，从人类文化的共同性与差异性、文化的普世主义与文化的多元主义、机会均等与文化差异等相关领域进行了尝试性探讨，并表明了我的关于人类语言文化应坚持共性与多样性有机统一的基本立场。

我的博士论文《文化变迁与双语教育——凉山彝族社区教育人类学的田野工作与文本撰述》不仅得益于林先生 20 世纪 40 年代出版的、享誉国内外的学术名著《凉山彝家》的研究内容与田野工作方法及技巧，而且更得益于 20 世纪 80 年代在此基础上林先生四上凉山后出版的《凉山彝家的巨变》中体现的并贯穿林先生学术研究一生的"均衡论"思想。

林先生仙逝的前一年春季，我开车与师兄张海洋教授，还有我的两位研究生马茜与胡玉萍同学陪同林先生去北京西山戒台寺郊游，这是林先生晚年隐居家中多年后的第一次郊游。我与海洋兄陪同林先生坐在寂静的戒台古刹聊天，林先生望着古刹里的百年苍松浮想联翩喃喃自语："我来过这里，此地甚好。"我绝没有想到的是，一年后先生仙逝即长眠于此。这似乎是一个冥冥中的安排。

2002年10月我与师兄庄孔韶教授、张海洋教授以及凉山大学韦安多教授、清华大学社会学所沈原教授和景军教授、社会科学院社会学所的罗红光研究员、中央教育科学研究所的程方平研究员，还有云南大学、厦门大学、中山大学等的一些国内外人类学、民族学、社会学、教育学学者在凉山大学召开了"林耀华先生《凉山彝家》发表55周年学术研讨会"，出席了凉山大学为林先生塑像揭幕典礼，并沿着20世纪40年代林先生考察凉山的路线，沿着金沙江、翻过海拔4500米左右的黄茅埂雪山对林先生四上凉山期间考察过的彝族社区与相关人士进行了拜访，更进一步体会了当年林先生在凉山彝族社区步行进行田野工作的艰辛与危险。对人类学家的田野工作有了更深的体验与理解，进一步坚定了作为人类学和教育学相互交叉而形成的教育人类学必须秉承人类学田野工作的精神、方法与技术，才能有其广阔的发展前途的信念。

徐：听了您上面的介绍，知道教育人类学在中国还是一门新兴的学科，所以请您先谈谈我国教育人类学的学科发展情况。

滕：中国教育人类学作为一门学科领域，始于20世纪80年代初期对少数民族教育的研究。中国教育人类学的研究一直被冠以"少数民族教育研究"，简称"民族教育研究"，其学科则被称为"民族教育学"，鲜有称为"教育人类学研究"或"教育人类学"的，究其原因有如下几点：

首先，这是由于人类学这门学科作为西方的舶来品，在20世纪初中期被引入中国时，产生的名称概念上的不统一，以及后来人类学在中国发展历史的影响。20世纪初中期，人类学在英美分为体质人类学和文化人类学两大体系；在欧洲大陆的德国和前苏联则将人类学称为民族学。当时的学界泰斗蔡元培先生赴德国进修民族学，并将民族学这一学科概念首先引入中国，尽管后来的人类学家吴文藻及其学生费孝通、林耀华等人先后将英美的人类学这一学科概念引入中国。但是，20世纪50年代初的大学院系调整、民族识别工作、少数民族研究，以及西方英美人类学被称为"伪科学"，而前苏联的民族学则占据着统治地位等历史的原因，使中国人类学在很长一段时期只能仅以民族学替代文化人类学这一学科概念。当前，在西方人类学体系中，民族学基本上是作为文化人类学和体质人类学下的一门分支学科。而目前在中国的学科分类上，民族学被划分在法学门类下，而人类学则被划分在社会学门类下。同一门学科被人为地划分在截然不同的学科门类中，以至于造成了人们在学科概念上的混淆。

其次，中国的教育人类学研究一直是以少数民族教育为其研究对象，尚未以教育人类学的田野工作方法扩大关注主流民族——汉族的正规教育与非正规教育。故一直以"少数民族教育"、"民族教育"和"民族教育学"加以称谓。

再次，由于该学科领域的许多研究人员对国外教育人类学学科的历史与发展，以及研究对象和研究范围并不十分了解，导致他们对教育人类学与民族教育学学科彼此之间的关系并不是十分清晰。当然，这是一个十分复杂并带有争论的学术问题，我不在此加以讨论。但是，可以以简洁的语言来陈述，民族教育学是教育人类学的一门主要分支学科。该学科的形成与发展可大致划分为二个阶段，即民族教育学学科的孕育阶段（20世纪初—1979年）；民族教育学学科的独立阶段（1979—1990年）；民族教育学学科的完善阶段（1990— ）。

20世纪前半期，中国结束了延续几千年的封建制度而进入了民国历史时期。此时的民族关系和国家统一成为当时的主要社会问题之一。民国政府为了对少数民族进行同化和实施安抚政策，中央教育部及研究部门的专家、学者开始对边疆的少数民族教育进行了一些社会调查与研究工作，当时称为边疆教育研究。20世纪50年代至80年代的30余年里，民族教育的理论研究成果不多，而且散见在其他一些学科领域。但是，20世纪前半期的孕育，特别是中华人民共和国成立后的30年中，民族教育实践与理论研究工作，为该学科的形成与独立奠定了初步基础。

"文化大革命"结束后，民族教育实践与理论研究取得了丰硕的成果。概括这一阶段的发展有如下几个方面：（1）中央与地方民族教育教学、研究机构与学术团体相继成立，科研队伍初步形成；（2）创办了民族教育学学科的学术期刊——《民族教育研究》；（3）民族教育研究首次被纳入国家哲学、社会科学重点科研项目规划，尤其是以专著《中国少数民族教育学概论》为代表的科研成果的出版，"标志着民族教育学作为一门独立的学科基本形成"。

1991年以后，随着民族教育理论与实践研究领域的扩展与深化，民族教育学学科体系内容与研究方法得到进一步完善，具体表现在以下几个方面：

第一个方面是民族教育学学科基础理论与学科体系建设不断深化，研究领域进一步拓展。首先是民族教育学学科基础理论与学科体系建设不断深化。一门学科的创立与发展关键取决于基础理论和学科体系建设。民族教育学能否成为一门独立的学科，其基础理论和学科体系建设则是摆在理论研究者面前的一项至关重要的工作。它涉及民族教育的概念、民族教育学学科的研究对象、研究特点、研究任务与该学科的学科性质与学科体系等。学科体系包括基础学科、分支学科以及相关学科。近几年来，一些专家、学者对上述理论问题作了许多有益的探索。如《民族教育概念新析》、《论民族教育概念的形成及其范畴》等。其次是民族教育学研究领域进一步拓展。近年来，民族教育学分支学科领域研究进展已见端倪。如民族教育基础理论，除了对民族幼儿教育、民族基础教育、民族中等教育、民族高等教育、民族师范教育、民族妇女教育、民族职业技术教育、民族成人及扫盲教育的研究外，该时期的研究成果有关分支学科著作与论文涉及民族教育语言学领域、民族教育心理学领域；国外跨文化教育学领域；民族教育史领域；民族教育宗教学领域。另外，民族教育社会学、民族教育人口学、民族教育文化学、民族教育法学、民族教育经济学等分支学科领域的研究成果也不断涌现。理论与实践研究的领域日益拓展，为各分支学科走向成熟奠定了初步基础。

第二个方面是民族教育学学科研究方法的规范化、科学化与多元化。每一门学科的创立和发展，不仅要考察其理论基础、学科体系是否完善，而且还要考察该学科研究方法的规范化、科学化的程度。在20世纪80年代，中国民族教育学的初步独立阶段，研究方法主要采用经验的定性的描述性方法，定量研究占比例很小。而且，定性研究的概括性、抽象性较差。另外定量研究主要采取描述统计法，没有真正解决所研究的问题。总结起来主要有两点：一是学科本身尚处在初步形成阶段；二是学科整体研究队伍、学科训练、学术水准及科研能力均处在一个不高的水平。这一阶段发表的大部分成果是由民族教育实践工作者完成的。他们有很好的实践经验，但缺乏学术研究方法训练和学科理论知识。随着学科研究不断深入，20世纪80年代后期以来，一批经过正规学位学术训练的高校及研究所的学者们，从教育学、民族学、人类学等学科不同视角，或利用跨学科、跨文化的多种研究方法，开始进入民族教育学这一新兴的学科研究领域，20世纪90年代该学科研究方法比20世纪80年代有了进一步提高，表现在研究方法的规范化、科学化和多元化三个方面。首先是研究方法的规范化。这表现在如标有引文与注解的论文逐年增多，表明研究者开始注重论文写作的规范化问题。其次是研究方法的科学化。愈来愈多的研究人员在研究过程中注重研究方法的科学化问题。如概念的阐述、逻辑推理、假设的依据及验证、结论的分析、建议的可行性、实地调查方法（田野工作）的选择及理论依据、问卷的设计、访谈的技巧等。这表明这门学科正在走向成熟。再次是研究方法的多元化。从20世纪80年代初期的单一用经验的定性的描述方法，逐步转变为采取多元方法。如既有定性的，也有定量的研究，在定性研究中有经验描述性、调查与理性分析法、理性思辨法等；在定量研究中，有数据描述法、问卷测量法、准实验法、科学实验法、数学模型法等。既有历史追溯法，也有现实分析与综合；既有思辨性的，也有实证性的研究方法。研究方法的多元化还表现在跨文化的比较研究。如国内、国外两个具有不同文化背景民族教育的比较；跨学科的多学科系统研究方法。如根据课题研究需要，既采用人类学、民族学的田野调查法、社区研究法，同时也采用心理学的实验法、教育学的比较法、历史学的文献法等。总之，研究方法的规范化、科学化和多元化是当今民族教育学学科研究的总体发展趋势，从一个侧面反映了民族教育学学科基础理论与体系日益完善。

第三个方面是中国民族教育研究与世界该学科领域研究相互学习、合作与发展。20世纪80年代以来，随着中国民族教育学学科的独立与深入发展，出现了中国民族教育学研究与国际该学科研究逐步融合的可喜现象，主要表现在以下几个方面：首先，中国学者赴国外学习、考察、研究各国多元文化教育与教育人类学理论与实践及其在中国本土化应用。国内一些高校学者纷纷赴欧美、日本等一些发达国家留学、进修、考察与研究。通过这些学术活动，他们获得了该学科和相关学科的新知识、新理论以及新的研究方法。近几年，这些学者相继回国。一方面，他们初步开始将国外的有关教育人类学、多元文化教育、移民教育、土著教育逐步介绍给中国的学术界。另一方面，他们正在将这些新知识、新理论、新方法尝试地运用到中国民族教育学学科领域的研究之中，如《民族教育学通论》的理论框架、研究内容与研究方法的设计，就是在这样一种背景下完成的，应该说这仅仅是一个新的尝试。其次，世界各国专家学者来中国学习、考察与研究。20世纪90年代以来，美国、日本、英国、德国、瑞典、澳大利亚、印度、韩国、菲律宾、马来西亚等许多国家的学者纷纷来中国学习、考察与研究中国少数民族教育的理论与实践。在中国学者的指导与帮助下，经过多年的艰苦工作，他们中一些已经成为中国民族教育理论与实践研究的专家。通过他们的工作，中国民族教育理论与实践成果逐步被介绍到世界各国，展示了中国民族教育学学科的理论与实践成就，为该领域发展国际合作奠定了基础。再次，召开"少数民族教育国际会议"，开展国际项目交流与合作。1993年10月，中央民族大学民族教育研究所与德国歌德学院北京分院联合召开了"中德跨文化教育国际研讨会"。中德两国学者就中国与德国在少数民族教育、移民教育中的语言、文化障碍问题；文化认同问题；消除种族歧视与偏见问题；改善少数民族与移民生活环境等问题展开了学术讨论与交流。1995年10月，在中国云南昆明，原国家教委与国家民族事务委员会与中国国际教育交流中心联合召开了"少数民族教育国际学术研讨会"。许多国家的大学校长和专家、学者前来参加会议。会议讨论了各国少数民族的现状与教育，涉及各国的政治、经济、文化、语言与生态环境及民族心理等一系列理论与实践问题。1996年至1998年，中央民族大学民族教育研究所与日本福冈教育大学联合实施了日本文部省国际合作研究课题——"中国维吾尔族青少年与日本儿童生活环境与教育比较研究"。这是一项跨文化教育研究的国际合作项目，双方组成10余人的考察组，两次赴新疆南疆的喀什、和田地区进行教育人类学的田野调查，利用搜集资料、发放问卷、访谈、影视、讨论等手段，在对大量占有资料研究的基础上，召开了四次中日两国学者的国际研讨会，两次在中国中央民族大学，两次在日本福冈教育大学。发表了《中国新疆和田维吾尔族维汉双语教育考察报告》。其四，国际组织的技术援助项目——对中国少数民族教育的实地调查与研究。20世纪 90 年代以来，中国少数民族教育引起一些国际组织的关注。世界银行、亚洲开发银行、联合国教科文组织及其属下的国际儿童基金会等国际组织纷纷以各种形式支援中国少数民族教育，其中包括进行实地考察与研究工作。如世界银行的"中国贫困地区教育项目"、亚洲开发银行的"中国少数民族教育技术援助项目"等。亚洲开发银行"中国少数民族教育技术援助项目"的专家组对中国西南四省区（云南、四川、广西、贵州）进行了为期一年的实地考察与研究工作，并于 1998 年 3 月在北京召开了项目总结汇报会。项目的考察报告与研究成果丰硕，如滕星的《文化变迁中的中国凉山彝族双语社会与双语教育》研究报告、白杰瑞的《贵州民族中等师范教育研究报告》、蒋鸣和的《现代化进程中的云南民族中小学寄宿制办学研究报告》、魏新的《广西农村中小学综合改革渗透职业技术教育因素研究报告》、孟宏伟等的《少数民族地区县级教师管理信息系统总结报告》、王铁志的《中国少数民族教育政策的形成与发展》和《中国少数民族教育政策法规指南》、教育部的《教育部少数民族教育管理赴加拿大考察报告》和《亚行民族教育发展项目赴澳大利亚考察少数民族教育报告》。另外，日本文部省重点研究项目——滕星、买提热依木、阿布里米提的：《中国新疆和田维吾尔族维汉双语教育考察报告》。还有福特基金会资助的郑新蓉主持的《中国少数民族教材研究》和滕星主持的《中国云南拉祜族女童失辍学与少数民族教师培训问题研究》等。上述实地考察与研究，从理论与研究方法上为中国民族教育研究树立了范例。最后是民族教育学学科研究、教学、信息基地的建设。20 世纪 90 年代以来，国内一些高等院校纷纷建立了民族教育研究所。如中央民族大学民族教育研究所、西北师范大学民族教育研究所、内蒙古师范大学内蒙古民族教育研究中心、教育部高级教育行政学院民族教育部、北京师范大学多元文化教育研究中心等。这些高等学校设立的民族教育研究所或研究中心是中国民族教育学学科研究、教学、信息基地。例如，中央民族大学民族教育研究所已发展成集教学、科研与办刊为一体的民族教育学科研机构。在教学领域已形成学士、硕士、博士完整的教学体系，可承担民族教育学各主要方向的人才培养任务。科研工作受到国内外学术界的瞩目，并办有国内外公开发行的全国唯一的民族教育学学术期刊——《民族教育研究》。所有这些表明，中国民族教育学学科建设不仅在基础理论与学科体系、研究方法等方面日益成熟，而且在研究队伍、人才培养、国际交流、信息资料收集以及完善组织机构等方面获得了前所未有的发展。

值得一提的是，20世纪90年代初期在中国内地先后出版了两本以"教育人类学"为标题的专著。第一本是由我的大师兄人类学博士庄孔韶编写的，第二本是由华南师大教育学者冯增俊编写的。冯版的教育人类学与庄版的教育人类学比较，教育学的痕迹较重，而庄版教育人类学由于作者深厚的人类学背景以及多年在中学教书积淀的教学经验而更多凸显出教育人类学的学科特色。由于时代的原因，这两部书缺少对西方教育人类学资料较全面的把握，因此未能较全面地反映出教育人类学的历史、现状、理论与实践。

另外，冯增俊1988年编译出版了一本以"教育人类学"为题的论文集，华南师大教育学学者李其龙1999年和2001年翻译出版了两本国外哲学教育人类学著作：一本是德国的Ｏ·Ｆ·博尔诺夫的《教育人类学》；一本是奥地利的茨达齐尔的《教育人类学原理》。

2002年由我主编并由民族出版社出版了中国第一套《教育人类学丛书》，它是一套开放性的学术丛书，肩负着两个主要任务：一是系统介绍与评价国外教育人类学的理论与实践；二是在批判性继承国外教育人类学理论与方法的基础上，积累与展示中国本土教育人类学的理论与个案研究的最新和重大研究成果。它提倡走出书斋用文化人类学的田野工作方法去研究当今中国的学校正规教育与社区、家庭的非正规教育。特别关注中国社会少数民族、妇女、残疾人和低社会阶层等弱势群体的教育问题，倡导书斋研究与田野工作相结合，即理论与实践相结合的学风；推崇"百花齐放，百家争鸣"的学术自由与理论创新精神。我们相信，该丛书的出版将在教育学与人类学学科之间搭起一座桥梁，它必将进一步推动教育学与人类学学科之间的相互渗透与整合，为教育学和人类学开辟出一块新的学术研究领域，从而为中国的教育改革作出贡献。

近20年，中国内地教育人类学研究走过了与美国教育人类学学科发展头20年几乎相同的道路，即从非学术化到初步学术化的历程。随着中国西部大开发的推进，许多国际组织机构、中国政府与社会对少数民族地区多元文化教育的重视，教育人类学这门学科必将大有用武之地并因而获得广泛的学术发展前景。

徐：现在很多人都在谈学科意识，您认为教育人类学的学科意识应该包括些什么？

滕：我认为教育人类学的学科意识大体应该包括如下几点：第一，从哲学教育人类学的学科意识出发教育人类学应该建立人本主义的教育理念，即以人为本的教育思想，不是将人作为劳动力培养，而是要更多关心人的喜、怒、哀、乐等基本的需求。第二，教育人类学学科的核心概念是"文化"，与文化相关的一些基本概念有"文化传承"、"文化习得"、"文化创新"、"文化积淀"、"文化理解"、"文化选择"等。第三，从文化教育人类学的视角出发，应该建立文化多样性是人类的宝贵财富和资源的理念，文化多样性的丧失与生物多样性的丧失对人类是同样的灾难，保护和传承文化的多样性是教育人类学的基本理念，也是对作为人是某种文化动物的一种人文关怀。第四，教育人类学的学科意识应包括文化多样性的保护与传承，要与人类文化的共性相结合，要做到有机的平衡。教育人类学提倡有着不同文化背景的少数民族成员既要学会融入主流社会，同时也要了解本民族优秀的传统文化。教育人类学提倡这样一种教育实践。第五，教育人类学继承了文化人类学田野工作的研究方法，提倡走出书斋，从田野中获得第一手资料，并在此基础上形成理论。它力图克服传统教育学封闭的书斋式研究模式，并提倡从文化传承与创新的角度去理解教育，提倡一种跨学科研究。第六，教育人类学提倡关心弱势群体，提倡教育机会均等。第七，教育人类学提倡每个文化群体的成员都有其文化选择权，并希望社会和政府能给这种文化选择权提供符合个体与群体适合他们要求的、不同种类的教育资源。第八，教育人类学研究的视野不仅包括学校正规教育，更包括家庭、社区的非正规教育，它涉及文化传承的所有领域。

总之，教育人类学既反对同化教育，也反对文化隔离主义的、自我文化边缘化的教育，教育人类学的教育目标是将那些有着不同文化背景的群体与个体培养成为既有自我文化的认同感又有跨文化理念、态度与行为的现代人。

徐：田野调查一向是人类学家的基本功，20世纪90年代以后，您在国内外做了很多教育人类学的田野工作，下面请您谈谈做田野调查的经验和体会。

滕：我从事民族教育问题研究已有20年。这20年当中，我去过大部分少数民族地区，20世纪90年代以前基本上是作为一般的、短期的考察，尽管这些不能从严格的意义上成为田野工作，但这些经历给我做民族教育提供了很好的感性经验基础。我的真正的田野工作始于90年代中期以后，在做亚洲开发银行、世界银行、英国海外发展部和日本文部省的项目期间，这些田野工作事先都有周密的研究计划、研究内容、研究方法以及资料、设备各方面的详细准备，每次田野工作在数月之间，有的田野工作点要去数次。这些田野工作最后形成的报告、论文有的已经出版，有的还正在后期的整理工作当中。那么，我的三个主要的田野点地方：一个是凉山彝族社区，一个是云南澜沧拉祜族社区，第三个就是新疆和田维吾尔族社区。研究的主要内容是社区文化变迁与双语教育问题，还有女童教育问题等。除此之外，我在20世纪90年代初学习时，在美国夏威夷做过夏威夷土著人的田野考察。在美国加利福尼亚州伯克利大学研究期间，我曾赴亚利桑那州印第安保留地、奥克兰市非裔美国人社区、墨西哥裔美国人社区、旧金山、纽约、底特律、芝加哥的唐人街、纽约艾莉斯岛早期移民检查站、旧金山天使岛监狱遗址等地都作过初步考察。这些考察是基于我的富布莱特基金项目的支持，该项目主要研究美国的多元文化社会与多元文化教育。这些美国的田野工作对我了解美国多元文化社会的性质以及项目的完成提供了第一手资料。

　　人类学的田野工作应该说是人类学的一个看家本领，是人类学区别于其他学科的重要标志。教育人类学是人类学的分支学科，其田野工作的方法也是教育人类学的重要研究方法。有关人类学的田野调查人类学家已经谈了很多了，我这里只想谈一谈田野工作对教育学研究的影响。作为人类学分支学科的教育人类学采用的主要研究方法为人类学的"田野工作"，"田野工作"采用的具体技术主要为实地观察法与访谈法。这种研究技术要求研究者长期生活在被调查的对象之中，与被研究者打成一片，而不论这种研究是在学校课堂中进行，在都市邻里间进行，还是在远离城市的农村社区进行。由于需要搜集记录和整理有关当地人的行为或每日发生的事情，人类学家长期生活在所调查的社区是必不可少的。与当地人建立良好的关系，能够使教育人类学获得正确的信息。为了获得可信赖的信息资料，在实地观察访谈时采用当地人的语言将是十分有益的。教育人类学的目标是在基于直接观察和准确理解当地人的真实观点的基础上，对教育的事件、情形作充分的描述。描述的目的是为对某一民族文化、语言与教育等特殊问题作进一步深入理解提供信息。

当教育研究领域民族志研究日益成为时髦的时候，人们必须牢记，教育人类学的民族志研究与传统教育学定性研究并非完全一致，因为民族志研究方法的主要特性，并非由于它的定性研究，这与其他社会科学使用的直线式定性研究有重大区别。人类学家是探索者，他具有一定的专业思想，为了验证这些思想的正确性，从而构建较完整的思想与知识架构，他必须通过田野工作的实地观察、访谈、问卷与分析等形式验证他的假设，发现新的问题，最终做出正确的判断、建议与结论，为理论建设与社会实践作出贡献。

中国的教育学研究方法主要是借助于文献的、书斋的思辨式和实验研究两大研究方法。由于教育学本质上是一门实践性、应用性很强的学科，仅采用借助于文献的、书斋式的思辨式研究方法容易使教育学的理论研究和实践相脱离，而借鉴于自然科学的教育实验研究方法不仅具有很强的机械性而且还很难揭示教育的文化本质。人类学的田野工作方法使研究教育的学者走入日常的生活实践，亲自感悟，观察教育、教学的现实生活，从而体验、理解教育者和受教育者他们的思想和行为，了解教育、教学的现状，在此经验基础上，进行归纳、演绎，并进行理论阐述。特别是在当前中国教育学研究弥漫着脱离实践的、书斋式的学风倾向下，教育学引入人类学的田野工作，提倡在田野工作的实证主义基础上与理论阐述相结合的研究方法，不仅对具有跨文化背景的少数民族教育有重要意义，而且对研究同质社会的汉族教育也同样具有重要意义。20世纪70年代以后，美国的人类学的田野工作方法对美国的教育学产生了很大的影响，美国的教育学界以用人类学的田野工作方法研究教育为时髦,在教育学用语即所谓的"质"的研究。近几年,北京大学、清华大学、北京师范大学、华东师范大学、西北师范大学、西南师范大学、新疆师范大学、内蒙古师范大学等一些大学的教育学者和研究生,已经开始注重采用人类学的田野工作方法进行项目与课题的研究工作,发表了许多有关的研究报告和论文,取得了许多令人瞩目的成果。但是,除了要在教育学界进一步大力普及文化人类学的理论知识以外,如何将人类学的田野工作的整套方法和技术正确地运用到教育、教学领域的研究,是当前教育学界应思考的一个重要的问题,也是教育人类学学科培训的重点内容之一。

徐:您一直提倡要在中国的师范大学教育学院开设文化人类学的课程,普及文化人类学的知识,不知其中的缘由何在?

滕:美国人类学家在20世纪50年代后期,呼吁通过开设不同课程和学术讲座,在大学和中小学普及文化人类学的知识,并为此编写了许多不同程度和版本的文化人类学的教材,这对美国在20世纪70年代以后大力提倡采用文化人类学的理论框架和田野工作的研究方法进行教育学研究起到了至关重要的影响。至于为什么要在教育学界普及文化人类学的知识,简言之,教育是对人的教育,教育是一种文化传承。因此,可以说文化人类学是教育学研究的基础学科之一。所以应该在中国的各师范大学教育学院和教育系普遍开设文化人类学课程和学术讲座。近几年,我受北京大学、清华大学、北京师范大学、华东师范大学、西北师范大学、西南师范大学、新疆师范大学、内蒙古师范大学等一些大学的邀请,为他们开设了一些有关文化人类学和教育人类学的学术讲座,并在北京师范大学的教育学院系统开设了硕士、博士研究生文化人类学理论与研究方法课程,学生报名踊跃,学习热情和兴趣很高,取得了很好的教学效果。

徐:您在田野调查和书斋研究的基础上,提出了"多元文化整合教育理论",能具体谈谈吗?

滕：我通过多年对国内外民族教育理论和多元文化教育理论的潜心研究与分析，提出了在一个多民族国家就实施"多元文化整合教育"的"多元文化整合教育理论"（Multicultural Integration Education Theory），也称为"多元一体化教育理论"。

多元文化整合教育理论提出的思想来源有三个方面：第一，国外20世纪50年代后期美国的社会族群文化理论中的"文化多元一体"（multicultural integration）思想；第二，费孝通先生在中华儒家思想文化的"美美与共，天下大同"影响下提出的"中华民族多元一体格局理论"；第三，我的导师林耀华先生毕生学术研究中坚持的"均衡论思想"。所谓的"均衡论思想"认为，"人与人的互动关系无论如何变动，都始终趋向维持一种均衡状态，人类的生命无不摇摆于均衡与不均衡的状态之间。人群团体间也同样存在互动，这种互动关系可能随时变迁但始终趋向维持着一种均衡。当人与人或团体间受到外力等因素影响后，原来的均衡状态可能暂时改变，而当外力消失时，就会恢复原来的均衡。但是当外力冲击猛烈且持久时，可能在相当时期存在一种混乱的不均衡状态。但成员之间经过一定时间互动调适，最终还是会演变成另一种均衡状态。新的均衡状态可能包含原来因素的重新组合，但已与原状态有可观的不同。这种调适能力决定于各种技术、行为、符号和习惯等文化因素。"

"多元文化整合教育理论"构想形成的依据是：在一个多民族国家中，无论是主流民族还是少数民族，都有其独特的传统文化。在人类漫长的历史发展过程中，由于各民族自我文化传递和各民族间文化的相互交往，各民族在文化上形成了"你中有我，我中有你"的特点。不仅主流民族文化吸收了各少数民族文化，而且各少数民族文化中也打上了主流民族文化的烙印，形成了在一个多民族国家大家庭中，多种民族文化并存并共同组成代表某一多民族国家的"共同文化群体",即形成如费孝通教授所说的文化上的"多元一体格局"。

"多元文化整合教育理论"认为,一个多民族国家的教育,在担负人类共同文化成果传递功能的同时,不仅要担负传递本国主流民族优秀传统文化的功能,而且同时也要担负起传递本国各少数民族优秀传统文化的功能。"多元文化整合教育"对象不仅包括少数民族成员,而且也包括主流民族成员。"多元文化整合教育"的内容,除了包括主流民族文化外,还要含有少数民族文化的内容。少数民族不但要学习本民族传统优秀文化,而且也要学习主流民族文化,以提高少数民族年青一代适应主体文化社会的能力,求得个人最大限度的发展。主流民族成员除了学习本民族文化外,还应学习少数民族文化。"多元文化整合教育"的目的是,继承各民族优秀文化遗产;加强各民族间的文化交流;促进多民族大家庭在经济上共同发展、在文化上共同繁荣;在政治上各民族相互尊重、平等、友好与和睦相处,最终实现各民族大团结。

我认为这一理论不免带有某些理想主义的色彩,然而,也具有很强的现实性。在一个民族不分大小,提倡平等的、民主的教育实践的多民族国家的现实中,应成为国家和地方政府制定教育方针、政策的指导思想。

徐:现在,少数民族教育研究的成果也多起来了,但大多数研究都没有什么"新意",除了您的《文化变迁与双语教育——凉山彝族社区教育人类学的田野工作与文本撰述》等一些著作外,高质量的教育人类学读物并不多见,特别是那些既有中国本土田野工作第一手资料又有理论阐释的高质量读物更是少见,您能给这些研究者提供些新的研究思路和视角吗?

滕:您提到的这个问题很重要。现在有关以少数民族教育为研究对象的教育人类学的研究成果逐渐多了起来,但大多数的研究都没有新意，主要有几点原因：第一，研究者的素质问题，即研究者的知识结构有缺陷。我曾讲过作为教育人类学的研究特别是以少数民族教育为对象的跨文化研究对研究者的知识结构有很高的要求。研究者要具备教育学、人类学、社会学以及心理学、语言学等相关学科的知识，然而这些知识的获得却需要经过长期的训练，这里就涉及一个读书的问题。一个教育人类学学者不仅要读教育学的书籍，更应该读文化人类学的书籍以及其他相关学科的书籍。要想做好学问，必须先读好书。目前的状态是很多研究少数民族教育的教育学背景出身的学者，缺乏文化人类学的知识架构，一些文化人类学背景出身的学者缺少教育学、心理学的训练，这是导致大多数的研究都缺少新意、缺少创见的主要原因。第二，与读书相关的就是思考。做学问不能死读书，要学会思考，即所谓"勤于思，敏于学"、"学而不思则罔"就是这个道理。第三，大多数的少数民族教育研究缺乏科学的、扎实的田野工作，在没有第一手资料的基础上泛泛而论，这些研究当然大多也就没有什么价值。第四，就是一个体制问题。在现行的教学科研体制下，一些研究者为了评职称等与个人实际利益相关的追求，导致凑论文篇数、字数，而不求高质量的研究结果。这是中国目前学术研究普遍存在的一个通病，需要从制度上加以解决，给研究者一个宽松的、自由的学术环境。第五，学术研究的风险问题。以少数民族教育为对象的教育人类学研究涉及一些国家政治上比较敏感的问题，比如说语言教育问题、宗教教育问题、不同族群的混校与分校问题、教育机会均等等问题，然而这些教育问题却是少数民族教育当中不可避免的研究领域。学术研究本质上是为了追求真理，然而，追求真理必然会在政治上冒一定的风险，一个学者如何做到既能追求真理，又能降低政治风险是一件既需要勇气又需要技巧的复杂工作。当然，所有这些均涉及研究者的信仰、价值观、立场等重要方面，也涉及研究者的人格倾向。中国少数民族教育研究不仅是中国教育研究的组成部分，更是中国民族研究的重要组成部分，因此，我认为，作为一个教育人类学研究者应站在国家统一、民族团结的多元文化整合教育理论、思想、立场上，对少数民族教育作客观的分析，而不是在追求真理的过程中受到某种社会与政治压力后，丧失对真理的追求，而向某些利益集团做出妥协。研究者要努力从文化进化论和文化相对论的有机统一的观点，从人类文化的共性与差异性，文化的普世主义与文化的多元主义，教育机会均等与文化差异，主流民族与少数民族，族群平等与个人平等等对立统一的辩证思想指导下，进行卓有成效的研究工作。这也是我对林耀华先生均衡论思想的理解。我的专著《文化变迁与双语教育——凉山彝族社区教育人类学的田野工作与文本撰述》就是在上述理念指导下完成的。

徐：我注意到，去年美国著名的《基督教科学箴言报》、《高等教育周刊》相继对您在云南中缅边界澜沧拉祜族女童失辍学问题的田野调查、创办由福特基金会资助的拉祜族女童班，以及您有关在中国如何办好民族学院的学术观点做了大篇幅报道。特别是《高等教育周刊》（2002 年 7 月 26 日第 A46－48 版）题目很有意思，《中国关于如何最好地开展少数民族教育的论争——关键在于是保留少数民族文化还是融入主流文化》，您说过报道有些失真，并没有全面反映您的观点，我想知道您对这个问题究竟怎么看？

滕：我想您提了一个非常有意思、非常敏感但却在以少数民族教育为核心的教育人类学研究中不可忽视的一个重要的问题。因为它不仅仅是中国这样一个多民族国家教育面临的问题，而且也是全世界多民族国家面临的一个非常有争议的问题，也是学术研究当中不可回避的问题。在 20 世纪 60 年代以前，美国的教育实行的是种族隔离，黑人上黑人的学校，白人上白人的学校。但是，在20世纪60年代美国民权运动的冲击下，这种种族隔离制的教育体制被彻底冲垮了。美国有色人种的学生从此可以和美国主流民族的白人学生在同一个校园里、课堂上学习。这对消除美国社会的种族歧视、种族偏见，加强不同肤色、不同宗教信仰、不同阶层的学生在文化上的相互沟通、相互理解，养成平等意识的跨文化态度、行为及技巧起到了积极的作用，并对美国实现不同族群的相互融合，建构一个平等社会起到了积极的效果。

中国是一个由56个民族组成的多民族国家，从20世纪50年代以来，中国政府在教育领域实行了一系列对少数民族学生的优惠政策，例如，高考降低分数段政策、双语教育政策等，这些政策为提高少数民族人口素质和少数民族地区社会经济发展起到了十分重要的作用。在大、中、小学校不同教学阶段上，中国政府采取了普通学校教育（汉文化教育）与民族学校教育并举的方针。特别是20世纪80年代改革开放以后，在一些民族地区建立了用少数民族语言教学的从小学到大学的一条龙民族教育体制，专门招收少数民族学生。但是，从20世纪80年代后期，这种少数民族学校面临着生源不足、市场就业困难导致的逐步萎缩的状态。在全球一体化和社会一体化的现实大背景下，如何在构建学校教育制度方面更好地实施对少数民族学生进行教育，是我们国家面临的一个重要问题。当前在中国少数民族教育研究领域有一个十分重要的研究课题，就是不同族群的混校与分校的问题，也就是说在多民族杂居地区的大、中、小学阶段，是为少数民族学生单独设立学校或学院，还是设立普通大、中、小学，让少数民族学生与汉族学生在一个共同的课堂和校园里学习。这不仅仅是一个学校设置形式问题，实质上也是一个民族教育研究的重要理论问题，是中国这样一个多民族国家的基本国策问题。它直接牵涉到国家统一、民族团结这样一个重大政治问题；牵涉到通过不同阶段的教育既能够让少数民族成员保留传统文化又能够让他们顺利地融入主流社会；牵涉到如何解决少数民族学生由于隔离教育而产生的消极族群意识和文化自卑感的现象并建构积极的跨文化态度与行为；牵涉到如何解决主流社会的汉族学生由于隔离教育而产生的对少数民族成员的消极刻板印象的现象；牵涉到如何更好地让汉族学生消除种族歧视和偏见，养成善待以少数民族为代表的弱势群体的正确的社会道德意识。

20世纪后半期，世界各多民族国家都面临着如何在既保持国家统一的政治框架，又能在这一政治架构下保持民族文化的多元性这一人类面临的挑战。大多数多民族国家政府在公共教育领域里基本采取的是让主流民族学生与少数民族学生共同在同一校园学习、生活，以此增加主流民族学生与少数民族学生的彼此交流的机会。在此框架下，对少数民族学生实施相应的民族教育优惠政策，可供我们加以借鉴。

在中国多民族杂居地区建立不同族群混校和分校的问题上，我的观点如下：一是要因地制宜，不能一刀切；二是在尽可能的条件下，建立不同族群的混校是21世纪中国各级各类学校的最佳选择。其目标是培养既能保持自我文化认同又能适应21世纪的具有跨文化意识、态度和行为的全球人。

徐：您主要研究教育人类学，那么教育人类学作为人类学的分支学科，您对人类学的教育、教学有什么建议？

滕：您又问了一个很好的问题。教育人类学是人类学的一门分支学科，它填补了人类学在教育领域里的研究空白。我们已经谈到过教育是一种文化传承、整合和创新的机制。我们人类与动物最大的区别就是建构了以符号为主要特征的文化，而且人类也是靠文化而赖以生存的一种生物。人类面临的一个最大的问题就是如何将我们前辈创造的文化传递给下一代，而这恰恰是文化人类学需要研究的一个核心问题。因此，这就决定了教育人类学是人类学不可或缺的一个重要研究领域。传统人类学的研究领域很少包括学校教育问题的研究，这是因为在20世纪50年代以前，文化人类学主要研究的对象是那些远离所谓文明社会的原始部落，在那些原始部落当中，现代意义上的学校教育尚未产生。那时的教育是一种非正规教育，隐含在所谓"他者"的日常生产和生活实践中。人类学家对学校教育的关注基本上是从20世纪50年代以后开始的，因而产生了教育人类学这一门学科。人类学家将学校教育视为人类全部教育的特殊形式之一。随着21世纪信息社会的来临，学校教育在文化传承中的社会功能将越来越大，因此人类学家不仅要将非正规教育而且还要将正规的学校教育纳入自己的研究视野。当前，中国人类学分支学科的建构尚处在一个初级阶段，如教育人类学、心理人类学、医学人类学、宗教人类学、历史人类学、政治人类学、女性人类学、影视人类学等，还没有完成相应的学科、教学体系的建构。它包括相关分支学科的教材、教学参考书的编写，相应的课程计划的制订与落实，教学师资队伍的培养与培训，某种程度上阻碍了人类学在中国社会的普及与发展。教育人类学也面临着同样的问题。因此我建议：第一，人类学要加强包括教育人类学在内的分支学科的建设，组织力量编写相关分支学科的教材与教学参考书，也可以先翻译或编写介绍国外相关分支学科的一些教材和教学参考书，然后再编写具有中国本土特色的相关教材和教学参考书；第二，在各大学人类学系、民族学系和相关的研究机构，积极建设相关分支学科的本科和研究生的课程计划，培养后备力量；第三，加强人类学各分支学科的师资培养，有条件的送往国外学习深造；第四，尽可能地利用各种教学资源邀请国内外人类学相关分支学科的权威学者开展学术讲座；第五，加强分支学科教材、教学参考书的出版工作；第六，加强人类学学者与其他相关领域学者之间的跨学科学术交流与合作，共同建设、发展人类学的相关分支学科。上述建议是我国人类学教育、教学的一项长期而艰苦的工作。

徐：您近几年主编并出版了中国第一套《教育人类学研究丛书》，还与哈经雄教授主编出版了《民族教育学通论》教材，另外，您还出版了专著《文化变迁与双语教育——凉山彝族社区教育人类学的田野工作与文本撰述》，该书还获得了 2003 年国家图书奖二等奖，还有您的论文集《族群、文化与教育》，这些成果在国内外学术界产生了一定的影响。您作为目前国内外知名的教育人类学家，您认为教育人类学在中国能有哪些作为？用几句简短的话来预测一下教育人类学的发展前景，也算作是对教育人类学学科发展的祝福。

滕：一门学科从起步到成熟一般需要几十年到上百年几代人的共同努力。我近 20 多年的工作仅仅是为中国本土教育人类学学科发展铺了一块垫脚石，中国教育人类学学科建设还是一项长期的工作，还需要中国人类学、教育学等相关领域里的学者几代人的共同努力。当前，随着教育功能在信息社会的扩大和不断增强，教育问题必将成为人类学家关注的研究领域，特别是在多民族国家，如何使不同族群的成员和平共处、相互融合、共同发展，教育起着至关重要的作用。因此，教育人类学有着很好的发展前景。由于中国是一个拥有 56 个民族的多民族国家，又由于中国社会目前还存在着族群差异、区域差异、城乡差异、阶层差异和性别差异，这些差异客观上导致了教育不平等的社会现象，这些差异的深层是一种文化差异。因此，作为以"文化"为核心研究概念的教育人类学承担着不可推卸的研究与指导实践的职责，这也预示着教育人类学在中国社会有广阔的需求和用武之地。希望中国的人类学家和教育学家携起手来关注教育人类学研究领域的发展。我相信，教育人类学在中国会有一个广阔的发展前景。

【原载《广西民族学院学报》（哲学社会科学版）2004 年第 2 期】

山水云霓任观瞻

——广西师范大学覃德清教授访谈录

徐杰舜

徐杰舜（以下简称徐）：很早就想约时间做个访谈，几次见面又匆匆而别。我知道你原来学的是文学，首先想了解你有何机缘接触与人类学有关的研究？

覃德清（以下简称覃）：两年前就知道您在做人类学研究者的系列访谈，还准备结集成书，这确实是徐老师为人类学界做的又一件好事。实在抱歉的是，接到您的约请后，迟迟没

覃德清教授

有回应，主要是觉得自己资历尚浅，成果不多，没有什么好谈的。后来觉得徐老师的本意不是论资排辈，而是为了增进了解，也就抽暇来同您沟通交流，借此机会顺便梳理一下以往调查研究的思路。

回忆我走上人类学研究之路，思绪回到令人激奋而难忘的20世纪80年代。我于1982年进入华中师范大学中文系学习，

当时并没有明确的主攻目标，随着学校开设的课程听课、看书、学习，先后对现当代文学、美学发生短暂的兴趣。到三年级，民间文学与民俗学研究专家刘守华先生给我们开设了一门"民间文学概论"选修课，才使我真正发现了自己的兴趣所在，同时有了接触人类学的机缘。至今仍然记得在寒冷的隆冬之夜，我们围着火堆聆听刘老师给我们讲授民间文学知识的场景。当时，我们成立了民间文学课外活动小组，还编印了《楚苑》小刊物，刘老师给予精心指导，鼓励我们利用假期回家乡调查。家乡丰富的壮族民歌和叙事长诗资料，令我如入山拾柴，收获不少，不免稚嫩，却由此渐渐地进入异彩纷呈的民族民间文化研究领域。

由于本科阶段的民间文学课很少，刘老师让我们年级热心民间文学的同学旁听了民间文学专业研究生的一些课程。有幸的是，当时适逢美籍华人、伊利诺伊州立大学教授、著名的民间文学专家丁乃通先生来武汉为刘老师的研究生做系列讲座，我们得以同陈建宪、黄永林、何红一等研究生一起聆听丁先生的教诲。丁先生讲课内容很专很精，他运用芬兰历史—地理学派的方法，花大量的时间和精力研究几个故事在全世界的传播过程和分布情况，具体讲授内容已经淡忘，唯知一个普通的故事在全世界的传播，同人类的迁徙史、移民史、交通史、比较文学研究和文化交流史，都存在某种对应关系，其中的学问高深而广博。丁先生对作为中国文化组成部分的中国民间故事怀有深厚的挚爱之情，我们深受感动，至今记忆犹新，历历在目。他腿脚不便，却以顽强的毅力，花8年时间按照A—T分类法编成《中国民间故事类型索引》。他回美国后，还给我寄来关于希腊神话的一本书，勉励我潜心学术。这种激励后学的精神为我今后从事学术研究，在心底埋下星星火种，认识到民族民间文化是一笔宝贵的精神财富，具有重要的研究价值，值得做深入的研究。

徐：大学阶段的学习是一个重要的基础，你有了比较好的机缘接触与人类学密切相关的领域，大学毕业后的路是怎么走过来的？从民间文学转到人类学也需要一个很长的过程吧？

覃：民间文艺学与文化人类学都关注"小传统"层面的文化现象，都强调实地调查，两者之间存在潜脉暗通的关系。由于接触民间文学时已经快要毕业了，就抓紧时间多看书。当时，中国民间文艺家协会主办民间文学刊授大学，开设了10多门课程，其中有一门就是文化人类学，我买了全套教材。厦门大学蒋炳钊先生撰写的文化人类学简明教材资料刊登在《民间文学论坛》上，由此我对文化人类学有了更进一步的了解。深感拓展民间文学研究，离不开文化人类学。另外，当时全国学术界正在兴起"文化热"，探讨中国文化和中西文化比较的文章铺天盖地，人们亢奋有余，冷静不足。我也深受影响，同时发现研究中国文化问题，没有以研究人类各民族文化为己任的文化人类学的全面参与，是不可思议的。因此，就尽力购买与人类学有关的书籍，慢慢地学习，当时翻译的外国人类学名著也不少，读了以后颇有收获，也被人类学所特有的魅力深深吸引，浸润其中，其乐融融。

1986年，我顺利考上广西师范大学中文系硕士研究生，学的是中国少数民族语言文学专业，师从壮族文学研究专家欧阳若修教授，给我们上课的还有壮学专家周作秋教授、黄绍清教授，以及侗族学者蒙书翰教授。他们学有专攻，对民族文化研究事业饱含深情，执著追求，矢志不移，在中国少数民族文学史研究方面，取得了显著的成绩。他们对学生关爱有加，为学生的成长创造良好的条件。经过3年的学习，我有时间系统学习民间文艺学、民俗学、民族学、人类学、歌谣学、神话学的知识，加深了对壮侗族群文化的认识和了解，把从前的兴趣和爱好，转化成专业知识。1989年毕业后留校任教至1995年6月，其间下基层锻炼一年，在广西全州县永岁乡任宣传干事，然后回中文系讲授民间文学、壮族文学、民俗与旅游、中国文化概论和文化人类学等必修和选修课程。由于这几门课程都是相通的，讲授起来比较得心应手。从1985年开始接触文化人类学，到1995年考上中山大学人类学专业博士研究生，整整10年时间。这一转化过程，虽然有一些小的曲折，但总体上还是比较顺利的。主要归功于我在从本科生到博士研究生的不同阶段，都遇上了对我悉心指导、呵护备至的好老师。我深深体会到遇良师而受教，实为人生一大幸事。

徐：中山大学给你留下的最深印象是什么？黄淑娉教授对你的影响应当是相当深刻的。

覃：1995年前后，全国许多高校出台优惠政策，鼓励莘莘学子攻读博士学位，考博由冷变热，竞争十分激烈。我也自觉不自觉地卷入这个行列。改变生活境遇是动力之一，但主要还是为了学业的长进。我执迷于人类学的教学和研究，但不是人类学科班出身，没有专门学过人类学课程，学习、教学、调查、研究四个环节交织在一起，实在是底气不足。中文系给我开设文化人类学选修课，是一种鼓励开拓创新的宽容。我需要更系统地学习人类学的理论知识。

中山大学是人类学的重镇所在，20世纪二三十年代开始就有一批中国人类学的开拓者在这里辛勤耕耘，传道授业。1981年复办之后，获得首批博士学位授予权，成为国内唯一具有学士、硕士、博士三个办学层次和按照美国人类学传统分为体质人类学、语言人类学、考古人类学和文化人类学四个分支学科体系的教学单位。我对中山大学向往已久，不时关注那里的研究动态。另外，我知道藏族的格勒师从梁钊韬先生成为藏族的第一个人类学博士，《光明日报》头版刊登了对他的长篇专访。对此，我感触颇深，也萌生了努力成为壮族的人类学博士的念头。所幸的是得到黄淑娉教授和中山大学人类学系有关教师的认可，使我得以如愿以偿。

黄淑娉老师和中山大学其他老师对我的影响无疑是至深至远的。由于1995年春季入学的何国强和秋季入学的我都是由其他专业转来人类学系，黄老师安排我们补学了体质人类学和考古人类学的知识，增加了相关的感性认识。收获最大的还是对人类学外文原著的研读。黄老师让我们分别看英文版的人类学著作，然后分别评述，交流心得，黄老师家的客厅成为我们经常交流的场所。我和何国强还不时去龚佩华老师家研读南方民族文献，那种平等对话的轻松而活跃的气氛，在书海中探寻学理的场景，对社会人生的深层共鸣，至今不时在脑海中浮现，成为人生的一种美好记忆。

徐： 看来你的导师对你的成长起到了至关重要的作用。我想多少美誉对黄先生来说也许不是最重要的，理解她那一辈学者的心志，也许更为重要。

覃： 确实如此。正如《礼记·学记》所云："善歌者，使人继其声；善教者，使人继其志"，黄师主要不是用语言，更多的是用行动来体现自己的志向，潜移默化地让学生知道应该做什么，而不应该做什么。我知道黄老师的其他弟子庄孔韶、周大鸣、何国强、孙庆忠等学长，都在不同的场合对黄老师人品文品，表示崇高的敬意。在中山大学人类学系主办的庆祝黄淑娉教授从教50周年暨文化人类学理论方法研讨会上，学校领导对黄先生的贡献，做了充分肯定，黄师一再表示不敢当。黄师为人为文都是内蕴张力而保持心境的平静，虚心学习，诚恳做事，不事张扬。1997年和她一起到云南大学参加第二届人类学高级研讨班，她总是抱着学习的态度，认真听讲，认真做笔记。

多年来，断断续续地研读黄师的著作和论文，深深感受到前辈学者治学的风范，立场坚定而注重推陈出新，观点鲜明而言之有物，田野调查与理论研究相互印证，在平实的陈述中蕴涵着深厚的学术功底，在冷静的学术思辨中浸透着诚挚的人文关怀，达到为文为学之执著探索与为人处世之坚守道德良知相辅相成的境界。

与黄师讨论学术问题，所感受到的常常是为中国人类学在理论与方法上未能及时创新并与国外人类学界接轨的焦虑，期待着中国人类学更多吸收借鉴前沿的理论成果，在如火如荼的时代大变革浪潮中，发挥更大的作用，成为世纪显学。

我自知才识胆力之不逮，难以有大的作为。但是，薪火相传人文传统的感召，时时萦绕心间，也努力把在中山大学领受的人类学的学术薪火，从珠江下游传递到珠江流域中上游，传到广西各民族聚居区，培养更多土生土长而又视野开阔的人类学研究人才，传到与人类学相关的人文社会科学，扩大人类学的影响力，让人类学的理论方法和认知模式为越来越多的人所接受，发挥人类学作为基础人文学科和素质教育学科的巨大作用。

徐：从你的经历看，与其说是文学到人类学的跨越，不如说是一种延伸和拓展。中外人类学历史上由其他专业转向人类学的学者很多，说明人类学本身富有开放性和包容性。

覃：也许这正是人类学富有生机活力的奥妙所在。试想一门学科总是画地为牢，人为地设置鸿沟，排他性甚于兼容性，唯我正宗，不容他人染指，用一种固定的尺度去衡量他人的论著"是或者不是人类学"，或者看不惯本学科的研究者转向其他学科，力图自立门户，维护本学科的"纯洁性"，自创一些缺乏深厚根基的理论框架，这种强烈的"学科意识"，精神可嘉，但不利于学术的发展和理论的创新。各门学科的划分，不应成为少数人垄断的谋生手段、学术资源和权利资本。本来人类文化的知识体系是相互交叉、相互关联、相互渗透而密不可分的。现在有不同学科的分野，是因为不同的学科有不同的学科渊源、不同的探视视角，理应取长补短，和谐共进。

人类学家的足迹遍布各个地域的山山水水，这本身具有极大的开放性和拓展性，古人云："仁者乐山，智者乐水"，"读万卷书，行万里路"，一山一水，一草一木，融入心际，了解一方水土所养的一方人，是人类学、民俗学、社会学等学科的研究者和爱好者的天职。而且面对同样一座山，往往"横看成岭侧成峰，远近高低各不同"，审视视角的多样性，展示了人类文化的复杂性。这也是不同学科互补共存的价值所在，人类学应该包容不同的审视视角，秉持开放性和兼容性的学术传统。

不妨把人类学研究的对象喻为"一座座山、一汪汪水、一朵朵云"，任由人们从不同的侧面去观赏，去解读。远观，近观，仰观，俯观，静观，动观，环观，任由自便，各显神通，何来高下之别？

徐：所以，这次访谈的主题定为"山水云霓任观瞻"，确实富有诗意。

覃：我从小生活在田峒与山区交界的壮族地区，老家那里是"开门见山"，人们依山傍水而居，可谓依山依水谋生。我上大学之前，日常生活都同山水有关，经常上山割草，下河捉鱼，种水稻，收花生，放牛山野间，车水灌田园。备尝社会底层民众的喜怒哀乐忧思伤。但从总体上说，老百姓总是容易知足而乐观，生活清贫，也抑制不住他们的歌才和幽默。我所在的村落，不少水田要车水灌溉，别的村子的人就编歌挖苦："有女莫嫁波台村，天天车水汗纷纷，扛起水车像大炮，游了一村又一村。"

现在，在桂林的家则是"开窗见山"，看书、打字累了，从窗口远眺浓淡相宜、层次分明的逶迤不绝的高山，凝望变幻莫测的云彩，浮想联翩，灵感袭来，喜由心生。

观赏山水云霓，可进可退，伸展自如。既可远离纷纷攘攘的尘世间，抛开世俗烦恼，逍遥世外，求得耳根清净，心境谐和。另一方面，也可推知国运民生，因为天上云卷云舒，地上花开花落，总关人情世态，民生疾苦。天空湛蓝，星光闪烁；山上绿树成林，飞鸟嘤嘤；地上河水清澈，鱼翔浅底，令人赏心悦目，人民可安居乐业。而天上灰蒙蒙，日月暗淡无光；山上光秃秃，寸草不生；江河断流，污水泛滥，必将危及当地民众的生存。正是：山清水绿祥云现，国运昌隆民安康。

徐：**人类学研究历来十分关注人与地理环境的关系，2002年12月，台湾东华大学举办了"依山依水族群文化与社会发展研讨会"，与会学者探讨了不同民族在不同生态环境中的生存策略，李亦园先生强调要从"人如何利用文化与环境的调适互动的系统机制"去探讨"依山依水族群文化问题"，你自己在这方面有何思考和实践？**

覃：人类社会本身只是宇宙自然演化的一个环节，是地球40多亿年演化的结果之一。相对于地球上整个生命体的进化历史来说，现代人类的起源是比较晚近的事情，而人类文明的历史一般认为是几千年，也不到一万年，一脉相承的中华文明大家通常认为的是"上下五千年"。有人把地球的生命史的长度比喻为一百年，那么，人类生存的历史只有一个月，而文明历史只有七八个小时。人类的确还是对万事万物知之不多的婴幼儿，特别是人类的生存方式与自然环境还处在调适的过程之中。人类"顺应自然"或"征服自然"以及"利用自然"的调节机制尚未进入最佳的状态，还有很多盲区，人类无法认知。被动地、消极地服从自然，是浪费宝贵的自然赐予，不利于人类的生存和发展；过度地以征服心态对待自然，则迟早会遭到大自然的报复。问题是不同区域的族群怎样切实把握顺应自然与利用自然的幅度。普通民众、政府官员、资源开发商等等不同阶层的人士，往往有不同的对人与自然调适关系的认知模式，对自然法则有不同的认知程度，他们是人与自然关系的直接调适者。老百姓要生存，官员要政绩，商人要利润，人类学者有何作为呢？常常是无能为力，空谈"天人合一"的人文理想。1999年在前往巴马瑶族自治县的路上，看见有人烧山开荒，后来打听到是为了安置异地移民。漓江源头"猫儿山自然保护区"因为水源林被砍伐，两次被中央电视台的"焦点访谈"节目曝光，但是，2003年我们去调查的时候，虽然那些木材厂停工了，但是，还有人从保护区核心区砍竹子，他们说是有广东老板来收购。

　　人们常说"靠山吃山，靠水吃水"，但是，有些地方生态环境恶化，一方水土养不了一方人，对此，已经引起人们的高度重视，国家制定了相关的法律法规，采取了一系列的措施。也有一些研究者试图从中国传统文化生态智慧和自然崇拜等民间信仰之中，吸收思想源泉。这些都是重构天人关系的重要环节。人类碰到困境，往往要回过头来在历史的深处寻找答案。但是，传统文化有多少约束力？需要做恰如其分的评估。对之漠然不顾，或者期待过高，都不切实际。更重要的是要站在当下的场景中思考问题，了解各个区域族群对天人关系问题的认知程度和调节机制，然后再追溯过去，展望未来，把握现在。

　　徐：除了人与自然的关系之外，人类学关注的另外一个问题是族群之间的关系，增进不同民族之间的相互理解，达到和谐共处的目的。你曾经探讨过壮汉族群"多重的认同，共赢的汇融"的互动模式，面对国内外复杂的民族或国家关系现状，这种模式是不是有理想化的成分？

　　覃：确实不排除有理想化的因素。但是，壮汉民族关系总体上比较和谐，你中有我，我中有你，风雨同舟，患难与共，文化认同的边界比较模糊，这是两千多年从冲突到和解过程的逻辑结果，"壮汉族群共赢互动模式"具有深厚的历史渊源和现实基础。如前所述，相对于地球上的生命史来说，人类文明史还是相当短暂的，人类没有学会很好地处理天人关系，更没有学会如何处理更为复杂的人与人、民族与民族、国家与国家之间的关系。我们没有学会宽容地欣赏他人的优点，更没有在人类学主位客位视野的转换中，深层次地理解其他民族的文化传统。矛盾冲突由此绵绵永无绝期。这是人类的悲哀，换一个角度看，却是人类学可以有所作为的地方。面对东方文明和西方文明的对立和冲突，亨廷顿有发言权，人类学家也可以提出自己的见解，仅仅批评别人有失偏颇是不够的。面对大陆和台湾之间的文化误读，人类学家也可以为消除各种误解，作出自己的努力。记得著名歌星费翔在20世纪80年代从台湾向大陆发展，他的朋友们很为他担心，认为那是"水深火热"的地方，他到内地后发现恰恰相反，是大陆人把台湾看做是"水深火热"的地方，这种"文化误读"直接影响到祖国的统一大业。"大国心态"和"岛民心态"的调和过程，是海峡两岸关系的症结之一，这正是当今人类学可以展示魅力的广阔舞台。需要有人像二战时期的本尼迪克特和米德那样，为解决国家和军队面临的重大问题，作出应有的贡献。

促使人类学焕发新生活力，需要深入田野做微观民族志研究，但不要成为"井底之蛙"。"自下而上"的思考路径是人类学的优良传统，但是，要有向上延伸的理论空间拓宽的过程。

当然，人类学的贡献是有一定限度的，能否有所贡献存在许多不确定因素。问题在于人类学研究者，是否努力过了。人类学可以做的事情是为人们提供更广阔的思辨平台，拓展视界，引发文化自觉。人类学家确实可以成为消除文化隔膜的高手，但是也不必过于乐观。人类的历史一再证明强权就是公理，至今世界各地依然充满了残酷的恃强凌弱，吞并掠夺，厮杀蹂躏。文明的个人学会谈吐优雅、举止大方、彬彬有礼、风度翩翩；但是，民族和国家还没有学会韬光养晦、谦和礼让、涵养高深。现代人类觉得骂街打架、盗窃抢劫，是难以容忍的事情，而根深蒂固的民族主义情结，却使人认为征服另一个民族国家，掠夺其资源，推翻其政府，则是理所当然的，那些征服者还可以成为"民族英雄"。

徐：你说得有一定道理，我们还是回到你具体的实践当中。

在这几年的调查和研究里面，你怎样体现上述思路？你的毕业论文是否与此有关？

覃：说来话长。尽管毕业论文和其他论文写作考虑的问题有所不同，但和上述思路多多少少有一些关联。我的毕业论文是《民生与民心——华南紫村族群的生存境况与精神世界》，其中的基本观点体现在《广西民族研究》1999年第2期所刊发的《关注民生，体认民心——华南紫村族群生存境况与精神世界的人类学考察》这篇论文中。

一个人在大学时代所受的影响有时是挥之不去的。20世纪80年代的"文化热"当中，我读了梁漱溟的《东西文化及其哲学》、《中国文化要义》、《人心与人生》等著作，还有关于他的一些传记也比较喜欢看。梁漱溟一生，一身正气，宁折不弯；两袖清风，诲人不倦。他的这种精神令人肃然起敬。我的博士论文内容与梁先生的文化研究没有多大关系，但是，论文题目是从他的《人心与人生》点化而来，我把"民生"与"民心"置换他的"人心"和"人生"，用"民生"指称人们的物质生活和生存境况，用"民心"指代人们的精神生活和精神世界，将"民生"当作决定"民心"的基础。目的是将中国人类学研究同中国传统文化资源相对接，实现西方人类学、中国人类学和中国传统学术智慧的合流、汇融与超升。通过吸纳五千年中国文化精髓，摆脱西方话语霸权，走出"西方与本土"、"传统与现代"、"中国与外国"、"全球化与民族化"二元对立思维模式的困境，倡导人类学研究者深刻体认当代中国各区域族群的生存境况与精神世界，切实地迈向人民，积极参与改善民生、提升民心的宏伟大业，通过促进社会发展、文化繁荣、人民幸福，实现人类学应有的价值。我的导师黄淑娉教授为指导这篇论文付出了大量心血。她在需要注意斟酌和修改的地方粘贴许多小纸片，前辈学者一丝不苟的精神，对我是莫大的鞭策，我始终珍藏着有纪念意义的论文原稿，主要是因为上面留下扎实严谨治学作风的印痕。毕业论文至今仍不时抽暇修改。每次阅读这篇论文，我最大的感受是知道什么叫"眼高手低"，还有很多有待深入探究的地方。

后来的调查研究和指导研究生毕业论文写作，就尽量避免"贪高求大"。譬如，1999年以来对漓江流域族群文化的研究，强化了研究的实证性，以村落调查或者专题性研究作为切入点。漓江流域的人类学研究主要由几位硕士研究生具体实施，选择了漓江边上几个村落或社区开展调查。阳朔西街作为闻名遐迩的洋人街，主要通过跨国婚姻的调查，了解东西文明的汇聚与碰撞。兴坪渔村是孙中山和克林顿两位总统莅临过的小村庄，主要调查该村的文化底蕴和名人效应引发的旅游业的兴起情况。福利镇则是作为中原文化和岭南文化、内陆文化与海洋文化的交汇处，而显得颇有研究价值。这里的居民把妈祖称为"婆婆"，将《左传·郑伯克段于鄢》里的颖考叔称为"公公"，并排立庙祭祀，每年农历"五月八"举行隆重的祭祀活动，意味深长。高田镇壮族人口占50％以上，壮语、桂柳方言、客家话、平话在这里交相杂存，旅游开发又使一些人学会说英语，多种语言的传承标志着多元文化的交融。

徐： 审美人类学是你和几位同事近几年比较热心研究的领域，可否谈谈这方面研究的来龙去脉？

覃： 其实，在国内外早已有人从事与审美人类学（Aesthetic Anthropology）相关的研究，取得了一定的成果。我们中文系的美学、文艺学、人类学、民族学、民俗学研究者在美学博士王杰教授带领下，在原有的研究基础上，对此作了一些新的阐发，使之更加明晰化、系统化。

中外美学研究领域对人类学材料的引用以及对人类学学术旨趣的认同，早已形成一种学术传统，而中外人类学领域历来注重调查对象的娱乐习俗、审美创造以及实现精神愉悦的方式和途径。中外美学史和人类学史上彼此之间在材料和研究方向的相互采借和相互交融，构成审美人类学深厚的学术渊源。美学研究历来同人类学研究具有颇多契合之处，两门学科彼此共同关注的议题比比皆是，审美人类学是不自觉的客观事实存在。

美学作为一门"感性之学"，始终关注不同民族各异其趣的"感性显现"方式，维柯的《新科学》、格罗塞的《艺术的起源》、康德的《判断力批判》、席勒的《审美教育书简》、普列汉诺夫的《没有地址的信》等一系列的美学著作，包含着丰富的不同民族的审美文化材料以及人类学的审思方式。自从人类社会诞生的时刻开始，不同区域中的远古人类就开始了不自觉的审美创造，现存的大量岩画、崖壁画、骨器、玉器、青铜器，成为现代人类心目中珍贵的审美对象，源于自古以来它们就是与古代族群社会生活水乳交融的美的载体。审美创造与人类文化形影相随，审美习俗与人文世界水乳交融，审美体验同人类社会演进历程相始终。在人类学学科发展史上，审美习俗研究的学术脉络从未间断。人类学的田野作业深入观察调查地不同人群的社会生活，广泛收罗当地人的物质生活、社会组织和精神文化各层面的研究资料，有意识无意识地积累了大量的同人们的社会生活融为一体的审美素材。被誉为"现代人类学之父"的美国人类学家博厄斯的《原始艺术》及其弟子罗伯特·路威的《文明与野蛮》充分肯定原始民族的语言天赋和表现在绘画、雕刻、音乐等方面的出类拔萃的创造才能，借助现代美学理论对此进行新的阐发，成为审美人类学研究的重要任务。

费孝通先生的道德文章对中国人类学的影响可谓至深至远，他的"志在富民"的情怀，令人敬仰；他的深入浅出的文风，堪称楷模。近年来费孝通提出的"各美其美，美人之美、美美与共，天下大同"的文化共处原则，增强了我们促进人类学与美学的深度汇融的信心。费先生还注意到人们富裕之后，转向追求生活品位和文化层次的提高,艺术需求与精神生活向更高层次转化的问题,他说:"我认为文化的高层次应该是艺术的层次,这是我对生活的一种感悟,但再进一步我就说不出来了,因为我自己在这方面的感觉也还没达到很深的程度。我所致力的还只是要帮助老百姓吃饱穿暖,不要让他们饥了寒了,这一点我可以体会得到。但再高一层次的要求,也就是美好的生活,这是高层次的超过一般的物质生活,也是人类今后前进的方向,我就说不清楚了。但我能感觉得到,所以要把它讲出来,而且把它抓住,尽力推动人类的文化向更高的层次发展,也就是向艺术的境界发展"(《民族艺术》1999年第4期)。

这里面蕴涵着深邃的美学和人类学的研究内涵,需要美学研究者和人类学研究者给予进一步的阐扬。

中国人类学因为历经冲击而导致学科建设明显滞后,学科理论积累相当薄弱,学科规范尚未建立,演进历程缺环需要予以弥补,以独特的学科优势,力所能及地推进社会的和谐、文化的提升、民族的兴旺、民生的幸福、民心的愉悦,有所作为,做出应有的贡献,学科地位方可确定,才能寻见广阔的生存空间。然而,人类学的参与意识,并不意味着放弃学术立场,而恰恰相反,更需秉持冷静思维和理性精神,以科学意识和民间视角,补正经济至上、进步理念、繁荣梦想等价值取向造成的人的失落、美的缺失、生态的失衡、人心的迷茫,促进生活艺术化,艺术生活化,社会人文化,人文社会化,由追求物的富足,转向追求精神的充实、心灵的安顿和人生境界的升华。人类学和美学在这里找到了共同的旨趣,以及实现汇融整合的共同深厚根基。

到2002年,审美人类学研究的一些基本理论问题有了相对统一的认识。

首先,将审美人类学定位为由美学和人类学两门学科相整合而形成的一门综合性新兴交叉学科。所以,审美人类学是美学和人类学学科发展历史的逻辑延伸,因此,不只是属于美学或人类学,不宜简单地将之定位为美学或人类学的分支学科。正像两个物种杂交,尽管与原来的物种有渊源关系,但是,遗传基因的重新组合,衍生出新的形与质。在这一点上看,审美人类学具有"超"学科的性质。

其次,立足于本土文化原初传统的价值取向。现阶段美学和人类学研究者所依托的学术资源和研究路数主要包括:国外美学和人类学理论评价、中国传统美学思想的现代阐发、专题性的学术思辨和理论探讨。审美人类学也关注这些研究方向所取得的学术成果,但更强调中国本土原初传统所蕴涵的理论价值,主张通过对区域民族审美文化习俗的实地调查,提升理论新质。

第三,强调学术研究与实践精神的辩证统一。马克思认为,理论的作用,不仅仅是认识世界,更重要的是改造这个世界。相对于学院式的纯理论探索而言,审美人类学注重介入现代文化建设和人文重建,强化文化产业开发的理性意识;相对于应用美学和应用人类学研究而言,审美人类学秉持学术思考的独立性,同现实生活中的资源开发与商业运作,保持一定的距离。以此促进学术研究与社会实践的和谐发展。

来自文化人类学规范化的理念和方法的有效介入,可以更大幅度地拓展美学研究的新视界。人类学中的文化整体观为审美文化研究奠定厚实的基础;人类学跨文化比较的视野为审视不同民族的美学观提供新的维度;人类学主位客位相转换的分析框架,可以避免文化的"误读"和"异读";人类学动态发展观确立了审美文化演化的纵向坐标;而人类学田野作业获取资料的方式,为审美人类学获得令人耳目一新的研究资料,将学科的理论根基建立在扎实的民族文化沃土之上。

审美人类学采用的研究策略是"自下而上"地从现实生活中实际存在的审美文化事象探寻新的解释路径,从"活态"的审美习俗提升理论新质。相关成果表明，南宁国际民歌艺术节作为传统歌咏习俗向现代艺术节转换。广西那坡县黑衣壮原汁原味的多声部民歌，走出山野，轰动国内外乐坛，包含着值得深度阐发的审美制度的现代转型。漓江流域田园风光与休闲体验旅游模式的兴起，说明"天人和谐"的审美旨趣，不仅是理论的倡导和执著的追求，而且是中外游客真实的人生经历。

尽管美学和人类学的相互交融，尚存在一些理论盲点，扎实而规范的人类学田野作业有待进一步施行，但是，审美人类学研究初步出现了和谐共进的共赢效应。抽象的理论思辨的美学研究从玄虚状态回归真切可感的现实生活，讲究"器用"的应用美学研究路数，从低俗的实际价值实现转向富有人文品位的价值重建。人类学则从事无巨细的实证观察以及"见物不见人"的冷漠中获得理论的升华，凸显感性的丰满，展示理论思辨的智慧灵光。

徐：文化人类学确实具备为其他学科提供学术资源的雄厚实力，与其由其他学科的研究者借用人类学的理论方法，还不如由人类学研究者主动向其他相关研究领域拓展，扩大人类学的影响力。

覃：我很赞赏您的这个观点。一门学科在学术界的地位及其美誉度同它对社会发展所作的贡献、对学术进步所起的作用息息相关。不论是个人或者学科，是否有一定的地位，决定于其是否有一定的作为，正如有学者所概括的那样："有为才有位"。"有为"体现在很多方面，人类学者可以直接参与旅游开发、项目评估、文物保护、扶贫计划，也可以发挥人类学作为通识课——素质课的作用，开阔学生的视野，在提高国民素质方面有所作为；也可以渗透到其他学科，为学术进步，作出应有的贡献。因为多年来给学生讲授"中国文化概论"课，我在这方面也作了一些尝试。

大家都知道，中国文化是由中华民族在历史上创造并传承的传统文化与中国境内各区域各民族文化构成的纵横交织的统一体。作为21世纪的中国人很有必要领略哲学层面的中国文化精粹，同时也应理解中国上层经典文化植根的文化根基。我在授课过程中，试图拓展中国文化研究的新领域，使之更富有人类学的色彩，因为文化人类学是专门研究人类文化的学科，人类学不应在"中国文化研究"方面"失语"，让哲学研究包揽一切。

为此，我基于文化人类学的立场，编撰了一本与其他同类著作体例有所不同的《中国文化概论》，即强调地方性、民族性和时代性的统一，将中国的文化演进历程、区域文化格局、民族文化系统和文化形态结构作为一个和谐整体，纳入中国文化研究的视野，从中国文化研究、中国民族学和文化人类学的不同视角，给予简明扼要的论析。目的是为了展示更为完整的中国文化的各种存在形态，让读者领悟中国文化的浩博精深，熏陶圣洁心灵，从而构筑扎实的人文根基，以深厚的人文主义精神，抑制功利主义的蔓延，促使各民族各区域文化成为中华民族迈向繁荣昌盛的精神资源。

徐：目前国内人类学的区域分野是很明显的，在广西从事人类学研究有自身的许多有利条件，你觉得应该怎样发挥广西的优势，为中国人类学的发展作出应有的贡献？

覃：尽管人类学具有同其他学科相对而言的许多共同点，但是，随着时空的变化，人类学内部的差异是显而易见的。英美传统和欧洲大陆传统不一样，20世纪前半叶中国人类学有"南派"和"北派"之分，如果落实到具体的研究者，更是千差万别，一个人在不同的阶段也有不同的研究对象和不同的研究路数。人类学是区域性很强的一门学科，不同的区域有不同的研究重点和研究理路，是理所当然的，这样也有利于百家争鸣，百花齐放。因为一花独放不是春，万紫千红春满园。

说到广西学术界对人类学的贡献，虽然不能同其他省区市做简单的比较，但是，大家有目共睹，一致公认的是广西几家刊物在全国许多刊物不给人类学文章提供发表机会，甚至把人类学当作"西方资产阶级学科"予以排斥的时候，由您执掌的《广西民族学院学报》从1995年起，率先担当起中国人类学核心阵地的重任，迄今8年多过去了，无论如何，贵刊将在新时期中国人类学史上，留下浓墨重彩的绚丽华章。跟进的有广西民族研究所所长覃乃昌主编的《广西民族研究》、广西民族文化艺术研究院院长廖明君主编的《民族艺术》、广西师范大学副校长王杰主编的《东方丛刊》。这几家刊物分别在壮学研究、民族学人类学研究、艺术人类学研究、审美人类学等方面，逐步办出自己的特色。尤其是他们秉持学术至上的非商业化运作，在学术界留下很好的口碑，显示出稳健的作风和持续发展的学术后劲。

从20世纪20年代开始，广西就成为国内人类学家关注的地方。当时的中央研究院派严复礼、商承祚到广西凌云县调查，撰成《广西凌云瑶人调查报告》。20世纪30年代中期有大家熟知的费孝通、王同惠的广西大瑶山调查，撰成《花篮瑶社会组织》一书，影响深远。20世纪50年代之后，在广西开展的民族识别和少数民族社会历史调查所取得的成绩，具有历史意义。"柳江人"、"白莲洞人"、"都乐人"、"麒麟山人"、"甑皮岩人"等一系列古人类化石遗址的发现，说明广西是考古人类学研究的"风水宝地"。进入20世纪80年代以后，日本、美国、澳大利亚以及港台地区和内地一些省区市的人类学研究者带着不同的课题，前来广西开展调查研究活动。我知道的如日本学者冢田诚之、谷口房南、兼重努，澳大利亚的贺大卫，美国的白荷婷，捷克的鲁碧霞，台湾学者魏捷兹、何翠萍及其学生，都曾分别在广西区域族群文化的某个侧面有所研究。中国社会科学院民族学人类学研究所的翁乃群、纳日碧力戈等学者带着福特基金课题《南昆铁路建设与沿线少数民族社会文化变迁研究》，在广西田林县等地选点调查。所有这些，对于发掘和阐扬广西人类学研究资源都具有积极的意义。我所说的"山水云霓任观瞻"，另一层意思是包括广西在内的全国各地乃至全世界各个区域的山山水水，都任由人们去观赏那神一样的山，体悟那梦一样的水，领略那仙一样的云，共享大自然的美丽。

需要反思的一点是乔健先生多次强调的被调查者提出的"人类学与我何干"的问题。人类学研究者可以借助调查研究，获得学位、职称、资金和功名利禄，而同被调查者生存境况的改善以及精神世界的提升，却没有多大的关联。我并不觉得人类学研究者应该担当救世主的角色，这种期望不切实际，也不可能。只是认为调查者要多一些仁厚情怀。

徐：实际上广西还有其他许多人文资源可以从人类学的角度去研究，譬如说民族文化资源、旅游资源的开发，人类学都可以有用武之地。

覃：确实是这样。随着社会的进步，旅游构成人们生活方式的重要组成部分，不再是少数人享有的奢侈专利，成为调节生活的一种必需。特别是保留异域风情的边陲地带，纵然是本地人没有具备外出旅游的条件，也因为成为旅游目的地，而卷入全球性的旅游浪潮之中。

旅游所依托的基础是脆弱的，客源地经济萧条时常导致旅游业的滑坡。政府部门、旅行机构都可以根据自己的意志，控制客源，将之引向符合其根本利益的旅游目的地。旅游区的游客来源被切断，就很容易导致经济的崩溃，陷入"人为刀俎，我为鱼肉"的境地。因此，如果把旅游作为支柱产业，要冒很大的风险。所以，人类学界对旅游业的看法，更为慎重，不像经济学家那样，总是抱着开发心态和乐观的态度。广西发展旅游业具有得天独厚的优势，人类学介入的程度还不够，我们正加大这方面的研究力度。

可以肯定的是,旅游作为涉及人类社会文化发展整体路向的客观存在,已经引起中外学术界的普遍关注。人们已经意识到旅游如同一把双刃剑,积极和消极两种影响同时存在。旅游给人们调节身心带来无穷乐趣的同时,也对原生态文化的延展造成威胁。问题的关键是如何通过人类理性精神的弘扬,建构富有实质意义的旅游研究哲学文化根基,一方面对一浪高过一浪的旅游热潮作出学理上的阐释;另一方面,尽可能地在文化思想意识层面抑制旅游现象中非理性因素的蔓延。

增强民族文化旅游资源开发过程中的理性意识,是我们首先予以关注的问题。因为许多盲目的非理性的开发,已经造成了许多无法弥补的损失。文化资源的开发有其自身的不同于自然资源开发的内在规律。

文化资源尽管是无形的,但却如同大海深处的潮汐,深涵着巨大的蕴能,可以水波不惊,也可以形成排山倒海之势。广西各民族的山歌艺术,历经时代风雨的冲刷,从前是欲禁而弥昌,而今则从山野走向都市,借助传统艺术与现代歌舞的浑然交融,谱写出激情与理性相和谐统一的绚丽乐章。

然而,文化资源开发应当建立在可靠的事实基础之上,必须遵循民族文化发展的内在规律。非理性的推测和单一向度的思维,往往会亵渎民族文化的神圣性。民族起源"千古之谜"的破译,需要立足于人类从古猿到直立人和现代智人经过数百万年演化历程的复杂性。"文化圣地"可以在特定的历史条件下形成,某个民族的发源地,却需要考古发掘材料的证明,凭想象建立起远古人类和现代民族的脉络联系,都是学术研究和文化资源开发当中非理性因素的具体表现。

民族文化拥有独特的存在形态和演化机理,不能照搬自然资源的开发模式,文化资源植根于独特的人文传统,不能简单移植其他民族的开发策略。东巴文化孕育了举世无双的纳西古乐,壮民族的诗性智慧造就了精妙绝伦的壮族民歌。连年举办的南宁国际民歌艺术节正是在广西歌咏文化沃土上衍生的一枝文化奇葩。

正是广西各民族的深厚文化底蕴造就了南宁民歌节,这种人文资源的现代转型引起人们对人文资源的普遍关注;城市品牌的确立,需要文化氛围的烘托;招商引资,发展旅游,需要文化活动来牵线搭桥;全面建设小康社会,同样需要文化"心灵鸡汤"的滋润。文化资源的开发是自然资源开发的补充,人文价值的现代阐扬是实现心灵和谐的重要途径。壮族人认为"歌从心出",侗族人说"饭养身,歌养心",温饱无忧的现代人类,不用为生计而忙碌奔波,心灵世界却陷入深深的迷茫之中;现代的娱乐工具层出不穷,却难以体验到实在而深层次的美感震撼和心灵满足。歌咏艺术可以帮助人们走出虚幻而带有几分疯狂的心灵虐待,回归真切、自主、实在的心灵愉悦,充分领悟到心灵的温馨和安详。

民歌之精义在于"民",既要为"官商"而歌,更要"还歌于民",还需建立歌馆,传习歌艺,培养歌坛新秀,营建歌咏文化的丰厚沃土,促使歌唱传统融入日常生活当中,成为人们表情达意的表述机制,而不是人去歌歇。借助南宁民歌节,黑衣壮脱颖而出,其悦耳的歌声已经传扬四海,其实广西民间还蕴藏着类似黑衣壮文化的许多艺术资源,通过深入调查和合乎理性的包装,还可推出"青衣壮"、"白裤瑶"、"红衣瑶"、"蓝靛瑶"、"花篮瑶"等五颜六色、五彩缤纷的民族艺术,让广西的文化品牌逐渐形成完整的系列。

至迟在唐宋时期业已高度发展的壮族歌圩,历经一千多年的沧桑巨变,迄今确实应该吐故纳新。壮族民众数千年来在歌咏文化熏沐中煅就的出类拔萃的诗性智慧,理应在 21 世纪人类文明展演场上焕发绚丽的光彩。世世代代在"那弄文化区"栖居的壮族人民，奉献给人类文明宝库的显赫的文化创造，除了花山崖壁画、壮族铜鼓，当推意蕴深邃而奥妙无穷的歌咏文化，今后壮民族在全人类民族竞争与文化重组中占有一席之地的文化优势，将是卓越的歌咏天赋和独树一帜的诗性思维。

徐：原来《广西民族学院学报》发表过你的关于诗性思维的文章，是否有后续的研究？

覃：壮族歌圩文化造就了饮誉海内外的"歌仙刘三姐"。其实壮族民间还有许许多多的无名英雄，还有成千上万的编歌能手，他们才思敏捷，出口成章，随时唱出意蕴深刻、合乎韵律、抑扬顿挫的优秀诗篇。壮族习俗，以歌为主旋律，人逢出生时唱歌；谈情说爱、婚姻嫁娶，更少不了唱歌；祝寿时唱歌，死了之后，人们以歌开路，以歌超度灵魂。若不唱歌，就会被耻笑。这种歌咏文化传统有所失落，但是，影响力依然存在。

诗性思维是以诗性智慧、诗性直觉为基础，以诗歌文化为创造成果，以诗性的韵律贯穿全过程的一种思维模式。诗性思维的全过程，贯穿着诗性的灵感、诗性的韵律、诗性的节奏、诗性的智慧灵光。诗性思维的运思结果是诗歌，而形象思维尽管离不开具体的、可感的表象，但其外化结果不一定是诗歌，亦可能是小说、散文、戏剧、绘画等艺术门类。所有的艺术创作，通常离不开形象思维，但不一定离不开诗性思维。诗性思维作为形象思维的精髓，是形象思维更高级、更纯粹、更富于创造性的演化阶段。诗性思维既属于诗学理论的范畴，也是文化人类学的一个概念，是相对于原始的野性思维和现代民族的理性思维而存在的，诗性思维的特质和显现模式在同野性思维及理性思维的对照中得到充分展示。

关于诗性思维的后续研究主要是对特定区域的歌咏文化进行实地调查。我觉得人类学的调查点，不一定总是选在令人望而却步的偏远的山区，也可以选在富有诗情画意的已经开发或者尚未开发的风景胜地。尤其在广西可以做到观瞻山水田园与治学两不误。因为喀斯特地形造就了广西的秀丽山川，丰厚的人文资源就在其间默默地延展。我自己选点或者指导学生选点，都考虑调查资料的旅游人类学、审美人类学和诗性思维研究的多重分享，所以在桂北漓江流域、宜州下枧河流域、桂西盘阳河流域等风景旖旎的地方，选择了若干调查点，对歌咏文化传承的现状和新世纪歌咏文化的转型等情况进行调查。借助区域文化资源的现代阐扬，建设美好的人文世界。

徐：在21世纪人类社会文化迅速发展的新时代，我们时时面临许多新情况、新问题，你是否认为人类学"经世致用"的学术传统，可以焕发新生活力？

覃："经世致用"可做多侧面的理解。不见得直接为社会发展和经济繁荣服务就是"经世致用"，人类学和经济学、社会学、人口学不同的地方，它是从更宏观的层面上为人类社会的和谐发展，奠定一种深厚的人文根基。有人说，研究最近三五年发生的问题，并提出解决的办法，是社会学家做的事情；研究近100年来发生的社会文化变迁，并提出影响今后100年社会文化发展路向的构想，是人类学家的任务。此说不无道理。

人类学家需要激发一种精神资源，确立思维方式和行动的规则。深入调查各区域各民族的原初文化传统，理解不同族群的认识世界的方法、各自的思维模式、不同的生活方式和千差万别的世界观，从而启迪人们的思想，构筑适合人类社会可持续发展的一种新的思维模式、新的生活方式。"非典"的流行，说明我们有许多不良的生活习俗和一些错误的价值观念，需要做根本性的改变。

徐：壮族是中国的第二大民族，作为壮族学者，你在壮学研究方面有何进展？你认为壮学人类学应如何参与壮族地区现代化建设？

覃：壮族是岭南的原住民族，壮族先民筚路蓝缕地开创华南——珠江流域的发展先河。壮族历史上的文明成就可以作为现代壮族社会文化更新的某种参照，而不应仅仅将之作为寻找民族自尊心的依据。江水东流不舍昼夜，悠悠苍天亘古如斯，俯察着世事沧桑，感慨人间的兴衰成败。然而，与其静观往事如过眼烟云，毋宁脚踏实地，与民众休戚相关，共谋实现苦难民生的改善和迷惑民心的澄明。达至这一目的既需秉持经世致用学术传统的学人关注现实人生，从理论上阐明诸族群生存境况与精神世界的实情和演化机制，更需要密切配合党政部门，积极倡导精神文明建设，切实推行可持续发展战略，将民众的期待、官方的力量、学术的导引，凝聚成强劲的合力，共同推进自然资源的合理开发、经济社会的协调发展、人口素质的显著提高和生态环境的净化美化，创造适合于人类社会永续发展的人与自然、人与人、人的内心精神世界和谐共生、天人合一、洋溢民族审美精神的"和乐境界"。

我有关壮学的研究，集中体现在1997年的国家社科基金课题《社会文化人类学与壮族地区精神文明建设的实验和研究》的结题成果中。主要是从文化人类学的角度探讨了社会上和学术界争议颇多的壮族传统文化特征和现代文化重构问题。

壮族文化具有自成一体的演化系统，有"那"和"弄"（壮语"田"和"山谷"的意思）作为地名的地方，就是壮族人民赖以生息繁衍的地理区间。壮族文化的衍生基源是"那弄文化区"自然生态环境孕育的稻作文明，秦汉以来的壮汉族群互动过程，构成了两千多年壮族社会文化发展的历史背景。从壮族地区发掘的考古文化印证，并参照壮族的文化特质以及神话风格表征，可以将壮族文化渊源的历史定位为"正常的儿童"，而不是"早熟"或者"粗野"的儿童。从横向的角度看，壮族的社会角色结构、制度文化结构、精神文化结构和深层的民族心理意识结构，都呈现"非整合特征"。壮族文化的"封闭统合"与"开放兼容"具有自身的自主或不自主的调节机制。壮族的铜鼓文化昭示出壮族先民的智能结构曾经达到很高的水平。壮民族歌咏文化的深厚底蕴，造就了壮族出类拔萃的诗性思维和诗性智慧。壮汉民族多重文化认同与独特的族群互动模式，形成了意义深远的"互补共赢的文明共生模式"，这种模式具有重要的人类文明史价值。壮族的文化心理与民族性格特征，可以概括为"坚忍聪灵，宽和明达"。这在历史文化和社会现实生活当中，都有许多事实可以印证。壮族官员面对记者提出"壮族文化有没有特征"的问题，如此回答，大体不错，不用支支吾吾了。

壮族现代文化建构需要进行历史的反思，明确壮民族能量的耗散方向，强调人的现代化与壮族文化发展的密切关系。在精神文明建设的过程中，避免文化的"异读"与"误读"，注意区域时空差异，制定切实可行的发展战略。壮族教育的出路之一，是发展壮英双语教育，实现全球信息共享。壮族的民间宗教信仰纷繁复杂，需要积极探索民间宗教改革的理论基础和基本思路。壮族生活方式的现代革新、民族集镇与文明传播中心的建设，则是壮族文化现代建构的关键因素。

因为壮族现代化的现实起点是壮族没有一个属于壮族的现代中心都市，壮族社会远离现代化的主要标志，譬如，工业化、都市化、信息化、科层化、批量生产、市场经济。因此，必须以富有创造性的思维，确立"现代"与"后现代"发展的不同目标，从追求"繁荣梦想"，到追求"天人和谐"，强调东西方文明的共时性关系，而不仅仅是一前一后的历时性关系。强调人与自然、人与人、人与自身关系模式的调节。注重东方文明传统的现代价值，立足于"后现代生态文明多元共生理论"构筑进取而知足、富足而简朴、心灵愉悦与生存质量普遍提高的生活模式。

徐：看来，山水云霓，奥妙深邃，"依山依水"的人类学调查和研究，具有广阔的前程。

　　覃：我比较认同纳日碧力戈先生的"在野游心"的说法，多一些相互理解和宽容，顺应自然，随缘心安，"不以物喜，不以己悲"。人的生存，真正"需要的东西"不是很多，而"想要的东西"却无穷无尽，名缰利锁由此牵扯着人心的自由翱翔。在天下熙熙攘攘皆言利的时代，还是应该不时留意一下松风竹影，兰韵梅骨，琴心剑胆，林泉高致。人间山水，天上云霓，千姿百态，美妙绝伦，何妨潜心观赏。世间风云变幻之莫测，正如天上云卷云舒之无穷，莫如以观瞻天上云隐云现的超脱心态，体悟人世间的兴衰成败和历史沧桑。当然，这也不是消极遁世，超然物外。因为"山川"、"河山"、"江山"，常常被喻为"国家"、"领土"、"政权"，素来有"还我河山"、"坐拥江山"的说法。对于国计民生，还应尽其所能，有所担当。所以，在心际间留下悠悠一片青天的同时，还应铭记天宇自古存浩气，人文从来重精神。对浩博精深的人类文化虚心涵泳，切己体察，居敬持志，在人类学调查研究事业中，隐忍进取，开拓创新。

【原载《广西民族学院学报》（哲学社会科学版）2004年第3期】

在历史学与人类学之间

——台北中央研究院王明珂研究员访谈录

徐杰舜

徐杰舜（以下简称徐）：王先生在台湾出版的《华夏边缘》，大陆很多学者知道。今天我想借您在成都开会的机会，请您先介绍一下您的学术背景好吗？

王明珂（以下简称王）：我大学是在台北的师范大学历史系完成的，教了一年中学后，考上了师范大学历史研究所的研究生。在研究生二年级的时候，我修了管东贵先生的课。他是研究汉代羌族历史的。他指导我找资料，写硕士论文。

王明珂研究员

徐：您的硕士论文是什么题目？

王：我写的是《中国古代姜、羌、氐羌的研究》。论文写完后，当时管先生不满意，我自己也不是很满意。我没有办法接受传统的说法，但自己也说不出一个所以然来。对管东贵先生，我很感激他。那时候，他是中央研究院历史语言研究所的研究员。

他把我推介到历史语言研究所，经过审查、投票，我就这样子进到历史语言研究所了。虽然他不满意我的论文，但是或许他认为我还算用功吧。

进入历史语言研究所对我有很大的影响。历史语言研究所有甲骨金文的专家，有语言学专家、有中国历史从上古一直到明清的专家，还有考古学家、人类学家。我在里面就跟着大家学习、吸收，知识收获很丰富，但挫折也很大。同事们都不知道我做羌族研究有什么意义，我写的东西也一直被历史语言研究所集刊退稿。我一直跟资深同仁们解释，我是怎么思考这些问题，我的困难在哪里。他们好像不能理解我提出的问题，自然也帮不上忙。所以到入所第三年的时候，我就努力准备出国。我写封信给张光直先生，他当时在哈佛大学，和我们研究所又有一些渊源。我把我的困惑告诉他。他回我的信，表示对羌族问题特别感兴趣，要我好好准备，要我把人类学一些基础的东西先读一读。后来我申请到哈佛就读的事情就很顺利。

徐：就是到哈佛去读博士了？

王：对，就是进哈佛的博士班。一去的时候，就去见张光直先生，跟他谈我的研究计划。他告诉我，我应该去找一位研究游牧社会的教授 Thomas Barfield，以及研究古代中国的 Robin Yates 教授。在哈佛大学就是这样，教授给你的指导非常清楚，一点都不模糊。一听到你的研究计划，就告诉你该去找谁谈谈或修谁的课；而下一位教授，又会告诉你应该修什么课，学什么语言。

徐：指导得非常具体。

王：对，就是指导得非常直接、具体。我就在那两三天里面，忙来忙去，找这位找那位；往后两三年该修的课，该做的事，都清楚了。如跟 Stanley Tambiah 修经济人类学，跟 Nur Yalman 修亲属关系，跟张光直、Lamberg-Karlovsky 等人修考古学，跟 Thomas Barfield 修游牧人类学。反而我在东亚语文研究所很少修课，除了必修的日文以外，只跟着 Robin Yates 修过课。

徐：您在读博士班的时候，就是跟张光直先生吗？

王：对，考古学和社会人类学，主要是修这些方面的课。我真的非常感激张光直先生，他对我要求非常严格。比方说，在考古学上，我原想跟他修一个高档次的一对一的课，读一些比较理论性的著作。张光直先生不肯，他说，你要懂考古学的话，就要从考古学入门开始（Introduction of Archaeology），结果我就修了那门课。那门课在哈佛人类学系来说，就是入门洗脑的课，非常的重。

徐：就是大运动量训练。

王：对，就是以很密集的方式，把你以前的基础补起来。所以我的收获非常大。其他对我影响很大的就是 Barfield，我跟他修游牧人类学，他对学生的要求也非常严格。后来，第二年的时候 James Watson 到哈佛来，我也修了他两门课。我从他们那里获得最多，是他们要我细读、广读民族志，不是读那些理论。尤其是在游牧人类学，在学科测验前 Barfield 要我读的书叠起来比桌子还高。

徐：那你读了不少书啊！

王：嗯，民族志读了很多。那时候很多课都是要求读民族志的。后来还有一个对我影响比较大的教授，就是 Dru Gradney，杜磊。

徐：哦，杜磊，研究回族的美国学者。

王：对。他到哈佛作博士后研究。哈佛大学很少用博士后研究者来开课的。因为那个时候，ethnicity（族群本质）这个主题在西雅图华大那边有系列的研究与教学，杜磊就是从那里毕业的。所以他到哈佛时，人类学系就请他来开这门课。那时候我就是跟杜磊修这个课。后来跟杜磊很好，亦师亦友，他非常不错。

徐：1986 年，我正在北京开会，他刚好也到北京来了，就专门来找过我。当时他跟华盛顿大学的郝瑞在中央民族大学访问。他听说我来了，因为我当时刚出版了《汉民族的历史和文化新探》，他特别感兴趣，他就找到我当时住的一个饭店里面，那饭店是在海淀区一个小小饭店。他来了，和我谈，并把郝瑞介绍我认识。后来和我有一段时间的联系。但是，他后来深入回族研究以后，搞得很细，就联系少了。你哪一年回来的？

王：在 1991 年的时候，我就回到台湾。但我论文还没有写完。因为那时我在美国已经弹尽粮绝。回到台湾半年，把论文写得差不多的时候，再回美国。

徐：那你就是在 1991 年回到台湾后，开始做课题的。

王：1991 开始，我博士论文写得很快。1992 年回到美国后，马上就毕业了。我是在 7 月份才完成论文；哈佛一年有三次办理交毕业论文，但毕业典礼只有一次，在 6 月。我是 11 月才拿到学位，没有赶上当年 6 月的毕业典礼。当时，张光直先生安慰我说，他当年也没参加毕业典礼。而且他的理由更奇怪，他是租不起礼服，就没参加毕业典礼。

徐：那王先生，我觉得可以说你是在历史学方面坚持人类学研究，一开始你想这样做，别人不理解，是吗？

王：刚开始也不是说别人不理解，连我自己都说不清楚。我只是好像有一些疑问……后来到了哈佛，我从一些课中，如经济人类学、亲属体系、考古学、游牧社会人类学、族群理论等等，才将一些概念串联起来。如游牧社会人类学，看起来好像跟其他课程间没有什么关系，其实它跟 Ethnicity Theory 以及历史人类学关系都非常密切。我不知道西方有没有人作这样的学术史研究。但是我认为，在族群理论研究方面有名的 Fredrik Barth，他在 1969 编辑出版《Ethnic Groups and Boundaries》，引发一连串的研究讨论。其实 Fredrik Barth 的著作，我最早读的不是他有关族群研究的书，而是读他有关游牧社会人类学的著作。另外有一个现在以历史人类学研究为人所知的学者，P. H. Gulliver，我最早读的是他那本《The Family Herds》，一本有关非洲游牧社会研究的书。这些学者都从游牧社会研究转移到族群认同，以及历史人类学研究；为何如此？我的体认是，只要深入研究游牧社会，自然会考虑到这些问题。

徐：那么，这里是不是有一些历史人类学方法论的东西带进去了？

王： 没有，那个时候所谓的历史人类学还不是一个很流行的概念。游牧社会研究与历史人类学有关联，主要是因为游牧社会人群跟定居人群有相当差别，他们的认同非常容易变动。所以在此，你会注意到认同的问题；跟这个相关的是，他们的家族记忆很容易改变。这个在 P. H. Gulliver 那本《The Family Herds》书里提到一个名词，叫《Structural Amnesia》，结构性失忆。

徐：他不断地流动，不断地忘。

王： 是这样的。有一个父亲告诉人类学家他的家族历史。按照这个父亲的版本，他的儿子跟他的一个亲戚，跟儿子年纪差不多，他们是远亲。Gulliver 就问这个儿子，他的儿子的说法，将他父亲版本中的几个祖先遗漏了，这样他和那个人的关系就变成近亲了。Gulliver 就问这个年轻人，你父亲是这样讲的，你为什么和他的讲法不一样。那儿子大约是如此回答："哦，我父亲是这样讲啊，也许他讲的是对吧，但是那又有什么关系呢？我们现在是一个家，牛羊在一起放牧，我们都是亲人，那些祖先谁记得？"

徐：哈哈……

王： 但是他的这个概念，在人类学里面并没有人把它挖掘下去。当然在这个 Evans Prichard 的 The Nuer 里，也曾提到家族记忆和失忆这一类的概念。

徐：你对羌族的研究有多少年了？实际上算起来不止 10 年了吧？

王：噢，当然，如果加上读文献的话，从我做研究生开始到现在超过 20 年了，但是田野是进行了 10 年。

徐：这就是说您前面一段是做文献的田野，后面一段做当代社会的田野，并把两者结合起来。你能不能介绍一下这方面的体验？

王：在我《华夏边缘》那本书中，提到羌族的部分不多。这本书是我博士论文的一部分发展出来的一些研究。我的博士论文，主要是在讲一个人类生态边界和认同边界的历史变化。我在《华夏边缘》里面，先讨论中国北方在公元前 2500 年以后的人类生态变化。我的论文只谈到河湟地区，就是西北的河湟地区在新石器时代晚期以来的人类生态变化。在公元前 2500 年以后，或齐家文化以后，农业文化逐渐衰落，而牧业文化越来越盛。最后，在部分地区的卡约文化中，农具全部消失，猪骨也消失，剩下就是马牛羊的骨头，遗址也不见了，就这样的一个过程。

我拿到博士学位后，继续做这个问题，发现在鄂尔多斯地区和西辽河地区都有类似的现象，都是在晚新石器时代有农业文化衰落，牧业文化慢慢形成的迹象。我以此来讨论华夏北方生态边缘的形成，以及讨论华夏认同的形成与扩张。譬如，它向西扩张到他的生态边缘，就没有办法再扩张了。很多这样的例子。如，羌，在我看来是一个华夏边缘概念。就是华夏用"羌"来定义，谁是西方"不是我们的人"。"羌"这个概念，从商代开始一直在往西边漂移；这就是传统历史学家认为的，一个羌民族一直在往西边迁移。但是因为我接受的那种族群理论，比较强调族群的自我认同，让我认为那个时候不可能有那么大范围的人群彼此认同，认为"我们都是羌人"。那个时候交通、沟通困难，从天山南麓到云南，那么大地形又这么复杂的地区，各人群间不可能有什么沟通。

徐：对，很难有什么沟通。

王：到了汉代的时候，沿着青藏高原东缘的各部落人群，就都被华夏称作"羌"了。这里其实是华夏的边缘；华夏扩张及此，已达到他的生态边缘。然后在《华夏边缘》中，我还讨论华夏边缘变迁中一些比较细致的过程；就是从一些"太伯奔吴"的故事，探讨华夏边缘人群如何借由历史记忆来造成认同变迁。

徐：我觉得从你的研究有两个问题我们可以深入下去，一个是你对文献的解读和对现实田野的结合。在这个结合当中你最深的感受是什么？

王：我想，就是我用"文本分析"的办法。我采取一种"在文献中做田野"的方式，也就是本文分析。我认为，"文本"（text）是在一种"情境"（context）下产生的；而很多的文本在社会中流动，又使得社会情境浮现或被更强化。我用这种方式去解读文献，也就是尝试读出它背后的一些现象。"文本分析"不同于传统的"文献考据"之处在于，它让我们挖掘隐藏于文字后的"景"。就像我们在讲话的时候，我问你"你在说什么？"这个就有点像是文献分析，就是在问这个文献到底在说什么？但如果我问你"你到底想说什么？"这个话的意思是说，你刚才讲的话每个字我都听懂了，但我觉得后面还隐藏了些什么东西。这便是"文本分析"；文本分析就是需要挖掘这些隐藏的东西。

Gulliver 的结构性健忘，在人类学里并没有很好的发展。我在拿了博士学位后，读了一些有关社会记忆的书，如心理学家 Bartlett 的 Remembering 那类的书。那是非常有名的一本书，20世纪 30 年代就出版了。另外是社会学家 Maurice Halbwachs 的书，他是社会学家涂尔干的学生。他关于 social memory 社会记忆的讨论；我觉得这是在人类学中没有得到很好发展的主题，在他们那里得到很好的发展。所以我就开始读一些心理学、社会学的一些专著,然后用这些来看文本。等于说,我把文本看作是一种社会记忆。分析文本是怎么"取材",一段文本所用的一些符号,它们的意义是什么?它如何被"制造"?如何被操弄,也就是它所构成的社会记忆如何被"使用"。如前两天的演讲中,我提到"兄弟祖先故事"。这个文本起始总是说,"从前有几个兄弟到这里来……"为什么它不说"一个父亲带着几个儿子到这里来"?"兄弟"符号意义是什么?它为什么要用兄弟符号?然后再看整个文本叙事,如何被安排在一结构性的"情节"之中。将它当作一个社会记忆来分析,设法去了解文本内部所隐藏的 context。

徐:所以这个可能是文献分析最要害的地方,操作上的关键问题。

王:其实文献分析有一个缺陷。当然我不是说所有。其中有一些是很精彩的。像一些老一辈历史学家里面,有些人对文献的分析非常深刻,非常精彩。但是大部分呢,我们在解读文献的时候使用的是"模拟法"。所谓"二重证据"便产生自"模拟法";我认为,在研究上是有问题的。也就是说,你原来已经有一个既定的结构在心里,然后你找另外一个证据来证明它。譬如说,从中国历史文献里面已经知道中国上古历史是如何如何,然后,我们再从考古发掘里去找相似的东西来证明这些知识。结果呢,其实是"结论"被我们找到的。就是,你找到你希望找到的东西,而常忽略跟你的知识结构相违背的一些东西。

徐:或者是相冲突的东西。这个就很容易造成偏差。

王:是的。我们生活在一个表征化的世界里,我们有一种文化偏见,在这种文化偏见里,我们所看到的都是我们希望看到的。我们把它放到很合理的逻辑里面,这样去思考问题;像这样去看问题,让我们觉得很 comfortable,觉得很心安,我们不愿意去扰动我们心中一些固有的看法。这个就是在传统的文献分析里，我刚才讲到的一些问题。我觉得，文本分析最重要的是，它不完全是要我们看文本里面"反映的"是什么东西，还有就是让我们注意它所"映照的"我们内心里的东西，让我们去了解我们自己，我自己的偏见在哪里？

我记得有一句话，好像在几个人类学家的著作里都说过，最能够反映这种想法，"让陌生的变为熟悉，而熟悉的变为陌生"。"让陌生的变为熟悉"，就是过去不了解的东西，我们得以了解它；然后，我们自己原来很熟悉的知识，因为我们开始对它有了一个新的了解，所以反而变得很奇怪，好像会变得很陌生。我们怀疑自己的理性，开始怀疑自己一向不怀疑的东西，这就是"熟悉的变为陌生"。

徐：这样的一种怀疑很可能就造成一种新的启发。

王：对。这就是人类学家一直想突破的；人类学家一直在想，我怎么能够在我们自己的文化里面了解一个异文化。其实人类学家在这个地方是很谦虚的，即使他们很相信有一个人类学的思考逻辑，一直很努力地去发掘这个认识理论，但他们还是承认他们所认识的事实只是部分事实。这也是人类学家常常讲的话。

徐：我们现在传统的历史学，它最重要的方法就是考据，这种方法和你现在做的研究方法相比，你的是很新的。实际上你有目的告诉大家，在做文献分析的时候，不仅仅是要考据，我们不完全否定考据，但是更重要的是从人类学的角度考虑，更关注文献告诉我们的是什么东西。在它背后的情境是什么东西。我觉得这个就是你很好的一个研究的方法。

王：我并非将自己限定于人类学，当然我从台湾人类学家的朋友、西方一些人类学大师的著作中都学到很多东西。但对我来讲，我最注意的是我所研究的一些现象；凡是能让我了解这现象的，或者了解我自己的，都是我非常欣赏的东西，像社会学、心理学、诠释学等等，这些著作对我来讲都有很多帮助。

　　徐：但是有一部分的学者，他们做文献，用考据、用新的方式，比如你所说的文本解读的方式来解读。但是另外一方面他们对做田野、对现实的研究可能会忽视，或者不是做得那么多。你恰恰两个都做了。你这种结合是一种非常宝贵的一种结合，很想听听你的体验。

　　王：1994 年我第一次到羌族地区去，建立一些人际关系。正式的田野是从 1995 年开始。我在哈佛受过各方面的训练，以人类学来讲，我修过一些正统的人类学课程，像亲属体系、经济人类学等等。但我不会永远跟随哪个学派或某种理论。就像我刚才讲的，任何可以让我了解现象的，我都乐意去学习。我觉得羌族的田野对我帮助很大，比任何书本、任何理论对我的帮助都要大。我觉得田野就是内容最丰富的一本书。但是为什么我选择羌族做田野呢？我觉得越是在某种距离之外，或者在某一种边缘，像羌族这样一个少数民族，最能够反映我们自己的一些偏见，让我从这里面了解自己。特别是羌族非常驳杂的社会文化特性，对我的帮助特别大。

　　刚开始，选择田野的策略也很重要。我受了历史学里"历史有多元的声音"这样的概念影响，所以我不接受什么叫做"典范的文化"，什么叫做"典范的社会"。当我们进入田野，都会有人告诉你，你应该到那里去，那边是羌族文化保存最好的地方。但我不会接受这样的建议，我就是到处跑。我采取的是多种田野的方式。其实那个时候根本没有这个名词，我只是感觉到我不能只听一种声音，我要听多种的声音。所以比较汉化的、汉化程度浅的、深度藏化的，还有男人、女人，城里的和乡下的，各种背景的人我都访问，于是就这样不停地在许多田野点之间流动。一直到最近几年，我才知道在西方人类学里，也有人采取这样多种田野、关键问题的考查方式。不像传统的人类学田野，在一个地方一住两年，所有事情巨细靡遗的都要搞得清清楚楚。

徐：嗯，深描的方式。

王：对。但是现在有些人类学家用多元方式去做田野研究，还有便是以特定主题或问题来进行研究。其实我不是刻意模仿一些新潮流，我原来也不知道有人也在这样做。我只是觉得自己有必要这样做，想从多种的声音里去了解羌族文化及其形成过程。当然，里面有最重要的问题，跟我研究的 ethnicity 理论有关系。

ethnicity 族群理论在 20 世纪 70 年代到 20 世纪 80 年代的时候，还看到很多根基论者和工具论者之间的争执。但到了 1980 年中期以后，这种争执就很少见了。主要是因为"历史"概念、历史记忆概念，被带到族群研究中来。族群认同建立在历史记忆上；共同的起源记忆凝聚一个人群，这种共同的起源记忆解释为什么同一个族群的人会彼此凝聚在一起。但"历史"是可以被争论、被改变的；这又解释了族群认同的工具性，它随着状况、现实改变的本质。所以带进了历史记忆这个概念后，这种争论就不存在了。所以我想进一步了解，这样的历史记忆，是不是在人类各种族群认同里面都是存在的。在羌族地区，就会碰到一个问题：事实上，他们的羌族认同——就是大家都知道并承认自己是羌族——是相当晚才建立起来的。费孝通先生好像也有类似的意见。

然后，我想知道的是，在他们不知道自己是羌族之前，他们的认同体系是怎么样的，而这个认同体系后面，有没有一个"历史"在支持它。就是说，历史的概念是不是一般性的？有些西方学者认为，世界有些地方的人是没有历史的。好像历史属于某一些文明社会的专利，那些 primitive people 是没有历史的。其实，我想去了解的便是，当他们不知道自己是羌族时，什么样对"过去"的记忆，被用来支持他们各沟、各寨人群认同。

这就是我在羌族地区发现的，在当地很普遍的"兄弟祖先故事"。我把它当作一种"历史",那也是一种历史心性下的产物。也就是说,从那样的历史心性里,不断产生类似的"弟兄祖先故事"。跟我们所熟悉的"英雄祖先历史"相比较,可以发现它们的叙事中都有血缘、空间和两者的延续;因此,我认为它们都是一种凝聚族群的"历史"。而后,我分析它们的叙事不同的是什么,为什么会有不同,这主要是因为它们所立基的 context 不同。在某一种 social context 中,产生特定的历史心性,而在这种历史心性下,永远产生结构类似的历史记忆与叙事。在某种社会情境中,"历史"永远是从"英雄祖先"开始。而在另一社会情境中,"历史"永远是从"几个兄弟祖先"开始讲。

徐:那么你这种文献的分析和现实田野的结合,你自己觉得对你的研究最大的帮助是什么?

王:我随时都在文献和田野之间穿梭往返。我一年只有一两个月在田野,我一回来就在文献里读各种文献。这对我的帮助非常大,尤其在田野里面,我们能看到一些我们在文献里不容易看到的东西,特别是 local context 本地情境。在《羌在汉藏之间》一书中,我也非常强调 local context 的重要。

徐:《羌在汉藏之间》是你的新作?

王:对。我觉得注意 local context 有非常多层面的意义。

徐:那在你的研究当中,你从文献到田野,你是不是有这种感受;文献里搞不清楚或还没有解决的东西,到田野里会得到启发,然后又回到文献里来,对文献的理解就会更深刻一些?

王:对。我举个例子,我刚才讲的这个"弟兄祖先"和"英雄祖先"两种历史心性,就可以让我们来解读以前根本没有办法解读的东西,或者解读那些被我们忽略的东西。在我的著作《羌在汉藏之间》里提到这个例子。就是在《华阳国志》里面,作为巴蜀人的作者,常璩,在讲巴蜀的起源时,他提到两种说法。一是说"黄帝与子昌意娶蜀山氏女,生帝喾",帝喾也就是高阳;

然后说，高阳为帝的时候，"封其支庶于蜀"，封了一个庶出的儿子到巴蜀这边当王，就变成巴蜀统治者家族的来源。他的另外一个说法是，"人皇兄弟九人，分理九州，人皇居中州制八辅。华阳之壤，梁岷之域，是其一囿，囿中之国则巴蜀矣。"这个"辅"也就是边缘、边辅，巴蜀就是其中一个边缘；人皇的一个兄弟分到这里来。我认为，后面这种叙事，是产生自巴蜀更古老的一种历史心性。但是，当"英雄祖先历史心性"以及相关的"黄帝子孙"历史记忆一进来，就把这个"弟兄祖先历史心性"下的"历史"压下去了。《华阳国志》后来所提及的巴蜀"起源"，都是说蜀之统治家族为黄帝之后，而不提这个"人皇九弟兄故事"。好像巴蜀的历史就是从黄帝开始的。很多地方都可以看到这种例子。譬如，我今天在四川大学演讲所举的一个例子，早期景颇族中有一个传说，过去华企云在江心坡"野人"地区做调查时记录下来的。这说法是，当地土人说他们是蚩尤的子孙；但老年土人说，我野人（景颇族那时称野人）跟汉人、摆夷是三个兄弟；野人是老大，摆夷是老二，汉人是老三。因为爸爸特别偏爱老三，就把老大野人赶到山上去了。你看，这还是以兄弟祖先之"历史"来诠释各民族的关系，但在当时已只有老年人在讲，其他人说的则是一个英雄祖先，蚩尤；他们接受了一个被打败的英雄祖先，或汉人给了他们一个污化的英雄祖先。所以，了解这些，很多这种历史或传说都可以解读。以前我们总把这种记载当作神话或传说就算了。譬如，《国语》里也有黄帝和炎帝是兄弟的记载；但是到了《史记》里面，它就被视为不可靠，而未被司马迁采信。

徐：这是你非常宝贵、非常好的一种体验。另外，我觉得你比较早地在研究中引进"族群"概念，关于这一问题，是否可以谈谈你目前的想法？

王：的确，从1992年起，我就开始发表一些有关族群研究的文章。但在最近一些年，我已从族群理论朝另外一个方面发展，那便是人类一般性的社会认同及其边界（boundaries）问题。这和我刚才所讲的 local context 有关系。因为深入研究族群问题，我们将发现这不只是"族群"问题而已。族群研究者所注意的，常是一个族群和另一个族群间的关系，是两个或多个大范围人群间的关系。但在近年来的研究里，我将族群理论与另外一个社会科学的研究旨趣结合在一起——那便是有关亲近人群间的一些区分、矛盾与冲突暴力的研究。这个研究传统有一些代表性的人物。像 Mary Douglas、Pierre Bourdieu，还有 Norbert Elias 与 Rene Girard 等等。我认为，后来有个研究女巫的历史学者，Robin Briggs，也是与这一研究传统相关的佼佼者。从这些学者的研究里我发现，亲近人群间的区分与冲突，与人们的族群生活经验有很密切的关系。简单地说，我们每一个人都是孤立的个体，由"自我"开始，外面有一层一层的人群边界。譬如说，在我身体之外，我跟家中的亲人成为一个身体，这个身体有个边界，然后家族的人又是更大的一个身体。我们可以将这些以"血缘"凝聚的群体都称作"族群"，而这些"族群"都以身体为隐喻。我们的国家、国族也是一个以身体为隐喻的群体。当我们某一层的身体边界受到挑战的时候，经常另外某一层敏感的边界也跟着紧张起来。对我们个人来讲，这便是我们跟一些亲近人群的矛盾，常让我们把一些仇恨、疑虑发泄到远方的敌人或"异己"身上。我们跟远方敌人或异己间的矛盾、仇恨，也常被我们投射到比较亲近的人身上。亲近的异己也是一层一层的。如对于本家族的人来说，另一个家族的人就是异己；对于本村寨的人来说，另外一个村寨的人就是异己。

我可以举一个美国的例子。在美国西岸的加利福尼亚州，近20年来华裔越来越多。于是在许多小镇，有新华人移民，也有加利福尼亚州老居民。老居民认为他们有本地旧传统，而新来的华人移民老是破坏这些旧传统，于是产生一些矛盾与憎恶。他们对这些华裔邻人的憎恶，常会投射到他们对中国的憎恶上。相反的，当他们对中国在政治、经济上的一些作为觉得反感时，这种厌恶又会投射到他们对华人邻居的厌恶上。人们对近身"异己"的经验与印象，与他们对远方"异己"人群的经验、印象，相互滋长。在这样不断滋长的仇恨与紧张中，社会进入一种不安与骚动之中。结果，为了避免破坏群体的和谐与凝聚，这时候，经常有一个处于这个群体的边缘人成为代罪羔羊。在美国，这代罪羔羊可能是一位华裔科学家。大家把所有的憎恶都投射在此人身上，把他虐待一番。而后，这个群体成员间的认同又被强化起来。被当作代罪羔羊的是社会边缘人；他们的特色为，不是内人，也不是外人。这是一个法国学者 Rene Girard 提出的一个理论。我举个例子，在中国传统的大家庭里，如果这个大家庭不和，大房、二房有些矛盾，或者外面有些闲言闲语的威胁。在一阵吵嘴、骚乱后，大家都有悔意，于是他们找到一个罪魁祸首——由外面嫁来的一个小媳妇——将勾结外人或破坏家族团结的事，都归罪在她身上。在责骂这个作为代罪羔羊的小媳妇后，家庭团结与和谐又得以恢复。

徐：那个是外来的。

王：对，她是家庭内的人，但又是外来的；就是说，她不是内人，也不是外人。她的身份就最容易变成代罪羔羊。这一类的理论，注意到亲近人群之间的敌意，注意到群体边界的维持与破坏，注意到以集体暴力加诸代罪羔羊以强化群体边界的心理。我觉得，这是在族群理论里我们必须要注意的。我会注意与族群现象有关的 boundary 及 local context，因为我相信，人们在日常生活中与亲近人群之经验，常影响他们跟一些外在、远方异己人群间的关系。

徐：那你是不是觉得族群的概念运用起来比民族的概念更自

由一些？

王：我注意到最近中国民族学刊物上，有许多关于族群定义的争论。对我来讲这不成什么问题。因为学者为了研究需要，可以自行界定一个关键词汇的意义。譬如，在《羌在汉藏之间》一书中，我把"族群"作了一个最广泛的界定，以"族群"指所有借着血缘或拟血缘记忆来凝聚的群体；不管是真实的血缘，或是想象建构的血缘群体，我都称它为族群。为什么要作这样的一个界定呢？因为这样子，我才可以建立一个一般性的理论，来解释从一个家庭到家族，到一个宗族与更大范围的民族、国族等等。将这样一层层的人群，以一个概念来思考它，然后再探索这一层层的"族群"间的内涵与边缘变化是如何的。就理论性来讲，我有必要建立这么一个 concept。如果说，我们认为家庭就是家庭，家族就是家族，而族群是跟它们都不一样的群体，那么我们便会陷于自己的语汇文化所建构的熟悉世界中，而无法进一步了解这个文化建构之世界的错误与荒谬。只有在这样的"族群"概念下，我们才可能深思人类近身经验和远方印象间错综的关系。

其实我这样的思考，也是在我的羌族田野里所体认的。我在做羌族田野的时候，经常问当地羌族一些关键问题；录音之后，回去一个字一个字地把它整理出来。一次，有一个黑虎沟的老人告诉我有关他家族的事。他的口述内容大概是：我们黑虎人是羌族的主要民族，我们蔼紫关人又是黑虎的主要民族；我是蔼紫关的王氏寨人，王氏寨原来有二十四家人，上面十二家，下面十二家，后来两边都死得各剩下一家人，我们就把他们喊过来和我们一起住；现在我们还是蔼紫关最主要的一个民族。我们读起来很奇怪。为何他将由羌族这么大的群体，到两家人这么小的群体，都称为一个族或民族。我举这个例子，就是要问，在方法上我们要怎样去解读这个口述资料。我认为，我们应反身问我们自己，为何觉得他这些话可笑？若是我们，应该怎么称这些群体呢？我们会觉得，他提及的人群有些应称邻居，有些应称家族，有些是同寨或同乡之人；为何我们是如此？

徐：我们以一些词来规范它们？

王：对。我们以不同的名词，去规范这些不同的群体。但为何他，这位羌族老人不是如此？我们要做的是再反思自己，我们要解构的是自己的概念，而不是他的。思考我们讲的"邻居"是什么意思，"亲戚"是什么意思。我们可以发觉，当我们在讲"邻人"、"亲戚"、"同乡"时，我们以这些概念来区分各种有不同的空间、血缘和资源共享、分配关系的人群。譬如，邻人是跟我空间比较接近的人，但他与我的血缘关系不见得接近，与我也没有密切的资源分配、分享关系。同乡，表示我们过去同出于一地，但目前空间距离不一定很近，也没有亲近的血缘关系，也不见得有资源分配、分享的关系。如此，可以分析每一个名词中所含的空间、血缘与资源关系。然后我们再回头来看这些住在深沟中的羌族。在此，只有一套逻辑：住得最近的，与自己空间关系较近的，就是与自己血缘关系较近的，也是跟自己在资源分配、分享关系上较密切的人。所以他就会感觉，由最大范围的羌民族，到最小范围的王姓两家人，都是"民族"。这种空间、血缘与资源关系一体的概念，也与我刚才讲的羌族村寨中的"历史"，那些"弟兄祖先故事"是完全符合的。在"弟兄祖先故事"那种"历史"下，无论是最早来的兄弟祖先们，或是当前他们的"后裔"，都在密切的血缘、空间与资源关系之中。

徐：王教授，您的研究里面，您是用族群理论来研究、思考的。您也知道大陆在20世纪50年代对所有的民族进行识别，来确定他们是不是民族。经过识别后，各民族的情况也很复杂。有的很大，像汉族。壮族也很大，有1400多万人；有的很小，几千人、1万人，统统都是小民族了。那个时候没有族群的概念，只有民族概念。现在有了族群的概念。对这两者，就是族群和民族两个概念,你是不是同意大陆有些学者的一些看法:民族特别强调政治性,族群特别强调文化性?

王:我同意这个看法。而且我觉得,我们有些关于民族的知识可能需要做一些调整。我们的民族史告诉我们,当前 56 个民族都是历史悠久的,大家都是在历史上发展而成的民族。这种看法,我称之为"历史实体论",就是说每一个民族都是历史中的延续实体。但是另外,近年来西方学者所强调的是"近代建构论",像安德生(B. Anderson)等所说,国族是"想象的共同体"这一类的论述。就是说,所有的国族国家以及国族里面的民族分类,都是在近代国族想象之下被建构出来的。我觉得这两条路线,像是完全没有办法对话的两个模式。

我在《羌在汉藏之间》建立另一个延续性历史,以解释当前中国的民族现况;一方面说明历史的延续性,一方面说明其建构与变迁。我认为,近代的确有一个国族建构运动。当前中华民族及其内部的 55 个少数民族,都是在近代国族建构运动及相关民族识别、划分中出现的。但我认为,这只是中国国族边缘或者说"华夏边缘"的一个近代变迁;这个变迁,是几千年来历史变迁的一部分。其实我们如果承认这样的历史,反而是一件有积极意义的事。为什么呢?你想想看,像以前那样,在一种华夏自我中心主义下,汉人把其他边陲人群都当作蛮夷,把他们划在边疆外,用武力及其他方式把他们都排除在华夏的资源共享体系之外。现在,少数民族都在一个国界之内,大家建立一个共享的资源体系。从这个角度来讲,我们得承认有一个近代建构,而这个建构是长期华夏和他的边缘关系不断调整的结果,也是一个最新的尝试。我们不能说它已非常完美,也不是说从此它就不变了;现在的民族体制的确比以前好多了,但是它并不完美,我们应想办法让它更完美。

徐:这也算是我们做课题的一个阶段性的成果吧!

王：可以这样讲。这也是从我的田野，在田野中注重"土著观点"与"本地情境"的体会。从一种道德层面来说，当前世界大部分的学者都强调国族主义的祸害，把近代国族主义看成是毒蛇猛兽，认为国族主义造成两次世界大战，以及中东那边无止境的暴力与战争，认为这都是国族主义造成的结果。但是，这是因为国族主义下的历史记忆，让我们记得这些战争所造成的上万、上百万人伤亡，而我们却没有任何"历史"描述在国族主义之前，许许多多地域性族群间经常发生的集体暴力与杀戮。比方说过去在羌族中，每一个小山沟的人，都认为上游山沟的人是蛮子，下游的都是汉人。然后，经常彼此有矛盾、仇杀；即使在一条沟中，各个村寨间也是如此。羌族村寨里紧紧聚在一起的房屋及耸立的碉楼，就是亲近人群之间的恐惧、仇恨与暴力的体现。此种在世界每一小角落日日发生的暴力，死伤人数加起来绝对比几个世界大战死的人还要多。但是历史不会记载这些，历史只记载一些与民族、国家有关的"重大历史事件"。

影响我对此的体认，最重要的田野经验就是一个羌族老人曾跟我说的话。他描述过去上游的蛮子如何来劫寨子，两边人怎样杀来杀去。然后，他突然说："那都是我们以前没有知识，不知道我们是一个民族。"从他这句话里面想想，其实近代国族主义下的知识和民族分类，即使我们承认它是一个近代建构，并没有不好，反而有正面意义。这就是说，我们要把整个近代国族或民族建构放在人类生态观点、长期历史观点来看待。这样就会发现，近代中国民族的构成及其间的民族关系虽然有许多需要改善的地方，但是在整个长期华夏边缘的发展来讲，是一个很好的调整。

我们可以看另一段历史，一段被遗忘的历史。就是在晚清革命初期的时候，那些革命党原来是很有私心的，他们排满特别厉害，他们原来想要建立的新国族国家是一个纯汉人的国家。我认为，这是很自私的想法。但是这种情况很快就改变了，因为一些立宪派的人像梁启超等，比较心胸开阔，再加上西方列强对中国边藩的争夺，使得新的中华民族终将边陲各族群都囊括在一个资源共享体系中。如果当初听由部分革命党建立一个汉人国家，垄断东亚资源，这才是人间灾难呢。

徐：您刚才提到你的新作《羌在汉藏之间：一个华夏边缘的历史人类学研究》，是不是可以介绍一下这本书？

王：这本书《羌在汉藏之间：一个华夏边缘的历史人类学研究》，是我长期羌族研究的成果。内容由三部分整合为一体。第一部分，我先描述羌族社会。我用多元观点来观察与描述，因此在这一部分你无法找到一个所谓"典型的"羌族社会与文化。羌族里，靠近藏的就像藏，靠近汉的就像汉；无论在语言、文化、穿着、宗教、体质等各方面，他们都像是汉藏间的一个混合体。

然后我说明他们的"族群"认同体系，也就是由家庭、家族、本寨的人、本沟的人，一直扩张到羌民族与中华民族的认同体系。我用的是扩大的"族群"概念，来说明这个认同体系。我分析这种一层一层的认同；我称之为"一截一截的族群体系"。在过去，他们并不知道自己是羌族；每一截的人（一沟中的人），都认为上游的人是蛮子，下游的人都是汉人。但是这地方的人，也会被下游的人认为是蛮子，被上游的人认为是汉人。这样的一个认同体系，造成每一群人都有极大的恐惧与紧张，觉得自己被夹在"蛮子"和"汉人"之间。

借此，我发展出一个重要理论——毒药猫理论。"毒药猫"是羌族中流行的一种传说。他们认为村寨里少部分女人是有毒的，她们会变成动物来害人，变成猫和牛来害人，各地都有这样的传说。我分析这些口述资料，结合我对当地社会的认知，而体认到刚才我提到的"边界混淆"：因为"族群"是由最小、最亲近的血缘群体，延伸到最大、最外界的"异族"，这样一层层边界所造成的人群。跟一些亲近人群的矛盾,让他们更仇恨、恐惧远方的敌人或"异己";对远方"异己"的仇恨与恐惧,也让他们恐惧身边的"异己"。就是在这样的族群认同体系下,村寨里的某一个女人就被当成代罪羔羊,被视为"毒药猫"。为什么女人成为代罪羔羊?因为女人一般都是从上游嫁过来,他们就更有理由认为女人带有蛮子的血缘。其实骂她"毒药猫",也是发泄对于远方蛮子的恐惧。而这个远方的蛮子有时候不是很远,就是隔壁寨子里的人,有时也都被怀疑是蛮子。选择一个"毒药猫",是为了避免敌视所有亲近的女人。但是他们不会对她有什么暴力,就只是闲言闲语而已。这个理论可以解释很多现象,并映照我们的偏见,因为"毒药猫"这一类故事在很多地方都有,好比"苗女放蛊"的传说,彝族也有关于老婆婆会变妖怪的说法。在西方世界,就是女巫的故事。其实我们多少都对于亲近的人有一种敌意。越亲近的人,因为相似与竞争,总会有内在的紧张和敌意。而这种敌意,常与我们对远方人群的敌意相生相成。

在第二部分历史篇,我说明这样一个认同体系,以及夹杂在汉藏间的文化现象是怎么形成的。说明在一个大历史中,以"羌"为符号的华夏边缘怎样扩张,如何到汉代时,在青藏高原形成一个羌人地带,这是形成于汉代的华夏边缘。然后,说明这个带状的羌人地带,在吐蕃兴起之后如何慢慢萎缩。因为在汉人看来,比较吐蕃化的人群就变成"番"了,这个羌族地带就越来越小。概括说来,以"羌"为代表的华夏边缘有三个历史阶段。第一个阶段是华夏边缘的形成期,形成 个以羌为边界的华夏边缘。第二个阶段就是华夏边缘的严峻化时期,也就是以"番"为边界的华夏边缘形成。羌的概念和番的概念不一样,羌的概念代表一种模糊的华夏族群边缘概念,羌有很多历史记忆和华夏可以沟通;或说他们是炎帝后代,或说羌、姜是一家。"番"的概念则是严格划分的华夏边缘。吐蕃兴起后,西部的华夏边缘就越来越严峻化了。到了近代，也就是第三个阶段，在国族主义下透过历史、语言、文化等研究，慢慢地我们恢复了这个羌人地带记忆，并将这个残余的华夏边缘人群变成少数民族的羌族。羌族，以及这个羌人地带的历史记忆和文化，可以说是一个民族的黏合剂，将汉、藏、彝和许多西南民族都黏在一起。我整个理论在表明一个观点：我们从历史的发展来讲，中国文化或华夏民族并没有一个非常清晰、静止的边缘，这个边缘一直在变化中。这个变化，在西部，透过汉人观念里的"羌人"概念变化而转变；这个边缘原来是很模糊的，后来逐渐变得很严峻，然后到了近代它成为汉、羌、藏等民族的区分。在一般民族知识里，人们将羌族当作截然不同于汉、藏的民族，这种知识也让我们觉得汉、藏是完全不同的民族。其实，我们如果了解这样一个民族发展史的话，就知道汉、藏之间原有一个模糊地带。

徐：一个过渡地带，羌就是这个过渡地带。嗯，确实这样。

王：我这个说法，从某一角度来说，和传统羌族史的说法是一样的——羌族与许多民族的起源有关。但我对历史上"羌人"的理解，以及对当前羌族形成的历史过程诠释，都与前人不同。其实这样讲，更能解释现在汉人里面有一大部分是从前被称为"羌"的人群之后，现在藏族里面也有很多这些"羌人"的后代。

在历史篇中，第七章"本土根基历史：弟兄祖先故事"应是全书的关键。在这一章中我说明，为何"弟兄祖先故事"在此是一种以血缘凝聚并区分人群的"历史"。分析此种历史叙事中的空间、血缘与时间，以及弟兄隐喻和他们与村寨生活中的资源分配、分享情境之关系。由于在本地多有此种结构类似的弟兄祖先故事，因此我认为这是本地社会文化中的一种历史心性。以此可以了解我在第一章中所介绍的本地自然环境，第二章中所提及的沟内外资源竞争与划分的情形，以及第三章所描述的"族群认同与区分"；我将家庭、家族等群体都纳入广义的"族群"中来探讨，也因为在此无论是家庭、家族、沟中村寨人群等等，都常以"弟兄祖先故事"作为共同的历史记忆。由"弟兄祖先历史故事"，我们也可以了解"典范羌族史"；这是在中国的"英雄祖先历史心性"下，中国知识分子以三苗、炎帝等被打败的祖先为隐喻，添加近代考古学、民族学、语言学等知识所建构的历史。我也说明，近代"羌族认同"的形成，主要是借着"英雄祖先"历史心性所建构的历史来塑造。

然后第三部分，文化篇，我讨论羌族文化。我把文化放在三个层面来谈。第一个层面是汉人的羌文化书写，它可能反映真实的羌人文化状态。第二个层面，它可能反映汉人的文化偏见，在这种文化偏见里，汉人对异文化常有污化的书写。第三个层面，最重要的，当这种有偏见的描述和书写变成流动的社会记忆后，再加上不对等的社会关系，会让被视为羌、番的人有一种自卑感，然后他们常会模仿那些被认为是比较好的文化习俗。这种模仿、攀附，也是一种逃避迫害的手段，如生物界的"拟态行为"（mimesis）。就是这样一些很细微的人群文化互动，在我所强调的"本地情境"之中，所产生的民族志知识是可以让我们深思反省的。我们应该常常从这些微观研究中反省我们的"汉化"概念。我们常常这样认识汉化：认为中国人是非常宽宏大量的，夷狄入于华夏，就毫无问题地成为汉人了。其实不是这样。这也许是一些中国上层士大夫的想法，但真正汉化所发生的地方，那些被视为蛮夷的人所接触的"汉人"，倒不是这样的士大夫，而是他们邻近家族、村落或地区的人。而这些自称汉人的邻人，本身也被其他人视为蛮子。就是在这种亲近的人群之间互相歧视、模仿中，形成汉化的社会文化过程。如果体会到汉化的过程是这样子的话，人们就更有一种谦卑与自省。我也说明，在民族化之后，人们不再以本土文化为耻，也不再学习攀附"汉文化"；相反的"羌文化"被本民族的人建构、展演，以强化本民族认同。

简单地说，在本书中我尝试以新方法、新角度诠释三个概念：什么是一个社会，什么是历史，什么是文化。

徐：嗯，非常有创新，非常有价值。我想批评可能也会有，但是你的研究肯定能对于我们大陆的研究人员原先比较单线式的思路和研究模式有所借鉴和启发。我还想问一个问题，你在大陆做了10年田野，对于大陆的学者、对大陆的羌族能谈谈你的感受吗？

王：我觉得羌族民众非常可爱、可敬，他们对我非常热忱。我觉得他们是一个非常伟大的民族。虽然我的民族概念和传统的民族概念不太一样。传统的概念从共同语言、文化来讲，而我是从另外一个方面来看他们，但我觉得他们的确是一个非常伟大的民族。尤其现在来说，他们虽然只有20万人，最难得的是在这么多的历史变化中，经过华夏边缘变化、吐蕃的变化，这么多的羌人都消失在历史洪流里，到了20世纪上半叶，只有那么一小群人被称做"羌"的人群仍保存一些东西，但又有地域人群间的驳杂与差异。就是这些他们所保存下来的东西，如"弟兄祖先故事"历史心性及山神信仰等，以及这些因素在汉化与藏化下产生的差异，让我们了解这个历史过程，并让我们了解我们自己。

徐：另外，我把您当人类学家来采访，而您不愿意被视作一个人类学家被采访，而愿意作为一个历史学家接受采访，为什么？

王：我觉得，我的研究还是比较倾向于历史学。人类学对我来讲，只是认识"历史"现象的工具而已。我也吸收社会学、心理学、后现代研究、文化研究与诠释学等研究中的精髓。我吸收了很多别的学科的东西，而其中我觉得人类学较有系统。从另一方面来说，当代人类学家也有转变，他们并不执著于某一种理论模式，像以前的功能主义等。我觉得现在的，尤其是1990年代以来的人类学家，从历史学、cultural study 等学科中吸收很多东西，也改变了人类学的田野概念。但是或许更简单的理由便是，我是学历史出身的，我还是以身为历史学家为荣，我也希望自己的著作能在历史学者中有些影响。但无论如何，我得承认，不管是从学科来讲，或从个别学者来讲，让我受益最多的还是人类学与人类学家。

徐：其实，我也是学历史出身的，岑家梧老师是我的第一个老师，我17岁就读历史学。我后来做汉民族史，吸收了很多人类学的东西。

王：我知道自己的一些研究旨趣，与西方的历史人类学有许多重叠。有时为了方便，如我的新书，就用了一个副标题叫做"一个华夏边缘的历史人类学研究"。但我还是不太愿意说自己是人类学家或历史人类学家，因为我觉得，若自称是一个人类学家或历史人类学家的话，就必须跟随一些西方的人类学典范，讨论他们所关注的问题。但是，我宁可只吸收他们的一些方法、一些概念，来研究我自己所关注的问题。我没有精力去细细阅读大多数的西方历史人类学著作，我只吸收我需要的东西，读一些真正好的著作，而不愿紧紧追随学术时尚。我们有太多的东西要读了。

另外，我很欣赏大陆学术界蓬勃的朝气。有许多刊物与网站，提供大家发表、争论、辩驳的知识平台。还有，在这边我见到学生们对新知的渴求，常见学生们众星拱月似地追随着几位杰出教授。对此我印象深刻。

徐：但是，王先生，您知道大陆的历史学家他们也感到危机，感到历史按照老的方法搞下去也是很难有突破，所以有史学危机的说法。而且他们也在改变思路，搞了《中国社会史》。现在又有一批社会科学院历史研究所的先生们搞了一套《中国风俗史》。所以我觉得你讲的东西跟我的想法一样，我很能认同你，因为我也是学历史出身的。我是在研究汉民族史的过程中老是想着怎么突破,所以我就尝试着用了一下人类学的方法。我的那本《雪球》就是用族群理论对汉民族进行研究,现在从效果上看还是比较好的。已快半夜了,很感谢您接受我的采访!

【录音整理　林敏霞】
【原载《广西民族学院学报》(哲学社会科学版) 2004 年第 4 期】

走向人类学

——四川大学徐新建教授访谈录

徐杰舜

徐杰舜（以下简称杰）：徐新建教授今天很高兴在相思湖旁采访您，首先请您介绍一下您的学科背景。

徐新建（以下简称新）：今天接受您的采访有两个意义：一是作为多年同行和朋友间的对话，另外则是对《广西民族学院学报》系列访谈的参与。我觉得这个系列访谈已逐渐成为国内相关学界沟通、互动的品牌。我对它的组织者心怀尊重。在我看来，创意、组织和策划是学术表达的另一种方式，亦即古人所谓"知行合一"的体现。

徐新建教授

杰：我们这个访谈已经采访了30个人了。包括了海峡两岸三地的各个有关方面的人类学家。包括具有国际权威声誉的李亦园院士，但是也有刚刚毕业的硕士研究生，像当时刚刚毕业的孙九霞。有男有女，有老有少。所以李先生认为我们这个访谈是中国人类学的口述史，方李莉认为这是中国人类学的族谱。所以我很想把这个访谈继续做下去。你刚刚从美国哈佛大学访学回来，而且又是文学人类学的领军人物，所以今天就想请你把你的学术背景给大家介绍一下。

新：我个人"走向人类学"的经历，是偶然和必然的结合。小时候喜欢音乐，先学竹笛后学提琴——学五线谱、拉西洋曲。现在看来，似乎很早就经历了"从东方到西方"的转变。"文化大革命"期间没书读，但普及"样板戏"的需要却给一代人提供了投身艺术的机会，同时也在闭关自守的封锁中留下了"洋为中用"的空间。考上大学后，改行学中文，兴趣又转移到文学和理论，同时开始关心艺术与社会、历史的关系以及中国与西方的比较。这时，"文学"成为继"音乐"之后我的第二个梦。当时的校园文化很活跃，我们办刊物、搞沙龙，还以（19）77、78和79级的同学为主成立剧团。我当导演，每学期都排演话剧，其中一些很"先锋"，还得了奖。最后又拍电视剧作为毕业论文，在为学科与专业的合理性而力争说服导师方面，费了不少口舌。那个时候对艺术期望很高，认为国家的兴旺在于文艺的复兴，人生的志趣在于审美。朋友们之间流行的一句话是："一百个拿破仑抵不上一个贝多芬。"

杰：那你怎样转向人类学的呢？

新：毕业后我分配到文化部门工作，然后考进社会科学院。经历从机关到基层、从书斋到田野的转向，意识到中国的问题必须在了解海外的前提下立足本土，于是研读比较文学并逐渐走近人类学。

机关的两年，对我来说等于在"上层建筑"里获得一段亲身的观察、体验，切身感受到社会的分层、权力的作用和书生的幼稚。那时对天天都要接触的一个事物体会很深：文件。我们在大学里曾花费大量时间学文论。然而对现实生活中的文艺实践来讲，从深处影响文艺运转的其实是文件——文件传达国家的文艺政策、规定社会的精神方向。比起学者们费力撰写的大量表面文章，无论"推动"还是"阻挡"，文件都更直接地左右了中国民众的文化生活。

1985年进入贵州社会科学院文学所，从职业上来说，就变成了职业的文学研究者。贵州地处西南，是多民族省份。我们的研究必须面对本土，面对地域性文化和多民族传统，同时还必须关注现实。在所谓的"学科意识"方面，我们不像大学，不崇尚纯理论，反感空谈，侧重对当下"活文化"的研究，倾心于"经世致用"。这一点使我在后来很容易跟叶舒宪提倡"破"学科产生共鸣。因为我们既关注学科、学理，但更看重对其的突破和超越；以社会问题和历史进程为对象，而不是以学理为归宿，更不以学科为牢笼。在这方面，比起其他的现有学科来，人类学似乎更具有"科际整合"以及"知行合一"的特点和优势，所以就吸引了我们向它走近。

举个例说，在贵州研究苗族文学，涉及文学、少数民族文化，涉及贵州的地方史、民族关系史，每一方面都涉及不同的学科；如果孤立地分开来做，不仅做不好，还可能使对象遭到肢解和割裂；只有把这些学科打通，你才有可能真正理解、分析和描述苗族文学。其他如研究傩戏也好、侗歌也好，甚至研究地区的经济发展，都涉及多学科的关联整合。所以在贵州，在西南，地域性的文化特点促使人们在学术研究上所形成的特点，首先就是多学科、跨学科的意识和心态。

另外一个特点就是面向田野。这个面向是必然的。在社会科学院这样的机构里，你的第一手材料，显然不是来自于文献。并且我们也不以制造理论为第一目的，而是在理论的指导下去研究现实。所以我们的工作就是常年在基层走。贵州81个县，一位老先生对我说，这 81 个县你至少要走完一半才能有发言权。也就是说，对于一个刚从大学毕业的年轻学者而言，能背多少书都没用，"走向田野"是最基本的要求；而且走了也不觉得稀奇，不值得荣耀。在那个圈子里，你要是没走过田野，根本没有发言权。这样，"多学科"和"走田野"就把我们的研究与人类学很自然地连接起来。

杰：你那个时候走向田野的感受很有意思，我们有些学生一进入人类学这个学科，就问我人类学为什么要做田野？不做田野行不行？我说不行。看来你最后进入人类学跟你必须走进田野有关系。

新：对。而且我们回过头来总结的话，我觉得大学的田野观跟研究机构的田野观有一个本质上的区别。大学好像是社会里的文化孤岛，在里面可以系统地学文学、学历史、做中外比较，但所依据的几乎都是文本，可以说是在图书馆里观察"文本中国"。可是真正的中国在哪里？在具体的社会生活中，在贵州、四川、云南……这样的省份里，贵州又是什么？贵州就是那些山山水水、村村寨寨，是省城贵阳、遵义地区、黔东南苗族侗族自治州和黔西南布依族苗族自治州……你只有从生活的本貌上认识这些具体事象，你才可能谈论中国，才可能谈对中国的研究。

所以我发现在两个阵营里面谈田野，彼此的田野观有很大的不同。在大学里谈田野，多半是附加的，是专业和理论的"锦上添花"，而不是务实求知的必然要求。所以一些关怀现实的老师们不得不苦口婆心地劝告学生"走向田野"，但收效甚微；如今竟还从一些学校听见"告别田野"的呼唤。真是让人不可思议。这样的话之所以由"学院派"喊出，是因为他们的中国是一个虚拟的中国、符号的中国和主观的中国，与现实隔了一层"文字的皮"。与此不同，另一种非学院派的田野观要求的是以现实为本位、学科为工具；自觉地在田野里寻找自己的学术生命、学术起点和学术皈依。

在贵州社会科学院的日子里，我和朋友们所关心的一个重要问题是对"贫困"与"发展"的反思。1987年，我们在贵阳组织了一次"东西部中青年理论对话"，就当时很吃香的"梯度理论"展开辩论。针对发达地区主流话语中的"单一经济学"眼光，西部学者强调"地域"、"民族"与"人文"、"历史"的意义。那时我们经常说起的书有王小强的《富饶的贫困》和陈正祥的《中国文化地理》。后来到新疆做"对外开放"课题，又发现了民国时期出版的《中国经营西域史》，从中获益不小，对作为地理、文化和历史构成的中国"西部"，有了更为深入的体认。

当时的"梯度理论"，把中国960万平方公里分成三个梯度，东部沿海作为第一梯度，中部地区第二梯度，西部第三梯度。该理论主张把最好的资源、最好的机会投放到东部，使整个中国分梯度发展，西部的前途要等东部发展以后再说。我们知道中国是一个中央集权制的国家，国家性的最大资源其实就是中央政策的发布与实施，政策代表权力；不同量级的权力，产生不同量级的效应。这样，当国家权力向东部倾斜，比如给一个"特区政策"，那里马上就被激活，被权力圈化的地区就产生出资源倾斜的效益。而在权力资源分配极为不均的社会里，这样的发展却是以把其他地区定为"次要梯度"，从而牺牲当地民众的平等竞争机会为代价的。这样做的后果会导致地区差距的拉大，由此可能导致一些震荡。所以20世纪80年代后期就有一批西部的学者提出"反梯度理论"，反对按不均等的方式划分和发展中国。

当时参与论争的人很多，话题也不少，既讨论经济，也讨论文化，还涉及少数民族传统怎样在现代化进程中获得保护。大家都以问题而不是理论为主，以现实参与而不是学科分类为重。在这种经验中，我觉得学院派的学术和田野观跟实践派是不太一样的。关于这一点，论争并未结束，今后还会有对话和交锋。我在这里旧话重提，是想提请一种关注，即关注人类学作为理论和实践对中国社会的两重影响。人类学的特点是什么？在我看来就是文理打通、文史哲打通，传统和现代、理论与应用以及东西方的打通。

杰：有意思，"五重打通"。

新：这是一个方面。与走近人类学有关，值得一提的还有参与一套丛书的组织和撰写，就是"西南研究书系"。云、贵、川三省的一群中青年学者跟云南教育出版社合作，发起出版关于西南研究的丛书，其中最重要的考虑就是怎么突破行政区划的限制来认识西南，按族群与文化的自身区域来做研究。比如说对待侗族，我们不想再像以往那样仅把其分割在贵州、广西、湖南、湖北、云南诸省边地做生硬拼凑，而是把它视为跨省关联的整体。对其他如"父子连名"和"舅权制"等文化事象也期望亦然。在这套书中，我们计划研究的问题有西南地理、西南历史、西南文化、西南民族以及西南宗教、西南与中原等。我承担的《西南研究论》，就是总论。我认为丛书是一种大文本，一套丛书的作者是一个群体，集体书写。这种"大文本"的书写应该有相对一致的学术思想。所以编委会觉得应该有一个总序来贯穿所有的专题。大家集体讨论，最后委托我写。我写了8千字的总序，获得大家一致通过后又发展成专著。当时是咬着牙写出来的，无论功底还是积累都不充分，但有激情，比如呼唤"西南学派"，呼唤"从西南认识中国"，呼唤"与世界对话"等等。很多话言犹未尽，也还有很多需要再完善的地方。那时也常读人类学的书，但忙于现实参与，读了就用，顾不上深入和系统，不过对于有关东西方的差异以及双方理论术语的平等互动等问题，已有所质疑和反思。比如我们追问说：在对待"萨满"与"巫师"、"仪式"与"跳神"等的对举时，为何要用前者说明乃至取代后者？难道只有前一种说法才代表普世性的知识？总之疑问不少。

杰： 后来呢？

新： 后来在 1992—1993 年考进南京大学"中美文化研究中心"进修一年。该中心与美国霍普金斯大学合办。中外学员一同学习、生活，由美国教授给中国学员讲"国际关系"、"美国历史"等课。那一年我们有很多对话和研讨，提高了英语，也开阔了眼界。我还在历史教授指导下，做了一个学期以印第安文化为主题的"独立研究"。不过最主要的收获是面对面地感受西方人的思想和习性，听他们发表对中美文化的看法、对世界秩序的观点，其中包括介绍亨廷顿的"文明冲突论"和福山的"历史终结"。

再后来调到了四川大学，阴差阳错，卷入到了"学院派"的阵营。到四川大学之前我和萧兵、叶舒宪、彭兆荣等几位朋友发起做了一件事，让文学与人类学相连接，在 1996 年中国比较文学学会的长春年会上，倡导成立了中国文学人类学研究会。到四川大学后，与四川大学比较文学的基础联系起来，成立了"文学与人类学研究所"。如今又有了文学人类学的博士点。四川大学在成都，也在西部，是教育部在西南的重点大学。我在那里边研究、边上课，分别教授比较文学和文化人类学，在学科上朝人类学方向又走近了一步。

杰： 从你这个背景来讲，你是搞文艺的，进到文学，再从研究机关转到学院，你具有跨学科的知识结构。你的经历非常丰富，跟一般的直接从学院到学院，经典人类学、科班人类学有点另类。但是这种另类丰富了你的经历，你是否可以在这个基础上着重谈一下你是怎么进入人类学的。

新： 这样的进入有两条线，一条是经历，一条是学理。第一条线，从艺术走向文学，从文学走向理论，又从理论走向田野……最后就走向了人类学。从学理上分析的话，可以说是人类学的品位和特点，使我们这些从事地域和族群文化研究的学人走向了它。因此一方面是我们走向人类学,另一方面则是人类学走向我们。人类学从西方引进以后,需要"落籍",需要本土化,即要由本地的学术主体对它再认识、再接收。在这方面,工作在基层的学者们的努力特别重要。如果说早期前辈的翻译引进功不可没的话,基层人员的实践操作也不容低估——是他们使外来学科和理论在中国本土生了根、结了果。在这点上,我特别赞成讨论人类学的本土化问题。最近以来《广西民族学院学报》在这方面发表了不少文章,引起同行的关注。但我觉得还有许多层面需要深入展开。比如同为中国范围,西方人类学引进后的"本土化"路程和演变,在大陆、台湾和香港就很不一样。表面看都在"走向人类学",但背景、目的、重点及方法却各具特色。这不值得比较分析么?

杰:你这个观点我觉得非常有价值。我们访谈的题目就定为"我们走向人类学",你同意吗?

新:这我当然同意。反过来看,"人类学走向我们"有一个学科发展史的问题。它起源于西方,经过殖民时代、后殖民时代,然后从西方走向非西方。这里面又有一个值得回顾的过程。在早期的时候,是西方人士,包括学者、教师、传教士、外交家,他们在"西学东渐"的潮流中把人类学带入中国。为什么呢?因为人类学对他们有用。与此同时,中国的学者也主动走向人类学,早期的前辈包括蔡元培、吴文藻等,扮演着"中国的普罗米修斯"角色,视人类学如希望的"火种"一样,孜孜不倦、前仆后继地加以介绍和引进。为什么呢?因为人类学对中国有用。

从中国近代史的过程来看,从学术发展的脉络来看,在人类学的路上已走过了几代人。我们的"走",标志着另外一个历史阶段。20世纪80年代改革开放以后,我们实际上是在延续当年的"双重走向"。在如今全球西化和反西化的过程中,人类学需要进行学理与实践两方面的对话。一方面，全球化过程需要来自人类学的声音；另一方面，人类学本身又需要来自不同文明的声音。人类学需要走出西方，在非西方世界的再传播和再改进中完善自身学理，以承担在文明碰撞的世界里重释"人为何物"的重任。

在这个意义上，对于"走向人类学"可讲的就很多了。因为我们现在走向的人类学不是纯粹的西方人类学，而是经过中国台湾、香港、内地学者的再解释，通过翻译、实践、总结的已逐渐在中国语境中本土化了的人类学。这样，我们走向的人类学，本身就有两个功能。第一是服务于中国本土的发展；另外则是在学科意义上参与到世界人类学的对话之中，为创造更为完整的人类学而发出中国的声音，也就是把对中国经验的本土总结，汇入到人类学学科的总体建设中去。

杰：实际上需要全世界人类学家共同构建具有真正国际意义的人类学。

新：我们的"走"，在今天来看依然是动态的：我们正在走向，还没停，还不是一个完成式。在我看来，尽管人类学博大精深，无所不包，迄今为止的"人类学"还是一个"未完成"的学科，或"待完成"的学科，需要在世界各国的深入参与下，实现其自身的完成。

杰：它有这么一种状态，任何一个终点都是一个新的研究的起点。

新：也可以这样讲，我们在某个阶段性的终点画个句号，那么它成为一个阶段性的完成。但从总体上来讲，它总的句号可能不是某一个区域、某一个学派、某一个国家、某一种文明体系所能画的。这个人类学的句号，是需要多元的、多文明的、多国度学者的参与才能画的；而且最重要的是，人类学需要历史现实的检验。因为人类社会不断提出新问题，这种新问题不断挑战现有学科的阶段性"句号"。人类学能不能为文明冲突、文明共存提供自己的学科资源？这对人类学是个挑战。人类学只有在阶段性的句号与完满中走向自己的终点。当然那个终点就是学科的终结；而学科本身就是历史的产物，有始有终。

杰：所以你刚才回忆人类学的历史，任何一个新的学派的产生，好比讲古典进化论、传播学派、功能学派或者结构学派，都是在对前面的批判当中站出来。前面的句号画了，它又是重新开始。所以现在人类学发展的一个特点就是与所有学科在牵手。人类学是"俯仰天地，贯穿古今，融汇中西"的，我赞成这 12 个字。下面我想请你再讲讲你进入人类学的状态。

新：有一个我认为比较重要的转变，就是田野与文本这个问题的提出。人类学从西方发源的时候，其学科品位就是不断地强调对现实形态的观察、分析和描写。它强调面对现实生活的动态过程，同时人类学提供了多学科结合的有利因素。比如现在说的音乐人类学、文学人类学、历史人类学等都是顺延着这一有利因素扩展而来的。以音乐人类学为例，我在做侗族大歌的研究时，做过一个总结。我发现对少数民族的音乐、民歌，其实中华人民共和国成立以来一直在研究。我大致分析了一下，按学科分类，有人从文学的角度研究它的歌词；有人从音乐的角度去录音、记谱、分析它的音乐；还有人从民俗学角度关注它的习俗。他们分门别类地研究少数民族民歌，我觉得实际上是把完整形态的民间歌唱给切割了。搞文学的人听不见音乐，搞音乐的人看不见民俗，搞民俗的则不大去理睬审美。怎么样解决这个问题？当然不可能有一个尽善尽美的办法，但相对而言人类学提供了整合的构架，它把一个社区、一个族群的文化看成整体，尽量全面完整地观察，而不是从支离破碎的角度去分解。所以在我试图研究侗歌的时候，就想到要从"音乐人类学"的角度去把握，以避免单以文学、音乐或民俗为角度所造成的局限。这是一种收获。

再如"文学人类学"。20世纪90年代后期,我们几个朋友在比较文学的领域里发起成立"中国文学人类学研究会",是想把文学与人类学的研究结合起来。大家知道,文学是一门很古老很强大的学科。现在的人类学也是如此。怎样把文学和人类学打通,从而更好地来研究人类的文学现象,或者说从文学的角度分析人类现象,这个问题国外已经有人在做。我们现在是在尝试,是在不同学科的对话中进行交叉和互补。

我们几个人的看法是一致的,包括叶舒宪、彭兆荣,我们绝不是为已经林林总总的学术森林再去增加一个新的品种,而是为了闯出一条路,为研究提供一个新的空间。比如说,我们有一个反思:我们今天的文学理论,其基础是什么?是五四"新文化运动"时引入中国的西方文论。正如同时期的人类学一样,这种引入当然有很大意义,但也有很多问题。当时的国人用西方文论对中国的文学进行了两种改写。一是以西方文艺思想指导"新文化运动"后的现实写作,发动"文学革命"直至唤起"革命文学",从而改写了中国文学的现代构成;二是以西方的文学观念去重塑中国文学的过去,也就是按西方的分类和标准重写中国文学史。这样,中国古代几千年的文本就被重新梳理成诗歌、小说、散文、戏剧等基本部类,并被分别贴上"现实主义"、"浪漫主义"或"进步"、"落后"等标签。这种重新装配出来的中国文学史,实际是西方文论"影子的影子"。其中别说民间世代相承的口头传统难争名分,就连文人精英们苦心经营的诗话、文论,也因"无逻辑"、"无体系"而不得不屈尊地等待改造。尽管对前一类型的偏见在"歌谣运动"中有过一段时期的矫正,但总体上还是未能回到对象的原本。所以如今还是要问:文学是什么?如果不把生活中可称为"文学"的每一种具体形态不带偏见地纳入视野,我们能说对人类文学有所理解吗?什么是史诗、戏剧、神话、歌谣?古罗马的西塞罗说"戏剧是生活的摹本",古代中国的儒生说"诗言志",法国的列维—斯特劳斯认为"一个神话可以产生另一个神话",黔东南的侗族乡村则流传着"饭养身,歌养心"的民谣……如何对照？需要从更为广泛的视野来做比较,跳出任何族群的"文化自我中心"。在这点上,文学人类学或许能够提供帮助。

杰：你们的文学人类学主要研究什么呢？

新：在我看来,文学人类学关注的问题不仅仅是"文学是什么",而是"人类何以创造和需要文学？"从人类学的眼光来看文学,文学是文化的一种存在,是人类精神现象和历史记忆的显现与承载。我们以前的文学观主要限于书面文学、精英文学、作家文学,而且是小说、戏剧这种成型的文本。但从人类学的意义上,需要将民间非文字的口头传统重新纳入。过去的文学史是口头文学依附在书面文学的体系下面,使它的地位低于和从属于作家文学。而且我们讲的是要用作家文学去指导、改造民间的口传文学,强调所谓的"普及"与"提高"关系。民间的口头文学、草根文化变成了需要被提高的事象。为什么？因为那种文学观念把文字文本看成最为重要,是精英和先进的代表。在这样的等级式的文学分类中,老百姓低于文人,歌手次于作家,需要以作家为榜样,跟在精英后面走;而反过来文人对民众却获得了指导和利用、改造的权利。他们不仅可以整理、解释民歌,还能借助权利去改造民歌。这种现象从"五四""歌谣运动"到大跃进"红旗歌谣"直到"东方红",文人精英们以民众的名义制造了大量的"新民歌",有的粉饰现实,有的虚构民意。文人写民歌——这是中国文学史上非常值得深思的现象。为什么中国的文人一方面长期鄙夷民间,另一方面又时常要装成民众呢？我想其中的一个原因是文人后面有更厉害的存在,那就是"官"。

总之,我觉得这里面潜藏着很多有意思的问题。文学人类学试图从人类学的角度建立新的文学观,由此对现有的文学及其观念进行反思，突破旧的框套，比如说"文本中心"、"精英中心"，跳出对文字的崇拜和对口语的轻视，反对对精英的迷信和对民众的蔑视；并且对于以多民族共存为特征的中国来说，还需特别提出的一点就是关注众多"非汉族群"的文学实践。以各族群长期交往互动的过程看，中国的文学史显然应该是包括了多民族文学内容的整体史。可是现在看到的大多数读本却是不完整的或分割的。对于少数民族也有人写"壮族文学史"、"侗族文学史"等等，但作为整体的中国文学史实际上是中国"汉民族的文字文学史"。

杰：文学史中的这种问题存在跟民族史的研究是一样的通病，所谓的中国文学史历来都是汉族的，或者全部是少数民族没有汉族。

新：在这个问题上，从人类学的角度来说，费孝通先生提出的"多元一体"格局值得重视。"多元一体"强调并置。其中的"元"，指的是原点和根基，而不是从属和等级。这样，如果说由多民族的文学并置、交叉、交汇和总和才是中国文学史的话，现有的文学史显然要重写。

杰：但是这种文学史研究基本上还没有起步。

新：没有啊，所以我觉得这个领域大有可为。

杰：记得在三四年前，我们就建议我们学校的教授比较研究中国少数民族的文学，刚开了个头就停下来了，我觉得这主要是功力、学养各方面不足造成的。

新：这里面涉及的观念问题很多，大的有"我族中心主义"，小的有"文本中心主义"。你想，为什么现代版的中国文学史会理所当然地以汉族文学取代其他民族文学呢？因为在其文学观的指导下，是以文本书写和作家文学为主线，而中国很多少数民族没有文字，即便在"新文化运动"时参与到汉语的书写之中，也不能真实地显示自身的文学存在，所以本民族的书写被遮蔽了。

要改变这种状况，只有从根本上重建文学观。而这种新的文学观在中国多民族文化背景里，需要有民族学和人类学的进入才有可能，单靠文学界现有的文学批评、文学理论，很难完成——他们没有相关的积累和眼光。比如对于现当代文学，文学界的史家们心中定格的是鲁、郭、茅、巴、老、曹，哪里会有刘三姐？可我觉得刘三姐在中国现当代文学里，跟鲁、郭、茅、巴、老、曹的存在有着同等的意义。她的源头是民间传说、故事和歌谣。拍成电影后，其影响遍及中国内地和东南亚华人社区。这样的文本为什么不能纳进文学史？

从另一方面看，过去对文学观念，由于只局限于文字文本，限制了我们对文学的认识。刘三姐的演唱是一种活形态的文化过程。她的作者、作品跟听众和环境的互动，是"文本中心"的文学观所难以处理的。在这点上，李亦园先生已从"文学人类学"角度引述过许多重要的学说，比如"展演理论"、"仪式理论"等。这些都是人类学里面非常经典的理论。从这些理论重看文学，可以看文学的演唱、表演和传承。过去在"文本中心观"影响下强调普及与提高的关系，导致了民间和口传的自卑感。一个拥有母语传统的少数民族作者，如果不把作品用汉字书写的方式发表在《人民文学》那类刊物上的话，就难被承认。而身处民间的歌手们，在现代化过程里，出路已变为到歌舞厅演唱，到主题公园表演，开始还唱传统民歌，后来则唱流行歌曲。他们自己的文化根基没有了。为什么？因为现行的学理没有对他予以承认，反告诉他，传统代表落后，民间需要改造。

杰：徐教授你刚才讲的文学人类学，正好人类学跟所有的学科牵手的过程中，文学的研究需要文学的多样性。精英也好，草根也好，都是客观存在，有生存的理由，生存的价值，但是没有一个高一个低。这个层面上今天讲得非常好，这是一个背景。还有一个背景，你刚从哈佛访问回来，我想请你谈谈人类学及东西方比较方面的内容。

新：去哈佛访学一年，其实是延续了在国内做的比较文学与比较文化研究。关于这方面有几个问题可以谈。一个是亨廷顿提出的"文明冲突论"。亨廷顿的意图是为"后冷战"时代提供新的认识模式。"冷战"以两种意识形态为阵营，构造了一代人的生存空间。冷战以后人类将会有什么样的未来？世界上的思想家、理论家议论纷纷，一直没有得出公认的意见，以至于在认识世界格局的问题上处于无序状态。这个无序的状态一方面为未来的发展提供了多样的可能，另外也隐藏着一种危险。因为人类共同生活在所谓的地球村里面，没有共同的理论平台，没有相互接受的交往原则，这是很麻烦的。

这时西方出台了很多理论。比较有代表性的是福山和他的"历史终结论"，认为冷战结束，人类的历史将终结于自由资本主义。其代表了西方的乐观派。类似的提法还有"政治的终结"、"国家的终结"等，被亨廷顿称之为"终结主义"（endism）。亨廷顿认为终结主义没有看清人类的未来，人类的未来是"文明的冲突"。他的理论在世界上引出很大的论战：人类好不容易结束了两大意识形态阵营的对抗，难道又将陷入毫无前途的文明冲突中吗？世界是否真像亨廷顿预言的那样，将面临西方文明跟伊斯兰文明和儒家文明不可共存的危机？如果这样，怎么解决？怀着这些疑惑，我在哈佛专门听了亨廷顿的课。2002年秋季，他开的课叫"我们是谁？美国人的认同"（Who are we? American identity），内容当然与"文明冲突论"有关。但退了一步，力图在文明差异中从内部确立美国人的身份认同，从而使"西方文明"的族群核心得到再次整合，保持央格鲁·撒克逊人的中心地位。与此同时，我注意到在哈佛"核心课程"的科目里，"外国文化"部分是把中国、法国、西班牙和意大利等都包括进去的。

不过同样在哈佛，"燕京学社"、"费正清中心"等机构的存在却体现出美国社会的多样性。哈佛燕京学社的现任社长杜维明教授是海外华人学者中的一位突出代表。与亨廷顿相反，多年来他一直倡导"文明的对话"。这种对话，我觉得不仅对文明问题的处理有帮助，对比较文学、比较文化以至人类学的研究都有启发。这里我想简单提示三点：

第一是杜维明教授等强调的"文化中国"观。其在今天的全球格局中把广义的中国看作四个部分：中国本土（包括中国台湾、香港、澳门和中国内地）、东南亚华人社区、欧美的华人和世界上研究、关注、同情和认同中国文化的非华人。我觉得如果说费孝通提出的"多元一体"为把握政治中国提供了有效构架的话，"文化中国"则为认识世界格局中的华人整体提供了新的参照。其中，"文化中国"的第二和第三层面尤其值得关注。以现在人们常用的"离散群体"（Diaspora）理论来讲，其所引出话题有"移民"、"疏离"、"流亡"、"变异"等；而若用王赓武从"落叶归根"到"落地生根"的观点分析，则能见出不同文明间的交往互动。海外华人中的知识分子为"华人"和"中国"的形象提供了另外一种样本。这个群体的意义和能量都是非常大的，他们用西方的语言与西方对话，在世界的前沿体现中国文化，再用中文把西方思想交融到"文化中国"里来，承担着中西之间双向对话的重任。只可惜身份过于"之间"，缺少实际的落实，与中国台湾、香港、澳门和中国内地的现实存在隔了一层。

第二是"文明对话"。针对"文明冲突论"的挑战，杜维明等提出"文明对话"。我觉得至少有几个意义，一个是中国等非西方的传统资源怎样以不同于西方的文明方式，在现代化进程中重新整合并参与到全球化过程之中。所谓"对话"，包括了文明作为"话语的整体"和族群作为"参与的主体"等多个层面。而在学科意义上，作为文化实践方式的文学与人类学面临着同样的问题，分别担当着"文明对话"的不同维度和功能。

第三是"反思启蒙"。这个话题从几年前杜维明到四川大学演讲就提起了。那时我们讨论"汉语经验"和"边缘批评",注重"以边缘为中心"。到哈佛后,在跟杜先生的多次交谈当中,再次对他阐述的"反思启蒙"留下深刻印象。"反思启蒙"就是反思"现代性",反思西方文明。这是国际学界近年涌现出的一个走向。面对资源枯竭、环境恶化以及贫富悬殊、信息爆炸等全球问题,越来越多的人认为现在的世界出了问题。问题的根源不在别处,就在自"启蒙运动"以来的西方文明自身。而你要反思启蒙,资源只能在启蒙以外去找。据杜维明的介绍,目前国际社会逐渐确认了反思启蒙的四个资源:除了中国、印度等非西方人类重要文明类型和西方内部的反思传统外,其中还包括了"原住民传统"。杜维明教授引用别人的话说,"如果地球是有生命的先知的话,能听懂先知说话的人就是原住民"。为什么呢?因为原住民文化跟地球生命有一种天然的亲和力,没有受到西方文明——尤其是西方现代文明的污染。对中国而言,类似的资源就是边缘的族群文化、少数民族文化。这是人类的财富。我们的民族学、人类学研究也需要从这样的角度加以深刻反省,不是仅把少数民族文化当作多民族大家庭中的一个要素,而更应该视之为人类文明的整体部分。

在哈佛我选修了人类学课程,参加了与族群研究有关的活动,感觉到虽然被一些激进的学者视为保守,但总体说来"族群研究"(ethnic studies)在哈佛已日益重要,从校方到教授到学生都开始投入越来越多的注意。总之,关注族群问题的学者们是把他们的研究与国内政治和国际关系以及教育民主化等重大问题联系在一起的。对此我做过一篇专题报告。这里就不多讲了。

杰:从学科建设的意义上,国内学者还在关心民族学与人类学的异同和关联,你能否结合中国人类学的发展问题,谈谈自己的看法?

新：2003年，在北京中央民族大学召开的"民族学、人类学机构联席会议"上，我曾提过，对中国学界来说，二者的区别在于：民族学关注中国，人类学面向世界。展开而论，在学术交往的意义上，民族学是西方理论在中国的本土化，人类学则意味着本土学人对世界知识的参与。民族学关注具体的族群和文化，人类学要解释人类的来源、命运与前景。在这一点上，我们看到自达尔文、摩尔根以及泰勒、博厄斯等以来，直到如今仍有很大影响的列维—斯特劳斯和格尔茨，西方的人类学家几乎无不对后一更为基本的问题发表出各自的不同看法。他们要解答超越白人、黑人和黄种人界限的人类共性，从生物遗传和社会文化的双向影响方面，揭示出大写的"人"是什么、为何而来、在哪里、到哪儿去的普世原理。对此，如果中国的学者还仅仅停留在一国范围，只关心本民族甚至本学科的利益，拒绝对世界知识的整体参与并放弃对人与文化、人与生物圈的关系等基本问题的反思，那样的话，作为人类社会中同样具有理性能力的成员，前景将是悲哀的。但愿不会如此。在这个意义上，我们需要走向人类学。

【原载《广西民族学院学报》（哲学社会科学版）2004年第5期】

人类学与瑶族研究

——广西民族大学张有隽教授访谈录

徐杰舜

张有隽教授

徐杰舜（以下简称徐）：张老师您是我的师兄，1961年我进中南民族学院我们就认识了，已经40多年了。我们的老师岑家梧先生早在20世纪30年代就已出名。40多年来，我觉得他的治学态度和治学方法对我们有很大的影响。师兄您对岑先生的接触要比我早三年，您能否对岑先生的人品、治学态度及方法谈谈您的感想和体会？

张有隽（以下简称张）：岑家梧老师是个学问功底很深的老师。我上大学时是1959年，当时他戴着右派帽子，在学院的农场劳动改造，大概一年后，也就是1961年他才回来上课。他给我们讲《原始社会史》。岑老师是学人类学出身的，但是在当时的情况下他只能讲《原始社会史》，他给我的印象是很深的。他的课讲得很好，讲课不看教材，不看讲稿，对自己研究的东西烂熟于心，而且许多东西都是他自己调查得来的，讲课时有观点有事实有材料，娓娓道来。比如，他亲自去调查过海南岛黎族的合亩制度，早年在日本留学时他已出版了三本书，是他深入研究的结果，都融进了他讲课的内容，给学生留下深刻的印象。

徐：那三本书是他最基本的著作，现在也没有人能超过那三本书。

张：岑老师当时不能公开讲人类学或者是民族学的课，只能讲原始文化，但是他讲课里面有民族学的内容、观点与方法，对我们这些年轻的学子很有启发。因为当时他受迫害，讲课声音不高，但对学生很关爱，经常鼓励学生克服困难求上进。他说他家里是比较清寒的，在他小的时候父亲就过世了，他在广州读书是靠他的叔叔帮他交学费，另外又写文章攒点稿费，这样过日子，所以他笔头很好，并养成勤奋刻苦的习惯。后来也是得到资助他才去日本读书学习和研究人类学。很可惜，如果不是20世纪50年代初中国把人类学打入冷宫，他能够公开给我们讲人类学，我们应当会得到更多的教益。1937年他出版了《图腾艺术史》，"文化大革命"初他受迫害死了以后，20世纪80年代他夫人冯来仪老师帮他整理论文出版了《西南民族研究》。抗战时他主要在贵州搞研究，研究的就是瑶族，还有的就是在四川讲课。当时在南方、在整个人类学界他是很有名气的。

徐：岑老师是最早出成就的一个人类学学者。

张：1966年他在"文化大革命"中受迫害致死，我记得他当时是55岁，如果活着现在也是90多岁了。

徐：他与费老应该是差不多大的。

张：是呀。太可惜了，如果他能够活下来，对中南民族学院，对中国南方的民族学、人类学的研究应当说是一面旗帜。

徐：岑教授的治学方法让我们受益非常大。所谓南方学派的特点就是把人类学理论和民族史结合起来,容观琼老师也支持他的观点。我 1961 年进校,就听他的《原始社会史》,我当时年纪很小,才 17 岁,觉得他讲的《原始社会史》给我们打开了一个非常明亮的人类学窗口,把我们从来都没有想到过的婚姻、家庭等,用马克思主义的婚姻家庭观点——《家庭、私有制和国家的起源》的理论来分析,让你觉得婚姻家庭这个内容是非常丰富的一个课题。从那时开始,我就觉得岑老师把我带上了人类学这条路上来了。

张:那时中南民族学院还有刘孝瑜老师、容观琼老师,都是人类学出身,记得刘老师讲蒙古史,容老师讲四川彝族奴隶制度。他们讲专题,各有所长,讲自己所研究的内容,挺不错的。他们都是南方这一派的人类学家。

徐:现在来看,岑老师的门下在从事民族研究的,而且坚持到现在的就是您和我了,其他人基本上都不做人类学了。所以张老师有一点我对您是非常敬佩的,就是您比较早地受到人类学的训练和影响,很早就把人类学引到广西民族学院民族研究所来。我想请张老师谈谈另一个问题:张老师您是一个瑶族身份出身的学者,出来读书也比较早,我想请您现在给我们介绍一下您的简历。

张:我 1959 年进大学,1963 年 7 月毕业,8 月分配到广西通志馆,跟我一起的还有莫家仁,我们是大学同班同学,在通志馆干了几年,搞地方史调查,曾经参加过梧州的历史普查。当时我主要是调查经济,因为梧州是广西的一个商埠、港口,梧州的经济在广西是举足轻重的,很多工业都在那里,火柴厂、制革厂、皮箱厂等等,我参与经济调查。在那里搞了一个多月,受益匪浅。

徐:现在搞经济人类学是不是有点基础在那里啊。

张:也可以这样说,对我现在搞经济还是有影响的。但那时很可惜，没搞几年学问"文化大革命"就开始了，我被下放了。因为通志馆被撤销了。我下放到马山去当中学老师。我是学历史的但不给我上历史课，那时说历史不重要，让我上语文课，道理就是文史兼通，学历史照样可以上语文课。不过我的语文课也上得挺不错。那时我所在的马山县古零中学，是南宁地区教育革命点，青海、海南、南宁、广西其他地方的人都去参观。参观要搞试验课，我上过几次试验课，还是挺受欢迎的。1978年调回广西民族学院民族研究室。

徐：那时韦章平老院长还在位。

张：他很关心我们，经常到我们研究室去讨论工作怎么开展。1978年是广西壮族自治区成立20周年，搞大庆。我们研究室分工，一部分搞展览，筹备成立民族展览室，由姚舜安教授组织；另一部分就是撰写文章，在报纸上发表，宣传民族政策，介绍广西的少数民族；还有的就是编写壮族历史人物传。我参与壮族历史人物传的撰写、统稿，这事完成之后就编写教材《民族理论与政策》，学校说这是重头课，全院要开。到1983年，我被任命为民族研究室主任。研究室开始的负责人是姚舜安，后来是陈衣，陈衣是科研处副处长，苏茵处长调走以后他就是处长兼民族研究室主任，他退休后就是我来做。我做主任后，1984年就把民族研究室升为民族研究所。

徐：这是战略性的措施。

张：升为研究所后就开始着手学科建设，首先是进人，搞队伍建设，你是1985年进来，同时进来的还有玉时阶、龚永辉、郭寿祖他们；再就是找钱，搞课题，就这样做起来了。1995年研究所改为民族学人类学研究所。我做到2000年5月份退下来。

徐：您把研究所改名这一点在全国开风气之先，现在中国社会科学院的民族研究所也改为民族学人类学研究所了。1986年您去香港参加第一届国际瑶族学术研讨会，您带了一套人类学教材回来。从那时起您就开始在我们研究所提倡学习人类学。所以我很想了解您在香港对人类学认识的情况和感受,您为什么要这么做?

张:这是我第一次出境。当时香港还是属于英国管辖。这是国家民委批准派团的,我们的老师——广东民族研究所所长刘耀荃,他是团长,叮嘱再三,要把文章写好,而且要经过审查,还有去香港之后的一言一行等等注意事项,都讲得很清楚的。我们都认真做了准备,但是会议上出现的争论给我带来的可以说是震撼。

徐:什么震撼?

张:会议上引起争论的主要是关于瑶族所谓的原始残余问题,我们内地一些人写的文章在会上讨论中认为瑶族男女比较平等,说这是母系氏族社会的残余表现,因为瑶族有一个习俗,他有两个女儿和两个儿子,可以把儿子嫁出去,女儿可以招郎上门。内地学者按摩尔根的观点,说这是母系氏族社会的残余,母系氏族在前父系氏族在后。乔健先生就出来说,进化论的观点60年前已经抛弃,你们现在还在宣传还在应用。

徐:这就是震撼!

张:关于男女平等问题,我跟乔健先生争论过的,他说如果你们说原始社会男女是平等的,那么现在的资本主义社会的男女不是更平等吗?还有瑶族的刀耕火种究竟生产力水平是低还是高的问题。国内有位学者认为瑶族刀耕火种是一种粗放型农业,亩产量很低,所以他不断迁徙。但国外有的学者说:不!刀耕火种可以砍伐很多森林,可以播种很多的土地,他的生产量还是很高的,并不等于他的生活就很苦,他们有很多银子。这些争论,跟在国内的讨论不一样,涉及事实问题,涉及理论问题。还有,在香港开完会我们就回到连南、乳源考察,美国斯坦福大学有一个黑人艺术研究者,他到连南看演出,说我们的歌舞团表演的不值得一看,这是改造过的,不是原汁原味的!这些都给我强烈的震撼。

徐:震撼的就是我们奉为经典的东西人家早就抛弃了。

张:对,我们过去奉为经典的东西,像摩尔根的古典进化论,一些观点他们早就抛弃了,但我们还奉为金科玉律,这就是因为我们太封闭了,封闭了二三十年。当时我就觉得我是一个所长,主持一个研究所,不得不考虑将来怎么发展的问题。所以我在香港就买书了,美国小基辛那一套教材即《当代文化人类学》就是那时买的,很贵的哟。

徐:当时那么一点钱买那么多书回来是要下很大的决心哪。

张:当时还买了一些其他的书。从那以后我就不断地买书,凡是人类学的书我都买。到1988年,我是全国人大常委会委员,两个月去北京开一次例会,常逛书店,有人类学的书就买。1988年在郴州开瑶族研究国际研讨会,在那里有相关的书我也买,在南宁发现有我也买。到了20世纪90年代中期以后,我已读了不少人类学方面的书,人类学已有一定基础,原先没有多少发言权,我那时有了一点发言权,实现了学术上的一个转轨。

徐:我觉得您从20世纪80年代中期香港会议开完回来以后,在所里提倡一些新的理论,并且您自己身体力行,对我们所影响非常大。但是我也知道您在引导我们大家学习应用人类学的理论和方法时也受到个别人的非难和反对,但是您仍能坚持人类学的方向,坚定不移地进入了人类学,是什么力量支持您?我想可能是您对人类学的感悟非常重要,您怎样看待这个问题?

张:我的感受是这样的,最主要还是一种责任感,做学问需要不断地研究不断地前进,是不是?第二就是对研究所的责任,我作为一个所长,不得不考虑把研究所建设好,虽然在学术上可以有不同的见解,但是一个研究所必须要前进。那你按照什么方向前进?是不是还保留原来那些理论方法来研究?我们20世纪

50年代取消人类学，基本上中国搞民族研究的去研究民族史了，民族史当然要研究，但民族史研究的理论方法要更新。人家研究到了什么地步，人家提出了什么新的观点，有哪些好方法，我们都不懂，那怎么行呢？我们自己关起门来做学问行吗？所以我觉得这是个人的责任，作为一个所长，要承担起这个社会责任。别人要怎么说，无所谓，我认定这个是对的我就做。

徐：但是"提倡资产阶级学术"这个帽子也是挺大的。

张：有人这么划分"人类学是资产阶级的，民族学是马克思主义的。"

徐：不过您刚才讲的是一个方面，是一种责任感，但是我觉得从另外一个角度讲，就是人类学本身的价值问题。我们为什么会对人类学这么着迷？如果它没有什么用处的话，也迷不进去呀，您对这个问题能不能再谈谈？就是它到底对我们有什么用处？

张：从我看过的国外的人类学书里，给我的印象比较深的就是人类学它确实是一门综合性的学科，综合了很多学科的研究成果，从整体来认识人类文化与社会，我觉得它要比单一的学科来认识人类要深刻得多。我们原来搞民族史研究基本上还是一种历史的方法，中国的民族研究也采用了一些田野调查，用民族学方面的方法，但是它的基本理论还是史学方面的多一些。解释历史、解释文化，还是用老一套的理论，比如用五个阶段论之类的。用老一套的观点来解释显得有点过时了，它对人类文化的认识欠全欠深。所以我觉得人类学很有用，它能够给人一个崭新的理论视角，如果我们这个研究所能够借鉴人类学的理论和方法，就能开辟一些新的途径，做出一些新的贡献。20世纪80年代初我们已经定下，我们这个所的研究方向主要是广西与东南亚民族研究，这样有区域优势。但研究理论与方法上不能固定在原来那个框框内，必须要走出去，同时也要请进来，要坚持开放。在这个过程中我们曾经访问过泰国,那是20世纪80年代末的事。实际上我去香港的时候,同一年即1986年黄鸣院长也亲自率一个团,带领范老师、袁少芬去泰国。到1989年,又出去了一次,我参加了,姚舜安也参加了,科研处处长陈永昌率团。我们在泰北停留43天,考察了17个瑶族村寨,而且跟清迈山民研究院的一些学者就泰国北部的瑶族社会文化进行交流,开了学术研讨会。请进来的包括日本的一些学者,大阪民族博物馆的馆长梅卓忠夫于1985年1月份率领15人代表团到我们这里交流,还题字留念。他是搞生态人类学研究的。泰国的已来过几批了。这样一种走出去请进来参加各种会议的活动对我们开阔视野、改进理论方法起了作用。

徐:所以只有运用人类学的理论与方法我们的这个研究才会不断地创新,15年了,大家这个体会都是一样的。

张:这个时间怎么算?1988年11月底参加在湖南郴州召开的国际瑶族研讨会,我撰写的那篇文章就是《瑶族传统文化变迁论》,开始运用人类学的理论与方法来研究瑶族的文化变迁。当时我还承担一个重大课题,叫"广西通志·民俗志"。慢慢转轨,1994年、1995年后转的步伐就大一些,包括你到学报以后我就建议你开辟一个人类学专栏;到现在学报已经很有名气,就是你努力的结果了。

徐:您是我的策划者。我们是不是可以转到这个话题?您是一个瑶族出身的人类学者,您把您的一生都献给了瑶学研究,我想请您介绍一下您研究瑶学的经历。

张:恐怕不能说是一生。我在1978年回来以后才参与瑶族研究,真正开始研究瑶族是1979年,因为那时要修改出版《瑶族简史》,这是国家民委组织的中国少数民族五套丛书工程,《瑶族简史》编写我参与了。我自己是瑶族啦,我不得不研究一下我的老祖宗呀。

徐：当仁不让。

张：责无旁贷。我的祖父是一位真正的盘瑶，讲勉话，到我们后代，我也探讨一下我的瑶族老祖宗，就这样我走上了瑶学研究道路。1979年到1998年这20年间，我一边上课一边工作一边搞瑶学研究。1983年在民院举办盘王节活动，引起震撼。1984年开始举办全国性的盘王节并成立瑶族研究学会。

徐：那时规模可真够大的。

张：过盘王节、成立瑶学会是项大活动，全国瑶族同胞代表都来了，那时很多搞文化、搞艺术的都来民院看盘王节。瑶族文化确实丰富多彩，很多专家、艺术工作者观摩盘王节后，产生了研究瑶族的兴趣，纷纷拍电影、电视片。虽然我一直在做瑶族研究，成绩也有，但是由于各种原因，我自己还是感到不够理想不够满足。1983年在历史系上瑶族史课，作为当时民族史的一个专题课，后来又给留学生、研究生上，最后整理出版了一本《瑶族历史与文化》。

徐：张老师，我把您的瑶族历史研究梳理一下，觉得您对瑶族研究有几个阶段：一是《瑶族宗教信仰》，二是《瑶族传统文化变迁论》，第三就是《瑶族历史与文化》，这三本书应该是您对瑶族研究的三个阶段，最后集大成的就是现在您参与主编的《瑶族通史》，这系列等于是四本书。首先我觉得您在瑶族研究里面最重要的是对瑶族宗教信仰的研究，您编的第一本书是《瑶族宗教信仰》，您对瑶族的宗教信仰研究有很深的体会和看法，因为您这个研究是最接近国际人类学理论范畴的东西。

张：我的瑶族研究是从瑶族宗教开始的，当时修改《瑶族简史》，其他的部分都给那些原来从事瑶族研究的前辈捡走了，宗教这部分是剩下的骨头没人捡，我就捡起来了。关于瑶族宗教研究，过去的调查报告都是比较粗的，20世纪50年代和60年代初的调查材料非常简单，我不得不做补充调查。我专门到十万大山调查山子瑶的宗教，还看了一些其他的书，特别是人类学关于原始宗教方面的书和道教研究论著，发现过去调查报告里面对瑶族宗教的定性不清楚。因为受"左"的思想影响，戴一个笼统的大帽子，说是多神信仰、多神崇拜。但究竟是怎么回事呢？我下了很多工夫来处理，结果发现里面有原始宗教，但是受道教影响很深，基本上跟国外人类学家研究的结论一样，这说明宗教有变迁，它既有中国文化的特点又有他们自己的特点。

徐：据我了解，您对瑶族宗教的研究，得出一个新的看法，跟您的田野调查有关系，我觉得您完全是按人类学的要求，非常深入地进行田野调查。您能不能谈谈您做田野的体验。

张：我当时主要是做十万大山山子瑶的田野，寒暑假时候去，先后去做了三次。开始是普查性的，对整个十万大山山子瑶展开全面普查。然后根据需要，搞宗教调查。宗教调查是比较敏感的，因为我本身是瑶族，又做了许多工作，才得到当地群众的理解，所以许多秘密的材料都刨出来了。我收集到一整套山子瑶经书。透过经书分析，结论就出来了。所以我提供给香港会议的那一篇文章——《十万大山瑶族道教信仰浅析》在会议上被称为上乘之作。

徐：上乘之作，评价非常的高，雅克对您很欣赏。

张：还有法国的杜瑞乐，他在会议发言中说这是瑶族宗教研究中最好的，它既能客观地阐述瑶族宗教变化的过程，又抓得住瑶族宗教的基本特质，说明了它的基本作用和在社会生活中扮演的角色，这是我田野调查的一个成果。

徐：也是一个甜头，我觉得人类学很强调在田野的基础上概括提炼升华观点，这也是您瑶族宗教研究能迅速地进入国际前沿的原因。雅克研究瑶族的宗教，和您研究瑶族的宗教，两个人在不同的地方，他在泰国，您在中国，最后得出的结论是一样的，所以我觉得您在那个时候就运用人类学的理论已经给我们做了

榜样。

张：按照人类学理论，宗教是跟社会生活密切结合在一起的，我的调查已证明了这一点。十万大山山子瑶，村老叫央谷，又叫保头、禁鬼公、赶鬼公，实际上他既是宗教人物，又是村里面的头人，这跟连南瑶族先生公的角色一样。结合对比一下，对宗教在瑶族社会中所起的作用的认识，就深得多。后来我就跟雅克合作搞了一个华南梅山教的调查，跑马山，收集了一些可贵的经书；到罗城也在那里收集了一整套的仫佬族经书，也发现既有本民族的特色，又受道教影响；在金秀我们收集到了一整套茶山瑶经书，有69本，这对研究广西民族宗教文化非常有价值。

徐：我觉得您对瑶族宗教的研究，用人类学的田野方法，作了理论的分析和研究，也是人类学研究的一个经典，所以我说对古籍这块研究的成果，这个起点就很高，这在瑶族研究中也是很重要的一个研究成果了。

张：第二本就是《瑶族传统文化变迁论》。用《瑶族传统文化变迁论》做书名，是因为文集里《瑶族传统文化变迁论》这篇文章参加了1988年湖南郴州瑶族研究国际会议，我觉得能反映瑶族的文化特点。我用人类学的理论方法来研究，其中涉及宗教变迁问题、整体变迁问题，这本书是1992年出版的。第三，就是在原来给本科生、留学生、硕士生教学的基础上，经过十几年的时间整理出版的《瑶族历史与文化》，这里面参考了国内外人类学家写的相关著作，像日本人类学家竹村卓二《瑶族历史与文化》，香港中文大学人类学系谢剑博士《连南排瑶的社会组织》，还有一些其他的人类学家。刚才您讲到瑶族传统文化变迁，我觉得用人类学变迁的理论，初学者都是比较容易掌握的。文化变迁是人类学研究的一个永恒的主题。

徐：所以我很赞同现在所里、学院定下的11个少数民族的民族志重点课题，从"变迁"这个角度切入，可能比较容易做，一般的人都比较容易接受。

张：根据现在国家发展需要也可以改为"变迁与发展"。因为现在都讲发展，提出了新的发展观。总结一下中华人民共和国成立后几十年来，广西各民族经济与社会发展走的是一条什么样的道路，发展有什么新的突破，这是很有必要的。

徐：变迁当中就是发展，这本身是连在一起的，所以我觉得您的第二本书现实的引用率还是很高的。第三本就是您的《瑶族历史与文化》，这是您对瑶族历史文化作的一个比较系统的概述，我想请您谈谈编著这本书当中的一些想法与体会。

张：这本书开始是作为本科教材用的，一边讲课一边写，后又给留学生、研究生讲课，不断地补充。瑶族有鲜明的文化特色，有它自己的历史发展过程。这本书自以为主要有几个方面的突破：一是起源，对瑶族起源问题，过去有很多争论，我在写起源时，参考了考古学、语言学和一些其他新的发现。过去把瑶族的起源定在秦汉时期的武陵蛮、长沙蛮，往前追溯就没法追溯了。我就往上追溯，根据历史传说，把它追到黄河中游、下游这一带，突破了长江这个界。二是关于瑶族的原始社会形态。根据我在十万大山及其他地方的调查，如在泰国的调查，还参考一些材料，做了比较多的描写和分析。第三就是宗教。瑶族宗教究竟是怎么一回事？无论我国瑶族也好，越南瑶族也好，泰国瑶族、美国瑶族也好，师公所使用的经书是一致的，而他们分手的时间已经很长。很多师公念的经，都是大同小异。你说这个宗教是什么时候产生的？应该是比较早，在我写的文章里我推断它受天师道的影响，至少可以推到南朝，唐宋的时候已经成形。在湖南我也做过田野调查，有一个研究苗族的专家叫马少桥，他是一个中学老师，关于梅山教他有他的看法，而且他的看法是很有道理的。后来我在研究中发现瑶族社会经书中的牒文里面讲到川通吕梅二教，在泰国发现的。川通就是贯通，吕教是福建道教的一个支派。湖南马少桥讲的梅山教，说瑶人原来信巫教，后来巫师到江西庐山去学法，所以梅教就跟道教合到一起了。庐山在瑶族经书里提得不多，偶然也有提到，但是跟吕教结合在一起，而吕教的影响扩展到江西，它是交汇的。雅克说盘瑶特别使用五雷天星阵法，这也是得到证明的，这都是比较早的道教，茅山派吕山派，里面所使用的一种法术，五雷天星阵法，这些泰国的中国的瑶族经书里都有。瑶族受道教的影响比较早，因为道教是东汉末年创立的，南北朝时期人物在瑶族经书里都有提到，起码开始联系在一起了，然后我认为在唐宋时它已经形成了、定性了，从它的语言来考察，它里面有汉语成分。以前搞不清楚，瑶族师公念经是用什么语言。我在十万大山调查，他们说是用瑶语。我说：不对。你如果完全用瑶语我听不懂，但是你念经书我听得懂，含有广东话在里面。但它又不是纯粹广东话，而是粤语的一种方言。这个粤语方言在什么地方呢？我曾经请语言学家李增贵研究，他说很难，后来又叫盘美花去做研究，现在也还没有搞清楚，但可以证明它是一种属于粤语方面的地方语，它的地带应该在粤北，瑶族师公念经书借用了这一语言。

徐：张老师，粤北、赣南、湘南和桂东应该是一个文化内涵非常复杂的地方，不光是瑶族，包括客人（现在的平话人）在那都有非常复杂的关系。

张：这个地方文化确实非常复杂，对族群影响很大。瑶族师公念经的时候，有用瑶语，又有用汉语，汉语主要是粤语，个别用西南官话，我在越南调查时惊人地发现，越南一个县的瑶族师公念经书竟然全用桂林话！桂林地区瑶族的经书杂一些，有的用桂柳话念。

徐：从您对瑶族宗教的研究，对瑶族传统文化变迁的研究，到对瑶族历史综合性的研究，我觉得这是您对瑶族研究的一步步地深入和提高。现在您在做一个很大的工程，参与主编《瑶族通史》。对瑶族来讲，这是一个功德无量的事，我想请您谈谈有关这方面的情况、感受。

张：《瑶族通史》的编撰是 1998 年提出来的，1999 年开始筹划。当时最主要的是制定提纲、指导思想、计划，着手收集国内外相关材料，2001 年开始撰写。到现在已经撰写了 80 多万字，基本上已成形了。这本书是原自治区副主席奉恒高提出来的，由他当主编，我是执行副主编，负责计划的制订、部分书稿的编写、统稿。这部书采用历史学、民族学、人类学的理论方法，把这些理论方法融合在一起。我希望瑶族研究能在原来的基础上有新的、重大的突破。第一，瑶族起源问题，我们跟上海复旦大学合作搞 DNA 检测，获得了重大的突破，还没有公开发表，不过我们已经把其成果吸收到这部书里面来了。第二，瑶族的历史分期，我们提出按瑶族自己的发展做历史分期，不按过去的以汉文化为中心的分期法，我们用本土的解释。第三，对于瑶族近现代的社会历史这部分作较大的改动。20 世纪 50 年代许多人写的文章都认为瑶族在中华人民共和国成立前已经进入了封建社会，而我的调查证明，情况并不是这样。瑶族社会发展不平衡，毫无疑问，有一部分进入了封建社会，像平地瑶；但其他一些过山瑶地区，他们是受到一些外界的封建压迫剥削，像土司时代的壮族的统治压迫剥削，还有改土归流后，受壮族、汉族地主阶级的压迫剥削，不过民族内部保留许多比较古老的一套东西，比如血缘组织、地缘组织，他们的贫富分化并不是很明显，即他们并没有进入封建社会。还有一个问题就是中华人民共和国成立后这几十年的历史，过去的简史都是不写的，《壮族通史》写到 20 世纪 50 年代，《苗族通史》写到 1949 年，中华人民共和国成立后那部分不写。我们编《瑶族通史》就采取新的思路：写！中华人民共和国成立以来的当代史这部分，内容很多，篇幅很大，怎么写？我们以十一届三中全会关于中国共产党历史问题新的决定作指导思想，实事求是地总结。中华人民共和国成立以来，瑶族社会所走的道路，弯路太大。当然民主改革还是照顾了一些瑶族地区，但后来的合作化、人民公社化，等等，搞一刀切，一个样，完全照搬外面汉族地区的做法，给瑶族地区带来了很大的创伤。这部分字数篇幅比较大，由罗树杰写，已写了24万字，还要补写一部分。这本书规定110万字，这部分约占了1/4。第四，加上国外瑶族的内容，写瑶族史我们不叫《中国瑶族通史》而叫《瑶族通史》，打破这个界限。

徐：有一本《苗族史》，四川民族出版社出的。

张：那个比较简单，后来伍新福独著出版了一本，80多万字的，叫《中国苗族通史》，有"中国"两个字，我们就不一样，叫《瑶族通史》，写到国外去。国外的瑶族还认定自己是瑶族，不论在哪个国家——越南、老挝、泰国、美国、法国、加拿大等，他们都认定自己是瑶族，都承认是从中国迁出去的，国外瑶族同胞也认为自己是中华民族的一部分，是海外华人的一部分，所以把他们写进来是有充分的理由并且是很有意义的。

徐：我们编辑部的曹满仙不是去了法国吗？她最近打电话来说，她现在在法国，跟瑶族的李高宝、赵富贵都联系上了。她说法国瑶族的影响比当地其他华人的影响要大得多，他们每年都过几个自己的节日，在当地很有影响。

张：这证明他们还有中国情，他们的民族感情很强烈。

徐：他们还是认为自己是中国人，不认为他们是老挝人。我想请您讲讲《瑶族通史》出版的意义。

张：我想我们编写《瑶族通史》的意义有几个方面：第一，就是系统地详细地描述瑶族的历史发展，给它一个比较系统科学的结论。比如它是一个什么样的民族？它一路究竟是怎么走过来的？对此，也是有材料就说，没材料就不说。这部书作为一个文化积累，将来在图书馆、科研机构，可作研究参考。我们做得不够的，将来其他人可以在这个基础上再前进，进行补充完善。第二，促进对瑶族的认识，对我们国家决策者来说应当有一定的参考价值。我觉得，特别是中华人民共和国成立以来我们国家在民族工作方面，比如在瑶族工作方面失误比较多，主要原因就是没有认识它，认识不到位，认识不够深。那么我们写出这部书，可以给领导看看。我们将来还要在这个基础上形成一个简本，做领导的工作太忙没有时间可以看简本，这可为民族工作决策提供一种参考。第三，促进各民族相互认识。我们国家的民族太多了，必须要有一个相互正确的认识才能加强民族团结，那么有时认识一个民族就是根据相关的文献资料。我搞瑶族研究跑过很多地方，群众里面有许多关于对瑶族错误认识的故事，1980年我到广东肇庆做罗旁山瑶族史调查的时候，那里的干部竟还问我："瑶族是不是长尾巴呀？"哎呀，把瑶族看成好像是什么动物似的。历史上瑶族就被看成是凶悍的、茹毛饮血的野蛮人。其实瑶族是非常善于与其他民族沟通的，他们无论到哪里都能学会当地的语言。瑶族的文化夹杂有许多外来文化，很能吸收其他民族的优秀文化。这可以促进民族间的互相了解。在国内如此，在国外、在世界各地也都是这样。

徐：我觉得《瑶族通史》的撰写，是瑶族历史里程碑的一个事情。这个民族在历史上存在这么多年了，从宋代正式形成算起，也是上千年了。这样一个有上千年历史的民族，从来没有自己的比较系统的专史，所以我觉得你们这个工作对瑶族是具有里程碑意义的。而且它不仅是瑶族的一个里程碑，也是中化民族文化工程的一个里程碑，如果我们每个民族都有这么一部通史，那么在中华民族文化史上将会是很重要的一个贡献。《壮族通史》对壮族是个里程碑的事情，《瑶族通史》也一样。张老师，您对瑶族研究这么多年了，做了这么深，您最近还出了一本《人类学与瑶族》，我想我们能不能谈一个人类学的话题：瑶族的族群性究竟是什么？

张：我这些年来研究瑶族，力图用人类学的理论与方法来解读瑶族的历史文化，所以就有了《人类学与瑶族》这本书。这第一表明我在做人类学研究，第二表明我在做瑶族研究，而且我是通过瑶族的研究来进行人类学的研究。通过研究我觉得瑶族是个很有特性的一个民族，它是一个传统的民族，同时它又是一个开放的民族。它是个传统的民族，到现在为止，不管在美国、加拿大、越南、泰国还是在其他什么地方，它都还保持自己的语言、习俗信仰，有一部分是变了，但绝大多数没有变，它还保留着。

徐：最近李高宝的父亲过世了，他是瑶族的大师公，他的经书保留下来了。

张：瑶族的宗教仪式，国外保留甚至比我们还要好，因为他们不受运动的干扰。我们受禁锢太多，不过现在又慢慢恢复了，政府相对比较宽松一点，也不去干涉。这个民族一直都保留着自己的语言，他们的民族认同感是很强的。我作为瑶学会的负责人，所去过的越南、泰国、美国，不管在哪儿，瑶胞一见面，都是非常热情的。广西瑶学学会2003年组团去美国，其中有两个人的手续办得慢了一点，晚去了将近半个月。我打电话给美国的一个瑶族负责人赵召山，我说对不起呀，你得分两批来接待我们中国瑶胞啦。他说，不要紧的，都是我们瑶胞嘛。民族认同感强，并且通过互相传递信息来进行沟通。基本上我们年年都去国外一趟，他们也有人回来，反正一见面就是唱歌呀，流泪呀，告别时，更是依依不舍。到泰国是这样，到美国也是这样，他们都说："你们要常来看我们呀！"我们也希望他们能回到中国来看一看。国内外瑶胞相互看望，这也成了规矩。不看不行，走亲戚嘛，这是瑶族的传统。他们还保留自己的语言，讲瑶话，我们中国瑶胞都用瑶话跟他们交流。但是瑶族又是个很开放的民族。如前面所说，中国的瑶族，每到一个地方，就学会这个地方的话。

他们会讲广东话，可以讲客家话，十万大山的瑶族既能讲客家话也能讲广东话，桂北的瑶族会讲官话，云南的瑶族会讲云南话。泰国、老挝的瑶族都是从云南出去的，还能讲云南话。到了老挝，他们学会讲老挝话，到了泰国他们学会了泰语。美国的瑶族都是从老挝过去的，老挝话他们还讲得很好，讲得很流利，到了美国又学会讲英语。

徐：到法国去他们能讲法语。

张：李高宝他不仅懂老挝语、法语，还懂西班牙语，他做生意做到西班牙去了。所以说这个民族又是个很开放的民族。他们在不同的社会形态里，都能适应生存下来。老挝是一个传统的社会，他们能生活下去，泰国是一个半资本主义社会，基本上属于资本主义社会，他也能生存下来，美国是一个资本主义国家，瑶族在那里也照样能生存，瑶民照样能成为企业经理。

徐：我也觉得瑶族的生命力特别强。我到法国去考察法国的瑶族，很有感触。在老挝的时候他们是刀耕火种，去法国前到泰国做难民也只不过是一两年，然后再到法国，从刀耕火种的状态进入现代产业中，完全是跨世纪的，不是一般的跨世纪，而是跨时代了，跨社会发展阶段。如李高宝，他已经做到法国空中客车飞机制造机仓里的雷达，最高级的雷达。瑶族文化就是这样一种文化，这样一种生存能力，所以我觉得它生命力特强。

张：是呀，它既要保持自己的特性，但它又根据环境的变化而改变自己的生存策略，这个特点其他少数民族也有，在瑶族身上表现得更强烈一点。乔健先生那本书叫《漂泊中的永恒》，说得很到位，它既漂泊，不断迁徙，但是这个过程又包括有永恒的东西。

徐：他们的传统文化保留得非常好，到法国可以看到他们自己的民族服饰，他们自己的民族节日，这在当地都已经产生很大影响了，但是他们又能学习这些地方的现代工业文明文化。从瑶族的宗教一直到现在正在做的《瑶族通史》是一个系列，从您这样一个瑶族研究系列历程可以看得出来，您的瑶族研究是站在一个很高的起点之上，您一开始就用人类学的田野方法来进行整合。

张：从1986年1月瑶学会第一次研讨会起，1988年一次，1990年一次，1992年一次，1993年在泰国那一次是国际上的，1996年在桂林开的也是国际会议，在每一次会议上我都强调这一点，从事瑶族研究的人要具有较开阔的视野。一定要把民族学、人类学的方法结合进来。研究瑶族还要研究其他民族，进行比较研究，才能看得更清楚。如果你不是站在一个很高的起点上，具有较开阔的视野，孤立起来研究，那是没有前途的。

徐：我觉得您领导做的瑶族研究，相比某些人做的其他的研究来说，没有哗众取宠的感觉。炒作的东西我觉得不是实事求是的，对学问无益。这个问题谈到这。下面我想请您谈谈您经历中比较重要的一些事情。您做了多年的瑶学会的会长，从哪一年开始做起？

张：瑶学会1984年12月成立，当时叫做瑶族研究会，我是第一常务副会长，会长是黄钰，但具体工作是我做。1988年，在金秀开会的时候就正式当选为会长，一直做到现在，打算今年开会换届。

徐：15年了，您为瑶学会的发展做了非常多的工作，我想请您给我们大家谈谈您的体验吧。

张：瑶学会成立时的宗旨是：开展瑶族研究，繁荣学术，促进瑶族地区的改革开放、经济与社会发展。第一，促进研究。1984年学会成立，在南宁饭店开第一次研讨会，以后每两年一次研讨会。此外，我们还跟国外的一个国际瑶族研究会联系密切，参与他们组织的国际学术研讨会。

徐：您现在还是国际瑶学会的执行副主席？

张：没有换，国际瑶学会1986年在香港开，1988年在湖南郴州开，1990年在法国开，1993年在泰国开，1994年在云南开，1996年在桂林开，1997年在越南开。除了召开这些会议开展研究以外，还把每次会议的文章出版。

徐：现在出了四集了。

张：因为缺钱，后面两集的稿子都压着，即恭城会议和临湘会议的没有出版。此外，还组织会员开展一些专题研究，指导会员著书，帮助审稿、统稿、定稿，如黄方平、黄钰的《国际瑶族概述》，玉时阶的《白裤瑶社会》，桂林盘福东的《东山瑶社会》，以及其他的一些专著，瑶族这方面的专著论文还是比较多的。瑶学会曾经被评为自治区先进学会。第二，我们通过学会来促进国内外民族联谊活动，不断地组织与越南、泰国、法国、美国瑶胞互相访问。其中与美国联谊，从1998年到现在已经是第五届了，越南去过两次，泰国去过好多次，法国去过一次。通过互访，促进国外瑶族研究者，特别是瑶胞了解中国的情况，为树立我们国家民族工作形象、国家改革开放建设形象，发挥了作用。美国的瑶人来到北京，他们说，一年没到，变化大呀！到南宁一看，南宁变化也大呀！去年罗树杰到美国做一个关于中国政府贯彻民族平等团结政策，促进瑶族经济与社会发展的报告。他们听了后，非常肯定中国政府在瑶族地区改革开放过程中所起的作用。美国有一个著名的瑶族代表人物叫赵富民，去年我们团在美国访问的时候，他正在中国参加乳源的一个瑶族联谊会，一听到中国瑶族代表团到了美国访问，抓紧时间赶着坐飞机回美国，及时赶到西雅图参加会议。在会上，他说："我可以证明，中国发生了很大的变化，中国的瑶族地区发生了很大的变化。"学会的工作使得国外瑶族对中国的认识加深了。第三，我们培养了一些瑶族研究者，让他们参与活动，提高了他们的水平。这些会员很多不是专门从事瑶族研究的，但是通过参加活动，加深了对瑶族情况的了解，对回去做好民族工作，促进本地的经济发展都起到了作用。我们也通过他们积累了不少资料。编撰瑶族通史，我们发动了100多名瑶学会会员、瑶族地区的实地工作者做资料采集员，从各地采集了过山榜、族谱、家先单、祖途、契约、碑刻、歌本、宗教经书等1000多万字资料。这些资料除供编撰瑶族通史参考外，现在编写瑶族古籍提要也派上了用场。我们有一个想法，还没有正式向学校建议，我们想搞一个瑶族网页，把所有这些资料整理出来与大家共享。资料太丰富了，所以以后在民院建立瑶族研究中心，应该是完全有条件的。

我们去年年底开了一次学会领导人会议，研究了今年的工作计划：第一，搞一个瑶族文献目录，进而做文献提要；第二，整理档案，我们原来的档案五年前整理过一次。如果把档案全部重新整理好，国内外联网，那要查什么资料，比如要查泰国的资料，一查很快就能查出来。我们这里有泰国一个情报中心的瑶族目录，我们自己搞过三个目录，现在又在做一个古籍提要，我们想在这个基础上制作一个网页。但是存在资金困难。我们还上报学校，搞一个瑶族研究丛书。

从广西的民族工作来讲，应当把瑶族研究做下去。过去分工，是按那一个民族的主体部分在哪一个省区，这个民族的研究就要交给哪一个省区来完成。瑶族的主体在广西，而且广西这方面研究积累比较多，丰厚。

徐：这跟您的工作有关。对于瑶族整个文化的积累，文化的发展，瑶学会起了相当大的作用。所以我觉得《瑶族通史》是一个积累，瑶学会是一个非常好的驱动机构。你讲了瑶学会的几个作用：文化的积累，联谊活动，促进发展，这都是非常重要的。瑶学会这么多年来，20年了，对瑶族的研究做了很大的贡献。下面还有一个问题我想请您谈，您曾经做过全国人大常委，作为瑶族代表身份参加的，这个全国人大常委不是一般的职务，而是一个很重要的人民代表的一个工作，后来您又一直在广西政协做常委，我想请您谈谈这方面的感受，特别是开始担任全国人大代表、全国人大常委以后这一段经历。

张：我担任全国人大代表是 1988 年，我当代表时也没想过进常委，还是民族委员会委员，我一点都没想到。

徐：这都想不到，天上掉下个常委给你。

张：因为开始突然通知我是全国人大代表我也很惊奇，到那以后又进常委了。选票数也是比较高的。五年一届，到 1992 年结束。1992 年回来以后我进广西政协做常委，做了两届，到 2003 年 1 月份结束。在广西政协做常委又是民族委员会委员，后来又安排我做民族宗教委员会副主任。这 15 年期间，一是作为全国人大常委，主要工作是讨论国家大事和做监督工作，再有就是立法。全国人大是国家的权力机构，重大的事情由它来决定。审查监督，听报告，提出意见，我从里面也学到很多东西，积累了不少经验。因为我上的是理论课，过去法律接触不是很多。通过在人大五年的工作，学了民族法，后来我回来开了一个民族法课，给专科生上。这有一个故事，1997 年我去越南参加一个国际会议的时候，他们开始不知道我的身份，大概是邀请人的疏忽，后来一经提醒：这个是中国人民代表大会的常委！越南国家民族山区委员会的主任就特意地来找我聊，聊了一个晚上，翻译是当地的一个苗族领袖叫王琼山，普通话讲得好。我跟他说，中国的民族工作已形成了法律体系，进入了法制轨道。宪法、专门法、民族区域自治法及其他各类法里面都有相关的民族工作的特殊规定，相应规章有很多。他们听得很起劲。我回来的第二年，他们国家民族山区委员会就到中国来考察了。尽管我参加全国人大的工作，不过我还是一直坚持我的研究，而且我利用全国人大常委视察的机会，视察了很多民族地区，特别是瑶族地区，如一些自治县、边境地区等，边境地区有瑶族也有苗族、壮族及其他民族，这些后来形成报告，在会上散发。一方面觉得自己很有收获，另一方面对回来做研究工作，做学会的工作，对我自己的学术发展，可以说是很有帮助的。

徐：提供很宏观的一个视角。

张：这种体验我觉得非常有意义，不过也比较辛苦。因为我还是一个研究所的所长，还要做好教授的工作，还要完成科研任务、教学任务。我这个人一调回民院就拼命地干活，在那段时间就更加辛苦。

徐：张老师您做过全国人大常委、广西政协常委，您站在一个比较高的平台上，在一个宏大的视野范围里来认识这个社会，来体验这个社会，再用人类学的理论与方法来研究瑶族社会，所以我觉得您具有一个宏观的视野和非常强的学科意识。我跟您多次开会，参加某种评论某种讨论，我非常钦佩您的学术眼光，您的学术眼光非常深邃。早在1994年年底，您就向我推荐和发表乔健先生的大作：《中国人类学的困境与前景》，这使得人类学在中国的困境与前景问题的讨论成了1995年中国的一个学术热点，您还就人类学的学科地位发表了重要意见。事实上，至今人类学在中国的学科地位仍没有解决，我想我们能不能就人类学的学科地位问题作进一步的讨论？

张：人类学在20世纪50年代被作为资产阶级的伪科学打入冷宫，20世纪60年代民族学也被取消，因为批苏联修正主义，使得它们完全处于被取消状态。20年后，到了1978年党的十一届三中全会以后，先后恢复民族学和人类学，做了很多工作，队伍逐渐壮大起来，出了很多成果。但是关于学科地位，大家也在讨论，到目前为止，也还没有完全解决，这也是发展中的正常状态。毕竟我们的底子还比较薄，虽然改革开放后我们跟国际同行的交流正在逐渐增多，但还是处于一种新旧交替的阶段。我认为中国的民族学、人类学还处于一种恢复发展阶段，对此评价不要过高。它是在不断地发展，人数在不断地增多。但毕竟中断了二三十年，我们同国外脱钩、孤立起来那么长的时间，对国外民族学、人类学的发展不甚了解。那么长时间受"左"的思想的一些影响，就形成了对国外同行研究的不了解，甚至偏见，在这样一种环境下成长起来的一些人，他不太愿意放弃原来的思想，这是可以理解的。既然到这个年纪了，你要他再去读许多国外的书，恐怕他很难做到，特别是那些英文基础较差的人，再加上其他一些客观条件，他还是禁锢在原来的那些框子里。所以在学科定位问题上，出现了本来不应该混乱而变得混乱的事情，到现在也没法解决。

徐：我们人类学研究面临一个很重大机遇，去年在意大利佛罗伦萨开会，经过争取，第十六届人类学 2008 年世界大会在我们中国昆明召开，请问您对这件事有什么评价？

张：2008 年在我们中国召开这么一次国际民族学人类学的联合大会，将会是我们中国民族学、人类学发展的一个很重要的里程碑的大事，因为会有很多国际知名学者来参加，中国也会为参与这次会议做充分的准备，讨论学科定位问题可能还会有不同的看法，但是会议的讨论将促进不同意见趋向统一。现在得到的一些信息是，中央民族大学也在讨论学科建设问题，做这方面的工作。

徐：去年 10 月份开会讨论了。您刚才讲 2008 年会议在中国开有里程碑的意义，那么怎样才能开好这次会议？请问张老师您有什么建议？

张：既然在中国召开这次会议，首先中国应该做好充分的准备，毕竟在中国召开这样的一次会议是非常难得的。

徐：现在计划按四块准备：考古学、语言学、体质人类学、文化人类学，四块放在一起，全部都上，所以就很可能在一个适当的时候开一个中国的人类学、民族学学会，会议可能要搞得比较大一点，把这四块都组织在一起。

张：我认为中国民族学、人类学机构还要进一步研究，怎样组织好文章。

徐：张老师我还记得您曾经提过一个建议，那就是中国的民族学、人类学学会组合建成中国的人类学民族学联合会，您这个建议提得那么早，好像是1996年，这件事已经开始在筹备，据说是国家民委领导来做。

张：联合起来好呀，搞学术研究大家互相提意见，求同存异嘛，但是要求求大同存小异，中国民族学、人类学已经经过几十年的波折，损失几十年，何必分那么多彼此呢？实际上有一些人也是跨学会的，既参加中国民族学会，也参加中国的人类学会。

徐：那都没关系。

张：观念上要开放一些，科学没有国界，哪个是真理可以通过讨论来认识，不要先下结论：什么什么科学，什么什么不科学，那样没法前进，先搞一个框框在那里，那不成了一个紧箍咒啰？

徐：这实际上是我们人类学发展20年的一个总结，这次会议的召开对中国人类学水平的提高和我们的国际对话能力增强可能是一个重要的机会。张老师我想听听您对中国人类学近20年来的发展的评论。

张：我刚才讲到，最近20年来取得很显著的成绩，有几个方面。第一，相当一些大学设立人类学系、人类学专业，一直在培养人才，包括专科、本科、硕士、博士。在大学里，民族学、人类学逐步有了一定的地位，特别是培养了一些硕士、博士，这些人在中国的民族学、人类学界发挥骨干作用，也包括派出去留学回来的，实际上他们许多人在国内学的也是民族学、人类学，在获得硕士学位后出去的。那么他们出去以后，又把新的东西带回来了，促进了国内外同行的交流。第二，出版了不少的学术专著，民族学文化研究，材料比较新，观点比较新。一些涉及学科建设方面的专著、报告、论文，提出了自己的看法，进行了热烈的讨论。还有在学报发表文章，形成专辑。现在还在继续讨论这个问题，认识逐渐趋向统一，这样可让大家少走一些弯路。第三，引起政府和社会方面的重视、认同。在云南大学、中央民族大学、北京大学，包括在我们学校人类学、民族学也被确定为重点建设学科。国家主管科研部门、省区级的相关部门，支持召开了一些会议，甚至国际会议；支持学者们出去交流、留学；给课题研究经费，给出书经费，应当说政府逐渐重视起来。如果不是政府支持、政府重视，也干不成那么多事。

徐：我们现在得到的支持越来越多了。

张：这个氛围比较好。社会上尽管许多人对民族学、人类学是什么不是很清楚，但是也逐渐地了解了。我想只要我们努力，有些问题是能解决的。尽管问题还是会有的。

徐：总的来讲，我觉得中国人类学前途是光明的，为什么这样讲呢？十六届三中全会中央提出了"以人为本"，一个全新的理念，这次再次强调新的发展观、科学的发展观，这实际上是人类学最根本的价值取向。

张：人类学主张从整体上判断一种文化，讲究人在自然中，人在各种群体各种文化中协调全面地发展，这样才是一个科学的发展，真正地重视人的文化，而不是单纯地追求经济利益。我们原来穷，国家一味地以经济建设为中心，到20世纪90年代以前强调经济的发展，那个时候是完全可以理解的。现在随着国家的发展，必须修正发展方向，所以我认为现在中央提出"以人为本"是实事求是的，是科学的。不能因为国家的发展而导致城乡的差距越来越大，社会各方面的发展不平衡。科学的发展观应当是全面发展、协调发展，不仅仅是追求经济目标，还要追求社会目标，这个社会目标里面不仅是一个群体，而是不同民族不同群体，群体这个概念它包括更宽：男人、女人、弱势群体、强势群体，你必须让大家从社会发展中获得好处，尊重人，尊重人权，人民的权力在生存发展中必须得到尊重。我们不能再走西方资本主义刚刚崛起时走的掠夺式的破坏式的发展道路（破坏生态的，破坏人权的）。在这个世界存在很多不公平。我们中国作为一个大国，应该有一条自己的健康的发展道路。我讲经济人类学，讲发展人类学。现在中央提出科学的发展观，是与时俱进的。因为中国改革开放以来，各种各样的社会问题，各种各样的犯罪问题太多了，让人有一种不安全感，社会风气不好，特别是官员的腐败问题，人民深恶痛绝。西方经济人类学所谓的经济人就是盲目追求个人利润、个人的物质，如果这样你肯定要破坏他者，破坏他者的生存发展来谋取一部分人的利益，这样的世界就不公平，所以费老提出的那十六个字是很高的："各美其美，美人之美，美美与共，世界大同"。

徐：他站在高度概括，合而不同。

张：合而不同，实际上是不可能相同的。

徐：是真的不同，"同"对生物来说有一点意义，而文化它不可能相同，但是你又必须和谐地生存在这个地球里。

张：互相尊重，取长补短，文化变迁这个过程互相借取，这都是可能的。任何一种文化它都有一定的边界，人的审美不可能完全达到各民族群体都是一样的，所以呢，必须互相尊重，你不能以强凌弱，那搞不得。

徐：所以他这里不仅包括了人与人之间的和谐，还包括了人与自然的和谐，否则什么 SARS 来了，什么流感来了，搞得你们……

张：如果让我提意见，我觉得"以人为本"这个提法还是有点片面性，你追求人的全面发展，那还有个自然问题呢？如果就人与自然关系来说不能够单提以人为本。动物和人是平等的，人与各种生物是平等的，全面协调发展还有一个人与自然的和谐发展的问题。你把生物的多样性破坏了，将来可能对我们造成非常负面的影响。多少年来，资本主义的扩张和社会各方面的发展，造成生物的损失多少，难以计数，生物的多样性破坏得很厉害。现在如果我们只讲人的发展，不讲人与生态的平衡发展，地球干旱、河海枯竭、气候变化、河流污染、空气污染、水土流失，人类不受害吗？

徐：现在有的外国科学家预言将来气候的变化比恐怖主义还要厉害。您刚才讲"以人为本"这个提法如果作为一个根本性理念，还是有点片面性，您讲了一个非常重要的一个问题。那么您觉得怎样概括才更好一点？

张：我还没有想好。

徐：前天在那里开会的时候您提到那句话，我就非常注意。您说片面地强调"以人为本"，会与生态、自然失去平衡。

张：不过"以人为本"这种提法比以前是一个进步了。

徐：如果您去银川开会的话，我觉得您可以谈这个问题，那就是非常有意义的了。这个问题我们暂时不提。我还想问一个问题就是，我1994年到学报，您就建议我办一个人类学研究的栏目，给我推荐的第一篇文章就是乔健先生的大作《中国人类学的困境与前景》，我们1995年第一期发表，一炮打响。10年来，我们做人类学这个栏目得到了张老师您很多的支持与关照，现在我想您作为我们这个栏目的最早的提议者，请问您对我们这10年的工作有什么评论与建议。

张：这都已经有公议了，包括台湾人类学教授李亦园，认为我们的学报在内地办得最有特色的，主要是人类学文章发表得多，成为一个很有影响的很有代表性的人类学刊物，拥有一定量的读者，这跟你的工作和其他方面的理解支持分不开的。在我们中国有些情况比较特殊，在其他地方本来应该发挥这些作用的没有发挥，我们在这里却能够做起来了，特别是你花了很多精力，把它做好了，为同行的共同讨论提供了一个阵地，对推动中国人类学的发展做出了杰出贡献，很了不得，这工作应当继续下去。我问过您，如果您走了，谁还能办得好。

徐：这由学校领导决定。

张：你这个人很开放，对一些问题很敏锐，能吸收各种意见，联系面广。学报文章发表按题目按领域，避免零敲碎打，做出了品牌。

徐：这叫规模效益吧。当然是我自己对人类学情有独钟了，因为我觉得人类学对我们做学问、做事、做人都太重要了，正如您讲的用整体的观点看世界，用整合观点去做事做人，用比较的观点去分析观察问题，这就是毛主席讲的嘛："没有调查就没有发言权"。所以我们做这个人类学心里就非常踏实，不会出现像别人讲的关在房子里没有办法地抄来抄去的现象，这没有什么意思了。随着我们学问的不断地发展，从这个角度来讲吧，我当然愿意把我们《广西民族学院学报》工作做下来，但是年龄不饶人哪，到60岁以后，是不是还继续做，那要看学校的意见了。但是2008年的世界大会，有关领导有关学者还是希望能通过《广西民族学院学报》这个阵地做点事情的。

张：这是个好主意。

徐：这是个全局性的问题，所以他们关注我是不是还做下去，这倒是一个实际问题。不过我相信我们学校的领导总会从全局考虑问题的。

张：我认为作为一个学者不能简单地用年龄一刀切了，一个科研机构、学术机构，应当实事求是地来给判定，当然不影响年轻人成长，但是当年轻人还没完全能接过来的时候，老的应当顶一顶，带一带，传帮带很重要。年轻人他可以冲，精力也充沛，但是总会有不成熟的地方，考虑不周的地方，老同志在背后在台面上支持，那总比没有支持没有支援好，年轻人应当有这样一种胸怀。

徐：做学问这个事真的是值得。

张：人总是逐渐成熟的，孔老夫子早就讲过，吾年三十而立，四十而不惑，五十而知天命，六十而耳顺，七十从心所欲，不逾矩，到六七十岁他已经炉火纯青了，他积累的经历、经验达到很高的学术境界了。年轻人怎么能一步赶得上呢？

徐：张老师，如果从1978年您来广西民族学院开始算，到现在已经将近30年了。

张：我回来的时候39岁。

徐：那如果从进中南民院开始做算到现在也已45年了，我如果从1961年算起，也已经43年了。经过这么长时间的积累，我也就是最近10年才做到这个程度。我觉得做学问不是凭一时的热情就能做的。

张：实际上任何一门科学，都不是一蹴而就的，它都是经过长期磨炼，长期积累，才能老道成熟的，所以老一辈的学者他的眼光是很高的，学问功底特别深，包括他们的为人。

徐：确实如此，我这几年都常听到费老先生的讲话。他们真的是大师级的人物，有时他们讲一个观点就够你受用的了。比如讲李亦园先生去年在台湾的一个会上强调一个很重要的观点：人的文化适应性问题，人是一个文化适应者，我们是适应自然环境。他讲这问题对我是非常有启发的，这个启发比我们看很多书得到的启发还有意义。因为这是他经过这么多年的积累而得，他对人类学的感悟力已经渗透在他的思想中了。我们做到这个时候才感到，刚开始我们去看一些别人的东西，很难给别人提出一点意见来，但现在我们有这个能力了，一看就能看出这篇文章好还是不好，有创新还是没有创新。

张：所以我觉得社会科学是一种长期积累的科学，它不可能一蹴而就，必须要自己亲自去做大量的调查，认识社会。费老讲，认识社会你自己不去调查你怎么认识？你必须大量地阅读各种著作，看人家是怎么思考的。

徐：行万里路，读万卷书。张老师我建议您，一个要保重身体，一个我觉得您的学术眼光比较深邃，很多东西我想请您看过比较好。我现在讲一个比较私人感情的问题，我之所以能够在1985年从浙江来到广西民族学院，是您调来的。有一些人说徐老师您从浙江调来不可惜吗？浙江的经济比较发达。我觉得到现在为止，我都没有任何感到可惜的，为什么呢？因为我能够到广西来做我喜欢的我钟爱的人类学。特别是在您的引导下很快地进入了人类学。我做的第一个题目，是当时贺县南疆——壮族乡的文化变迁，就是看了您从香港带回来的那些书，我就用这个观点进入人类学。我是非常感激您的，今天趁这个机会再次感谢您，对您表示崇敬，还希望张老师您以后多多关照。

张：你现在很多方面已经超过我了。

徐：没有，没有，我一直都把您当作我的师兄。

张：身体随着年龄的增长有点变坏，我是尽量尽自己的努力，能做多少就做多少，活一天做一天，活到老做到老，我也不是拿自己的生命开玩笑，现在的工作节律也是慢慢减下了，晚上我都是看看书，看看电视，再也不敢写东西了。如果第二天有课就备课。不过我过去未完成的课题我还是要完成的，《瑶族通史》我必须完成，还有我承担的一些自治区课题、学院的课题也要完成。费老68岁复出，这20多年他还一年一本、一年两本地出书。我现在才65岁，所以我现在还能也还想多做些事情。

【录音整理　叶建芳】

【原载《广西民族学院学报》（哲学社会科学版）2004年第6期】

漂泊中的永恒与永恒的漂泊

——台湾东华大学乔健教授访谈录

徐杰舜

徐杰舜（以下简称徐）：乔先生，您是我们中国人类学的一位前辈，从事人类学研究已有50多年了吧？

乔健（以下简称乔）：我是1954年进台湾大学的，1955年从历史系转入了考古人类学系（1982年后改称人类学系），在老师的指导下开始人类学的研究。

徐：那就是将近50年了。今天是正月初九，在猴年开始之际，有机会采访先生，十分荣幸。我想首先请乔先生对自己从事人类学研究的历史做一个学术的回顾。

乔：好！我是1954年进到台湾大学历史系。我自己比较喜欢旅游，我想，学人类学可以到许多地方去走走，就这一点吸引了我，我就干脆去念人类学吧！于是就决定从历史系转到人类学系。结果转过去的时候，本来系里有9个学生，除了有一位，就

乔健教授

是王松兴因生病休学外，其他的全部转走，我进到人类学系后，便成了唯一的学生。第一届是两个人，就是唐美君、李亦园先生他们两个人。唐美君已经过世了。第二届就是张光直他们，共三位。那么中间就是两个、三个这样子，我是第六届，是最少的，只有我一个。但在我之后，人就多起来了。所以我常说我有承前启后的作用，因为我以后下一届就是8个人，以后人就越来越多了，不再是那么冷的一个系。

我的第一个阶段。先在台大考古人类学系，毕业以后，接着又考入研究所，进了研究所三年。我一方面做研究，另一方面又当助教，所以可以说在台湾我的第一个阶段就是从1955年开始的。记得1955年的冬天我第一次做田野调查，从那时开始到1961年7月出国，到康奈尔大学攻读人类学的博士，就算是第一阶段。在这个阶段，我做的工作主要是研究台湾高山族，那个时候，这也是台大考古人类学系的重点，大家知道那时人类学还是比较流行研究所谓异文化。台湾高山族，大家都觉得是一个宝藏，所以当时在台大考古人类学系的一些教授都可以说是中国人类学界的精英，李济、凌纯声、芮逸夫等都是大师，但他们几乎没有一个没有尝试过去研究台湾高山族的，可见这是当时系上的一个重点，所以我也是这样。我大学的毕业论文可以说是一半对一半，一部分是民族学的，一部分是考古学的。题目是《中国境内的屈肢葬》，大陆的部分完全是根据考古报告，这个论文是李济先生指导的，但是，台湾的部分是民族学的调查，所以可以说我的论文是考古学和民族学的一个结合。当时台湾的高山族还有屈肢葬，我的运气不错，就是1958年过年的时候，我没有在台北过年，我去屏东县调查排湾人，正好在一个部落里头看到一个老年人过世的全部过程，正好是屈肢葬。据我所知，恐怕也是唯一一个关于台湾屈肢葬的民族学报告，而且有照片的记录。不过我自己的兴趣，那个时候在文化人类学上。在台大也好，后来到了美国也好,人类学一定包括四种:文化人类学或者民族学、考古学、体质人类学,还有语言学,就是说任何一个人类学家,这四样东西都要会。不过在大学念完了之后,我的兴趣主要在民族学,也就是文化人类学。所以我到了研究所以后,还是继续做这方面的工作。在研究所的硕士论文我集中研究卑南族,就是我最早研究过的一个民族。卑南族当时已经开始受到人类学界的注意,就是说它有所谓的一种非单系社会亲属组织。因为我们平常观念里面看到,这种单系的社会,像我们中国是父系社会,纳西族是母系社会,都是单系,但是像美国、英国他们这种就是双边,因为他们不往上追,说亲属关系的时候只是到三四代,到曾祖父嗣这一代为止,这种叫做双边,英文叫 bilateral。所以,早期的人类学家他们在讨论这种世嗣制度的时候,主要是这三种。但是到了20世纪50年代晚期的时候,特别是在太平洋地区,他们就发现一种非单系,有一种制度叫 ambilineal,就是两可,可以父系,也可以母系,很复杂的一种情况。这种情况正好是在太平洋地区,所以你可以看到在我们人类学方面研究亲属制度最有名的经典著作,就是 G. P. Murdock 的《社会结构》。这本书是 1949 年出版的。在这本书里,他只看到主要是这三种:父系、母系、双边。最后一种叫做 double descent,就是双系,非洲有些地方有的人是同时从父系和从母系的,他相信他自己的这个灵魂是从父亲这边来的,肉体是从母亲这边来的,不动产是从母亲这边继承的,动产是从父亲这边继承的。有时候从父系,有时候从母系。这种情况 G. P. Murdock 在 1949 年他都没有发现。到了20世纪50年代晚期、60年代初才有人开始注意到这个问题。对卑南族我自己感觉到很特别,很多日本的人类学家也说它是两可型的,所以我特别选了卑南族。卑南族又叫八社番,一个是知本社,就是我第一次去的,这个系统是很清楚的两可型。另外一个是南王,这个就很难说了,它也可以说是母系的,但至少知本是很标准的两可型,所以我就选择了一个知本系统里头的一个大社,叫做吕家,我就是做这个卑南族吕家社的社会组织,这个地方就是现在的台东县卑南乡利嘉村。在这个地方住了半年,写硕士论文,所以在台湾我主要做的一些研究工作是台湾高山族。

我是1961年出国,离开台湾,到美国去念博士学位。到了美国以后,选择去康奈尔。那时我对美国的大学了解也不多,正好认识一些美国的留学生,我大学时有两个地方给我奖学金。哥伦比亚给我奖学金,康奈尔也给我,但是康奈尔大学是属于助教的奖学金,那些美国朋友都说,你不要去哥伦比亚,那个地方太乱了,康奈尔是一个很安静的地方,你去康奈尔。我就听他们的意见,到康奈尔去。康奈尔是在美国东部常春藤盟校中最年轻的一个学校,我们早期的一些中国学生,像赵元任啊,都去过那所学校。胡适也是,到康奈尔之后他是研究苹果,读苹果系,后来他对哲学有兴趣就转到哥伦比亚哲学系去了。康奈尔那一带环境很漂亮,不过就是比较偏僻了。到了那里之后,康奈尔也还是维持一个传统,人类学的四个领域你都要修,不可以只专修一种,比如说现在可以专修文化人类学了,那时候不可以,就是都要懂,所以我们那时候也是遵守这个传统。不过那个时候,大部分中国人到美国去念书,他们都是选中国研究做博士论文的题目。我自己总觉得,人类学应该是研究所谓异文化、不同的文化,不应该研究自己的文化。而且到了美国反而来研究中国文化,心理上有一种抗拒感觉。在当时有一位非常出名的研究中国的人类学家,就是威廉姆·斯金纳(William Skinner),他研究中国的市场。威廉姆·斯金纳就是我的导师,但是我觉得不太对劲,一方面我觉得我不应该研究自己的文化,另一方面我对他对中国的一些解释不太同意,所以搞了一年以后,我毅然就决定不跟他。正好有一位先生,在我修的课里面,作了一个演讲,我对他的东西很有兴趣，他对我也很有兴趣。他是研究美国印第安人的，叫约翰·罗伯茨（John M. Roberts），他就是我刚才说的 Murdock 的学生，我就想：去跟他一年也不错。所以想了半天以后，我就去跟罗伯茨讲，说想跟他学，他说当然很欢迎我。于是我就去跟斯金纳讲，说我想换导师。斯金纳当时就非常吃惊，然后他很不高兴地说："你决定了？"我说："我决定了。"他就很不高兴。结果第二天，他给系里一个公开信，就是任何人接收我做学生，当我的导师的话，必须再给我一次资格考试。我那时候已经通过了博士资格考试，我已经是博士候选人了，这实际上是一个不合法的要求，因为你已经通过了，不可能把你的通过撤回。当时，罗伯茨说他既然坚持，那只好形式上给我一个，但是不能向学校报，因为学校是绝对不接受的。所以第二天，因为斯金纳的这个通知，我到了系里，老师们看到，都说这是第一次学生主动地要求换导师，只有老师要求换学生，没有学生要求换导师的，学生把导师给辞掉了。不过我想我这个决定还是对的。

这样我的第二个阶段就从跟罗伯茨开始。那时候他正好拿到美国的叫做 NIMH，即国家精神卫生部的研究经费，那个时候 NIMH 大概是支援人类学最多的一个，很多人类学的计划是它支援的。那时候罗伯茨有一个相当大的计划叫 models of culture，就是文化的模式。他准备在美国的西南部调查比较四个族群，一个就是拿瓦候人（Navajo），一个是住在美国境内的墨西哥人，还有一个就是摩门教徒，然后就是他自己研究过的 Zuni 印第安人。我就负责关于拿瓦候人的研究。从 1964 年开始，我们两个人首先去拿瓦候，短暂地去过一次，秋天去了一次，然后 1965 年的春天，又是我跟他两个人去新墨西哥州。在那里有一个人类学实验室，这个实验室里保存了很多前辈对拿瓦候的研究，早期的很多前辈都在这里研究过。我们就在这里查，查完以后，就先去到新墨西哥一个叫雷玛（Ramah）的地方，这个地方就是有名的美国人类学家 Kluckhohn 研究过的地方,这个人本来是研究心理学的,早期因为身体不好,在这个地方休养,因为这个地方,他有一个舅母叫 Vogt 太太,在那里经营一个家庭旅馆,专门给那些游客,特别是人类学家住宿。很多有名的人类学家像克鲁伯(A. L. Kroeber)都在他那里住过。Kluckhohn 在那里住下来以后,他就开始接触拿瓦候。由于与拿瓦候的接触,他开始对人类学产生了兴趣,慢慢就转到人类学方面去了。我也在那里住了一个月,后来慢慢开始进行这些研究,最后我们选定在拿瓦候比较偏僻落后的地方,当然也是传统文化保留最好的,就是在阿里桑纳(Arizona)的东北部,美国在地理上叫做四角地区(Four coner area)。为什么叫四角呢?因为它正好是四个州交汇处。我就在那里住了下来,自己买了一部福斯车,这种车的底盘特别高。拿瓦候保留区山多,都是土路,普通汽车无法开。我就在那里住下来,专门研究拿瓦候的祭仪。他们的祭仪有 30 多种,每一种祭仪主要是治病。这些仪式,至少唱一个晚上,最多唱九个晚上。我就是研究这个东西,看它怎么样一代一代传下去。我这次来桂林,广西师范大学出版社要把我的论文,原来是由中央研究院民族学研究所出版的,翻译成中文出版。这个时候,我的兴趣,主要是在美国研究印第安人。

在康奈尔念完博士以后我就去教书。我第一个教职是在印第安纳大学。印第安纳大学是研究美国印第安人的重镇,有两位大师在那里,一位就是 Hargold E. Driver,他是克鲁伯(A. L. Kroeber)的学生,是专门研究印第安人的,他有一本很有名的、很流行的一本著作,就是《北美的印第安人》,是研究美国印第安人的经典著作。另外一位就是研究语言学的 Voge Carl,他是 Edward Spear 的学生,也是李方桂的同学。印第安人的课程,主要是 Driver 来教,如果他不在,我也开这个课程。因为我是中国人,所以也开始教关于中国方面的课。我开了两个课程,一个是中国文化，一个是现代中国文化的变迁，这是第一学期的课。这样，我一方面研究美国印第安人，另一方面因为那时候中国内地正在开始"文化大革命"，我也因为教课的关系，开始注意中国方面的一些变化，也写一些关于中国方面的文章，不过是根据文献来写的，后来发表了。在那里我待了7年，但是实际上只有6年，因为有一年我回到台湾。就是1970年到1971年，我回到中央研究院去作访问。在这一年内，我又回到卑南族去进行调查。到了1973年，香港中文大学要成立人类学系，他们邀请我，说是希望我过去，我就答应了。我从来没去过香港。原来的计划是只待两年，但是第一年1974年碰到了石油危机，这是最大的一次经济危机，所以成立一个新的系是不可能的，于是成立新系的计划就搁了下来，我们只能在社会学系里成立了一个人类学组。社会学系里本来已经有一个组了，是心理学组。我原来希望两年后就回到印第安纳大学，所以就向大学请了假。到了两年以后，1975年我应该回去了。可是我太太和小孩他们喜欢香港，而且我太太在香港有很好的事情，他们两个人不肯回去。这样我们在香港又待了一年，到了1976年是一定要回去了，印第安纳大学把我的课也排好了，但是他们两个到了最后关头还是怎么也不肯回去。印第安纳大学一到7月份课程都已经排好了，我都不好意思向印第安纳大学辞职，我只好请我们香港中文大学的校长，他认识印第安纳大学的校长，直接写了一封信给他，说香港中文大学确实需要这个人留下来，你们那里人才多，希望你们再找人，他写了一封信替我辞职。辞掉以后，从此就在香港待下来了，这可以说是我的第二个阶段。

1976年，我们决定在香港待下来，夏天就回到美国，把家搬了过来。所以实际上，1966年到1976年，我是在印第安纳大学。1976年以后，我就在香港中文大学正式住下来。到了1980年，香港中文大学就正式成立了人类学系。

香港是一个相当商业化的社会，而且对整个中国社会来讲，人类学都是一个冷门，大学不愿意投资，所以要让社会认识它，让社会认识以后，你才能走下去。所以我在1978年的时候，就和一些当地的学者，主要是西方的人类学家，办了一个香港人类学会。这时发生了一件事对我们人类学系产生了很大的影响。当时香港电视台最大的一个无线电视，他们有一个连续剧，好像是叫《香港82》，它是每年有一集，每一集是一小时，讲一个故事，《香港82》就是1982年的香港出现一些什么。有一集里头，讲一家发生的事情，那一家的一个男孩，他考上了大学。他的哥哥是一个比较实际、势利的人，他哥哥问他你考了哪个大学，他说我考了香港中文大学，哪个系呀，考上人类学系，哥哥便说："你怎么去考什么人类学系，那是专门研究猴子的系！"他弟弟的话更让人生气，他说你看我这个成绩能进到别的系吗？所以我们学生就向他们抗议。香港无线电视台向我们道歉。但是这件事也引起了他们的注意，所以就请我们人类学系的老师去上节目向他们解释什么是人类学系。可见当时人类学系还是很冷门的一个系，直到现在人类学系在香港也不是一个热门的系。不过成立这个系可以说，就整个中国来讲，除了台大的考古人类学系以外，我们还是第一家。我们是1980年成立的，中山大学是1981年成立的，厦门大学是1982年成立人类学系的。

人类学系成立后，我们必须找地方给学生实习，那时我还是坚持这个观念，要找一个异文化。香港周围最近的就是瑶族，所以我们就选定了瑶族，就是连南的排瑶。我自己也开始做瑶族的研究。在1986年召开了第一次国际人类学的瑶族研究会，也成立了国际瑶族协会。那个会确实是一个很大的国际会议。我们得到广东的支持，同时国家民委也给了一些支持。当时费孝通先生也来参加了，但他只参加在广州举行的会。我们的会从香港开到广州，然后从广州，我记得当时是6部车，浩浩荡荡，警车开路，一直开到连南去,所以这个声势是很大的,一下子把瑶族研究给炒热起来了。从那时起,我们每隔一年举行一次国际瑶族会议,中间还做一个小型的讨论会,开始那一段就弄得很热闹了。到了1990年,那是第三届,我们在法国图鲁兹开会。就是在这个时候,我感觉到,我必须做一个决定,因为我发现瑶族的研究,过去已经有相当长的历史,有很多文献,如果我要继续做下去,我必须放弃其他东西,集中专门研究瑶族,当然要学习瑶语了。但是这时我就开始想,我过去都是在研究所谓异文化,到晚年了,我觉得应该开始研究一下自己的文化。所以到差不多20世纪90年代初期,这可以说是第二个阶段,就是对中国的少数民族,主要是瑶族的研究。我还去过一次西藏,对藏族做了一些研究,中国西南部的少数民族地区都去过不少。在20世纪90年代初期,我就开始逐渐结束了对异文化的研究,退出了瑶族学会,开始把我的精力放回汉人社区,到了晚年,我想研究一下我自己的社会。

正好这时候,山西一位老先生,就是原来山西社会科学院的院长刘贯文先生,经过香港,来看我,他跟我提到关于山西的乐户。我对这个很感兴趣,所以在1993年特地跟他去了一次,到山西晋东地区看了一下,确实是很有意思,从1994年开始研究山西的乐户。我还邀请了另一位李天生先生,我们三个人一起做。到1997年三年弄完,这个书已经出来了,这本书好像是2001年出来,江西人民出版社的那本2003年才出来。这两本书出来以后,我就开始对乐户所代表的那个社会作进一步的研究。我觉得,那个社会与我们所接触到的一般的社会不一样。我把他们叫做底边阶级,因为他们是最底层的,也是边缘的。他们自认为是下九流,上九流最低的一层就是农民,农民是上九流最低的,下九流中最底的是"七优、八娼、九吹手",吹鼓手是下九流中最低的。我做完乐户以后,就想做整个底边阶级和底边社会的。我觉得他们的一些价值观念、人际关系、社会组织都是与主流社会不一样的，唯一具体能够表现它的是《水浒传》里的描写，他们特别讲义气。所以我说我是研究底边阶级和底边社会的。

我第二个计划，是从1999年开始做的，已经做完了。它包括以下几种：首先是山西的乐户，但是跟乐户共存的另一种社会阶级，比乐户地位高一点，叫做红衣行，他们不是贱民，山西也有。另外就是剃头匠，在山西的长子县那个地方专门出剃头匠。然后还有就是河北吴桥的杂技，北京天桥的说唱艺人，这些都做了。没有到南方，因为钱不够。台湾的国科会给钱太少，而且限制在大陆，每年只能有15万新台币。蒋经国基金会那一次钱是300万新台币，那时候台币很值钱，就等于是100万人民币。这次钱只有60万新台币，那怎么够呢？不够。现在做是做完了，报告也交了，但是我觉得离出版还有一段距离。现在正在想办法，怎么样把这个研究再做一做，而且我觉得这个研究还是很有意义的，它还没有人弄过。虽然说现在有些人在研究边缘社会，但我这个绝对不是边缘社会，我想就叫底边阶级、底边社会。有一些文章出来，总的田野报告交给国科会了。田野报告还没到能够出版的程度，所以我一下子不知道该怎么办。现在我这个计划对国科会是交代完了，但是我自己想找一点时间把它写出来。这学期我在东华大学新开了一门课，这门课也是关于中国的，叫做《中国社会的深度分析》，我就想把我这几年来对中国社会所做的一些研究总结一下，这里头最近的研究就是底边阶级的研究。

我到香港以后，除了做少数民族研究以外，也做汉族的研究。当时我到香港的时候，正好碰到"文化大革命"。1973年，林彪已经死了。林彪死了以后，中国内地出了很多批林批孔的文章，就是揭露林彪的黑材料，黑材料就是讲林彪怎么用阴谋诡计。我就发现这个，确实是一批很有意思的材料。接下来的，批林批孔完了以后，"四人帮"垮了。"四人帮"垮了以后，又批

"四人帮",又有黑材料。这些资料我收集了很多。这里我做了一些研究,第一个研究是关于样板戏,只有一篇文章写了出来,书没有写出来。接着就是"中国人的计策行为",比如三十六计,这个原本想写一本书,也没有写完,但是最后文章写了不少,有十几篇,都发表了,有一大半是英文,那时候还是写英文比较多。还有我也做过有关中国人的关系的研究,我最早的一篇文章是 1980 年在台湾发表的。这个问题,那时候还没有人注意,还有很多人说这没有什么好研究的,但是现在已经成了热门了。从 1975 年开始,先研究样板戏,接着是计策行为,断断续续地一直研究了十几年,没有做过实地调查,但是那时候访问过不少从内地去到香港的干部,所以,可以说是有一些田野资料。

我现在教的这一门课,叫做《中国社会的深度分析》,我希望将来写本书把它总结一下。我想这里比较强调的几点:第一点是需要有一个理论。第二点就是要根据田野的资料,不像过去主要是文献的资料。第三点就是本土性的,有很多观念是从我们自己对中国人的理解得出来的,不是模仿抄袭外国人的。所以我希望能够综合我这几年来对计策行为啦、关系啦,然后从 1994 年开始的对汉族的一些田野调查,乐户啦、底边阶级啦,用这些调查的一些资料,希望能够写一本书,就用我现在开的这门课的名字——《中国社会的深度分析》。

总的来说,可以分三个阶段,第一个是从 1955 年开始,一直到 1961 年,这是第一个阶段,主要做高山族的研究。1961 年去了美国,最先是念书,后来做印第安人的研究。然后 1973 年到了香港以后,研究香港的民间风俗、中国的少数民族,这是第二阶段;差不多从 90 年代开始,我回归到汉族社会。三个阶段大概就是这样。

徐:您从事人类学的研究将近 50 年了,当然如果从 1954 年算起,2004 年就是 50 年,如果从 1955 年算起,2005 年就是 50

年，到时候我们要给您开一个讨论会。但是现在，乔先生您也感觉到，人类学在中国的新的崛起这个大背景下，我觉得现在一个很重要的现象就是社会科学各个学科都在和人类学互动，发生跨学科的交流。在这里，有很多人都对人类学开始感兴趣，本来没学过人类学的人现在对人类学感兴趣了，其他学科的人都在学人类学，人类学在社会科学中的地位应该相当于数学在自然科学中的地位。在这种情况下，您在人类学理论和方法的学习当中有些什么好的体验和经验？

乔：你讲到了这个互动的问题。克利福德·格尔茨（Clifsord Geertz）在他的《Local knowledge》，即《地方知识》那本书里就有一篇文章叫《文类的混淆》，他就提到了学科相互之间的新界线，已经没有以前那么清楚了，以前人类学就是人类学，社会学就是社会学，文学就是文学，哲学就是哲学，现在这个界线没有了，这是整个学术界的新的现象。第二点就是在过去，人类学主要模仿的对象是自然科学，像早期的人类学所举的例子都是从物理学、化学、生物学来的，人类学受生物学的影响也特别深。但是新的一种情况，是在接近人文学科，如文学、哲学这些东西，所以说人类学本身就在变，它受到外界一些学科的影响。当然外界的学科也受到人类学的影响，比如早期跟人类学最接近的，第一是社会学，然后是心理学。但是在 20 世纪 70 年代以后，文学、历史学这些人文科学它们受人类学的影响很多，人类学受它们的影响也很多。比如说现在文化的研究本来是人类学的东西，但是在文学方面也兴起了一个新的学科就是文化研究，透过文化研究，人类学就在文学、哲学方面对它们造成一定的影响。同时，因为人类学研究的是关于人类最基本的一些问题，所有人类社会上的一些基本的观念，比如说什么叫婚姻，什么叫家庭，什么叫氏族，都是人类社会的一些基本构成单位，这些都是由人类学来界定，所以人类学本来是整个社会科学，现在包括人文科学中的一些基本观念的最早也是最清楚的界定者。所以说人类学是社会科学、人文学科里头最基础的一门学科，就像你说的，它等于是自然科学里的数学。

徐：现在大家对人类学感兴趣，在学习人类学。在学习人类学理论的问题上，乔先生您有什么好的体会、好的建议，我们现在在学习人类学的人要注意什么问题？

乔：我觉得现在的问题是我们中国学者把理论的观念好像看得太神秘了一点，好像是万能钥匙。但是理论只是对一些事实的解释，所以我想，我们在学习人类学的时候，最重要的还是把事实弄清楚，就是要做田野。现在建设中国人类学最要紧的还是一个彻底的、长期的、详细的田野工作，这是最要紧的。没有田野工作，没有充分的田野工作，理论是没有用的，而且理论必须受到田野资料的检验。理论到现在为止基本上还是西方的东西，理论本身一定受到它所发生的社会文化的影响，所以它不是凭空造出来的，它有很深的文化背景，现在所谓的理论都有很深的西方文化背景。因此我们一方面需要了解这些西方的理论，但是另一方面最要紧的是怎么样用中国的实际资料、田野资料来检验这些理论是不是对的。人类学经过100多年的进展，是一个基础科学，就像很多其他的科学，它的进展是累积型的。现在有很多人，喜欢搞什么后现代，后现代的东西一定是建立在现代上，现代的一定是建立在古典上，你对古典的、现代的不懂，而你要讨论什么后现代，那完全是空中楼阁，而且会误己误人，因为你完全没有基础。所以我们现在，要搞人类学的理论，必须从头搞起，就是从古典到现代到后现代的理论全部吃透，因为它们是一脉相承的，你不懂前面的，就完全没有办法了解后面的东西。所以我说，要弄理论一定要从头做起，同时必须要与中国的现实，说得具体点就是要和田野资料结合在一起，这些理论才能够发生作用，千万不要搞空的理论，这是很重要的。

徐：乔先生，您先后创建过香港中文大学人类学系，又创建过东华大学的族群文化与族群关系研究所，后来又创建了台湾第一所原住民民族学院，在学科建设上，您一定有很多很好的体验吧？我觉得现在大陆的人类学学科建设正处在重要的发展时期。您刚才讲了，中山大学一个人类学系，厦门大学一个人类学系，但是现在厦门大学的人类学系又取消了，变成只有一个研究所，现在云南大学有一个人类学系，据我现在了解来讲，中央民族大学也在积极地想筹办一个人类学系，清华大学他们现在还没有成立，但是人类学已经作为一个重要的学科在那里了。据我了解，南京大学和上海大学都有这种想法，有的甚至已经在物色人类学者，就好像20世纪70年代香港中文大学到美国找您来创办人类学系一样，有些大学正在物色人类学的博士。还有中国社会科学院的民族研究所，已改名为民族学人类学研究所。总之我觉得已经开始进入这个重要时期。那么您创建过一个人类学系，创建过研究所，又创建过一个民族学院，对人类学的学科建设有经验，您能不能谈一下对我们大陆现在的人类学学科建设有什么评论，有什么好的建议？

乔：我想我们自己还是认为自己属于第三世界的一个发展中国家，但是事实上，尤其是最近几年，中国的经济发展非常快。我希望它很快能够结束发展中国家这个过程。在这个时候，我们对这个学科的建设最要紧的就是不要过急，因为当初我在香港创办人类学系的时候，每个人都问学生的出路怎么办，都要问这个。我说我当初作为整个学年唯一的一个学生，也没有人质问我的出路怎么办。因为人类学系是一门基本学科，一门基本学科是每一所大学、像样的大学都必须有的，就像你刚才说的，没有一个学校能没有数学系的，数学本身是基础学科，它不可能一出来马上就能找到工作，但是它是别的学科的基础，在任何一个有规模的大学、综合性的大学，都应该有。所以我想，第一个问题就是要纠正这种政府、社会对一门新的学科的态度，就是说不要用一种功利的眼光来看待一门基础学科，它不像工商管理这些学科，它不是一个实用的、立刻就可以用的学科，这是第一点。

第二点，因为人类学包括非常广，就像我刚才讲的，它包括四个或者是五个分支，现在就说四个，五个的话就再加一个应用人类学，它包括很广，往往不是一个大学，尤其是在创办一个新的人类学系的时候可以全部照顾的。因为中国太大了，在一个地区最好是能够由几个学校分工合作。比如说在广西这个地方，广西的几个大学像广西民族学院、广西师范大学、广西大学，大家来看看，哪一个负责哪个部分？而且理想的是能够让学生互相跨校选课。同时有一些课程，比如我在台湾，我就有一种很深刻的感觉，人类学的研究必须和田野调查结合。我们说田野调查是人类学者的成年礼，你没有经过一个长期的人类学田野调查，你就没有成年，你就不是一个人类学家。但是这个东西需要时间，需要一种训练。我在台湾常常感觉到这种情况。我在台湾就提倡，应该大家合起来办，要做田野调查的研究。我想在中国内地也是一样，比如说北京，人类学发展最多的是北京大学，中央民族大学也在发展，我知道中央民族大学和北京大学的合作比较多一点，但是我想清华大学、人民大学也想发展。那么，比如像北京师范大学，北京师范大学由于有钟敬文先生的基础，民俗学比较强，所以他们正好和北京大学、中央民族大学可以互补，民俗学也是人类学的一部分。所以，我觉得应该提倡跨校和校际合作，跨校学科合作这一点是很重要的，因为人类学内容太广泛，不太可能由一个学校来完成全面性的学习，所以它比别的学科更需要一个校际间的合作。

此外，就是我觉得定期的人类学家的聚会是必要的。但是这一点，不知道为什么在中国很难实行。国外的人类学会，比如说美国人类学会，他们每次开会至少有4000人，是很庞大的。但是我们的会就不行。比如说在大陆的中国民族学会开会人数就比较少，台湾也有中国民族学会，我也当过他们的会长，都是只有几十个人来，就是说这种互相交流的机会还是很少。不晓得什么道理，中国人习惯各自为政，交流合作的机会不多。应该一方面由政府、一方面由民间共同想办法，提倡大家多一点交流。现在我们争取到了2008年在中国召开世界人类学大会，在这之前我想应该多举行一些这种定期的聚会。能够有些定期的人类学家的聚会，中国人类学才能够有发展，就像美国人类学会那样，有很多外国学者参加。我们的学科也希望将来能够这样做，因为现在华语也是世界语里的一种。我希望我们中国人类学会能够也像美国人类学会那样，有权威性的刊物，有很多人参加，至少每个大学都会有一些人参加，包括学生在里面。你去年组织的人类学高级论坛就是一个很好的尝试。

徐：谢谢乔先生的鼓励。我只是想推动中国人类学者之间的交流，没想到受到大家的认同和欢迎。乔先生，我们学报发表了您的那篇著名的《中国人类学的困境和前景》之后，对大陆中国人类学的本土化发展起了非常大的推动作用。中国人类学本土化始终是您关注的一个问题，在香港您推动了瑶学的研究，后来您到了台湾又推动了汉人社会的研究，这些我觉得是我们中国人类学本土化的两个范例。比如瑶学的研究，那真是使它成为国际上学术重视的一个热点。您对底边社会的研究也是一个很好的范例，给我们做了很好的榜样。我想趁这个机会请您给我们谈一下您对人类学本土化的体会，最重要的是想请您谈一下您在这个本土化研究中有什么概括？有些什么提升？有些什么升华？因为您在那篇文章中讲得非常的好，特别是对前景。我觉得印象很深的一句话，您说："通过中国人类学本土化的洗礼，使得国际人类学得到升华。"

乔：我觉得这里面，就像我刚才强调的，要做到本土化，必须要从事田野工作，没有田野工作我们谈不到本土化。我们人类学跟别的社会科学不一样，它是建立在田野工作上的。我们可以看到，早期的进化论派在20世纪30年代一度被批判得很厉害，尤其是博厄斯他们这一代，他并没有说它完全不对，博厄斯是最注重田野调查的，他完全是用田野资料来驳倒它的。那么事实上，早期的进化论，经过由博厄斯他们所提出的理论检验以后，到现在我们所看到的进化论就完全不同了，因为它已经受到了田野的洗礼。所以我觉得我们中国今天要建立真正的本土化的话，就是有中国特色的人类学理论，就必须做很彻底的工作，也就是做很彻底的田野调查。可惜这一点我们现在做得不够。做得不够的原因就是因为现在大家都好像比较忙，不但是中国人类学家，就是从世界上来讲，现在像马林诺夫斯基那样做长期的田野工作的都比较少，主要是大家都比较忙，而且有很多是世俗的要求，要求你早点拿出作品，要升职等等，所以大家都没有时间。但是这种工作必须坚持做下去，才能谈得上我们说的真正的本土化。所以我在那篇文章中就讲到，第一点，整个中国来说是一个人类学宝藏，少数民族文化少有人研究，中国民间文化少有人研究，我最近研究的乐户也没有人彻底研究过，确实我觉得是一个宝藏。我记得我在做这个乐户的研究之前，在北京大学做过一次演讲，好像叫《漫游归来　近乡情怀》。我讲完以后，就有一位同事，好像是张海洋，他说山西的民间文化就像山西的煤矿一样深，我觉得他说得确实对。

我做了一个初步的研究之后，我觉得我们对中国民间文化的研究还是不多，它是那么丰富，又那么深厚。因为它深厚，所以在研究中国文化的时候，我们必须要特别理解到时间或者是历史的因素。我有一篇文章讲到乐户的社会地位，它的社会地位你就没有办法用现代的理论去解释，因为现在所说的社会地位主要是根据个人的经济收入啦、教育背景啦等等。乐户收入实际上比一般农民高，它的教育不见得比较差，但是为什么他的社会地位会那么低，而且受到很多的歧视？这个原因你必须要从历史里头去找，历史是原因，所以当时我就引了费先生的话。他是马林诺夫斯基的学生，是功能学派的一个主要传人，他对功能学派，特别是对涂尔干系统的一个批评，就是说他们把这个社会组织看成平面，他认为还应该把它直立起来，也就是说要了解它的历史深度。乐户正好是一个很好的例子。我引了费先生的话，就是说必须从历史里去找，因为早期的乐户一种角色是巫觋，所以他现在还扮演一些巫的角色，比如说抓凶。乐户虽然社会地位很低，但是他可以给有钱人的儿子当干爹，以及许多很神秘的角色。因为他过去是罪犯，至少从南北朝开始，强盗等首罪犯处死，如果牵涉到有强暴杀人的话，首从都被斩首，他们的家属则变为乐户，凡是乐户都是一个犯罪的人。到了明朝以后，政治犯的家属变成乐户，所以它是一种刑罚。整个历史的原因就造成了乐户角色的多重性，所以乐户社会地位的复杂化只能从历史上找。研究中国社会，如果完全用功能学派的观点来看的话，解释不了，因为功能学派过分地忽略历史的因素，研究中国社会，历史或者时间的向度是一个很重要的向度。同时我研究乐户时真正地感觉到，中国文化或者我们广义地说华夏文明，是唯一的一个世界文明，能够持续几千年，至少从新石器时代，从仰韶开始，一直到现在没有断掉。你到华北地区去看，就是从仰韶一直下来，从尧、舜、禹下来，这三代之前的传说人物，好像都还活着，那个地方的人，拜伏羲，拜女娲，拜后羿，这些神都还活在那个地方。我常开玩笑说，你到黄河中下游去看，最年轻的神是关公，他之前的神都还是远古传说中的。你去看一下希腊、埃及的神老早就死掉了，都在博物馆里头，没有人再崇拜他了。希腊神话里那么多神都已经死掉了。如果我们要建立一个真的有中国特色的人类学的话，我们必须承认这样一个悠久的传统的延续，这个存在对整个人类有怎样的一种作用,为什么中国传统能够这样存在下去?为什么其他的传统不能延续下去?比如说张光直先生在过世前的一些研究里,他比较殷商文化和玛雅文化,他觉得很像,但为什么殷商文化可以一直延续下来?玛雅文化发达得很,但是到了差不多12世纪的时候就没有了。没有了并不是被哥伦布他们带来的西方文化消灭掉,哥伦布来之前就已经没有了,所以这不是外来的力量把它消灭掉。比如希腊、罗马的文化不是被基督教文明消灭掉了,或者说不是被阿拉伯的文明消灭掉了,它本身在后者出现之前就已经没有了。为什么呢?为什么中国文化又可以传下去呢?另一方面我们可以说,人类文化至少在这个地方延续了这么长的时间,至少四五千年了,那么这里面就有很多东西值得我们去研究,这些都是我们应该去做的。这些资料,以乐户为例,在文献上的资料是非常缺乏的,必须要自己详细地实地去找,只要深入现在还可以找到,再过几年就完全丢了。所以我们现在还是必须做很彻底的田野工作,在做田野工作的过程中,很自然地就会发现历史的深度。

徐:乔先生您写了一本书《漂泊中的永恒》,那么从您刚刚讲的,无论是学科建设也好,或是讲人类学的理论也好,都非常强调田野调查,做田野是人类学者的基本功,也是他的成年礼,所以我觉得,可不可以把您这个书名反过来称"永恒的漂泊"?

乔:"漂泊中的永恒"跟"永恒的漂泊"不是同一个意义,因为"漂泊中的永恒"我是指瑶族。我现在发现不但是人类,动物也是这样,它有一些永恒的东西,比如有鲑鱼,它在出生后不久就走了,当它生命结束的时候又回到出生的地方产卵,这是生物的一种常态,就像瑶人虽然他漂泊到别的地方,死后他还是要把自己的灵魂送回到原来的地方去。

徐:借用这样一个词,好比讲你做田野,现在因为有很多的人在学人类学,他们不习惯于去流动,到田野去会比较辛苦,要跋山涉水，到下面去，吃的住的各方面的条件都很差，我们就是把田野象征为一种漂泊，但是你做人类学的就一定要坚持做下去。

乔：当然，人类学不可能要做永恒的漂泊，但是一定程度的漂泊是必须的。我始终都相信王国维讲的学问的三个境界，第一就是独上高楼望尽天涯路。所以你必须多看，对人类学者来讲，要多看几种文化，回头才能更看清自己的文化。如果别的文化你都没去过，便不太容易客观，所以这第一个境界你必须要做到。这个漂泊的意思，我想在这里解释一下，就是比如你这辈子没有漂泊的命，你也不需要漂泊，但是为了人类学的训练，你应该暂时漂泊一下，当然永恒的漂泊就不是一般人能做到的。你看现在所谓的后现代大师萨依德，他的一本自传叫做《Out of Place》，中国人把它翻成《相关何处》。可以说漂泊就是后现代人的特征，这个对人类学家也很有用，因为漂泊到一个不同的地方去，往往会有新的认识。

徐：现代社会，人住的地方都是一个公寓式的房子，公寓式就是比较稳定，有些人不太想动了，很安逸了。但是你作为一个人类学者真的不能太安逸，不能太安分了，你必须不断地到田野去，别说异文化，你就是研究本文化，你也要迈出双脚。所以从这个意义上讲，应该是漂泊的，而且作为一个人类学者可能一辈子都要这样。根据你年纪大小，当然你可以做多做少，但是我觉得从这个意义上讲，借用您这个"漂泊中的永恒"把它反过来，可以强调田野的重要性。

乔：像费孝通先生他到了晚年，都在走，他一辈子都在走，他后来虽然因为身体的关系，到了一个地方他不太能够东奔西跑到乡下去，但是他还是去听人们谈谈当地的情况。

徐：对，年年都下去。所以像您一样也是到处跑。

乔：对，我现在还能跑得动。

徐：是呀，所以他们说乔先生真是不辞辛苦，哪里有活动，哪里有事，就是转几趟车，您都下去，都得去看看。所以我觉得，做田野真是一个人类学者的成年礼，这也是人类学家的一个看家本领。

乔：确实是一个成年礼。不经过这个洗礼，真的不知道什么是人类学，只是关在家里头做一些文献的研究工作，过去的人类学者就不接受。但是现在开始，慢慢接受了，过去要求必须一到两年在一个地方做田野调查。这一个部分是相当长的。

徐：乔先生，您1994年给我们的文章《中国人类学的困境和前景》是我们人类学界的骄傲，1994年底给我们，1995年第一期发表，使我们《广西民族学院学报》能够迅速地进入到人类学的前沿。从此以后我们就能够在这方面一直得到您的关怀，召开的一些学术讨论会您都到会参加，大力支持。最近我们学报获得了第二届国家期刊奖百种重点期刊。所以我想请乔先生谈一谈您对我们学报今后的发展还有什么好的建议？

乔：我觉得《广西民族学院学报》在最近十几年来，确实是在中国人类学界起了很大的作用，一方面把比较重要的文章发表出来了，另外一方面把一些人类学家团结在一起了。我希望这个作用能够继续发挥下去。最近你们的学报已经得到了政府权威的期刊奖，我很高兴，这是一个很大的鼓励，希望能够在这个基础上百尺竿头，更进一步，继续成为人类学的一个重要的刊物。

徐：谢谢乔先生的鼓励，我想有机会的话请您光临我们学报指导。我一直在找机会，希望真的能有这个荣幸。同时，我也要祝贺您获得台湾教育界的最高奖励——讲座教授。可不可以谈谈这个奖励对您的意义？

乔：获得这一个奖对我而言是很大的鼓励，实质上也带给我很多协助。这个奖项让我有更充裕的经费与时间来从事与规划一些想做的研究。我可以说是一个很标准的人类学家，对异文化的研究始终是我的方向，但后来我认为也该回过头来研究自己的文化，于是就回到了我的家乡山西，经过当时山西社会科学院的院长的告知，知道当地遗留了一个特殊的族群也就是乐户。因此在1994年与他及另一位山西学者一起到当地访查，找到150几户的居民，发现了很多以前史书上从未记载的数据。

经过这个研究之后，我又兴起研究底边阶级与社会的念头，例如剃头匠、杂技、说唱艺人等，因此获得这个奖后，我计划锁定台湾几个行业群进行研究，其中一个就是高雄县内门乡的"总铺师"（专门办理外烩餐饮的行业）。这是我第一次研究台湾的民间社会，发现台湾民间真的保存了很多珍贵的文化。虽然比不上大陆的古老，但保存得很好，不像大陆遭受到"文化大革命"的破坏。

另一个是阵头文化，我还有学生正在研究台北的公娼，这是中国最古老的一个行业，台湾一直到几年前才废掉，这个行业在中国已经维持了几千年，是真正的底层也是边缘的阶级。正好也可以利用这些经费来实现这些研究，因此我感到相当的高兴。

徐： 为了庆祝您得到"讲座教授"的荣誉，同时也为了庆祝您荣退及七十岁生日，东华大学准备在明年三月召开一个研讨会，主题是"族群与社会"，我已收到邀请函，届时一定会出席。

乔： 谢谢！这是东华大学族群关系与文化研究所现任所长吴天泰教授的一番好意。她和别的几位同事正在积极筹备。到时候能和多位老朋友团聚一次，也是一件美事。

【录音整理：黄招扬 朱志燕】

【原载《广西民族学院学报》（哲学社会科学版）2005年第1期】

走过西藏 走进北京

——著名作家马丽华访谈录

吴健玲

作家马丽华

吴健玲（以下简称吴）：你的《走过西藏》作品系列饮誉海内外，那是文学与人类学结合的奇葩，我非常欣赏你的文章，也很钦佩你的人格人品，我正在做关于你的有关研究，这次我们学报的徐杰舜老师派我来采访你，接受这一任务我很高兴，而你在百忙之中抽空接受我的采访，我就更高兴了。能否先给我们的读者介绍一下你的创作道路和主要成果？

马丽华（以下简称马）：我读过你的论文《从原型批评看马丽华的创作》（载《广西民族学院学报》第26卷，第3期，2004），你已经把我的作品几乎看遍，把写作所经历的过程和思想发展的轨迹描述出来了，你的把握和归纳是相当准确的。

吴：我没有误读谬解吧？

马：没有。我现在工作内容改变，生活、工作的环境也都改变了。在这样一个转型过渡时期，我一般不接受采访的。就因为你的文章中那种认真的态度感染了我，愿意和你交流。

吴：非常荣幸！

马：也许是同在边远的民族地区的缘故，你们才会那么关注同属于边疆的少数民族地区的写作。广西也是少数民族地区，可能我们所关注的问题，也是你们所关注的；我们所忧虑的，也是你们所忧虑的，所以说民族可以有所不同但有很多东西是共同的。尤其涉及传统与现代、发展和进步这类主题，大家都有很多困扰，都在寻求一种解决的办法，答案看来是有的。笼统地说要保护自然生态，保护文化生态，又要向前走，这种大势所趋没有人能够怀疑，但具体落实到某地某现象，如何发展进步就有很多尝试，也有很多说法，这时问题就出现了。实际上在那些很具体的方面，现成的答案和实践或许也有正确的，但需要时间来检验。现在什么说法都有。

我想，你之所以关注我，也许是我们都共同生活在西部，但我觉得既然有了作品，作者本人就不重要了。作品较忠实地反映了我生活和思考的一种轨迹。说起进藏初衷，动机很单纯，不存在功利目的。1976年"文化大革命"结束，恰好在那个转折点上进藏。

吴：那为什么突然想起来要去西藏呢？

马：不是突然，是响应国家号召。我们是工农兵大学生应届毕业，先有清华、北大几个人到西藏插队落户当农民，起初号召向他们学习，然后号召应届毕业生自愿报名到西藏支援边疆建设。在这样一个背景下，当时全国的应届毕业生都纷纷响应，就像一场运动，表决心，写申请书，当然到最后落实的时候坚定分子不是很多，全国也只有两千多人。而我算是最热情洋溢的一个，我的家庭也不反对。

吴：你的父母没有异议吗？

马：没有，从来没有。所以我觉得自己的成长与他们那种开放的观念有关。我从小就比较自立，17岁参加工作当工人。从小在逆境中长大，母亲是"右派"，父亲是"三反分子"，直到老年才被平反。一直处于被打倒的状态，还一直在响应革命，先国后家。

吴：那给你的童年留下阴影吧？

马：那当然，是阴影也是一种动力吧！从来就没有优越感，一切全靠自己。当年进藏是被一种很单纯的热情、理想、信念鼓舞着，乘坐大客车沿青藏公路进藏，一路上表现挺好，被留在了组织部。在组织部工作了几年后，因为酷爱文学，要求调到西藏文联当《西藏文学》编辑，一当就是8年，后来又到北大上"作家班"。

吴：你的《藏北游历》是在西藏先写完了再到北大的吧？之所以先写藏北，那是对"遥远与神秘的好奇"。

马：是这样的。好奇嘛，猎奇是人类的天性之一。与以往生活环境最不一样的地区首先吸引了我，最陌生是牧区。加之藏北形成过文学小圈子，又有些契机走遍了藏北高原那曲地区的11个县（区），写成《藏北游历》。那时候充满形而上的热情，在书中有充分反映。后来去西部的阿里高原，写下《西行阿里》。一直到1992年下乡拍片，比较贴近了现实和农村生活，"形而下"地看到了很多基层的东西，不能不有所感慨（见《灵魂像风》），比较明显地发生了一个转折。如果套用学问，比较接近从文化人类学向应用人类学的转变，确立了发展观和参与意识。从你的文章中可看出你已经很理解了这个发生过程。再后来之所以调离西藏，有许多既复杂也简单的原因。不能不提到的是一本书，法国列维—斯特劳斯的《忧郁的热带》，这本书对我有相当影响，不知道你读过没有？

吴：没有，人类学的著作我只看过弗雷泽的《金枝精要》。《忧郁的热带》此书的主要观点是什么？

马： 信息量太大，难以概括，读过就会知道。作为一个人类学家，作者深入南美地区原始部落考察，还走过从欧洲到亚洲许多国度，触发了一系列的思考，例如对于文明与野蛮、先进与落后；一系列的反思，甚至是对人类学职业的质疑。他的书是在半个多世纪前写成的，但我们"相见恨晚"，我是前几年才接触的，才发现我们在思考的、在寻求的，他比我们先行一大步——不是明确地给出了答案，是所提更高级的问题比答案多，所谓答案反而潜隐在新问题之下。作为一位人类学家，固然应当按照职业道德用"相对主义"的眼光看待不同的文化现象，但显然他已走出了这种"相对主义"阶段。"相对主义"其实要求的是一种方法，不是一种标准。其实文化还是有先进落后之分的，人类文明发展到现在还是应该肯定它的成就，不可以说人类发展多少年的努力还不如我们的祖先。

吴：你对他书中的哪些观点触动最深？

马： 感触深刻的方面很多，如果说"最"，反而是主题之外的，你看他最后写的那些，从"奥古斯都封神记"到"缅甸佛寺基荣之旅"之类，从中可见人家的综合素质是多么的高，让我们相形见绌。他对历史、文化、宗教、艺术方方面面的修养真的令我们高山仰止。他于大半个世纪前所写的那本书，当时西方已有评论说是游记文学的"终极之作"，也就是说游记文学到他为止就终结了，以后人们没必要写了，就再也写不过他了：休想写过他！我在采写《藏东红山脉》之前与此书相遇，就因为写昌都这地方是我好些年前的承诺，所以硬着头皮也要完成，只在篇首段落明示"此为本人西藏纪实文学的封笔之作"。正是望见一个高度，知难而退的意思。当然这是技术层面上的，实际上他的许多思考都触动了我，回顾进藏之初，所希望的是被接纳被认同，从本人角度是认同,从对方角度是接纳,为这种试图融入我付出了很多年的努力,而实际上差异始终存在。因为我自身根深蒂固地存在某种坚执的东西,这一点你也看到了,儒家传统积极的方面:积极入世建功立业的思想,有所作为的愿望。而深受佛教思想影响的地方,自有无穷来世在等待。

吴:**像你书中所说:一个格外着急的人到了一个从不着急的地区,这是否也是两种不同的文化引起了性格上的反差呢?**

马:我实际上本来也不是急性子,我的着急是被反衬的。这样说并不代表谁对谁错,恰恰相反,我是多么希望藏民族的价值观能够放之四海而皆准,让全世界都去认同并实践,让整个世界的文明发展从容一点,地球受到的破坏少一点,战争消失,和平长久。多么希望是这样。但它不以你的意志为转移,不是你的愿望有多良好,这个世界就跟着你走的。尤其当我们看到连世界上最先进文明发达的国家都犯下了错误,弄得全世界越发混乱越发恐怖,不可理喻,所以你就很难说哪些是正确的,哪些是不正确的。

吴:**是不是两种文化的对比反差,使你觉得融入是非常困难的?**

马:融入的愿望持续了好些年,后来认识到完全融入不可能也没必要。首先我不是一个空白的人,自有坚实的汉文化背景,而我从藏文化中能够汲取的,正好可作补充。我并非一个纯粹的文学人,给自己定位就困难:如果是旅游者你可以去欣赏蓝天白云、淳朴民风、壮美山川,但是我肯定不是旅游者,我在那儿那么多年了,我看到了那么多的东西,还想为那地方做事。

吴:**你是一个身心俱在此地的参与者。**

马:有限的参与者。参与者的角度与旅游者的角度不一样,有些像应用人类学,会有些批评,有些建议,但是这一身份又缺乏认可,不免尴尬。

吴：是否是你自己过分敏感，所以才会有"边缘人"的"边缘心情"？

马：是有些"边缘"状态。不尽如人意又无力改变，比较痛苦。我写《十年藏北》，有人评论说不像文学作品，批评的意见很多。但我觉得那本书还是很有价值的，就算是田野考察吧！总之促使我回来的原因很多，一个是受列维—斯特劳斯的《忧郁的热带》的影响较大，我觉得我那种纪实文学的写作应该告一段落了，反正我永远也写不过他，这属于我自己的事情；再一个定位的不确切也使我自己自寻烦恼吧；还有就是出于一种心理指引，一个先是本能地感觉、后经理性思考得出的结论：无论哪个国家、哪个民族、哪种宗教，自身都会存在某些问题，解决问题可以有外部因素的催动，但最主要的，是应该由内部来意识到然后寻求解决的办法，所以外人的参与总有一个限度。意识到这一点，我的心理平衡了许多。说到我的"回归"，其实也做不到，我实际上已经被定位了，我回来还是回到中国藏学研究中心，回到中国藏学出版社。以前写西藏的书，现在是出西藏的书。这个单位设立的目的就是为西藏服务的。所以等于还是工作的延续，还是为西藏工作，虽然空间位置转换了。

吴：**依然还是"西藏的马丽华"。**

马：面对这样的评价惭愧了。现在我在北京安居乐业，工作条件和生活条件改善，第一次有了"家"的感觉。而且因为长期生活在边疆地区，我觉得对都市文明还是有一种向往，一点儿也不讨厌都市文明，都市有它的优势、它的方便，也是做事情的地方，我觉得那种返璞归真离我还很遥远，我还没新鲜够呢！（笑）所以有的人说讨厌都市，要寻求什么精神家园，对我来讲是不合适的。

吴：是否是你原来生活在那个很淳朴的地方，远离都市文明的生活比较久了，所以一下子到都市就感觉到都市文明的好处？

而你原来由都市到西藏又觉得它那种淳朴生活的可爱呢？

马：我没有那么多的学生腔书生气。你看，都市是文明发展的一个标志，巅峰体现，人类需要交往，需要聚集，都市就是这样产生了，然后文化、文明社会才会发展进步。所以我们现在即使在西藏也在提倡小城镇建设，因为那种落后的面貌——文化水平比较低、教育条件差、比较贫困，很大的程度与居住分散有关系。西藏倡导小城镇建设是一个比较好的主张。人群只有聚居了，有了内部外部的交流，生活质量才会提高。

吴：你怎样从诗歌转向了散文创作，自《藏北游历》始，还无师自通地链接上了文学与人类学的内在链条？而且一开始就出手不凡？

马：有一个自然过渡的过程。诗歌创作在当时是一种时尚，一种风潮，"文化大革命"结束后，思想解放运动开始时，最先崛起的是诗歌，大家蜂拥而上，新诗最先出现，小说跟在后边。转入散文也是必然，诗歌还在写的时候散文就已经开始了，有一个交叉的过程。诗歌更多的属于年轻心态，散文就不同了。当时《藏北游历》出版的时候，还在北京开了一次作品讨论会，引起了不小的轰动，说它属于一种文体的创新，评价很高。能拿来类比的是从前范长江的《中国的西北角》，但那是新闻报道的角度。

吴：我认为国内对你的宣传评价的力度还不如内地一些远不及你的作家，这也许是一种地域歧视吧。

马：大约是非"主流"的缘故，主流社会的关注点不在此，另有一个话语权的问题。不可否认的还有一个能力问题，若是写成《忧郁的热带》那样，不由人不关注。

吴：那你又怎么无师自通地把人类学引入你的作品？

马：也不是无师自通，是看了一些人类学的教科书。藏族学者格勒博士在人类学的入口处等着我，他送我一批人类学的教科书和名著。文化人类学很有文采，充满人文关怀，对我有亲和力吸引力。这些书打开了我的思想视野，其中田野考察的方式也比较适合我。不是有意去寻求某种工具，是一种自然的契合。不过对于人类学我只是稍稍有些意思，我不是学者，很业余。

吴：那是基于什么样的契合呢？

马：那地方也比较适合文化人类学。虽然文化人类学的出身不是很光彩，有殖民色彩，它是伴随着西方殖民主义对世界的开拓后出现的，但是它后来的发展对整个人类还是一种很负责的态度。它给我们提供了一种思想方法，让我们站在一个相对客观的位置去俯瞰人群，观察这个由不同的族群、不同的生活方式、不同的文化观念所组成的多样性的世界，这种参照比较是非常有意义的。虽然它那个"相对主义"后来我们看是远远不够的，人类学家实行起来也勉为其难，但它提供了一种方法，让你尽量摒弃一些偏见或成见，比较平和地去看待和记录人家的文化和生活方式。由于人类学家的工作，我们对人类的认识才空前地增加扩展了。我正是在比较需要的时候，带着汉文化背景到了藏族地区，如何看待藏文化，文化人类学给我提供了一种思想方法和认识方法。

吴：也就是说，你除了从文化人类学中借鉴了它田野调查的工作方法外，更重要的是你还从中接受了思想方法，公正地不抱任何偏见地去看待不同族群的生活方式和文化模式。

马：对，只有这样你才能进入。这里边有很多复杂深厚的东西，不是三言两语就能讲清楚的，你说了这一方面，就得讲另一方面，不然的话就失之公正和完善。最近我听到一种质疑的声音：我们当代人是否有资格评判传统，评说文化传统的是非优劣、继承扬弃。这里有两个方面的问题：一是传统本是动态的，传统贯穿于现代生活，如何去剥离，此为传统文化，彼为现代文化；二是面对这样一个大题目，需要彰显水平，的确应当谨慎从事。从这里我想到，反思自己的民族尚且如此，更遑论对于其他民族的文化传统。所以我觉得自己一向小心翼翼的态度是对的。

吴：但我又有一个疑问，在你刚到藏区，还没有接触人类学之前，你就已经抱着一种渴望被接纳被认同的心态，你为什么会这样想呢？为什么从一开始就具备了呢？

马：也许出于一种比较厚道的想法吧。出于本能，诚心诚意。当时肯定是一种低位进入，去支援边疆建设，也就是说人家需要帮助，虽说帮助本身它就已经不平等了。

吴：进入西藏的文人很多，为什么就你接受了文化人类学，而且将它与文学结合得如此地珠联璧合，成为中国首位将此种方法运用得最为成功的作家？

马：我并没有刻意为之。西藏艰难困苦，自然环境恶劣，大风刮着，大太阳晒着，尤其是藏北那么严寒，早就被人宣布为人类生存的禁区，而他们就这样世世代代地生存下来，还创造了自己的文化，还生存得相对快乐，使你不由不感慨生命力的顽强与坚韧。同为人类，反差那么大，不可能不被感动。

吴：正因如此，所以你才想去探寻他们的内心世界，为何不以苦为苦还甘之如饴？才想去研究他们的宗教文化？

马：他们从生存外貌到衣食住行，都是适应环境的结果。精神上的信仰也是一种必需，一种美好的愿望：希望来世生活得更好一些。汉族地区的宗教信仰不是很明确很强烈，因为更多的是面向现实和现世。

我虽然对文化人类学有所借助，但我走的还是文学之路。格勒博士说我在"文学与人类学两座高耸的悬崖之间架起了一座桥梁"，我后来所架起的桥梁多着呢，例如在自然科学与社会科学之间还试图架起桥梁。采写《青藏苍茫》的过程中，不时传递信息，沟通自然科学家和社会科学家。从前文理分家，各做各的，不通声气的结果造成了许多成果不能共享。举个例子，地理地貌学家崔之久教授在现在寸草不生的昆仑山垭口发掘了一处遗址，证明 3000 多年前那里还有乔木灌木植被,《人民日报》海外版发表了这一消息,而从事西藏考古的专家们都不知道,我就把材料复印了给他们寄去;另一个例子,藏北高原包括无人区发现过大量的细石器,证明 7000 年前后那里的人类活动频繁,推测当时藏北气候一定比现在温暖。后来我采访过的一位湖泊学家,他每年去藏北考察,根据最新测定,藏北湖泊的高湖面时期恰好在距今 6900 年前后,佐证了推测,提供了依据。这一信息我也纷纷地给他们传递了。类似的具体事例还有一些。

吴:这确实也是一种"架桥",而且你还通过文学沟通了各学科的信息,也让人们从中了解了自然科学方面的知识,所以说你的作品是"百科全书式"的全景描写,你的"走过西藏"作品系列不仅是人文的西藏,也是科学的西藏。

马:我主张以后要多进行跨学科的联合考察,让自然科学家和社会科学家一同去考察,这在国际上不算新鲜,但在国内好像还不是风行的一种做法。

就我对西藏的了解,也许在专业领域不如专门家,但是涉及面广。相对文学家来说,我多了一个自然科学的背景,对自然科学家来说,我又多了一些文化上的东西,所以我现在做中国藏学出版社总编辑比较自信。

吴:你对西藏是非常有感情的,你在书中说过:如果需要,你也愿意将自己的心脂当作供灯来点燃。可见你对西藏的感情非常之深,那你在西藏 27 年感触体会最深的是什么呢?

马:说不出特别深刻的体会,西藏已经成为生活常态,就好像被规定了一样,属于那个地方了。我曾想过如果不搞藏文化,就在汉文化中一直追溯到上古神话时代,好好地研究并写作。但是身不由己,还是在这个圈子里,还是在延续着我多年的工作。

吴:"西藏情结"看来是挥之不去了,那你将来打算往什么方向发展?

马：我打算写小说，有一个长篇正在创作中，但到这一上班，就再也没时间写了——写小说还是西藏题材的。

吴：请归纳一下到目前为止你创作的主要成果。

马：我写了关于西藏的16本书。诗集只有1本，散文集3本，算是原创；重复出版的，有英、法文版，海外版有去年在台湾出版的4本，10年前在香港出版的3本，台湾版的多了一本《藏东红山脉》。

吴：非常不好意思，在百忙之中还来打扰你，再次对你深表谢意，等着拜读你新的佳作，并预祝你的再次辉煌。

【原载《广西民族学院学报》（哲学社会科学版）2005年第2期】

民俗学与人类学

——北京师范大学刘铁梁教授访谈录

罗树杰

罗树杰（以下简称罗）：刘老师，首先祝贺您获得 2004 年度"钟敬文民俗学奖"。受徐杰舜教授委托，让我来对您进行一次访谈。首先请您谈谈您是如何走上民俗学研究道路的？您的学习经验对年轻人有什么启示？

刘铁梁教授（以下简称刘）：说来很激动，也很惭愧。"钟敬文民俗学奖"第三次授奖授予我本人，我想这是对我进入北京师范大学在钟敬文先生建立的民俗学教学研究基地学习工作 25 年的一个肯定。这 25 年是我人生中最重要的一段经历。1979 年进入北京师范大学跟随钟先生攻读民间文艺学研究生，使我特别幸运地走上民俗学的研究道路。为什么说幸运呢？因为这是一门特别有前途、有希望的学科。这门学科的队伍人数比较少、力量比较小，能够追随钟先生踏上这条学术道路,具有很大的挑战性,要求我们必须发挥出自己最大的潜力和智慧。应该说,这门学科没有一个固定的研究模式,每前进一步都需要作新的探索,它的学术规范、研究方法和研究对象都需要我们创设、发展,不管是谁走上这样一条富有挑战性的学术道路,都应该是幸运的。另外,对于我来说,能够协助钟先生来建设北京师范大学的民俗学学科点,这又是一项富有挑战性的工作。并不是因为钟先生的名望,北京师范大学的人就都十分重视这门学科。北京师范大学有名的学科很多,民俗学是其中之一,但真正理解这门学科的人并不太多。其中一个重要原因就是这门学科在发展过程中没能与其他学科很好地对话、交流,也可能是因为大部分传统学科都不太注重民间的历史、文化,而民俗学率先把自己的研究对象设定在过去不被人们所重视的广大人民群众创造的历史和传承的文化,于是民俗学既具有革命性,又有孤军奋战的感觉。我们不能怪罪别人不理解我们,要靠我们在学术上的不断努力使更多的人了解这门学科,从而关心这门学科与我们对话。

我自己没有什么经验可谈,只是历史的偶然使我走上这条道路。研究生制度刚刚恢复的时候,我报考民间文艺学专业,但并不十分了解这个专业。最初以为只是研究古典文学中的神话、《诗经》、乐府、南北朝民歌、明清话本等内容,可是当我进入这个专业以后,才真正了解它主要是研究现实流传的民间文学即民间口头传承的文学作品。直到今天,我对民间文艺学及其他后来的扩展——民俗学,仍然是在慢慢进入的过程中,不能说已经完全了解民间文艺学和民俗学究竟是怎么回事。不过,由于在北京师范大学从事这门学科的教学研究时间比较长,对它的认识已经形成了一些自己的看法,这是稍感安慰和可以告慰钟先生的。

罗:是不是可以说形成了一套系统的观点?

刘:不能这么说。只是说有了一些自己基本的看法。如果说有什么经验的话，就是比较注意养成理解别人的能力，不把前人的研究作为教条来看待，而是像与人交谈一样来阅读前人的成果。这样才能做到心灵之间的沟通，然后形成自己的意见、看法。这个经验也是很多人的经验，但对于我来说，可能与我在读研究生的时候年龄已经偏大，有了比较丰富的社会阅历有关。所以，读书的时候，容易想到作者的生活处境和知识背景。我更是以这样的心态来读钟先生的著作，比如钟先生关于刘三姐、孟姜女故事的论文，以及后来关于建立民俗文化学主张和建立中国民俗学派这样宏大学术思想的著述。由于经常听他讲课、作报告，也经常和他一起讨论学科建设的问题，所以在读他的这些著作时，很容易把他作为民俗学的引领者和一个世纪老人，理解他为什么这么想，为什么这么说。虽然现在我们已经失去了与钟先生等先辈们直接对话的机会，但还是需要以这样的心态来读他们的书，因为只有这样才能成为一个比较有出息的研究者。

罗：您曾经讲过，现在学界的一些人对什么是民俗学、如何进行民俗学研究仍缺乏学术的自觉，往往是以一般文化史研究来代替民俗学的研究。那么，您理解的民俗学是什么？应当如何进行民俗学研究？

刘：这是一个比较尖锐的问题。目前学界同仁对什么是民俗学的认识并不很统一。如果说有所争论的话，那还是属于正常现象，但我想说的是，目前有些关于如何进行民俗学研究的意见基本上没有抓住这门学科的学术特点，特别是没有对方法论层次的问题给予应有的认识，实际上是把民俗学等同于一般文化学或文化史的研究。从20世纪90年代初，我开始在中国民俗学会秘书处做一些工作，接触了比较多的民俗学家，包括国内国外的民俗学家，发现我们的一些民俗学家是把民俗学看成与文化史或一般文化学研究没有什么区别的学问。尽管他们并没有说采取的是什么方法，可是从他们的著述中能感觉到，他们习惯于对现实中的风俗习惯进行寻根溯源式的研究，一定要找到这种风俗事象在历史文献当中是如何被记录的。这不是对与不对的问题，而是说不能只有这样一种研究方法，不能简单地把民俗学理解为一般文化史中的民俗专题研究。最重要的是，民俗学自"五四"以来就是一门"眼光向下"的学问，可是我们所信服的却全是"眼光向上"的材料，就是一定要从古代文人的记录中找到解释文化的依据。由于不肯向现实生活中的民众作更多的访问和交谈，不能深入地了解他们为什么拥有这种文化，他们怎样传承这种文化，于是就违背了民俗学眼光向下和理解民间的初衷。虽然是在研究民众的文化，可是在方法上却不肯亲近民众、贴近生活，这是一个必须要反思的问题。

罗：可能还不如当年的司马迁。

刘：对。司马迁当时就访问了许多耆老，搜集、记录了大量民间的口碑资料，我们今天应该比司马迁要更进一步。司马迁的那个时代，文献记录可能没有后来那么多，迫使他不得不到民间去访谈，但这种行动也说明司马迁不满足于文献记录。我们今天的民俗学研究更不能仅仅依靠古代丰富的文献而不肯对现实生活作深入的观察，这是非常重要的问题。

再有一个问题，就是我们说民俗学研究要具有对民俗事象的解释力，那么除了把民俗文化的演变看做是单线的过程，对它进行寻根溯源的解释之外，更需要将民俗理解为多元化的地域文化现象，同时也是文化传播与交融过程中的现象，这样来进行比较具体与多样性的描述。这种描述的方法是把历时性与共时性结合起来的方法，因此也应当是我们特别提倡的解释民俗的方法。

我们说任何一种民俗事象都不是单独存在的，而是与其他民俗事象共同存在于具体时空下的整体生活当中。只有在这个整体生活的延续、变化中，所有的民俗事象之间才能形成可以互相解释的关系。以往的民俗学，主要是对口头传统的研究，特别注意对传播中的变异现象，也就是对异文之间的关系问题进行考察。这也是将历时性与共时性相结合的一种做法，但只是针对文本创作比如故事作品的传播而言，还不能解释一个时空中的不同民俗现象之间的关系问题。一种民俗事象在现实生活中处于什么位置，为什么是现实生活不可缺少的组成部分，它所表达的是什么意义，这些都是民俗学面对的实际问题，所以我们需要特别强调民俗传承的具体时空。

许多国家的民俗学在诞生之时被作为张扬民族主义的工具，是为现代民族国家的建立寻找文化根据，例如欧洲那些浪漫主义色彩的民俗学。这显然与民俗存在于民族地域的事实有关。但我也注意到，以日本柳田国南先生为代表的民俗学一开始就比较重视村落这样的时空。关敬吾先生的《民俗学》，也强调民俗是在一个村落或其他具体的社会时空当中。相比之下，中国的现代民俗学虽然也有爱国的情结，有民主、科学的追求，但更具有民本主义的倾向，一开始就是强调走向民间，为老百姓说话。但对于这个"民"只给予阶级的、地位的界定，过分强调它是哪个阶级的文化而不是一个具体区域社会的文化。这个偏向到 20 世纪 50 年代后期就非常突出了，出现了认识上的偏差。今天我们强调民俗传承的具体时空，是想说明：不要仅停留在官与民二元对立结构上来理解民俗，还要从一个区域生活整体的建构与发展即生活的延续过程上来理解民俗。这有利于克服由于照搬概念而导致脱离实际的弊端。

如果孤立地看一种文化，比如过春节，要寻根溯源的话，就可以追溯到先秦以至汉唐时期的腊祭习俗。但仅停留在这种认识上就容易把春节当成与生活整体变动好像没有多大关系、自我独立延续的文化现象，似乎人们只是在坚守一个传统，各个地方的人都没有对这个传统进行一定的再创造。民俗文化是在生活实践中被创造和被调整的，反过来又深刻地制约和影响人们的生活。

我们说民俗的演变，就是指人们对它进行创造与传承、调整与变通的过程，因此要把各地民众的作为考虑在里面。如果只是关于民俗文化演变历时性的研究，缺乏关于生活中人们互动关系的观察，就会把文化与拥有这种文化、传承这种文化的人分开了。而人是社会的人，一种文化是在一个什么样的社会结构中存在着，必须结合共时性的眼光来理解。民俗学的研究是从对现实的民俗观察入手的，而不是先从考查文献记录开始的。所以从一定意义上说，民俗学是从共时性的发现开始而进入历时性的解释。比方说，山区用什么样的农具，平原用什么样的农具，河湖众多的江南地区用什么样的农具，民俗学者是把农具放在具体的区域中来看待的。这是民俗学一个很大的特点，也是优点。"十里不同风，百里不同俗"，这种思想古人就有。今天我们见到的民俗，都是存在于一个个具体的生活空间当中。当然这个空间不能脱离历时的建构过程，一个区域的文化就是这里的民众长期创造、传承的文化，同时也是他们长期与外界互相接触和交往的结果。

在一个地域生活文化的整体中包含着诸多的民俗事象，形成一个文化的体系。这个体系的形成不是根据哪一个人的设计或者倡导，而是根据一个地区人们的生活需要。所以，脱离生活整体的需要去谈论民俗，显然是不对的。目前有些人类学家批评民俗学要么是寻根溯源，要么是把一个个的民俗文化现象从生活中抽离出来去研究，没有把民俗事象之间的逻辑关系搞清楚，没有文化的整体感。而有的历史学家又批评民俗学仅停留在对现实的民俗事象进行观察，没有注意民俗是在历史上形成的，因而难以了解它的本来面目。民俗学确实应该充分吸收人类学和历史学的方法，但是我认为民俗学是真正能够把民众知识解释清楚的学科，因为它要求我们要沉到生活的海洋下面，去作深入的调查，充分掌握民众的知识，包括关于这些知识的多种多样的说法，也就是所谓"异文"，进而理解民俗事象之间在现实生活中的逻辑关系，最大限度地去了解实际的民俗知识是民俗学家的基本功。为什么要具备这个基本功呢？因为我们如果只满足于文献记录，就不能达到对民俗有深刻认识的程度。为了能够从整体的逻辑上解释清楚民俗文化现象，要求我们必须掌握老百姓实际拥有的知识，这就是民俗学研究最大的特点。

罗：是不是可以理解为由于民俗学研究的方法和研究对象的特点，要求民俗学者必须虚心对待民众？

刘：对。所以我要求所有的同学必须深入到生活中去，不要轻易地玩理论。连老百姓是怎么说的、怎么做的都不很了解，就急忙用理论去套，这样的研究是不可取的。研究中必然会发生一些理论对话，但对话的目的是为了更准确、更深入地认识生活。尽管我们可能受到一些批评，说民俗学缺乏理论，但是民俗学目前发展所遇到的障碍，我觉得不完全在于理论，更重要的问题是对民俗知识了解得不够深入细致，常常是人云亦云，停留在现象的表面和已有的成见上面，或者是急忙下结论。少数出版物甚至有牵强附会、故弄玄虚的性质。要想在理论上有所创造，还需要对民众创造的文化进行更充分、更详细的调查，达到感同身受的程度，能够与老百姓的心灵息息相通，这是民俗学能不能获得更大发展的关键问题。

一般文化史的研究，态度上有点不一样。文化史学者研究的目标是想说清楚某些文化现象的来龙去脉，总认为民众对历史情况并不太了解，只是不自觉地传承着这些文化。这就是文化史研究给我们的一个导向。当然，文化史研究是特别重要的，能够进行纵观古今、高屋建瓴的研究，从更宏观的视野上对文化作出跨地域、跨时代的观察。他们的研究心得需要告诉给地方民众，也就是做文化史知识的普及工作，这是十分必要的。但是文化史的普及并不能代替民众自身对文化的传承，这是一个关键问题。民俗学者不是不向民众做学术的普及工作，但首先把自己看成是民众的学生，认为自己对民众的那套知识还了解得远远不够，需要去调查。所以说民俗学是眼光向下的学问，是一门永远要向民众学习的学问。

民俗学家和历史学家的旨趣不太一样。早期的历史学家，包括古希腊的希罗多德、中国的司马迁，都是直接叙说历史，对所采用的古代传说等史料并不加注释，后来的历史学家就不同了，非常注意考证，注意资料之间是否矛盾或者一致。考证的目的就是追求历史的真实，把实际发生了什么事看得最为重要。可是民俗学家在比较重视民众参与历史创造的同时，特别关注历史是怎样被民众所记忆的和是如何被一再重构的。这两种问题意识是可以结合的，这也就是目前历史人类学所讨论的问题。

罗：您经常提到的民俗学要注重研究生活层面的文化，这是不是民俗学与文化史在研究视角上的又一个不同点？

刘：是这样的。虽然文化史研究也承认生活中传承的文化，可是它的研究方法是把这种文化从生活中抽离出来，对它们进行单独的研究。而民俗学是主张把这种文化放在实际流动的生活中给予观察。请注意，我所讲的"生活层面的文化"与以往"生活文化"的提法稍有不同。因为我们在提出生活文化的时候，好像认为同时还存在着另一部分文化即"非生活文化"，可以游离于生活的文化。我认为，所有的文化都不可能完全游离于生活。准确地说，文化是流动于生活与非生活两个层面之上，是借助两种载体所展开的全部的社会思想与行动。在一个文明的国度里，一种完整的有生命的文化应该是在这两个层面上对流和变动的。由于有了文字和典籍，文化可以不依靠口头和行为来创造、记忆与传承，可以得到跨时间、跨地域的传播，从这个意义上来说就发生了非生活层面的文化现象，但生活层面的文化现象却是永远存在的。所以民俗学研究的文化并不是与典籍不着边际，而只是注意到了文化具有不同的载体和不同的创造方式，并且特别关注民众在生活中实际拥有的怎样的文化，了解他们怎样创造与传承这些文化以及怎样选择与吸收外来文化的情况。生活层面的文化并不是独立存在的文化，它是所有文化在生活层面的表现，从这个认识出发，民俗学就可以与其他学科包括文化史研究展开更为广泛的对话。

罗： 中国人类学研究从费孝通、林耀华等老前辈开始就一直以本土研究为主，与西方人类学的"异域"研究传统不同，近年来，西方人类学者在反思中也有越来越多的人主张对本土文化进行研究，这与民俗学的研究兴趣就非常接近。两门学科联合，互相学习，取长补短，将更有利于推动研究的深入，促进学科发展。从民俗学与文化人类学研究所在北京师范大学的设立，是否可以看出这种学术趋向？

刘： 我认为民俗学与文化人类学的关系十分密切，甚至可以看作是一个学问，不必过分强调它们是不同的学问。正像你说的，到目前为止中国的人类学家对异域的研究还不多，更多的是研究中国的乡土社会。当然，人类学也关注许多现实问题，并且与其他学科交叉形成了中国人类学的分支，显示出这门学问的视野已经不再局限于乡土社会。不过，乡土社会仍然是许多中国人类学家集中关注的领域。这一点人类学家和民俗学家是非常相似的，特别是在关于乡土社会基本结构、基本性质的探讨上比较接近，只是在提出问题的方式上有所区别。人类学家更多的是考虑作为文化类型、社会类型，中国的乡土社会应该怎样被描述和解释。民俗学家更多的是直接切入乡土社会中民众所拥有的知识，也就是去讨论生活层面的文化现象，理解它们的意义和表达的方式。但在实际的调查过程上，两个学科也不一定有这样严格的区分。

虽然说民俗学是一国民俗学，民俗学是研究自己国家的学问，但面对大量的民俗事象，对于任何一位调查者来说都会有陌生的感觉,从这个意义上说,人类学家所面临的主位、客位关系问题在民俗学家这里也同样存在。现在民俗学已经走到这一步,就是它必须对所研究的对象给予深入的解释,这就必然发生主位、客位关系的尖锐问题。民俗学家如何领会民众对自己文化的解释,然后再作出自己的理解和解释,就是格尔茨(Clifford Geertz)所说的"对解释的解释"或"对理解的理解"。这一点人类学家和民俗学家遇到的难题没有什么不一样。

由于民俗学直接研究的对象是民众的知识,所以一般需要对各个地方的资料进行比较,也就是需要对各地相似的文化现象进行"异文"的比较或类型的比较,这与目前一些人类学家的做法有些不同。人类学家往往深入一个村落作一年左右的深入调查,通过解剖一个麻雀的方式来认识一种社会—文化的类型和特征。因为人类学已经有了一些跨文化的理论,追求对人类文化的普同性、类型性和规律性的认识,所以人类学家可以通过个案研究的经验来检讨那些对文化的系统逻辑的解释,民俗学家缺乏这个信心。民俗学家目前大多是想了解生活文化的丰富性、多样性,是想掌握"十里不同风,百里不同俗"的实际情况,所以虽然注意对村落进行个案的调查,但主要的目的是挖掘、体会和解说民众的生活经验与知识,尚未将一个村落作为某种社会—文化的模型来进行描述,比如像费孝通先生的《江村经济》那样。

罗:就是说希望把握更多的个案以互相参照。

刘:对。因为即使是相邻的村庄也存在着一定的差异。仅作一个地点的调查,也许可以对一个民族或一个社会的文化类型进行分析,但不能说明"十里不同风,百里不同俗"的问题。这个问题不是指跨文化、跨社会的关系,而是指一种文化内部的统一与差异的关系。我觉得,尽管在旨趣上民俗学与人类学有以上的不同,但可以互相取长补短。

你刚才说钟先生去世后北京师范大学设立了民俗学与文化人

类学研究所，我不知道钟先生在天之灵会不会满意。但我认为北京师范大学如果能够借助民俗学、民间文艺学50年的研究传统，为人类学家提供一个来这里进行教学和研究的平台，应该是一件好事情。有人担心民俗学会被人类学吃掉，或者说我们都成了民俗学的叛徒，我感觉这不是一个问题，重要的是必须要加强学科之间的对话。

罗：民俗学与人类学研究一向重视田野，把田野调查作为最主要的研究方法。前一段时间有的学者提出要"告别田野"，引发了一场关于文本与田野关系的讨论。请就此谈谈您的看法。

刘：这个问题问得很好。我注意到有学者为民俗学理论比较薄弱的状况感到焦虑，希望大家静下心来研究现有的调查资料，包括已经出版的民间文学"三套集成"的资料，进行深入的理性思考，这个动机是不错的。不过，需要不需要告别田野，却不是一个需要讨论的问题。因为，当你对现有的资料进行理性思考的时候，你就会感觉到资料不够用了，特别是关于资料文本背后的语境你知道的并不充分。为了对已有的资料作出解释，迫使你要重新回到田野，这肯定不会成为一个问题。何况田野调查并不只是收集资料，还是民俗学研究的基本方法。可能有个别从事民俗文化研究的同志非常熟悉自己家乡的民俗，经过长年累月地搜集、记录，掌握了大量的资料，但不知道用什么理论来解释，这种情况的确存在，但是我们大可不必让他告别田野去提高理论，因为田野作业并不是他的短处。真正的问题是如何提高民俗学的理论，能不能加强在田野工作时的问题意识。所以告别田野的提法并不能确切地指出解决问题的途径。

罗：实际上现在也很少有人议论了。

刘：是的。因为目前民俗学者真正遇到的是如何解决好理论与实践相结合的问题，就是说你拥有的理论工具与你面对的研究对象有时不够吻合，需要你在实践中进行理论的检验和批评，不断修正和发展原有的理论。根据我个人的经验,越是想提高自己的理论水平,就越需要做更深入的调查。比方说,我们在《民间文学概论》中以为大戏不是民间的,只有小戏才是民间的。可是经过调查就会发现,在农村的戏台上既有大戏,也有小戏,都是他们在节日或祭祀活动中不可缺少的东西。村民们关于大戏、小戏的概念可能与我们理解的很不一样,他们把演帝王将相的戏叫做大戏,把演民众生活的叫做小戏。这就完全可以修正我们原来以为小戏才是民间艺术的观点。

民俗学应该结合田野调查不断发现一些新的问题,然后展开讨论。通过田野的发现,可能引起关于民俗学基本理论和方法论问题的思考。比如,"民俗信仰"能不能说成"民俗宗教"?这其实是承认还是不承认在一种社会—文化中,宗教必然表现于生活层面的问题。如果一个宗教不能渗透到生活当中,这种宗教还能不能存在?我们可以说民间文学、民间艺术、民间学科技术等,可是没人敢说民间宗教,这是为什么?大概是因为民间宗教的说法已被用来指秘密宗教,指那些比较危险甚至反动的宗教。但人类学研究中早就使用民间宗教或民俗宗教的概念,指的就是民俗学界所讲的民间信仰。所以,我觉得这个问题可以讨论。如果说宗教是一种非常重要的文化现象,那么它就不是孤立存在的,而必然会渗透在生活的方方面面,成为民众经常运用的一套关于宇宙、人生的特殊知识,一套文化图式和象征体系。也就是说,我们不应该满足于从组织、制度和教义等意义上去理解宗教,要突破这样的认识去研究民间宗教。民俗学研究的主要是生活层面的文化,不是那些游离于生活而独立存在的文化。与体制化的宗教现象相比较,民俗宗教也就是表现于生活层面上的宗教文化现象,像渡边欣雄在《汉族的民俗宗教》中说的,是体现为"生活的信条"的宗教。从这个认识出发,我们才特别观察那些表达民众信仰观念的仪式活动,比如,汉族地区的祭祖、朝山拜佛等都是重要的民俗宗教现象，这是没有问题的，但是我们还要注意观察那些分散地表现于生产、生活各个环节和角落中的具有宗教意义的民俗现象，也就是说要观察民间信仰作为生活知识和生活经历的各种现象，包括在人生仪礼和节日规范当中的宗教文化的表现。作为标志个人生命历程的人生仪礼，实际上与祭祖、敬神等集体仪式有许多相通之处：在孩子们的出生和成长过程中包含着许多对呵护生命的超自然力的想象，比如让小孩子拜"樟树爷"、拜石头；成年礼中作为正式接纳社会新成员的象征性的仪式；丧葬仪式中关于灵魂通往另一个世界的观念，无不需要从民俗宗教的认识上给予研究。至于节日，比如汉族的过年，在许多地方都要祭祖、敬神；正月十五人们都要走出家庭参加村落或城市里的聚会活动——观灯、舞龙、闹秧歌，但这些活动往往也要先到神庙去敬神，说明他们的年节仪式是与宗教活动结合在一起的。

许多民间舞蹈、民间戏曲也与宗教的仪式、观念有关，经常以宗教的理由来开展这些表演活动。因此，一个地方的宗教文化并不独立存在，而是渗透于生活的方方面面。所谓上层的宗教之所以能够生存，一定意义上是由于它能够通过各种渠道广泛地渗入民间社会，因而有了生活的土壤。一种宗教如果光靠少数人来传承，不与民众生活联系，那么它就很难维持下去，更谈不上彰显于世。谈这么多关于民俗宗教的问题，是想举例说明：越是要提高理论水平，就越是要深入田野，因为只有在田野中才能不断发现和提出问题。当然，田野调查的成败，跟你有没有问题意识，有没有理论的预设也是密切相关的。

罗：钟敬文先生认为，民俗志是关于民俗事象的记录。您提出民俗志不仅要记录、描述民俗事象，而且要说明和解释民俗事象，请您详细谈谈你对民俗志的理解。

刘：我发现如果只把民俗志当做资料性的成果是不很准确的。民俗志当然具有资料性，但是对资料的选择、体例的安排等方面都包含了作者的主观思考,所以它不完全是客观的记录,而是主观认识与客观对象相结合的产物。民俗志要想写得好,要求编写者必须有比较高的理论修养,因为民俗志也是理论思考的结晶,不完全是资料的汇集。

民俗志的书写方式也应不拘一格。现在的民俗志都是一个通用的模式,把民俗事象作为分门别类的文化现象来看待,按类别进行描述。这样做的好处就是方便别人查资料,可以把文化暂时从生活中抽离出来进行跨区域的比较。但是这种做法缺乏对于文化事象之间的共时结构的理解,同时也就失去对于一个具体生活时空的历时性观察,结果是把民俗文化变成了一个个独立和凝固的文本,因而在解释上就存在比较明显的缺陷。所以,我主张民俗志应有多种写法,就是尽量把民俗文化作为有机的整体来理解,最大限度地描述民俗文化在实际生活中是如何运行的和如何被表述的。比如说哭嫁歌,你可以把它当做"民间韵文"来研究,也可以把它作为仪式现象来研究。歌中所表达的都是当地人对婚嫁制度和家庭生活的理解:妈妈告诉女儿应该怎样当好妻子,女儿哭诉离家的痛楚、对父母养育之恩的感激等等。如果把这些都放在婚嫁生活的背景中,我们的研究也就扩展到家庭生活的结构和姻亲关系的秩序之上,而不再仅仅是在研究一种民歌的文本。这样来描述,可能会更加贴近哭嫁歌这个民俗事象实际的形态和在生活中发生的意义。

罗:所以您提出民俗志是一种文化自觉的书写,地方民俗志的编写应以"标志性文化提领",这很有新意,而且率先在北京市门头沟区尝试这种民俗志的编写。请您谈谈这种新型民俗志的写作特点和在门头沟的实践体会。

刘:最近,我们正尝试一种新的民俗志的书写体例,就是想把民俗事象作为活态传承的文化,同时希望抓住最具代表性的地方民俗文化事象给予充分的描述,改变那种千篇一律的分门别类式的民俗志书写体例，以避免淹没地方文化的特点。

近年来，各地方政府为了发展文化和旅游事业都在思考他们那个地方的"标志性文化"是什么。我受此启发，猜测在一个地方一定有个别的能够集中反映当地历史、代表当地人行动特征和思考习惯的文化事象。如果能把这些事象找出来，然后围绕它们进行民俗志的描述，可能会是一个好方法。于是就借用这一工具性概念，提出了书写"标志性文化提领式"民俗志的设想。那么，什么是标志性文化？我认为，在民俗志书写当中就是指对一个地方或群体文化的具象概括，一般是绅绎出集中体现地方历史特点或者包含诸多生活逻辑意义的文化事象。在地方文化当中是否存在这类事象，这需要得到当地人的认同和理解。为什么不说这类事象是由当地人提供？这是因为在老百姓当中并没有这个标志性文化的概念，尽管他们可能非常了解自己身边的这类文化现象，而且有很多生动的解释，所以需要我们在书写地方民俗志的时候运用这个概念对相关的民俗事象进行分析和理解。我们民俗学与文化人类学研究所的部分师生最近在门头沟开展了编写标志性文化提领式民俗志的实验，就是想与当地的民俗学者进行充分的合作，得到他们对于这种民俗志书写方式的理解。我们一边开展共同调查，一边就什么是当地的标志性文化问题展开充分的对话。根据我们对资料的初步理解，又特别开展了验证性质的调查，有了不少新的发现，并且对原有的认识进行了修正。

我认为标志性文化应考虑三个条件：一是能够反映这个地方特殊的历史进程，反映这个地方民众对周边地域、国家乃至人类作出的特殊贡献，如门头沟的妙峰山庙会就是别的地方不能相比的。二是能够体现一个地区民众的集体性格、共同气质，即使形式变了，作为精神的内核是不变的，如门头沟山里流传的机智人物傅三佰的故事。三是内涵比较丰富，深刻地联系着地方社会广大民众的生活方式，能够解释当地诸多的文化现象，如门头沟

"走窑的"（下煤窑的）人的村落。我们筛选出一个标志性文化就可以提领对于一批文化现象的描述，并且在材料之间形成互相解释的关系。这样一种民俗志显然有别于原来的那种文化类别组合式的民俗志。当然，在书写这种民俗志的尝试过程中肯定会有许多不尽如人意的地方。特别是这种标志性文化的选择是否准确？对当地文化的发展将产生怎样的影响？这些主、客位关系的问题都有待探索。但我认为这种实验和探索对民俗学界来说是必要的，我们不能满足于只有一种民俗志的编写体例。我们的目的是提高民俗志反映民俗文化本真性的水平。

罗：民俗学以民间文化为研究对象，当前抢救和保护非物质文化遗产在全世界形成了一股潮流，中国也启动"民族民间文化遗产保护工程"，在这种情况下，您认为民俗学有何作为？

刘：在我看来，民族民间文化遗产的抢救和保护应该由全社会来承担，特别是要加强全民保护民族民间文化遗产的自觉性，唤起民众更加珍惜、爱护自身拥有的民俗文化。具体要保护的是那些传统民间文化的表现形式、知识和技能。比如，过年时应该怎么过，就应该保留一些传统的方式，如果过得跟一般星期天休息或外国的节日一样，那么这个文化的形式就被破坏了，它的精神也会失传。让年青一代对传统的民俗知识有所了解，并能够一代代传承下去，这并不是说不要学习外来的文化，而是说在吸收别人长处的同时不要把自己的长处丢掉，否则不就成了狗熊掰棒子了吗？中华民族是五千年文明不间断的民族，但如果民族民间文化在今天得不到重视，大量活态的传统文化遭到破坏，我们就会丧失自我，也不能为全人类提供丰满的有特色的文化财富，这对人类来说也是不负责任的。所以，这不完全是民族主义的立场，也是向世界作出的承诺。

保护民族民间文化的义务必须由全社会承担。"政府主导，社会参与"的方针对于地上和地下文物的保护是适用的，但对于在生活中传承的无形的民间文化，也就是所谓"口头与非物质文化"的保护来说还有点问题。"政府主导"仍然是必须的，但"社会参与"似乎应该改为"社会承担"。什么叫"参与"呢？就是本来不是你自己的事，但希望你参加进去。可是民间文化本来就是由社会的基层大众传承的，保护民间文化的主体力量就在民间。文物的保护不好说社会承担，因为那些文物绝大部分不存在于普通人的生活中，各家各户不继承那些东西。口头与非物质文化就不同了，它们原本就是老百姓生活的一部分。一个村落里的民间文化应该由这个村的村民来自我保护，如果让村外的人来保护就不对了。假如在一个村子里有一处重要文物，那就需要由政府拨款加以维修，而村里人仅有参与保护的义务。可是村里如果有伞头秧歌这种民间文化，虽然也需要得到政府和专家的关心，但是真正能够传承这个秧歌的却是村民自己，这就不仅是参与的义务了。确切地说，作为伞头秧歌的传承人，他们本身就有被保护的权利。这个认识如果不明确，我担心这个保护工程就会走样。旅游业、文物贩卖者和一些创作者都可以说在参与民间文化的保护，其实是把活态传承的民间文化攫取过来，把它们变为了死的或假的东西。我们不能阻止这种事情发生，所以西方已有民俗学主义（Folklorism）的研究，但必须明确保护的目的是为了让民间文化得到一定的传承。

在抢救和保护民间文化遗产的潮流中民俗学将有什么作为呢？应该说这个潮流为民俗学参与社会和发展理论都提供了一个良机。民俗学者首先应该为保护民间文化提供更多理论认识上的指导，在层出不穷的发现和问题面前必须勇于承担各种调查研究的课题。其次，民俗学者要为民间文化遗产的调查、认证、说明和解释尽量做一些实际的工作，还要批评那些可能是在歪曲和破坏民间文化的行为，提出抢救保护民间文化的正确途径。在这个问题上必须要面对现实，既要考察民间文化的过去，也要考察民间文化是怎样进入和建构当代社会生活的。

　　从文化批评的责任来说，今天的社会已对民俗学提出了更高的要求，因此民俗学的理论与方法必须得到大力的改进和提高。比如我们应该意识到，对待文化的声音已经不再是简单的"官"与"民"，文化界和学界内部的声音也相当复杂，意见很不一致。有的艺术家是想通过创作来提高民间文化，比如认为民间舞蹈不好看，应该像学院派那样来跳；相反的，也有人主张保持"原生态"的民间舞蹈。有的人是站在开发文化产业的立场上进行民间文化表演场所的"创意"设计；相反的，也有人把这种开发视同为建动物园，是让动物离开了原有的生存环境。面临各种嘈杂的声音，我们应该冷静下来好好思考，形成一个比较自觉、真正有益于社会的学科发展思路。

　　罗：谢谢刘老师又给我们上了一堂生动、精彩的课。今天是 2004 年最后一天，祝刘老师身体健康，新年快乐！

　　附记：此次访谈时间为 2004 年 12 月 31 日下午，地点在北京师范大学艺术楼 507 室，参加人员有北京师范大学文学院民俗学与文化人类学研究所 2004 级博士、硕士研究生，郑长天对访谈提纲和录音整理都提出了宝贵意见，在此表示感谢。

【原载《广西民族学院学报》（哲学社会科学版）2005 年第 3 期】

人类学释放我的灵魂

——台湾佛光大学翁玲玲博士访谈录

徐杰舜

翁玲玲博士

徐杰舜（以下简称徐）：2002年你参加了我们人类学高级论坛第一次会议，你穿着非常传统的中国式蓝印花旗袍，给我留下了非常深刻的印象。我觉得你非常具有中国妇女的特质。所以那次会议你发表的论文，用张有隽教授的话说是惊天动地。因为你发表的是"台湾妇女的身体观"。这个题目在当时讲是非常有意义的，作为女性学者对女性的身体观作了一个精深的研究，我们对此印象非常深刻。同时在跟你的交往中觉得你非常有学问，非常开朗。

翁玲玲（以下简称翁）：谢谢您的鼓励，不过我只承认开朗，不承认有学问。

徐：今天我听李亦园先生说你是他的学生，请问你是怎样荣幸地成为李亦园教授学生的？

翁：能够成为李亦园教授的学生，我真是觉得非常荣幸。李先生一直关心人类学的发展，所以他对于学生非常在意。我所谓的在意是他不但关心学生的学习，也总是不遗余力地为学生争取更好的学习环境与资源。至于成为他学生的过程，到现在我还觉得像做梦一样。那是我们刚考进清华大学人类学研究所硕士班的时候（1990年秋季），李先生召开了一个小型的会议，为我们安排导师。当时我们研究所有一个导师制度，所里会为每位学生安排一位导师，提供学业与生活上的指导，功能上与硕士论文的指导教授不一样，导师有可能但并不必然就是论文指导教授。在会议上，李先生了解了我们每个人的研究兴趣、构想与研究方向之后，就帮我们安排了。他安排得很恰当，同学们也都接受。可是他把其他同学安排好了之后就准备结束会议了，剩下我还没着落，我一急就对李先生说："老师你还没有安排我呀！"李先生说了一句："你跟我呀！"就离开教室了。他一说完，所有的同学都瞪大眼睛看着我，我则是脑袋"轰"的一声，惶恐不安中夹杂着一丝惊喜。喜的当然是我居然能碰到这天外飞来的好运，有机会得到老师教诲；但更大的感觉是不安，一方面是李先生的学术地位与声望，对我们来说，自然会有一种仰之弥高的敬仰与惶恐；另一方面，则是怕自己达不到他的要求。李先生对学生的要求是出了名的严格，不只要求学业也要求态度；嗓门儿又大，我们上他课的时候，都战战兢兢，如临深渊，生怕回答不好会挨骂。

就在同学们一路唧唧喳喳在议论的时候，当时许木柱老师（也是台湾很有名的人类学教授）在我们附近，听到同学们说我完蛋了，以后一定常常挨骂；许先生就跟我说不要太担心，其实李先生对学生是非常好的。听了许老师的话以后，我就告诉自己，挨骂也好不挨骂也好，既然有这样的机会就尽心尽力。李先生直接要求的，没有直接要求的，我觉得自己应该做好的，我就把它做好。就像我请李先生看论文，在我交上去之前，我一定自己再三地多读几遍，至少做到条理清楚，没错别字，没有语句不通顺的地方。当然论点怎么样，内容怎么样，需要老师的指导。我觉得是要请老师指导论文的，不能浪费老师的时间来帮我改作文，他的时间与精神那么宝贵，作为他的研究生，当时我能为他做的就是替他节省时间与精神。就这样，十几年来，一路相随；无论是我的论文或是学术生涯，李先生总能适时地给予关键性的指导与帮助。而我对李先生的感觉也从害怕到温暖。可以这样说，他是真正的君子，"望之俨然，即之也温"，律己甚严，待人则特别宽厚，非常能够替别人设想。能够成为他的学生，得到他的指导与照顾，并且有一个学习的典范，这样的机运，我很珍惜。

徐：你非常荣幸的成为李先生的学生，我现在希望你介绍一下自己的背景，我想了解你的背景还不能像别人那样只了解你的学术背景，我还希望了解一下你的家庭背景。

翁：我的祖籍是浙江省定海县。我父母亲的家庭背景都很平凡，可以说是小地主吧。我父亲是学航海的，我记事以来就知道他的工作是船长。我回头再想想他的工作可能对我的学习是有影响的。

徐：我想插一句，你父亲是不是从大陆过去的？

翁：我父母都是大陆过去的。我父亲去台湾的具体时间不记得了，比我的母亲早一点。我母亲是 1950 年左右到的台湾，母亲说她是先到香港，过了一段时间，申请到入台证，然后才到了台湾。

徐：我想问一句，你父亲的海员的性格是不是很开朗？

翁：没错，我的父亲足迹踏遍世界各地，因为走远洋航线，久久才能回来一次。可是每次回到家，都会给我们带来一些新鲜的观念，新鲜的玩意。我们小时候，台湾在经济上还没有太大的发展，有很多的东西都没有，我父亲就能给我们带回来。他又非常的开放，非常的风趣，每回跟我们说各地奇风异俗的时候，都能把我们这些小萝卜头唬得一愣一愣的，着迷得不得了。

对于我们这些孩子，他简直是"纵容"——我母亲是这么认为的。但是我长大以后觉得父亲给了我们一个开放的教育环境，我们想做什么，只要是不害人不害己的，他都尽量让我们去试。我举一个例子，比如说我们成长的那个时代，社会风气还很保守，可我父亲从小就教我们四个女儿跳交际舞。因为他用西方的观点来看，女孩子一定要会跳交际舞：一方面是可以培养一个优雅的体态举止，同时也是进入社交生活很必要的一个技能。所以当我们上大学的时候，他都非常鼓励我们去参加舞会。我的母亲比较保守，就不大乐意让我们去，她总说："男男女女搂搂抱抱算什么？长大了嫁不出去了！"我父母感情极好，父亲很少直接说我妈妈不对。他会悄悄地跟我们说："你们放心去跳，爸爸给你们等门。"其他地方像穿衣服打扮，他都不吝于给我们买漂亮的衣服，他觉得打扮得体除了是一种礼节以外，也能表现个人的品位与教养。你看，我们女孩子这些社交装扮的规范，反而是我父亲教我们的，很有意思，也是很特别的经验。所以我后来想，我对各地不同文化、不同的观念，有这样大的好奇与兴趣，愿意花这样大的精神力气去了解，父亲给我的影响是相当大的。也因为父母这样开放的教育态度，我一直是非常自由地长大，父亲母亲给了我极大的空间，让我去尝试，让我在人生的大海中悠游。所以我一直都不是死用功的学生，我只用功到可以考上还不错的学校就可以了，其他的时间要去"玩"新鲜的事情。还好我热爱学习，所以我的课业成绩虽然不是最好，但也不是很烂。从小学到大学，在班上也都还是前面几名。我自己比较高兴的是，除了照顾课业，我还参加了很多社团活动，像合唱团、京剧社、健言社、乐队、登山社，还有社会服务社等等，这些经验都为我的生命增添了许多色彩。

徐：人类学就是要体验各种东西。

翁：对呀！我的很多同学都是拼命死读书，就为了考高分。

我呢，宁愿少拿几分，用一些时间到处去看看玩玩，多认识一些人什么的。应该也是受到父母亲的影响吧，让我觉得去接触新的事物，多了解一些人与事，比去追求世俗的名利更加重要。

徐：你在基隆长大，从基隆到台北是考试出去的吗？

翁：是的。基隆算是大台北地区，所以成绩好的学生，多半会去考台北的学校。念初中的时候人还小，就留在基隆念基隆女中，高中就念台北的景美女中。这两个学校都不能算最顶尖的，可也都是相当不错的，当时在台湾都能排上前十名。我很喜欢我念的学校，一方面是因为他们都没有只用成绩来要求学生，都给了我们相当自由开放的教育环境；另一方面是学校的环境都很优美。讲到这里，我觉得自己很幸福。因为从小到大我念的学校，甚至包括现在工作的学校，都有不错的名声，校舍环境又漂亮。尤其是我念的高中，景美女中的建筑物，是当时一个非常有名的建筑师设计的，所以我们那个时候等于是示范高中，大家都来看我们学校的新式建筑。

徐：真是很幸福的读书环境啊！

翁：还有，我每一个学校的校长都把我们当成宝，对我们的教育从课业到仪态都要求。我还记得景美女中的校长常常告诉学生，我们以后都要能够独当一面，至少要能当外交官夫人，才能为国家社会尽力，所以仪态气质和课业一样重要。我们每天去上学，他都站在校门口，谁要是弯腰驼背被他看到了，准会遭到训斥。

我大学进的是辅仁，是一个很有特色的天主教学校，读的是图书馆学专业。学校分为三个学院：理学院是德国教会办的，法商学院是美国教会办的，文学院是中国教会办的，一个非常国际化的校园。我们在里面可以看到不同国家的人来管理这个学校，不同风格的建筑，不同的文化，不同的色彩和不同的精神。所以，这所大学给我的最大的收获不只是知识的部分，也是思想上的多元，视野上的开阔，更重要的是人格上的独立。

徐：你是比较喜欢开放自由环境了？

翁：是的。我们的督教要求严格，可是给我们的思想空间却很大。后来我也享受到严格要求的好处。它是从生活上要求起。比如，宿舍的管理，各种要求规定清清楚楚，虽然多，但是没有什么矛盾而让人无所适从的地方。学校也提供很好的设备，所以实行起来也没有什么碍难之处。我们辅仁那个时候是4个人一间房，这在当时是很宽敞舒适的，台大当时是十几二十个人一间。每个人进学校的时候就购买一套统一的日用品，像床单被套枕头套这些东西，所以整个房间的色彩是很协调的。学校规定我们人不在床上的时候，就得把床铺理整齐，虽然不规定我们一定要叠成"豆腐干"，但是都得铺叠好。我们有衣柜、鞋柜、食品柜，当人不在宿舍的时候，书桌只能剩下书，其他的杂物都应该放在该放的地方。不像其他学校的宿舍，被服用品都是自己带，颜色各不相同，学校也没有提供存放衣物的设备，脸盆、拖鞋、毛巾到处乱放，一进门五颜六色非常杂乱，学校也都不管。我们是修女每天来检查，要是被她们发现房间不整洁，物品乱放，就倒大霉了，被找去训诫不说，还得记点，会影响下一年申请宿舍的权益。我们就这样逐渐养成了随手保持整洁的习惯。我觉得这样的生活训练不仅是把房间整理干净而已，还能建立起一个起码的生活美学观，比较容易培养情绪上的宁定。我想您也了解，情绪上宁定了，心灵思想才有可能高远。

徐：辅仁的图书馆专业你读了多长时间？对你有什么好处？

翁：4年。好处方面，我想首先是搜集资料的能力比较强一点。这项能力是图书馆专业培训学生的一个重点，所以能够学到比较有效率的方法及信息，这个对做研究来讲是蛮有帮助的。还有就是我的思想组织能力。图书馆的管理非常强调组织，因为有一个好的组织系统，才能让使用者在最短的时间内找到所要的资料。耳濡目染之下，也就培养了一些组织能力。我的几位指导教授都跟我提过，我写的东西基本上层次分明，逻辑关系也算清楚。这个跟我当时在图书馆系的4年训练还是有关系的。

徐：我从你《台北妇女身体观念》这篇文章里面已经领教了你的风采了。那你读图书馆学怎么又进了清华大学读人类学呢？

翁：大学毕业以后，我没有进图书馆工作。因为我们系的学生从大三开始，寒暑假都得去图书馆实习。当时图书馆经营的概念还不是很现代化，透过这个经验，我觉得图书馆是个很沉闷的地方，很多制度不合理，也不太受得了进去就等退休这种感觉。到毕业的时候，因为课业成绩不错，就留在系上当了助教，这个经验让我发现教书是一件相当有趣的事。

后来有一个很巧的机会让我进了台大史丹福华语中心，这是专门教外国人说中国话的机构。我有个朋友在那里，他们当时需要人，请里头的老师们推荐。我那朋友跟我同是大学辩论队的代表，所以知道我普通话说得不错，口音很标准，就想推荐我。我听是给老外教中文就觉得非常有趣，而且是国际知名的学语言地方（在大陆开放之前它是全世界最好的学中文的地方），所以就答应去试试。当时我们俩都没把握我能不能考得上，因为那个考试有点难，又是内举，等于已经刷了一次，所以去应考的人当中，大多是有教学经验的人。没想到我竟能通过考试。既然考上了，工资又高，自然就进去教书了。真是机缘吧，这个工作让我有机会认识很多有名的学者，包括 B. Pasternak、James Watson 等人类学家。他们来进修中文，我则从他们那里得知学术研究的乐趣。从某一个角度来看，我对人类学研究的兴趣，可以说是在这里，由这几位学者给启蒙的。这样看来，这个工作可说是我生命中一个很大的转折点。

徐：那个时代很多老外都到台湾去，因为内地不能来就只能到台湾去。

翁：是的。史丹福中心的学生，除了美国各大学的教授来进修外，大多是汉学专业的研究生，都来自名校，像哥伦比亚大学、耶鲁、哈佛等等。这些学生非常优秀，又用功，中文的底子也算厚，只是语言表达不好。在教书的时候，他们常常问我有关中国文化的问题。开始因为我对人类学没有什么了解，只能给一些民俗式的回答。可是学生很优秀，民俗式的解答多半不能满足他们，所以他们会追问民俗背后，比较本质性的思想问题。这类问题，我多半都回答不了，我还记得当时那种窘况。可我又不愿意敷衍，所以就开始自己去找书找资料，想要满足学生，也满足自己。我从小就对文化性的、社会性的事情有兴趣，成长的过程中又因为常参加演讲、辩论以及作文之类的比赛，对这类问题一直都有关怀，也有一些浅薄的思考。所以虽说动机是为了响应学生的问题去找答案，实质上我自己也很想有更深入的了解。我就在这一来一往找书读书的过程中，察觉到人类学与社会文化的关系。虽然也发现人类学在台湾是很冷门的学科，却反而激发了我想要一探究竟的欲望。就这样一路从民俗性的介绍读到学术性的论文，主要是李亦园先生的文章，真是一发不可收拾。因为直到这个时候，才觉得我此前对社会、对文化、对人的看法和思考在这个地方找到了焦点。对于我这是非常大的喜悦，因为一直以来，我思想上的渴求和对生命的探索都没有什么焦点，现在等于说是找到了一个着落。自己摸索着念了一段时间后，就想进学院了。我知道如果对一个学科想要有一个系统性的了解，就得去考研究生。有这个念头的时候，离研究生考试的日期只有三个月，准备考试其实有点仓促。但是想上学的欲望太强烈了，推着我不顾一切地开始准备，那真是废寝忘食，一心一意地念哪。我家人都不相信我是玩真的，从没这么用功过。总算运气好，让我考上了清华大学研究生，就当了李亦园教授的学生。

徐：你跟李先生两年攻读硕士最大的体会是什么？

翁：对学问的尊重，对人的关怀。

徐：你跟李先生两年的硕士学习，李先生很关怀你。不仅是过去，包括到今天吃饭的时候都表现出李先生大师的风范，你觉得李先生的人格魅力在哪里？

翁：哎呀，这很多啊！"横看成岭侧成峰"，很难一言以蔽之啊！

徐：我跟李先生的认识跟你有一个非常相同的过程。我开始只是看李先生的书，知道李先生在台湾学术界非常的出名。在1995年，我们跟费孝通先生开始举办了一个座谈。1996年元月，他也来了。当时我们是有通讯联系，但是我没有见过他。我到北大，第二天早上去餐厅吃早饭。当时是乔先生坐在我对面，刚好看到了我，就跟李先生介绍我。我非常激动，立刻快速地走过去。因为他是我很想认识的大家。当李先生跟我握手并说"我终于见到你，我非常高兴见到你"之后，李先生对我们的关心一直就保持下来了。感觉相当于一个慈祥的父亲。我当时发言的题目是"汉民族研究的人类学意义"，我的评论人是乔先生和李先生。他们的评论对我有很大的鼓励。李先生说："你所说的我想用人类学的理论来做汉民族的研究，对我的发展是非常好的。"但是，在鼓励的同时，他们两位也指出了我不到位的地方。

以后我每次去到台湾，他都邀请我到他家。我第一次去台湾，他请我去吃饭。他邀请我到台湾最好的餐厅，在世贸大楼第32层。而且他特地打电话告诉我不能穿牛仔服过去，必须穿西服。李先生叫庄先生等陪我去了32层。而且在我离开台湾的早上，他还叫他的司机送我到机场。这些都是生活上的关怀，我跟你同样的感觉。另外，李先生对我们学问上的关怀也是十分真诚和细致的，包括我们这次召集论坛，李先生早就表示了他的关怀。我请他做顾问他就一口答应。这次他的演讲也准备得很充分。2002年我在台湾采访他的时候他已经说了，人类学家要关怀人类的生存。到现在关于这个课题，他起码已经考虑了两年。

所以，我觉得内地的很多学者都从他那里得到我们想要得到的东西，无论是学问上的还是生活上的。这是我的感受，可能我讲的多了一点，但这确实是我的真实感受。

翁：真是这样的。李先生他非常的慷慨，不是说花钱大方的慷慨，而是他很乐于助人，我们有什么需要去跟他说，只要是他可以做得到的，他都会帮忙。

徐：我到他家里很不客气，什么书我都想要。他都说我一定想办法帮你。他有一本书，自己也只有一本了。他就把他儿子手中的那本给我，所以在这一方面他真的是很慷慨。

翁：是啊，而且他也很细致，很细心。他外表看起来很阳刚的一个人，嗓门儿又大，以前身体好的时候，讲起话来中气十足，大都不需要麦克风。其实李先生非常温柔细致，就像刚才徐老师提到的，他会体贴人的需要，会使人免于尴尬和不舒服，不管什么人，他都是这样，很能替人设想。

徐：我们很多大陆去台湾的学者都是这样，到李先生那里去听李先生做一次演讲绝对有很大的收获。我听李先生好几次的演讲都有很大的收益。

翁：我完全同意。就像他今天演讲的一些概念，作为他的学生，我原来也都了解的，可是今天听他讲，我还是写了好几页的笔记，得到了好些启发。他的文章也是这样，每一次读，都能有不同的体会。

徐：所以我跟我的学生说听大师一次演讲是受益无穷的。因为我觉得他的学术非常的成熟，作为一个大师，他学术的成熟对我们是非常有用的。这种成熟就是我们在追求学问过程中，他的一句话和一个报告可以顶替你可能想一年的东西。他的点拨，你就可以马上活学活用，会让你豁然开朗。所以我很愿意听他的演讲。无论有多大的困难我都要我的学生来听。

翁：做您的学生也很幸福，您很能给学生营造学习的环境。

徐：如果是这样，我也是在李先生那里学的。

翁：我自己也是。我教书备课的时候，常常不自觉地以李先生为榜样。在我刚开始教书的时候，李先生很关切，给了我很多指点。我备课的时候，是把上课要讲的话，几乎每一句都写下来。自己在家讲一遍，看看时间够不够、内容够不够周全、条理够不够清楚等等。我会这样做，一方面，我自己的个性是这样；还有就是李先生在指点我怎么教书时，告诉我他自己就是这样做的，真的是"台上一分钟，台下十年功"。他让我了解，他的学问是一点点积累起来的，他在台前这样的组织和有条理，这样的深入浅出，真的让我觉得做学问不能有侥幸，尤其是我们做人类学的东西。你看我们的资料都是田野，一句一句的访问、一个动作一个动作的观察，一点一滴，从许许多多有用没用、有关无关的资料里面去比较出来的。我觉得作为人类学者是特别需要有脚踏实地的态度和功夫，你做一个月的田野和10天的田野，做出来的东西就是不一样。

徐：因为我跟李先生交往，向他学习。我总是想找个机会来讲一讲。我们很多朋友也都讲，李先生的书一定要买。

翁：对！他的文章，嗯，怎么说呢，就像肥沃的土壤，养分充足，看了是会长出东西来的。他的书我都有，而且都放在手边。不管教书备课或是写文章找养分，总能用得到。

徐：李先生也是非常有责任感的。他非常关心我们的学报。我们这两期的学报质量，英文翻译有问题，李先生看到后马上打电话给我们。《光明日报》想报道我们，我在电话里跟李先生说想请他对学报写点评论。李先生说："好，我愿意写。"而且要我在最短的时间里把缺的三期学报寄给他。他把我们所有的学报全部放在他家书房的显眼处。10年了！我现在想请你把怎么从清华毕业的情况说一下。

翁：读清华时，我两年就毕业了，算是快的，听说我这个记录到目前为止还没有人类所的学生打破。我能顺利地在最短时间内毕业，除了李亦园、庄英章、潘英海等几位教授多方的指导外，从我自己这方面作为一个学生的本分来看，我想一方面是我一反过去一边玩一边念书的态度，努力用功，专心向学；另一方面是我一进研究所就确定了硕士论文的题目、方向，没有多费时间一再考虑这方面的事情。

毕业的时候，对于要不要继续念博士还有一点犹豫，因为当时台湾还没设人类学博士班，要念就得出国去。您也晓得，出国念书是件大事，有许多事情要考虑要准备。刚好那个时候李先生与庄英章教授正要开始推动一个跨两岸的大型研究计划，是人类学的第一个两岸计划。承蒙庄先生看得起，让我去当计划的助理，主要负责行政的部分。我就一边在中央研究院民族学研究所工作，一边考虑要不要出去念书。中央研究院是一个学术气氛很浓厚的地方，在院里，碰到的大半是研究人员，谈论的都是研究上的问题，处理的也都是研究上的事务，人在里面会很自然地觉得学术研究是很美好重要的。就这样慢慢地觉得，如果自己也能参与，就可以为知识系统尽力，也能满足自己对社会文化，乃至于对人的关怀；再加上几位老师的鼓励，就决定朝出国念书的方向做准备。

申请学校是非常磨人的，我就因为怕麻烦，只申请了英国爱丁堡大学。爱丁堡大学的名声很不错，又在苏格兰，很特别。他们很快就给了我入学许可，这下我就不想再申请别的学校了，免得劳民伤财。后来是李先生跟潘英海老师都问起申请学校的事，都觉得我不应该为了怕麻烦就不给自己其他的机会，尤其李先生认为我应该试试剑桥、牛津。我想两位老师都说话了，讲的也都有道理，就再申请了两个大学。一个是圣安德鲁斯大学，就是英国黛安娜王妃的大儿子威廉王子现在念的大学，另一个就是牛津大学。我没申请剑桥，是因为当时剑桥没有适合我研究主题的老师，而且他们似乎比较偏应用，牛津比较偏古典理论，我比较有兴趣。没想到两个学校都给了我入学通知，我自己也吓了一跳，因为我听别人说牛津录取是很严格的。结果录取了，反而我自己又犹豫了一下。因为录取之后，我去打听了一下，别人都告诉我牛津进去不容易，出来更难。每年要大考，都要去掉一半人，这就让我很犹豫。可这种没信心的样子，挺没出息的，我也不敢跟李先生去说。又想去又不敢去，翻来覆去，就是不能下决心。说到这里就得提一下我的爱人了（当时是男朋友），他给了我临门一脚，让我决定去牛津。他说："如果你去别的学校念，要我等你几年我觉得不是很情愿；但是你去牛津，我心甘情愿，几年都等！"说良心话，如果没有我先生的激励，我可能就打退堂鼓了。

徐：讲到这里我不得不多问一句，你是一个很优秀的女人类学家，也是中美跨国婚姻。他是学生，你是老师，我就想听听这段故事了。

翁：他本来是密歇根大学东亚研究所的博士生。因为学科的需要就来史丹福中心上中文。他来上课的第一堂课就是我教，可我们不是一见钟情，我们的感情反而是他离开史丹福中心以后慢慢培养起来的。后来我们谈起在学校时对对方的印象，我觉得他是一个很认真的学生，很用功；他也觉得我教得很好，是个要求很严格的老师。因为我教得好，他愿意学。我是严格的好老师，他是用功的好学生，就这样的印象。

我们的制度是学生到学校念一年，或者是两年，而且每个学期基本上都是不同的老师教。本来他第一年念完也是要回国去的，但是他感觉语文能力正是要有较大进步的时候，而且也开始对台湾话感兴趣，他的博士论文是有关台湾歌仔戏的研究，所以就打算再留台湾一年。这样一来，他就需要找家教，就找到我了，因为他觉得我教得不错，也很负责任。说真的，家教钟点费比学校钟点费多，而且我当他的家教老师以后，不是按照学校制式的课程安排来上课,而是按照学生的需要来上,比较能自由地发挥。后来他发现我也学戏,所以我们上课的内容会偏戏剧。有时候他也会请我跟他一起去看戏,让我帮他讲解一下。因为要去看戏就需要吃晚饭,五点半下课七点半看戏,他就请我吃晚饭了,吃饭的时候自然会多聊一些。我觉得我们是细火慢炖型的,因为相处的时间多了,我们谈话的内容也多了,对彼此的了解就开始涉及一些生活上的事了。他也谈台湾社会,有自己的想法,会谈到理想价值,慢慢地我就觉得这个人不错。很有意思的是,我们开始要发展到男女朋友关系的时候,我跟他说我不大喜欢去国外生活,如果我们想要继续发展的话,就需要他考虑长期地住在台湾。结果他就消失了几天,起先我觉得是我把他吓跑了,心里还觉得有点惆怅。没想到过了几天他就跑回来告诉我,他好好地想过了,虽然不敢保证能够完全接受台湾的生活,但是愿意试试看。那我还能说什么呢,当然就接受啦!我们两个人一方面是夫妻,一方面又是彼此最好的朋友,我很珍惜。他这个人非常温文尔雅,不是他的外表,而是他整个态度。他每次回家一看到我们家的灯,如果是客厅灯亮,书房灯熄。他就又喜又忧。喜的是今天晚饭有着落了,忧的是我大概写论文不大顺利,心情不好了,才会坐在客厅里。如果回家看到书房灯亮着,客厅灯熄着,也是一喜一忧。喜的是我写论文很顺利,忧的是没有饭吃,要自己打电话叫比萨。我们在一起是非常开放非常自由的,我们都鼓励对方去做自己喜欢的事。我先生对我没有任何的要求,他只要我做我喜欢的,让我快乐的事情。开玩笑的时候,他会对我说:"亲爱的,我对你别无所求,只有一样,请留着长头发,不要随便剪。"这和我很一致,因为我从小到大都在自由和开放的环境里生活的,不爱管人,也不爱被人管。

徐:你们这个跨国婚姻是很好的模式。

翁:可是我们也有文化上的不理解,也常常引发矛盾。不过还好我们两个都是理性的人，我们磨合的过程对我来说也是成长。我给自己先说清楚，然后再传递给他，让他也清楚。我向他说明为什么会这样，让他了解怎么会这样，希望他认同。我也从这个过程里面，更加了解中国文化以及我自己。

徐：所以在你的人生轨迹上这一条是双轨：一边读博士拿学位，一边跟老外谈恋爱，这样就到牛津去了。现在我就想了解你到牛津学习的经历和体验。

翁：牛津的日子啊，很辛苦，但不能说痛苦——因为是自己要做的事情，可以说是一个苦中带甜的过程。甜的是求知欲的满足以及通过考试，我的努力得到肯定。很辛苦，因为他们的要求实在不是人干的，简单地说就是这样。英国的学制跟美国和台湾地区不太一样，不是学分制，是师徒制。所谓的师徒是每一个学生都有导师，导师常常也就是论文指导教授。他负责你所有学术的学习，他要监督，要规范。牛津的课程非常的丰富，一礼拜可以有几百种的课听。那里也常常有大师过境，就会举办讲座。导师就会考量学生的学术需要，跟学生讨论去上什么课，听什么讲座。除了一般的课之外，我们每个礼拜都有一个跟导师一对一的课程，这个课主要就是透过学生写的文章来讨论某一个主题，比如说政治、宗教什么的。每个礼拜换一个主题，这就是说，我每个礼拜都得就不同的主题写一篇论文。这样的论文，导师只是给一个范围与相关的书单，要自己去定一个题目，自己去发展讨论的主轴。除了这个要求外，我们还得要应付其他的课。这就可以想见，我的生活就是苦苦地读，苦苦地写。日复一日，年复一年，没有娱乐，没有休闲。文章写完以后，按要求要提前一天给他，超过他定的时间就不收了。第二天上课就批论文，包括你为什么引用他的这句话而不是引用那句话，为什么你同意或不同意某个观点，都要有一番说明。这是一种批判性的训练。我的导师非常严格，抽烟斗，两个铜铃眼。他每次敲着烟斗，瞪着两个大眼批你的时候，真是很难笑得出来。以前的学生都说，他要是不满意就会把学生的报告丢在地板上，说这是垃圾，让学生自己去捡。我一听到这个消息，以后去上课都只敢坐在椅子的前端，准备好一旦他把我的报告丢在地上，就可以快点站起来去捡回来；当然也更用心地写文章读书。还好他没有这样对我，文章好不好先不论，至少没丢中国人的脸，也没丢女人的脸。我这样说是因为我们很多女学生都觉得，很多男老师对女学生是有一点点的歧视的，虽然从来不说出来，因为一说出来就犯法了，但是有意无意地总会流露出来。所以我怎么辛苦也要争一口气，我想他也看到了我的努力。

那个时候每天平均的睡眠是3～4个小时，其中又有大概两个小时是在书桌上睡的。真正能够比较放心睡觉是论文批完的晚上，因为下一次的论文是明天的事，晚上回家就可以放心睡个觉，也不敢睡太久，但是比较放心。这种日子实在太苦啦，我念完第一个学期就生了一场大病，差点放弃了。这又要感谢我先生，我跟他通电话的时候，只能一边哭，一边跟他说我要回家，受不了了，菜又难吃，人又冷漠，老师又凶。他不断地鼓励我安慰我，每天通电话。在我病得奄奄一息，情绪最低落的时候，他还请了假，飞过来看我。就这样，等病好了，信心也恢复了一些，我告诉自己一定要再试试看。结果很有趣，等开学我出现在我老师办公室的时候，他倒吓了一跳说："你居然回来了？"后来他才告诉我，很多学生撑不过一学期，他本来以为我也会投降的，没想到我还不怕死。他也透露，我回来他其实蛮高兴的，因为我是他四个学生中，唯一的外国人，也是唯一的一个所有的论文都按时交的学生，他觉得我应该能学得成。他的话，对我来说当然是很大的鼓励，也很后悔，早知道别人都没按时交作业，我就不要每次这么赶自己，搞到生病。这是开玩笑了。

还有一件更可怕的事。我们每个学年都有一次大考，没有范围，考什么都不知道。出题的原则是在你这个位置的学生应该知道什么我就出什么。你要怎么准备？可是你能不准备吗？不可能。我们是6月份考，但是1月份就要做考试准备了。除了尽量念书以外，就是自己猜题，把回答问题所需要的资料都整理好。我们非英语国家的学生还有个语言的劣势，因为考试有时间的限制，到时候就算有想法，可是由于语言的障碍时间抓不好，表达抓不好。老师可不会同情你，这是自己要去面对的事。那怎么办呢？只好尽量先把整理好的资料，一块块地背下来。从开始准备考试，到去应考，时间要经过将近半年，东西又多，我总是不停地问自己：我能记得住吗？结果考试的时候居然都记得，要用的时候也可以用得出来。那个时候高兴啊，心里的感觉真是甜滋滋的。这个考试是连考两天，每天从早上9点考到下午5点，中间可以休息一下。我还记得大家都带了巧克力进考场，就是怕到时候体力不支，连洗手间也舍不得去上。所以考完两天之后女生都花容失色，两眼无神还带两个大黑眼圈。早上进考场的时候，人人都打扮得很整齐，学校要求学生都要穿学生袍，要打上领结，还得戴学士帽，监考老师也一样要穿教授的大黑袍。可是一到下午出考场，无论男女都成了散兵游勇，领结也歪了，帽子也掉了，每个人都累得东倒西歪。这还没完，我们第二天考试到下午5点结束，考官就发一个单子，上面列了七八个题目，要求任选一个，在三天半的时间之内写一篇6000字左右的论文。所以那天晚上虽然是5点考完了，但是也不敢好好睡觉，得先选题构思，捡好资料，万一手边的资料不够，就得到图书馆去借。第二天一大早8点不到，就到了图书馆，门口都挤满了学生，等着冲进去抢书。因为如果你选的题目跟别人一样，大家需要的书是很类似的，抢不到书就完了。三天三夜不眠不休，把论文赶出来上交。这也还没有完，等老师们把笔试论文都看完了，大概一个星期，还得再考一个钟头的口试，有点像论文答辩。口试的时候是三个老师坐在一个屋子里，学生则一个一个进去考。口试的内容，基本上是针对你笔试与论文的内容提问。最最可怕考验人的是发榜，我们考试的结果是用榜单贴在系里，自己去看。为什么那么郑重其事？因为我们每年要淘汰 50%，也就是说不管你考几分，只有考在前一半的人可以留下来。我们那年是进去了 20 个人，如果考了第 11 名以后的就再见了，不管你考多高分。所以放榜真是一件大事。我们那时候真是又想看，又不敢看，大家都磨磨蹭蹭地去看。我非常记得那个感觉，我原来不知道名单是按照姓名字母排的，而且是只贴通过的人。当我的眼睛一路往下移，随着人数的减少，心也一路往下沉，最后看到自己的名字时，那一刹那的感觉是空的，等回过神来，亦喜亦悲的感觉才翻江倒海而来。因为同学几乎都在同一时间来看榜，通过的人虽然高兴，但是得顾及落榜同学的感受，也不敢过于表露。当时站在我后面的一个男生，被淘汰了。我在前面都可以感觉到从他身上穿过来的凉意，整个人是呆若木鸡，脸是苍白的。我们都不知道怎么安慰落榜的同学，只能互相拍拍肩膀，真是非常残酷的事情，连自己躲在家里哭都不行。因为放榜以后接着下午系里就会办一个 party，不管过不过的人统统要参加。这时候就是训练人的风度了，没通过的同学都会来跟我们道贺，过的人也不会太得意。

徐：这样从人格的角度来说就训练了你的健康心理。

翁：对，是胜不骄，败不馁。我后来跟我们老师说这整个过程很残酷，老师说这个就是学术的道路。他说得对，你如果要走这条路，就一定会有成功的时候，一定会有失败的时候；你的论文有被肯定的时候，也有被批判的时候。这就是训练你的时候，你能够过了这关，就可以走这条路。他说学术上的竞争是非常厉害无情的，要走这条路就要经过这样的考验。

徐：牛津你念了多少年？

翁：我念了4年。第一年考过以后，第二年得再考一次，考过以后才算是博士候选人。除了笔试以外，第一年我们写的是小论文，第二年就要交大论文，是三四万字。得到博士候选人资格后，第三年我就开始作田野调查，第四年撰写论文。

徐：你的硕士论文已经出版了，博士论文还没有出书。你的博士论文是用英文写的？

翁：对，如果要出书的话，有些地方还要做一些修改。

徐：你的学术经历有很多启发性的东西。另外我还想再问的就是，你进入了人类学以后，对人类学有些什么看法？你对人类学的学科有什么看法？

翁：从知识的层面看，我觉得学习人类学是实现人文教育理念的基础。人类学是了解人、了解人类社会与文化的学科。透过这个比较系统的训练和学习，我们才能够对人类外在的行为和内在的思维都有一个本质性的了解。所以我认为不只是人类学系的学生才需要学，至少"人类学概论"应该是通识教育的课程。每一个人在这方面都应该有一些了解，才能够从一个更宽广的角度学会关怀自处处人。尤其是多族群多元文化的社会，最好是从中学就开始建构，这样各族群才会因了解而产生认同，因认同而得到族群之间根本的和谐关系。

除了知识方面的重要性，人类学对一个人的人格成长也有很大的帮助。我自己的经验就是这样，我从人类学学科训练的过程中，身心都得到真正的释放。借用佛家的两句话来说明，看待事情的时候，比较能够"放下我执"，不只是因为人类学教会我要尊重不同的真理与价值，也因为我在能够放下我执之后，就不再受困于小是小非，而能看到更广阔壮美的天地。在对待人的时候，比较能够"去分别心"，田野调查的训练，使我真正可以平等对待不同的人，包括来自种族的差异或社会阶层的差异。这让我能够看到人类生存的多样性与可能性，也让我更能体贴别人的心意，珍惜所面对的每一个人。这几年来，虽然工作日益繁重，但是心情上生活上则越来越自在宁定。午夜梦回，每思及此，都要感谢上苍，以及一路指引我陪伴我走上人类学这条道路的师长亲友，让我的生命得到滋养，灵魂得到释放。

徐：今天我们对你的访谈对你的学习，对我今后的教学工作都非常有益处。我们今天谈话的题目发表时是不是可以用"人类学释放我的灵魂"为标题？

翁：好浪漫啊！我喜欢！

徐：感谢你接受我们的访谈！

【2004年5月29日晚上11点夜访翁玲玲。主访人徐杰舜，在场人员秦红增、林敏霞、杨清媚、朱志燕】【录音整理：林敏霞、梁冬平】

【原载《广西民族学院学报》（哲学社会科学版）2005年第4期】

走向深处：中国人类学中国研究的态势

——中山大学黄淑娉教授访谈录

徐杰舜

徐杰舜（以下简称徐）：黄老师，我们很早就想采访您，但是一直没有时间，没有机会碰到您。去年您从教 50 周年的大庆，我没机会过来，失去了一次很好地向您老人家学习的机会。我认识您的时间您肯定还记得，那是在 1985 年 7 月，我刚调到广西民族学院工作，第一次参加民族理论工作会议，我跟您在一个小组，向您请教恩格斯的《家庭、私有制和国家的起源》这本书。第二天开会时您把您所有的资料都带来给我，这对我学习恩格斯《家庭、私有制和国家的起源》有很大的帮助。第一次见到您，您作为老一辈人类学家对我们后辈的关怀毫无保留，从此以后，我就一直把您当作我的老师。我写《从原始群到民族——人们共同体通论》也曾征求过您的意见，您调到广州来后，也一起参加过两次会议，您的治学态度和学术风范非常值得我们学习。

黄淑娉教授

黄淑娉（以下简称黄）：您说我们认识的情况，我都记得很清楚。您还上过我家。1986年，我去香港中文大学访问的时候，把您的《汉族历史和文化》送给了他们。以后我们一直都有来往，对于您把《广西民族学院学报》办得那么好，我一直都很敬佩。

徐：今天有机会采访您，是再次向您学习的好机会。广大读者很想了解您的学术背景和学术经历，请黄老师先谈谈这个问题。

黄：我1930年在香港出生，我父亲是一个商人。我原籍是广东台山，台山是著名侨乡，我祖父19世纪末到加拿大去做工，外祖父在美国做工，我们一家很早就到海外去了，后来在新加坡、马来西亚这些地方做生意，最后到了香港。我5岁上小学，11岁上初中，在香港英华女书院读书。它是英国基督教伦敦会办的学校，学生受中西合璧的教育，中文学习用老式传统，小学四五年级读"四书"，七八岁背《论语》、《孟子》，课本、作文都用文言文，写的是文言文，不念也不写白话文，上"尺牍"课，写字用毛笔，重视书法，每周都要上书法课，那时候叫"习字"，以前高中都有书法课。主要还是西式教育，英国人当校长，用英国课本，比较多地用英语教学，我记得初一时有7种课程用英语上，包括体育课。1941年太平洋战争爆发，12月8日香港沦陷，日本人不让学校开课，所有学校都关了门，我只好在家里学打字。当时要上学就得回内地，由于日本人占领，香港没法待，全家只好回到台山老家。日本人早就占领了广州，不断骚扰、侵占沿海的县。由于有游击队抵抗，日本人打打停停的，那几年我就随着家里人在香港、澳门、台山等地逃难。

徐：我也是在逃难中出生的，1943年。当时家人从湖南逃到云南，还准备到缅甸，后来抗战胜利了才没去。不过那时我还小。

黄：您那时还小，家里人抱着您逃的吧。逃难中，学校很难开办，有时离开城镇，撤到乡下去，日本人来了就关，走了就开。我们台山第一中学是一所很好的学校，现在都很有名。在动乱中读书是断断续续的，没有正式完成中学学业。抗战胜利后，广州有几所教会中学是跟教会大学挂钩的，成绩好的学生有可能被保送到北京的燕京大学或者上海、南京等地的教会大学。我在1946年进了广州的培道女中，因为前几年的学习耽误太多，光是白天上课不能解决问题，我必须补课，所以我很用功，白天上课，晚上熄灯后自己在被窝里用手电照明读书。一年后我被保送到燕京大学。我先考上了岭南大学，但是我没在这儿念，因为北方的大学特别是燕京（大学）对青年们有很大的吸引力。当时，我们一群从香港、广州的几所教会学校出来的男女青年结伴北上，那时火车不通，我们只能坐招商局的货船，从香港坐船到天津，要走十几天，路过厦门、上海和秦皇岛等地，还要绕道去韩国，要装货卸货。

我想说几句我的母校燕京大学。我在那里上学，对我一生影响很大。燕京大学于1919年开办，1952年并入北京大学，33年中为祖国各条战线培养了大批人才，特别是外交、新闻和医学等等，很多教授名人出自燕京大学，在当时，燕京大学是与清华大学、北京大学齐名的名校。中华人民共和国成立前外国人说Peking University是指燕京大学。燕京大学对中国现代化教育作出了独特贡献，她请了很多名教授，学术是高水平的，很重视对学生的思想素质教育。我们的校训是"囚真理得自由以服务"（Freedom through Truth for Service），校歌末句是"服务同群，为国效尽忠"。一直到2004年，各地的校友会，包括广州的，校友们每次聚会，回忆母校，半个多世纪过去了，回顾自己一生，一直都是实践着母校的校训"服务同群，为国效尽忠"的。燕京大学在当时的学生爱国民主运动中起了很重要的作用，她始终站在民主运动的前列，给予当时的青年学生很重要的影响，对我的一生也起着重要的启迪作用，无论做教学、学术研究或其他工作，都能够服从国家的需要。我的家庭只有我一个人留在内地，父母一直都反对我留下来，直到他们去世。

徐：您的教育背景在那个时代非常有代表性。全家在外您自己留下了，当时您为什么有这个想法？

黄：尽管我在香港出生长大，但抗战期间曾在内地生活过，亲眼看到国民党统治的腐败，民不聊生。到北方，看了一些进步书籍，如马克思和毛泽东的著作。燕京大学有中国共产党地下支部，在学生运动中，燕京大学学生始终站在前列。学校有基督教团契，进行一些宗教活动；但主要的方面，是在团契的名义下开展进步活动，参加团契活动可以接受进步教育，比如传阅《神圣家族》、《新民主主义论》、《冀东行》等，看了这些书，参加当时的"反饥饿，反迫害"等学生运动，会考虑中国向何处去，自己走什么路。我是后知后觉的，由于我的家庭背景，当时是随大流，跟着走的，但都认真考虑国家的将来，自己应该往哪里走。尽管家里反对，我还是决定留下。

徐：燕京大学对您的培养起了很大作用，关心国家大事，服务社会，在这个背景下全家都在外面，您坚定地留在了内地。在这种情况下，您是怎样进入人类学的？

黄：我开始是学医的，要去协和医学院必须在燕京大学念三年预科。我没能够坚持到底，中华人民共和国成立后转到社会学系。因为我觉得自己的兴趣不是很浓，身体也不大好，离开家不会照顾自己。燕京大学社会学系对学生的训练兼有社会学和人类学传统，实际上人类学的传统更浓。我自己喜欢体质人类学，也喜欢民族学和语言学。中华人民共和国成立后，人类学和社会学这些学科被取消，燕京大学社会学系的一部分改名为民族学系，另一部分改为劳动系后来并入中国人民大学。当时政治运动不断，我们处在动荡时代，实际没有好好学习，没念多少书。1952年7月毕业后，正好院系调整，民族学系的老师和毕业生都调到中央民族学院研究部，那里成为当时我国民族学、民族史的研究中心。1956年学校请苏联专家莫斯科大学民族学教研室主任切博克萨罗夫教授来校任教。当时我要求学习，但被学校安排当专家的助手，失去可以读研究生的机会。我在1949年开始学俄语，结果英文、俄文都没学好。学历低，根基浅，实际做不了什么工作，只起一个辅助作用。当时没有机会念研究生，我想自己必须在工作实践中学习。这样，我就开始在学校做研究和教学工作。

我先天不足，很遗憾，没有机会深造。但中央民族学院研究部集中了不少人类学、民族学专家，最盛时人员有八九十人，吴文藻先生、杨成志先生是我国人类学的先驱，有"南杨北吴"之称。我跟本学科的许多前辈们一起工作几十年，受到了很多教育。我先后在中南民族研究室和西南民族研究室工作过。中南民族研究室的主任起先是费孝通先生，后来是潘光旦先生，西南民族研究室的主任早期是翦伯赞先生，后来是林耀华先生。得到许多名师的教诲，弥补一些自己的缺陷。翦先生在燕京大学社会学系给我们讲中国社会史课，有比较重的湖南口音，讲课很生动。我在翦先生的课上写了恩格斯的《家庭、私有制和国家的起源》读书笔记。我们工作几年后翦先生还多次请我们吃饭，在东来顺涮羊肉，翦太太总是风趣地说："昨天翦先生发了工资，快敲他一把！""文化大革命"中翦先生和师母受迫害致死，我一直怀念他们。潘光旦先生布置我们几个年轻人读《朔方备乘》，教我们读书方法，以致怎样做卡片。潘先生学贯中西，我们有什么问题都问他，他在中华人民共和国成立初期就译注了恩格斯的《家庭、私有制和国家的起源》，20世纪70年代费孝通先生把潘先生的手稿让我学习，对我学习恩格斯的理论有很大的帮助。潘先生的这个译本1999年在光明日报出版社出版，收入《潘光旦选集》。杨成志先生1948年建立中山大学人类学系,20世纪50年代初到中央民族学院研究部领导文物管理工作。1955年我随杨先生到广东做畲民民族识别调查3个月,对畲民的民族成分问题,得到杨先生的指点,纠正了自己的错误认识。吴文藻先生回国后在研究部民族志教研室工作,后来受到不公正待遇。他晚年带研究生,着重研究西方人类学理论,我自己对文化人类学理论方法的研究受到吴先生的许多启发,经常向他请教。有一次,我向吴先生提了一些问题,他记下来,然后告诉我什么时候再来。他身体不好,躺在床上,拿出九张卡片给我讲,我在一旁记笔记,这使我很感动,这些事情就像是昨天发生的一样。至今读到吴先生在20世纪二三十年代时阐述西方人类学的文章,我还很佩服他为什么那时就能把问题说得那么清楚。"文化大革命"下放到五七干校时,我和冰心先生在同一个班,以后一直都有亲密的来往。20世纪70年代后期,应北京外文出版社之约,费孝通先生、谢冰心先生和我,三个人在一起写一本叫《团结与平等》的书,1977年出版。这本书没出中文版,有英、俄、西班牙、越南、阿拉伯、朝鲜、斯瓦斯里等文版,讲少数民族地区的发展,主要是对外宣传。为了写这本书,我们三个人一起工作了几个月,这是我向两位先生学习的极好机会。不仅在学术上得到指点,也常常促膝谈心,让我体会做人要有坚强的意志、广阔的胸襟。在干校的时候,我们三个人在一个连队,我和冰心先生在一个班。后来我跟费先生同时在食堂工作,我是副食组,管炒菜,费先生在主食组,他做的馒头又大又松软。正值中美建交前,基辛格来访问,人称基辛格博士,我们后来称费先生为"费博士",表示钦佩他过人的才华。费先生给我的教育很多。费先生宏观的视野、敏捷的才思和生花的妙笔,非我辈所能及。他研究学术为了解决社会的现实问题,他的人类学理论是在研究实践中概括出来的。还在20世纪70年代他就开始酝酿后来发表的"中华民族多元一体格局"的理论,让我看了他那时写的几篇文稿。他教导我要多思考,给我的印象最深,可惜我资质鲁钝,做不了多少事。林耀华先生是我的授业老师,给我们上过好多课,我最欣赏的是体质人类学。后来多次跟林先生做田野调查,直接、具体地获得许多教益,在以后几十年的教学、研究和行政工作中,我常常担任他的助手。林先生一生勤勤恳恳,做学问很扎实,治学严谨,他为中国人类学、民族学事业作出了巨大贡献。我的老师陈永龄先生一生勤奋,淡泊名利。他不仅教我做学问,还教我怎么做人。记得20世纪50年代在中央民族学院工作时,一天,陈先生进办公室找我,我一个人在屋里,坐着,陈先生就对我说:"我进来了,你应该站起来。"能够得到老师这样的教育不容易,我一辈子都受益。您问我如何进入人类学领域,回忆起来,能够追随许多名师学习是自己的幸运,我仰望老师们,永远追随他们的足迹前进。

徐:您进入人类学是从中央民族大学的民族调查开始的,田野经历非常丰富,能不能给我们讲您自己印象最深的一次田野经历?

黄: 20世纪50年代初开始,我们有比较多的田野调查机会,每年都去,不断出发。1952年7月中旬,毕业典礼没开就背着背包走了,到广西、湖南去了半年多。那时要成立桂西壮族自治区,后来叫自治州,以后成立广西壮族自治区,要做民族调查。我到蒙古、鄂温克、苗、瑶、畲、壮、侗、黎、傣、彝、纳西、哈尼、布朗、基诺等十几个少数民族地区做过调查。在壮侗语族民族地区待过24个月,其他民族地区加起来比24个月多。那时候做调查要背背包,最初带被子,许多年以后老乡家有被子就不带了。主要靠两条腿走路,在云南、广西还可以骑马,现在一些地方几个小时就到的路程,我们当时要骑几天马。

印象深的有很多,说不完。比如1954年在云南调查,在今文山壮族苗族自治州，当时是林耀华先生当组长，我们从砚山出发，每天早上天一亮就动身，一直走到天黑，骑了七天马才到富宁，路上没有商店。到了富宁，组里人都病了，我身体不好，本该生病的，却侥幸没有病。我就跟在那里视察工作的孔副专员进寨子做调查。那时我们的装备极其简陋，我就一双北方的布底鞋，一个军用水壶，一件解放军淘汰下来的雨衣，一个背包，一顶草帽，当时我们特别羡慕地质队员，他们有很好的装备。亚热带、热带地区夏天经常下瓢泼大雨，全身都被淋湿，马上又出太阳，把人晒干。整天骑马，人很累。我一直身体不太好，累了就闭着眼睛在马背上打盹，有时候一醒过来发现自己怎么就摔倒在地上了。由于工作条件和生活条件差，每次出去身体都有很大的消耗。

徐：您的田野经历丰富，这是我们最宝贵的财富。人类学最重要的方法就是做田野，参与和观察，您有这么长的一段田野调查时间，您的经验给我们很多教育。

黄：我写过一篇文章《从异文化到本文化》，回忆我的田野经历。我们早期做调查主要是完成国家交给的任务，另外还有个人或者和别人合作的研究，还有指导研究生。我一直都有很多机会去做调查，直到 2003 年，我 73 岁了，还到广东海丰县畲族居住的深山红罗村去做调查，我 48 年前去过那里做民族识别调查，那时红罗村在高山深处，只有 8 户人家，群众生活极其艰苦，近半个世纪过去了，我不仅一直惦记着这里的畲族如何生活，也一直想研究为什么他们能够不被汉人所同化。我参加田野调查前后有 50 多年，前 40 年主要做少数民族研究，后 10 年主要研究汉族。

徐：您前 40 年的少数民族研究，是比较传统的中国民族学，到了中山大学的研究才是真正的人类学研究，对中山大学人类学系的建设立下了汗马功劳。请您谈谈您到中山大学的转型和对中山大学的贡献。

黄：我不敢说对中山大学有什么贡献。我在《从异文化到本文化》一文中回忆我的田野调查经历时，总结了三点。通过田野调查，比较不同的民族社会，在实际中具体认识不同的民族文化类型，认识区分不同民族的标志，认识不同民族及其文化的交融。从20世纪50年代起，我一直想着自己该走什么样的路，结合当时教学和研究的需要，给自己立下了研究方向，一是民族文化，二是原始社会史，三是人类学理论方法。民族文化是比较贴近实际的，去少数民族地区调查，有很多机会认识不同民族的文化，原始社会史呢，当时人类学被撤销了，民族学受批判，原始社会史研究学苏联，早期文化人类学理论是在对原始部落文化研究的基础上形成的，有许多相通的地方。到了20世纪末回顾过去，尽管在各种政治运动干扰下，我想走的学术之路很坎坷，大体上还是坚持在既定的范围内做我原来想做的事情。

我在中央民族学院工作了35年半之后调到中山大学，在这里工作了16年半，从主要研究少数民族转向主要研究汉族。我们所处的时代，提倡服从工作的需要，做"驯服工具"，我一直是服从工作需要，碰上什么工作就做什么工作。到中山大学后也是这样，没什么说的。

徐：可说的多了，到中山大学您作了很多贡献，比如从异文化到本文化，做岭南文化、族群关系和广东世仆研究，请谈谈。

黄：一方面服从工作需要，另一方面是利用一些机会做研究。开展研究就要申请经费，人类学研究不能没有经费，找经费也是一种能力，那时有一些体会。美国大学人类学系课程中有训练学生申请经费的内容，我很欣赏。我们可以向香港中山大学高等学术研究中心基金会申请，但资助金额小。美国岭南基金会资助数目比较大，对我们的研究起了很大作用。20世纪90年代初，福特基金会请斯坦福大学人类学系教授武雅士，了解中国人类学、民族学的研究情况，以便确定基金会是否给予支持。当时他们已经支持社会学了，武雅士在中国转了一圈，从华北到西北、西南、华南，最后到了中山大学。他对我说："我转了一圈，大家都说经费紧张，可是大家都不知道怎么做，但你知道怎么做。"申请经费要有点技巧，不是你写个申请别人就给你钱。1992年初在纽约向温拿格林基金会申请研究经费，给系里老师和其他单位合作做都市人类学研究。这个基金会有人类学部。人类学部的主管有个学生是我所在的人类学系的老师，我就向她了解她的老师，请教怎么申请。得知该主管原是哥伦比亚大学人类学系教授，她的理论倾向是新马克思主义，我便做准备，了解她的观点。在基金会人类学部，她果然问中国人类学界对新马克思主义有什么看法，我事前有准备，从容应付，很快得到批准。申请美国岭南基金也不容易。在纽约，他们请吃饭，洛克菲勒基金会和岭南基金会的人一起提问，我要不断地回答问题，人家要看能不能把钱给你，你能不能拿出研究成果。我很体会寻找研究经费是一种学习。

　　来到中山大学人类学系之后，我考虑本系处于改革开放的前沿广州，向系里提出，一是要研究人类学理论方法；二是要研究广东，研究汉族；三是要研究现实问题。我们主要是进行汉族的人类学研究。徐老师您对汉族历史文化研究开始很早，对我有启发，我很早就向您学习了，比如您的温州调查，我1985年就和您谈过了。我来广州后，当时岭南文化热，在一些会议上常听到学者们提出广东的广府人、客家人和潮汕人三种民系，其区别究竟在哪里？至今还没有人对此作理论阐述。我们向美国岭南基金会申请经费做岭南区域文化研究，后来觉得题目太大，改为"广东族群与区域文化研究"。以人类学系的师生为主，加上外系、外校和国外学者一共30多人，在17个县市进行了调查，综合人类学的四个领域和不同学科，对三个民系的体质形态、历史发展、现实变化、文化特点和人文精神等进行人类学研究，对上述广东学界提出的问题进行探讨，特别是探讨改革开放以来广东经济的迅速崛起，历史上传承下来的文化因素在其中所起的重要作用。把对广东汉族的人类学研究与现实问题结合在一起。

关于世仆制研究。我小时候回过台山老家，那里每个村子都有世仆，当地叫"细仔"。过去没有人做过系统研究，我年轻的时候就想做，但那时我在中央民族学院，那里不会做这样的题目，来到中山大学才有机会。世仆制在广东存在到1949年，珠江三角洲地区是个中心。史学家在研究广东有关历史问题时涉及世仆，20世纪六七十年代，西方人类学在香港新界地区研究几个大宗族时也涉及世仆问题。但是有关史料零星，必须依靠田野调查，眼看曾经是世仆的老人大多去世了，必须抢救活资料。我和龚佩华老师合作研究。与其他学者通常将宗法家族制与世仆制分别论述而忽略其内在联系不同，我们通过实地调查和历史资料印证，认为世仆性质是世代承袭的宗族家族奴仆。

徐：您是女人类学家，能不能从女性角度谈谈？

黄：过去费孝通先生常鼓励我们说，你们女同志做调查有很多方便的地方，这也是事实。我年轻时考虑，女同志从事人类学研究有自己的困难，没有田野调查就不能搞研究，但如果早结婚早生孩子就没有多少时间做调查了。一个女同志要在事业上有所成就，就得给自己创造一些条件，不能早生孩子，要做点事情也不能多生孩子。我30多岁才生孩子，属于晚育，只生了一个，我们这个年龄的不少人生几个，学习苏联，提倡当英雄母亲。我的先生和儿子对我做研究很支持。如果我出去做调查，我先生在工厂上班，天一亮就走，就给孩子买饭票让他自己到食堂去吃饭。可是，半年后我做调查回来，别人告诉我，你家孩子经常不吃饭。女同志为了事业不敢早生孩子，但没有孩子就不分房子。多年后我住上一间半平房，很简陋，没有厕所，没有厨房，在门口露天搁一个蜂窝煤炉子，上面支一把伞，在伞底下做饭。由于工作和生活条件较差，每次田野归来，身体都付出代价，但是不管怎样都要坚持去干。田野工作给我很多锻炼，激励我对人类学事业的毕生追求。

徐：你们老一辈真的很不容易，令人敬佩。下面请谈谈您对博士生的培养。

黄：这方面没什么说的。招了博士生不久就得了病，做治疗很难受，吃不下，睡不着，但是我没有停止工作，我做完治疗就把同学找到家里来上课。我觉得自己没有尽到应有的责任，一直到现在都很内疚。我采取坚强、乐观的态度，对身体、生活和工作都是这样。

我自己比较重视理论学习，对学生也这么要求。这里说的理论，包括马克思主义和专业理论，理论是学科的核心，有理论才能驾驭资料，才能指导实践，了解理论才能了解学科的发展趋势。人类学做微观研究，一头扎进去很容易迷失，人类学要在宏观视野下做微观研究，理论上就要领先。我自己对各种新的思潮一直都是采取开放的态度，不断学习新的东西。曾经有一位硕士研究生问我："你们这么大年纪的人是不是抓到一个东西就行了？"·其实完全不是这样，一个研究课题还没做完就要考虑下一个了，抓到一个东西就吃老本是不行的。特别要重视理论学习。对新的理论，首先要了解，要有包容的态度，老师是这样，学生也是这样。知识要不断更新，有的理论很可能我不赞成，但是它肯定有可以借鉴的地方。我没有给学生什么，倒是从他们身上学到很多，博士生，还有硕士生和本科生。我年纪大了，精力不足，学习不够，总是保守一些，他们年轻，有精力和时间看书，接受新鲜事物快，我很注意向他们学习，启发我的思维。老一辈很多不在了，很高兴中青年一辈已经接过担子，他们年富力强，热爱人类学，有开拓精神，有进取心。这样一群人包括北方的和南方的，他们已经做出了很好的成绩，中国人类学将会很好地发展下去。我作为人类学队伍的一员很自豪，对中山大学人类学系发展到今天这样觉得很欣慰。

徐：中国人类学有南派和北派的说法，您能把它们的特点讲一下吗？

黄：先说南派。以前说西方人类学传入中国从20世纪20年代开始，现在说从世纪初开始，以严复翻译出版《天演论》为标志。在中国建立研究机构是在20世纪20年代，这时较多地受到美国历史学派的影响，中央研究院民族学集刊在创刊号中的看法与美国历史学派的宗旨一致，就是做田野调查，事无巨细不要遗漏，只要掌握资料就行，不用概括。就是说，强调做细致的调查，不注重理论阐释。美国博厄斯的历史学派对美国印第安人的调查资料很丰富。从中山大学的《民俗周刊》可以看到这个特色。

徐：南派就是比较注重详细的田野调查，得到资料，不怎么提倡理论阐释。

黄：对。北派呢，以燕京大学为中心，以吴文藻先生等为代表，这一派比较重视对现实问题的研究，比较重视做理论阐释，用费孝通先生的话，就是"认识中国，改造中国"，目的是解决现实问题。两派虽有不同的理论特色，但同样都是希望在中国建设和发展人类学。1984年底，中山大学人类学系开了一个人类学国际研讨会，那时我来参加会议，香港中文大学的郑德坤先生在大会上发言，他认为，包括台湾和内地，1949年以后南北两派合流了。台湾人类学者经过这样的过程，体会到不能紧跟西方理论流派。李亦园先生也曾在文章中说他们都感受到这些，在研究中学习费先生的著作、吸取经验。合流，不能不要理论，也不能不要资料，不做田野调查，合流是一个很好的结局，这不是指两岸政治上的意识形态上的不同，是指要研究中国，人类学既要重视实地调查,解决现实问题,也要理论指导,对西方新的思潮都要了解,吸取其合理因素,但用不着紧跟。通过实地调查研究,我有这样的感想,要研究中国的实际,研究中国学者眼里的中国,而不是以西方的为标准。中国这么大,有几十个民族,经济全球化,文化还是多元的,人类学的一个根本任务就是研究世界文化的多样性,促进各民族的相互交流,促进世界和平。中国人类学的研究资源很丰富,台湾学者做了很多研究,在知识和理论上给了我们很多启发。但中国这么大,对中国的研究还很不足,今后人类学的中心任务不变,研究的路很宽广,要多研究中国,以本土化研究为主,要用自己本土化的研究成果对世界人类学作出贡献。

徐:黄老师的这个观点很好,中国的人类学学者应该多研究中国学者眼里的中国,中国的人类学资源太丰富了,不管是农村还是都市,中国人类学研究正走向深入,目前有这么一个态势。您同意我这个观点吗?

黄:同意,多研究中国,这么好的资源你没有研究,没有这个经历,很难说你是中国的人类学学者。

徐:能否再探讨一下南派和北派的特点,这个问题我不是太清楚,因为我没经历过。南派和北派合流是发展趋势。不过,南派是不是还有这个特点,它把人类学理论和民族史结合起来?

黄:对,他们认为人类学能补过去历史文献研究的不足,人类学研究要融入历史,主张人类学要研究中国文化史。而北派注重现实问题,重视对理论的研究。

徐:南派的这个特点很好,中国有浩瀚的书海,我自己体会较深。比如岑家梧老师被打成右派,就转向研究历史,他曾经想写《中国民族史》,容观瓊先生把文化人类学与南方民族学结合,搞南方民族考古学。现在两派交流很多,比如像您这样的,在北方很久,又到了南方,就是一种学术上的交流。各种会议也方便了大家的广泛交流，现在南北交流走向健康的合流道路。

黄：从研究方法上说，中国人类学比较早就注意把人类学的田野调查和历史研究方法相结合，这是中国人类学对世界人类学的贡献。

徐：这一点中山大学做得很好，成立了历史人类学中心，陈春生老师、刘志伟老师、周大鸣老师他们做得很成功。

黄：中国有很丰富的历史文献资料，实际上，中国人类学者、民族学者从20世纪50年代就重视这点，不管上面布置的任务，还是个人的研究，做调查首先要找研究对象的历史资料，对没有文字的民族可以从汉文的历史资料中找，不管研究什么，首先去找历史资料。宋蜀华先生的《中国民族学纵横》，一个纵，一个横，这个纵横观就是一个很好的概括，一个总结。我们研究世仆制也是纵横，必须把田野调查和历史研究结合，不知历史发展就不知其所以然。功能学派过去不太注重历史。南北合流是学术发展的走向。

徐：您今天抽出宝贵的时间，做了一个很生动的回顾，给我们上了很好的一课，谢谢黄老师！

【录音整理 揭英丽】

【原载《广西民族学院学报（哲学社会科学版）》2005年第5期】

我想象中的人类学

——北京大学王铭铭教授访谈录

徐杰舜

王铭铭教授

徐杰舜（以下简称徐）：很荣幸邀请到王教授来"绿城"（南宁）。现在正是鸟语花香的时候，就当放飞一下心情吧！从北京飞到这里要3个小时啊，辛苦了！请王教授到这里是我们多年的心愿，今天终于能够实现，我们感到非常高兴！今天我们的采访，作为常规，请你首先介绍一下你的经历。

王铭铭（以下简称王）：感到荣幸的应当是我，可你是说从幼儿时代说起吗？（笑）

徐：随你怎么说，反正你将背景介绍给大家。

王：我是闽南人，讲的是闽南话，读小学中学的时候已是"文化大革命"了，所以我不是古老的闽南人。

徐：你在哪里读的小学？

王："文化大革命"时我在泉州的东方红小学读书。

徐：你是李亦园先生的老乡？

王： 对，实际他老家的屋子离我家的屋子不远……后来，我中学是在泉州第三中学度过的。当时小学、初中都还可以，成绩很好。但是到了初中（读的是泉州三中）以后就不行了，因为当时跟一位来自北京的韩琳老师学音乐，梦想当音乐家，花了大量时间学小提琴。

徐： 现在还在拉吗？

王： 现在不会拉了，只能拉出杂音，让自己的耳朵难受，所以就不拉了。但是少年时练了七八年吧，甚至因此没有去高考。我等到1981年才考，此前考了几次艺术院校没考上，最后复习文科，考上后选了考古学专业。

徐： 难怪你现在还有一些艺术家的气质。那你是怎样走上人类学道路的？

王： 从小提琴转入考古学，刚开始有点失落感，但看来没有办法，只好想那是因为幸运。成为音乐家，这辈子只能是梦里才可能了。不过，做人类学研究者也不错。我的母校是厦门大学，于1983年成立人类学系，把历史系考古学专业的本科生全部挖过去了，这样我就成为第一届人类学本科生，跟人类学结下了不解之缘。人类学系成立之前我也读到一点书，对有关现象感兴趣。我们闽南地区存在特别多的"人类学现象"，比如说被我们叫做"迷信"的一些奇异风俗，上中学时，我对这些现象已感到有兴趣，那时想不通它们为什么存在，记得高中还写过一篇作文，表达了我的困惑。后来，在大学读考古学，知道考古学里边对这些现象有些解释。另外，我也接触到林惠祥先生的一些论著，例如20世纪80年代初期重印的一本林惠祥人类学论著的选编，里头有一些涉及神话和"算命"的研究，深深地吸引了我，它们可以说是对我生活的地区的某种解释。当时，也感觉到自己有一个冲动。当时我学考古，成绩很好，对器物等等特别在行。实习期间，我走了许多地方。当时考古学的经费有限，离社会现实比较远，不像今天这么被人重视。受当时风气的影响，我以为考古学既辛苦又难以对社会作出贡献，而作为一位年轻人，我当时又有一个"承担社会责任"的冲动，想成为对社会有用的人。那时，我想来想去，想不出考古学有什么太大的用场。我现在发觉当时的想法纯粹是一个误会。不过，20年前，一听到"人类学"这三个字，总还是觉得有新异之处，况且当时还读到一点书，感觉这门学科更多的是研究当代社会，或者说，它不只是研究古代社会，还研究当代社会，我就特别兴奋，觉得人类学给了我一个好机会。我对人类学的兴趣便越来越浓了。我上大学时，厦门大学的人类学特别不错，老师特别团结，教学、科研、出版、展示，都有成果。陈国强先生是系主任，他后来是我的硕士导师，去年他去世了。陈老师是一个社会活动能力和学术能力都很强的人，在他的带动下，厦门大学的人类学办得有声有色，让我们这些学生感到有些刺激。

徐：那个时候，厦门大学的人类学应该是全国最好的。

王：嗯，这我同意。不过，说实在话，当时的老师也不能说完全能满足我们这些初生牛犊的求知欲望。本科的时候，多数课我们都已听过了。到了硕士生的时候，老师讲课有时还是老生常谈。比如，关于民族的介绍，老师大多只是点到为止，除了古越族、畲族、高山族，处于东南沿海的厦门大学研究得不多，老师在介绍研究成果时，缺乏生动。但是，当时的气氛非常好，对于我们这一代人的影响也是特别积极的。我是85（1985）级的研究生，从85级到后来的好几级，硕士生学习都很认真，也有机会从事独立研究。那时老师跟今天的也不同，今天我们学生招得越来越多了，而且满街都是博导，硕士生当然就没人管了。包括我自己吧，我们现在对硕士生的关照也不够。而我们当时硕士生数量就少，作为学生，我们把自己的研究当成一个重要事业。机会也很难得，那时的老师都把我们当一回事儿，不像今天。对我们特别有用的，是老师编书一事。陈国强老师喜欢编书，也经常会叫我们学生去参与写作，协助他整理一些资料。我记得在1985年国家教委有一个叫做《人类学概论》的课题，由陈老师主持，意图是编写人类学的"部编教材"。陈老师工作繁忙，书也写得多。那本书就让我们来帮他写一把。为了讨论编写问题，陈老师还召集了一次讨论会。作为他的学生，我有机会参加会议并接待贵宾，有幸认识了宋蜀华、童恩正、容观琼等老师。记得我是在厦门大学门口撞见宋先生的，他面带微笑，竟说看过我的习作。那些我写得乱七八糟的、不成样子的东西，他竟也关注！宋先生还鼓励说："你这小伙子不错啊！"等等。最近我在一篇文章中谈到这件事，宋先生总是带着微笑，对晚辈特别鼓励。童先生长得很帅，风度翩翩，讲演时来了极多人，他跟我交往也多些，去美国后，还来信，我当时在英国学习，他很高兴，很鼓励。容先生对我们年轻人也很鼓励，记得我出国前在中山大学学英语，他最后请我吃了顿烧鸭，好吃极了。20多年前开始接触人类学时，老一代对晚辈的鼓励，使我们这代人对于学科有了更多的积极性。这是我特别感怀的一件事。

徐：这也给了你人类学的印记和素质。

王： 对，在厦门大学的那几年，让我对人类学充满兴趣，在我身上打上了"人类学"的烙印。说到这个印记，我们不应忘记，但它又时常被人们遗忘。一转眼，我留学归国已11年了。在英国留学7年，又给了我一个所谓"海归"的印记。实际上，说是"海归"，我也不能同意，因为我的人类学经历比一些同行相对不单纯，我相当于是在"海龟"和"土鳖"之间的一种形态。我的人类学是在国内先学，再到国外去学的，不像其他有的"海归"，成分比较纯，也比较"牛皮"，我不纯粹。我留学的机会，得来也是偶然的，不是因为自己争取，或者因为自己有留学的命。当时厦门大学有三个中英友好奖学金的名额，推荐一批硕士生去考，结果第一批优秀生英语并不合格。当时，陈国强先生是研究生院常务副院长，正在犯愁，这被一位师兄范可听见了，他就跟陈老师说，"哎，我们系好像王铭铭的英语不错，不妨让他去试试看啊？"果然，那天中午陈老师到我宿舍来，他说："铭铭！中午到学校去考试。"我说："考什么？""考英语！"他说。中午，我真的参加了托福考试！还考了合格。这样，就偶然去了英国。

徐： 能否把到英国留学的经历多给我们讲讲。

王： 我刚才说到，留学一事出于偶然。此前，美国夏威夷大学有个研究东南亚考古学的教授叫做威廉·索尔海姆（William Solheim）曾来厦门大学讲学。我帮他翻译。他对我这个学生也有好印象。我也曾想过是否跟他学考古算了。我姨妈是个海外华人，曾说可以资助我去跟这个教授学考古，特别是东南亚考古。东南亚研究，在厦门大学是很重要的一门学问，那里的南洋研究院知名度很高。如果当时真的从厦门大学去跟索尔海姆学考古，现在我可能已是南洋研究院的考古学研究人员了。中英友好奖学金的偶然机会，改变了我的道路。我因为有这样的机会去英国。到英国时，我本也可以按照国家教委的有关规定任选学科（我们一起去的125个人中很多文科的学生都跳槽，从英语跳成社会学，从政治教育跳成金融学……）。也许是因为当时我"犯傻"，我还是选了亚洲人类学，选了伦敦大学东方非洲学院（SOAS）。这个选择当然也没有什么不好，跳槽的同学过得极好，我呢，虽有点不好，但基本上也还算不赖。东方非洲学院是什么呢？大致说来，英国没有外交学，他曾是"日不落帝国"，只有殖民地，没有外交对象。我们那个学院，主要是为了培养殖民地官员而设的，实际就是它的外交学院，现在毕业生，很多还在英国外交部门工作，后来逐渐随着时代的变化，学院增添了各种社会科学门类，招徕世界各地的学生。这家学院离伦敦经济学院（LSE）很近，不过二者特色不同。

徐：你到底是在哪家学院学习的？

王：我的学院是东方非洲学院，我在人类学系学习，这个学院是伦敦大学的50多家学院之一，其他的更有名的还有帝国理工学院。在文科学院里，东方非洲学院的教学和科研一直都很强，最近排名还是全英A级，人类学教学也很有名。伦敦的人类学系4家，除了伦敦经济学院、东方非洲学院之外，还有大学学院和歌德斯密学院有人类学系。这4家中，大学学院的人类学是综合型的，比较像古典人类学，而其他3家，则都属于社会人类学。伦敦经济学院跨学科研究比较多，学科的基础比较扎实，在人类学研究方面，风格与我所去的学院不同。相对来说，我们的学院比较"小资"一点，老师穿戴比较硬派一点，伦敦经济学院偏"左"，培养了大批第三世界的领袖级人物，学生中出了不少部长，所以学院更有钱，第三世界的当了部长的学生回来朝圣，伦敦经济学院都给他们安上个什么"名誉院士"之类的头衔，像费孝通先生就是一个"Honorary Fellow"（即名义院士）。我们的学院比较"小资"，比较"右"，跟第三世界的关系相对要紧张一点。我的一位忘年之交，曾在学院任人类学老师，因亲近马克思主义，参与反战，而于20世纪70年代中期被开除，说明学院曾是很保守的。不过，它也有它的特点。伦敦经济学院的人类学家更多的是普遍主义者，他们认为人还是有共同的特征。最早当然就是马林诺夫斯基说的，文化都是满足人的需要，它的差别是重要的，但是在这个满足需要的层次上是一致的。最近，伦敦经济学院的人类学又转向"认知人类学"，主张探究人在认识世界时具有的一致性。那里的人类学家认为，文化不能将人熏陶得相互之间完全不同。现在，"认知人类学"的新潮在伦敦经济学院很盛行，甚至可以说是最具支配性的，这方面课题很多，来学的学生也最多。我们学院相对来说做区域研究比较厉害。东方非洲学院实际有做"区域研究"（area studies）的传统。依据这个传统，学院把世界区分成几个大区，形成以各个大区的专家为群体的格局。比如说，印度学、非洲学、中国学，反正这一类的学问，在东方非洲学院很盛。我们的学院图书馆特别好，库存着来自全世界的各种图书。

徐：那你跟哪位导师学习？

王：与一些留学归国的同事有所不同的是，指导我的导师并不是大师。记得我到系里报到，秘书让我找 Richard Tapper 博士学习，他是博士预备阶段所有研究生的导师，是研究中东的专家。系里当时最有名的，应算是 David Parkin 教授，他是研究非洲的，提出新结构主义的许多论点，特别是在语义人类学方面有建树。结构人类学侧重句法，而 Parkin 教授提出要研究语义，就是针对某些关键词展开比较文化研究，编过涉及"罪过"概念的一本有名论著。后来，前些年，他去了牛津大学，任社会人类学研究所所长，曾长期任英联邦社会人类学会会长。选导师时，我先是选了他，他对中国也有兴趣，我从他那里得到不少帮助。Parkin 老师对中国的事物所知甚少，只是于 20 世纪 80 年代末期来开过会。1998 年北京大学百年校庆，我们举办第三届社会文化人类学高级研讨班，他来讲演过。我的学生去接他，他说"啊，你们是我的孙子！因为你们的老师是我的学生王铭铭。"他认为在社会伦理方面中国跟非洲有相通之处——算辈分。在伦敦学习期间，我对他的研究方式颇感兴趣。我也计划跟随他做一点文化的语义分析，当时写了篇涉及"幸福观念"的论文，是用英文写的，后来中文版在我的《村落视野中的文化与权力》（北京三联书店 1998 年版）一书中发表。这篇文章就是在他的指导下完成的。我当时写那篇文章，意图是想从村落中的中国人对于"福"的理解入手，反观主流的现代西方实利主义、政治经济学的同类观念。Parkin 老师觉得蛮好，到了我完成田野工作回英国写博士论文时，Parkin 还是给了我一点指导。可是那时我的研究题目已经变了，变成了对仪式和社会空间的研究，我论文的第一稿由他审阅过，读后他说，"这不是人类学！是百科全书！"从事非洲研究的人类学家大多认为人类学主要研究村子，对我博士论文做的城市仪式和历史人类学研究不习惯。他要求我换个方式，我最后还是听了他的。在写论文的过程中，系里劝我找中国学专家来指导。系里有两个中国学专家，分别是 Elizebeth Croll 和 Staurt Thompson，水平都不错，系里就征求他们和我双方的意见，让他们来指导我的论文。我的两位导师中，Stuart Thompson 特别尽心，书教得特别好，我回国后听说他任了我们学院的总考官。他研究中国，田野工作是在台湾做的，阅读面也特别广，他也做了几篇论文，就是性子比较慢，文章写得太少。跟这样一个不太知名的老师，有好处，他特别细致，也有更多时间来帮我修改论文。我写论文的那年，他每章都要细读，读后批改得很认真。Thompson 老师的工作特别认真，阅读面广，对一些前沿思想跟随得很快，经常告诉我又出什么新书了。他收入不高，但花了大量金钱买书，是位好老师。在学习期间，老在东方非洲学院主持"伦敦中国讲座"的王斯福教授，也与我形成了相当亲近的关系，他写的一些关于汉人民间宗教的著述，对我的影响很大。在英国学习的情况，我两年前在《无处非中》（山东画报出版社 2003 年版）一书中写到一点，写得很片面，主要切入点是我对费孝通先生与伦敦经济学院之间关系的一点认识。我的观感，里面也谈到了一些。英国学风的特点大家是知道的，那里的学者特别注重掌握扎实的社会分析和调查的方法，比较务实。那里的人类学要求我们接触具体的人，分析具体的人的社会地位和活动，在这个基础上去解释当地社会和文化，不像美国人类学那么理论化。我们可以将英国人类学的基本特征形容为"经验主义"（cmpiricism），这种特殊的经验主义传统有它的优点，在理论思考方面也有它的有限性。经验主义把人框死在实际生活的观察里，使你不能像欧陆或美国的人类学家那么超脱。不过，在这个传统中，也训练出了包括费孝通、中根千枝等等在内的优秀人类学家。费孝通在谈到英国人类学训练时给予特别赞赏，我对此深有同感。而且，不同的还有，英国的人类学不像美国人类学那样设四大分科，主要教授和研究社会人类学，这个传统是欧洲的。在欧洲，文明史悠久，考古学必然有自己独立的传承。在美国，学者进入的世界整个都是印第安人的，无论研究什么，都与人类学有关，这样便形成了"兼容并蓄"的人类学传统。相对来说，英国人类学范围比较狭隘，但这样也有它的好处，对我们中国的学科建设也是有参考价值的。我们中国与欧洲比较接近，文明史悠久，研究文物、语言等等，都有传统。人类学怎样办出自己的特色？我看欧洲经验还是可以参考的。

　　徐：就是说中国与欧洲更接近？

　　王：当下中国人类学机构大多是沿着社会文化人类学的脉络来发展的，这个脉络，也是美国人类学的主流，但不是它本科教学方式。美国人类学教学和研究是有所区分的，它的教学要求学生把握四大分科（体质、语言、社会、考古）。学生的研究，可以是多元的，做社会人类学方面的，训练与英国相近。在英国、法国则不同，欧洲的人类学训练注重社会人类学，要求学生在学习社会文化理论的基础上，去从事民族志工作，专业方向分亲属制度研究、政治制度研究、经济制度研究及宗教制度研究四个领域，也可以延伸到一些应用领域，如医疗、环境、都市等等。美国人类学家认为，英国人类学家将"文化"分为几个部分来研究是错误的，因为"文化"是个整体。但是，英国人类学家则主张这种专业化的经验主义训练方式。并且，传统上，英国人类学更注重海外研究，英国国家小，原来曾是帝国，对了解世界的欲望很强烈，人类学就是"国际学"，这点美国人类学在"二战"之后，也有类似发展。传统上，英国人类学的"国际学色彩"，与我们中国的人类学形成反差，我们的人类学还是中国学。这点我觉得有些遗憾。

徐：你讲的这个对我们很有启发。英国和美国这两大不同的人类学传统，我们的同学们将来选择的时候也是会有所考虑的。现在的强势好像在美国，它的发言权比较多一点，特别是美国的四大块，但是中国人类学比较像英国人类学。你说英国人类学是"国际学"，中国人类学是中国学，中国人类学到国外做田野的很少。对这一点，现在我们也有意识了。我们的学生中外语比较好的，比如我们学泰语的学生，现在已派到泰国去做田野。而据说广州那边的人类学系将来要把东南亚这一块涵盖进去，它也需要准备人才，语言方面很重要，我觉得你这个讲得非常有意思。这里还有一个问题你能不能和大家谈谈，那就是，你在英国所受的博士训练和你在中国所受的硕士训练，你觉得哪些是值得我们借鉴的？

王：我读硕士研究生时，中国人类学学科还在重建，20世纪80年代提倡人类学的导师们，基本上是所谓"南派人类学"的传人。"北派"则涉及不多，主要在社会学中谈，在人类学中谈得不多。我受到当时的学科建设运动的熏陶，影响是深刻的，但我们读的书却相当有限。在少数读过的人类学书籍中，受到我们崇拜的有台湾李亦园先生所写的一些论著，以及他主编的诸如《文化人类学选读》（台湾食货1981年版）这样的教学参考资料，都是我们特别爱看的东西。乔健先生后有接触，但对他的著述，我们当时了解得少些。除此之外，我们也读到一些英文的人类学论著，特别是教材。我当时对心理人类学有兴趣，读了米德、本尼迪克特、卡丁纳的书，有关这方面还发表过札记，很初步，很粗糙，但是一种努力。我们到硕士期间，专业方向属于中国民族史，这个方向，厦门大学有硕士点，人类学硕士，则要去中山大学答辩,我考的是"中国民族史"。因为老师正在推崇人类学,所以鼓励我们多读人类学书。在学的那两年,我们主要上的课还是民族史,这些课有的本科时就上过了。我曾对古越族的历史有兴趣,学得很认真,但后来全都忘光了。

1987年10月,我到伦敦大学报到,跟老师接触后,发觉自己所学的已不被承认为人类学。英国的民族中心主义比较严重,它有自己的一套,总以为别人的东西不妥。我在厦门大学,在课堂上最仔细读的就是摩尔根的书和恩格斯的《家庭、私有制和国家的起源》。这些书,也算是西学之作,曾对英美人类学有很大影响。但到了我去读博士的时候,已经被作为历史淡忘了。我课堂发言时,不小心提到它们,老师和同学都会露出讥笑的表情,而老师总是说,这些都已经过时,你不要再看了,也不要再谈了。直到第一年学习快要结束的时候,我写了一篇对西方民族主义研究的评论,作为作业,文章用到马克思和列宁的观点,老师读后,叫我去办公室,对我说,你这文章有独创,给了A,而且建议今后修改发表。也许我的作业已表明,本来这些东西之间是有历史关联的,特别是关于国族问题,马克思曾经用阶级理论对之加以批判,而列宁对民族主义的新鲜论述,则可以说是一种"后殖民主义"。但是,时过境迁,人类学家在谈这些问题时,因为意识形态的原因不去谈对我们来说相对熟悉的理论。不过,从我那篇作业得到好评这件事来看,英国老师还是很开明的,只要你把自己的观点论证清楚,他们就会接受。我在英国7年多吧,此前在中国所学的东西在那7年里,是被压抑的。因为我想,要在英国拿学位,就要使自己的论文符合英国人类学的规矩,要是还照原来那套东西去做的话,学位就不保了。我对这个实际问题是有清醒认识的,但是,我的博士论文写作经历还是很波折。做完田野调查之后,我回到英国,写出论文第一稿,交给老师David Parkin。没过几天,他召见我,要我重写,然后,他拿出自己的一本书来，解释说，人类学的文本必须是个案研究，不要什么都涉及，意思就是说要"以偏概全"。我的民族志调查工作是在泉州做的，受到当地丰富的历史文献的影响，不可能没有历史感。但是，自己写得很笨拙，没有把方志学和民族志之间的关系梳理出来，就随便写论文，挨骂应该。我后来也采纳这个意见，重新写了论文，经过几次修改才答辩。这个经历，对我是有影响的。刚回国时，我就感到中国人类学要往前走，要国际化，要接轨，要切切实实从经验主义的田野工作方法来补课。所以，我当时写了不少介绍性的东西，都属于是讲座前的笔录，主要针对的便是民族志方法。但是，人是一种复杂的、思维漂移的动物，他会变化。我就是这样。经过一两年教学，我在国内继续接触西方论著，认识更多西方学者，特别是在参与人类学的五届高级研讨班过程中，请来不少外国人类学家。在中国与海外接触多了，写海外的理论也多了，接着我突然意识到这有问题：我们的人类学到底哪里去了？我曾在《社会人类学与中国研究》（北京三联书店1997年版）谈到这个问题，但是当时的感觉没那么强烈。这个问题实际可以换个个人化的说法：我原来在国内所学怎么办？这些年，我觉得英国人类学和中国人类学各有特长，而中国人类学的地区差异也很大，不同地区也各有特长。众多的人类学种类怎样互相配合？怎样相互启发？是我今天关注的问题。几年前情况不同，我更关注学科的规范化建设。我最早投稿到《中国社会科学》的一篇文章，注解奇多无比，当时编辑还不习惯看到这种西式的参考文献注释方式，硬要我将其中的大部分删除，剩下零星几条。20世纪90年代中后期，《中国社会科学季刊》、《中国书评》倡导中国社会科学规范化的讨论，我也积极参加，在反对西方中心主义的同时，主张中国人类学必须是有一定"语言规范"。这种主张这些年来看多了，大多数学者都已接受，杂志也改头换面了，到处可以看到"匿名评审"这四个字。我这个人有点"反时髦"。在规范谈得太多的今天,我的另一种感受就扩张了,我是越走越觉得中国传统的人文学有其自身的特点,而且社会科学的规范大抵是英美派的,我走欧陆也多了点,读的书也多了点,发现欧陆传统也有自身特点,跟中国的人文学传统比较相近。问题牵涉到学术的帝国主义和学术的地方主义之间的矛盾。学术上也有本土主义啊,这种观点认为我们的学术可以跟外国的学术完全不同。学术上也有帝国主义啊,认为你如果跟我不同,我就要把你灭了。怎么处理二者之间关系?

徐:我很赞成你刚才讲的观点。你曾是我的班主任,我到北大参加的人类学高级研讨班,是二年级才去的,一年级我最后两天才去。二年级、三年级、四年级、五年级,你当了我四年的班主任。我当时对你所讲的东西感到高深莫测,为什么呢?因为我们对英国的传统,英国的那些概念和规范接触得很少,而你呢,从英国学了7年回来,你当然有大量的资料,大量的东西在你的脑袋里。你的文章也好,发言也好,对我们(当时不仅是我一个人而且是相当一部分人)很陌生,一个很直接的感受就是"不懂"。当时你的文章也是读不懂,你的文章一出来就是3万字、4万字。你一定很记得,有一篇稿子给我,叫做"超越文化局限,建构中国社会科学",那篇稿子就将近4万字。我是反复读了多少遍以后,只读懂了前面的序言5千字。所以我后来在杂志上给你发的也是发了那5千字,后面我没有发,这正好说明了什么?正好说明了中国的人类学学术传统和英国的传统有很大的差距。我觉得这几年来,你有一个很大的发展,你的东西一出来,只要我们能买到的,能够看到的,包括你在《读书》杂志上发的,《文汇报》上发的、《光明日报》上的,还有其他的,同学们和我自己都是很关注的。我觉得你现在所写的东西,所表达出来的东西,非常重大的一个转折,一个变化,就是我们读得懂你了,不仅读得懂,而且很有味道。举你写的那本书《人类学是什么?》,

此书的前面一部分，我觉得你把人类学发展史上发生的进化论、功能派这些讲得非常生动，很容易理解，而且对我们今天来认识这两个学派对人类学的地位和作用可以更深入一些。这个转折就正式说明了你对两个学术传统，把东西方人类学的学术体系融合在其中了。我以为你可能起到了这种融合作用，我不知道你自己怎么看的？

王：这个也不敢当。你刚才批评的我也该自我批评。不管是过去还是现在，都是一个学习的过程。变化是正常的。你在某一个阶段，会觉得你没办法脱离某种文风，本来应该说得更清楚一点的，或者说文字应该更汉语化，结果变得不三不四的。对这点我觉得应该自我反省。后来，我之所以有那么些小文章，也是有一个过程的。我可以说硬着头皮碰到一些东西之后，才对它们有体会，现在将这些体会表达出来，如此而已。

徐：你在英国7年多，回国后又做了11年工作。从我个人的观察来说，你对人类学大体上有一个消化的过程，而且正在不断地产出，对人类学的中国研究起着非常重要的作用。而这些"反吐"出来的东西，应该就是建构我们中国人类学非常重要的材料。能像你这样做的人，我相信今后一定会越来越多。

王：这又不敢当了，但是自己要是没有这种理想，那就不可能这么写东西。若说我有什么变化，那么，这个变化一方面原因是个人的，我刚才提到了这点；另一方面的原因是"外在的"，大家知道对我有不少批评者存在，他们促使我更清醒地认识自己，认识这个学科该怎么做。此外，包括我对别人的批评，也可能对我自己是一种推动。

徐：我觉得批评的声音是很正常的，人类学本来就是一种批判的眼光，难道我们就可以批评政府而不能批评我们自己？

王：是啊，所以说学术是在互动中前行的。不过，这样说也太正经了。其实，我这些年能多写小文章，也许是由于不再需要评职称了，过去想成教授，要多发表所谓"核心期刊"的论文，现在成教授了，没有必要去凑热闹。这样一来，我便有了机会来任性地书写，而且有机会通过个人的记忆，回过头去想以前的事，突然觉得"我自由了"，不像原来竭尽全力地去写一些东西，更为个人化地去想象，想象我想象中的中国人类学应该是什么样的。

徐：那你想象中的中国人类学应该是什么样的？

王： 我们想象中的人类学到底应该是什么？各家就有各家的说法。对我来说，蔡元培的想象，吴文藻的想象，都是我的想象。我读了他们的东西，觉得深受启发。中国人类学后来发生的变化，让我觉得不太满意。20 世纪初期中国人类学的想象，第一是认为我们古代有这个传统，第二是认为古代的这个传统可以跟现代西方的传统结合起来，第三是认为中国的人类学传统不是局限于自身研究的。虽然我们暂时要研究自己，但是，包括费孝通先生晚年的一些作品在内，都还是说我们要的是一个放眼世界的学问。这三点在老一代的学者当中，包括林惠祥、李安宅，不只是吴文藻、蔡元培，都是共通的，而且从这三点出发，中国人类学产生了一些具体实践家，他们也是这么去实践的。比如说李安宅，他也会去海外调查，李亦园先生的人类学生涯，其中的主要一章，也是东南亚社会的人类学研究，他最近也说，中国人类学要先从研究"异文化"开始。此外，乔健先生也是一样。费老早期写的《美国与美国人》，也属于有想象力的作品。但我觉得不满的是，随着历史的变化，20 世纪中国人类学逐渐把人类学内部化、国家化，将它变成只是关注国家建设的"学问"，而并不是一种具有世界关怀的学问。最近我把这方面的想法梳理了出来，受到中央民族大学民族学社会学学院研究生会的邀请，做了一次讲座，题目是"寻找中国人类学的世界观"。在讲座里我提到，我认为中国人类学有三个圈子要研究，第一圈就是核心圈，过去叫做乡村研究和城乡关系；第二圈，即少数民族研究，这片广大的土地，历史上是自治的，或者是由土司"间接统治"的，跟中央朝廷形成朝贡关系；第三圈就是有的跟中央朝廷有朝贡关系，有的没有形成这种关系，但是对这个圈，史书上有丰富记载，外国的风物、民俗、人情，这三个东西，在古代中国都是有记录的。我对第三圈给予特别强调，是因为无论是城乡研究，还是民族研究，传统我们都继承下来了，前面一种变成乡土中国人类学，核心圈就是这个，第二圈就是民族学。古代中国曾经如此辉煌的海外博物志，到了近代以后就式微了。为什么？因为我们从天下主义，转型成国族主义，使自己的知识内部化了。我以为，第三圈对未来中国人类学视野的拓展至为关键。诚然，我们不只是要从事海外研究，而是要在一个天下主义的观念指引下去思考人类学未来的走势。要先有这个想法，才能做好海外民族志的调查。

徐：你刚才所说的你想象中的人类学，我觉得还是在说历史上的事，那么现在应该是什么样的？

王：现在的中国人类学应该也有其自身的特点，而这个特点事实上也是与国际接轨的。国外的人类学也是这么想象的，它想象一个世界，然后再想象人类学者在这个世界中的位置，有点像费孝通先生说的"文化自觉"。我们中国学者也不是没有去想象我们在世界当中的地位，不过我们的特点是，一想到这个，我们就想到过去受到外国欺负的历史，所以知识分子觉得自己的使命，是通过认识自己来拯救自己。人类学就是在这样一种氛围下，变成了"中国化的"人类学。但是，到了21世纪，情况已有所不同了。我觉得中国人类学应该对中国世界观进行重新思考，先要有一个比较远大的历史观念，而不应局限于经验主义的村庄研究。研究村子，很重要，作为训练学生的方式，是可行而且值得提倡的。但是，你若是把所有眼光局限于这个村子，把它说成是人类学的一切,我觉得不是一条有前景的路子。我最近的《走在乡土上》(中国人民大学出版社 2003 年版)开篇就在说村庄研究就等于人类学。总之,我的意思是说,人类学要有历史的想象力,在这个基础上,学科还要做许多方面的工作。其中一项,依旧是把人类学的一些观念原原本本地梳理出来。而这项工作,过去半个多世纪做得不好。到底中外人类学的观念怎样梳理?我们学科史方面的工作不是做多了而是做少了。10 年前我开始在北大开设人类学课程,主要讲人类学的基础理论。1998年以来,我特别重视人类学的学科史和海外民族志研究,提议在北京大学开设这两门课,到现在我们还没开出来。学科史我前面已谈到了,海外民族志这门课设想的意图,是让学生多读些有关海外的文化研究之作,为他们今后到中国以外的地区去从事人类学研究做铺垫。1998 年以后,我还多次参加法国跨文化研究院的会议和研究,以为中国人类学有必要研究中国以外的地区,包括欧美,也将这个观点提出来讨论,得到了一些同行的支持。最近我把有关中国世界观的观点发表在《年度学术 2004》(中国人民大学出版社 2004 年版)上,也写了一篇叫做《天下作为世界图式》的文章,讨论我们的天下观念。你们可能会认为,我这样说有点不切实际。现在中国人类学鼓励扎扎实实的田野工作还来不及呢,还有什么精力来谈世界观?也有朋友善意地批评说,我所谓"世界观"的论述跟 1997 年出版的《社区的历程》(天津人民出版社)文风大变,而且是变坏了,很抽象,宏大叙事太多,想把中国人类学做成世界史。我同意这种批评,但又觉得只有把中国人类学做成中国眼光中的世界史,中国人类学才有一席之地。我觉得这个也是符合国际的人类学想象的。我们知道,人类学曾经就是人类史,到了 20 世纪七八十年代后殖民主义在批评西方世界体系时,人类学也起到关键作用,刚去世不久的埃立克·沃尔夫(Eric Wolf)这个人,就写了《欧洲与没有历史的人们》(加州大学出版社1982年版),这本书就是一个人类学的世界史。我们为什么要欺骗自己说,人类学就是那些小不零丁的人家不要的东西?我们人类学为什么不可以有自己的世界观?我们人类学为什么要局限于那些笨拙的模仿?为什么要忘记中国古史上宏大的叙事?为什么要忘记了人类学本身就是一种世界叙事?我们这个学科到底能对其他社会科学有什么启发?

徐:你讲的知识体系定位问题,对我们有了新的启发。那么,人类学的宏大叙事能够在其他社会科学中起什么作用?为什么这么多学科要在人类学里来找理论和方法?而为什么它们一旦来找的话,都能在自己的学科里有所发展?像徐新建、杨念群他们搞的文学人类学、历史人类学最近都出来了。现在也有分子人类学,复旦大学搞的,他们致力于用分子人类学的方法来研究人的起源和变化。这个问题说明人类学实际上它的地位是基础学科,也说明了人类学引起的跨学科互动越来越发达,越来越频繁。这种说法不知道你接受与否?

王:你提到的几个观点,是对我刚才的修正和补充。一句话不能说清楚所有问题。人类学迄今已经发挥了不少作用,在学科的合作方面,对其他学科的启发也越来越多。我刚才说得有点暗淡,也许是错误的。实际上,我以为今后人类学对其他学科的启发应该更大、更深,目前的启发是一种浅层次的现象。比如说,有不少其他学科的人邀请我去讲怎么研究村庄,他们以为人类学就是研究村庄的。我讲的村庄研究,当然对别人是会有帮助的,但如果说这对别人有什么启发,那么我觉得正是浅层次的启发,不是什么大不了的事儿。应该有一些更深的,比如说认识论上的启发。人类学对中国社会科学的总体启发应该是更广的。我在上课时一直讲,人类学到底有什么独到的本事?我的答案是,以往中国社会科学在进行调查研究时,采用的是一种客位的研究方法,而且这种方法往往跟政治任务结合在一起,使社会调查变成一种社会支配力。人类学提倡的恰恰跟这个有所不同，我们主张的是主位观点，这对解放中国社会科学的思想，将有重大作用。人类学主张走向田野，用主位的观察方法，整体的方法，反对把老百姓的生活切割开来的"分析"，用比较的，而不是自我限制的眼光，等等，这些都是人类学的看家本领，本来也应该是对中国社会科学有启发的。然而，人类学在向别的学科宣讲这些观点时，好像给人一种误解，让人以为人类学等于村庄研究，不管汉人还是少数民族，你去了村子就叫人类学家了，要是你是做大规模社会调查的，你就不叫人类学家了，这实际是有误会的。我觉得我们对这个问题还是应该有更多的对话。而你刚才说的那个牵手关系是应该有的，十几年来我也交了许多朋友，行内的朋友有一些，行外的朋友更多，包括政治学、哲学、历史学都有。至于你形容的"牵手关系"，我认为最重要的是先让别的学科了解人类学的主要宗旨，让别人承认我们的作为是有意义的，说你存在，才可能谈联合。但人类学不能自闭和自满。

徐：站在客位角度，你认为人类学应该走向别的学科，我站在主位的角度，我认为人类学是中间的，是一种"牵手现象"。

王：我也同意你说的，以前学生问我这个问题的时候我提到一个现象，即其他学科，包括你刚才提到的历史学、比较文学，还有法学，它们所做的人类学研究可以说在一定程度上比我自己，或者其他很多人类学同行做得都要精彩，为什么？

徐：他们有其他学科的背景啊。

王：他们有学科背景，是啊，不过，我以为，更重要的是，他们对人类学的钻研简直是比我们行内的都要勤奋，我们行内满足于现状。你看朱苏力对法律的研究，就是一种典型的法律人类学，他研究"送法下乡"，关注乡下人自己的习惯，自己的人情，与这种下乡的法律的差异与关系，关注现代和传统之间的紧张关系，实际就是关注法律人类学。朱苏力也看我们的东西，特别是费孝通的《乡土中国》，他觉得《乡土中国》有一段话就是他们做法学的基础。什么呢？那段话叫"无讼"，很精彩，短短的一段话，说明了法律人类学研究的宗旨。乐黛云老师做比较文学研究，她不仅研究中国，还用中国眼光来看各国文化，指出中国文化替世界提供了"和而不同"的观念，这对于世界文化关系的处理，是一个贡献。她跟汤一介老师，都是我的老师辈，对我的启发也很大，对我也很关照。

徐：也就是说，中国人类学发展的空间还很大。

王：中国是"世界的中国"。我们有一个杂志，错误地叫做《中国与世界》，好像中国与世界无关或中国与世界相区分，我觉得中国即为世界，至少在观念上是这样。任何民族就是一个世界，你不能生硬地去切割它。人类学的这个观点早就有，你研究一个小小的部落，小小的民族，不将它当成一个完整的世界，研究就没有趣味。特色重要，但重要性在于这个完整的生活世界，引人想象，使我们意识到人类是怎么共同生活的。纠缠不同文化的地方性特色，并非人类学的最终追求。

徐：你能否用更清晰的表达，说说人类学的看家本领，它的独到之处究竟何在？

王：刚才我们已谈到一些了。我觉得人类学者要"成丁"，成为一个人类学的"壮丁"，要有三种素质。首先，我们要成为参与观察家，混迹于各种游牧的或者是定居的民族当中（甚至是自己的亲戚当中），从参与生活来观察生活。其二，在观念上，我们要暂时忘记我们该怎么解释被研究者这个问题，而更重视了解被研究者是怎么解释世界的，这个叫"主位法"。第三个呢，我觉得是"整体主义"，我们不认为一个群体的生活的某一个别方面是可以单独研究的，我们认为只有对它的整体进行研究之后，你才能看到其中的某一点的意义。人类学家要"成丁"，必须把握这三点。但是我们也不应忘记，人类学不只这三点，若只是这三点，那你成了丁，就没什么大前途了，老用这三个原则去打棍子、敲棒子，那不好。我们人类学还有一个看家本领：我们是比较。人类学的任何作品，先是地方性的，但这种地方性的视野是世界性的，因为地方性恰是在比较中突现出来的。比较并不是要乱比，而是有它的规则。当下的比较时常碰到的一个问题，那就是，不同民族不是相互隔离地生活，而是通过世界化或全球化，相互接触的。在这个"文化融合"的时代里，怎样进行比较？今日人类学在谈比较的时候，因而便要谈文化接触的历史，文化关系的历史。我觉得这一块在中国以往的人类学里面，是留给外学科的学者去做的，今天特别有必要把这项我们的看家本领要回来。这几年，我组织翻译了一些历史人类学的书，我以为这是初步铺垫。1998年，我开始想谈中国人类学的"三圈论"，特别重视海外民族志的研究及跨文化比较。由于财力极其有限，因此，这方面谈不上有什么研究，我的博士生和硕士生还是在境内培训，还是培训前面二圈的研究。我要求学生们把参与观察、主位观点、整体论把握了，用它们去调查，再提出一点看法。我自己在《无处非中》一书中，试图用游记的形式表明，中国人类学家要研究海外文化。

徐：对，我觉得我们应该走出国门去研究。

王：中国人类学的海外研究，应该有更多的人参与，我们可以先从周边地区开始，东南亚是理想场所。不过，我自己的理想是出现一个中国对欧美的叙述，他们长期把我们当成研究对象，对我们的论述和评论也很多，影响着我们看自己的方式。我们如果倒过来研究欧美呢？他们当中也不乏稀奇古怪的事物，比如，他们的殡仪馆、婚礼、送礼，跟我们的有什么不同？对生命和死亡的态度有什么差异？历史的脉络与我们相比怎样？他们的社会是怎样构成的？再说，我们总以为人情这一说是中国人的文化，但就我所知，英国人也"走后门"，只不过没有这个说法。人类学史上也很多人谈到，西方文化也是在民俗和宗教的制约力量下成长起来的。

徐：我们在海外研究方面受到的限制很大，一个是语言上的，一个是财力上的。我现在叫一个学生到泰国去做田野，首先是因为她语言能行，然后呢，到泰国去费用不是太大，那还好办。如果你说到美国去或加拿大去做，那费用就高了。但是从长远来讲，你讲的"世界的中国"，意思是说，海外对中国的认识，是一个方面，中国对世界的认识又是一个方面，这两者如果缺少任何一个，整个中国的人文世界观都是不完整的。

王：我一向有这个看法。比如说，《社会人类学与中国研究》一书是写外国人怎么看中国人的，而现在我谈到了有关"天下观"的问题，涉及我们中国人过去是怎么看外国人的。我们在这方面有什么传统？我觉得有传统，甚至到近代的时候，如魏源、康有为、梁启超，都到外国旅游，写了很多有关著作，特别是发达国家的稀奇古怪事物，他们的游记很像人类学。我在"天下作为世界图式"一文中提到，中国有一个持续的世界解释，这个解释近代以来被我们自己压抑了。我们今天的社会科学一直是在引用外国人的观点来看自己，用自己的眼光看他人的不多。我这样说有点过分，好像要传播一种中国中心的世界观，实际不是。我的兴趣在于寻找不同世界观的共通之处，我也知道人类学主张"从当地的观点出发"，这要求我们现在去做海外研究，不能简单采取中国中心论，也不能简单采取西方的概念体系，要先从当地事实出发。古代中国对"他者"的认识，还是有华夏中心主义的色彩，那些古书里讲的"怪事物"，所谓的"怪"标准是我们自己定的。现在要做民族志，不能简单借用古人的那一套博物志方法，那套方法使我们意识到我们曾经有过海外研究，但新的海外研究，还需要新的探讨。另外，我也需要强调，到海外去研究，若是简单搬用西方现存的概念体系，也是不可取的。比如，西方人类学家对东南亚的研究是有成就的，值得我们借鉴，但我们还是要用中国的文字书写，这里牵涉到怎么开拓"汉语人类学视野"的问题，不是简单地占有更多的研究对象的问题。无论是国内还是做海外，我以为我们还是要先有一个对中国世界观的想象，我相信这是我们当今的重要使命。以后要怎么做我就不知道了。

徐：民族院校最大的毛病在于，认为自己是民族院校，把民族学抓住，把少数民族研究这块抓住就行了。这样恰恰限制了自己的发展。这是一个很奇怪的现象。国家民委在不遗余力地发展人类学，而到了民族院校，它说我们不能放弃民族学。这样，人类学往往被边缘化。你多年来在北京大学工作，对这个问题有什么想法？

王：北京大学是一所"国立学府"，本来在北京大学社会科学、人文学科多是汉学。研究外国的都是搞翻译的，这个与我理想中的北京大学也不同，甚至不符合"大学"这个概念。我以为University 首先要 Universal，也就是有普遍关怀，才算得上University。北京大学文科也有点像是个中国学学院似的。你提到民族院校的问题，我不太了解，但我猜想问题可能就更不用说了，因为这些院校是国家在某一个时期为了培育少数民族干部而设的，到21世纪，这些院校显然还会存在下去、发展下去，但是教学和科研的宗旨，一样也可以改改，怎样使大学 Universal起来？怎样使少数民族 Universal 起来？不要使他们得到培养以后，就陷在地方和族群内部去了。现在大家纷纷改成"民族大学"，而不是"民族学院"，这个潮流应该还是积极的，走向"大学"，意思在学理上还是正当的。

徐：人类学具有人文关怀。这么多年来在人类学的应用上，我们都是很艰难地在做，但是现在"以人为本"变成一个流行词，这个本来是我们人类学学科根本的价值取向，现在变成一个流行词，大家做什么事情都要以人为本了。在这个情况下，我觉得我们人类学的发展空间更大了。你对此是怎么看的？

王： 人类学者对这个提法的确应该回应。作为个人我不喜欢揣摩政治领导人的意思，不过我看"以人为本"这个提法有点像"民生"的意思，是一种对社会的积极态度。而用"以人为本"来看我们人类学的话，则要谨慎。"以人为本"可能已被理解为一种以人的利益为中心的发展主义意识形态，它的导向是人的利益（并且时常是个人的利益），而不是人的整个世界（包括自然）的利益。

徐： 那就错了。

王： 是啊，比如说环境问题，可能与"以人为本"的观点有关，而我们时常将它们混同起来谈。人类学的贡献之一就在于指出人和环境是不能分割开的。以我的观点看，"以人为本"便是以自然为本，我们的政策制定者已渐渐意识到这点了。人类学如何对此回应呢？我觉得人类学对世界各民族，特别是原始部落的研究，对我们现代社会的启发最大，这些研究表明来自于西方的现代社会存在问题，在"以人为本"中把"自然"两个字抛弃掉了。

徐： 去年我们在银川开会的时候，李亦园先生做了主题演讲，他谈到人类的可持续发展问题。我们后来在他的主题演讲基础上发展出一个生态宣言，主张在讨论"以人为本"的时候，应注意人与自然的关系，这恰恰是我们人类学家应该做的事情，或者是应该来宣传的事情。如果我们现在仅仅是强调"以人为本"，把它变做一种人类中心主义，那自然怎么办？你把自然的位置摆不对的话，反过来它会害了人类，像海啸、非典、艾滋病，都是。

王： 是啊，这争论很大，但也表明人类学做的工作是值得赞赏的。涉及环境与历史生态，一些人类学家做三峡研究，采取的角度本来很值得社会关注，遗憾的是，没有得到足够重视，问题蛮大的。从人类学角度，对于环境问题，对开发提出评论，已有一些成果，这些成果表明，我们在摧毁历史的过程当中，也摧毁了我们自己。对于这种所有主流的"建设"，民间文化自有它的回应，人类学家因而更关注民间文化。不过，遗憾的是，现在人类学者在某些地方有一种不让我看好的做法，就是说参与到旅游开发，参与一些文化破坏性的项目，而没有对开发计划对当地自然生态和人文生态的影响进行评估。

徐：现在提出"科学发展观"，比原来的提法总是要好点了，最近也出现"环保风暴"，出现了对水电站建设的评估，年轻的人类学者肖亮中为了虎跳峡付出了自己的生命……人在整个宇宙中来说是渺小的，人类学的世界观对大家非常有帮助，它不只是人类学家所有的，而应该成为全人类的一种共识。

王：应该是的，作为一种评论，人类学是有价值的，我们应该有这个自信，但也不能强迫大家都来相信我们，如果大家都来相信了，那也不好，变群众运动了，像是谁号召的，如果说主席说"人类学好"，大家跟着喊口号，那也不好啊。

徐：我学人类学是因为有兴趣，相信学科对大家都有用处。一个有用的学问，为什么不去学？不去推动它？越多的人知道，素质就会越高，越文明。如果干部不懂，就不会对人有那样的关怀。做学生去学，你能增长你的生命，黄金的时间你不去好好学，就很遗憾了。作为一种宏大的视野对大家的用处，与目前人类学所处的地位当然是很不相称的。可喜的是，现在一些边缘的地区、边缘的学校、边缘的刊物都在做。

王：这很重要。不能忘了中国人类学向来有地区性差异，我们每个地方都有一批人类学家，研究也各有特色，所谓"主流"和"非主流"之说不一定妥当。我最近到四川去，到那一看，发觉那里历史上的人类学家很多啊，而广西呢，我相信也是有的。

无论如何，就说"南派"吧，厦门大学、中山大学、南京大学这一脉的，我觉得老一辈学者的贡献都是很独到的，但今天被忘记了，继承得不够。又比如广西，你现在做的工作，也是一个必然的阶段，但还是一个地区性的人类学研究。中国有整个欧洲那么大，你不能说它只有一种方式，应该有"百花齐放"的景象。

徐：你说人类学家需不需要激情？

王：自然是需要激情。这个世界的当前走势，跟人类学的理想走在相反的方向上，你要是没有激情的话，你就觉得没有必要做这个。当今世界的一般理想，与人类学者的理想，有鸿沟，你要在世界中谋得更好的出路，那最好跟人类学反着来，才能挣更多钱。但有钱不一定生活得更好，人类学家耗费了许多精力去论证这个观点，要做这项非常的工作，人类学家需要高度激情。

徐：在人类学中，批评这个东西非常好，但是我们用得很少，也没有好好用。实际上用得好的话呢，可以促进我们学科的发展、学习的深入。你是在批评之中成长的。人类学难道还怕别人批评？如果说你做得不好、不完善、不妥当、不够全面，在别人的批评当中可以发展嘛！就这个问题你能不能谈谈你的看法？

王：我当然有体会。这些年我受到了不少同仁的善意批评，获得许多教益，我是不是进步了我不知道，不过我特别相信，健康的批评起的作用是正面的，值得被批评者感激。不过，按我的理解，你刚刚所说的，好像更多的是针对整个学科的批评态度。如果是这样，那我觉得我们在批评这个方面做得还不够。对于我们这个学科，我们要自我反思和批评，这样才能知道工作怎么做得更好。而我们在人类学批评（critique of anthropology）方面，做得更不够。我们的研究实际也有积累，但是对社会问题、文化问题提出的评论不够。最近一些城市建设方面的规划专家、建筑师，他们的批评令我很感动。比如说，最近北京的一个记者把北京拆城的过程写得如此地悲壮，收集的资料如此地用心，让人感动。另外，一些老先生提出古建筑的保护观点，与人类学者有关人文世界的阐释是不谋而合的，他们说得很尖锐。拆城的历史，拆民居的历史，跟我们"继续革命"的历史是相关联的。这批学者有胆量在这个时代提出来，对社会的影响虽然很局部，但他们作的贡献是巨大的。费老故乡附近有一个叫周庄的，现在已经很混乱、很糟糕了，因为一些乱七八糟的新建筑在向它靠近。当时在盖新建筑的时候，同济大学的一个老教授，竟然躺在地上，说要让推土机从身上轧过去，让我感动啊。可惜，现在已经为时太晚了。我说很悲壮，意思就是晚了。中国历史就这样被拆毁了。人类学在这方面做的工作，刚才提到了一点，不过让我感动的人并不多。人类学无论是对殖民主义，还是对西方中心主义，还是对国族主义，都具有一种批判的作用。我和蓝达居合译过一本叫《作为文化批评的人类学》（北京三联书店1997年版），这本书综述了有关做法。中国的人类学评论做得少，为什么呢？现在的政府也是希望"百花齐放"的，能通过评论把"改革"这个路铺平，做好，是好事。难办的可能是有学者说的"知识分子的自我监控"，或者说"互相监控"，我觉得可能是这种监控压抑了我们自己的批评声音。我们怎么样找到一个办法，来对人类学评论，人类学对这个社会、这个世界的评论，我觉得是务必探讨的问题。以前谈的是"应用人类学"，现在这种东西基本上已成为人类学者在参与发展计划中求资助的一种手段，很难成为人类学评论。目前人类学评论不发达的原因，关键还是对学理的深层次把握不够。如果人类学者已通过阅读和研究，形成了一种对学科的信念的话，那我们就不会随便放弃某种观点，附和时代。但是，我们可能还没有形成这样一个信念，我们五花八门，哪有什么人类学的信念？当然也不是说要有一个支配性的语言，而是说至少我们有一个基本的共同信念。

徐：你在北京大学教授社会人类学，而北京大学社会学发展得比较快，你觉得我们应从中汲取什么好的经验呢？

王：这有些历史背景了。社会学的实用价值是被认识得比较快的，对于民族研究的实用价值的认识也发展得很快。但你一提到"人类学"这三个字，人家就会怀疑这个东西是培养管人事的人才呢，还是培养一些好玄想的哲学家？这个谁都说不清楚。包括学生，现在也把握不清到底人类学培养出来有什么用？对社会学的重视看来是自然的事，社会学也因此得到了比较快的发展。社会学的学科发展，费孝通是主要当事人，当时中央领导请费先生把社会学搞起来，他老人家就搞了，势头比较好。可是，单谈学科的膨胀也不是办法的。几年前，费孝通提起社会学学科重建历程时，提出"补课"一说，就是说中国 20 年来社会学的发展是"速成"的，没有很好的基础，所以到现在的使命就是"补课"。你刚才说社会学比人类学发展快，我觉得快有快的问题。改革开放初期，人类学在南方作为一种民间运动发展起来，当时的学科提倡者创造了一种氛围，他们还往北方推广这种氛围，但比社会学而言，得到的政府关注还是比较少的。实际上，我们谁都没有对中国社会学与人类学的学科力量进行过比较研究，所以没法得出结论。不过，你说的也许是对的。人类学和社会学一样，要得到社会的关注，得到政府的关注，才能发展。而现在人类学为什么没有得到关注？前面说到一些原因了，原因可能还有很多，比如，社会学的声音比我们多元。社会学中有一些学者专门从事调查研究，而还有另外一批人是"名嘴"，很会讲话，在媒体上发言很尖锐，针对时势，对大众了解社会学是有推动作用的。相比而言，我们人类学不是这样的，比如"名嘴"少，我们对社会问题也不如社会学家那样敏感。

徐：你的那本《人类学是什么》，很多同学都看过。

王：写得不好。

徐：后面部分跳跃性太大，前面写得很好。你应用更简练的语言有一个归纳。我觉得你没有这个归纳。那你今天能不能在这里归纳，人类学究竟是什么？

王：在西方社会中一般人的印象很简单——社会学研究自己的社会，人类学研究别人（特别是异族）的社会。如果你见到一个美国来的学生，你问他社会学与人类学有什么区别？我敢断言他一定会说，社会学家都是研究美国的，而人类学家是研究美国以外的。一般人的印象不一定准确，但至少目前的状况的确是这样的。我认为，在中国，要建立人类学，先要有一个他者的眼光，这在方法论上有意义，它鼓励我们站在对方的观点来看世界。

徐：我觉得人类学不仅是社会科学的基础，也是包括所有社会科学和自然科学在内的人类知识的基础。很多人类学家本身不是从人类学出来的，而是搞实验的，搞化学的，搞医学的，包括人类学最早的古典进化论，都是从达尔文的生物进化论来的，后来的新进化论只是技术化了。现在分子人类学和医学人类学都在发展，都离不开这个东西，包括将来我们的生物化学，这是纯粹化学。但是现在的化学和我们的生命、我们的生活太密切了，这两天媒体关注的"苏丹红一号"真是到处都有了，开始讲中国没有查到，现在麦当劳有了，肯德基也有了，都是用亨氏的辣椒酱，那不是问题就来了吗，现在又说塑料的保鲜膜接触食品也是致癌的，那怎么办？昨天我太太听电视里面讲，那微波炉不就是用保鲜膜来搞的，那不是不敢用了？化学人类学今后可能还要发展，它涉及人类行为，又比如白色污染，不是化学的吗？物理也是一样，包括机器人出现将来会怎么样？它对人的生活会怎么样？所以我觉得人类学是一切知识的基础。就因为它是基础，别的学科到了一定时候一定要找人类学来解决它们的问题。

王：知识是人与动物相区别的主要标志，人的特点就是有知，在这个意义上人都是一样的。所以你说人类学是一切知识的基础，那也没错。你后面讲到的情况很重要，现在有一种叫"后人类状况"的说法，意思也许就是说人类即将成为历史的过去，因为他们创造出来的东西逐渐在支配人自己，包括克隆人，给我们过去的社会形态即将带来的挑战是巨大无比的。而食品方面，转基因技术的推广，也造成了许多问题。我想克隆人的最大历史破坏性，就是使社会的组织基础亲属制度失去原来的重要性，而转基因食品会改变农业的性质，使人更远离自然界。再比如同性恋，能使性与生育彻底脱钩，今后怎么发展，还不知道，机器人的挑战更大。这些都是值得关注的课题。

徐：这些的确值得我们关注。

王：人类学家实在应当关注诸如此类影响人类生活的新技术，比如上面说的转基因，有关它的讨论很多，人类学者可以研究转基因对人类食物结构的挑战。人类学研究过狩猎－采集社会，研究过食物生产社会（农业社会），转基因与这些社会形态有何不同？值得探讨。另外，有关这种食物生产方式的众多讨论，也值得我们梳理。另外，中国到底要不要接受"克隆人"？在什么程度上接受？接受后会有什么影响？海外的情况如何？人类学也可以对这些问题进行讨论。我们不是生命伦理学者，也不是生物技术研究者，但人类学的眼光是有用的，我们可以研究这些东西对于人类的影响，以及研究人们看待它们的方式，通过这些研究，来提供跟科学家不同的见解，科学家的研究目的性很强，人类学家则注重解释和辩论，对于人文世界的生态，人类学家保持着某种敬畏之心，这是特别可贵的。什么是人文世界的生态？我以为张光直先生在研究中国文明史时说到的，中国文明史的绵延性代表的大多数非西方、非近代文化的特征，这一特征现在是"非主流"的，但我觉得不能丢了。我们在 20 世纪中之所以有众多损失，是因为丢了这种绵延性。人类学也一样，不能丢掉这种绵延性，丢了那学科就完了，以后学生都去考那些生命技术学，舍弃人类学。

徐：我很同意站在人类学的立场去关注新技术对人类有什么影响。

王：是啊，这点特别重要，因为别的学科不太关注。

徐：还有转基因问题，现在国外产品都明确标示出哪种食品是转基因的，哪种不是。我们中国就不给你标出来。我们现在搞的转基因食品究竟对人体有好处还是有坏处？包括现在水稻都要转基因了，有些搞这个技术的人，他就希望成功，搞成功就推广，以后就全部是转基因的食品，种的大米都不是农业生产的，那另外一些人就反对，有的说掌握这个技术掌握这个公司，将来发财，就是他们的钱。这都是很大的问题。所以我们作为人类学者，应关注它对人类的影响，关注人怎么去应对这种新东西。搞技术的总是希望他的技术发展得越来越快才赚得越多，个个都是大老板。关于这个你能不能再谈谈？

王：这个我懂得太少，讲不出什么。

徐：没关系，没关系，我其实还有一个问题想问你。你人类学从硕士读到博士，我觉得你是"土鳖"加"海龟"，双重身份，我自己也是在学人类学，我自己始终在学习，因为自己年纪大了，学力上、精力上、背景上都比较薄弱，我现在又要教学生，带硕士，带博士，有一个很大的问题，很重要：很多学生都是别的专业转过来的，人类学入门的"门"到底在哪里？

王：中国人类学基本没有"门"，如果有，那基本上就是研究生的入学考试。我们目前还没有完整建立起人类学本科教育，研究生教学也还不够完善。在当前情况下，从研究生开始，去定义人类学的门槛，努力做了很多，比如，编教材，开讲座，做田野……

徐：我不是这个意思，我的意思是说学人类学的"入门"。

王：噢，是怎么学吗？问题很大。在美国，人类学博士学位大概要7年以上才能拿到，而英国的也不短，英国理科是很快的，文科却是最久的，基本要5年，所以按国际上的情况，"入门"其实不易。在英美读人类学，学分跟其他学科都一样，但人类学研究生要读的书，可能还要广泛得多，其他学科要读的社会理论和历史，学人类学的，也要读，但学人类学的学生要读一些其他学科不读的东西，然后，一般研究生还要做一年以上时间的田野工作。外国人研究异文化，需要两年，其中第一年是习惯当地语言，第二年才是田野工作。这些都过来了，你还要写博士论文，需要一年到多年。之后，这才叫"人类学家"，或"人类学者"。要称"家"的话，我们国内的要求更高。我的意思是说，在国际上，人类学的门槛是比较高的，可是这个学科又很麻烦，它让人觉得门槛高又没什么用，对不对？不过，外国人这么想的人很少，他们还是靠兴趣学习，教育体制也比较灵活。相比而言，国内定义"人类学门槛"要低得多，我们很简单，就是研究生考试，考进来了就培养，出去了就随你便了。

徐：那一个初学者学这门学科、这门知识需要怎么样学呢？

王：读一些经典的社会理论，这是第一步，如果不读的话，调查也许是白搭的，如果读了的话，他的调查，他做的一个民族志调查，会做得好些。在调查以前，更要读人类学经典。民族志调查，是人类学的成丁礼，要做一段长时间的参与观察，在别人的生活当中找我们对生活的感受，所谓"别人"是广义的名词，不一定指的是外国人，当然外国更好，更易让我们产生好奇心，有助于研究。第三是要学会书写，人类学家实际上又要是个作家，你要"写文化"，这里"写"字是关键。读、走、写三种技术要结合在一起，是一件不容易的事，我觉得自己是一个结合失败的例子。人类学大师都可能成为文学史上的大师，马林诺夫斯基、米德、列维—斯特劳斯这些人在西方文学史上也是很牛啊，列维—斯施特劳斯在世界文学上应该是前100名的，这个不容易啊。我的意思是说，其实人类学门槛很高，像我这样不能很好地将读、走、写结合在一起的人，只有在门槛低的情况下，才能称是人类学家……

徐：你太谦虚了。

王：不是，非常遗憾，我说的是真话。我觉得费老有许多值得学习的地方，他的观点、田野、散文，都很精彩。

徐：我还是想请你具体地讲一下学习人类学的要害在哪里？人类学入门的"门"在哪里？

王：学人类学像学音乐一样，要"会"很容易，但要演奏得精彩，门槛则很高。学习者要先知道，人类学可以是社会科学也可以是人文学，先要做这个区分，另外在学习人类学时应知道人类学有一个共同追求的东西，我们追求的是去解释所谓"超过个人相加起来的总和的那部分"，这有时候被表达为"社会"，有时候被表达为"文化"。要解释"超过个人相加起来的总和的那部分"，学人类学的学生第一是要知道人类学大多是反对功利主义哲学的，就是反对个体主义方法论的，它的基本观点，与当今国内流行的经济学相背反，经济学家以为理性的个体是社会科学解释的基础，人类学家则相反，他们认为，这种个体主义的论调是西方文化的产物。在人类学家的定义中，人即为社会，即为孔子所说的"仁"。我以为学生要把握这个人类学的社会哲学，才能学好人类学。现在，国内有不少学生反映不能很好把握人类学，入门有困难。我觉得这是因为我们这些老师没有把人类学的这一精神讲清楚。遗憾的是，最近后现代主义思潮传入中国，一下子又把大家引向了另一种社会哲学。后现代主义有很多西方个体主义的因素，它对权力、集体表象、社会、文化的批判，反映出西方极端关注个人的心态，但现在已是"世界潮流"。我特别喜欢人类学家莫斯，他为我们指出，社会不能缺少一种慈善心，不能缺少交流，不能缺少人与人的心心相印。实际上，要说清楚这些，不容易，在目前中国功利主义盛行的情况下，谈这些是有障碍的。所以我们的任务是非常艰巨的。我的回答你也许还不满意，不过，我实在认为，人类学的门槛是一种"人类学信念"，我建议学生要是希望知道这个门槛怎么过，先要读一批书，特别是人类学的经典之作，不读书不能成为学者，这是很自然的事。另外，读书又要选对于我们生成信念有帮助的。至于怎么说清楚这个信念，这些年我做了点努力，我针对经济学写了一些小文章，从莫斯、波拉尼、杜蒙等人的著述，来看人类学家怎样批驳经济学中心主义、个体主义方法论的。这些年我编选"现代人类学经典译丛"，对这方面的论著也给予更多关注。

徐：我们这个时代却是市场压倒一切，与人类学论述中的社会不同。

王：是啊，也因为这一点我很高兴，我们从事的人类学研究有其独到之处，我们试图通过把握文化，把握社会，来超越个人理性。

林敏霞（广西民族大学2003级硕士研究生，现为中央民族大学2006级博士研究生，以下简称林）：我这里有个问题想问，就是你刚才说人类学不仅研究村庄，人类学应该有一个宏大叙事，跟历史学有共同关怀。大学时我学的是哲学，我们读的哲学，感觉好像是在通过宏大叙事去关怀历史，关怀人类生命存在的状态如何变化。哲学与人类学这两个学科之间关系如何？

王：我同意这么一个观点，这个观点认为人类学是一种世界解释，是在人的具体的日常生活中思索的"一般思想"，"一般社会思想"。真正的哲学，今日已不可能，经过长远的历史冲击，古典宏大哲学衰败了，以前哲学是无所不包的，现在的哲学好像在变成社会科学的某一支流，哲学谈的问题都是社会科学在谈的。人类学有这个好处，它是对所谓"土著人的哲学"的一种总结，是对一种对不被关注的思想的一种体验。我们经常不关注平常人怎么想，但是人类学家很独到,他说这些平常人的思想就是哲学。

徐:或者也可以说这是一种草根哲学。

王:可以这样说,但不全是。人类学定义中的"常人哲学"意义重大,人类学家甚至认为这种哲学才是真正的哲学,虽是"草根的",但对于哲学思想者(即所谓"受访人")来说,它就是一切。胡塞尔、海德格尔、维特根斯坦这些哲人的东西很受人类学欢迎,是因为其中有很多人类学因素。

徐:人类学的门在哪里?它既不是文化也不是社会,它应该超越文化和社会,跳出来。

王:人类学者关怀社会或文化的观念,他们宣称其试图解释的对象是超个人的,而他们也承认自己的解释是非个人的解释,是文化的一部分。

徐:请你还是给初学者一个非常明确说法。

王:有关这些,我也写过文章,人类学有国别传统,在英国、德国和法国是不同的,因为这三个国家的人类学不同导致我们有文化和社会概念的不同,但事实上这两个概念是一样的,它们都是借以表达人类学家的信念的概念而已。

徐:这在《人类学是什么》中你没有写。

王:写到一点,关于国别差异,我在《漂泊的洞察》(上海三联书店2003年版)一书中有篇文章专门谈到。至于你一直追问的"门",我想你可能是指方法上的基本点。我以为我们上面已谈到,这里有必要重复说的是,进入人类学研究的"入门",被认为是"田野方法",这又包括参与观察、主位解释、整体论。三位一体,意思是要求人类学研究者要有一种实践中的想象力,要有能力将被观察的人类生活关联在一起,态度像中医而不像西医。中医是说你的身体是完整的,西医是说你这个身体可以肢解或解剖的。人类学要入门,要先知道人类学研究依据的观念接近中医,接着,还要知道这三个东西结合形成了"人类学的眼光"。人类学虽是西方的学问，但这种眼光来自于人类学研究的非西方，在西方被称为"他者的眼光"。我们中国也可以说有跟西方一样"他者的眼光"，唐代的玄奘，是最典范的，而历史上中国有大民族主义，这种大民族主义，也需要过它的边陲，所以也生产出一种相当于"他者的眼光"的东西。人类学的眼光，当然是有它的虚伪性的，它可能掩盖了某种支配实质。比如，外国人写中国，为的是他们自己语言文字中学术的丰富性和支配力。而国内也可能一样，比如我去少数民族地区调查，之后写出来的对这个地区的描述肯定是汉字的，是对汉字代表的文化支配力的支持。我们生活在这个世界上，作为学者应该有怎么样的良知？这个问题值得思考。而我觉得人类学还是有它的良知的，特别是在文化和社会的概念上，人类学表现出的对于去除近代西方个体主义支配力的反思，是一种良知。因为对人类学有这样的理解，所以我一直以为宗教人类学是人类学的基础。以前人类学以为自己是研究亲属制度的，但亲属制度的研究专家最后却发现，从这一研究能推导出来的看法，其实牵涉到人与人之间的关系，而这种关系在不同文化中，是观念化的实践。费先生一直强调的 ethnos 就是这个意思。

林：王老师是不是在用人类学的观点来批驳后现代的个人主义的一些不正确的东西？

王：个人主义不是后现代的，但后现代有一部分是用来装饰个人主义的。

林：现在学界很混乱，包括我们在学的过程中碰到这一块就觉得很头疼，好像找不到入门的感觉。

王：我以为学生有权力追求思想的真正解放，不要落入任何表面上新的"主义"的圈套。

徐：人类学你学得多一点，就解放得多一点，你学得深一点，解放得彻底一点。如果你觉得还有什么的话，那就是没学好。我们不断在学，不断在看书，不断在买书，不断在讨论。

杨清媚（广西民族大学2003级硕士研究生，现为中央民族大学2006级博士研究生）：王老师，我现在正在做毕业论文，想就此提几个问题。原来选定的课题和王老师做过的仪式调查相似，你在博士论文里面已经做了，你从历史人类学方面，由历史、文化，还有权利三者搭建起来的一篇文章，这次下去了以后发现了，就是说当地知识里面，有一个现象引起我的注意，结合你的历史人类学对我的启发，我就觉得他们从20世纪80年代以后，它整个的师公队，包括它的师公戏，好像是从80年代才开始的，之前的因为"文化大革命"，都全部断掉了，然后包括那些老人，和当地的精英，在80年代后重新共同创造，或者一部分人建造，总之是接受了这种全新的东西，然后就认为是我们以前的传统了，以前的人都是这样干的。就好像是一种集体失忆。还有管师公队的头吧，他同时也是一个国家干部，他唱的却是当地最喜欢听的五代同堂、六代同堂，一边抓计划生育一边鼓吹子孙多，当地的人喜欢热闹，喜欢人丁旺，就要唱这个，唱那个三天三夜的大戏的时候就是要唱这个，四个小时的剧本。我就觉得他这个人这个身份在这两者之间或者更多重的关系之间游走的时候，他是如何平衡的？也许不仅仅是他自己个人的原因，还有其他一些因素。它是一个剧团，有经济上的原因，有地方上的原因，有文化上的，还有各种各样的社会关系，为什么一种传统的东西，现在就那么兴旺？

王：两个问题中，后面一个问题我曾经涉及过。为什么有一种文化复兴？为什么与现代化相反有一种历史回潮？我认为原因是文化的生命力比政治经济要强。要说明这个力量的强弱，要有个具体方法。举一个例子吧，在农村你能见到一些老人家，他们的年龄其实已大大超过共和国的年龄。一个人的历史超越政权历史的时间，表明他承载的文化，更可以代代相传，他可以传给他的子孙，外面不能说，他在内部，在家庭内说。传统的复兴还有其他原因，我觉得现代性的软弱是其中一个。社会学家告诉我们,对个人来说,现代社会是高风险的社会,而这种社会为我们提供的克服风险的机制,是专家主义的,专家主义实际还没有提供一套克服风险的完备知识。因而,在现代社会中,宗教和传统仍然是有生存空间的,甚至这种空间还在扩大。过去我们一直以为,现代社会依靠科学能够彻底克服风险,我们没有意识到风险包括天灾和人祸,有的是自然造成的,有的是社会造成的。用科学消灭宿命论,是一个容易实现的理想,因为宿命论是社会的产物。对于这些问题,人类学的解释更值得关注。人类学认为,神话比历史重要,为什么?神话是没有时间的,它是超越时间的,时间不断流动,而神话是永远蔓延。对于变迁来说,时间如果说指的就是政治经济方面的变动,那么,神话则保留着一种绵延性,与时间的变动构成反差。我以为,今日的传统复兴,恰是在这个反差中获得价值和意义的。这与你的论文选题精神上是相近的。至于说演戏的人怎么样保持一种平衡心态,他们为什么有生存的合理性,导致他们可以生存?我以为可以用前面说到的"传承"来看。另外值得考虑的还有一些制度性的因素。我认为仪式表演群体的复兴,与地方社会中的传统复兴不可分割,是相辅相成的。那它们共同创造着什么?我认为是一种地方公共性。这种公共性在历史上即已存在,比如,"土改"以前,我研究过的村子都有公田和与之相关的祠堂、庙宇。"土改"时,这些公有的土地被平分了,土地变成国有—私有相结合的,地方公共性被压抑了。现在一些地区出现传统的回潮,与这种地方公共性的重新建构有密切关系,在一定意义上,可以说是对土地制度史变迁的某种民间逆反。

徐:我们已经聊了两个多钟头,王教授下午还要作文化生态学的讲演,需要休息一下,我们今天就聊到这里,谢谢!

【录音整理 杨清媚】
【原载《广西民族学院学报》(哲学社会科学版) 2006 年第 1 期】

历史人类学与"文化中国"的构建

——中山大学张应强博士访谈录

徐杰舜

张应强博士

徐杰舜（以下简称徐）：张应强博士，我很早就想采访你了。如今2004年在银川有幸得到这么一次机会。我曾和周大鸣老师讨论过中国人类学流派的特点，我就想，张应强很可能是继承了"南派"，所以成了这么一位温良恭俭的君子。后来我也一直关注着你，最近看你出了一本书，图文并茂，我就想，啊，张应强终于出来了！我也听周大鸣老师几次讲，以后想叫张应强来挑点重担。这次在银川，我本来请周老师来讲中山大学的人类学系学科建设，他因事不能来了，但他马上说，请张应强老师来吧。我说，好啊！我不知道原来你已经去西藏民族学院支教去了。这次有幸能在银川长相忆宾馆见面。你为这次会议做了很多工作，昨天你作为观察员发表的评论很精彩。所以就有更多人注意到你了，我想先请你介绍一下你的背景。

张应强（以下简称张）：我老家是贵州黔东南剑河县，苗族。但我出生在黔西北，因为我父母在这边工作，后来就在这边念书。1983年我到中山大学人类学系念书，中山大学毕业之后，1987年去中南民族学院念硕士，有5年待在那里。1992年9月我从中南民族学院调回中山大学。

徐：那你毕业后在中南民族学院留了两年？

张：是啊，其中一年是到湖南芷江去锻炼。没有那个锻炼，也许我不会想到要走。因为当时导师、系里面、所里面的领导一直还是比较关照我的，也对我有很多的期望。但是我还是走了，当时中山大学也正好比较缺老师，算是个机遇吧。

徐：那这个机遇就很好了。那时候是谁当系主任？

张：当时是黄淑娉老师。1993年顾定国他们过来，做都市人类学比较研究。那时开始，算是在做一些调查研究。后来很多年都不知道自己应该做什么，也曾经考过我们系的在职博士，但没有考上；隔了两年，考上了中山大学历史系，跟陈春声、刘志伟两位老师读博士。

徐：哦，你这个学科结构很好。

张：这跟当时自己的一些思考有关系，可能也是慢慢地长大一点了吧。在做都市人类学研究的时候，给我最大的一个启发是，在珠江三角洲做调查的时候，我感觉到最后使不上劲，不知道我的问题出在哪里；若干年之后我才领悟到，其实可能是对珠江三角洲地区的历史情况、背景了解得比较少，这样你就很难说清楚它现在为什么会是这个样子了。现在回过头想一想，我是很偶然也是很必然地走向历史学去——主要是明清这一段。因为明清这一段，往后一拉吧，就到我们做田野这一块，其实是个很自然的过程。从1998年开始，到2003年，一共5年，因为工作的缘故，我觉得读得很辛苦。因为对于我来说，我完全没有历史学的背景，不懂得怎样去处理史料，但是慢慢地进入，有过很多欣喜，也有很多痛苦吧。

徐：既然你是陈教授的博士生，那我想请你谈谈你师从陈教授的学习感受。

张：我们几个师兄弟实际上都是陈春声老师、刘志伟老师他们两位和后来的程美宝老师的门生。他们都爱开玩笑，都有一个大的观念，我猜是从科大卫那里传过来的：学生嘛，进来第一年是师生，第二年就是朋友啦；有什么问题，我们就应该去关注那个问题，而不是注重太多的烦琐的礼仪。所以他们都很容易接近。连着几年，每年夏天，我们都有一次参加田野工作坊的机会，江西啊、广东啊、海南啊，还有去过一次韩江流域——从梅州开始一路转过去最后到潮州。这些田野工作，我觉得对我自己的思想有很大的影响。因为，参加的基本上是两拨人，历史学家和人类学家，他们经常会有"吵架"的事，在里边你就可以看到他们未必是要去争论你"是"还是我"是"的问题，而是我从我的角度看到的情况就是这个样子，你必须要正视我看到的这些东西。这是一个观念的问题。

徐：你讲的田野工作方法我很感兴趣，就是 2001 年，即历史人类学研究中心成立那一年的 6 月底到 7 月初，你们组织了田野工作坊，然后回到中山大学开历史人类学研究中心成立大会的那次。你能不能谈谈关于你们这个田野工作坊相关的情况？

张：我们一般去不同的地方，都有当地的学者陪同和指导，因为他们对当地的情况比较了解，能够提供一些最基本的材料，不管是文献也好，还是一些相关的讨论的资料也好。带上这些资料下去之后，对于我们这些有学生身份的人来说，当然应该先看一看，因为下去的时间不是太久，不像人类学做田野，蹲在一个地方很长时间。基本上就是一路走，一路看，白天去看，晚上讨论，比现在我们开会还要辛苦。白天在车上的时间，大家不能打瞌睡，因为看东西必须是高度紧张的，你才可以看到东西，还有一个压力是你晚上必须说点什么。所以，一方面是你看到的东西，一方面是你的材料，一方面是你要说的东西，哪怕只是一点感觉。最后，就是导师们表达他们的观点。到最后，到11点或是更晚一点之后是比较自由的、真正比较放得开的讨论和聊天。

徐：你参加过他们这样的几次田野工作？

张：应该至少有三次吧。

徐：那这些经历对你的学术感悟力提高有什么帮助吗？

张：有很大的帮助。这个学者群吧，就是我们老师和他们一帮朋友，包括香港的蔡志祥、张兆和、廖迪生等，他们都有一个共同的观念：就是我们拿到的资料文献，不管是官修的文献还是民间的文献，这些文献只有在田野里进行解读；换一句话说，他们觉得，我们应该是在田野里读通这些"古籍"。

徐：这是他们很重要的一个理念。

张：我觉得是，这是华南历史研究的一种主张，一种研究取向。

徐：那现在这方面他们的研究成果已经不断地发表出来了。

张：应该还会有一系列的作品出来。我自己还有一个任务就是要把自己的博士论文修改出来。

徐：既然如此，你就谈谈你博士论文的写作情况吧。

张：我做的是清水江流域，或者说清水江的木材，就是清代以来的木材贸易和区域社会变迁的问题。其实，还是想要照顾到下面这几个情况：第一，我要拿的博士学位是历史学学位，因此我的博士论文应该是历史学方面的文章；第二，我是学人类学的，我还得努力地把这篇文章往人类学这边拉一拉，我自己的人类学的经历，对这篇文章应有一点帮助。所以文章里面也有一些我做的田野调查。清水江是沅水的上游，这片地方在清代雍正的时候开辟新疆时，才被真正纳入国家的体系里去。我自己感觉，在研究逐步展开之后，有很多问题还是模糊的；只是现在我感觉就是，清水江流域的木材流动，可能是跟长江中下游地区的经济发展或者说都市化的发展过程是相通的。木材这种东西，在传统时期是很重要的建筑材料，我不知道跟造船有没有关系，但是跟建房子是很有关系的。这个小小的清水江流域，它的木材通过长江水系的航运网络，后来成为一种很重要的商品，常德就是一个很大的集散地。

徐：它从贵州到湖南？

张：对，一路下去，沅水之后就出洞庭湖口，甚至直达长江三角洲地区。我小时候也听到过一些放排的故事。我的伯父、父亲也曾经在清水江上当过放排人，我父亲当然做一些比较次要的工作，他们年轻时都曾放排放到湖南去。

徐：你父亲亲自放过排？

张：是的，后来他就读书去了，就剩我伯父、叔父继续做。我父亲因为读了点书，所以从那边出来工作。当然，这应该也跟放木材有点关系，要不然没有钱上学，那个时候，乡村里还是很困难的，苗族是没有地位的。顺着这个话题说，我自己还是比较倾向于在贵州找一个题目做的，在读文献和材料的时候，我也是比较倾向于贵州。读了一些资料之后，慢慢地开始想到，要么就是黔西北，那边也有很多东西，我自己在那边生活过。那么黔东南这边呢，比较好的条件是，我有很多亲戚，他们都还生活在这边。在这个过程中，我读到"五种丛书"中有一本就讲到清水江流域的，叫做《侗族社会历史调查》，是 20 世纪 60 年代贵州民族研究所几位老师去做的调查，上面就有很多地方历史文化的东西，特别是我看到，他们当时这个调查组下去的时候搜集到 300 多份契约，这些契约当然只是看到的一小部分。但是我想还是值得去看一下，因为当时是 20 世纪 60 年代，现在情况怎么样，不清楚。这样，在 2000 年 10 月份在怀化开一个侗学会年会的时候，我就去参加了。会上遇到了广西、湖南和贵州三省交界地的地方领导和一些学者,以及北京来的一些学者,他们都是或者是有侗族身份的,或者是对侗族的东西感兴趣而来参加这个会议。会议结束后,我就在黔东南几个县市转了一圈。

徐:那是你第一次去黔东南吗?

张:确切地说,是第一次为可能的博士论文选题去走一走。黔东南每个县都走过。从黎平过锦屏的时候停了一下,先去了天柱县,再从天柱回到锦屏,然后就去县档案馆跟当地的干部聊了一下,他们说这些东西(指契约)还有,后来又陆陆续续收集到一些。而且,杨有赓先生,就是参与写作20世纪60年代那本侗族社会历史调查的一位学者,他后来在20世纪80年代之后和日本学者合作还在继续研究。接下来的一个周末,我从锦屏回老家剑河去了几天,回来之后,就参加了锦屏九寨地方的一个侗族艺术学校的挂牌典礼,就有更多的时间跟当地的人,主要是档案局的人员接触,看到更多的包括契约在内的这些资料。当时就很强烈地感觉到,像这些文献资料,很有再发掘整理研究的意义。因为民间还有不少这样的材料,除了契约,还有其他的一些有价值的东西。后来我就到贵阳看资料。经过在黔东南走这一趟之后,我心里就比较确认会做一个跟这些资料相关的课题研究。我的研究方向是明清社会经济史方面的,我老家又是黔东南地方的,虽然不会民族语言,但是,地方的方言是不会有问题的。而且,在下面做调查,你都知道的,有一点熟人还是比较方便的。这样半年之后的暑假,即 2001 年的夏天,我来到黔东南,主要在锦屏县境内做调查,整个夏天都待在那里。下去以后很快就发现,老百姓手上还有许多这样的资料。刚好历史人类学中心要筹备成立,就根据这里的情况做了一个规划,想系统地做一些材料收集、整理的工作;于是也做了很多行政上的工作,和锦屏县里合作,县长也很支持,由我们研究中心这边提供基本的办公设备,如电脑、复印机、传真机等,还有就是负担工作人员下去收集、整理这些资料所有的开支,都作为项目支出里的一部分。研究中心与县里合作的事情基本上定下,成立了他们称之为一个"契研办(契约收集整理研究办公室)"的机构,于是在当地请了一个研究助理,他主要是处理日常事务,包括下乡收集资料、裱糊编目整理等工作。从那时就做到现在,还一直在有效运转。主要是从学校人文社会科学发展研究基金申请到的经费。

徐:那你们的研究情况怎么样,有研究成果吗?

张:有啊,近期准备出一本选集。下一步就是把我们收集到的这些文书,陆陆续续地出些影印本。其实这些东西非常漂亮,非常系统,能够作为资料贡献给学术界的话,我自己还是很高兴的。

徐:你这个研究是历史学与人类学结合当中的第二个方向。第一个方向是现在比较热门的口述史,你们与香港科技大学蔡志祥合作的,其实是萧凤霞的一个传统;刘志伟20世纪80年代中期就跟她做历史人类学,一路做下来。实际上你们这个方向是一个地方文献的收集、整理和研究的结合。

张:对。实际上我们还是有许多访谈的,因为很自然的,我们从一个家庭、一个地方收集上来这些材料,我们就会马上对他们进行访谈,而且很多地方除了契约等文书之外还有碑刻,碑上面的人和故事,他们也都还有清楚的记忆。结合历史人类学田野经验的解读,这些文献马上就"活"了,哪些人什么时候干什么事情,比较容易理出个头绪来。但是你也知道,实际调查研究工作层面上还有很多东西要处理。

徐:那你要沟通地方啊,把东西拿上来,这些文献仅是民间和档案文献馆保存吗?

张:我们现在是通过我们合作的这个机构发动相关人员(包括退休干部),广泛系统地收集各种各样的民间文书。我们也去乡村做收集的工作,不仅是我每次下去做田野的时候,另外很重要的就是"契研办"的工作人员下去收集，去做工作。这样一些很有价值的东西，放在老百姓手里，会慢慢地丢失或坏掉，有时候失火啊也会损毁。我们的原则是县档案馆代管，我们收集了之后，就裱起来，然后编目，再进一步做一些编目和影印的准备工作。各种文书原件则放在档案馆。我们强调，这样的一些文献是不可以离开当地的。这不仅是一个学术道德的问题，还有我们的一个理念上的基本的东西，那就是：这样的一些文件，离开地方之后，你很难读懂它们，很容易误读；只有在当地，做人类学的都知道，你在访谈的时候，那些文书上的人都是活生生的，他们的活动啊，在很多材料里面，他们的晚辈，今天还活着的人还有很多记忆。

徐：你每年在那里跑，那你一年要去多少次？

张：基本上暑假寒假都得去。或者是有特别安排的时候也去，有一次科大卫先生他们有兴趣去看一下，他从牛津大学到香港有个讲座，中间有一小段时间，2002年3月份，就请了北京师范大学的赵世瑜、厦门大学的郑振满、清华大学的张小军等一起去。他们去看了之后，感觉都不错。因为可能他们更明白，无论他们搞历史的也好，人类学的也好，这些文书都是极为珍贵的。像张小军，他就认为，我们现在做的这些工作，应该对我们所做的、可以称之为"历史人类学"取向的研究，是有一点点帮助的。

徐：你在这方面已经做得很细了，做到这个程度上也很不容易。我想你能不能具体讲讲你搜集这些文献资料的过程，比如说某个个案，你搜集某个材料是什么样子的？

张：可以的。我们搜集的工作是和地方上合作的。有一次到某个村寨，本来已经沟通得差不多了。但是，你知道，做这些工作是不容易的，老百姓对这些东西，他觉得尽管没用，但是这是祖宗留下来的东西，即使是丢在某个不起眼的墙角也好。然后我们是做了好几次工作,后来他才基本同意让我们把东西拿回来帮他裱糊。所以我们要亲自下去。而在去这一次之前,我是到另外的一个村寨做调查,所以走了很远的山路,而且下雨路滑。关键你要让老百姓清楚,你真的没有骗他。在我们展开这个收集整理工作之后,新闻媒体做了报道,大家也都知道了,很多学术机构,包括上海的、北京的。也有个别的研究者,会采取这样一种方式,出钱来买这些资料。

徐:那不就流失了?

张:流失了不说,他们这样做会破坏掉我们整个的想法;而且最重要的是,这些契约在老百姓手中是非常系统的,系统到什么程度呢,举个例子说,我们在一个村子调查的时候,那个村子的人非常支持我们的工作。其中一户人他们的契约远至其家族始祖太公,然后一路的子子孙孙下来,他们不会分山,只会分股份。这是一种非常特别的观念。那份契约作为产权的证明,通常是放在长房手中。这样对照他们的家谱,可以看到什么时候,有哪些人做了什么事。另一个系统是这一片山和那一片山的契约,是分开包裹保存的,不同属类的买卖、租佃是分开的,这是非常重要的一点。这样一块地,可以看到它的产权是怎么样的,是祖传的还是购买,它什么时候租给谁种了,收成情况是怎么样的,什么时候又把其中的一份股份卖给谁了等等,这些对于过去年代的经济史的研究非常有帮助。你可以看到,"地权"的一些观念怎样在这样一些地方建立起来。因为这些文书主要是当地苗族侗族的,其中也有地权的纠纷,越弄就越复杂,越复杂你就越有兴趣。

徐:那这样的事件无疑引起了你浓厚的兴趣,实际上你是在历史学与人类学的交汇之处做的。我知道陈春声他们在做的历史人类学一直是不同于口述史这个方向的另一方向。我也很想邀请他来做一次会议主持,但是他太忙了,抽不出时间。而现在历史人类学已成一支力量，他们做事有板有眼的很有劲头。那么既然你现在是深入其中的这么一个角色，你既照顾了人类学，又照顾了历史学，你能不能就这方面谈谈，历史学为什么要和人类学结缘？你从人类学方面得到了什么好处？你在其中的感受和评价如何？

张：这个问题我想我 20 年以后可能才能够回答得令徐老师比较满意（笑）。其实这还是要回到人类学的一个传统来。中国人类学的一个传统，即使是在早期的费先生他们那个时候，那批学者那里，我们还是会看得到的，那个时候所谓的功能主义是主要的理念之一，他们在用这种工具来研究中国的时候，其实是照顾到了中国有很长的历史这种现实。因为功能主义通常给我们的印象是不太关注时间，主要讲结构。但实际上你看看费先生和林耀华先生，他们都非常注意历史方面的问题。在中国，我们人类学不管做的是再小再具体的区域或民族，不管是汉族还是少数民族，你都不可以不去面对它曾经经历过的历史，而且这些历史在很多地区，包括少数民族地区都是有文献记载的，所以你要去对付文献。过去我们人类学家对文献虽然也是重视的，但是我们通常把这些资料直接用来支撑我们的观点，作为论述的依据。但是历史学家在这方面，尤其是社会史学者，他们比较早的时候，如 20 世纪 80 年代以后，已经解决这样一个问题：对于我们看到的历史文献，要对它们进行解读；所谓解读，在我理解最基本的一个层次就是这样的东西是怎么来的。比如一份家谱，它在编修的过程中，当时撰写编修它的人面临着什么样的问题，这是解读的最基本的一个观念。我们不是特别注意，至少在我看来是这样。所以人类学有时候会有这样一个问题：我们有时候不得不谈一点历史，但是我们谈历史，心里很没底。比如说我们去做一个个案调查，通常会花一点时间来讲一点历史，但是我们讲的时候不够理直气壮。比如讲一个家族，就像族谱里边所说的，我们就会交代家族早期的成员怎么来的,然后,好了,直接就到眼前所看到的一切,我们就开始做一些描述;这个就是通常的做法。我感觉到,如果我们不能够很好地理清这个社会它历史发展的过程,那么对它的现状的各种情况我们的理解和解释可能会出问题。过去我们经常被人质疑:你们做了哪些田野调查?有没有代表性?有没有典型性?同样我们也经常会这样反思,这样疑惑。但是现在对于这样的一个问题的基本认识是这样,我不知道我有没有理解错误:我们不是去寻找典型性和代表性,因为不是说中国有960万平方公里,我们做了960万平方公里范围内不同的点,就可以说中国其他地方是怎么样了。其实不然,我们是通过这样的一些不同地方,这样一个一个个案具体的调查研究,来关心中国是怎么样构成的,这个点怎么样成为中国的一部分,这样的话,我们就不会碰到典型性和非典型性的问题。我的老师们,我是这样理解他们的,他们关心的可能是一个所谓宏观中国的创造过程,我们大家都是中国人,我们是怎样成为中国人的,不同的地方有不同的进程、不同的方式、不同的特点;以不同的方式进入到可以称之为"文化中国"的体系中去。

徐:现在在讲的一个重要的问题是,中山大学的陈老师和香港科技大学的蔡老师,他们合作已经有五六年了;如果从刘志伟、萧凤霞那里算起,有十几年了,但是他们的学术目标我一直不是很清楚。现在你说他们是这样一个"文化中国"的构图,这是一个非常宏大的目标啊,很有高瞻远瞩的想法,和以往历史学的做法是不一样的。本来历史学是从历史文献中找出答案,他们今天的做法是引用了人类学的方法来从民间找出它的答案。可不可以这样理解?

张:我想应该也是这样的。

徐:那么你其实也是在构建"文化中国"了,在这一过程中你有什么感受,觉得这是很有味道的一件事情?

张：再过几年，可能感受会变掉。因为现在的一些经验还比较粗。比如说，雍正时候清水江流域这个地方开始开辟。它不像我们看到的一些其他地方一样，有"反叛—镇压"这种国家进入地区的一个过程，而是依赖长江的水道所形成一个市场的网络，进入国家的体系中。大家都在种树、砍树，同时下游的商品就沿江反方向流进来。然后国家的一些制度开始深入下去到达地方层面。不知道这样说对不对，包括汉族的很多观念都开始输入。清水江下游地区成片的山岭都很适宜种树，渐渐地就有了所谓的"地权"观，契约就出现了。那么汉族地区比较成熟的这些体制也就开始进入这些苗族人居住的地区。也许可以这么说，在人类学的领域里面，有很多种看中国社会的视角，比如弗里德曼的宗族研究和施坚雅的市场研究，这些只是看中国不同的视角，未必就是真的，这些理论适不适合中国哪一个地方或者只是适合中国南方或者北方的问题，或者说南方就没有市场问题而是谈宗族；到了成都平原还是谈一谈市场问题不谈宗族。可能不是这样的，对于我来说，这个地方比较有启发性的是，我会注意看这样一个所谓的少数民族地区怎么样进入一个以汉文化为主导的中国国家体系中，官府在里边起到什么样的作用，更重要的是木材的种植和贸易在里边又起到什么样的作用，这些社会里边原来的社会组织和社会结构有没有在这个过程内发生变化。也许作为这个点上的经验与华南珠三角的未必相同，也许跟北方和其他地方都不相同，但是所有这些不同都可以让我们明白，这些不同的地方怎么样构成了"文化中国"的一部分。我不知道这样的理解正确与否。

徐：你的这样一个案例，正好是对历史人类学一个很好的说明。它的意义和价值在于提示我们，我们对于历史的解读，就不再雷同于一般的历史学建立于文献基础上的解读，提供了一个很好的新的研究视角，丰富了历史学研究，这是用了人类学的方法做出来的。那么从人类学来说，它从历史学方面汲取了搜集、占有和处理历史文献的经验。这正是体现了历史学对人类学的需要，人类学对历史学的关怀。正如你所说，人类学在实践中不得不从时间上，从历史的记忆上考虑这一点。因此我觉得历史学与人类学的结缘牵手是一个双赢的结局。你在历史学与人类学之间游走得很成功，你本科读人类学，硕士研究生念的是民族学，到了博士转到历史学，现在又回到了人类学，走进历史又回到人类学；你与王明珂先生不同，他始终坚持他是历史学的，不承认自己是人类学。我很欣赏你们历史研究中心的做法，那你现在对人类学的感受又是如何，是加深了还是……

张：从我个人来讲，我觉得在今天我们做田野调查的时候，如果还不去关心调查对象的历史发展的这样一个过程，对它今天的种种问题，我们会说不出个道道来，说不出个所以然。我们顶多就是做一个描述，然后根据我们头脑里对人类学一些理论的理解来做一些回应，但是可能不到位。这样，还是对人类学本身没有什么贡献，我们只是告诉了那里有什么情况。这些经验材料，有没有可能最后积淀成为产生所谓"中国人类学"的一个平台？这是很值得怀疑的。我还是相信在做这样一些个案的时候，不管你要问什么问题，要解决什么问题，都有一个重要的前提是，你在问之前，要对这个社会有非常真切的了解，非常深刻的了解，然后你才能说你能对所要回答的问题了解得很深。而要对一个社会有真切的了解，你就不能不去关注它的过去。

徐：谢谢张博！你们看看自己还有什么问题要向张博请教的，就赶紧问吧！这些就不属于我们访谈的内容了。我想今天的谈话，大家获益都很大，在这里要再次感谢张博！

【原载《广西民族学院学报》（哲学社会科学版）2006年第2期】

把基因分析引进人类学

——复旦大学金力教授访谈录

徐杰舜

徐杰舜（以下简称徐）：我参加过多次博士论文答辩。数这次跨了文理两大领域。近十几年来，生物遗传学，尤其是基因分析有了很大的发展。这次参加李辉的博士论文答辩，虽然是答辩委员，但对于遗传学完全是外行的我来说，实际上是一次非常好的学习。在此，首先要感谢金教授邀请我参加答辩，给了我一个学习的机会。金教授在学术界早已大名鼎鼎，当年复旦以100万元年薪聘你为生命科学学院院长，就已经成了新闻人物，在我们这几年与李辉的合作中，对基因分析进入人类学研究所形成的分子人类学已有了初步的概念。今天上午参加了李辉的博士论文答辩，深感李辉的论文在中国民族起源问题上形成了许多颠覆性的观点。从这篇原创性的博士论文中不仅使人们看到了李辉的能力，也使我们看到了金教授指导有方，现在我们是

金力教授

不是从你指导李辉作博士论文谈起?

金力(以下简称金):我会对学生谈我的想法,是否有用,由他去做判断,由他自己去决定是不是把它放进他的科研课题。我们 Science 那篇文章就是这样出来的,对 Nature 那篇基本上也是这样的。到时候我有个好的想法,我点一下,学生抓住了就抓住了。抓不住呢?这个想法就废掉了。在过去的 8 年中,产生了很多我认为很好的想法,实际上做出来的只是很小很小的一部分。我们实验室科研做得不错,就是因为强调了学生自身能力的培养,他们创造力的发挥,在实验室里创造一种很好的自由探索和同学之间相互讨论的气氛。我自己在 Stanford 的时候有很深的感受,那时候我自己觉得走在楼道里,一些好的想法都会从墙上蹦出来,会弹到你的脑子里去。所以我一直有这样的想法,文化做好了,环境做好了,学生觉得不仅自己有能力去想,自己有自信去思考这些问题,这样的环境能培养出最好的学生,培养最好的学生受益最大的实际上还是实验室。所以我觉得自己很开心,我们实验室过去 8 年最大的财富不在于那些文章,而是出了一批相当优秀的学生。对我而言,我希望我的学生能够超过我,这与我的导师刘祖洞先生的培养学生的理念一样。我跟李辉说过,世界上已经有一个金力,还要第二个金力干什么?与其说要他学会我会的东西,还不如培养他的能力,使他能够超过我。这样科学才能朝前发展。

我们跟全国各个兄弟实验室合作时,我基本上采取比较超脱的态度。我们实验室在若干年前,跟别人合作一段时间后,就被别人一脚踢开了,踢开就踢开,我觉得无所谓,因为合作是应该不带任何功利色彩的合作。跟别人合作了,别人上去了,别人发了好文章,有些人会觉得:哎,我嫉妒,他抢了我的东西,本来这个东西该是我的。我是觉得我们不应该这么看。我跟李辉说过,这东西本来我们要花钱花时间做的,现在有人帮我做好了那多好啊。然后我们把他发表的数据拿过来放在一起，会看到更多的东西。与其说一个人拼命干把大家都压下去，还不如大家一起上，大家一起上了之后，整个学科就发展了。上去了以后你觉得你有本事，可以在更高的一个层面上，大家再去竞争。没有必要把别人压下去后，在一个低水平上竞争，这样的话，学问永远做不好。所以又回过来，我觉得最最关键的就是我们这批学生，当然学生有成功的也会有失败的，但是我是觉得我的学生，从我的内心的标准来看，成功率是蛮高的。

徐：100％？

金：100％做不到，永远做不到。但是对有的学生，你让他这么做，他做不到，实际上有一小部分的学生被我这样一种训练方法给害了。有相当一部分学生你需要喂他，不喂他，他做不了事情。但是呢，那批最好，最优秀的学生，你越喂他，他越做不好。那索性就不喂，像"澳泰"这个课题，从头到尾，正如我今天在介绍时说的，实际上是李辉的工作。

徐：这与你的指导是分不开的。

金：话又说回来，我指导他什么呢？这课题从头到尾他知道的比我多。我只不过给他一些方法学上和方向性上的指导。他跟我讨论，我就听，听了以后，我就告诉他，凭我的感觉，这个东西有没有道理。

还有一个就是，每个方面，都是和学生讨论得出的。"澳泰"方面，我们实验室从决策上、规划上，在很大程度上都是听学生的意见。

徐：学生民主，这个最好。

金：我们这个实验室的课题，学生占有很大的发言权，实验室管理那是另外一回事，学生工作好不好，工资是多少，怎么去考评，那是老师的事情。像我们实验室有那么几个老师，像金建中老师啊，在管理上做得非常好。当我不在国内的时候，卢大儒卢老师担负了指导学生的工作，卢老师人极聪明，直觉相当好。而对外联系，就是钱老师的事情。钱老师自己是搞植物的群体遗传学，搞生态的。

徐：所以我觉得对你这样一种教学方法或者是教学模式来讲，既造就了学生，学术又做得很好。团队团结在一起，又把学术做好了，这是一举多得。我觉得这样呢，不像有些人，什么东西都怕学生占了便宜，什么东西都想自己拿在手里，而他又做不了那么多。那我觉得你这种模式，这种培养学生的方法，值得我们大家去学习。再就是你们这个方向，人类生物学的方向，在全国都是数一数二的。我就知道为什么李辉的文章要保密。因为这个东西放出去就不得了，包括张帆的，出去也……

金：我们好的课题不少，不止他们这两个。

徐：这样的话，你们这近 8 年的，8 年抗战吧，把你们的学术都锻炼好了，在国际上别人都很难赶上的了。

金：国际上，尤其是东亚这块，我们比国外的学者有优势。我跟国外的同事谈的时候，我就开玩笑说，这个你做不过我们，为什么呢？我至少会说中文，你不会吧！

徐：是啊，所以我觉得在这一点上，最近 20 年的人类学在中国重新恢复以及在发展当中是最值得我们骄傲的。但是我就觉得 2008 年世界大会上，你应该是一个非常重要的发言者。

金：好的，我们一定尽力。

徐：对，必须要做，我多次向 2008 年人类学世界大会组委会的一位领导介绍了你，我觉得这个是我们中国人的骄傲。这次李辉邀请我来，听了如今分子人类学在国内国际上能做的这么好，跟你的学术素养是分不开的。

金：您过奖了。

徐：没有啊，如果没有东亚这片土地的学术灵感，可能就放过去了。可能看到这个东西的人不止你一个，而做出来的，只有你。倒过来我想问你一个问题，就是介绍一下你的学术背景。

金：我的数学上的背景给了我很大的帮助，同时运气也很好。我是上海格致中学毕业的，上海格致中学原来最强的传统是数学。

徐：哪一年进入的高中？

金：我是1979年进入高中的，1981年毕业。我原来的梦想是做数学家，后来，父母觉得，或者社会上也有同样的观感，就是搞数学的人都有点不食人间烟火。

徐：实际上是最聪明的一帮子。

金：对呀。他们希望我考医。所以生物学是个很好的选择。但是进入生物系后的第一年，说老实话，我觉得我学得很烂，主要是思维方法不适应吧。那个时候正好有一个机会，木村资生的中性理论是在20世纪60年代末70年代初提出来的，做得如火如荼。进化中性说研究中用到很多数学模型。在复旦大学有一位庚振诚教授，去过日本当访问学者，回来后他说中国应该做这个东西，那个时候是遗传学的前沿之一，但是对数学要求相当高。所以谈家桢先生、刘先生（刘祖洞先生，后来也是我的导师），还有庚先生觉得复旦大学应该培养一批学生来做这个东西。他们就组织了一个学习班，有一个研究生，一个二年级大学生，还有两个一年级的大学生，我是其中一个一年级的大学生。他们从数学系借了徐家榭老师，也是留日的，开始教我们数学。所以那个时候虽然没有双学位制，但徐家榭老师将我们作为数学系，应用数学专业的学生来培养的。我记得二年级的时候，我一周上39节课，基本上没有什么空余时间，但是后来回过头来发现学的那些数学确实有用。后来我去读研究生的时候，我的导师刘祖洞先生就希望把我送到木村那儿学习（就是他提出中性学说），本来都说好了，但是木村后来没找到经费资助。刘先生就把我送到根井正利教授那里，也是做中性学说的主要十将之一，当时他在休斯敦，我就过去了。我是联合培养的学生，在根井教授那儿学了不少东西。那个时候，休斯敦是进化遗传学和进化生物学的重镇，被称为休斯敦学派，在群体遗传学和分子进化研究领域有很大的影响，在将近20年里，这些领域重要的工作很多来自休斯敦。所以，我先是有机会去学习数学系的课程，后来又有机会去休斯敦做群体遗传学，受到了一个很严格和系统的训练，我是很幸运很幸运的。

徐：群体遗传学是这些的基础。

金：根井正利和Cavalli－Sforza（我在Stanford的导师）两个人在学术上意见不一。我到Cavalli－Sforza那边去做博士后，根井不是很高兴，希望我去他那儿进一步发展。但是我想到了当时休斯敦是一个学派，我应该跳到另外一个学派去看看，看看他们在想些什么，他们的观点和休斯敦的为什么不一样。走到另外的阵营去，我发现我的收获非常大。确实两边的思维方式不同，现在看来我基本上是这两边的中和。Stanford这一块胡适先生的"大胆假设"这个特征很明显，而休斯敦则有更多的"小心求证"的味道。我们在复旦的实验室现在就力求"大胆假设，小心求证"的综合。你可能注意到了，我们胆子比较大，什么都敢提出来。我们并不以这个领域的主导想法给我们的科研设限，我们去追求本原的东西，就是从本原开始想起，大胆假设，然后回过头来找证据，就是小心求证。光有想法没有求证的过程的话，东西是立不起来的。要想东西立起来的话，一定要小心求证，我们实验室基本上就是按照这条思路去走。对我自己来说这种经历很重要，对学生发展来说的话，最好的做法就是他们毕业以后赶紧早早地赶他们走，鼓励他们独立。

徐：让他们换一个师门？

金：对，换一个师门，然后就再想办法把他们吸引回来。我是很希望李辉能够回来，但是现在不着急，因为他现在回来的话，他很难跳出现在这个框框。他在那边的导师是我的一个师兄，和我的风格很不一样。等他到耶鲁去了，他到那边去会看到其他人做的东西，他会形成他自己的东西，他李辉的东西，然后如果再有机会吸引他回来的话，那这个人类学中心的学术科研能力和学术思想就会更往前走一步。因为不再是我的想法了，而是他李辉的想法和我的想法还有其他老师学者的想法最终能够综合起来。

徐：所以说你真的是个有战略思考的导师。

金：刘先生就是这样培养我和其他学生的。

徐：你从休斯敦跳到了斯坦福，就是综合了两家，你现在不仅是两家综合，而是中国美国两边跑，跑了8年。我想听一下你两边跑的体验。你感觉两个不同的学术背景、学术环境，甚至学术制度等等。你比较一下，这个背景有什么不同？

金：实际上帮助是很大的。国内的资讯现在不是问题，但问题是资讯是要有取舍的，换句话说是需要去感受的。不说国内，我离开Stanford到休斯敦，我当时的感觉就是我的学术水平第一二年还好，到第三年就自然下降。后来从休斯敦到了辛辛那提，我原是想寻找新的一片天空，但是发现那边也有问题。在中国的话，基本上也有这样的感受，所以两边跑，在美国我对学术的感受基本上可以保持我对这个学科的感觉，对它总体方向的把握。这些东西回过头来，也可以在国内做。但是，现在在上海，整个学术的文化和学术的水平，尤其在知识的原始创新能力和气氛上，我自己感觉，跟国外一流的环境相差不是很远。当时没有直接回来，和一群同事在这8年里，花了很多时间把一些新的理念、新的思维方式带到国内的科研当中来。我当时也是有私心的，我想把学术环境搞好了，我们回来做科研就容易了。因为我早就想明白要回来的。所以现在环境好了，我这次决定要回来，就在一天晚上八九点钟时，我打了个电话给复旦大学王生洪校长，我说"王校长，我要全部回来了。"他说"好，欢迎你啊。"就这么简单，所以现在这边的环境已经是相当好。尤其我特别喜欢现在这个环境，现在这个实验室，其他的放在一边，就光靠跟学生之间的交流，我自己的水平都会提高。像李辉这样的学生，像何云刚，像张帆这样的学生，这些学生与国外一流大学的学生相比，绝对不比他们差，甚至在某些方面比他们更好。所以对我来说，他们既是我的学生又是我的老师。像李辉，我一直把他当我的老师，实际上，他们做的有些课题，我没有这方面的知识储备，我就多与学生谈，相关的东西我就问李辉：这事情怎么说，这东西你觉得应该怎么做？向他求教。所以像这样的环境建立起来之后，我回来感觉很好。

徐：有这种情况，金老师你在美国工作相当好。你刚才也讲到了现在上海学术氛围非常好，你现在培养的学生也不比他们差，这样的情况下，我还想听你说说，从两边来比较，我们今后在发展的时候还应该注意些什么，或者说加强些什么？

金：我觉得，学术的提高，在于制度在于文化。在我们生物楼里的墙上，谈先生提出四句话：国际化，年轻化，知识化，社会化，这个是最最关键的东西。社会的文化我们改变不了，如果试图去改变的话也跟堂吉珂德的想法没什么太大的差别。但是至少在学术环境里面，因为我们是在象牙塔里面，我们是做象牙塔的，那我现在是院长的话，就更对象牙塔里家具怎么放，也就是对学术文化的建立有直接的责任。文化做好了，学术水平自然而然就上来了。还是要改变文化，我觉得像国内的有些学者很优秀，哪怕是没有出过国，像卢大儒教授，没有接受过国外的训练，但是他的智力能力绝对不会比国外的教授差，而且他有他的优势。但是，他缺少机会，而且在国内的话，也没有一个合理的文化让他在学术上往前走。制度的话跟大学的管理有关系，这些东西不是不可以改变的。比如说，我试图在我们学院做这么一件事情，学校制度是这样的，有些东西不在我的权限范围内，我很难去改变它。我当时就提出这样一个想法。能不能在这个小环境里做成一个界面，这个界面使得教授感到一种文化，让他感到很轻松自由，他会多想课题，多做科研。有些东西我们尽可能替教授做掉的我们就给他做掉了。如果我们这个界面做得好的话，至少在一个局部，在一个很短的时间内把这个文化尽可能做好。我上任时有这个想法，学校当时想了想，最后还是让我们提出来了，就是"教授治院"。教授治院是什么意思呢？就是院长的权小了，更多地让教授做主。

我们学院规定和其他的学校有一点不很一样。我们务实的同时也务虚，讨论方向。副院长有权决定他分管的事情，向院务会通报一声就行了。听说学校问我们学院的某个教授：金力在这两年究竟干过哪些事情？回答是：他带来了新的理念。我觉得这个感觉非常好。我觉得做事情呢，不是靠扛着标语到处动员呼吁去做的，也不是整天让大家做这做那去做的。在中国要做的不是大事，而是小事。在许多大事上，想法都不错，但是在做大事的时候，往往在小事上搁住了，大事就完不成了。那我觉得在中国不缺做大事的人才，而是需要大家认认真真地去做些小事，小事做得不显山不露水，悄悄地做掉。让教授觉得工作起来非常顺手，这就够了，那他们的学问做好了，我们的工作也就完成了。

徐：我想换个话题。就我们刚才讲，分子人类学啊，关于研究动态，已经都非常清楚。那我知道我们中国文化人类学这一块和社会人类学这一块发展得非常快。我想你可能也了解一些这方面的东西，我想听听你对这方面的一些情况的评价和评论。

金：我基本上没有资格评论文化人类学和社会人类学。因为确实有很多东西我不懂，但是我自己爱好读那方面的书。在"文化大革命"结束后呢，社会人类学基本上是一个禁区，但是人类学本身太重要了，因为它是一个很广泛的学问，是研究人本身自己，这里面牵涉到方方面面的东西：社会结构、人的行为，包括我们用体质人类学研究我们自己，我们为什么有差别，我们人群是怎么迁移、怎么起源的。这些问题我觉得是一个成熟的社会应该去做的东西。尤其是中国，过去有一段时间在走资本原始积累这条路，属于一种比较初始的形态。而现在的中国社会呢，目标就是使中国从一个比较初始形态的社会过渡到一个成熟的社会，而人类学呢，不管是社会人类学也好，体质人类学也好，它们可以使得我们更多更好地了解我们自身。而这样的学问在一个成熟的社会中是非常需要的。

谈家桢先生曾经说过，复旦大学的问题是上不着天，下不着地，说我们缺天地人心，也就是天文学、地理学、人类学和心理学。天文地理我们做不了，至少人类学的研究我们可以做。我们虽然没有把真正人类学的盘子给端出来，至少端出来了一个稍微有点相似的东西。

徐：实际上这是复旦大学的一个传统，真的是不能丢掉的。你在美国待了这么久了，它的人类学的学术地位或者是公众的知晓度……

金：在美国，人类学地位是相当高的，很多大学里人类学是必修课或者是必选课，几乎每个大学里都有人类学系。我们这边人类学教学也好，科研也好变成一个很稀奇的东西，我觉得这跟中国的国际大国地位是不相称的。

徐：对，你这句话讲得很好，真的，现在人类学在中国还是很边缘，很弱小。说起来人类学系没几个，人类学研究所也没有几个，但是人类学又是这么重要，现在讲究"以人为本"，但很多人都不知道本是什么，人为什么是这样的，包括对自然的破坏，包括很多重大工程根本不考虑自然环境，所以在我们中国这样一个大国，对人类学这样一种地位，这样一种无知的状态，是很可怕的。

金：因为人类学本身不仅仅是一门学问，它作为一种知识，每一个公民都应该有一定的人类学的知识，每一个大学生都应该去读人类学。哪怕是一些皮毛的东西，至少他会知道有这么一些问题存在，他将来可以去思考，作为一个公民去思考，不一定作为一个学者。

徐：实际上我们的一些学者就是教你怎么做法，怎么和这个社会上的人沟通，怎么善待自然，处理与自然的关系，或者你自己有什么心理问题，培养健康的心理。我们现在好像心理咨询就是有什么毛病，但是别人心理咨询是很普遍的。这样的状态，人类学的状态你看得很清楚。我就想你们的现代人类学中心做到这样一个高的水平，有没有考虑把复旦大学的人类遗传推上更高，搞得更强大？

金：一直有这个想法，但是难度很大。最大的难度在于人类学在中国被边缘化，它不属于主流学科，所以国家的或者学校方面的投入相当有限，你一旦要扩大去做，马上牵扯到的就是一个经费问题。这是一个相当现实的问题，所以从学校方面来说你做学问做得很好啊，文章也发得很好啊，往我们脸上贴金，但是搞不来经费。那这样的话，我想就需要一段时间，也需要人类学家能够呼吁，怎么样不断提升人类学教学，人类学研究在学术上社会上的地位。学科地位显得非常重要，如果教育部说，每个大学必须设一个人类学系，然后大学生人类学考试不及格不能够毕业，各个大学排名的话人类学权重占到百分之几，那个时候你就会看到不仅综合性大学搞人类学，连兽医大学都会开人类学课。政策上宏观调控上是非常重要的，中国现在成为一个经济大国、政治大国，正在向经济强国、政治强国方向去努力。现在都在提世界一流，实际上我们过于强调一些实用性的世界一流，并不能真正提升我们在国际上的地位。它是一个综合的东西。

徐：你讲的这个问题讲得非常切中要害了，正好从另外一个角度说明人类学的重要。我们中国现在成为一个政治强国，我们也试着发展成为经济强国。你在美国这么多年你知道，他买什么纺织品都是中国产的，我到加拿大想去买件纪念品，什么都买不到，不可能买到不是中国造的东西。但是你要真正成为强国呢，就是金教授你讲的文化方面，才是真正的。而文化的差别就是人类学的强弱，因为人类学当中很重要的一块是文化方面。那我们现在恰恰是对文化很不重视。我觉得我最有感触的就是，抗日战争打响第一枪的沈阳的北大营竟然被他们晚上悄悄地拆掉了。一个教授面对它在哭泣，我们这里还对日本人作种种的批判批评，另一边领导就悄悄地把它拆掉了，领导说"我们不知道啊，拆掉了你还能怎么办？"这就是没有文化，我们现在的城市都变成一个样了。

金：刘祖洞刘先生逝世前也提到复旦大学的人类学后来没继续下去太可惜了。然后谈先生也一直有这样的想法，想把人类学做起来。而我呢，自己不是做人类学的，而是用遗传学的方法来研究人类学的问题。

徐：交叉？

金：主要是搞学科交叉。我们有很多机遇。10多年前，中国人类基因组计划启动，因为人类基因组计划的研究需要投入相当大。但中国没有那么多经费，但是又想参与。所以当时提出要做中华民族自己的人类基因组学，那什么叫中华民族自己的人类基因组学呢？因为人的基因组在不同的人种之间基本结构是一样的，那既然强调中华民族的话，就是强调中华民族与其他人群之间的差异，这就是基因组多样性的研究，所以，中国的人类基因组计划是由人类基因组多样性计划开始的。而在国外的话，人类基因组计划与人类基因组多样性计划几乎都是在同一时间提出来的。但是由于各种各样的原因，尤其是非学术的原因，使人类基因组多样性计划没有启动，而在中国呢，很早就启动了。启动起来之后，国内没有人去做系统的群体遗传学。因为中国群体遗传学的学者主要是赵桐茂先生和杜若甫先生。杜先生为中国的人类群体遗传学做了大量的贡献，但他那时退休了，而赵先生在美国已离开了这一领域。这个时候我就被阴差阳错地拖了进去。我遇到了陈竺院士和吴旻院士，他们对我很信任，我就开始做。我就在复旦大学建了这个实验室，就走向了东亚人群的研究。这也就产生了当初最早的从国内出来的发表在美国科学院院报上 1998 年的文章，这是最早用 DNA 的证据系统地研究中国人群之间的差异。当时那篇文章引起了相当大的轰动。后来这方面研究又跟人类学有相当大的关系，所以在他们几位老先生的鼓励下，尤其是在复旦大学人类学专业毕业的那些老校友的鼓励下，像韩康信先生、徐永庆先生，对我们工作的支持。他们真的可以说是不遗余力，根本不考虑什么个人报酬。只要对我们这边工作有利的，他们就坚决支持，还把他们的学生同时都往我这边送。在这种情况下，2002 年现代人类学中心就成立起来了。

我们的想法是用遗传学标记或者说是分子标记去研究人类学，与其说是人类学，还不如说是研究人群的遗传结构。因为今天李辉的论文就很强调遗传结构。想法上是把遗传结构搞清楚了，人类学中相关问题的答案也就在其中了。只不过说是这些问题如何提法、如何问法的事了。所以我们的目标是把一个群体的自然结构搞清楚。因为自然结构是可以观察的，有了对自然结构的观察以后，回过头来你就可以去推测这个结构究竟是如何形成的，再就是牵涉到人群的源和流，相关的民族学也好，人类学也好，语言学问题也好，历史相关问题也好，就能够找到一定的答案。但是有一点可以肯定，遗传学在人类学和其他相关社会科学中的应用，首先是有的，但是作用非常有限，我们心里清楚。任何一门学科，比如遗传学，是个工具，仅仅是个工具，而任何一种工具的作用都是有限的。拿一把锤子可以钉钉子，但是你拿任何一把锤子，比如羊角锤的话，就不能用来刮胡子。人类学里面，有些问题是刮胡子的问题，有些是敲钉子的问题。所以遗传学只能解决敲钉子的问题，不能解决刮胡子的问题。作为一个工具，它有很强的局限性。不管是中国的也好，国外的也好，一些学者总是有这么一个心理：一旦一个工具产生之后，大家总是希望它去解决所有问题，但这是不可能的。所以对我们来说，我们定位相当清楚，我们只去解决遗传学可以解决的问题。我们的老师学生一起讨论的时候，一旦一个问题起来的时候可以很直观地想一下它的信息来源是什么，结构是什么，它的信息量有多少，大概可以告诉你什么。超出这个范围的，想都不用去想。因为这个信息不存在，结构不存在，量不存在的话，你想回答的问题没法回答。今天李辉答辩的时候提得相当好，就是说几百年之内发生的事件，除非你运气很好，这些群体可能做了一些事情，让遗传学可以作为一种工具去用。基本上在这个时间段内的很多人群进化问题，遗传学的方法无法解决。所以我们对分子人类学研究是定位做大框架，做史前史，这是我们的目标。遗传学的作用，在研究史前史中，分辨率可能是最好的。而这一块，遗传学可以发挥作用，正好是人文科学很难研究的部分。

徐：最缺最缺的部分。

金：这样的话遗传学就可以填进去了，你让遗传学做再早一点的东西，如 10 万年以前的东西，如果做群体的话，没法做。原因是 10 万年以前的群体，因为遗传学的信息量有它的有效群体大小的，而给定有效群体大小往上追溯，超过 10 万年以上，基本上没有什么信息了。就是说你可以抓回来的信息很少了。那几千年之内的事情，有文献记载的话，只要它准确的话，肯定比遗传学的东西更好，更详尽。所以这也不是遗传学能够发挥作用的地方，遗传做什么呢？就是史前史这一块。

徐：可以发挥它的专长。

金：它最大的专长。

徐：我的学生侯井榕在做广西三江县的六甲人，后来李辉跟他们一起合作写了一篇文章就是写六甲的。

金：那篇文章写得很好。

徐：那个小姑娘后来去了香港中文大学读博士。从这个事情以后，我就开始关注这个事情，我说复旦大学花这么大的代价（当时我们认为是很大的代价），百万年薪请你回来，长江学者也才十万。百万年薪绝对是这个学科的一个天文数字。因为它不仅涉及了人类学的知识，也涉及了生命科学的领域，所以那个时候我就开始关注这个事情。

金：我打断一下啊，实际上百万年薪这个事情有它的很多背景，但是跟我们做的学科没有什么关系。我真正的背景是做群体遗传学的，群体遗传学做得更多的东西是研究疾病的分子机制，或者说是它的遗传学机制，这是我的专业背景。

徐：所以医学研究是……

金：疾病遗传学和医学遗传学，人类学这一块呢，就是说后来和历史有关的这一部分，就是我到了 Stanford 之后，在 Cavalli-Sforza 实验室，我到那边去之后是不是想继续做我原来的本行，做理论群体遗传学，因为我到了美国，前面 8 年基本上是做群体遗传学数学模型。因为阴差阳错各种各样的机会，让我没能再继续做理论群体遗传学。当时我觉得这件事情对我是不公平的。但是现在回过头来想想，当时给我提供了一个很好的机会，让我进了实验室，在那个时候呢，实验室正好在做这个东西，所以说尽管人文的东西我读中学的时候很喜欢，但是从来没有像李辉这样长期地去追踪去花时间在里面，说老实话，我是什么时候开始花时间恶补的呢，就是我到了 Stanford 之后，所以我的这些积累是到 1994 年下半年才开始的，那个时候是因为对这个东西有兴趣，正好是 Cavalli－Sforza 的一本书出来，名字叫《Geography And History of gene》。

徐：《人类基因的地域和历史》。

金：这本书里有一章是讲东亚的，我一看基本上不对，感觉很不好，所以从那个时候起我就买书看书，反正就是整天看书，后来我疯狂到什么程度呢？疯狂到基本上对那些跟历史地理有关的书我一天看一本，基本上后来其他什么事都不干了，整天看书。

徐：所以我觉得你在美国的时候是阴差阳错，或者说是因祸得福进入了前沿。

金：一不当心进入了这个领域，做了以后，我当时还看了整个学科的发展，当时我自己是认定 Y 染色体是一个好的工具，那个时候 Y 染色体作为群体的研究实际上是在我们手上真正开始的，就是那个时候在 Stanford 的实验室做的。我当时认定这个方向，就开始拼命做，结果呢，确实我们也是很幸运的，在技术上有了一个重大的突破，使得 Y 染色体在我们手上发展成一个非常有用的工具。所以我在建复旦大学实验室的时候，当时复旦大学实验室定位就是 Y 染色体。所以拿 Y 染色体系统地做人群的研究实际上世界上我们是第一家，我们的文章抢在 Stanford 前面。因为最重要的一篇文章是 Nature Genetics（自然遗传）对 Y 染色体位点的系统的描述。但是在这个系统的描述出来之前，我是把跟东亚人有关的东西全部先发表了出来，马上在东亚人群一下子先做掉，那就是 1999 年的一篇文章在美国人类遗传学杂志上发表。

徐：末次冰期东亚人群的北迁。

金：那篇文章我自己觉得是东亚人研究里面迄今为止最重要的一篇文章，比我们发的，像在自然杂志和科学杂志上发的文章都要重要，因为这里面基本上奠定了两个东西：第一个，非洲起源；第二个，东亚人是由东亚的南边进入亚洲，亚洲人的起源是由南边进入的。

但是有了这批东西，就为我们以后的工作奠定了基础。所以当时我觉得在数据量很少的情况下，群体很少，位点也很少的情况下，我们胆子也蛮大的，就是很大胆地就提出了，现在数据越来越多，位点越来越多，群体越来越多，看来我们是对的。在美国科学院院报上那篇文章，有些想法我们已经初步提出来了。那篇文章送出去之前，我们已经有了Y染色体那批数据，我一看，心里有底了，所以美国科学院院报那篇文章送出去了。看上去好像有些观点是美国科学院院报的那篇文章里先提出来了，实际上是我们已经看到Y染色体的结果，我们已经把Y染色体数据做出来了。然后马上再把Y染色体的文章送出去，先送到《自然》，它没有要。做第一个的话还是要冒点险，它没有要，我一转手马上就送到了《美国人类学杂志》。马上就要了，而且两个评委都说非常好，其中一个评委说不要改了，另一个说要改，就是要加一个关于牙齿的问题，所以我们那篇文章里面关于牙齿的那部分基本上是那个评委替我们写的，哈哈哈，我们稍微改了一下放进去，到现在也不知道他是谁，我们在致谢里专门谢谢这个不知名的审稿者。

徐：所以你们都是在 20 世纪 90 年代末期开始做的。

金：基本上是 1998 年、1999 年。我们现在工作的大的框架、大的格局基本上就在那个时候奠定的，那后面就是做什么呢？大的框架提出来以后引起了不少争议，因为我们当时提出的那些东西，无论是非洲起源说也好，或者是南部进入说也好，都是和当时的传统思维格格不入的。因为大家都知道说北人南迁的话是个永恒的主题，在中国历史上，只要是有记载的话都是北人南迁，我们一开始就直截了当提出是南人北迁的。那这里面我们讲得很明白，这两个是不同年代发生的事情，先是南人北迁，后来再是北人南迁。提出以后就有很多争议。所以我们要做得更细一些，当时做了一段以后，我们自己感觉到由于数据量比较少，很多东西很难拿到确定的结论，这样的话很多东西是要基于推测。当时是2000年圣诞节，我在美国烧烤的时候，忽然就有个想法：东非起源说这个假说究竟怎么去证明它或者怎么样反证它，因为我们搞自然科学的从来不会把自己的想法被一个假说套住。证明它是一种进步，否定它也是个进步。哪怕这个结论是我们自己提出来的。我们始终有个想法：要么就继续证明它，要么就是反对它，推翻它。实际上那时我一直在想怎么样去推翻东非起源说，把自己换个立场。当时就有个想法，这个想法最终就导致了我们在科学杂志上的那篇文章。

徐： 那篇文章叫什么？

李辉：《12000份Y染色体讲述中国人东非起源的历史》。

金： 我们实验室从1997年5月份建立，一直到那篇Science文章发表。日子过得相当艰苦。因为我当时回来建实验室，学校给我5万元启动费。学校是没有给我工资的，我的津贴是从实验室里开。房租不管我在不在这，都要交。所以前面一段时间过得相当艰苦。我记得很清楚，第一个冰箱和第一个空调，我是跟几个民工一起抬的。我当时整个实验室就是一张桌子，两把椅子，其他什么都没有。所以上次凤凰电视台采访我的时候，让我谈对海归的看法，说我是海归嘛。我说：我既是海归，又是"土鳖"。为什么呢？因为海归的好处我都没有享受过，"土鳖"的待遇我都经历过了，艰苦创业。第一笔钱是上海市科委给的，那是1997年的事情。1998年、1999年的时候，1998年我记得很清楚一件事情，我的一个学生发E-mail给我，他说金老师你回来吧，我们工资发不出来。我回来，回来以后怎么办？我没有钱，我到哪里去找钱？谈先生从他自己的口袋里拿出15万元。这个钱一分没动，后来是还给谈先生了，但是这让我很感动，谈先生从他自己的口袋里掏出来的钱。我们一直很艰苦，李辉知道的，那个时候实验室整个是破破烂烂的，我也很感谢李辉，那个时候尽管实验室破破烂烂，他还是愿意到我的实验室来做，那个时候他才是大学二年级的学生。到了2001年，那篇Science文章出来。那个时候，我自己心里明白，如果我们这方面研究要上去，必须要解决基本问题，就是大量的样品，大量的数据，所以我们实验室在2001年、2002年甚至2003年，基本上没有出什么像样的成果。那个时候我自己也想明白了，就是咬紧牙关搞基础，做科学的话一定要认认真真，十年磨一剑。

现在再回过头来看我们实验室，就是1997年建立时一个台阶，2001年科学杂志上的文章出来，是第二个台阶。现在又迈出了一大步，这一大步就是靠积累，大量的积累。学校给你的压力也好，别人说你什么也好，你根本就不用去睬他，认认真真搞科研。一个学科，一个学问，一个课题都是搞积累才能搞起来的，拍脑袋的东西有时候也有，但还是很少见的。

徐：研究上写的东西不是靠拍脑袋写出来的。

金：对，您说得对，所以我们现在文章根本来不及写。以后怎么办？我们的想法还是这样，我们把自己定位在什么地方呢？定位在为这个领域、为这个学科积累数据。因为从现在来看的话，这些事情我们不做，谁做？我们的想法就是让这些数据大量的产生，在原有的基础上继续往前走。然后把这些数据给这个学科，大家都能去用。

徐：相当于说这是名副其实的现代科学研究，中心就是数据，大量的数据可以向社会公开了。

金：而且我们也定位得很清楚。传统人类学的东西呢，我们会去做。我们实际上也在做体质人类学，处于学习的阶段，不是我们的长项。那我们希望能够做什么呢？我们希望能够把传统的体质人类学和现代的分子人类学和现代的遗传学能够很好地结合。做什么事情呢？比如说，像发旋、指纹、肤纹、眉毛的形状等。我们希望通过遗传学的手段，把基因给找出来，就是说，体质人类学的变异究竟是哪些变异造成的。在这个高度上，我们觉得体质人类学和分子人类学就真正统一起来了，都变成一样的东西。

徐：这是很好的一个学科互动。

金：对，我想这个就是我们的初衷，就是用遗传学的办法去解决人类学的问题。

徐：人类学长期以来，不管是体质人类学也好，或者是人类生物学也好都处于一种停滞的状态，因为它没有找到新的工具，更没有新的理念，现在分子人类学出现以后，它就是产生了一个新的理论，同时也有了新的工具。原来只能提到皮肤的颜色，你的头发形状和你的额头怎么样，它只能从这个方面来描述。而你们的分子人类学创立以后呢，它就渗入到人的 DNA，基因里面去了，这就决定了遗传更深层的含义。我为什么对这个问题这么感兴趣呢？因为 20 多年前我写《汉民族的发展史》的时候，我批判过中国人西来说。后来当我评教授的时候，别人就问徐老师，你现在对你的著作当中这一部分还有什么看法。我说我现在觉得很肤浅，变成一个笑话了。因为当时已经有了这种说法了，有一派就是这样说了：你现在没有证据说明他是错的，因为他有考古的证据，而我们讲中国人就是中国子孙也有好几种，就像北京人啊，山顶洞人这些，我当时不知道谁对谁不对，但起码说明我在不断思考。但是怎么样证明我这个错了呢？证明非洲说是对的呢？或者多元说是对的，就是我们有一元论、二元论，还有多元论。今天你的话就很清楚地说明了多元论是不对的。这是古人类学的一个前沿，也是我长期以来研究汉族也好，研究中国民族的起源也好，就是说源流问题吧，都是很重要的。我还写过一本《中国民族史新编》，这个源流按照我的理解，按照文献的记载，我做过一些分析。但是现在根据你的说法，中国人的源流应该重新思考了。

金：我觉得学问有两种做法，这两种都对。一种是批判式的，就是对提出的各种假说和学说用一种批判的眼光仔细地去审视，跟现有的知识进行比对，然后说这个东西对或不对，这是一种做法。还有一种做法就是我们实验室的做法，至少我自己很努力地去推行这种做法。我们不单纯地批评，我们提出假设，然后去检验这个假设对或不对。或者从另外一个角度说，有一个叫举证责任。对重批评的学者来说，他们是把举证责任推给对方，而我们的做法呢，我们把举证责任揽给自己。

在法庭上的话，关于举证责任，跟原告和被告纠纷的内容有个判决，也就是举证责任由谁负，而对我们来说，对于自然科学，不论怎样都是我们自己负。因为有了举证责任的话，至少我们可以产生大量的数据，而这些数据呢，可以让各个不同的、各个方面的学者去研究，去批评，去构建他们新的理论，那我们的责任就是提供资料。提供资料的时候有两种做法，一种做法呢，就是盲目地去产生大量的数据，但是这么去做对不对呢？也对，但它有个前提，是什么呢？你有很多经费、很多资源、很大的能力把这些资料产生出来。而我们呢，往往是倒过来做，就是说问题在什么地方，关键的问题在什么地方，然后它需要什么样的资料，那我们先去做这部分资料。就是说先回答那些重要的问题。因为一旦重要的问题我们有一定的了解后，可以提出更深刻的问题，那我们的认识就更进一步。可以提出更深刻的问题，根据这些更深刻的问题，再回过头来看，我们还需要怎么做，就这样一步一步往前走。这是我们实验室的一种风格，做事情的方法。

徐：你回到复旦大学，搞这个实验室，请回忆一下最近10年来最重要的事情。

金：我们应该是无论在思想方法上，在数据的质和量上，还有分析手段上在国际上是相当领先的。

徐：你觉得这东西意义在哪里呢？因为这东西国内人类学在近20年，从传统上讲文化上讲都有了相当大的进步，有好多好多国外回来的专家，如景军、周大鸣，这一块的发展呢，我觉得有国际化的趋势了。但比较而言，在文化人类学这一块呢，还是西方相当领先。但我现在看了你们的博士论文，听了金教授这番话，更增强了我的信心，就是从这个角度来讲，我还想请教金老师。我们中国的人类学，分子人类学还是人类生物学，为什么我们能够达到这个水平，你又是经过自己怎样的努力，走到最前沿的？

金：我是觉得一个课题组的科研能力，很大程度上与这个课题组的文化相关。而我们这个课题组的文化又跟我的工作方式有关。因为我前几年不得不两边跑，使我不得不依靠学生，可能学生的感觉跟我不一样。一个特点，第一年进实验室，尽可能让他们跑田野采集，我自己感觉一个年轻的孩子，只要去一两次野外，回来就不一样，这里面一个是吃苦，再一个让他们看到了这个社会基层的东西。他们以后再做实验的时候不是面对的一份一份DNA，而是一个个活生生的人。而且在田野里面呢，他会产生一种感觉，对他研究的课题的这样一种感觉，而这种感觉呢，在实验室里是产生不出来的。另一个特点是，第一年的学生我基本上不管。不管到什么程度呢，刚才在提覃振东，覃振东长什么样？我开始不知道，就是说刚刚进实验室的学生我就有意识地不睬他，我把注意力放在比较高年级的学生身上。让一年级的学生自己独立去思考，不给他们具体课题，让他到处看，同时他在这过程中也学会了怎么样跟人打交道，跟师兄师姐怎么样去打交道。课题上采取一种学生为主，老师为辅的状态。真正的创造者在于年轻人，像我这个年纪的话，我自己很清楚，最好的时间快过去了，我与学生相比，我比他多的是经历和知识的积累，真正有创造性的东西都在学生身上，而且在我们谈课题的时候，就是我基本上不采取，或者尽量避免采取施压的方法，除非是国家任务，有时候我会施加一定的压力，在自由探索的课题上面，像李辉这样的课题，我不给他任何压力。

徐：好吧！感谢金教授接受了我的采访，并且谈得十分坦诚，我想这对我们大家来说都是一笔十分宝贵的财富。

【录音整理 覃振东】

【原载《广西民族学院学报》（哲学社会科学版）2006年第3期】

遗传结构与分子人类学

——复旦大学李辉博士访谈录

徐杰舜

李辉博士

徐杰舜（以下简称徐）：李辉博士，这次我很荣幸能来参加你的博士论文的答辩，听了你的答辩觉得你的论文完全是独创的、探索性的。

李辉（以下简称李）：我也很荣幸能邀请您来指点。

徐：我很想跟你做一个采访，跟你聊一下。昨天我们跟金力老师谈过以后有很多收获，今天就顺着来谈。想先请你介绍一下你的简历或者说是学术背景。

李：我是1996年考到复旦大学的，原来高中是在复旦附中。在复旦附中的时候我一直对生物学、遗传学非常感兴趣。考复旦大学的时候就考到了遗传学系。

徐：听说你是上海市的高考状元啊。

李：呵呵，对啊。我高中时候，刚开始读书不用功，因为复旦附中竞争很激烈，在复旦附中只能排到100多名，后来被我家长一逼，就用功了，后来高三第一学期在年级里排名就在30名，高三下半学期在10名左右，到了最后毕业就成了第一名。

徐：**所以你就进了复旦大学的遗传系……**

李：是的，而且很幸运，进去的第二年，金老师就到复旦大学来了，我就进入了他的实验室。刚到实验室的时候我都不认识他。进来一看，哎呀——这个老师都不像个"老"师，我都不知道他是谁。我师兄给我介绍那个就是金老师了，跟我印象中完全不一样，我觉得印象中的金老师应该是白发苍苍，一脸沉思。跟我介绍这个就是金老师，我就吃了一惊，我觉得跟我想象中的知名学者那种威严的形象完全不一样。那种风格完全不一样，是非常随和的一个人，走在路上就好像跟一个非常普通的老百姓一模一样，根本没有那种架子啊……

徐：**对啊，我跟金老师接触以后也觉得他一点架子都没有……**

李：根本就是一点架子都没有，这么多年来就没看到过他跟学生生气，从来就没有骂过学生。所以我也跟你说过有一种亲情的感觉。为什么说是亲情的感觉，实际上如果是父母，他们一定会觉得孩子要出人头地，要超过自己。金老师的想法也是这样，他总是觉得学生要做得最好，要出人头地。他跟我说过这么一句话，他说学生如果做到最优秀的话，那是他做老师的最有面子的一件事情。他就像父母对待孩子的这种心态，就是一种亲情的感觉。

徐：**你父母是做什么的？**

李：我父亲是医生，我母亲是教师。因为我父亲是从医的，所以我从小就对分类学非常感兴趣，博物学那一类，naturalism这种样子的。什么东西都要分门别类，都要归类，它的性质是什么样子的，苦的咸的，很喜欢分析。现在人类学也是博物学的一个分支，把人分门别类，是一个系统的概念，结构上的概念。而我从小就有这个习惯。

徐：所以你的博士毕业论文充分体现了这种系统的概念，分类的概念，条理非常清楚。家里还有兄弟姐妹吗？

李：没有，我是独子，我们家是历代单传。那时候计划生育是国家的政策，但对于我们来说这是族群的传统，族群的习惯，包括近亲不能结婚，国家规定三代不能通婚，我们的族群是六代不能通婚。

徐：你实际上是大学硕士博士都在复旦大学，你能不能谈谈在大学中老师让你得到的最大的收获。

李：最大的收获可能是一种独立思考的能力，就像金老师昨天说过的对学生的教育是一种"放鸭子"的方式，拿个杆子，稍微挥一挥，鸭子就向那个方向跑。在这个过程中间我深有体会，所有的事情，各个课题，从立题、操作、执行到最后总结写文章，大部分工作都是要自己动手，在这个过程中我受益匪浅。跟各种各样的人打交道，跟师兄、同事的团队合作关系，处理好这种关系的过程对我的成长有非常大的帮助。金老师就是这样一种远程遥控的状态。

徐：他非常宽容？

李：是的，非常非常的宽容。

徐：你在大学求学一直到博士毕业，我听说你和你的同学们、师兄弟们的关系都处得很好，你是怎么跟他们相处的？

李：实际上我们同一个实验室的人，大家之间就像是战友的关系。科研就像是战场，就像是在攀登科学高峰。我有什么问题解决不了的，不是我专长所在的，那么另外一个同学，是他专长所在的，他就会过来帮我解决。反过来，他不会的东西，我也可以帮他解决。大家各有各的专长，但大家聚在一起，拧成一股绳的话就什么东西都可以解决了。所以大家关系都非常的好。我们实验室各种方向的人才都有。生物统计的，计算机编程方向的，实验技术方面的，等等。像我对各个民族都有了解，对系统关系比较清楚。我们相互之间都有交流，他们有什么难做的，我来做；我有什么难以解决的，他们可以帮助解决。

徐：顺便问你一个个人问题，昨天见到你的太太，她比你低三届，是吗？

李：她是学统计学的。

徐：嘀嘀，我看你是事业好，学问好，个人问题也处理得好。她是上海的吗？

李：她叫徐立群，是平湖的，就在上海边上。她大一进来读统计的，那个时候我还没有大学毕业，我大四，她比我小三届。我当时做了个讲座，她来了，她觉得我这个人还不错。然后她说他刚进来也想接触一些前沿的东西，想做一些研究，就进来帮我处理一些数据，在这个过程之中产生了感情。

徐：志同道合啊。昨天听了你的博士论文答辩，想问一个带有学术性的问题。你怎么在做群体遗传的时候注意到人类学的问题？怎么进入人类学领域的？

李：这个过程还是金老师定的。他当时回到复旦大学开这个实验室，名字就叫"人类群体遗传学的多基因病实验室"。这里面就包含两部分，一部分是多基因疾病即复杂疾病研究，包括高血压、心血管疾病等有多种基因决定的疾病，也是需要通过群体遗传学的方法进行研究的。另一部分就是纯粹的研究群体之间的关系的，我进入实验室就是对这一块感兴趣。

徐：你为什么会对这个方面感兴趣？

李：我对博物学一直很感兴趣，特别是分类学。我家的东西很多都是分门别类的，呵呵。对人类群体，我也很喜欢分类，弄清它的结构。我的植物分类学、动物分类学、鸟类分类学都学得非常的好。人类分类的话,我从内心有一种原生的爱好。因为从我本族群的立场,从小的时候开始我就觉得我们族群(那时候没有族群的概念,只有人群的概念)跟周围的汉族不一样。我们是属于哪个族群,从哪里来的?从小学到大学我一直在读这个方面的书,觉得人类学中的问题,大家都是争来争去,没有定论。现在有了分子人类学,很多问题势必得到解决,会得到科学的实证。解决自己的问题是一种最大的满足。满足自己的求知欲是最最大的满足。

徐:你都是强调奉贤人的特点和风俗习惯。现在奉贤人被定为汉族,但他们有很多特别的风俗习惯,是吗?你能不能举一两个例子?

李:主要是宗教习俗和文化传统。实际上我们所有的文化传统都是依照宗教习俗而来的。

徐:你们的宗教有什么习俗呢?

李:我们的宗教有很多禁忌,还有火葬,汉人的话都是土葬。但对我们来说,土葬是无法接受的。火葬可以使人的灵魂升华,土葬是达不到的。包括跳圆圈舞,穿着那种像丧服一样,两块布连起来的东西,与周围的汉族都不一样的。我们的语言也很特别,很多词汇现在我知道和侗台语有很多接近。在这之前我根本不知道。原来我以为我们是汉族,但是很多话用汉字又写不下来,觉得很奇怪。所以我从小就觉得自己根本不是汉族,因为我们自己叫自己为宕傣。

徐:有多少人?

李:大概是50万到80万吧。我们的语言结构,是最复杂的。辅音有40多个,单元音有20个。其他语言都没达到这样的复杂程度。有几个音,在世界其他地方从来都没有过。

徐:据说你做过DNA检测,是属于哪个系统呢?

李:都是百越系的。百越的特征O1单倍群,在里面占到

60%，这是很高的，其他百越群体都没有那么高，只有20%～30%。除了台湾高山族以外，高山族有的可以达到100%。

徐：宕傣是不是要申请族别的研究？

李：没有，没有这个需求。

徐：那文化上比较特别，是不是对你有很大的影响。

李：因为上海原来是一个很偏僻的地方。人们从北往南走，经过苏州、杭州，根本就不会到上海来。我们处于上海最南部，靠海，是个更偏僻的地方。我们是在那里自我生存的一个小群体，对外交流很少，所以一直保留下来。后来的汉人迁来，我们和他们交流很少。

徐：现在对宕傣有没有什么研究？

李：没有过多的研究，就是我做过些调查写过些文章，很多东西都越来越少，几乎要消失了。现在看到穿民族服装的很少，老人也不大穿了。是那种镶边的大裙子，还有织锦。好多风俗还是很有百越味道。

徐：但是现在社会发展这么快，还能保留原来的传统吗？

李：是呀，前年我们拆掉了自己的村子。我们的村子叫[ɦoŋ]，是百越村子的意思，里面的树都是两三人合抱的，都砍掉了。我们是最好的寨子，"风水"也最好，开发商就看上了。

徐：这样看来你从小就有良好的人文环境，加上家庭教育。可以看到你深厚的文化底蕴，所以才能做得这么好。我觉得读你的文章，行文非常流畅，逻辑性也很强。

李：我时间也比较仓促，不然还可以写得更好一些。

徐：一环一环扣下来。本来你的问题我们还没有概念，方法论上的东西，专有的名词。可以看出你专业的基础训练，分子人类学的复杂方法介绍得像人文书一样可看。

李：我在民族学方面也得到了很多老师的指导。我从1997年开始接触民族学，受到中央民族大学很多老师的指导，包括苍铭老师，还有祁庆富老师等等，他们都曾经对我有很大帮助，所以在民族学方面，很多东西原来搞不清楚的，现在就清楚了。

徐：听说你下田野 27 次，前前后后去过很多地方。

李：确实去过很多地方。云南的小角落都到了。1999 年的时候，我进到了云南最偏远的独龙江地区，而且走的是老栈道。过了索桥，走了三天三夜，进去以后都不成样子，手脚都磨坏了，泉水一冲，脚趾甲都掉下来了，过了几年才长出来。

徐：这样看来你的田野完全是人类学的。但是我觉得田野上除了对你的学问很有帮助，对民族的认识也很有帮助。

李：有很大帮助。对很多民族原来是停留在书本上，说他们有很奇特的风俗，但只有我到了那边，跟他们生活在一起，才对他们有直观的认识，跟他们交流接触，对我自己才有影响和提高。不同的风俗习惯，对我心理状态的完善和成长都有帮助。

徐：能不能举一个具体的事例。

李：这样的事情实在太多了，多到我一下子不知道说哪个。

徐：那说一个广西的，广西你应该也跑了不少地方。

李：是的，特别是跟黄兴球老师（广西民族大学中国—东盟研究中心副主任）一起，后来还有瑶学会的项目，也是跑了很多地方。实际上印象最深的还是在独龙江。因为我进去是怒江团委书记安排的，他们团委有一个小伙子，现在是副书记，原来是干事，是独龙族的，他觉得研究他们非常高兴。因为他们独龙是一个小民族，躲在河谷里面，很偏僻，跟外界接触很少。他们觉得把他们的民族研究得越透彻，他们就越高兴。我跟他接触，他觉得我特别好，印象很深，感觉独龙族的人真的非常淳朴。

徐：你哪一年出生的？

李：1978 年，生活在幸福的年代。

徐：你又很刻苦很用功。

李：还有一件事情，是 1998 年的时候，到思茅地区澜沧江调查，跟拉祜族接触。他们因为长期以来近亲通婚，体质有所下降，他们自己的学者、干部都很关心。看到我们去调查，非常高兴。把很多情况透露给我们，让我们去调查，帮他们搞清楚。甚至和其他民族一起的时候，说他们族状态最差，他们都没有不高兴，完全就是把自己的伤疤揭开来给别人看，跟我们交流。后来我们跟他们联络失学儿童的救助，捐助希望工程。当时我回来带了一些失学儿童的材料回来，在大学开展活动，捐助他们。所以跟他们当地关系非常好。

徐：所以你不仅做学问，还关注老百姓。

李：我觉得做人类学，这点还是需要的，人文关怀。

徐：那么我们现在回到分子人类学。你在建构你的学术平台的时候，他们提到你非常专注你的平台。你用什么样的理论来建构你的平台，澳泰，遗传学，具有哲学的思想，怎么形成这样看法的？

李：我从来就对哲学很感兴趣。我觉得做科学不能没有哲学，哲学是科学的基础，一个人做科学要到"大家"的水平，不懂哲学是完全做不到的。只是科研工作者而不是科学家。要做科学家必须从哲学入手，把哲学水平提高到一定的高度，才能向科学家的水平发展。所以我觉得自然哲学是研究科学的第一步。特别是像我们分子人类学，它的形成发展历史不久，从20世纪80年代才开始形成这个学科，90年代才开始成熟。在这个过程中，跟老的经典的遗传学分不开，很多概念一直混在一起没有独立，对这个学科发展不利。很多问题不仅人家纠缠不清，我们自己也分不清楚。包括某些科学家反对非洲起源说，说我们不对，为什么呢？同样是分子研究，有的做出来是5万年，有的是50万年，同样做这块的，有的构建出来这个结构，别人做出来是另外的结构，所以人家就说你们做出来的东西是不严肃的、不科学的、不可靠的，那就完了，那分子人类学怎么发展？其实这些批评呢，是不对的，但问题不出在他们，出在我们，我们没有把我们的哲学体系构建起来，没有告诉他们我们应该怎么想怎么解决问题。这个方法论在哪里，这个出现误差的原因在哪里，我们根本就没办法进一步发展下去。我这篇文章一开始就是讲哲学，把哲学问题讲清楚，就能知道什么东西是错的，什么东西是对的。

徐：我觉得对澳泰族群的遗传学研究来讲，你的作用也很大。你能不能谈一下你是怎么建构澳泰族群系统的。

李：其实很简单，就是一个系统论，世界万物都是一个系统，这个系统就是用最好表型、最好方法来构建的。对于人群来说，自身就是一个完整的系统，把这个系统研究清楚，才能探索规律，解决问题。就人群系统来讲，大概念，大群体，在以前的研究中，包括非洲起源学说，已经搭建好了，包括东亚人群是怎么来的，都已经搭建好了。但是很多细的问题都没有构建起来，比如东亚人群，他首先是二分的，这个二分是怎样的？在之前的遗传学是南北二分，北面是从北面来的，南面是从南面进化的，但是我一直觉得这是存在问题的。前面看到很多数据，很多结构，看到的并不是这样的二分，而是东西二分。我一直是这样觉得的。我们实验室在我之前的很多研究，还是关注在南北二分上的，包括文波。他做的分析中虽然南北二分很有道理，但不是根本的。所以我现在构建的澳泰系统，就是东西二分的。从南往北，东亚人群进入中国大陆，首先的分化状态，第一次分化就是从澳泰地区开始的。澳泰族群怎么分化，实际上就是我原初的兴趣所在，而且是我所在的这个族群，实际上也是解决我自身的问题。

徐：实际上从构建上讲你做得比较规范，加上你的方法，正因为你起点高，视野开阔，又做了大量的样本，这样澳泰族群的遗传结构，才能够做得这么清楚。

李：首先，关于澳泰族群的起源问题，很多人认为可能在江浙一带，因为那里比较发达。但这是完全不可能的，因为群体是从南往北迁的。起源地，我现在发现肯定在北部湾，在这里形成。分化过程分为两个阶段：第一个是起源以后，沿着越南和广东的海岸线展开，向东由台湾陆桥进到台湾。这个时期是旧石器时代，2万年到1万年之间的，1万年以后有一次新石器时代的扩张，就是从广东福建角落扩张开来，大概在8000年和1万年之间。这段时间里，由于新石器的发生，扩张就达到江浙，然后到台湾，形成壮泰族群。我们在讲到第一次起源的时候，黎族其实就是最古老的，这是最重要的。第三次就是流散。东面的几个族群，闽越和东瓯，在汉族南下的压力下，开始离开海岸向西南进发，包括壮泰，从中国的南方去到东南亚。这个是2000年前的事，他们的发展路线是比较清晰的。

徐：我们特别感兴趣的一个问题，就是壮泰，拿壮族来讲，他是北壮和南壮，这个问题，能不能稍微讲一下。

李：是这样的。壮族的遗传结构里面，有两块，二源性。百越族群形成之初，壮族就开始形成，在北部湾一带繁衍。慢慢人口增长的过程中就形成两部分。一部分在靠近内陆的地方，广西北部，往内陆方向发展，形成了骆越。另一部分在沿海，当时北部湾可能是很温暖的陆地，是一个小海湾。这两部分长期地理分隔就发生了一些不同的变化，就好像百越的一些特殊的类型形成了，O1型就是在沿海群体中发生的，后来大部分都保留在沿海族群中。在山区群体中，形成了壮族最基本的成分，大部分是这一期形成的。这部分没有带澳泰系统的特征。里面那些特征的东西，是后来从侗水（就是最早的南越部分）分化出来的。西瓯过去的这部分，融化到了骆越中间，混合以后才形成了特征群。所以南壮和北壮的区别就在这里。北壮没有融化西瓯的东西，南壮是骆越和西瓯混合起来的。所以这样形成了南壮和北壮的差异。

徐：实际上就是讲出了壮族的来源。南壮更有原来西瓯的文化，北壮就完全是骆越。壮族也是中国人口最多的少数民族。现在南方的少数民族，包括瑶族，他们本身内部的结构都是挺复杂的。传统的人类学民族学研究就研究他们的外貌，他们的来源，他们的历史，他们的经济文化，没有深入进去研究他们的组成。我们就觉得要深入下去，这样才能更好地跟遗传结构相结合。

另一个问题就是，因为我最近刚从台湾回来。这几年前前后后我一共去过 4 次台湾，在对高山族的研究中，台湾强调他们是南岛、南岛文化，所以每年台东都有南岛文化节，从你昨天讲的情况，并不完全是。从 DNA 的检测来看，他实际上和百越有非常密切的关系。这个问题我想请你从分子人类学的角度谈一谈看法。

李：从我们的遗传学角度讲，南岛和百越分不开，基本上没有太大的差别，所以我把他们统称澳泰族群。澳泰族群就包括南岛和百越。实际上这两样不一定有科学上的根据，只是文化上的界定。就像我们看待大陆的百越，看到里面分为外围的侗泰和核心侗泰，外围侗泰有黎族和仡佬，但黎族和仡佬接近吗？他们不接近，差别很大，都在外围。像南岛，恐怕也在澳泰的外围。也是分为外围澳泰和核心澳泰，核心澳泰是大陆的百越。南岛和台湾有没有关系呢？恐怕也不见得有，从遗传学上看不到。所以我觉得可能整个澳泰族群这样蔓延开来，当时他们的文化，他们的语言，都是同类的，类型上都是一样的。后来，大陆的澳泰族群受到汉文化的影响，语言变化，风俗变化，各种各样的东西都变化了。现在看上去他们跟外围的南岛都不一样了，但实际上从发生关系上来讲不是这样的。

徐：实际上就是说台湾高山族绝对属于百越系统，南岛属于外围的百越，核心部分是在大陆。

李：所以他保留着最古老的形态。我们在台湾，已经作过非常多的调查，收集了大量的样本，实际上目前做出来的研究结果已经非常明确了。

徐：好吧！我还想听你谈一谈分子人类学对人类学研究的影响问题。

李：分子人类学的出现，在学科发展中就好像 C14，C14 测年代的方法一出来，就把考古学推动了很多。我希望分子人类学方法的出现，可以把人类学大大地推动一步。

徐：你做人类学做到这样的状况，做得这样好，有什么体会吗？

李：体会倒很难讲，因为我做人类学出自于原初的科学探索的求知欲，还没有任何功利的想法，说到体会就是高兴，非常高兴，非常欣喜，每发现一个东西，每解决一个问题，每画出一条线，对我来说就是莫大的满足！包括我博士论文写出来，把澳泰的结构一点一点描绘清楚，就像是自己的孩子出生一样，非常非常艰辛，但是非常快乐。我原来研究人类学觉得好玩，有兴趣。做到现在这个地步，特别是我在哲学、社会学、遗传学方面都有探索，觉得人类学太重要了，是解决人类社会发展最基本最重要的学科。发展好了之后，其他学科才慢慢在人类学上构建起来。人类学是其他很多学科的基础。以后人类怎么发展进化，人类的出路在哪里，都要靠人类学。所以我觉得我们做人类学研究的责任实在太重大了。

【录音整理　覃振东】

【原载《广西民族学院学报》（哲学社会科学版）2006 年第 4 期】

人类学与国学

——中央民族大学王庆仁教授访谈录

徐杰舜

王庆仁教授

徐杰舜（以下简称徐）：很早就想采访您，今天才能如愿。据说您是吴文藻先生的关门弟子，我想先了解一下您对老师现在还有什么印象和记忆？您从吴先生那里得到的最大的收获是什么？

王庆仁（以下简称王）：好的。我认识吴文藻先生是在1979年，也是我研究生入学那年。在这之前我对他了解并不多，因为那时上海大多数人不仅对吴文藻先生不了解，就是对人类学、民族学了解的人也极少。我了解人类学和民族学是从考研开始的。我原在华东师范大学学过历史，对原始社会史比较感兴趣，但这个方向在当年的招生简章上北京和上海两个地方的高校都没有人带，只有与此相近的中央民族学院（中央民族大学的前身）民族学专业招生，于是，我就报考民族学。即便是那时，我对吴文藻先生以及他在社会学、人类学和民族学界的影响还都很不了解。直到入学以后才知道吴文藻先生在这三个专业领域都是资格最老的且影响极大的前辈，我暗自庆幸自己运气很好。

徐：您确实很有运气。

王：谢谢。后来我又查了一本日本人编的《世界名人辞典》，在这本辞典里关于中国人类学、民族学界只提到了三个人的名字：吴文藻、费孝通、林耀华。这样又证实了吴先生在这个学界的地位。当时这个研究方向的指导老师有三位，除吴文藻先生外，还有林耀华先生和金天明先生。我主要由吴文藻先生负责指导。当年考上这一方向的共有四个人，因此我们四个人都是吴文藻先生的学生。

徐：另外三位是谁？

王：陈长平（毕业后与我一直在同一单位）、张雪慧（现就职于中国社会科学院历史所）、霍建民（原在中国地图出版社，后出国了）。我们四个实际上还不算是"关门弟子"，因为在我们1982年毕业的同时，同样专业方向并且同是上面三位导师又招了一届学生，也是四个，他们是张海洋、纳日碧力戈、龙平平、关学君。他们这一届才是真正的关门弟子。不少人把我当作关门弟子，一来是不了解上述的情况，二来是因为我的论文是吴先生指导的，毕业后又作为吴先生的助手留校工作，与吴先生接触比较多，直到他1985年去世。

徐：吴先生的学问是学界公认的，您作为他的弟子和助手，从今天这个角度，怎样看待吴先生在中国人类学、民族学界的地位和贡献？

王：我对吴先生较多的了解是从为他起草自传开始的。记得在1981年时有一个杂志叫《晋阳学刊》，他们找到吴先生，希望吴先生为他们的《社会科学家传略》栏目写个自传。吴先生答应了并把这事交给我。在撰写过程中，吴先生与我进行了多次谈话并给我提供了不少相关材料，我自己也去北图查阅了许多资料，在此基础上写成了1万多字的《吴文藻自传》。吴先生这个人向来比较严谨，当时他认为1万字大大多出了该刊原定6千字的要求，要我删掉4千字。我觉得太可惜，力主先寄过去，如果该刊认为一定要删，那就再删也不迟。吴先生勉强同意。稿子寄过去之后，《晋阳学刊》不但没有要求改，而且打电话给吴先生说非常满意。后来还有人就这篇自传专门写了高度赞扬的评论。通过给吴先生写自传，我对吴先生才有了比较全面和深入的了解。

自1985年吴先生去世以后，已过去21年了，我们国家的人类学、民族学有了很大的发展。回想起来，我觉得吴先生这一生的贡献主要有这么几点：首先就是介绍和引进西方的学术思想，其中既有社会学的，如"现代法国社会学"（上篇载《社会学刊》第3卷第2期，下篇载《社会学刊》第4卷第2期）、"德国系统社会学派"（《社会学界》第8卷）、"冯维史的经验学派社会学"（《社会研究》第86期）等；也有民族学与人类学的，如"功能派社会人类学的由来与现状"（《社会研究》第111期、第112期）、"布朗教授的思想背景与其在学术上的贡献"（《社会学界》第9卷）、"英国功能学派人类今昔"（《民族研究》1981年第1期）、"战后西方民族学的变化"（《中国社会科学》1982年第2期）等。在我们刚入学的时候，由于时代的局限，有关国外的学术思想方面的文献很少，因此整个学术界对国外相关学科的学术状况很不了解，尤其对国外最新的学术动态不了解，吴先生的介绍可以说非常及时，而且基本是同步的。这一点现在几乎没有什么人能做到。

徐：这一点很重要，同步介绍学术前沿这是需要动力的。

王：我觉得目前我们对西方学说的了解不是太多，而是还很不够，尤其是同步介绍太少，这可能与我们没有形成一批专门从事翻译和介绍国外学术动态的队伍有关。

徐：拿吴先生那个时代和我们现在来比较，吴先生对功能学派的介绍，非常易于我们国内的人理解和接受。现在有些学者介绍西方的东西我们看不懂，这是一个很大的反差，我觉得回顾吴先生这方面的贡献，很值得我们学习。

王：是的，我们应该学习吴先生的这种学术敏锐性。此外，还要注意加强自己国学的功底，也就是说，要加强对中国本身历史文化的深度了解和国语的修炼。这方面我们仍然要向吴先生这辈人学习，他们不仅外文很好，而且国学功底也很深厚，吴先生任教期间就讲授过中国思想史；潘光旦先生的国学功底则更为突出，费孝通先生等人国学基础也都不错。

徐：这些大师们的国学功底是非常深厚的，同时他们又接受了西方的学术思想。可以说从这个方面他们都是中西合璧的大手笔，这点很值得我们后来人学习。您今天讲到这个国学的问题，正好是我想和您探讨的。我想和您讨论一下国学与人类学的关系。为什么要讨论这个问题呢？因为现在有很多的高校，例如中国人民大学、北京大学都在提倡国学研究，人民大学还成立了国学研究院。《光明日报》办了国学专栏。那国学到底是什么？它与我们现代人的生活有什么样的关系？国学与中国文化的发展是什么关系？我很想听您谈谈看法，而且我听说您去北京大学讲《易经》。《易经》就是国学当中非常重要的一个部分，好像一般人的传统看法国学就是对古典文献的注释，如果纯粹的复古，那国学还会有什么发展？我就是很想听听您对国学与人类学关系的看法，两者是否有关系？如有，是一种什么样的关系？

王：按我的理解，国学就是对中国传统文化的研究，国学研究应该是一个较大的范畴，不应该只是文献。对中国物质文化和非物质文化研究，都应包括在国学研究的体系中，比如考古发掘出来的文物和古典文献的互相印证的探讨就应该是国学研究的一部分；对中国少数民族历史文化的研究也应该是国学的一部分。因此，国学应该在广义上界定为研究中国各民族文化的一门学问，不应只局限在文献。

徐：您这个观点我非常的赞同。国学是讨论中国各民族文化的学问，那么我们以人类学的眼光来看国学，它的载体是什么？它的对象是什么？它的主位是什么？谁是国学的承受者？也就是说国学作为一种文本表达，它反映的是谁的生活？

王：我个人认为，从人类学的眼光来看，国学的载体、对象、主位、承受者及其文本所要表达的就是中国的56个民族，56个民族以及台湾的少数民族祖祖辈辈的社会文化生活。

徐：那就是中华民族了。

王：对，中华民族，由56个民族以及台湾的少数民族共同组成的中华民族。现在的国学研究只研究汉族古典文献，无意中给人们造成一种固定的印象，似乎只有研究汉族文化才是国学，而研究少数民族的文化就不是国学。这是有失偏颇的。我要特别强调的是，国学的"国"是中国的"国"，国家的"国"，不是汉族的"汉"，汉族是中国的主体民族，但不是中国的唯一的民族，如果认为国学就是汉族的学问，这无意之中就把55个少数民族以及台湾的少数民族从中华民族多元一体中的"一体"给割裂开了，这是极不可取的。国学是相对于西学而言的，只要是研究中华民族传统文化的学问都应该叫国学。

徐：您刚才讲的其实是个非常好的建议：西学它所表达的是西方民族的文化生活，那国学所表达的当然是中国人的生活与文化。这里理应包括少数民族的文化。既然这样，您认为国学与人类学的关系应该是怎样的？人类学在国学研究中能不能起到它应起的作用？

王：我觉得国学与人类学、民族学的关系是极为密切的，就好像是两个有80%面积相重叠的圆圈，你中有我，我中有你。

国学应该把人类学和民族学对中国少数民族的研究都包容进去，人类学和民族学同样应该把国学的内容包括进来，传统的国学研究应该关注人类学和民族学的研究成果，人类学和民族学工作者同样也应该关注国学的研究成果，国学研究者可以加入到人类学民族学中来，人类学和民族学工作者同样可以加入到国学研究中去。当然人类学与民族学的研究范围要更宽泛些，因为人类学和民族学的研究范围是世界性的，也就是说，全世界所有的民族、所有的文化都在其研究视野之中。国学研究可以在人类学民族学中起重要作用，例如，人类学和民族学中常用的文献研究法；人类学和民族学对国学研究同样也可以起到重要的作用，例如，用民族志材料解释古代文化之谜。实际上，人类学和民族学界已有部分学者加入到传统的国学研究之中，如对汉民族研究，徐教授您在这方面做了富有成就的工作。

徐：国学研究能不能运用人类学的理论方法？现在国学研究正在兴起，做这个方面研究的大多数人对人类学不了解，两个学科之间还有隔膜。但是我们人类学不能不关注国学。有一些人如叶舒宪、肖兵等对国学经典《山海经》、《易经》等做了人类学的破译，但是国学没有承认它，人类学也不承认。实际上他们作了非常大胆的尝试，这种尝试说明人类学和国学是可以牵手的。国学的研究如果运用人类学的方法，就会有创新，人类学的研究如果关注了国学，人类学本土化问题就解决了方向性的问题。我曾经提出，人类学本土化在中国的环境中应该注意这样两方面的问题：一个是对浩如烟海的历史文献进行人类学的解读，司马迁写《史记》的时候，用他的眼光对当时的历史进行的解读，特别是有了对少数民族的关注。那在现在的历史条件下，人类学家怎样来解读这么多的历史文献。这就是人类学可以关注国学的内容。第二方面，现代社会发展很快，人类学应该关注社会前沿的表达，但现代的发展与历史是割不断的，是有历史渊源的。对传统历史文献的解读和对当代社会生活的田野调查两者相结合才可能使我们更好地认识我们现代的中国社会，才能更好地预示中国社会的发展，才能更好地把我们已经丢掉的东西再捡回来。许多东西丢掉了是非常可惜的。现在社会上都在讲道德的丧失，其实我们传统中有很好的道德规范，为什么现在会有这种情况的出现？所以国学和人类学之间相互促进、共谋发展应该是大有作为，您认为呢？

　　王：我完全赞同您的说法。国学与人类学、民族学尽管研究的特点不一样：国学重历史，人类学、民族学重当今；国学重静态的文献研究，人类学、民族学重动态的人类社会文化，但我以为人类学和民族学的理论与方法完全可以运用到国学研究中去，尤其是人类学民族学最基本的四种理论与方法，即田野调查、文化相对论、整体论和跨文化比较都可以运用到国学研究中去。例如，人类学最具代表性的方法——参与式田野调查，是对社会文化进行比较细致、准确研究的方法，是真正能够深入到微观层面的研究方法。要解决问题需要细致而准确的社会调查，因为只有细致、准确的社会调查材料才能使决策部门做出准确的判断，有准确的判断才能有准确的决定，才能取得好的社会效果。这种细致而准确的社会调查，可以说，在社会科学中，只有人类学能够做到。参与式的田野调查不仅对认识和解决当今社会文化问题有重要作用，而且对以传统社会文化为主要研究对象的国学同样具有重要意义。历史文献中所记载的事实是过去时空中的事，但仅凭阅读文字去想象过去时空中社会文化的意义，显然比较困难，也比较主观。其实，当今现存的社会文化中有很多过去文化遗留下来的现象，有的甚至保存得还很完整，通过深入细致的田野调查，就可以比较准确地了解文献中所描写的社会文化现象的意义。再如，文化相对论的观点对国学研究也非常有用。我们过去国学谈的是进化论的观点，现在我们可以把思路改一下，用相对论的观点考察和重新估价一下历史上的民族文化，肯定能够得到与以往不同的研究结论，而这种新结论又肯定会更加客观、更加符合历史主义。尤其是用文化相对论的观点考察中国传统文化，对我们重新认识中国传统文化的价值肯定会有极大的益处，至少我们就不会再有以往的那种不如西方文化的自卑感。跨文化比较的方法、整体论的方法，也都可以运用到国学研究中。把人类学、民族学的方法加入到国学中无疑会给国学研究带来创新，使国学研究更具活力。

徐：现在国学热开始升温，我认为研究国学对我们中国民族传统文化的重构是有好处的，因为从"文化大革命"到现在已有40年，传统文化在这期间遭受到很多的波折，许多优秀的东西丢失了，在改革开放的今天我们非常需要重构我们的传统文化，国学的研究正是有利于我们认识自身的传统是什么，传统文化中哪些是宝贵的，我们应该继承？我们曾经把许多东西当作封建迷信，就说过年吧，我们这辈人小时候过年年味很浓郁，讲究的是仪式和过程，从准备年货、过小年、祭灶、守岁……最隆重的就是年三十这天祭祖，后来这个都被当作了封建迷信，以至于现在很少有家庭还会有这样的活动。把这些东西都丢掉了，文化的味道也就淡了，年轻人还会喜欢过年吗？有的学者已经提出"保卫春节"，但怎么保卫？这是我们应该考虑的问题。外国人有他们的狂欢节，有各种各样的文化活动，反观我们自己的春节反而没有什么可以玩的了？所以年轻人更喜欢过圣诞节、情人节。这些节日对丰富我们的文化生活也是有益的，可我们自己的东西丢得太干净了，这个很可悲。所以我认为现在的人类学和国学完全可以牵手，因为人类学关注的就是人的生活，生存方式，您在这方面可以说有一定的功底，所以我很希望王教授在这个方面能够做进一步的思考。下面我还有几个问题想问您。您再简单地给我们介绍一下您的学术经历，好吗？

王：好的。不过说我自己之前还是再说说吴文藻先生。我前面提到了他的第一个贡献就是同步介绍了西方先进的学术思想，现在再简单说说他的第二个贡献。吴先生的第二个贡献就是提出了社会学、人类学的中国化问题。吴先生不仅提出了这个响亮的口号，并对此进行了专门的讨论，而且在行动上也是这么做的。无论在教学、科研，还是在学科建设上都是身体力行地努力履行中国化的主张。例如，在当时大学中流行用洋语讲洋教材的氛围中，吴先生自编中文教材，坚持用中文授课。在当时那种风气下，这么做是有眼力的。第三个贡献就是对学科建设人才的培养。他在这方面花的心血是很多人不能及的。许多大家个人学问做得很好，但在人才培养上并不是很突出。而吴先生重点不在自己做学问，而在于培养学生。特别是在选拔优秀人才上他是非常有成就的。例如他培养的学生费孝通、林耀华、黄迪、瞿同祖、李有义、李安宅、陈永龄等都很有成就，后来在学界都是很有影响的人物。吴先生可以说为中国社会学、人类学奠定了人才基础，因此，这个贡献的意义更为重大。

徐：的确是，这一点很值得令人深思。

王：吴先生对我的培养也是非常重视的，经常单独找我谈学术问题，每次谈完还都要借给我许多外文材料，这对我知识积累和阅读翻译外文材料能力的培养是非常有帮助的。后来我翻译许多外文材料其实主要是按照他的意图来做的。我后来的研究方向以人类学和民族学理论方法为主实际上也是吴先生为我确定的。从那时起到现在，我的这个研究方向基本上没有改变。但最近几年，我个人觉得人类学、民族学应该有更大应用性，应该让人类学、民族学更为主流社会认可，和国学结合就是重要的途径之一。我现在做的医学人类学的研究就属于这个方面。对医学人类学的探索中使我又对传统的中医学产生了兴趣。通过探讨深深地感觉到中医文化的博大精深。中国传统中医对人的健康、长寿、养生方面积累的知识是非常丰富的，而这些珍贵的东西又被好多人遗忘了，因此，重新发掘中医文化的精髓是一件具有重要意义的事。

徐：说到这我想和您提一下，2006年10月中旬在湖南凤凰县召开第四届人类学高级论坛，主题有一个就是"人类学与公共卫生"，我现在就很诚挚地邀请您参加这个会，并希望您就中医文化作发言。

王：谢谢。

徐：很高兴您接受我的邀请。

王：对中医文化的医学人类学探讨，可以算是我从人类学的角度加入国学研究的一种小举动。此外，在中国传统文化中我觉得对中国哲学思想、医学思想有深刻影响的是《易经》。有人说《易经》是中国民族文化的源头，这恐怕有点过分，但说《易经》对中国传统文化影响巨大还是符合事实的。我对《易经》也有所涉足，我曾去北京大学的一个中国历史文化高级研修班做过关于《易经》和风水学的两次讲座。《易经》和风水我们现在把它当作边缘的东西，在传统社会它则属于主流文化，尤其是风水，过去在人们生活中占有很重要的地位。现在大陆人类学和民族学学者对这两种传统文化现象研究得不多，台湾那边有一些。对《易经》和风水学我也是用人类学的视角去讨论的。这也可以算另一个从人类学民族学角度加入国学研究的小举动吧。

徐：我觉得您的研究很有意思，已经在做国学与人类学、民族学相结合的实际努力。由于时间的原因今天就和您谈到这里。再次感谢您接受我的采访。

【录音整理 鸿鸣】

【原载《广西民族大学学报》（哲学社会科学版）2006年第5期】

从摇滚乐到人类学

——中央民族大学张原博士访谈录

徐杰舜

张原博士

徐杰舜（以下简称徐）：很荣幸张原能接受我的采访。去年你入学不久，有一次你的导师王铭铭教授把你和你太太介绍给我——一个张原，一个汤芸，两个人名字合起来就叫"汤原（圆）"嘛，当时我对你们就有了非常深刻的印象。在后来的接触当中我觉得你的思维相当敏捷，为人也很助人为乐，挺关心别人。后来我又听说你以前玩过摇滚，现在还有一个摇滚乐队，那我就更想听听了。所以我就想请你先介绍一下你的背景。

张原（以下简称张）：先讲一下我的家庭吧。我出生在一个干部教师家庭，我父亲以前是贵州民族学院的老师，后来转到了做行政工作，在人事处；我母亲原来是中学老师，后来去税务局工作。家庭背景大概就是这样。所以从小就受父母比较好的影响，因为在我很小的时候他们就培养了我阅读的习惯。从小到大每天只要有时间，我就会看书。

徐：你祖籍是贵阳吗？

张：对，对，我祖籍就在贵阳；应该是明朝贵州屯军的后代。

徐：那不是和屯堡人差不多吗？

张：不太一样。屯堡人他们是留在了当地，我们又是走出来的，所以没有保持屯堡人的文化特征。我的家庭，一方面因为我的父母使我保持了一个良好的阅读习惯；另一方面，他们比较喜欢带我出去旅游，所以基本上每个假期都会出去旅游，也算是读万卷书，行万里路吧。这么说来，我与文化人类学也是有缘分的。而且我的爷爷他就是一个彩扎的艺人，和那些道士会有很多交流，这使我对民间的宗教也很有兴趣。那么搞摇滚乐是一个什么样的机缘呢？因为从初中和进入高中之前，我基本上算是一个"好学生"。在进入高中的时候，因为青春期嘛，人就会有独立的一些想法。那时候可能也是因为看书看得太多的原因，人太早熟了，就开始喜欢摇滚。

徐：那你给我们说说当时影响你最大的书是什么？

张：当时影响最大的书，一部分是哲学方面的书吧，尼采的、萨特的，此外还有卡夫卡的小说，以及国内的一些20世纪90年代那些先锋派的小说——那个时候我看得最多，他们就要追求人与人要不同嘛，就要反思这个社会对人的压抑嘛。然后受此影响就会听摇滚乐，就爱上了玩这种音乐。

徐：你是哪年生人？

张：1978年的，70年代的人。就是20世纪90年代初那个时候，正好是中国摇滚乐的勃兴时期，我就一下子喜欢上了，觉得那个音乐能表达我的一些思想，后来还学会了吉他。高中的时候就开始自己写歌，当时也还没有开始正式组队，只是和几个好朋友一起玩音乐。但是也是因为这样，我的高考算是失败了。没有考上父母期望我考上的学校，或者我心里想考的学校。

徐：当时想考什么学校？

张：其实当时我心里还是有这样一种愿望，虽不说是要考北京大学之类的学校，但是至少也想过中山大学之类的。高考算是一个挫折吧，但是我心里一点也不后悔，因为经历了一些东西，会有很多值得思考的东西，至少我觉得我的人生是丰富了的。一方面我觉得阅读很丰富，另一方面是搞了乐队以后，阅历很丰富。进入大学之后，大学的时间比中学的时间更加宽裕，我就正式组建了一个乐队。

徐：你考上了哪个学校？

张：贵州民族学院，我也跟大家说过，我是"民族学院一条龙"嘛！从贵州民族学院到西南民族大学，再到中央民族大学，正好是一条线。

徐：你进的是什么专业？

张：进的是民族文化系，当时叫做民族语言文学系，这也和我喜欢文学有关系。组建了乐队之后，马上我们乐队的人就自己开了一个酒吧。那几年在大学的生活其实还是蛮丰富的，我们还组织了一个诗社，叫高原诗社，1998年有一期的《大学生》杂志还专门介绍了我们诗社。也出去旅游，自己背着背包，新疆、西藏啊也都去看了一下。所以那几年觉得人生很丰富，做了很多事情。而且虽然我读的是贵州民族学院，但是我也一点都不后悔。因为我觉得我读的这个民族文化系，或者当时叫做民族语言文学系，我认为如果说当时贵州民族学院属于所谓的三流大学的话，那这个系是属于一流的系，因为当时的老师构成有几批：搞中文的是一拨，搞新闻的又是一拨，然后就是搞民族政策的一拨，还有就是搞民族学，他们当时叫民族文化学，称呼有点奇怪，但是和人类学有点相近。

徐：大学时候你的本科老师是哪位？

张：大学本科的时候，有两位杨老师，其中一位叫杨昌儒的，搞民族政策学的，最初的一些民族理论的课是他上的；还有一位叫杨昌国，他后来是系主任。还有一位老师已经过世了，叫潘定智。前两位杨老师都是较年轻的老师，对我有很大的影响。我最后转向了人类学，可以说事实上是由这两位老师开始的。当然在大学的时候，我还是偏重文学，对文学特别地感兴趣，我当时写的学士学位论文是比较文学的，是关于《十日谈》和《二拍》的比较，题目叫《市井俚语的胜利》，实际上是谈一种市井文化怎么表现在文学上面，当时的系主任杨昌儒看了这篇文章，而且可能因为我那天答辩的效果还不错吧，就对我有了深刻的印象。然后就有这么一个契机，他就想叫我留校。当时我很犹豫，因为我早就想自己出去做生意。当时因为酒吧没有时间管，已经卖了。我想可能就像刚才徐老师"表扬"我的吧，说我爱关心同学啊什么的，可能是在社会上待久了，就沾染了一些江湖习气，比较仗义地去帮人。我觉得在大学时候我积累了很深的一批关系网络；而且这一批人，大家算是共同成长吧，他们当中有生意做得很成功的人，有各行各业做得很成功的人。那个时候我还是很动摇，有几个选择：一个是当老师，一个是到报社，因为我关于新闻的东西也写得很多，我们那边都市报的记者我也可以去做；还有就是在税务局，因为我母亲在税务局工作，她可以让我进去。后来我想了一下，我想我个人的性格，还是比较适合留在高校里面。而且从那个时候开始，基本知道人类学是怎么回事了，觉得那个东西是我所喜欢的，和我有缘分的。因为它实际上就像我以前玩摇滚音乐一样，也是要思考一些社会的和人的问题；人类学的很多知识，会让我觉得很有意思，而且人类学关于异文化的一些东西确实可以开阔我的思想。另外当时我们的音乐里面，加进了很多民族的元素，所以可能就因为种种这样的一些信息吧，我就留校当了老师。

徐：什么时候留校的？

张：2000年留校的。我是1996级的。毕业以后，也是很偶然的机会能够继续在人类学上走下去。那个时候还是在当学生辅导员，工作比较轻松，杨昌儒和杨昌国老师经常就会谈论到一些关于文化人类学的问题。我当时就在图书馆借到一些资料和书，自己在看。看了一段时间以后，我觉得对这个学科越来越感兴趣。不久就有一个非常巧合的事情，就是西南民族大学有一个相当于高校教师进修班，而且是文化人类学的进修班，发了一个函到我们学校。我是最需要这样一个机会的。我就给当时的系主任杨昌儒讲，他非常支持我，说应该去。去了以后，我的人生就从此改变了。因为在2000年之前的时候，我社会活动很多，人还没有定性，也就是说充满了很多的可能。我可以成为一个音乐家，我参加的那个乐队，虽然我因为转到人类学这一行以后，退出来了，但是那个乐队至今还是非常火的，在贵州都是很有名气的，而且还出了专辑——我可以做那样的事情。而且我也可以经营我的酒吧或者网吧，现在我的网吧也还在继续经营着，虽然我没有用心在做它。又或者是当记者，总之有很多可能。

但是就从2000年开始，从我接到那个函以后，我的人生就这样定了，要向这条路走。我觉得这和我之前的那些经历都是有联系的。进了西南民族大学以后，也很有意思。我进去的时候，当时正好是这个学校院系要调整的时候。因为西南民族大学的民族学，在开始的时候是以民族史的研究为特点。后来它改变以后，变成以民族理论与政策为主。在我去的时候，开始他们第三次调整，开始朝人类学方向转变。当时我的导师张建世老师正要成为民族学点的领衔。我正好是经历了这样一个过程。事实上那两年进修我学了非常多的东西,关于民族史的东西我学了,关于民族理论与政策的东西我也学了,还有关于人类学的东西我也学了。就这三样东西,都摆在你的面前,而且也应该说,教我这三门课的老师对我印象都还不差。两年进修完之后,老师就觉得我不错,我自己觉得拿一个进修班的文凭不好,而且我喜欢这个方向,于是我就开始考研。我考的那一年,民族学正好从民族理论与政策中分开了,成为以人类学为主的狭义的民族学,而民族理论与政策成为另外的一个点。老师就叫我选,我就坚决地往人类学这方面靠。回过头想,我觉得前面那两年很有意思,因为我的思路一下子打开了。在西南民族大学学习期间,老师开课是很开放的,叫很多外面的老师来上课。当时是四川省民族研究所的李绍明老师给我们上课,他讲了一句话让我至今很有体会。当时我进来一下子学了这么多,一会儿是民族政策,一会儿是民族史,一会儿又和民族学有关,我的脑筋会乱。我搞不清楚人类学与这些学科的界限,要怎么看待这些事情,这是一个问题,因为那时候我学的知识有点庞杂。当时李绍明老师说了一句话,让我一下子醒悟过来。他也是在谈到学科史的时候,介绍说,20世纪90年代的中国民族学和人类学,看样子是要分了。怎么分呢?人类学会以文化为它研究的关键词,民族学会以民族或民族问题为它的关键词。我觉得他讲的有一定的道理。后来我在看这些书的时候,就知道,至少他对人类学的评价是对的。从那个时候开始我就知道,人类学关注的是文化,而不像我以前在贵州民族学院认为的,民族问题和文化的研究搅在一起。正如我们说"人类学在农村作研究,但不一定是在研究农村",所以我喜欢人类学也是这样,要超越出去。实际上,这句话也让我对人类学这个学科的研究清晰了。我当时的导师张建世老师,中山大学毕业的,是梁钊韬和张寿祺先生的学生。当时有各种各样的老师上课,但是他一直坚持人类学的传统。他受过人类学严格的训练,所以对我们的要求也非常严格。应该说因为有他直接给我系统地上课，才有后来引起我和王铭铭老师的缘分。当时我在贵州民族学院学的东西，说实话在理论上还是受进化论的影响，受摩尔根的框架影响比较深。我第一次去上他的课，发言的时候，我旁边有两个同学是从法律和其他专业转过来的，相比之下我还算是有基础的。但是当我发完言之后，张老师就说了一句话，让我印象特别的深刻，他说，你貌似比他们两个有基础，但是其实你的问题是最大的。他就把王铭铭老师的《文化格局与人的表述》这本书拿给我，说，你先看看，人类学的理论今天已经走到哪一步了，你把这本书看完再问我问题，不然你老陷在进化论那里面。我就在那个时候开始拿着王老师的书认真地读，我觉得受到很多启发，就开始做笔记。发展到后来简直就是在抄书，就把那本书抄下来了。我觉得那个工作还是很值得的。从那个时候开始，我对理论的东西就有一条线索了，然后再和我们张老师交流的时候，在理论方面就打开了。当时我就暗下决心，说如果有机会一定要做王老师的学生。而且张老师也是非常开放的人，他说，你跟我五年就够了——因为我是从2000年进来，2005年才出去——之后你应该出去，毕业时，张老师已经是博导了，但是他不要我考他博士，他说我一定要出去，一定要放开。我觉得他对我很支持，也是他把我和王老师的缘分拉近了。我真的很感谢他。

徐：也就是说，经过两年的进修班和三年的硕士班，共五年的时间，你的基础打得比较扎实了，对人类学的认识也比较清晰了。我原来想请你谈谈怎么从摇滚到人类学博士生的过程，刚才你已经谈了你硕士学习上的过程，但是摇滚这一块讲得比较少，那么你能不能再升华一下，给我们谈谈，从摇滚到你博士生生涯的这一段？

张：我接触摇滚的时候正好是15—16岁青春期，从那个时候就开始喜欢上了。实际上我接触得最早的中国摇滚就是崔健的音乐。崔健的音乐事实上是对这个社会很有关怀的。

徐：是不是从《一无所有》开始的？

张：不是，《一无所有》算是他最有名的歌，但是当时我印象最深的是他的《一块红布》。我记得王铭铭老师跟我说过，他在英国写博士论文的时候，文章最后的结尾，就是崔健的《一块红布》的歌词。《一块红布》是很有寓言性、象征性的一首歌。我当时喜欢摇滚的第一印象，像小孩子嘛，首先是喜欢它的歌词，其次喜欢像崔健音乐里面那种思想。他对这个社会问题非常关心。第二个原因，摇滚音乐里面还可以有尊重个人的因素，或者说把个人展现出来的东西。那正好是15—16岁的小孩子，最需要的东西，最需要自我认同的时候。所以当我喜欢上这些音乐以后，我就开始听国外的，也听了很多，也开始拿着吉他学。我学吉他还挺快的，学了半年左右，基本上弹一般的歌都没问题了。然后可能学了8个月的时候，就开始自己写歌。那个时候其实是少年不识愁滋味，为作新赋强说愁的那种感觉。这个时候就会吸引自己要看一些哲学的书。开始是看尼采，后来比较喜欢存在主义萨特的书，还有卡夫卡的小说。我特别喜欢卡夫卡的小说，因为他的小说很有想象力，而且对现代社会的批判是很有意思的。我觉得我喜欢的那类摇滚乐和人类学有共同之处，它们都是对现代社会的一种反思，或者说在知识上的一种补充，也是一种刺激。

徐：你的这个观点我蛮赞同的，有些流行歌曲就是谈谈情说说爱，无病呻吟一下，但是你所说的那类摇滚，它反映了年轻人的一种对时代的责任，对现实的反思。它也体现了年轻人的生存状态，一种态度，就是社会要对我们年轻人多关怀。但是后来的摇滚可能就有点……

张：中国人刚开始接触摇滚的时候，是一种非常理想主义地去接触它，而且接触的摇滚乐也是很片面的。其实摇滚乐在西方也是被当作一种流行音乐，它进入中国的时候，也有一个"中国化"的过程，所以它一开始的时候确实是被当作一种非常理想化的，诸如关于社会批判的一种东西，我们会把这些音乐就当成了摇滚乐的全部。但是后来因为接触得多了才知道，摇滚乐的风格是非常多的，不只是崔健的那种，也不只是我们喜欢的像英国的 U2 乐队的那种，还有更多的其他的音乐也被归为摇滚乐。但是为什么在中国，年轻人一开始接触摇滚乐的时候会和自我的解放，会和对现代社会批判结合在一起呢？这实际上也是值得反思的。正好那段时间大家要发出自己的声音，要让自己与别人不同，那就正好找到了摇滚乐，来作为一个符号，而且这个符号是被地方化的。

徐：它是个符号，也是个工具；年轻人借助这个工具来发出声音，好让别人都赶快注意他，所以他也会这样摇来摇去。

张：对，今天我们对摇滚的态度反而是多元了，这也就正常了，承认摇滚乐也是当代文化的一种现象，也是流行音乐的一种分类。现在因为还掺杂有商业的因素在里面，就和 20 世纪 90 年代我们所喜欢的那些理想的状态不一样了，因为现在开始娱乐化了。当时喜欢摇滚的那种精神和现在这些小孩子也在玩的摇滚的精神，可能还是有差距的。像我们毕竟都快 30 岁了，我参加的那个乐队，当时我们几个人一起玩的，到现在还在；他们今天还会演出，和那些可能比我们小上 10 岁的孩子一起演出，这两种音乐事实上是有区别的。那些孩子已经把音乐当成一种释放自我的方式，他不需要太多的思考，就是一种玩，那我们这一批近 30 岁的人，还是有一种理想主义，把它注入音乐里面。这是要进行思考的一些问题。所以有时候我们跟这些小孩子演出，有时候可能得到他们的尊敬，有时候可能受到他们的嘲笑，说这帮人，怎么这么老了还当"愤青"啊！

但是我觉得很好，坚持的东西是不败的。因为玩摇滚，会受到很多的不理解，你的牺牲是很大的。我经历过那些事情，包括我现在搞人类学，我觉得我还是有牺牲的，比如我经济上面，不如我搞其他的事情来钱，但是我愿意为了这样一个理想，这样一个爱好而去放弃很多东西。这和我当时搞摇滚乐一样的。因为当时我在读大学的时候，18岁组建一个乐队的时候，也是正要长身体的时候，但是那个时候要把大量的钱拿来买乐器。一个电吉他是2000多块钱，一个音箱也是1000多块钱，你要买那么多的乐器，只能勒紧肚子。我一个星期每天就吃馒头蘸油辣椒，喝豆奶，最后就拉肚子，搞得很惨。现在我大学毕业也有五六年了，再接触以前和我一起毕业的大学同学，他们现在是洋车洋房都有，而我在搞的人类学并不让我在经济上感到宽裕，但是我觉得我的心理调整得很好。其实我也是个很要强的人，会觉得他们当时做生意都没有我厉害，现在却比我有钱了，但是我现在心里不会有什么大的不平衡，因为我知道我是在做我自己很想做的事情。

徐：你和他们分别是两个"才"，你是人才的"才"，他们是钱财的"财"。他们的生活也很正常，能够过得很好，不过活法不一样；像你这样能够调节平衡，同时做你能做的事，我觉得也是很不简单的，也算是另类了。刚才你说了，摇滚也是文化的一种表达，现在的摇滚，和崔健很不一样；我觉得崔健到现在还是有一种责任感、社会感在里面。

张：他的音乐我觉得还是有他非常真实的一面，他真实的一面就包含了一种对社会的责任；而现在的小孩玩的摇滚，我也觉得有真实的一面，因为他们真实地把自己的情绪和想法给讲出来，但是他们不一定要承担那些责任，他们会更轻松。所以我觉得也是时代的不同，每代人生长的文化背景都不同，所以我们这代人和他们这代人玩的摇滚已经很不相像了。我觉得我们在面对自己的时候，远不像这些小孩子那么率真有趣，一下子把自己的想法都表现出来，但是我觉得我们又比他们多一种责任，多想一些事情。所以我觉得两种不同的音乐，都是真实的。

我还是会继续关注摇滚乐，但是现在我更关心的是这帮人会通过摇滚音乐形成一种很像宗教仪式一样的东西，其实这也是很值得研究的。因为每年北京都有 midi 音乐节，我去年和今年都参加过，觉得很有意思。这些人在五六天的时间里会集中在海淀区的公园，躺在草坪上面，大家都围在一起听着音乐，相互狂吹一通，这些人就会产生相互的认同，而且你会觉得音乐一下子成为一种神圣的东西。你不要说现在的年轻人是孤独的，我觉得他们通过音乐会被联系在一起。这个音乐节各个国家的人都会来，这时候大家形成如此大的一个团体，让你觉得音乐的力量实际上很了不起。我为什么说它了不起？还有一个原因是我觉得他们的音乐很真实。其实今天的摇滚乐还是与流行音乐有太大的不同。今天我们还有这么多人把真正的摇滚乐喊作"地下音乐"，我觉得"地下"并不是说它是黑暗或者违法的音乐，而是这种音乐没有得到商业上的经济支持，也不能得到主体媒体上的认可和宣传。但是恰恰是这样，保持了它们形式上的纯洁性。像我参加的那个乐队，是1997年组建的，当时那个乐队叫"低空飞行"，也是源于我那个时候写的一首诗，就说"虽然我们紧贴着现实的地面，但是我们依然在理想的天空中飞翔"，表达的是这样一个状态。我离开了以后，因为贵州存在着一个叫"贵州地下音乐联盟"这样一个社团性质的组织，这个乐队改名为"摩登黔音社"。我认为到现在他们还是"地下音乐"，因为他们只在很小的社团范围演出，听他们演出的人是固定的，而且他们现在也不把搞摇滚乐作为经济收入的主要来源。确实他们现在各自有各自的事业，经济比较稳定以后，聚在一起搞音乐，只是出于爱好，或者是出于对理想的坚持，反正那种状态是很好玩的。我们这个乐队的这拨人要上台去演出，你会感觉很怪，他们有的人是公务员，有的人是做生意的，你感觉他们的气质和外形都不像是玩摇滚乐。因为一般人认为，玩摇滚的人会很酷嘛，我现在这个形象反而还保持得比较像玩摇滚乐的，而他们都是白白胖胖的，戴着金边的眼镜，还穿着正装，但是上台以后，音乐一响，那味道就出来了，然后你就觉得这样的人确实是真实的，觉得我们对摇滚音乐的狂热从身体的外部，转向了内心，转变为一种内敛气质而不像以前那样要靠一些外在的符号来修饰和表现。

徐：刚才你也谈到了一些人类学与摇滚，现在你能不能用人类学的眼光或者视野对摇滚进行一些其他的解释？

张：人类学的视野是比较宽广的。有时候我也会想，为什么今天的摇滚，它的演出形式，比如它较快节奏啊，对噪音的喜好会在这样一个社会里被一些人认可，我觉得摇滚乐还是反映了一些现代社会问题在里面，而且它是一种反讽的态度。比如说噪音，它认为噪音是美的，事实上是在反讽这个现代社会。摇滚乐从形式到内核，都有对现代社会的一种反思在里面。因为摇滚音乐也是经历了很多的变迁。最开始的摇滚乐会和爵士音乐掺杂在一起，从美国来说的话，它就是来自底层的，开始可能和黑人在一起，美国最开始的那些摇滚巨星，他们也是来自底层的。他们总要表达自己的声音。而英国这边的摇滚乐一开始也会稍微有点书卷气，也是因为这些人可能是来自于中产阶级的孩子，他们对现代社会是有自己想法的。中产阶级的孩子对这个社会批判起来，也有他有趣的地方。很多人觉得中产阶级是求稳的，要求这个社会是要安定的，因为他们是这个社会的既得利益的那群人。但是中产阶级的孩子会觉得现代的这种社会制度是在压抑人。所以摇滚乐一开始在美国黑人这边爆发出来的音乐，是要抗争的；那在英国的，比如从披头士乐队开始，他们觉得这个社会在压抑人，他们绝对不是无病呻吟，虽然这些人过得很不错，但是他们觉得这个社会的制度，比如说教育，就是把年轻人打磨成没有棱角的、符合于社会要求的一个零件而已,这样你的个性就会被取消了。摇滚乐一开始主要是通过歌词来反思的,但最后的时候摇滚会走向一种形式上的东西,比如说是通过噪音,通过单调的电子音乐的不断起伏来诉说对当代生活的批判。我们不要以为我们的当代生活节奏有多快就会变得丰富,其实是非常单一的;所以摇滚里面会加入一种单调的电子噪音,人听了心就会这样跳:"滴答、滴答、滴答……"事实上它是在讲这个社会本身就是这样的,别以为我们的生活节奏有多快多丰富,那都是假象;最真实的生活就是像这钟摆一样单调地"滴答、滴答、滴答……"地响着。音乐中加入噪音也是一种反思。比如每天都生活在城市里面或者工厂里面,各种各样的工业噪音,令人特别反感,突然有一天他觉得有创造性了,他就把这些噪音通过各种技术手段合在一起,通过噪音来表达音乐的境界。人就是这样,突然有一天像这样从极端的痛苦里发现了一种美,事实上也是对这个社会的反讽。摇滚音乐有很多的风格,比如说重金属,它追求一种力量;还有一种朋克音乐,更是一种非常革命性的音乐。它的音乐其实非常简单,永远只有四个和弦,有的只有三个和弦;这样旋律会是非常简单的,但是它打破了一些传统的音乐形式,实际上这是与后现代的某些思想联系在一起的。朋克音乐很有意思,非常的革命和具有颠覆性,歌词也很好玩,比如最开始的"性手枪",他们唱的歌词很有意思,有一首英国的国歌"主佑我女皇",被他们给篡改了,结果成了禁歌。

徐:那不是有点像我们现在说的"恶搞"吗?

张:对,朋克音乐就是我们说的一种"恶搞",不过我认为他们是在严肃地"恶搞"。后来摇滚音乐还有变化,就是电子音乐。我们现在谈到电子音乐会想到电子舞曲,但是这有点不一样,电子音乐有很多实验性的音乐类型。它其实也是对当代生活的电子化的反讽或再创造。我们说声音有"天籁之音",也指自然而然地从乐器里面发出来的声音，但是电子音乐完全不是，完全就是靠数字，靠电脑设施制造出来的。它的音色，给人的感觉很不一样，而且节奏似乎也很单一呆板，但是，它在这种单一的节奏之下，能够把人的一些微妙情绪表达出来。其实反过来，从音乐的发展变化也可以看到现代社会发展变化的特点。还有一种音乐，也成了一种潮流，叫做 world music，他们怎么搞？他们就像人类学家一样，比如说从工业社会返回去，找到像侗族大歌这样的或者找到非洲的某一个部落的民间音乐，把这些音乐与电子音乐掺杂在一起，这样就把我们现代社会认为来自"他者"的音乐和这种最具时代感的音乐结合在一起。这种音乐取得了很大的成功。中国现在也有不少人在做这种音乐。有的 world music 直接就是把某个非洲部落的音乐拿来，按着他们所谓的"原生态"来唱，偶尔也会加一点电子乐器和效果器的铺垫。这种潮流实际上也是对现代社会的一种反感，用人类学的话来说，就是要在他者里面找到对自己的反思。

徐：我想让你再谈谈，为什么摇滚要出自于地下？你刚才谈了一点，就是经济上得不到支持，媒体也不予曝光，除此之外还有更重要的原因或者其他原因吗？

张：其实关于摇滚这种形式，我这里讲得有点"文化决定论"，这种音乐就是来自于民间，一旦离开这个土壤以后，它就必然会死掉。在摇滚音乐史上已经发生了很多这样的事情。真正坚持摇滚精神的音乐人，他成了大牌明星以后，最后的下场就是死亡。要么自杀，要么吸毒而死。因为摇滚音乐真正的内涵，是一种草根的东西，他们只能是一种草根的英雄，和那些被制造和炒作出来的那种偶像，那种被金钱堆出来的"娱乐英雄"是两种人，是不一样的。他们这种人是不能成为大牌明星的，一旦成为大牌明星，一方面失去了创作的土壤，另一方面也失去了他生存的文化土壤，这样他的音乐也好，他的这个人也好就只有死路一条。我们倒不是绝望,而是事实确实如此。我喜欢的很多摇滚明星,被很多人追捧之后,一下子成为世界明星,最后都死了,就是毁灭,从灵魂到肉体的毁灭。我认为今天我们还要认真区分的是,有一种"伪摇滚"。就是那些资本家或者说发行商觉得摇滚还是有一些市场的,他们会推出一些伪的摇滚明星,那个不是来自于民间草根的。这些人他们就会活得很好,但是真正喜欢摇滚音乐的人从来不会承认这些人玩的是摇滚乐。而且我刚才说的那些草根的人,一旦翻身以后成为大牌,他会活得很苦,没有人再关心你的音乐了,人们只想看到你的丑闻。比如大家都熟悉的杰克逊,他这样苦那是因为现在媒体都在围剿他。但事实上他也不完全是草根的音乐,因为后面有商业的东西在推他,推得太厉害了。一开始,他来自于黑人家庭,而且是5个孩子里面最小的一个,他家里的经济条件很差,所以他的音乐最开始是草根音乐。突然之间,资本家发现了他,就把他推出,不断地推,直到成为一个世界级的大明星,你看他现在有多少资产,又有多大的麻烦,所以他完全不是草根的。还有就是搞摇滚乐的这里面会有一群人在反明星制,他们一定要反这个明星制,他觉得明星或者偶像都是虚假的——那是一种商业的东西,与艺术无关,一种意识形态控制的、霸权的东西,摇滚乐人必须有这样的觉悟将它铲除,那么会有这样的人以自己的生命去实践。我最喜欢的一个乐队叫Nirvana,中文叫涅槃,一支美国的乐队,非常有名,它的主唱在1994年就自杀了,因为一下子从一个无名小卒变成一个大明星以后,有如此多的人关心你的生活,却没有人会真正关心你的音乐,承受不了这样的压力,但是他以他的自杀告诉你,摇滚音乐人一定要和明星制对立起来。因为他的音乐一开始就是在讥讽那些假偶像,这种商业化的音乐生产,结果唱着、唱着自己就变成那种人了,也融到了这种制度中。因为有商业的推动,他就会变成那样的人,所以自己就会痛苦,他最后就会选择自杀。

但是这样一个人，我认为他很勇敢，也很真实，到目前为止我一直认为他就是一个真正的摇滚英雄。

徐：像你所说的这些看法，好像没怎么看见有人在说？

张：不，有些乐评文章会写这些事情。摇滚音乐会形成一个小的团体，会形成一种亚文化。你在主流报刊上肯定看不到这种东西，但是我们喜欢摇滚音乐的人会形成一个小圈子，也会出一些刊物，不一定是地下的，有些刊物的名字也很好玩，比如有的叫《流行音乐》，其实里面全部讲的是摇滚乐的事情，这种刊物还是比较多的。还有网络上的文章，以及各种乐评人。有些乐评人在电台会有固定的节目。他们不会是很商业的，比如收红包然后告诉你这首歌很好，他完全是介绍一些真正的摇滚音乐，甚至可以是一些老歌或地下乐队的新作，他会真实地告诉你这首歌的背景，这个乐队是怎么回事，这个音乐有什么东西。这些乐评人也是有变化的，我们会和这样的乐评人达成共识。关于摇滚的介绍很多，因为它已经成为一种亚文化了。

徐：那实际上在你进入博士阶段之前，你的生命史分两条线，一条线是摇滚的，一条线是学习。

张：对，但是我觉得这两条线都是一样的，都是要有激情。玩摇滚你也是要有激情在里面。我同样认为，学人类学也肯定要有激情在里面；没有激情，我认为人类学肯定学不好。

徐：你说的这点和我想的是一样的。我虽然到现在也没学好人类学，但是我对它有激情，愿意为它付出，所以会在有人反对的情况下，仍坚持把我们的学报办成一个人类学的重要园地。

张：徐老师如果年轻点，肯定也会成为一个"摇滚英雄"的。因为你和玩摇滚乐的人境遇是一样的，而且精神也是一样的，也是要付出很多的东西，会受到很多的非议，但是因为出于一种激情和一种爱好，然后你会一直坚持做下去。

徐：我不是什么英雄，我只是人类学的一个传道士，因为我不是科班出身，我们那个时代，人类学已经被打成非法，没有生存的权利，连费老都只能在民族学里讲民族识别。我的老师岑家梧，是搞人类学的，反右的时候已经被搞了一次，那么大的一个学者被派去放牛；好不容易回来了，又碰上"文化大革命"，又被批斗，他受不了了，就自杀了。这和你讲的摇滚英雄的境遇是一样的。我之所以想访谈你，是觉得有这么一个很好的机会了解，也许跟你有相通之处吧。我对人类学有种激情，尽管我自己学得也还很不够，很不专业，就像你导师王铭铭说的，徐老师你那个不是人类学。但是没关系，我跟他还是很要好，我也很认同他。

张：也是因为这样我当时是暗下决心要考他的博士的，这个决心我觉得是下得很对的。那时上课我抄他的书是在 2000 年的时候，当时我就一心要考，但是考上已经是五年之后。所以我觉得我也算是幸运的。在贵州民族学院的时候，对地方民俗和民族文化我了解了很多，也知道有人类学这个学科，但是理论上我的确是不足的。在本科的时候，没有环境来讲这些；在硕士的时候，前面两年学得很乱，后来是因为张建世老师和杨老师做了领衔以后，坚持人类学的这条脉络，还有李绍明老师给我的启发，使我对人类学的认识要回头再看。王老师那套介绍西方理论的书，细细看完之后，我觉得他是有对策的，针对的是中国学生的这种情况，恰恰就是这点他看得很准。当我细细看完以后，就解决了我脑子里面那些根深蒂固的问题，我继续看就觉得很舒服，觉得很顺。而且王老师在介绍西方理论的时候，他不是完全照搬，而确确实实是和中国的情况与历史完全地结合在一起。

徐：你现在已经入了"王门"，也读了一年了，我想请你谈谈，这一年来，你学习人类学的收获。

张：这一年还是有很大的变化的。第一个变化是在视野上得到极大的开阔。虽然在硕士的时候，我们老师开课开得如此复杂多样，我已经觉得够开阔了，也可以说那个时候是很多老师让你开阔视野，但是王老师他很厉害，他一个人就能让我们受到这种启发，在学习中涉及很多的问题。因为上他的课，会给出很多的书让我们去读，那些书初看上去是很杂乱的，但是有他一条关怀的主线。像我们上个学期的课，从天地人，到神鬼，然后风水，再到医学、法律什么问题都涉及，但实际上这是有他人类学关怀的一条线在里面。那个学期我就读了大量的书，以前在硕士阶段，觉得自己懂得了什么是人类学之后，就会不经意地排除一些其他的书。王老师要求学生要做大学问，大学问就是不仅你要叫做人类学家或人类学者，而且你写出的文章、得出的理论是要能和其他的社会科学研究对话的，你可以和历史学家对话，也可以和社会学家对话，和很多人对话。你对人类学的贡献，应该对其他的社会科学有影响力。那首先你就要对各种问题都有所涉猎。那个学期的学习，让我一下子又从人类学中超越出来了。以前在硕士阶段，我知道了人类学是什么，那现在博士阶段，通过王老师的教育，我知道了什么是人类学家。这第一个就是看书心境的质变，我们作为人类学家应该主动和其他社会科学对话，这是我觉得最大的一个变化。

徐：人类学应该可以和不同的学科牵手互动，它是社会科学当中的数学。

张：这个我赞同。人类学是研究异文化的，它研究异文化的目的是要对我们的文化有所贡献，而不仅是对这个学科的知识有所贡献，我觉得这是有区别的。

徐：你现在跟王老师一年了，跟以前只是看看他的书当然是不同的，那么我想听听你对王老师的评价。

张：我先从学习开始讲。王老师和学生的交流是非常多的，这一点我觉得还是很难得的。我每个星期至少能见到他一到两次面。上课的时间绝对是没问题。如果这个学期他没有课的时候，他会组织读书会，我们一样会和老师见面。其实他是个事务很繁忙的人，不管是在学术上还是其他事务上，但是他仍愿意牺牲那么多时间来和我们进行交流。而且能坐下来和他交流，对学生来说，收获是非常大的。令我非常感动的是，今年6月份的时候，有一天晚上王老师叫我出去喝咖啡，他和我单独谈；他就把我这一年来我们每次交谈的信息，给我解释一遍，然后告诉我，你的论文会做哪个方向。因为这第一年来我不断给他很多信息，他就会自己组织然后回馈给我，认为你这一年来跟他讲的是什么样的事情，那你的论文应该是涉及哪一方面的。这一点让我感触很深，我以为我们学生跟他说的这些不太成熟的想法，他会当成耳边风全部刮掉，但不是，他全部记在了心里面。他对于每个同学都是这样，我的另外几个今年要开题的同学，都是这一年不断地和他交流，他慢慢就把你这个人的兴趣，你的各种各样的情况摸清楚，他自己就会想，嗯，你这个人适合做什么东西，然后他再和你这样谈一谈。他对同学的了解非常厉害，他能把我这一年说的自己想要研究的东西都记住了，有的连我自己都忘记了，然后他有自己的一套，把它们组织起来，再来谈我论文的事情，这样我的收获就很大了，我觉得非常幸运。那么第三点，王老师带学生的风格就是，博士生下去做田野，他一般都会到现场去指导。这个也特别好。因为我们下去做田野，都还是学生，可能经验不足，而田野工作实际上全是靠经验带出来的，王老师这个做法就很好。我之前的师兄，他们都得到过这些的指导，受益很大。我不知道如何去表达，只能说成为王老师的学生感觉是非常、非常的幸运。

但是同时压力也会很大，他要求读书的速度是很快的。他说自己以前在英国的时候，一个星期都要啃两三本英文书，还要写报告，用英文去发言，那个是很艰难的。而我们现在看得最多的还是中文书，所以跟着他的第一年，我还是花了一些时间去适应。那个时候一个星期要读三本书左右,基本上是两天要看一本,刚开始的时候觉得简直是不可想象的。第一个月的时候,我完全适应不了这个速度,但是后来人的潜能被这样逼出来以后,我发现我可以一个星期看三本书了,而且看得还不算太差,看得很仔细。再后来就可以一个星期甚至可以看四本书。到现在为止,如果叫我坐下来,不忙别的课的话,叫我一天看完一本书,问题也不大。现在一本书我要看一天半,然后花半天做点笔记,这本书就可以消化了,就达到这样一个速度。但是这个过程的压力是很吓人的,你要保持这样的阅读量,你才跟得上老师的进度。还有一点就是,他希望自己的学生能够成"家",要做出很大成绩来,像那种一般的学习方式肯定不行。像我这个人,虽然很有激情,但是有时候为了求稳,会给自己设计一个底线,过了这个底线好像也可以混混就过了,我是有过这种心态的。但是现在我不敢有这种心态了,你必须要做到你的最好才行。如果你有这个心态,那么老师会说,你这样我教你没意思。这样我压力就很大,我一定要很勤奋地学,达到他所要求我达到的目标。

徐:你所说的王老师教学的东西对我们启发很大,所以我要跟你做这个访谈。我想知道的是,你和王老师谈了你的博士论文,那么你的博士论文想做什么?

张:这个博士论文还是和我以前关注的问题有一些联系的。原来我研究的是贵州黔东南的苗族,他们的仪式和我现在要研究的这个地区的仪式有所差别。现在我开始进入西南的汉人社会,准备研究屯堡人,将要涉及他们的仪式和民间宗教,这个东西和我以前的研究是有联系的,但是也有区别。从苗族的仪式里面,我研究更多的是他们的宇宙观怎么表达,主要是看它内部的问题;而去研究屯堡人的话,我要看他们和周边人的关系,和国家之间的关系。

徐:人类学家就要善于交际,要善待他人也要善待自己,你的研究生宿舍生涯也是你的田野。

张：确实，我住了5年的宿舍，2004年结婚后才搬出来，在外面租房子，但是和少数民族的同学住一个宿舍的这一段经历是很难忘的，也是跨文化交流的经历，很有意思。

徐：你是民院一条龙上来的，而我是民院一条龙老师上来的，而且是从广西过来的，从广西民族大学到中南民族大学，到中央民族大学，到的也是学校里最好的学科。回到刚才的那个话题，我认为民族学人类学的学科，在中国没有任何其他学科可以替代，所以有人要贬低这个学科，是他们的偏见。从"文化大革命"之前被打成资产阶级学科被禁止，到了改革开放以后学科复兴，人类学学科的运气一直不太好，被边缘化了。在体制上它变成了一个二级学科，比社会学都要低一级。为了这个问题，也做了很多的努力。最近何星亮在《光明日报》发了一篇文章，他意思就是说根据目前的情况，人类学应该和民族学并列为一级学科，他只是把大家所做的努力，再用文章表达出来。但是到目前为止，教育部也好、国家学科办也好，都没有对这个问题进行回答。我觉得在目前的情况下，因为同国际接轨，它必须是取得这样的地位。另外民族学已经强大到这种地位，它必须以民族问题为核心，其他那么多问题它解决不了，它不能拿文化做关键词，所以人类学必须受到重视。在中央民族大学这个情况还稍微好一点，两个学科的博士招生上、学科建设上都有同等待遇。但是别的学校还不行，无论是广西民族大学还是中南民族大学，都还要拿民族学来说话，人类学还是在一个边缘状态。

张：现在西南民族大学也是以民族学来说话，但是也在申请人类学的硕士点。这个还会涉及申请一些课题的时候，会给你很多应用性的要求，以"民族"开头的一些课题还是会要求你解决现实的问题。而你要坚持谈一些理论性的东西时候，这个就是一个麻烦。

徐：这个问题不是我们地方能解决的，它必须在中央一级把它调整过来。谈到这个我就想多问一个问题，你已经进入人类学领域那么久了，你又是跟着王老师在做人类学，我想请你对中国人类学做一个评价和对它未来发展及影响的探讨。

张：作为一个学生我也不太好评价，但其实这个问题和我们刚才讨论的很多问题都是联系在一起的。我觉得中国人类学今天要取得发展的话，它还是要从自己的学科领域跳出来，和其他的学科进行广泛的对话，要对现代社会提供一种新的有一定影响的知识。今天有很多学术问题的讨论需要各个学科的学者参与进来一起讨论，这些讨论中我们会看到诸如社会学家、经济学家、法学家或者历史学家的参与，而人类学的声音有的时候会很弱。但实际上我们的观点、我们的意见，对于这些个问题的触及，我觉得是最有价值和启发的。

徐：那么说到这里，我想再追问一下，你对我们的博士生和硕士生同学有什么好的学习建议呢？

张：作为一名博士生来说，如果已经选择这一行，而且也在读博士了，那么基本上以后就在这一行走了，基本上是不会出去换工作的，那你首先要建立对这个学科的认同，如果没有认同的话，不知道人类学是做什么的话，你出去做的很多事情都会很成问题的。第二点，既然已经读到博士生了，我认为还是我前面说的，要知道人类学家是什么，那么要成为一个人类学家，你不仅要对人类学有认同，还要对它有激情。那个时候就要有一种冲动，比如说哪一个人提到一本书，是关于人类学的书，别人给你介绍了不错，但是你不知道，你要激动到当晚回去马上就去找、去看，找不到，看不到，那这两天就会失眠。我觉得要激动到这种程度，才会有状态。我自己在2000年的时候还不敢说，对人类学有这种冲动，但是从2002年读硕士开始，我对人类学是有这种冲动的。所以那个时候我看书，会自觉地看书，因为别人讲到这本书，我不知道的时候，那两天我会很难受，而且我看完以后会很兴奋；就是要有这种冲动去做，才能把一个问题、一个问题去搞清楚。我想这两点都是基本的。

徐：非常感谢你今天能接受我的采访。我看到你们这些年轻的人类学博士，像你这样有激情有冲动有悟性的年轻学人，我相信中国人类学的希望就在你们身上，我觉得非常高兴也非常欣慰！预祝你成为我们中国未来的人类学家！

【原载《广西民族大学学报》（哲学社会科学版）2006 年第 6 期】

《黄河边的中国》前后的故事

——华东理工大学曹锦清教授访谈录

徐杰舜

徐杰舜（以下简称徐）：曹教授，我觉得非常高兴能在武义、在您的祖籍地跟您有这样一个对话的机会。我最早认识您，是通过您的《黄河边的中国》一书，当时就想着赶快把它买来，买了之后马上认真拜读。而且，我夫人也非常仔细地看了。后来我们也用您的方法到新疆去调查，走民间路线，我们几乎跑遍了新疆。

曹锦清教授

曹锦清（以下简称曹）：在新疆你跑南疆了吧，跑了哪几个县？

徐：南疆走了和田、喀什、阿克苏，北疆跑了伊犁、阿勒泰，然后也去了哈密。所以新疆那边走了很多地方，前后去了三次，特别是第三次，走了民间路线，因为他们不同意我们进去。我这次很惊奇地知道您的祖籍是武义，但别人在网上查到您是龙游人，县政府办公室副主任高济敖听说您是武义人后觉得奇怪。我跟他说您父亲是武义人，他听了之后很高兴。而且您的父亲是武义泉溪人，我的丈母娘也是泉溪人。所以，他们知道您是武义人后，都高兴得不得了。您这次能来，我真是非常高兴。尤其是能跟《黄河边的中国》的作者坐在一起说话，更是非常的荣幸。今天听他们讲武义人做人类学研究的还挺多，在浙江来讲，实际上，你用社会学的方法分析农村对我们中国农村问题的理解起了很大的作用。这不是过奖，认识您以前，我早有耳闻，认识您以后就更加觉得是这样。您的祖籍是武义，我是武义的姑爷，我丈母娘是泉溪人，您也是泉溪人。曹教授您在全国来说是一个非常有名的公众人物，我想请您把自己的情况在这里给我们大家介绍一下，就从您的祖籍地讲起吧。

曹：1995 年前我对祖籍地的信息很残缺，当时保留信息最多的是我的一个姑妈，就是你的那个学生赵桂英的母亲，我来得太晚了，这是我一生很遗憾的。我一直到 1995 年才第一次到武义来，那个时候我的姑妈已经去世了，而且从她女儿那里知道她一直想等着我来，最后她等不及了，所以这是我最大的遗憾。那些关于我祖上的信息，她已经"带走"了。从我母亲那里获得的信息是非常残缺的，我母亲后来改嫁了，她不愿意多谈这些事情，而且她谈的时候，那些信息也是非常不全的。我外婆在世时，我还没有收集信息的意识，由于我姑妈的去世，信息就残缺了。我们家族是在哪个朝代迁到武义来的就不知道了。我曾问过我的母亲，她说武义曹氏一支是从徽州府的歙县迁移来的，那是曹家的一个大本营，然后不知哪一代就迁到武义来了，在武义已经生活了好多代。到我父亲那一代，就是抗战时期，那时候家族已经开始衰败，我父亲后来就迁到龙游那里去做生意，之后又迁到兰溪。我 1949 年在兰溪出生，1953 年公私合营的时候，我父亲经营的柴行破产了，他带着我的姐姐回到了武义，因为在武义他还有一个女儿,是他前妻生的,前妻在抗战时候就死了。死因有几个版本,有的说是被日本人打死的,有的说是被谁谁打死的,有不同的版本,总之是死于战乱,真实的死因我也无从考证。她生有一女,即我的同父异母的姐姐,刚刚在这里的那个人就是她的儿子,她有两个儿子两个女儿。当然我知道我的父亲是武义人,这个我很早就知道了。我5岁离开兰溪后,父亲带着我的姐姐回到了武义,我的母亲带着我和我的妹妹回到她的娘家龙游。在我7岁那年,父亲就过世了,死于肺病,年仅43岁。到了我8岁那一年,我的舅舅到武义来把我的姐姐带回龙游。第二年,姐姐患肺病吐血而死,年仅12岁,当时的场景我还历历在目。那时我9岁,她常常吐血,小脸盆吐了半盆,我在旁边看着,看到那个情景,永远都不会忘记。我9岁那年,即1958年末,我离开龙游到了上海,那时,我母亲在上海已组成新的家庭,我外婆写信给我母亲,说家乡闹饥荒,养不活你的儿子了。于是舅舅送我到了上海。后来我舅舅也去世了,那时我还没有收集武义方面信息的意识,他过世了以后,武义这边的信息也断了。后来非常凑巧的是,1976年我在上海的蓬莱中学教书时有一个援藏任务,支援西藏教育的任务,当时我报名了。待遇等同于出国,政审非常严格。报酬也是出国的待遇,每个月多增加36块钱,我自己在上海又有40块钱,这个待遇在当时是非常高的。因为政审严格,所以遇到一个问题就是我的成分,那个时候很讲成分的。我继父的成分是工人,到底是按我继父的成分算,还是按我生父的成分算?他们认为我是10岁到上海来的,应该按我的生父算,所以重点是要调查我的生父,结果他们动用了官方的各种资源去调查,这个过程我当时都不知道,结果把我亲属还有多少人在武义都搞清楚了,知道我有个同父异母的姐姐,还有姑妈等人在武义。那时他们并没有告诉我,只是对我说我的政审合格,告诉我我父亲是小业主,不是资产阶级,所以就批准到西藏去了。

徐：去了几年西藏？

曹：整整两年，在西藏拉萨交通局职工子弟学校教书。那两年是我工作当中最努力的两年，因为那里除了语文课程以外，其他所有的课程都是我教的。我原来是教历史的，后来又教外语，因为数学、物理、化学这些科目的老师，学生都不太满意，要我给他们补课，补课过程当中，学生就一致要求我给他们上课，并向校长提出。我当仁不让，然后我就把化学科搞过来，物理科、数学科也都搞过来了，结果把我累得够呛。那时拉萨的交通局职工子弟学校从来没有高中，我把学生从初三带到了高一，高一我就把整个高中课程教完了，上完了以后，高一就有学生参加了高考，当时班上一共就三十几个学生，推荐了大概七个人考，有四个人考上，其中有一个竟然考上了合肥的中国科技大学。

徐：那你也是很不简单了，两年时间把他们从初三带到高一就去参加高考。

曹：之后我就回上海了。1977年恢复高考，我1978年6月底回来赴考。1977年他们不让我回来，因为原定两年的教学任务没完成。

徐：那你也有民族地区的工作经历了。

曹：我1978年回来参加高考，之前我已在华东师范大学历史系学习过两年，那是1972年到1974年。后来有同事告诉我，在我援藏期间，武义的亲戚花了很多时间查寻我的情况，很不容易把那些信息调查清楚，然后再告诉我地址、人员等相关信息。之后我逐步跟家乡的人通信往来，那时候没有电话，交流不多，到了1995年才第一次回去，那时姑妈已经过世了，我真的是应该早点来。我回来得太晚了，这是我一生当中最遗憾的一件事。特别是我姑妈，她一直都牵挂着我，因为我是曹家一脉的单传。我1995年回去后上了我父亲的坟，第一次感觉到男孩的重要，我有一个女儿，我们城里人原来没有这个意识，生男生女都一样的，但那次回来后突然有了这种意识，觉得自己有一个男孩该多好啊，现在我们家单传到我这里就断了，至少姑妈认为我是单传，对我就特别重视，一直在寻找我的下落。我是从她女儿那里知道这个信息的，自然就会唤起我那种传统的传宗接代的责任感。

徐：你姑妈的女儿赵桂英是我的学生。她初二的时候我当她的班主任。

曹：我5岁到10岁是和外婆一起生活的，所以在潜意识中外婆就是我的母亲，龙游就是我的故乡。所以我填写籍贯一栏常填龙游，就是有点纪念我外婆的意思，有时候我填我的出生地为兰溪，而武义呢，因为没有在这里生活过，所以就没有填，实际上正宗的祖籍应该是武义，但是现在籍贯这个词显得不是很重要了。自明清以来，一直到中华人民共和国成立后，表格里都还有籍贯这一栏，籍贯这一栏实际上已经没有什么意义了，籍贯是表示自己父亲生活的地方还是自己出生的地方呢，或者是别的意思，现在都没有明确的界定。现在的人空间流动太频繁，如果要追根溯源是十分困难的，但中国人又非常讲究一个人的出处，来龙去脉，古人讲的不是报三代家门，而是十几代家门，你看明清以前的那些人报个十几代家门并不稀奇，你看先秦的那些人，一报家门就报到三皇五帝去了。对这个事，到后来能报个三代就不错了，我们现在三代都搞不清楚。

徐：但是曹教授您知道吗，这次县里人知道你是武义人，马上有种兴奋感，那武义又多了一个名人了。他们知道你是武义人后，都很希望你能来，后来你明确答复说能来，他们真是非常的高兴。今天高济敖陪着你，操办这件事情，他也是非常高兴。

曹：非常感谢武义的父母官。

徐：这些父母官知道曹教授是武义人都非常高兴，包括《金华日报》的那些人都说武义人搞人类学的有好几个了，您是正宗武义祖籍的，还有一个浙江师范大学的陈华文，中央民族大学的兰林友，他们是这个地方的本土人。我虽然不是武义出生，但我是这里的女婿，他们说我是这里的姑爷。所以今天我们能在这个地方交流我真是非常高兴。那么，第二个问题我想请曹教授介绍您研究的第一阶段：浙江北部的农村问题。但相关书籍现在很难买到，我想请您将这部分的研究情况给我们作一个介绍。

曹：1988年我调到了华东理工大学，那时候的校长叫陈敏恒。我从复旦大学毕业后先是想留校，但后来由于种种原因没有留成，说起来那有一段长长的故事。没有留成之后我就到同济大学的分校教书，在教书过程中，也就是1984－1986年这段时间里我又回到了华东师范大学读书，读硕士生课程，读了两年。到1988年的时候，华东理工大学要向综合性的大学转型，这是1987年学校定的一个教改方针，原来这所大学是国家唯一一所化工类的专科学校。学校要转化成综合性大学，第一步就是要引进理科和文科的人才，理科就是要引进数理化的人才，因为原来学校是以化工类为主的，所以数理科相对弱一点，人文学科也比较弱。当然，人文学科不是按照老的传统来建设，因为时代已经变了，主要是按照经济研究所、政治研究所、文化研究所来分类。当时第一个是建立经济研究所，现在已经变成了商学院，是我们学校很庞大、很有实力的一个院系。政治研究所也有一段渊源，但最终没有建立起来。文化研究所是从复旦大学和全国其他一些高校里引进一些人才成立的，大概有十几个，因为我原来也是复旦大学出来的，所以我也就从同济大学分校那里转到了华东理工大学来了，进了文化研究所。1988年的时候，当时学术界所谓的自由主义和反自由主义的斗争比较激烈，什么分化启蒙啊等等，是"文化大革命"以后的一代青年学子回归大学，对这一段历史重新反思的一个阶段，我们都经历过那个时段。这场反思当然是很必要的，大量的西方学说，如存在主义等传入中国的一个时代，是各种思想十分活跃、激昂的一个时代，但它的一个缺陷是一种激进改革的情绪占上风，它对中国改革只说应该如何如何，很少对中国的历史和现实是什么进行追问。当时我们所里的大部分成员感觉到学术这样走下去是不行的，这样过浓的意识形态取向是不行的，因为你首先要问中国是什么和为什么如其所是，这就是社会科学所要回答的问题，所以当时我们提出一个口号，就是要"返回国情，返回历史，返回实证"。"返回国情"就是事实是什么，"返回历史"就是这个事实如何而来的，"返回实证"就是用什么方法去研究这个过程。这三个口号至今看来还是正确的，这样就说明我们文化研究所不是研究"虚"，因为文化这个概念，现在满天飞都是文化，谈得多的东西恰恰是人们最无知的东西。为什么人们那么广泛地谈文化？因为"无知"，所以每个人都将各自杂乱含混的东西都加到文化这个大框架里面去，好像一谈文化就显得比较高雅，比较时髦。而我们1988年的文化研究所确实对文化进行了研究，发现它的定义的多义性太复杂，有一百五六十个定义。我们文化所的"文化研究"，当然不能从多歧义的"文化"概念出发，也不能从观念、概念出发。事实上，在人文社科领域，一切核心概念差不多都是从西方转释而来，它们对中国经验的指向往往是模棱两可、含混不清的。事实上，许多来自西方的科学概念一进入中国便执行起意识形态的职能，它不是认识中国的工具，而是改造中国的工具，我们成立文化研究所的一个主要动因恰恰是为了"认识中国"，所以提出"返回国情，返回历史，返回实证"的三大口号。这样文化研究就变成中国实证研究了。我们分了四个研究组，一个是研究农村社会，那是1988年就定下来的；一个是研究小城镇，当时费孝通强调"小城镇大问题"，我们一直都觉得很重要；第三个我们研究国企改革，因为当时农业改革已经转移到城市改革了，1985

年以后，农村包产到户以后以为粮食问题解决了，从 1985 年以后就开始进入到了城市改革，城市的国企改革已经提到议事日程上来了；第四个就是文化比较，就是各国的文化比较，就是不同的国家、不同的历史前提进入到社会转型的，它们有什么共同点，有什么不同点，尤其是发达国家早期社会转型。我们非常关注 19 世纪西方的社会转型，我们不是同 20 世纪以后的西方国家相比，尤其不是后现代的西方国家，它们由农业社会向工业社会转轨的过程中与我们国家从农业社会向工业社会转轨的时期有哪些可比，哪些不可比。当然我们也可以和日本、德国、俄国等第二类的国家比比看，与它们有什么异同，然后和我们第三类的印度等一些国家来相比，在当时我们有一个很庞大的现代社会转型比较研究计划。

徐：后来实施得怎么样？

曹：我们文化所在 1988 年制定了一个雄心勃勃的研究计划，没想到 1989 年就遭遇到一个很大的坎，结果一些研究人员跑到美国去了，一些人沉默了。到了 1992 年，一些人干脆"下海"经商去了，只留下我们这个农村研究组，我不愿出国，我祖上经商的细胞一个都没能留给我，故我也不会经商，只能继续从事农村研究。我们农村研究组只有二三个人，且无调研经费，中国农村又那么广袤，一口如何能吞下大象呢？所以，我们只能选一个点，一个我们所熟悉的村落，当时备选的只有两个点：一个是我的家乡龙游，一个是张乐平的老家海宁盐官。张乐平在老家盐官有 10 年回乡插队的经历，有发达的人脉关系，且离上海较近，故而选择海宁盐官。这就是说，我们走费孝通的乡村社区研究之路。费老的研究后来很遭人批评：他调查的是一个村，讲的却是全中国的农村。凭什么从一个村来说明全中国的农村？全国有无数个这样的农村实体，而且从差异的角度来看是千差万别的，但是从同一角度来看，他们又差不多是一样的。所以费老要回答这个问题也真是不容易。后来他到云南去,他说他就研究三类不同农村,农业的,有点工业的,然后是工业的,他研究云南三村,三类村。可是别人又问了,他凭什么找到三类?他已经先验地按照发展观来主观地排三村的序列了。他凭什么说工业化的村就是还没有工业化的村未来的前途?事实上这些都是"致死"的攻击,就等于我们现在问:凭什么来判定,东部地区现在的乡村工业化、小城镇化之路,就是未来中西部地区的发展之路呢?的确,我们凭什么从一个"点"上的调查材料推断"面"上的一般结论呢?当然,一个方便的解释是,这个调查点不是特例,而是某区域乡村(如浙北)的"典型"。而所调查的典型,即在"个别之内包含着丰富的一般"。但问题又来了,你凭什么将你调查的点判定为典型呢?这一问题一直困扰着我们,也正因为如此,我们利用各种方面来弱化社区研究中的这一"天然"缺陷。

我们把人类学的方法、社会学的方法和历史学的方法结合起来。所谓人类学方法,我们是选一个社区进行一年的参与式田野调查,这是人类学的一个基本方法。由于第三者的出现有可能破坏这个现场,参与式田野调查的一个突出优点在于尽可能地保存这个现场;另外,人类学方法的另一信条是"他者的眼光",我们是用自者的眼光。但是你必须要有一个理论范式,这个范式其实也是西方提供的,在这个意义上也是一个他者的眼光,就等于老百姓不可能提供一个自己生活的理论反思。就等于所有的风景点都不是风景区的任何一个人能发现的,因为他生活在里边,他不可能成为风景区的发现者,所有的风景点都是外来者发现的,是他者的眼光发现了这个地方,是一样的道理。这个风景区被发现的事和我们农村再研究的事是一样的。运用他者的眼光,虽然都是中国人,但还要运用他者的眼光,这是人类学的一个方法。不过,"自者的眼光",即研究者研究他曾生活其内的熟悉的乡村世界,"熟悉"恰恰不是优势,而往往是"障碍"。因为"熟悉",

故习以为常，大大弱化了因"好奇"所激发的"追问"能力。故而我们在整个调查过程中始终保持着对"熟悉"的高度警觉。我们所做的调查，原来定的是一年的时间，结果我们花了四年的时间，这其中包括写作的两年，实际调查的时间为两年。第二，我们用了史学的方法，因为一般的人类学方法都比较静态。我本人受过历史专业的训练，故而对当下的、直接的经验事实，都将其置入"历史过程"加以考察，恰如《当代浙北乡村的社会文化变迁》一书名所表明的，我们既突出浙北乡村所展开的现实，更关注"何以如此"，即"变迁过程"。恰好那个地方有一个大队会计，完整地保留了它的账目以及他的日记，就把他的大队的历史记录得很好。在全国来说，很少有这么精细地保存档案材料的，是我们发现了这个材料。甚至是1950年土改时候的分配情况都贴在墙上，分多少地，分多少东西都清清楚楚，后来我们把这些写到书上，在全国来说很少有保留得这么详细的资料。第三，我们将重点研究的"点"（大队、村）放置到"面"（公社、乡镇）和县内加以研究，后来我才慢慢感悟到，社区研究的最有效"单位"不是村落，而是县。无论从人类学、社会学，还是政治学的实证研究来说，县才是一个相对独立自足的、有意义的研究单位。为了使判断更谨慎一点，我们又把调查的空间向沿海地区延伸，最北我们延伸到山东，最南我们延伸到海南岛，虽然那些内容都没有进入到我们的书，但是已经进入到我们的思想中，这就是说，我们在下判断时更为谨慎，对点的调查更具一般性意义，至少在浙北范围是这样。

徐：现在这些材料都还没有形成成果吗？

曹：有的成果已经以其他方式发表了，因为我们当年是代表国家民委到海南岛那边去做调查，趁那个机会我们在村里边住了一段时间，等于是在调查一个村落，一个黎族村，发现也很有趣，很多现象在那里发现。

徐：看来曹教授在您的经历当中，黎族地区跟您的研究也是有关系的。

曹：是很有关系的，包括费孝通所讲的两类交换方式：一类是村落互惠的交换方式，一类是市场一次性的交换方式。一个是人情交往，一个是市场交易，这两种都是交换，市场交换和人情交换是两类完全不同原则的交换，一类是人情交换相互欠来欠去的，都是你欠了我，我又欠了你，所以就没完没了的，来而不往，非礼也。如果是翻脸不认人了，我就要跟你结账，跟你算账，在中国，算账算是最严重的一个事情了，所以中国人就永不算账，那么感情就多深，跟兄弟一样，这是一。永不结清，永远相互来来往往，这样就构成一个互惠的网络，互惠当中并不是说完全价值对等的，我穷一点，当你要盖房子时我就多帮一点，如果我粮食不够你就能给我一点，这是农耕社会维持农村社区的小农经济思想，在这个过程当中，自身不能解决的问题还要依靠村落庞大的人情网络来维系。在婚嫁中，尤其是单个小农能够聚集起资源来解决这个问题，大家都是有力出力，有钱出钱，都来帮忙。当然还有其他的人情网络来承担其他的一种责任，这个是多功能的。另外一个就是说市场一次结清的，它是认物不认人，而人情网络里是认人后认物，故叫礼物，是把礼放在前面，先认礼后认物，认礼是认我们两个人之间的关系，然后发生我们之间的物质和劳务的往来，这个物质和劳务不能用市场价格来评价，我们叫礼轻情义重。不能完全按市场价格来评价，今天你送我100块钱，我以后又送你100块钱，这样就相当于还给你了，这样就是市场的作用已经介入到我们的交换当中了，市场向这里面浸透。但是作为理想的范式，我们必须先把这两者区分开来，当然也有相同的地方，然后再看看它们渗透的地方，另外一个市场里面是一次性完成的，它是认物不认人，如果你跟熟人发生市场交换关系，那是很尴尬的，比如说我到农贸市场去，看到熟人我就避开，如果我要买只鸡，20元钱，是陌生人，我付给他就完了，是熟人，他可能不要我的钱，他要送给我，完全有可能发生这个情况，这样就发生熟人的尴尬，两种原则交叉到了一起。市场的原则则是认物不认人，我们到海南去就发现这个问题。在那地方的镇里，市场经济已经搞起来了，但很多开饭店的都是汕头人。我问当地人为什么都不去开饭店呢？他们说他们怎么能够去开饭店呢，村里人都来吃，不好搞的。后来我到那个村里住就发现了这个问题，我们带了很多的肉和蔬菜，那里不种蔬菜的，到一当地人家里住，刚好他的几个亲戚也住在他家里，而我们准备了一个星期的蔬菜，结果两天吃完了，一起吃吃完的。后来我问主人这是怎么回事，他讲他们这里就是这个习惯，谁有东西谁就来吃，大家不种菜也不买菜。在海南黎族乡镇发现的事实，再来读费孝通《乡土中国》的有关分析，就有了新的感觉，而后对浙北乡村的调查提供了一个新的感悟。在我们蹲点调查的盐官陈村旁边的那些店都是外来者开的，所以商业一定是在人情村落边上发生的，不可能在里边发生。如果在里边有代销店，证明这种商品经济已经进入到这种原始的交往关系。这就是我们解释20年来的变化很重要的人类学思路，我们不做价格判断，为什么原来的这种人情交往关系可能承载市场交往的某种功能，它们交融在一起，成为浙江人、温州人活动的一种主要方式。它的功能在哪里，它的缺陷又在哪里？它的活力在哪里？这些问题都非常值得研究，这两类交换重叠起来，也有对立的原则，它们竟然能够有效的合作。

徐：我也发现这点，特别是温州商人做得特别好。

曹： 虽然中国人有"亲兄弟明算账"的说法，但在什么时候可以亲兄弟明算账，什么时候可以不必算账？中国人把商业变成了一种艺术，既然把商业变成了一种艺术，那在商业上法律占据什么样的位置就非常值得研究。比如说市场经济社会就是一个法制社会，市场经济没有法就不能运行，这种说法也对，也不完全对。因为这里确实有很复杂的情况,"有法不依"依然是我们当代基本的法律现象,"执法不严"更是如此,无法可依吗？那不是,现在是有法不依和执法不严。那么是法律不好呢,还是老百姓意识还没有达到法律的境界；是法律去适应生活呢,还是生活去适应法律呢。这就是当代法律社会学要解决的问题。所以我对浙北的研究,就是把几种方法结合起来,人类学的方法、史学的方法和社会学的方法。那本书是不是达到这个目的我不知道,但基本上是按照学术规范来写的。这本书的背景大概就是这样。原计划一年写成,后来调查空间扩大了就增加到两年,写作的时间也是两年。

徐：《当代浙北乡村的社会文化变迁》这本书的第一版出版是哪一年？

曹：出版被耽搁了一段时间,因为1992年以后就快速地市场化了。我们是1992年完成写作的,结果到1995年才出版,整整拖了三年。1992年以后,大家下海的下海,经商的经商,他们找到我叫我去经商,但我没去；还有人叫我出国我也没去,我不断地问自己,我出去干什么？为什么要出去？现存的有几个理由：赚钱或学习救国救民的道理。我对赚钱没有动力,因为赚钱的动力在"文化大革命"中都已经被斗得差不多,没有这个动力了。出国学习救国救民的道理,我就想,美国还有什么可以教导我们的呢？"五四"时期人们可能还是认为有的,但现在已经过了那么多年了,我觉得已经没有什么可以教导我们这个民族的,中国知识分子该自己担负起理解和研究自己国家的重任了,我想出国留学对我来讲就没有意义了,但并不排斥对别人还有意义,也不排斥我看西方人的著作。我重要地是想向生活本身学习,向我们民族的历史学习,这才是我们当下知识分子主要的老师。下海也是这样,我也明明知道这个时代是经济生活占主导地位的时代,金钱和货币的作用将取代以往政治和权力的作用,当时我就明确判断，我的判断是以私人财富的多寡来判定社会地位就要到来了，是不可避免地到来了。你要在未来的社会中占据中上位置，那么你除了要占据私人财富以外，你没有其他的出处。学术是不足以自我证明的。别人叫我下海，但是就是没有这个动力去赚钱，我只能延续我的生活方式，我也只会去看看生活世界，读点书，写点东西。

徐：再一个就是往乡下跑。

曹：我原来就是在乡下长大的，对农村本来就有着一种偏爱，农村对我们而言，对观察者而言，它自身会敞开自己，不像城市那样隐蔽着自己，把自己的各种愿望和激情都隐藏在高楼深院里边，然后对外宣传一套东西可能就是另外一个东西，城市对研究者来讲是隐讳不清的、隐蔽的。要研究权力者那么容易？研究富裕者那么容易？研究他第一桶金怎么得来的，他会告诉你？你问他怎么消费的，他会告诉你？当然城市对研究者，不会置于研究者的研究对象地位，是不能屈从这个地位的；而农村的农民群众，只要一个教授肯下去，他就敞开他的东西，他也无法隐蔽，这也是人类学家老往农村跑的一个基本原因。

徐：现在城市人的家谁能进得去呢？而农村老乡的家里，谁都能进得去。

曹：是是是，我想用专门的术语讲就是：在农村，你能畅通地"入场"，而城市"入场"很艰难，不是说完全不能，很艰难。另外一个就是农村事实的敞开度比较高，而城市各种各样的事实在各种遮蔽之下，调研起来比较难。有朋友说，你研究中国社会的现代化进程，重点得研究城市，因为工业化、现代化的中心在城市。我当然知道权力和财富在城市，欲望与消费的中心都在城市。然而，围绕着权力和财富旋转的各种欲望所构筑起来的高墙，严守着尊严与秘密，将一切研究者排斥在外，不得"入场"。由于这个原因，所以我还是继续从事乡村研究。

徐：那就是继续从浙北转到黄河边去了，我很想了解你是怎么样转到黄河边去的？

曹：黄河边上的调研应该是和第一本书有关系的。第一本书是以点带面的，以点为主的带面，但中国非常之庞大，我讲农村是由好几章节组成的，东部有好几章节，西部、南部都有好几章节，我是想研究农村社会的整体，光去研究浙北的某个地方，就说对浙江农村社会了解了，这个不好说。说对中国广大乡村了解了，就更不好说了。我绝对没有费孝通的那种自信，因为我知道别人对费孝通的批评以及费孝通自己的回答。他的回答当然有一定的道理，但经常是软弱无力的。事实上，费孝通研究过苏南乡村，也研究过云南乡村，他的《乡土中国》是对中国乡村社会一般特质的概括，想的是乡土中国向现代中国转型的切实可行之路。《当代浙北乡村的社会文化变迁》一书完成之后，我便想着把乡村研究向中国的中部和西部推进。但一时没有找到一个"入场口"。前面讲到，1988年，我们文化所设置了四个课题组，其中一个是国企改革课题组，这个课题组进行了一年，搞不下去了，一个重要原因是，利用人类学方法去调查国有企业，几乎是不可能的。第一人家没有时间接受你的采访，第二人家不大可能对你敞开信息，尤其各个部门之间向你敞开信息，这是不大可能的事情。你对国有企业的改革的状况要利用人类学社会学的实证研究方法几乎是不可能的。这样我就把这个课题换成抽象研究，就是从理论层面上去研究。我就把所有的国有企业称之为一个"单位"，把人民公社也称为一个"单位"去解决，把计划经济看成是一个单位制的社会，所有人都聚集在各个单位里面，所在单位都属于国家，这样"社会"就被单位所吸纳，单位被国家所吸纳，就形成计划——公有制，就把单位看成是计划和公有制实现的一个总的形式。我就专门研究这个单位制，研究单位制的形成，单位制的特点，单位制内部的张力，单位制解体的过程，等等。

徐：这个研究有成果了吗？出版了吗？

曹：有，已经出版了。

徐：叫什么名字？

曹：就叫做《中国单位现象研究》，这本书出来后，因为写得有些尖锐而不合时宜，上海一些出版社的朋友说不是因为这本书不好，而是因为这本书太好而不敢出。后来把这本书弄到深圳去出版了，深圳海天出版社出版了。印了大概两三千册吧。这本书在学术小圈子内有一些影响。

徐：但是在国内我倒是没见到。

曹：在国内有些大学里还在那里用，这本书在学术界并没有引起讨论，上次我在访美的时候有人专门来找到我，因为国外一些学者原来很牛的，看不起中国学者。他找到我后很恭维我，他说因为看了这本书，对中国社会学的看法改变了，当然是最大的恭维了，是吧。这样子就跑来找我，还专门把这本书推荐给广东中山大学，他说中山大学的历史系和社会学系我们都赠了这本书，这是我从国外得到的消息。

徐：在20世纪90年代初你研究单位制这个问题应该是相当超前的。

曹：我是研究得比较早的，现在研究这个问题的大概有五六种专著了吧，其中有一部叫《单位中国》，约五六十万字，是一位名叫刘建军的学者撰写的，其中谈到了我的这本书。

徐：后来中央台搞的一个单位的纪录片，讲的是单位的问题，他说单位是中国的围墙。

曹：这是一种形象说法。单位制既取消了劳动者的择业自由，同时也是一种保护，取消了单位制，劳动者得到择业自由的同时，也失去了安全。看来，自由与安全很难兼得。我花了两年（1993年、1994年）时间来写这本书。这个研究完了以后，然后又回到了农村，我想向中部推进，到中部农村去研究，另外还有一个计划向西部，写三本书，方法都不一样。东部是以点为主，以面为辅，有历史纵深的这样一个研究，这个研究是按学术体例来的，我也不满意。不满意的地方就是说它把现实的人和我自己都抽象掉了，都变成了一个理论的框架，好像一个课题在那里叙述一样的，我也不见了，被研究者也不见了。转向中部的研究，到河南倒是有一点巧合。如果是中部其他省份，有机会我也会去，湖北啊，或者湖南我也会去。正好我有中部的设想，怎么样找人进去呢？在想的当中，天助我也，就是河南大学我有一个同学在那里教书，带了一个河南大学的朋友来拜访我，拜访我是为了其他的一些问题，后来就谈起来说我有这么一个想法，你们能不能帮帮忙，给我一点关系吧。他说没问题，好得很，那个人叫孟庆奇，他原来是河南的一个大族，旺族嘛。又是河南大学的官员、教授，他的门生故友也很多，给我铺平道路没问题。有了他们的承诺，我就如鱼得水了。当时我就决定到河南去调查，而且河南更是一个中部，黄河流域，所以第一我选中部，中部我选河南，由于这个原因就跑到那里去了。另外经费也是很巧的，当时汪道涵找我有事情，谈起调查的事情，我说我想到河南去，他说到河南去好啊，当年他也流放到河南，他说他一直想到河南信阳一带去看看，但人老了走不动了，叫我代他去看看。他还问我有什么困难吗？他主动问我，我说缺钱，他说要多少钱，我说大概要5万元左右，他说没问题。他说没问题我倒有点紧张了，他说没问题我后面还有问题呢，我说我没办法报销的，我没有发票的，我怎么报销，我住农民家里边，我看谁穷点我就多给点，富的我就不给了，也有可能。他说没问题，这个不要你报销一分钱。我说我对你承诺，我的工资放在家里，调查发生的费用就用这个钱，不够我就问你再要一点，多了我就还给你。5万块钱我用了3万，15000块钱用在农户家里，也包括捐助。另外差旅费还有其他的一些费用也差不多 15000 元。经费就是汪老帮我解决了。这个就是姻缘巧合了，凑齐了就下去调查了。这种调查方式是不能运用老方法，我只能用我一个人，加上一个陪同人员，也不可能一个地方长期待下去。第一，一个地方长期待下来我做不了；第二，我是要面上，一个省范围的广泛调查，广泛调查就是要东西南北中都要跑到，东西南北中都要选一个县，县里再选三个乡，每个乡里边再选几个村，就这样来跑，这是计划上的。当然实际情况，你选了某个 A 乡，A 乡没人，你就必须找一个 B 乡，从社会问卷调查来讲这是不合规则的。这种以面为主、以点为辅的调查方法，定点很重要，但你选定的点往往找不到入场的带路人，故得随缘应变。1996 年 5 月，我第一站就到了开封的河南大学，河南大学学生处处长孟庆奇安排我给学校学生作一场学术讲演，也来了不少老师来听。这样，通过报告，老孟帮我找来了不少人带我进入乡村的朋友。后来我的报告的影响扩大到了开封市党校。次日，开封党校副校长带了三四个老师前来拜访我，说他们正在筹划一个农村调查的课题，请我帮忙。还邀请我到开封党校作几场党校报告。这令我大喜过望：进入河南乡村的大门因此而对我这个"外来者"洞开了。一场报告，一场酒席，朋友的朋友都成了我的朋友，知识分子本来就有"一点灵犀"，共同的情怀，学术相通，酒酣耳热实成知己。这样，我通过河南大学、党校这两个据点，获得了进入河南各地乡村的入场券，因为已成为朋友的老师们来自河南各地。更重要的是，县乡两级政府的官员们大多是市党校教员们的学生。老师陪着我入住农户家，等乡村干部反应过来，我的调查差不多完成了。即使干预我们的调查，老师还可以抬出他们的当县委书记或县长的学生来吓唬他们，在中国，官大一级压死人啊。

徐：所以您那个时候，是用了快速的调查。

曹：要知道，在 1996 年的中部乡村，正处于税费和计划生育的重压之下，地方官员严防记者、学者进入他的辖区调研，我只能用打游击的方式进行调查。

徐：我想问一个技术问题，你当时的访谈是做笔记还是录音？

曹：不做录音，关于是否做笔记，要视情况而定。

徐：那就是听、看，然后回来就写吗？

曹：回来补记。当然笔记、录音和录像从保存信息的角度来说，自然一个比一个好。但用什么方式记录调查资料，一定要视调查表、调查问题及调查对象而定。入村调查"计划生育状况"这类地方官员与农民共同忌防的问题，连记录都不可能，更别谈录音与录像了，甚至只能观察而不能问。对第一次接触录音和录像工具的农民来说，他们一定会被这些工具弄得不知所措。除非是由官员陪同你去参观他们的政绩工程，录音、录像器材都可用上。2001年，即《黄河边的中国》出版次年，香港某家电台说要给我很多钱，要我陪他们沿我调查过的老路走一圈，带个摄像机去，要把那些摄像下来，这样可以使我的文字图像化，我说扯淡。这样子，地方官员也不让你进去，老百姓也不会对你说实话。有的情况下，他们是不忌讳的，如调查农户的全年投入和产出，可以拿出笔记本来与他们一起算账。我每次入农户家，与他们一起算投入－产出，收入－支出的明细账，看到算出的结果，他们都很吃惊，说实在的，我对他们的"吃惊"本身深感"吃惊"，因为其中有几个农民还具有高中文化程度呢。不过，我从"吃惊"中突然发现了小农经济下小农的行为特征。小农经济与工商经济有一个显著的不同特征，即小农对自己劳动力投入是不计入"生产成本"的。当然，在不雇用外部劳动力的小企业，小商小贩也是如此。劳动力不计入"生产成本"，第一意味着他没有发现劳动的价格；第二意味着小农经营他的小农场与企业家经营他的企业是很不一样的，后者必须对他的企业进行理性的经济核算。既然劳动的价格不可能从小农经济活动本身而发现，那么他们从何处发现劳动的价格呢？答案是从他们的外出打工活动中发现的。通过外出打工而发现自身的劳动力价格，这一现象具有十分重大的经济、社会意义。首先，劳动力价格一旦被计入成本，他们就会把家族小农场当作"企业"来经营，即将每日的劳动投入计入"生产成本"，从而准确估计全年的农业利润，并据此高低与有无来决定他的行为选择。小农的农业行为转化为一种理性行为。其次，只有理性化的小农经济才有可能与市场化的大机械有效地结合起来。在20世纪50年代，我们一直认为小农经济与大机械化是不相容的，只有集体化才能机械化。如今我们看到，如果小农认为机械替代劳动是合算的，那么农民们会选择外出打工而让农业生产过程交付给市场。这也说明，中国农村剩余劳动力是个动态过程。外出打工推动了农业机械化，农业机械化又释放出更多的农村剩余劳动力。这一双方推进过程，有可能在土地家庭承包上生长出全新的农业合作新形式。在我看来，正是外出打工使农民发现了劳动力价格，才使得小农经济与机械化实现有效结合。20世纪90年代前后，我在江浙一带乡村调查，很多农民给我计算1亩地投入多少劳动力最合算。1996年在河南调查，不少农户第一次看到全年投入－产出，收入－支出的结果，大为惊讶，因为那里的农民外出打工刚刚启动。我的"新发现"对经济学家来说，很可能是个"常理"，但对我理解小农的经济行为及其社会后果确实很重要。

徐：这个就是中国小农思想转变的一个基本转折。

曹：所以20世纪50年代的时候，基本上都是小农思想，所有人都是这样的，因为他没有劳动力市场这个概念。

徐：从中国角度来看，我们的合作组织搞得太快了。

曹：这个话怎么说呢？我前面一段的意思只有两个：一是说，在一个广泛的存在劳动市场的条件下，农民有可能像经营企业一样，经营他的家庭农业经济。二是说，小农经济与机械化并不是排斥的，在一定程度上是兼容的。我没有从此得出结论说，我们的农业集体化之路走错了。相反，我认为农业集体化扩大规模农田水利建设，扩大现代农业技术推广，对于在一个十分落后的中国实现农村教育普及与合作医疗、防疫是有重大意义的。承包制小农经济，不是对传统小农经济的简单恢复，而是经历集体化后的进一步发展。如今，在农村劳动力不断减少与农业市场化程度不断提高的情况下，在承包制基础上寻找一种新的农村合作形式，具有十分重要的意义。

徐：让我们转入下一主题。曹教授，您从黄河边上走出来以后，《黄河边的中国》对我们中国"三农"状况认识影响非常大，您能否具体谈谈这本书的写作以及在这以后您的研究。

曹：我对《当代浙北乡村社会文化变迁》这部书不是很满意，学术界认为这部书的写法很规范，但我并不满意，我在写作过程中总觉得遗漏了什么。当时写《当代浙北乡村社会文化变迁》这本书，我对它的表现形式没有把握，遗漏了很重要的东西，把活生生的具体的人抽象化、数字化、概念化了。在社会研究当中，人们的情绪、意愿、希望、评价，即人的主观方面，或说普遍的社会心理是一个重要的社会事实，这是我第二次调查得出的很重要的结论。

徐：所以《黄河边的中国》既有了你，也有了你的对象。

曹：总之，我想通过《黄河边的中国》寻找一种新的表达方式，一种不同于通常学术惯例的表达方式。按实证研究的学术惯例，学者"入场"只是为了获得第一手材料，而被调查者只是提供研究者事先设定的所需资料。学者"入场"返回书斋，学者从调查者转化为写作者，把从各处所获的材料进行分类、归章，将"多余"的材料割弃，这样，材料经概念化，甚至数字化处理之后，活生生的个人，即在调查过程中"在场"的那些具体的个人都不是了。我认为,被学术规范,如框架、章节、概念、数字处理掉的那些内容,尤其是那些在场感受到的希望、忧虑、意愿、评价,一句话普通民众的社会心理有权得到表述。调查者在"场景"中的所思所虑也应"随场呈现"。这样,访谈日记本身就能很好地执行这一任务,无需再进行所谓的学术加工了。

徐: 这么说来,学术理论与报告文学不是没有区别了吗?

曹: 这个问题提得好。我也为这一问题苦恼了好长一段时间。在英美学术界,通常将社会科学与人文学科划为两类,界线分明。但在德国社会学传统中却将它们打通。在我看来,无论是社会科学或人文学科都得处理两对矛盾,一是人的主观性与外部世界客观性之间的矛盾;二是一般与个别的关系。人的社会行为是一种可观察到的"社会事实",但人赋予自身行为的主观意义对研究者来说,是另一类更重要的"社会事实"。德国的韦伯等都是这样认为的,我也深表赞同。关于"一般与个别",科学与人文处理的方法是有区别的,我把科学方法概括为"通过个别而获得一般"。如在自由落体公式 $h=1/2gt^2$ 中,研究者、个别实验及实验过程都不是了。我把人文方法概括为"在个别中直接呈现一般"。这种直接呈现一般的个别,我称之为"典型"。这样,我们有理把人文方法也称为科学,因为它也回答了"一般"。如果上述说法有道理,那么,我们有理由将《红楼梦》、《阿Q正传》既视为伟大的文学作品,又可看做是重要的社会科学巨著,因为阿Q这个"典型",正是国民性的"一般"特征。《红楼梦》正是封建大家庭兴衰的"一般"过程。我的上述说法或有点玄,有人或不能接受上述观点,但我要在此郑重声明,正是我的上述观点,使我有勇气将《黄河边的中国》一书奉献给读者,或说有勇气将此书出版。因为我预先知道,学术界的一些朋友会指责这部著作,既不符合学术规范,又没有什么"理论",只不过是一堆杂乱的访谈素材。事实上,确实有人撰文批评该书没有完成

"从经济材料到理论建构"的"惊人一跳"。

徐：反正你就是一个非常好的人类学的一个典范，你想斯特劳斯写的《忧郁的热带》不也是文学作品，但它就是人类学里的经典。

曹：我没有读过斯特劳斯的这部经典之作，也不敢将自己的著作与经典大师的作品相提并论。我写这部书的一个主要目的是想告诉那些一心想与"国际接轨"的知识分子与官员们，你们两眼望着美国的时候，千万不要忘记身后的广大乡村和数量庞大的农民兄弟及他们的实际生存处境，在与"国际接轨"时，小心与"国内脱轨"。

不过，这种写作方法确实有自身的弱点，说缺陷也可以。一个十分关键的问题在于：你如何确信你书中描述的具体案例绝非"特例"，而是"典型"，即在个别、在具体中直接呈现了一般。我自以为它是的，但我无法证明，故而只能诉诸读者的判断了。我在河南调查，尽可能将调查范围扩大到全省，东西南北中都去跑跑、看看。在不同空间的不同农户、村和乡镇的三级调查中经常问同一些问题，写在书中，便给读者以"重复"的感觉。出版社的编辑曾建议我把重复的内容删除，我说，我用这种表白上的"重复"来弥补此类表达方式的内在缺陷。我想用不同区域同类调查结果的一致性来解决"通过具体案例直接呈现一般"的这一难题。我通过个案调查所引申出的普遍结论，至少适用于河南全省，甚至适用于整个中国地区。所以后来我得出这样一个结论，"所谓'三农'问题主要是个中部地区问题"，至于东部地区，尤其是苏南、浙北地区，在20世纪80年代初已完成了两大转移：一是农户经济收入重心已从农业转向工商业；二是地方财政收入重心也从农业转向工商业。事实上，在乡村集体企业发达的地区早已进入"以工业反哺农业，以城镇带动乡村"的新发展阶段。

徐：所以那个时候商业经济在苏南、浙北是比较发达、农民

受益的。但是在武义这个地方，浙南山区就没有受益，所以它完全是后发，像我的老家余姚老早就工业化了。

曹：前面我说，在东部地区，尤其是苏南、浙北地区在20世纪80年代初已实现了工业化，"三农"问题主要是中西部问题。这两个判断并不排除中西部的某些地区在20世纪80年代初已向工业化转型，也不排除浙江、福建、广东山区依然停留在前工业化阶段。社会科学所下的一般判断总会有大量的"例外"，这是与自然科学十分不同的地方，如浙江武义县直到20世纪90年代中晚期，尤其是近些年才受到东部工业发达县市的辐射作用，大量外县市工厂的迁入，加快了武义县工业化、城市化的步伐。这样，武义县可以将近400个山区村落整体搬迁到平原乡镇，并将农村剩余劳动力经过培训而转入工商业，这对山区村落、村民来说，完成了跨越式发展。

徐：再转下一个话题，请您谈谈《黄河边的中国》出版后的影响。

曹：书一出版，便成了脱离作者而存在的独立文本了。署上名字表示文责由作者负责，我在书的前言中写了。这部书的真正作者不是我，而是许许多多的受访者，我只是一个代理执笔者。当然，里面也有我的所感、所虑、所思。关于这部书的影响之大，实超出我的预料。我原来估计可销6000册左右，不断持续四五年，加印14次，正版已销5万余册，还有不少盗版的。至于各种书评我也看了些，但没有去收集，我也不上网。大量的书评能否归在该书的"影响"之下，我是有清醒认识的。所谓书评，不过是书评者借我的书说他们心里早想说的事罢了，这叫做"借题发挥"，恐怕算不上是我的书引发的"影响"。这使我想起"一石激起千层浪"这句成语，石头与千层浪之间到底是什么关系呢？是否是单线因果关联呢？我说不是，如果同样的"石头"扔进草丛呢？只有几棵小草摆动几下便悄无声息了。扔进早已起浪的江流湖海呢？更是没有影响，恰巧扔进平静的水塘，于是起了千层浪，这是石之功还是水之功呢？我说石头只是个外因，内因在水本身。水塘的预先存在是"一石激起千层浪"的先决条件，如将"千层浪"归于"石子"是错误的。

徐：但是没有石头也不可能有浪。

曹：我还是那句话，石头是外因，水塘是内因。这绝非自谦之词，而是自知之明。有人用"好评如潮"来恭维我和这部书，我从不敢沾沾自喜，再说"三农"问题如此严重，何喜之有！我因报忧而得些名利，总觉得自己滑稽可笑。

徐：你所谓的"水塘"是否指"三农问题"呢？

曹：是啊！就是指"三农"问题。事实上，"三农问题"有一个积累过程。1978年到1984年间是中华人民共和国成立后农民日子最好过的时期，那几年，大幅度提高粮食和其他农副产品的收购价格，农民增收很快。1982年后推行的土地家庭承包制，农民获得劳动力和农副产品销售的两项自由，乡村集体企业的发展给大量的农村剩余劳动力提供了新的机会，就在20世纪80年代初，中华民族经过了30年的艰苦奋斗，终于解决了温饱问题，那时的农村可以用"喜气洋洋、欣欣向荣"来形容，那时全国上下都以为"三农"问题解决了，全党的工作重点可以从农村移到城市了，正是这一长久的忽视，为"三农"问题的重新积累打开了缺口。你看看1987年制定的"土地管理法"，整个的动因就在于低成本地、快速地推动工业化和城市化。所谓低成本，主要是失地农民的补偿标准过低，其次是确保农副产品与农村剩余劳动力对工业化和城市化的低价供给。从1988年到2004年，共低价占有了农民的1亿亩耕地（现仅有18.5亿亩耕地）用于工业和城市扩张，以及公路、铁路等基础设施建设。1994年的国地税务分置使得县乡两级财政逐步萎缩，不断膨胀的县乡政府和所谓的九年义务教育制达标评比促使县乡两级财政支出不断扩大。

1994年、1995年粮食收购的再次提价，使得1996年、1997年全国粮食总产达到有史以来的最高点，即超过1万亿斤，但1997年到2003年的6年间，粮价一路走低，从1996年的每斤（稻谷、小麦）0.8元以上跌到0.4元～0.5元之间，国家的保护价也起不了保护作用。农民种田已无利可图，这一重（农民负担持续加重）一低（农副产品价格走低），加上圈地运动的加剧，于是1999年李昌平上书朱镕基，表示"三农"问题已严重到极限了。我的《黄河边的中国》一书是2000年12月出版的，2001年初已强烈感觉到"三农"问题严重性的"两会"代表看到了这本书，与此同时，凤凰卫视的资深节目主持人曹先生也多次拿着《黄河边的中国》分析中国"三农"问题的困境。所以我说，评论者们只是拿着李昌平的信和我的书来表达早已存在且被他们感受到的"三农"问题而已。

徐：关于《黄河边的中国》一书，我们今天就谈这些，曹教授关于"三农"的研究，您今后还有哪些打算呢？这是我和我的朋友们都很关心的问题。

曹：谢谢你的关爱，坦率地说，我有不少的想法，但从没有一贯坚持的持之以恒的所谓"研究计划"，我数10年来的全部思考和阅读，包括一些田野调查，其实都指向一个中心，即我内心的困惑。所困惑的问题随时而变动，思考的问题也发生变化。你看我近20年来出版的六七部书，除了《浙北乡村社会文化变迁》与《黄河边的中国》有内在关联外，其余各部著作的学术关联甚少。我是因"困"而思，为"困"而思，大部分写在我的日记中，为了解自己的"惑"。如果说我的思考还有点一以贯之的指向，那就是两个相互关联的问题，一是努力去理解我们身处其内的大变动的时代；二是人生的意义。我在好多年前就已经知道，所谓"人生意义"是一切形而上学问题中最具形而上学意义的问题，即它是一个永无"正确"答案的问题。我也明明知道，用理性去理解如此复杂变动的经验世界，或说将如此庞大、纷乱、变动的经验世界装进一个人为的概念体系中是完全不可能的。用庄子的话来说，以有涯之先去追逐无涯之也，那是没有出路的。但我总不能放弃思考去睡觉啊。我年近60，思已成习，说得好听一点，思考已成为我的一种活着的方式。说实在的，"三农"问题只是我的困惑之一，只是我试图理解我们时代变化的一个方面。我不知你是否注意到《黄河边的中国》最后的一句话："河南之行到此已画一句号，但它留给我的依然是问号。"

徐：借用你的话来说，关于"三农"问题，或说农村研究，你今后向哪些方向追问呢？

曹：你硬要我说出研究计划，实在使我为难。我一听到什么学术研究呀，规范呀，计划呀，什么课题呀，评审呀，心里就发毛，坦率点说，心生厌烦。尽管如此，我愿意说说自己的一些想法，供有志于研究中国乡村社会的朋友们参考。

首先，"三农"研究，或说农村研究通常使用人类学的田野调查方法。它的缺陷如优点一样明显，优点我就不说了，缺点就是费孝通批评者的那个问题，你从一个社区调查中得出的结论何能指涉中国农村社会？自人民公社制度废除之后，区域差异在持续扩大之中，一个有效的方法是将全国分成若干区域，按经济、文化、语言、风格等等标准划分成若干文化生态区域，每个区域选择一个具有典型意义的县，而后选点，按同一调查提纲进行深入调研。1992年我写完《当代浙北乡村社会文化变迁》一书时就有这一设想。那年，黄宗智来沪，我曾与他谈起这一计划，他说很好，但因缺乏经费而未能落实。去年还是前年，我到武汉华中科技大学开会，与贺雪峰的研究团队及来参加"三农"会议的与会者重提这一设想，在全国乡村选择百来个"社区"，逐步推进。我说，"三农"问题是伴随着中国现代化全过程的大问题。对于我们这个在前现代阶段，因南美作物的过早输入而在农村，尤其山区积存大量农村剩余劳动力的东方大国来说，城乡关系在五大关系中不能不占极其重要的地位。如今，学术已成谋名利之工具，大势如此，然以华中科技大学贺雪峰团队为中心而厚集起来的一批"三农"问题研究者依然怀有"稻粱"之外的精神诉求，但愿他们自己能将这一计划付诸实施。

徐：你的意思是将分散的研究整合起来，形成全国性的有计划的分区域研究。这样才能形成关于中国农村、中国城乡关系的一般判断。

曹：我说的正是这个意思。其次，"三农"研究必须向历史的纵深延伸。当然，土地家庭承包制下的小农与合作化时期的社员不同，与中华人民共和国成立前土地私有制下的小农经济也有极大的差别。如果考虑到当代中国工业化、城市化还有全球化的重大影响，古今的差异就更大了。当然，从"异"者观之，古今农村可谓天差地别，制度变革可谓翻天覆地，然从"同"者观之，历史发展的稳定性就实现出来了。据说，中国有三四百万个自然村落，绝大部分村落具有数百年、甚至更长的历史，中国的绝大部分村落有千年以上的历史。农户与土地的关系，农户与村落、市场的关系，广大农户与地方政府的关系，虽然制度屡变，但依然可以看出其中的历史沿革。当然当代承包制小农与土地私有制小农有很大差异，但高分散、小规模经营的特征，古今差别很小，一盘散沙的小农带来了一个大问题：如何合作？而缺乏合作势必带来三大问题：一是乡村内部的必要公共品如何提供；二是如何应付变化中的市场，尤其是有利于小农的城乡交流；三是如何抵御地方官员的各种侵权行为。在当代中国，还有一个地方政府如何有效地服务于高分散的乡村问题。用高分散、合作和公共品这三个现代概念来看20世纪二三十年代的那场新乡村建设，梁漱溟、晏阳初们的全部努力，不是要解决这些问题吗？我们再往前追溯历史，至少到了宋代，农村的高分散局面已经形成了。

我们在土改时用来划分农村阶级的几个概念，如雇农、佃农、贫下中农、中农、富农、地主等等，在宋代都能找到相对应的阶层。经历唐五代，世家大族已退出历史舞台，中国农村社会向扁平化方向发展，土地在各家族中的流转加快了，各农户间在财产地位上的重点流动及空间流动加快了。"富不过三代"、"三十年河东，三十年河西"的谚语开始流行了，商品经济的发展使得唐、宋之间的城市建制发生了有史以来第一次重大变化。我们现在从《清明上河图》上看到的破墙开店、商业繁华的景象，在唐及唐以前的城市中是看不到的。土地流转及家族贫富分化的加剧促使宋儒们思考"乡村社会"重建的问题。王安石创立的保甲法，其实是为了让农民组织起来共同防御人口的社会流动而引发的犯罪问题；范仲淹创设族田、义田是相对于同族内各农户的私田而言的，目的是用族田的地租，即共同收入来解决贫困族人的教育、医疗、求助等等公共品的供给问题。关于张载首创宗族制，后来新的宗族制演变为三项基本制度：一是祠堂；二是族谱；三是族田。族田可以视为同族集体的经济建设、祠堂制，即社会组织建设；而族谱、祭祠活动，其实是宗族的文化建设，即促成了分散各户对同宗的文化认同，使之具有相互救济、扶助的共同意识。在宋以前，一般平民百姓不允许建独立的祠堂，建祠堂、修族谱都是官僚士大夫的事，即所谓礼不下庶人。到了宋代面对高分散、高分化的乡村社会只能允许"礼下庶人"；另外，在宋以前，历次农民起义，很少打"官逼民反"的口号，而宋代及以后历代，"官逼民反"成为农民起义的主要动员口号，这证明社会的高分散与政府拿权走的同一条道路，这种情况至今依然。关于这一问题，我还有许多话可说，但今天已拉扯得太远了。我的意思只有一个，要理解当代的"三农"问题必须把它放到更长的历史时段去考察。"五四"以来，激进知识分子以为与历史割断了联系，可以自由地与西方接轨了。殊不知，仅在观念上割断历史是不行的，因为一切历史都延伸到当代。传统绝不会因批判而断裂。

徐：人类学或许还有社会学对历时性研究注重不够，往往偏重于共时性研究。

曹：确实如此。其实，东、中、西、南、北不同区域的"三农"研究，可称为共时性研究，而将改革开放近30年放置到共和国近60年历史中去研究，将近60年放到鸦片战争后160年中去研究，再追溯到1500年，或更早宋代去研究，再远不必追溯了。这是历时性研究，要将这两个研究结合起来才能更好地理解当代中国。如果只为撰写硕士或博士论文，到一个点上去收集点资料，塞入一个洋框架，再加上点自己也没有弄明白的西方理论与概念，这样的研究在学术上是无效的。很令人痛心的是，这恰恰是我们当下的"学术规范"。

徐：关于"三农"研究，你还有哪些建议呢？

曹：除了上面所说的区域布点、历史延伸外，我的最后一个建议是要开展国际比较，如今各学科的国际比较很盛行，但都与美国比较，我说研究"三农"的，无法与美国比。如今美国人口3亿，耕地28亿亩之多，农业人口已降至2%，农业产值占GDP的1%，每个农场面积数千顷，高机械化，还有政府大量的农业补贴，这怎么比，硬要比，也只具有相反的意义。我所谓的国际比较，首先要与我们的邻居印度比。无论从历史、人口规模、耕地、中华人民共和国成立后的三步走政策等来说，可比性较强。很可惜，我们对印度的"三农"情况很不熟悉，评著之少，令人感叹。而我们对欧洲的历史已达到如数家珍的地步了。当然，我们对欧洲各大国工业化早期的城乡主义、土地制度、农村人口往城市的迁移、农民工、城市贫民窟的形成史等等也缺乏研究，这段历史对欧洲学者来说早已过时，他们关注的是从工业社会向后工业社会的转型问题。我曾想组织人员翻译一套丛书，全部取材于欧洲各大国工业化前期的城乡问题，这对于我们理解当代中国或有一点参考价值。

徐：你的上述建议是不是就是你未来的研究计划呢？

曹：徐教授，我在此声明，这只是对那些有志于研究中国"三农"问题大而言之，是中国现代化问题的朋友的一点建议，绝不是我的研究计划。即使有些宏图，也非我能够完成。我年近60，已老眼昏花，旋踵即忘，即使心有余，也力不足了。中国知识分子的思维有一大特点，即喜欢将"中国"作为思考的对象，这或许是儒家"家国、天下"情怀的历史遗存吧，或也是近代中国贫穷积弱、落后挨打而激发出来的追赶情怀吧。将"中国"作为思考对象，一切思维的头脑遭遇到三大难以逾越的挑战：一是中国历史甚长，悠悠浩瀚；二是中国甚大，区域差异使你不敢下一般判断；三是近代以来，尤其是改革开放以来，变化太快。我在上世纪90年代中就将这一令人炫目的变化称为"千年未有之大变局"。当然，中国自近代以来，各代知识分子都认为国已处于"剧变"之中。这些年来，我内心反复浮起庄子的警告："吾生也有涯，而知无涯，以无涯逐无涯殆矣。"幸而，中国新生代学人，尤其是通过各专业出来的博士生们，已抛弃了我们这代人的"宏远预见"的想法，不可逾越的专业化迫使他们在各自狭窄的专业内寻找突破。这样，作为思考对象的整体性、历史性的"中国"将被专业化而割裂成各自的研究对象，其结果，各部分、各细节的清晰化将有可能导致整体与历史成为难以理解的模糊怪影。这是令人忧虑但又无奈的事。至于我本人，既无力思考"中国"，又不顾"专业化"，在我的身体尚能支持大脑的往后岁月，大部分时间凭着古人的典籍治着古今之适来回涉步，与先贤对话，共商当下。较长时间的田野研究，可能要终止了。能做的只是利用各种会议的机会到各地农村走走、看看。

徐：好吧！已经11点了，明天你还要上山考察，今晚就谈

到这里,非常感谢你在武义接受我的采访。

【录音整理:黄兰红】

附记:访谈时间为 2006 年 8 月 24 日晚,地点在浙江武义县德尔宾馆 503 号房。

人类学物质与非物质文化保护

——浙江师范大学陈华文教授访谈录

徐杰舜

徐杰舜（以下简称徐）：非常高兴在武义和我们武义的文化精英陈华文教授在这里座谈。你是武义人，我是武义的女婿，你今天是来参加武义非物质文化遗产申报问题咨询的，我们今天在这里想就非物质文化遗产问题在人类学的视野里进行一番讨论。在正式讨论之前，我想你还是向我们的读者简要介绍一下你的学术背景。

陈华文教授

陈华文（以下简称陈）：非常荣幸。我是土生土长的武义人，跟你不一样，你是武义的姑爷，所以你看武义的文化和我看武义的文化可能有所不同，你是异文化的角度。从文化人类学角度来说，可能你在某一个层次上跟我相比较的话，你有优势，我有一种视而不见、司空见惯的"盲区"。我现在更多的不是研究武义的文化，而是研究其他地方的文化，但是因为土生土长、农村长大的这种生活经历，对于我们从事这些乡土文化，或者说人类学研究的人来说是非常有用的。我主要做民俗学研究，民俗学所有的材料都来自于民间，在学术背景上来说，从某一种层面上来说，我可能比一些民俗学研究的人有一种先天的优势，就是对生活的理解可能比他们深刻，对民俗的感受跟其他人是不一样的。现在有一种现象比较常见，就是我们研究人类学的、或者研究民俗学的人，完全是从学校到学校培养出来的，所以他们对生活的感受确确实实是城市这个层面的，或者说仅仅是从学校获得知识这个层面对文化的理解。从本质上说，对生活的理解跟我们那一辈不一样，而我跟徐教授的理解也可能不一样，你可能还有更多的更曲折的，包括以前你小时候经历过战争等等这种动乱的年代，而我是没有了。但是我有一点也是特别的，就是"文化大革命"十年，正好是从小学到初中到高中，读了十年书，那几乎就是没读书。

徐：你是哪一年进小学的？

陈：我是1966年9月进的小学，1976年6月底高中毕业，从小学到初中到高中这个过程，正好是"文化大革命"十年。这十年从某种层面上来说，我们很多人都没有很好地接受各种各样的知识教育，但是有一点我可能跟很多人不一样，我当时还是要读书，所以我的班主任老批评我你怎么就知道读书？我高中是在下杨中学读的，那时候还跟老师吵过，我说不读书我到高中来干什么？那个时候这个叫白专道路，当时强调又红又专，我是贫下中农出身，本身应该是红的。

徐：后来你是怎么进大学的，进哪个大学？

陈：后来高中毕业以后回乡劳动。我是农村户口，只能回乡，干活白干，不能像下乡知识青年可以算工龄。所以，我经常说我是真正的农民儿子。当中还经过很曲折的这种经历，这跟武义有关系，我想徐教授在武义也遭受过一些不是很公正的待遇，实际上我在那个时候也有这样的待遇。

徐：你讲一个故事。

陈：我 1977 年的时候参加高考初选，我在下杨区，后来我高中的老师参加改卷，他跟我说我是下杨区这一片的初选第一名，但是在正式参加高考的名单里就是没有我。为什么，是被公社去掉了，原因就是因为我老爸曾经参加过"文化大革命"。他是 57 年的党员，"文化大革命"的时候党员掌权的人基本上都被打倒了，三结合，他是党员，唯一一个又没当官又没怎么的共产党员，也没被打倒，被结合到革命委员会去，开始是大队革命委员会，后来到公社革命委员会当副主任。他是一个老好人，从来没整过别人也没怎么的，后来县里也给他做出个结论说他没有问题。但是因为某种原因，后来跟公社里面有些干部有点矛盾，我老爸正直，矛盾到了最后影响到我，我的名字就莫名其妙地被取消了，高考都没得参加，所以说这个很曲折。1978 年又让我去高考了，因为 1977 年所有我们白姆公社去参加高考的人没有一个人考上大学，所以公社也说反正考大学也考不上的就让他去考吧。我也没参加任何学习就去考了，考上了，考上了就给我政审不合格，武义有两个政审不合格，我是其中之一。所以，1978 年高考后待了一阵子，看看什么希望都没有了，我就回家去开拖拉机，我那个时候就有拖拉机驾驶证考出来。到 1979 年看看公社没什么问题了，那些跟我老爸有意见的人，有的调走了，有的退休了，所以我想那就再去考一次吧。就这样上的大学。

那年高考考得相当不错，但是不敢填好的大学，我记得我是浙江省文科前 100 名，但是我仅仅填了华东师范大学，后来就录取到了华东师范大学。华东师范大学读书期间因为听了罗永麟教授的课，他是四大传说研究的权威，可以说是受他的影响。1980 年进的大学，按道理我应该进 77 级的，但我回去开拖拉机了，所以后来在 80 级中我年纪就是比较大的了，但是，这样的结果更增加了我对农村生活的经验积累,所以到了大学之后,喜欢上了民间文学。当时民俗学刚刚恢复,也喜欢上了民俗学,我主要侧重民俗学。大学毕业有人推荐我去浙江师范大学,我当时是可以进杭州大学的,我放弃了,到杭州大学是个未定的因素,到浙江师范大学可以搞民间文学、民俗学专业,就到了浙江师范大学。这样一干就干了二十几年。1984 年进的浙江师范大学,已经 22 年,差不多 23 年了。1984 年你还在武义,1985 年你离开武义。你们那个时候在搞风俗志,搞武义风俗志、金华风俗志,搞浙江省风俗志。当时我只有读你们东西的份,我在教书育人,不过后来你走了以后,我们 1985 年底的时候,就跟周耀明一起组织了金华市的民间文艺家协会。实际上我是在大一的时候就知道你了,但是没见过你,你有一个学生,叫蒋文娴,她知道我喜欢民间文化的东西,她就告诉我说,她认识的徐老师就是搞这个人类学、民俗学的,我说那什么时候回武义后给我引荐一下,我还不认识他。但是后来很快你就离开了武义,当中也没见到你,等到比较迟了以后才有机会跟你认识。所以一直在大学里面从事民俗学、民间文学教学,我应该是属于比较早的时候就在省一级的师范大学开民俗学、民间文学课的老师,那时是 1985 年,只不过很多人可能都不太清楚,因为那个时候交流得也不多。后来,1995 年我到北京师范大学访学过了以后,跟其他大学里的交流就逐渐多起来。

徐: 哪一年去访学的?那一年的访学对你来讲好像是一个重要的经历吧。

陈: 我是 1995—1996 年去访学的,应该说从学术视野来说是的,从学术积累来说正好可以通过北京师范大学访学得到释放,这一点是非常重要的。

徐: 而且你是钟敬文先生的访问学者。

陈: 不是钟先生,是陈子艾。钟先生因为当时已经接受了人，最后有一个没去，他又少了一个人。因此，当时我还有一些想法，所以钟先生就跟我说，你是北京师范大学的访问学者，你不是哪一个人的访问学者，跟谁都一样的。钟先生对我一直都非常地关心，对浙江民俗事业也非常地关心，其中有一点就是，钟先生在20世纪30年代的时候曾经在浙江待了很长一段时间，如果把包括在日本留学期间算进去的话，那在浙江他待了将近10年。因为我写过钟先生在杭州期间的民俗学研究的文章，这篇文章我是口头一字一句地读给钟先生听过，他说对的，就是这样。后来发表在《广西民族学院学报》上，所以他对浙江非常有感情。记得最后一次是2001年11月20几号，我们在北京开民俗学学科建设会议，是钟先生发起的。在会议期间，外地有二十几个学者去看钟先生，钟先生住在医院里，他自己不能参加这个会议，他身体不太好。我们去看他的时候，外地的学者一拨拨地上去，我是让年纪大一点的先上去，我在后面。我上去之后，乌丙安也是一个很著名的学者在那里介绍，这位是谁这位是谁，我进去的时候，钟先生看见我就跟乌丙安说这个我特别熟悉，于是他就叫我"华文，你过来"，他拍拍他沙发叫我坐在左边，然后叫"魁立，你过来"，让他坐在右边。我们一人坐在他的一边，萧放还给我们拍了一张照片。完了之后，钟先生讲了一段话，非常著名的话，"今天是我住院100天来最高兴的日子，也是我从事民俗学研究80年来最高兴的日子，因为有这么多学者、这么多博士、这么多教授、副教授，当年我刚刚从事民俗学研究的时候，人非常少，我也还是一个青年……"这是他对民俗学发展总结性的一段话，我一直坐在那儿。在这之前他还问了浙江民俗学的情况，我本人的研究情况，对浙江的民俗学他一直都非常的关心，所以钟先生很长一段时间对我本人影响非常大。我记得我1995年刚刚去的时候，破格评副教授我上不了，有人不让我上，当时我非常有情绪，课也不上了，虽然我当时上课非常好。我说我没水平，我要到外面进修去，当时的系主任不让我出去，说这个时间太迟了访学的人都安排好了什么的，我说不让我出去我也不上课，这是在浙江师范大学 20 多年唯一一次有点耍懒地使性子。当年还没有考核的要求，还不会下岗，反正当时我只是一个讲师。但是到那发现访学的虽然很多是副教授，文章不一定比我发得多，结果北京师范大学很多博士生都对我很尊敬，因为他们许多人都读过我的文章，都知道我，而且有的还非常了解我。我觉得奇怪，学术界就是有这个好处，通过文章私下的交流可以建立起某种关系。这样子到的北京师范大学。这确确实实在某种程度上是一个转折点，当时我在那里也是非常认真，陈子艾先生是我的导师，非常用功地在那里读书做学问，在这一年我做了一本丧葬史，后来影响还是不错的，这是我最主要的一个研究方面，最近有几本丧葬文化研究的书要出来，有历史的研究，也有调查方面的研究，用人类学方法做的。我记得你们宁夏第二次人类学论坛的时候有人对我那个发言的一个评价说，怎么差不多只有你们两个人才是用人类学的方法在那做调查研究？我用大量的田野调查、大量的图片，只不过那次给我发言的时间太短了。

跟人类学的渊源关系从现在来看，有很大一部分原因跟我们的徐教授有关系，因为你从事人类学研究，再者你也从事一些民俗学方面的研究，所以在民俗学的发展过程中，我想民俗学界的很多朋友和我一样认为，徐教授对民俗学的帮助是非常大的。徐教授不光对我本人帮助非常大，而且对民俗学的帮助也非常大，在你那做的民俗学的学者介绍系列做了四年，确实是影响非常大的，这不仅是对民俗学的提升，而且对民俗学在其他学科的整个影响，包括学科的建立影响都非常大。所以在某种程度上来说人类学提携了民俗学，人类学民俗学是一家，但是毕竟从某种层面上来说是两个学科。

徐：通过这个更加使从事民俗学的人也认同我们民俗学也是

人类学这一块的，包括刘铁梁都特别赞同这一块。

陈：对对对。但刘铁梁他本身也有社会学倾向，村落调查这一块他做得非常好，所以确确实实跟人类学也走得比较近。

徐：所以你在北京访学那一年我很有幸认得你，然后带我去见了钟敬文老先生，他还说我编的金华风俗志他看过了。

陈：对对，是那一次，我还给你拍过照吧。钟先生还是比较亲切的，我记得我引荐学者给他的时候，他都非常乐意接受，而且对我在浙江的工作评价也非常高，还经常鼓励我。有一次，1998年民俗学第四次代表大会的时候，大会结束之后我去看他，钟先生屋里开了非常暖的暖气，我去了之后，他非得要我在那待的时间多一点，他讲了半个小时我已经吃不消了，我说"钟先生我要走了，太热了。"钟先生说"把衣服脱了"，一个小时后我还是太热，要走。南方人穿线裤。钟先生说，那"线裤也脱了"。我是裤也脱了衣服也脱了，实在是热得受不了了，我跟钟先生说我还是要走。钟先生很舍不得，他说，你也不常来北京，多听听你说，了解情况多好。2001年的时候，我跟张先亮教授去看钟先生，还带了两条学院定制的领带给他，一个星期之后中日韩的民间叙事学研讨会在北京师范大学召开，我也去参加，我直接从飞机场到了会场，我是迟到了。那个会议是钟先生主持的，我进了会场时刚刚开始，钟先生见我进去了坐在前面，他就给我们学院做广告，他系着我们给的领带，"华文啊很好，前几天他跟院长来看我，送给我领带，你看就是这个领带漂亮吧，这个是浙江师范大学的领带，有字的。"给我做广告，非常有意思。我想北京师范大学访学，确确实实从我的民俗学研究来说对我还是影响非常大的，同时也建立了学术上的关系，毕竟我们是地方上的学者，地方上的学者在某个层面上也许你非常优秀，但是在另外一个层面上，你即使再优秀，你学术影响常常会受到一些限制，这是中心跟边缘的问题。在文化学里边我们特别懂得边缘和中心的问题，但是在文化学里边的边缘是正宗，中心是非正宗的文化，边缘才是真正正宗的文化。当然我们不能自吹自擂。

徐：当然。我觉得你已经做得很好了，从边缘走向中心。

陈：那不能说什么中心，我只是边缘很紧密地跟中心结合在一起。

徐：那你这几年做得非常的优秀。我就觉得你从北京师范大学1996年访学回来这10年，做得挺好，我想请你介绍你以丧葬史研究为主的研究成果。

陈：我发现北京师范大学确实是福地还是什么，我在整个我自己大学读书或者是学术研究当中，跟华东师范大学是紧密结合在一起的，另外就跟北京师范大学，就跟两所应该说全国最著名的师范大学非常紧密地结合在一起，所以北京师范大学回来以后，我觉得我学术的路相对来说就比较顺了。1996年回来以后马上晋升了副教授，之后我接着自己非常用功地做学问，写一些东西，四年之后，按浙江省的规定，任何人都必须副教授四年以后才可以晋升正高，四年之后，我就晋升为正高了。其中你刚才提到丧葬史的研究也是很重要的学术上的成果，在北京师范大学基本做完，然后回来，修改了之后，1999年这本书在上海文艺出版社出版了。但前面它还给我出了一本文身的书，这本文身的书非常有意思，实际上我完全按照学术著作来写，注释都交给他，出版社出书时由于体例上的需要把注释全都去掉了，所以看上去不像学术书，看上去也通俗易懂，还做了一些修改，书名叫《文身：裸体的雕刻》。这书名非常有意思，后来有朋友跟我说你这书一看是地摊的书，再一看好像是挺有意思的书，再里面仔细地一读，原来是有体系有自己观点的一本学术的书。后来也有朋友跟我说有人盗印了这本书。现在还有几个出版社，包括上海文艺出版社要给我重出，还有几个出版社要求我给他们出，说我这本书挺有意思的，他们要求我配图配多一些，另外还有一个出版社邀请我说要么通过我这本书再组织几本书，我自己是实在没精力了。

最近做丧葬的文化研究，其中也包括跟徐教授做的这个汉民族的《雪球》研究，整本书的反应都不错，有些章节反应尤其好。我们写的东西还是到位的，原创性的东西，整个思想体系我们是原创性的，完了之后，里面有些东西包括族群等等这种研究可以说我们是原创性的，现在回过头去看看还是挺有意思的，当中还跟徐教授做了另外一些东西，包括汉民族风俗史。这个事一波三折，拖的时间比较长。我们最后见面也是汉民族风俗史的这个机缘。到了2000年之后我就更多地从事丧葬、丧俗方面的研究。我本人一直认为，人生礼仪当中的文化是我们人类学、民俗学最应该关注的，因为它跟人的这种关系特别紧密，所以有的时候你就通过人生礼仪的研究可以知道一国一地一个民族，包括一个县域或者村落的人的一些特别的文化内容，也包括理解他们对生活的认识，对世界的认识，所以说是非常重要的。丧葬这一块我觉得生老病死，一个是自然的过程，另一个是在某种层面上最能够体现一个民族对生命的看法的一种文化，所以有的时候是不是豁达，通过什么来完成，我觉得就是通过丧葬文化来完成。你比如说我们以前做那个寿坟，我觉得是了解我们汉民族对生命进程当中豁达的一种，他们不仅是对生命非常敬畏，而且在某种层面上也非常豁达。我们汉民族在原始社会时期就文化地理解生老病死，所以在很早的时候，在某种层面信仰的支配下就预留了自己另一世界的生存空间。有一次我在一个学术会议上说了，人确确实实是一个非常特别的动物，但是不同层面上的人常常有着不同的追求。我当时为造那个大坟辩护，我曾经说你一个学者可以通过自己的努力写出一本书，写出非常漂亮的文章，用这个来显示我取得的巨大成就，我一个学者可以用这个来证明，但是一个农民用什么来证明自己，他不可能去写文章，不可能流芳百世，他就造一幢房子，所以说现在房子越造越大，越造越好。他们有钱只造一个房子啊，这个房子是干什么的，最后是留给儿子的，为他博得生前的一个赞誉。别人会说，哇，他厉害造了那么一幢大房子。同时他还造一个非常漂亮的坟墓，这个是给谁的？这个是留给自己的，所以活着我要看见孩子可以住大房子，我的最终归宿也要有一个"好房子"。所以我说不要去指责别人去造非常漂亮的坟墓，如果它在某种层面上是符合政策的，地不是随便占有，钱也不是随便花的。人是一种在某种层面上有精神寄托的动物，如果说失去了这一切，死的时候什么都没有的话，那他活着的时候就没有什么奋斗的目标，或者没有某种秩序可以遵守，那么最后他就可能破坏世界，那就不是文化的动物。建大坟完全是一种文化的表达。

徐：你可以写成著作来表达你的精神寄托，他可以用盖阴宅来表达。这是不同层次，不同需要。所以文化的多样性就表现在这里。

陈：对呀，所以我说应该允许所有的人拥有自己选择文化方式的权利，国家也一样。你不要强求一致，尤其是你政府不要强求，像殡丧改革，有些地方就出现非常有意思的事，有些报纸上也登了，我是调查的时候就听到很多这种故事，几几年几月几号开始改为火葬，所以有些老头子老太太没办法，说我要土葬的，他就提前自杀。我在象山调查的时候就听到两个事例，一个老头，他说是几几年几月几号火葬的，他就在这之前自杀，结果他搞不清楚几几年几月几号这个时间是白天还是怎么的，原来说是零点，结果他吃了农药凌晨四点钟死了，政府说你已经超过了这个时间，你必须火葬，结果拉去火化了。一个老太太是象山人，最后跟丈夫到上海去，后来丈夫先去世。老太太的老家是象山，她就回来住在这，为什么？她说上海已经火化了，象山还没有，结果她在这住了十来年，也改为火化了，老太太一想几月几日就火化这不行啊，于是就自杀。她儿女都在全国各地，于是穿好衣服吃了农药，吃完农药后给子女打电话，说我已经吃了农药你们回来把我葬了。结果子女非常紧张地赶回来，老太太没死，穿着衣服躺在床上，为什么？农药是假的。我们调查的时候这在温州的很多地方都有这样的事例，这就是政府强求一致存在的一些问题。所以人类学、民俗学的这种研究，一方面是帮助我们理解各种各样的文化、各种各样的人，另一方面我觉得政府在制定政策的时候吸取一些学者的研究成果，可能更人性化，就不会出现这种喜剧式的悲剧。而现在这种情况很多地方都存在，这就是文化的单一性所带来的恶果。我们原来的文化具有多样性，我们现在的文化希望也保存多样性，我想这不仅是人类学、民俗学的追求，学者都有这种观念，但是我们政府有时确实没有这种意识。所以我在整个研究过程当中，发现我们如果说学问是有用的话，那就是在某种层面上更好地理解文化，如果说可以为政策的制定提供一些有用的东西，这个研究就是成功的。从我个人来看，人类学比民俗学做得更好，就某种层面上来说，社会学目前在学以致用方面比其他学科还做得好一些。所以我想民俗学在学术界的认可相对来说比较低，其中一个非常重要的原因就是社会参与度还比较缺乏。

　　徐：你讲的这个问题，因为你这次来武义是参加非物质文化的咨询问题的，我就想武义不仅是讲武义，相当一段时间我们很多地方之所以没有把一些民俗文化或者是民间文化，我们叫它草根文化那些东西当作一回事，它的的确确把它当作是草根可以任意去踩它，认为好像不值钱。实际上21世纪以后，今天我跟农办的副主任还讨论这个问题，他是农办副主任，你要注意他的身份，但是他今天跟我强调的，他对我的这个新乡土中国里提出来的打造文化核心竞争力，非常感兴趣，而且他觉得他始终是在关注这个问题，就是不知道从哪里入手。就武义来说再搞洼地效应可能就没别人洼地洼得深，他说现在松阳，你永康的企业来我不要钱，土地给你，只要你缴利税多少一年，我们武义现在不可能讲土地不要钱，因为我们现在土地资源已经比较紧缺了。那他说我们现在只有要做文化的东西才是我们自己独特的东西，别人拿不走的。所以他特别强调我在里面提出的有关打造武义文化核心竞争力，就是把武义文化的一些独特的东西做成文化产业。

陈：实际上大家都知道人是文化的动物，学术界都非常清楚。但是文化存在着差异，各个地方的文化不一样，所以各个地方的人都存在着差异，如果你千篇一律，包括经济发展也好，那我想就肯定没有生命力了，因为每个地方都不一样，气候条件不一样，生存、生态环境也不一样，你要同样的模式肯定就不行。所以我想你们做这个课题的时候也会发现这么一个特点，武义今后想在金华地区、浙江省乃至世界有一席之地的话，必须要有自己的特色。

徐：所以我们这里有个干部就把我的推龙舟改了一个字，推字改成赛，他说你这个错了，是赛龙舟，我说真对不起，如果是赛龙舟的话，我根本就不会提了，因为全中国都有赛龙舟，唯有推龙舟在武义是独一无二的，而且是从街上推过去的，从城隍庙一直推到东门角，我们说如果这个活动能把它恢复回来，它就是武义独一无二的。它就能打造成文化的一个品牌，或者是文化产业，成为武义的一个旅游热点也好，民俗热点也好，它很可能就形成一个产业，到时如果真的恢复过来，那每一年的端午节在武义举行推龙舟这个祭祀活动，人山人海地来，把其他的一些民俗活动配起来，办台灯，这里还有叶龙、板凳龙、有布龙，这里什么龙都有，还有很多其他相关的民俗，我觉得还有一个挺好玩的，跑旱船，抬花轿，像这一类的东西你再把它组织编排好，搞得很原始民间味道比较浓，那这个所产生的文化效应、经济效应都会出来的。再有一个，他们都忘记掉了明年熟溪桥是800年的日子，如果以此为契机举行庆典大会，那你武义的知名度也会进一步的提高。

陈：从浙江省来看，从全国来看，有记载的廊桥历史没有这个悠久，这几乎是独一无二的。

徐：熟溪桥整整800年，文化作为一种核心的精神力量，你现在跟他们讨论非物质文化遗产保护的有关问题，我想今天我们就可以转入我们要谈论的中心，就是你对非物质文化遗产保护，如果以武义为例的话你有什么想法。

陈：从武义的角度来看，当然可能现在很多人都没有意识到，可能领导对这方面了解的情况也不多，专业人员也没这方面的工作经验。武义历史虽然悠久，文化积淀也非常的丰厚，但是真正被发掘出来的东西非常有限，从与省内其他县市的比较情况来看，武义也是这个样子。非物质文化遗产保护这一块，现在从世界从我们国内情况来看，都非常热，各个地方都非常有心，各个地方都在做，而且政府主导，这本身是一件好事。但是也有一些问题，如果说某些地方的领导意识得比较早的，对这方面比较重视的，它相对来说就做得比较好；还有一些经济相对现代化，改革开放走在前面的地区，它可能对传统文化的认识跟现在刚刚步入现代化的地区来说是不一样的。你比如说宁波等等地方，他们对传统文化的认识就跟其他地方不一样，他们的经济发展比别人走在前面，所以今天它回过头去，相对来说感受就比较深。我们传统文化被破坏的东西还没达到那种程度，你比如说绍兴原来被称做东方的威尼斯，它城里的桥和河道非常的多，但是改革开放以后全都被填掉了，于是，过了几十年，他们感受到绍兴没有特色了，怎么办？把河道挖出来，重新建回去，温州也是这样。现在有些地方就这样做的，它就开挖，恢复原来老绍兴的样子，但他们有钱他们可能做得到。所以从这个角度来看，我们如果说没有意识到我们的文化是否真正有用的情况下，不要轻易地去破坏它、改变它。我们现在就是在干着这种事，就是说通过非常美好的愿望，实际上起着一种真正破坏文化的作用，学术界叫建设性破坏或开发性毁坏。有很多人还没有这种意识，这次我想非物质文化遗产全国性的、世界性的申报保护工作，可以让我们从另外一个层面认识我们传统的、独特的文化对于我们生存，对于我们整个发展是非常重要的。你比如说中国人使用筷子，使用筷子并不是指的是筷子这一件事情、一个具体的事物，而我们使用筷子的时候有很多使用筷子的礼节，这就是我们的文化，我们的独特性就体现在这里。我们跟别人不一样，并不是我们拿着一双筷子，我们拿着筷子的同时文化有规定，你筷子怎么拿？怎么使用筷子？怎么样跟碗配合？筷子拿短拿长有时我们还有很多说道，拿得短的女孩子我们经常说这个就嫁在隔壁邻居了，筷子拿得长的就经常说这个人要嫁得很远的，这非常有意思。

徐：不过说句笑话，现在很多年青人不会拿筷子，他夹不起来。

陈：对，这筷子有很多说道。比如说筷子你不能老塞在嘴巴里面，吃完饭后你的筷子怎么放，这都有规定的，这就是文化，所以说实际上中国人之所以成为中国人就是由这些文化所决定的。非物质文化遗产在这里面就起着很重要的作用。前不久，我跟我们学校的梅新林副书记到杭州去接受文化厅的非物质文化遗产基地的这个牌子的时候，发生了一件非常戏剧性的事。当时仪式刚刚搞完，突然狂风大作，于是我们都逃，我们都撤了，我就跟梅书记一起跑出来。我捧着那块牌子跑出来，跑到那个没有100米远的店里的时候，狂风大作，大雨倾盆，视线非常差。狂风把各种各样的牌子都吹走了，所以我跟梅书记开玩笑说，吹走的都是物质的，留下的就是非物质的。所以非物质的是非常重要的，你看物质的可以吹走，非物质的它就吹不走。这才是我们真正的根，文化的根，成为中国人最重要的标志。所以成为中国人并不仅仅是你的外在上，中国人被美国人领养，他完全成为一个美国文化的美国人，但是他外在上你感觉不出来，所以中国人最重要的体现我想就是他内在的这种精神层面，包括思维方式、伦理道德这一块等等，也包括我们的语言。对于整个中国各个区域的人来说就是地方文化，地方文化有一块很重要的就是非物质文化遗产。非物质文化这一块对于我们，包括世界保护文化的多样性和我们国家各个民族之间保持文化的多样性都是非常重要的。

徐：你现在是浙江省非物质文化遗产研究基地的主任，从这个层面讲我国目前对非物质文化遗产显得比任何时候都重视，这是一个机缘。韩国申请"端午节"获得成功，这对我们中国是一个极大的刺激。

陈：这可能是。还有一个是通过媒体的炒作，另外，我们全国人民从民族情绪方面极大的提升也是一个契机。

徐：因为他们觉得端午从来都是我们中国人的，理所当然是我们的，结果变成韩国去申请了，他们就得到了保护，根子到哪里去了都不知道，这一段历史韩国人动不动就说他们是起源地，好比讲活字印刷这一类的问题，所以一下子连端午节都变成它的了，所以我觉得这可能是对我们整个非物质文化遗产重视的一个很重要的转折点，这个转折点以后，全国对非物质文化就开始重视起来了，哪个地方重视得早，哪个地方就申报全国非物质文化保护单位做得比较好，那浙江就是申请得比较早的、保护得比较好的了。

陈：浙江省应该说是属于最好的之一，目前是国家非物质文化遗产的第一批名录里面排名第一，全国518项，浙江在39类里边占有44个子项。

徐：所以我就讲你是浙江的，现在又是这个基地主任，你能不能对非物质文化的保护问题谈谈你自己的感受、建议。

陈：刚才徐教授提到的关于端午祭对于我们提升非物质文化

遗产工作作用的时候，这里面可以说是一个美丽的错误或者一个误会造成的。我知道一些情况，大约是大前年，当时社会科学院的苑利在韩国做文化遗产学的研究，做一年，当中他知道韩国要申请端午祭，就是江陵端午祭，世界非物质文化遗产的代表作，所以他曾经把这个写了一个信给乌丙安先生，乌先生当时可能把端午祭和端午节当做一回事还是其他的，或者是苑利写错了，这个也很难查考。苑利说他是写的端午祭，乌先生为此给文化部周和平副部长写了一封信说韩国人要申请端午节了，这个本身是我们的，然后怎么了，所以这事我不知道是周和平副部长透露还是怎么的，后来被媒体知道后，就炒得沸沸扬扬。还有很大一部分原因就是被称为"愤青"的年轻人，民族主义情绪非常高涨造成的。大家认为端午节起源的确在中国，不管它是在湖南因为屈原跳江而形成的还是因为曹娥形成的，但它确确实实根、源是在中国，所以很多人就有一种很高的民族情绪，吵了半天，最后学术界也清楚了，韩国人也请了我们五六个专家到那里去考察，因为中国人的民族主义情绪实在是太高涨了，这样子他们不好办不好交待，他们就邀请了中国的五六个学者到韩国去考察，说我们申请的不是端午节，我们申请的是江陵端午祭，端午祭是祭山神的，跟中国的端午节完全是不一样的。现在我们就很清楚，端午祭和我们的端午节的确是两回事，但是因为这个原因使全国人民都认识到了有一个非物质文化遗产的申报，有一个世界联合国主办的世界非物质文化遗产的申报，在某种程度上对以冯骥才等为主的民族民间艺术的抢救工程起了非常大的推波助澜的作用。这个工程逐渐发展演变成我们国家正式确立国家的非物质文化遗产工作的契机。

徐：这就好像是一个晚上普及了非物质文化。

陈：对，可以说是一个美丽的错误把这个跟端午节联系起来的事，导致了我们非物质文化遗产这个概念在全国很多层面的人群当中普及开来，而且还提升了某种民族主义情绪和我们民族的凝聚力，大家在这个事上就像抗日一样，一致对外，年轻人更有这样子的一种情绪。

徐：而且还以此为契机，出现了对民族传统节日加以保护的一种呼声。

陈：对，对民族传统节日的保护，中国民俗学学会在这当中确确实实做了很多事，包括节日立法等等。

徐：到现在为止我有些事还是无法想清楚，有些事是非常容易做到的。从政府层面来讲，政府是一个强权，它说怎么就可以怎么，春节也好，清明节也好，端午、中秋也好，既然大家都呼声那么高，既然在香港那边都是放假的，那我们为什么就那么难确定在这里放一个假，我就觉得很难。

陈：这里面可能有很多原因，我想我们可能很早的时候就提倡移风易俗，现在回归又有很多人觉得不可以接受。

徐：那这些不可接受的是谁呢？

陈：这就很难说。至于说立法层面，它可能有个过程，但是我们的领导对这方面是不是重视，因为我们国家的这种体制决定的，这个是非常关键的。实际上现在学者、所有的人都认为，对传统文化的强化，节日文化是非常重要的。我在很多场合，包括在学术会议上、我的论文也写过，当中提到节日立法，包括给了传统节日一定的保证最重要的一点是什么，就是保证我们这种传统文化能够延续下去。现在的孩子从上幼儿园开始，一直到小学到初中到高中到大学，他就一直在那里读书，"五一"可以放假，至少可以保证三天，国家法定的，任何学校都不敢违背，"十一"可以放假三天，虽然长假不能放假七天，但是国家规定的三天是得放的，所以他知道"五一"、"十一"。春节当然他知道，春节是因为我们原来保留这个节日，不得不休息。但是清明节、端午节、中秋节等等这些节日，包括重阳节，谁有时间保证？孩子他怎么知道去感受这种传统文化，他没时间去过节日，他甚至无法感受到我们年长一辈原来在过节日或者他们通过其他形式过节日的那所有的氛围、所有的仪式、所有的内容。所以他对这个传统文化，包括清明节、端午节、中秋节等等他非常淡漠，因为他没有时间保证。如果国家法定确定这一天必须是过节日的，至于怎么过，我想这没问题，本来就是文化多样性，你怎么过都没关系，但是它毕竟有一个时间的保证，孩子们可以回到家跟父母亲过，全国人民都可以过，那么这样子我们对于传统文化的感受就可以从小养成一种习惯，因为文化是养成的。

徐：文化是养成的。我还要补充一个说法就是，我们可以突然觉得"五一"、"十一"长假，现在完全可以判断这种长假它就是一个破坏性的，对经济的破坏、对人的生理、心理的破坏都是很严重的，实际上这几年搞下来对整个国民经济的破坏性实在是太大，他们每次都不能接收群众的呼声和意见，倒是这么传统的节日，从春节一直到冬至，这一系列的传统节日，哪怕你分配它一天，你把国庆、"五一"不要搞成长假了，就整个一年的时间很匀称地让人民能够享受祥和的节日，过得富有文化氛围。现在过得像全国人民大旅游，成亿的人走出去，我觉得非常不好，所以今天我想跟你谈这个，也借此机会表达我的一些看法。我希望政府能尽快调整这种假日。节日放假的制度安排，这是一种很简单的制度安排，政府任何人都可以改变它，只要他想通了，说从2007年开始春节假不变，清明、端午放假一天，中秋放假一天，再好一点重阳也放一天。

陈：有些也可以放两天。我完全赞同你这个说法，而且现在有很多人说，你搞民俗学当然希望它有很多节日，实际上有很多不搞民俗学的学者，也非常清醒地认识到这一点，就是说需要有传统节日来保证我们传统文化的延续，没有时间没有法定的节日的时间，如何保证？

徐：你讲的这些问题我非常赞成，但反过来中国的文化是由很多具体的特质组成的，其中传统节日就是它的文化特质的一种核心体现，那你说我们中国人走出去也好，走到哪里都说自己是中国人，那这就是文化最重要的体现。现在倒是洋节日充斥中国的社会，什么圣诞节、情人节搞得不得了，那我们自己的呢。所以我觉得一个国家，要成为一个具有文化凝聚力的、具有民族凝聚力的国家，那你必须把自己的传统节日当做是自己的生命一样去维护它、去发展它。

陈：而且我觉得政府必须有意地在这方面做一些工作。

徐：政府起主导作用，现在已经在非物质文化遗产保护中体现出来了，我现在就是希望在这个问题上采取果断的措施。尽快地把这种节日的安排进行调整，使我们中国人能够在一种很祥和的文化味道很浓的条件下来传承我们中国的文化，使我们的子子孙孙都记得我们是中国人，我们的文化是什么样的，不要一讲中国人就是过圣诞节、过情人节，那就是天大的笑话了。

陈：而且节日跟传统接轨的这个时间不能随意延续得太长，你搞成七天之后，我们对"五一"、对国庆认识一点都不庄严了，我们认为"五一"不是国际劳动节，而是旅游节，"十一"也不是国庆节，国庆庆祝的氛围也没有了，最后因为这种所谓黄金周导致"五一"跟"十一"这个本来神圣节日的异化甚至消失。

徐：它已经不是国庆节、不是劳动节了，它是黄金周，反过来对你国家就是不尊重。

陈：所以在这个问题上，我们的领导或者说是某些领导考虑确实不是很周全的，甚至也许脑袋一拍就出来了，但是希望他脑袋一拍把传统节日定位于一个重要位置，并给予时间保证。

徐：我们希望现在的中央领导能够真正地回归到中华文化底线上来。

陈：对，能做到这一点是最好的。所以节日这一块，从非物质文化遗产这个角度来说是作为最重要的内容,因为这一次是文化部也把它作为非物质文化遗产代表作名录,已经把它确定下来了。但有一个问题,这里面保护主体是谁,这里申报的是文化部,而文化部去保护春节这个东西,全国人民都过的东西肯定存在问题,所以春节怎么保护,它通过什么形式来保护,我想这也是需要研究的。刚才你说到怎么去保护这个传统文化,实际上这是最重要的,你并不是说把它列为代表作就结束了,列为代表作那是个很简单的事,只要某个行政部门发个文件你这个是代表作就行了,但实际上不仅仅是在列为代表作,而是在列为代表作之后如何去保护它。

徐:这就要有个操作的问题,你如果把重大节日、传统节日确定下来,而且给它放假,那么就给它一个空间,给它时间,那文化的多样性如何表达,比如说春节,各地如何过春节,如何过端午都是多样的。

陈:对,时间给你,你怎么过由你去决定,这也就保证了文化的多样性。

徐:所以全中国各地的不同的赛龙舟,在水里划船的,也有像武义一样独特的推龙舟。

陈:还有旱龙舟。

徐:我觉得在文化表达当中,如果把中华民族的文化很充分地展示,年年做下去,那就代代相传了。

陈:所以节日文化实际上是传统文化,即非物质文化的集大成,是比较集中的体现,得保护这个文化,或者我们通过某种立法的形式保证我们有时间去过传统的节日,是非常重要的。

徐:我们可以进一步讲,像我们的传统节日春节它是一个民族文化的综合载体,吃穿住用哪一样都在节日里反映出来,我们小的时候过春节,最惦记着春节,为什么?因为到过春节那天有新衣穿,有平时吃不到的东西能吃,有平时不能放松去玩的东西可以玩，那多美的事情，现在的孩子对春节的记忆是什么？

陈：春节在某种层面上来说，它遭受的异化或者破坏或者毁坏相对来说还比较好，因为它毕竟还有三天假，你说现在新衣服孩子还是穿的，春节的团圆饭我们还是吃的，鞭炮现在在城市有些地方还是解禁的，拜年也在拜了。其他方面，我们拎着礼物的形式也没有改变，但是有些东西我们是觉得确确实实在改变，但是你也得认可这一点。你比如说从前拜年，我们到二三十里路的亲戚家里的时候得走路，走三四个小时，每小时走十里路，三四个小时走下来你就很累了，烧碗点心给你吃吃正好。现在你骑着自行车、摩托车，开着汽车几分钟就到了，很多仪式就省略掉了，不是说我们故意省略掉的，而是不需要了。以前我们走完了之后，三四十里路的地方，吃了中饭后或者在那里住一个晚上，亲情沟通就不一样。而你现在骑着自行车、摩托车或者开汽车去，吃完饭就走了，所以亲情沟通也受到影响。所以有的人觉得春节弱了，弱化了。但是我们的仪式，几乎重要的内容一项都没少。

徐：所以内容它可以变迁，但是它的传统、它的文化底蕴是不会变的。

陈：对，所以我认为有时间保证，它即使变了但是核心内容是没有变的，但是没有时间保证，有很多时候可能会被其他文化所取代。

徐：时间在这个时候是很重要的载体。

陈：所以几十年以后我们只能回忆，像推龙舟，我们只能靠其他人的记忆，哦，原来武义还有过这么一个独特的文化，你要恢复它就很困难。而在那个推龙舟的整个文化当中包含着很多非常美好的愿望。

徐：那就是20世纪50年代初的时候还有。

陈：驱邪的，包括那些平安的。当然现在生活方式改变了，你也不能强求它完全按照传统的一套来，但是我想我们本质上的有些东西通过一些形式保留下来，或者我们某一个地方的人保有自己的特色是非常重要的，所以非物质文化遗产在某种层面上来说就是保证我们成为一个非常独特的人，在现代化过程当中不迷失自己。

　　徐：那就是保存自己的文化特色。

　　陈：是，保留我们自己的文化特色。所以从人类学的角度来说，实际上，我们在研究过程中，在探索某个地方它具有非常独特的文化以保证这个地方的传统是独特的，这里的生活方式是独特的，地方跟其他地方有区别。

　　徐：那陈教授你这次来武义做咨询，你对他们有什么建议吗？

　　陈：我想主要是希望他们挖掘那种非常独特的、确确实实在某个层面上代表了区域文化或者武义文化特点的非物质文化遗产，通过这种来申报地区一级、省一级、国家一级的代表作。并不是说我找到一个东西我觉得这个行，完了之后我就行了，我跟他们说行不行，我希望你们通过横向的比较以及纵向的发展演变过程来确认。所以有的时候还是需要一些专家，而不是他们自己说我这个就是独特的，独不独特它还是要跟其他东西比较，文化有的时候有比较才会有鉴别，所以我给他们的建议就是在充分的调查基础上，完了之后进行一些有系列有目的的比较，真正选出代表武义文化特质的，或者具有武义文化特色的内容。武义的学者以前在调查当中，也发掘了很多东西，但是他们就是没办法确定或者把握我这个就是武义独特的，或者是浙江独特的，或者是全国独特的。

　　徐：那你还有什么具体的建议吗？

　　陈：我想，应该叫他们进行更多、更好的挖掘，同时可能还要跟其他地方交流，包括一些进修学习，来加强自身的素养。另外我还跟分管领导说了一定要重视，在某种层面上来讲，领导不重视，下面一是没有积极性，另外就是做不好。这个也是非常重要的。地方领导要重视，要认识到这一块存在的重要性。所以在非物质文化遗产的申报和保护过程当中，教育领导是最重要的。以前说教育农民是个最大的问题，现在教育领导是最大的问题。

徐：严重的问题是教育农民，重要的问题是教育领导。

陈：重要的问题跟严重的问题就是要教育领导，领导如果认可了我想就能做好了。我到这里来还有一个目的就是跟他们领导直接沟通，我今天就告诉他们分管领导说你必须重视这一项，你现在省里面非物质文化遗产的名录你们一个都没进去，武义一个都没进去。武义的历史、文化是很悠久的，我们经常提到的"风物是秦余"，就是因为这个地方保存的传统文化是最有特点的，最原生的，但是我们在申报过程当中居然发现武义没有一个省级非物质文化遗产，国家级非物质文化遗产就别提了。这个可能跟我们工作没有做到位，跟我们从事这个工作的人是有一点关联的。所以我跟领导说一定要重视。领导有些不熟悉这个事，中午直接跟我说她不熟悉、不清楚这个工作，以后多跟你学什么的。我说你只要重视，你重视了下面人就会有积极性，就会做好，因为这是我们的体制决定的。你申报下来后，保护也是这样，领导不重视的话你怎么保护？怎么保护得好？当然我想我们今后的制度会不断地完善，国家在这方面，包括现在准备制定非物质文化遗产方面知识产权方面保护的法律，但目前仅仅限定在征求意见的过程当中，原因就在于这个法律是由非物质文化遗产研究方面的人制定的，而这些人原则上说本来并不懂法律，就是对于比如什么是法律要保护的主体，主体如何确定，如此等等，这些都搞不清楚，说非物质文化遗产，作为知识产权也好你保护哪个？是保护春节本身呢，还是保护春节申报，这个作为非物质文化遗产单位的主体，现在都搞不清楚你保护什么，所以说这个法律难产,在今后很长一段时间我觉得都很难出来。因为有些东西还搞不清楚。你说我们非物质文化遗产"板凳龙","板凳龙"浦江申报下来了,但实际上"板凳龙"在金华各个县市都非常普遍地存在着,有些还不一定比浦江没有特色,但是浦江申报了,下来了,如果浦江说这个就是保护我浦江的,其他地方不保护了那你怎么办?

徐:它有这个专利权了。

陈:但现在能不能做成专利权,如果做成专利权这个问题又很多。

徐:现在广州把凉茶又申请保护了,那广西就不能用这个凉茶了。

陈:所以这就是一个问题。但现在还不能等同于知识产权保护,我想还是能够使用的。毕竟这是传统文化的东西,非物质文化遗产的一个特别技术。广东凉茶是王老吉去申报的,所以问题就出来了,谁是保护的主体非常重要。浙江的张小泉,非物质文化遗产张小泉剪刀制作技术,它申报也成功了,那么张小泉他可以说啊,因为它毕竟很明确地说,它申报的主体也是张小泉,他的主体也是他,这你还可以理解。但是广东凉茶,这个地域就大了,问题就多了。现在还提出来说除了王老吉,其他人不能用,我听到这种说法,那就更加糟糕了。那你问题就严重了,以后怎么办,包括如何保护,包括以后法律制定的时候,如何来保护这些非物质文化遗产代表作。它还不属于知识产权,它仅仅是认定你达到了国家级代表作名录的层次的东西,它认定你是代表作。今后这方面不管是从地方角度,还是从国家立法角度来说都有很多工作需要做。我们怎么去保护。

徐:所以我现在觉得作为人类学,作为民俗学研究来说,通过非物质文化遗产保护问题实际上就是把我们民族学可以跟非物质文化的研究结合起来,这是民俗学中非常重要的一种应用,这

种应用可以赋予民俗学新的生命。

陈：现在很多地方已经意识到非物质文化遗产不仅整合了民间文学民俗学，整合了民间造型艺术、民间表演艺术等等这些学科，今后怎么发展，它是不是能发展成非物质文化遗产学，有很多人都有期待。最近这两年，实际上从去年开始到今年明年我想很多地方就开始招收非物质文化遗产方向的硕士、博士研究生，至少硕士我是看见了，我在我们学校里面设了一个非物质文化遗产方向，不仅是我民俗学硕士点里面，美术学硕士点里面也设置了一个非物质文化遗产方向。今后怎么样对待它，包括研究生怎么培养也都是一个问题。我觉得学术界有的时候也有赶热闹的情况，怎么更加完善自己是很重要的。如果你粗糙地做也有可能把这个学科做砸。但很多人都已经看见这不仅是一个学科的问题，而是一个整合各种各样传统学科的非常好的契机，甚至有些学校已经觉得是学校的新的增长点。

徐：我觉得它是一个平台，这个平台是可以整合的，像其中人类学、民俗学、文化学都大有用武之地，如果你讲民俗学那政府他不理你，你讲非物质文化遗产，他肃然起敬。所以我觉得我们学术界要抓住这个。

陈：再有政府体制保证。非物质文化遗产可以是一种名目，以后作为跟其他物质文化遗产同等待遇的时候，我想地方政府可能会更加重视，但问题也就会更多。因为怎么去保护，你政府确认它以后，还要有各种各样的投入下去。

徐：所以我觉得你们那里成立一个非物质文化遗产保护基地就非常好，你这个主任当得非常有意思，就是一个老板。

陈：我刚刚开始，今后怎么样还不知道，有机会的话还请你多多指导。

徐：我觉得它是一个平台，你要把它做成一个你自己的平台，就是把它建构成一个学科。

陈：所以我现在可以带动的就是音乐、美术，还有我们民俗学、民间文学，以及戏曲、影视、表演等等这些学科。

徐：因为你们浙江师范大学本身就比较综合，学科也比较多，你作为一个非物质文化的学科建构它，这样的话它的资源配置上就比其他什么民俗学、人类学都可能会得到更多的资源，因为它的应用性特别强。官方需要，官方它是政绩的表现；民间需要，民间它最好了，民间有好玩的了，可以名正言顺地去玩这些了，我是觉得你在新的时代发展当中把相关的学科整合成非物质文化保护非常有前途。我今天请你来谈就是想把这件事情作为一个重要的东西把它摆在世人的焦点上去。同时我跟你认识也20年了，我觉得陈教授你为人非常的忠厚，体现了武义人的特质，又很有诚信，武义的芋头，这芋头就是真正的踏踏实实，所以你做学问很踏实，你对人也很踏实，所以我跟你交朋友，从来都是可以从你那里得到的，你从来都是很大气、很大方地跟朋友交流，这点我跟我夫人都有同感。你呢是对老师好，对同学好，对朋友也好，对学生也好，我夫人给你加了两条，你对老婆也好，对女儿也好。所以我很愿意跟你交流，我也很期盼你到这里来我们做一次武义的才子和武义的女婿在武义这个地方做一个对话。谢谢陈教授接受我的采访。

陈：谢谢徐教授夸奖！像我们基地今后的发展，还取决于下面几个因素。一个是国家非物质文化遗产整个申报走向正规，这是最重要的前提。第二个是浙江省一如既往的重视，走在前面。因为现在浙江省这方面的工作走在前面，浙江省改革开放也是走在前面，所以浙江从省委、省政府都非常到位，包括职能部门文化厅等等这些部门的重视，另外一个就是你的老朋友梅书记和我们的分管领导的重视，学校里的支持非常的重要，再加上我自己，以及我的同事们的努力，如果没有这几方面因素的综合，怎么也是做不好的。

徐：那我给你两个具体建议。第一个建议，你应该组织你们学校的力量，编一套非常通俗的、简要的教材；第二个，你要开办一个培训班。

陈：谢谢！我们一定会考虑的。

【录音整理　吴桂清】

附记：访谈时间为 2006 年 8 月 15 日，地点在浙江武义县德尔宾馆 502 号房间。

视觉人类学与图像时代

——中山大学邓启耀教授访谈录

徐杰舜

徐杰舜（以下简称徐）：邓教授，很高兴能在这里对您作一次采访。难找你呀！热闹的地方不常见你，老听你在跑田野。

邓启耀（以下简称邓）：因为田野有趣，或者说是做人类学有趣，能够吃没吃过的，见没见过的，听没听过的。这是我最喜欢去的地方之一。要不就待在书桌茶桌前，和家人和朋友闲侃，或者读书随各种大师神游。这是我喜欢的另外一个地方。

徐：最近跑了些什么地方呢？

邓：刚和女儿跑了青海、贵州和台湾回来，主要是去拍照片，民族服饰方面内容。

徐：做什么用？

邓：折腾了十几年的东西，想来个小结。自10多年前开始出版民族服饰方面的东西之后，越做越脱不了手。这些年跑田野，陆陆续续又补充了一些材料，索性一不做，二不休，将一个八卷本的选题报给出版社了，结果列为国家"十一五"重点出版计划。大概这两年，我都得全力以赴干这事了。

徐：听说你刚完成一本岩画方面的书？

邓：其实搞调查前前后后拉扯了10多年。交到出版社后又折腾了五六年，拖垮了三四任编辑（如生孩子、调走之类），差不多成了"公害"。如再无意外，年底该出笼了。①另外一本考察笔记，差不多写完了，忽然想停下来，凉一凉再说。

徐：你做的很多都和图像的或视觉的东西有关系。是不是和你学美术出身有关？能否把你的艺术背景和进入人类学的情况给我们介绍一下？

邓：谈不上美术出身，从小爱涂鸦而已。年轻时赶上"文化大革命"，无学，但有闲，画画就是最好的打发日子的事。知青回城后在汽车运输单位，我那宿舍就是个画窝子，每天来画肖像的上进青年挤了一屋，等我去哄一个闲人来当模特。素描头像头挨头挂满墙，挤到觉得空气不够。画头画烦了就跟长途货车司机到处跑，什么地方感觉好什么地方下车，画到他下一趟来接。"文化大革命"结束后，和一帮画友折腾"美术新潮"，又画又写的，还混入省美协，帮主编美术刊物，甚至为了试试"弄斧须到班门"，斗胆在版画很牛的德国，哲学家胡塞尔的故乡主持过一个版画展，和那里的现代派艺术家大侃云南的民间艺术。但那都是过去时，没有师承，也没有后续，只能算自我陶醉一下的经历罢了。说到艺术背景，倒是天天身处其间的家庭环境最现实。妻子专业是作曲，知青时写的歌，现在还有人传唱。她在云南做美中艺术交流中心合作项目期间，得到世界著名作曲家周文中教授

---

① 邓启耀主编，邓启耀、和力民撰文《云南美术全集·云南岩画艺术》，云南美术出版社2006年版。

的许多指点,对少数民族音乐体会较深,再去香港中文大学读民族音乐学博士,感觉就不同一般。女儿四五岁就跟我们跑野外,十来岁帮我画民族服饰的插图挣零花钱,喜欢看电影,拍照片,现在也在读人类学。她们俩装饰家和穿衣服很有品位,反倒是我这个出过几本服饰方面书的人衣服常常穿得乱七八糟,被她们讥为"冒牌的服饰专家"。在我们家,像吃的穿的一样,也少不了看的听的,这就是"背景"。至于进入人类学还是因为喜欢跑。当时的画家都喜欢在野外跑……

徐：写生？

邓：对,写生,因为我们那个年纪的都迷过列维坦、印象派等。云南给人的视觉感受实在奇妙:景颇山的烈日和阴影可能使你发现高更,西双版纳密林最让人联想卢梭,在中甸星空下你将产生凡·高的幻象,连昆明近郊的土丘都会使你感受塞尚,在少数民族的衣服绣片和他们献给神灵的雕刻绘画和剪纸上,你轻易就会看到马提斯和毕加索。而这一切,是远在毕加索们之前就存在了。在云南,你想得出的东西它有,你想不出的东西它也有。在田野中你会受到强烈的视觉冲击,你还可以体会视觉之外的关于自然和人文的许多东西。在田野里我会很放松,想一些和流行思想有所不同的问题,一种很自由的边缘状态。我一直感谢在傣族地区当知青的经历,因为流放而获得解放,豁然发现在"文化大革命"那样的年代,居然还可以有和当时压倒一切的潮流完全不同的另外一种生活方式、思考方式和表达方式。傣族乡亲搞不懂那些"政治",把神圣的"语录"和当时的流行话语"解构"得笑破肚皮。还有就是在藏族地区画画的经历。我去的是现在被称作香格里拉的地方,帮自治州政府画一些巨幅领袖像在州庆时抬着游行。画画的事很快就可以搞定,更多的时间就到处跑,没人去的地方,风景好的地方。那个时候还没有什么旅游,也不懂什么"文化",就只有我和画友两个人,走路,骑马,一不小心就踏在古道上（后来才知道那便是"茶马古道"）。贪婪地到处看，高原紫外线差点把我的眼睛弄瞎。几个月画了很多画，还不过瘾，就写，把图像无法传达的感受记下来。那种经历真是永远难忘的。

徐：为什么没做画家？

邓：因故考上文科。

徐：因故？

邓：因为逃避一个领导。他老让我写标语画宣传画，我烦了，顶他说"林彪都死了那么多年，还搞这个！"不想穿小鞋，趁恢复高考的时候溜了。临考前一个月仓促上阵，到处投考。结果美院没录上，勉勉强强挤进了云南大学。

徐：你从云南大学进入的人类学？

邓：是。当时云南大学有一个可以提供我们跑的地方，就是中文系的民间文学教研室，有经费。我报名参加，在假期跟着神话学家李子贤等老师跑蒙古族地区和摩梭人地区，感受很深，慢慢喜欢上了民俗学人类学。喜欢就做下去了，越做越有兴趣。但我习惯了形象思维，做研究有其短，只好拎出自己的短处去操练。在这一点上，我特别感谢我的思维教练赵仲牧老师。

徐：思维教练？也是云南大学的？

邓：赵老师原是辽宁大学的，后来回老家到云南大学，在哲学、思维学、文学等领域有很深造诣。他写东西不多，但是写出一篇是一篇，是那种极有思想分量的原创性作品。[1] 我跟着他操练，连续几年每个星期到他家一两次，或者请他来我们家，妻子做饭兼旁听。常常就我们三个人，一谈谈到夜，探讨许多领域的问题。

---

[1] 参见赵仲牧：《赵仲牧文集：思维学、元理论、哲学卷》，云南大学出版社2003年版。

徐：比如？

邓：比如思维学。我当时有一个想法，很想对中国人的传统思维方式、心理作一个探讨。中国人为什么这样想问题？中国文化为什么形成这样的东西？肯定有它很深的根源。这根源当在人心中。于是想从文化心理学方面探究一下。我计划从神话学切入，云南正好在这方面的资料非常多。一方面是对于本土资源、资料作些分析，一方面对国外理论有针对性地进行接触，对我来说是一个学习和训练。当时读皮亚杰、列维·布留尔和列维—斯特劳斯的书读得津津有味，还壮着胆和同学合作翻译了两本人类学和文化心理学的书。[1] 但我觉得最好的训练还是在赵老师那里得到的。在他那里你不能装假，卖弄新名词，他几个问题就弄得你汗流浃背原形毕露。他思维的那种缜密，对于思维学、哲学、社会学等等的那种融会贯通，使我终生受益。

徐：从他那里你得到最大的好处就是理论思维的训练？

邓：何止训练，应该说感受到了理论的魅力。那几年相当于在他那开了个小灶，读了一个不要学位的研究生。我用几年时间写的《中国神话的思维结构》和两本图像研究类书，[2] 就是跟他操练的一个阶段性作业，尝试以中国神话及其文化遗物来分析中国文化及其文化心理和思维模式。后来应马昌仪、刘锡诚、宋兆麟先生之邀做巫蛊方面的研究，也忍不住会往文化心理学角度思

---

[1] 即C·R·巴伯（C. R. Barber）的《人生历程——人类学初步》（云南教育出版社，1988年版）和J·R·坎托（J. R. Kantor）的《文化心理学》（云南人民出版社，1991年版）。

[2] 邓启耀：《中国神话的思维结构》，重庆出版社1992年版，2004年再版。其中，赵仲牧教授的长序是点睛之笔。另外两本图像研究类书是《宗教美术意象》和《民族服饰：一种文化符号》，均为云南人民出版社1991年出版。

考问题。[1]本来，作为一个画画的，看到的主要是表象世界的一种美、一种精彩。但是，跟赵老师学习，发觉这个世界精彩的东西太多了，包括抽象领域的，都相当精彩。当你进去，发现那个领域很迷人，所以也就喜欢上了。我这个人天生好奇，喜欢到陌生的地方看并容易被感动。

徐：我知道你跑的"陌生"地方不少。

邓：那得感谢云南社会科学院。在社会科学院最大的好处是不用坐班，有一大把时间做自己喜欢做的事。无拘无束地读书写作，自由自在地跑野外。

徐：听说你主持的一个田野考察团队很不错。

邓：哦，你说的是"田野考察群"吧，一个跨单位跨学科从事民族文化研究的青年学者团队，一些来自不同职业不同文化背景的志同道合者。我们有许多难忘的共同经历，其中共同的一点就是，我们都是"野"字号的人，喜欢跑田野，自称"野狗型"的两栖动物，都喜欢用文字和图像记述。又因为跑田野而和许多不同的人不同的文化结了缘。我们最早的4辆越野车，就是台湾摄影家林克彬先生赠送的，我们为它们取了很响亮的名号：野狗号、野猪号、野牛号和野马号。我开野猪号，车门的座右铭是："吃酸甜苦辣，滚泥水风尘"，是猪性，也是我们的写照。野狗号的座右铭也是我的得意之作："去无人理处，住满天星级"——野狗都这样。这当然和我们当时的想法有关系。那时烦了只会倒腾外来术语说二三手话的那种时尚，想避开这类热闹，跑跑田野，用自己的话写点一是一二是二的文字。我把《山茶》杂志改版为以发表田野考察实录报告为主的刊物，用意也在此。

---

[1] 邓启耀：《巫蛊考察——中国巫蛊的文化心态》（繁体字版），台北，汉忠文化事业股份有限公司、中华发展基金管理委员会1998年版；《中国巫蛊考察》（同上书，简体字版），上海文艺出版社1999年版。

正巧这个时候，我认识了另一位对我产生巨大影响的老师，美国国家艺术院士，哥伦比亚大学美中艺术交流中心主任周文中教授。他20世纪70年代就到中国来了，对促进中美建交、中美文化交流都起了相当大的作用。他先在北京做，后来对民族文化多样性产生浓厚兴趣，就到云南寻找合作者。作为艺术家的周文中先生似乎不满足于仅仅在官方层面开展项目，他希望接触一些在民族文化方面做了些实事的中青年学者。先生的办法很直接，就是根据当时的出版物，按图索骥，约见作者。由于我刚出了一些关于云南民族民间艺术研究的书，所以被周先生叫去了。在谈话中，看得出周先生是认真读过那些东西的，连书中提到的相关朋友，也被先生约见了。最终先生选择不同研究领域的6位青年学者，① 颁发了"田野考察奖"，并建议我们成立一个跨学科跨单位的项目群体，参与进"云南合作计划"中来。我们都是喜欢跑田野的，便借"田野考察奖"之名把这个松散的项目专家群体叫"田野考察群"，大家推举我作为召集人。对云南民族文化遗产进行考察和梳理，这是周文中先生"云南合作计划"的一部分。

徐："云南合作计划"的主题是什么？有什么内容？

邓：所谓"云南合作计划"，缘起于周文中先生希望通过对中国多元而丰富的民族文化的认识，确证独立的本土文化精神和艺术语言，创造和世界平等对话支撑条件的想法。"云南合作计划"分三个阶段进行并包括若干子项目。第一阶段（1993—1995）支持项目为作曲家田丰先生主持的民族文化传习馆项目、我主持的民族文化考察和云南民族学院的民族艺术教育等；第二阶段（1996—1998）经国内外专家总结，项目有所调整，继续支

---

① 最早的6人为研究民族音乐的周凯模，研究民间面具的郭净，研究哈尼族梯田文化的王清华，研究影视人类学的郝跃骏，做群众艺术的画家赵耀鑫，以及我。

持我主持的"民族文化的自我传习和保护"项目、① 民族学院的民族艺术教育项目,增加了田野考察群成员赵耀鑫主持的民间艺人表彰项目,并加大了对这些项目的支持力度;第三阶段(1999—2001)是"云南合作计划"取得全面成果的阶段。首先,项目专家从田野考察中总结出来的"民族文化、生态环境和经济协调发展"的观念得到更广泛共识,在昆明召开了由来自数十个国家的 100 多位国际专家和世界几大基金会负责人参加,包括省长和美国副国务卿出席的高规格国际研讨会,与会代表讨论通过了我们起草的《云南倡议》,周先生倡导的"云南模式"成为亚洲和世界一些国家保护和发展本土文化的范本;② 其次,我们积极推进云南省建设民族文化大省的战略规划,主持起草规划并促使民族文化保护进入地方政府立法和发展战略规划,学者的意见成为政府决策的依据之一。③ 这一时期,周先生频繁往来于美国和云南,和云南省政府高层会谈,组织专家和政府官员到美国做文化

---

① 参见周文中、邓启耀:《民族文化的自我传习、保护和发展》,"文化史论丛书"总序,云南大学出版社 1999 年版。
② 参见云南省对外文化交流中心、美中艺术交流中心主编:《云南民族文化、生态环境和经济协调发展高级国际研讨会论文集》,1999 年,会议资料;邓启耀:《少数民族传统文化与现代生态和经济》,载《人文世界·中国社会文化人类学年刊》,2001 年第一辑,收入周大鸣主编:《21 世纪人类学》,北京,民族出版社 2003 年版;邓启耀:《湖的听者——泸沽湖生态民俗与民间文学考察》,《民俗学刊》2002 年版,澳门出版社;邓启耀:《民族文化的养护与经济发展的关系》,载《中国民族报》,2002 年 6 月 18 日,第五版。邓启耀:《高原湖族群文化、生态与经济协调发展》,载《广西民族学院学报》2003 年第 2 期;《山茅野菜的意义——少数民族传统采食习俗及生态、文化观念》,台湾,财团法人中国饮食文化基金会山版《第八届中国饮食文化学术研讨会论文集》,2004 年 7 月;邓启耀:《泸沽湖纪事》,中国旅游出版社 2006 年版。
③ 见与中共云南省委宣传部调研规划处合作项目《云南建设民族文化大省总体规划》,提交 1999 年 1 月"云南建设民族文化大省研讨会"审议。修改后 2001 年云南省人民代表大会通过并在报上公布;邓启耀:《多元文化交汇之地的民族文化大省建设》,载《社会主义论坛》2000 年第 3 期。

考察，促成一系列项目合作。这一阶段，获美中艺术交流中心、福特基金会和麦克阿瑟基金会资助的项目，有田野考察群成员郭辉军、范建华主持的"云南生态环境、民族文化与经济社会协调发展研究"项目，[①] 民族学院的民族艺术教育项目，赵耀鑫主持的民间艺人表彰项目，中外专家联合进行的"巍山文化走廊"，[②] "高黎贡山自然保护区自然和人文评估"等项目和我继续在广东主持的"民族文化的自我传习和保护"第二阶段项目。

周文中先生是个极其认真的人，虽然70高龄，仍经常往来于中美之间，甚至常常和我们一起做田野考察。他常对我们说，东西方最大的不同是文化的不同，是两大文明系统的历史产物。不仅在哲学理念、价值标准、宗教信仰、审美观念等方面不同，在符号系统和表现技法等方面也相异甚多。他为我们提供资助，却从不做干涉；他派来许多国际一流学者和我们交流，都严守一个原则：由中国人决定做什么，怎么做，一切研究成果也都属于中国学者。他一直强调，要说文化共享的话，不仅要学西方的东西，也应该把东方的东西介绍出去。比如说像音乐、绘画等方面的，它跟西方体系是完全不一样的，而我们的教育很长时间没有自己的东西，把自己的传统抛弃了。教育上是西方体系，后来是学苏联的，那种转了一道弯的东西，把我们本土的遗产扔了。这遗产除了主流的上层文化，还有民间的……

徐：对，上层的，下层的。

邓：民间这块相当重要。它是我们的历史忽略了的部分。事实上，中国的历史和文化，远远不是史书上过滤了的那点点东

[①] 郭辉军、范建华主编：《云南生态环境、民族文化与经济社会协调发展研究》，云南科技出版社2004年版。

[②] 云南省对外文化交流协会、美中艺术交流中心等：《巍山文化谷——对文化遗产保护和未来发展的建议》，云南大学出版社2002年版。

西。中国的现代化，也绝不应该靠抄袭和拷贝西方来完成。令人遗憾的是我们抄袭和拷贝的往往还不是人家一流的东西，在生活中，我们常常看到假冒打败原创，赝品取代原作的事。

徐：我知道你们田野考察群做了一件事——滇藏文化带考察。你们是怎么产生将不同文化作为一个结构性整体来观察的念头的？

邓：因为文化不能孤立地看，无论东方还是西方。汉文化还是藏文化或其他什么文化，"中心"论都是狂妄但幼稚的。皮亚杰研究儿童心理学和认识发生论，指出自我中心意识是人类认识发展初级阶段的东西。[1] 在没认识世界之前，许多文化都把自己看作"中心"。中国传统"一点四方"观，就是这种意识的产物。我和西南一些中青年学者20世纪90年代策划"西南研究书系"时，讨论过这个问题。[2] 在传统的空间结构关系中，云南、西藏，包括广东等地，都是中央集权的农业帝国版图上所指的边疆，是农业的边缘地带，主流族群之外的"蛮夷"，是"天涯海角"边荒之地。但所谓"本土的区系观念"，到底是现实的文化印证，还是属于中国人解释"天下"的象征体系，却仍然是个问题。[3] 而且，由什么层面的中国人来"解释"，更是个问题。事实上，地域和族群界线具有相当的"流动性"，[4] 是一个历史的

---

[1] 皮亚杰、英海尔德：《儿童心理学》，商务印书馆1980年版；皮亚杰：《发生认识论原理》，商务印书馆1981年版。

[2] "西南研究书系"，云南教育出版社，1993—1998年。

[3] 王铭铭：《村落视野中的文化与权力——闽台三村五论》，三联书店1997年版。

[4] 科大卫2004《告别华南研究》，载华南研究会编《学步与超越——华南研究会论文集》，香港：文化创造出版社2004年版。

建构或以地区取向来理解中国的历史过程的试验场,[①] 甚至"可以是从研究主题引申出来的空间"。[②] 在"历史过程"中,时间改变了空间,边缘可能位移为前沿。陆上和海上丝绸之路、茶马古道等,使"边疆"不再只有内地单向的接触点,也不再只有与农业相关的一种生计方式、社会组织和文化模式。在生计方式上,逐渐形成以商贸和加工业为基础的现代经济;在社会组织上,宗族、侨联、商会等血缘组织、地缘组织和行业组织,形成自足的民间权力机构并对中国政治发挥着越来越大的作用;在文化模式上,这些地区背靠中华文化,面向东南亚、南亚和欧美文化,成为多元文化的交汇点。于是中心位移,这些地方成为另一种类似"中心"的结构性地带———一种结构性的文化转型意义的新的社会文化空间。[③]

我们将云南、西藏视为一个"文化带",就是基于上述考虑,可以说也算一种"从研究主题引申出来的空间"吧。早在一两千年来,那些古道就已经将不同的文化板块连接起来了。要了解一种文化,或者是一个族群的文化,你必须了解和比较它所处的文化生态关系。我们之所以首先考察滇藏文化带,是因为我们太想去西藏了,对藏文化崇仰已久。经过比较考察,结果发现很有意思,在长达几千公里的地面上,确实有这样一条文化带。这个文化带过去沿着一些古道,现在叫茶马古道,从西双版纳一直连到西藏。在西藏的最西部,我们听到的传说和在西双版纳听到的一模一样,在普兰一个地方的婚俗跟摩梭人的走婚也差不多。我们

[①] 科大卫、萧凤霞,1995年。转引自蔡志祥《华南:一个地域,一个观念和一个联系》,载华南研究会编《学步与超越——华南研究会论文集》,香港,文化创造出版社2004年版。

[②] 滨下武志:《华南研究资料中心通讯》,1995年第1期。

[③] 参见邓启耀:《华南传统民间仪式音乐文化结构》,载曹本冶主编:《中国传统民间仪式音乐研究》(华南卷)。上海音乐学院出版社2006年版。

还去寻访西藏本教寺庙，看它的仪式，不但念的那些经文，他们祭祀用的面偶，呼唤的神祇和鬼灵，都是一样的。考察队有一位摩梭学者，他很熟的呀，他说，哎呀简直和我们的达巴（巫师）搞的一模一样。这个"文化带"是活生生地存在的。我们在路上碰到一辆白族人开的卡车，运的都是铜器。问他们到什么地方，他们说到西藏。一个女人抱着孩子，说孩子两岁了还没见过爸爸，现在带他去见爸爸，他爸爸在拉萨，当银匠。后来，我们到了拉萨。拉萨的八廓街有一条小街，住的都是白族工匠。他们跟我们聊，说生意很好，已经接到下个世纪的活了，做不完（当时是 1996 年）。而且现在藏族不单做铜器，还拿真金白银让他们加工，因为白族工匠手艺好。他们在一个地方弄一个小铺面，在那敲敲打打。后来我们到他们村子里，云南鹤庆一个白族村。每家都有作坊，你家做银筷，我家做铜壶，都有分工。又有人专门把它们汇拢起来，有人搞运输，运到西藏卖，形成一条龙服务。这种类型我们觉得是一种基于本土的自我传承模式，是民间源远流长的跨文化交流方式。比如藏刀，每个藏族都用。刀鞘是白族打的，漂亮。刀柄是汉族的牛角刀柄，刀叶子是阿昌族户撒刀，钢特好。一把刀把四个民族贯起来。

徐：白族、汉族、阿昌族和藏族，一把刀就是一个文化的互动体。

邓：还有串成这条文化带的古道上的一个个古城、古镇、古村落、古驿栈。比如巍山古城，离大理只有 70 公里，它是红河的源头，南诏古国的发祥地，茶马古道和南方丝绸之路在那里交汇。后来主干公路没从它那规划，从旁边过了，它便受了冷落。但恰好这种冷落避免了那些"破坏性的建设"，保护了一个古城。我们跑了几次，看到巍山人为求发展，正在做规划，便带美中艺术交流中心和世界文化遗产保护的专家来，为他们提供帮助，希望能够用文化、生态和经济协调发展的可持续模式来保护古城。① 类似的，涉及建筑、绘画、工艺、音乐、舞蹈，包括交通等方面都有。现在我到了广东，还可以在更大范围做比较研究，比如珠江串起了一条很有意思的走廊，还有澜沧江湄公河这样的国际河流连起的文化大通道。

徐：你是以云南为中心，向四面这些文化带、文化边缘逐渐扩展深入。

邓：云南是一个切入点。

徐：一个交汇点？

邓：对。一个交汇点，汉文化、藏文化、东南亚文化在此交汇，是多元文化的结合部。有意思就在于这个交汇点是一个人类学和文化研究资源极其丰富的地方，活跃的边缘地带。

徐：这本《滇藏文化带考察》，图文并茂，相当不错。这个课题还有什么成果？

邓：《滇藏文化带考察》②是文化图志的一个作品，也是田野考察群的纪念册，我很喜欢上面大家的文字和摄影作品。其他成果主要是根据各人自己的学术兴趣和特长，在各自选择的田野点反复跑，各自完成的。比如有关于民族音乐、民族戏剧、民间美术和民间工艺的研究，有文化、生态、经济协调发展研究，包括梯田文化这样的专门研究，有茶马古道和马帮文化的研究，有民间信仰的研究以及某种文化现象的研究，等等。不同人有不同的研究方向，田野考察群的队伍越来越大，而且注意和当地学者及村民合作，搞不离本土的文化传习。如周凯模对纳西族东巴文

---

① 云南省对外文化交流中心、美中艺术交流中心、SOM 国际建筑设计有限公司芝加哥公司、开阔地项目：《巍山文化——对文化遗产保护和未来发展的建议》，云南大学出版社 2002 年版；邓启耀：《古道遗城——茶马古道滇藏线巍山古城考察》，广西人民出版社 2004 年版。还有我带学生写的一些调查报告，正在整理出版。

② 田野考察群：《滇藏文化带考察》，云南人民出版社，2000 年版。

化传习学校和白族民间音乐的支援,李永祥在自己彝村支持的民族文化教育,我帮助摩梭妇女创建的传统服饰工艺生产合作社,双胞胎考察组在西双版纳设立的"民俗助学金",等等。

徐:你们的研究成果是在云南出的吧?

邓:云南大学出版社出了两套,一套田野考察丛书,① 一套文化史论丛书。② 文化史论出了四本,其中就有三本获了奖,一本是获了全国性的奖,民族学界类的一等奖;另外两本是获得云南省政府的一等奖,应该都是很有水准的。还有一些类似图像民族志的作品。③

另外有一些我们是分散出版的,为了节约经费,能不拿钱给出版社的,就尽量不给,比如有的书,是不同出版社约稿,不要钱的,就拿到外面去,在北京、上海、浙江、台湾、深圳、云南,出了几本。④

徐:这些书加起来都有十几本了?它们有什么特点?

----

① 《民族文化文库·田野考察丛书》,含李旭《藏客》等,云南大学出版社,2000年版。

② 《民族文化文库.文化史论丛书》,含王清华《梯田文化论》(1999)、周凯模《云南民族音乐论》(2000)、王胜华《云南民族戏剧论》(2000)、范建华等《爨文化论》(2001),云南大学出版社2000年版。

③ 一套叫"西部人文地理文库·西行图志丛书",由四川美术出版社1999年出版,如欧燕生的《云南纪实》;一套叫《野牛角丛书》,深圳海天出版社2000年出版,包括杨福泉的《魂路》、《殉情》,郭净的《幻面》和邓启耀的《鼓灵》。

④ 如邓启耀的《巫蛊考察——中国巫蛊的文化心态》(繁体字版)台北:汉忠文化事业股份有限公司、中华发展基金管理委员会1998年版;《中国巫蛊考察》(同上书,简体字版),上海文艺出版社1999年版,获"中国民间文艺山花奖、学术著作一等奖"(中国文联、中国民间文艺家协会,2001年9月);《灵性高原——茶马古道寻访》,浙江人民出版社1998年版;《访灵札记》,上海文艺出版社2000年版;周凯模的《滇南听歌——云南民间音乐考察》,广西人民出版社2004年版;以及多人合作的《边地中国》、《口述中国》和《音乐中国》,中国社会科学出版社2004年版;孙瑞、范建华撰文,范建华摄影:《白族工匠村》,云南人民出版社2004年版;大型电视纪录片《高原上的民族》中《白族工匠村》(范建华编导)。

邓：以田野考察为主，在此基础上展开实事求是的分析。就像我们编的《山茶·人文地理》[①]杂志，强调"脚到，眼到，心到"，给图像叙事和文字叙事以同样的地位。哥伦比亚大学的一位教授说我们的东西有点"文化研究"的味道。

徐：我看到你主编的《山茶·人文地理》杂志和关于岩画、服饰和民间艺术等方面的学术性画册，都强调给图像叙事和文字叙事以同样的地位。我觉得这是个非常有意义、有价值的想法，加上你现在正在做的，似乎你对视觉方面比较敏感？

邓：是的，我希望在图像民族志和视觉人类学方面有所探讨。以图叙事和视觉表达，从来都是人类文明传承的一种方式，一种传统。自从人类学会用视觉符号进行表达、叙事或象征，作为视觉人类学研究对象的视觉表达或图像叙事的前史就开始了。如果我们注意一下石器时代的陶器、玉器和岩画，青铜时代的青铜器铸像及纹饰，注意一下无文字民族以图纪事述史和象征的大量实例，以及文字不能代替的图像信息传递方式，就会知道，人类的视觉表达和图像叙事传统，应该是以千年甚至万年来记的。如果把研究人类的群体性图像信息、视觉符号和视觉文化行为纳入视觉人类学研究的视野，那么，可以肯定，人类通过物像或图像记录、表达、保存和传播信息，创造系列性视觉符号并产生大量叙事性象征性视觉文化行为的历史，都是视觉人类学研究的对象。

在人类文明史和人类学学术史上，文字叙事一直都是强势。图像叙事或视觉表达是弱势，是学科上的边缘地带。

徐：对，有人谈到视觉人类学的边缘性问题，你怎么看？

邓：前几天正巧还有人谈到视觉人类学的"革命性"问题呢！无论"革命性"还是"边缘性"，我想都是同一类问题。老

[①] 《山茶》杂志，1980年创刊的民间文学双月刊，1994年改版。

实说，这是我不习惯讨论的东西。所谓"革命"，一般指的都是革他者的命，没有谁傻到要革自己命的（自杀除外）。但问题在于：有必要通过"革"他者的命来确证自己的命吗？所谓"边缘"，也是相对"中心"而言的。问题同样在于：有必要或有可能通过"边缘化"一种东西来使另外一种东西成为中心吗？如果有一种包打天下的万能学科或表达方式，当然别的学科和表达方式也就自动边缘化。可惜没有。所以我不想讨论某种学科或某种表达方式的"革命性"或"边缘性"的问题。如果非说不可，那我宁愿自处边缘，因为边缘地带好玩，方便走动。学科上的边缘地带是一个可爱的交叉地带。我比较欣赏法国视觉人类学大师让·鲁什（Jean Rouch）的话，他主张视觉人类学"其边缘性的状况能够持续相当一段时期，使得这一年轻的学科不至于落入固定僵化的学科规范之中，或者不至于发展成枯燥的官僚主义学科。"[①]

视觉人类学学科意义上的实践和理论探讨，100多年里一直在进行。作为一门新兴的交叉学科，尽管在一般词典和图书馆里没有多少它的位置，但在国际一些著名的大学和研究机构里（如美国哈佛大学、德国哥廷根科学电影研究所等），它还是有几十年历史了。1954年，哈佛大学人类学系建立人类学电影研究中心，开始人类学电影的研究并组织研究人员到非洲等地拍摄了一大批人类学电影；从1966年开始，视觉人类学的理论探讨、影片放映已成为美国人类学学会的重要组成部分。20世纪70年代，美国人类学学会创办《视觉人类学》杂志，并建立了美国人类学影视中心；"国际人类学与民族学联合会"（International Union of Anthropological sciences）下设18个专业委员会，其中

[①] Rouch．Jean: The Camera and Man. See paut Hockings Editor: Principles of visual Anthropology, Secong edition Mouton de Gruyter 1955, P. 97.

之一就是"视觉人类学委员会"（Commission on Visual Anthropology）。从 1934 年首届国际人类学与民族学大会（伦敦）召开算起，至今半个多世纪，视觉人类学有了较大的影响，人类学影片在历届大会上播映，占有重要地位。在 1964 年第七届国际人类学与民族学大会（芝加哥）上，与会人类学家通过了《关于视觉人类学的决议》。2003 年我参加第十五届国际人类学与民族学大会（佛罗伦萨），特意去听视觉人类学的专题。会上见到老朋友，德国著名视觉人类学家芭芭拉·艾菲（Barbara Keifenheim），拉我和国际视觉人类学会主席霍斯曼（Rolf Husmann）一起讨论中国视觉人类学的学科建设和联合培养中国博士生的事。后来霍斯曼到中山大学，在学校图书馆数字影像资源库建设方面做了推进。他所在的德国哥廷根科学电影研究所（IWF），是国际有名的影像基地，仅人类学纪录片就藏有 6000 多部，而且大部分数字化了。他们几乎每年都要举办国际民族学人类学电影节。1994 年我和郝跃骏等合作的人类学纪录片在德国参展，便有幸在那里看到了包括让·鲁什在内的一些大家的作品。本届佛罗伦萨视觉人类学专题会的主题有两个，论文 60 余篇：1. 视觉人类学：影像的广阔领域；2. 东亚的婚纱摄影。我感到有趣的是，满大街人们熟视无睹的婚纱摄影，竟也成为一个得到很多人类学家关注的题材！这说明了什么？说明视觉人类学研究的对象既可以远在异乡"边缘"，也可以近在我们身边，近在你我日常生活的方方面面。视觉人类学的介入使影像的视野更加广阔，同样，影像的介入也使我们的学科领域更加广阔，这已成为具有前沿性眼光的国际学者的共识。

　　徐：视觉人类学之所以能够在国际上兴起，与像哈佛大学和德国哥廷根科学电影研究所这样的高水准学术机构的积极推进有关。你能不能结合国内这个学科的发展和学科的背景来谈谈你的看法？

邓：二三十年代是中国人类学无论哪方面都必须提到的时期。中央研究院民族学组凌纯声、芮逸夫、勇士衡在湘西南和云南考察时拍摄了有关苗族文化、生活状况的电影，杨成志、伍锐麟带领的中山大学、岭南大学赴海南岛黎族、苗族地区考察队亦拍摄了部分影片资料。半个世纪以来，与民族识别、跨文化交流、民族文化遗产保护和文化多样性等运动相伴的社会文化调查，产生了大量民族志研究成果，摄影和电影是其中最珍贵的一种，如杨光海参与拍摄的许多部民族学纪录片。改革开放以后，有很多人类学纪录片产生。云南、四川、北京都做得不错。台湾也拍过一些人类学纪录片，如胡台丽的《兰屿观点》等。这些影像不仅仅只是一种资料，它们作为图像民族志或影视人类学的认知价值、理论和方法论的意义将随着时间的消逝而增长。

在理论上，国内人类学家也开始有所摸索，如庄孔韶主编的《人类学通论》，[1] 辟专章介绍影视人类学；中国社科院民族学所影视人类学研究室的张江华等写了《影视人类学概论》，算是拓荒之作；[2] 云南大学和德国合作创立了东亚影视人类学研究所，培养了一批学生，拍了一些片子，这些片子很多都参加了国际重要的电影节，还开了一些研讨会和培训班，相当不错。遗憾的是王筑生英年早逝。他牵头翻译了霍金斯（Paul Hockings）的《影视人类学原理》；[3] 还有王海龙的《人类学电影》，[4] 也很有看头。

DV 的出现给人类学做田野调查提供了很大的方便。它不用

---

[1] 庄孔韶主编：《人类学通论》，山西教育出版社 2002 年版。
[2] 张江华、李德君、陈景源、杨光海、庞涛、李桐著：《影视人类学概论》，社会科学文献出版社 2000 年版。
[3] ［美］保罗·霍金斯主编，王筑生、杨慧、蔡家麒编译：《影视人类学原理》，云南大学出版社 2001 年版。
[4] 王海龙：《人类学电影》，上海文艺出版社 2002 年版。

像过去拿着BETACAM，又大又笨，很强暴，而且很贵，没有那个钱你就没办法动。现在有了DV呢，每个人都可以随身带着一个，更个人化，没那么吓人，容易操作，容易亲近对象。很多精彩的东西就是拿DV拍的。我因为开视觉人类学的系列讲座，请了一些国内外的高手来，带他们的作品来，跟学生对话，很多片子让你眼泪都掉下来。它记录的生活状态，已经超出了民族片模式，不是只把摄像机对准别人的脸，也有对准自己，反观自己的文化。

学术机构和民间近年组织了许多关于影视人类学的研讨会。中国民族学会影视人类学分会已经在北京、兰州、云南、内蒙古等地举办了四届影视人类学国际研讨会，第五届将在广州举办。每年3月云南的"云之南"电影节，相当不错，集中了国内外很精彩的纪录片，包括人类学纪录片。现在这方面的活动越来越多。中国文联和中国民间文艺家协会组织的"山花奖"，也有一个影像的评奖，收到了几百部民俗影视片，但水平参差不一，有些对纪录片的概念还不太清楚，但是看了以后觉得也有一些好东西。

徐：你在云南做了一二十年的田野了，现在到中山大学来搞视觉人类学的学科建设。我觉得你在国际学术交流方面也做得很好、很有成就。

邓：这是碰巧运气好，碰到好机会，碰到很多的好人，就像我前面谈到的诸多老师和朋友。没有他们的支持和很默契的合作，我们是做不了这些事的。中山大学的人类学民俗学研究，本来就有深厚的传统。这几年人和气顺，发展势头很好，和国际开展的学术交流和项目合作都很多。在这样的环境里，心情舒畅，会更愿意做些事，特别是为学生做些事。

徐：下面我就想听听，关于学科建设，你有什么构想和规划？

邓：中山大学的人类学在诸多前辈的培养下，成为中国人类学研究的一个重要基地。近年在几位系主任的努力下，人才济济，人类学被列为国家重点学科，得到进一步的扶持，这是学科发展的幸事。为了配合学科建设，系里也鼓励传统学科能够和现代的东西有所结合，以寻找新的学科增长点。我个人的兴趣主要在视觉文化方面，对岩画、民族艺术或民间艺术一直比较关注，还拍过一些人类学纪录片，便以影视人类学起头试开了一门课。最初我想从影视人类学切入，后来在准备过程中，感到应该把影视人类学在概念上进行一个梳理，回到它的本义。"Visual Anthropology"这个词，按照国内的习惯翻译是"影视人类学"，但是它的本义应该是"视觉人类学"。广义的视觉人类学，既包括通过摄影、电影、电视和数字成像等现代图像或影视手段做民族志或对文化人类学事实进行拍摄和研究，也包括研究人类的群体性图像信息以及通过视觉造型和视觉符号记录、储存、传播信息的传统方法和视觉文化行为；狭义的视觉人类学可按国内译名理解为影视人类学，主要指通过影视手段记录、表达民族志或人类文化内容及观念，是民族学或文化人类学的另一种调查报告"文体"或研究方式，即视觉表达方式。视觉人类学不仅仅是一种工具，一种记录方式，它更是一门学科，一门人类学的分支学科，应该拥有自己的理论和方法。而这需要一个过程，需要学科建设的过程，也需要社会、甚至同行逐渐认知和认可的过程。所谓"视觉"，它不单是指用影像的方法来记录现实，比如电影、电视或者图像的方式，它还应该包括对人类视觉信息及符号、视觉表达和传播、视觉的文化心理或思维等方面的研究。比如说，文字史历来是社会科学研究的基石，但仅靠文字史能说明人类文化的全部吗？显然不能。现在"口述史"也开始有了地位，在叙述许多社会文化和人类生活细节，呈现"复述"的历史（与"大传统"互动的"小传统"，和与"大历史"对应的"小历史"，这是"分叉历史"或"复线历史")① 方面意义突出。但是我觉得还应该有一个方面，就是"图像史"。在文字产生之前，口传文化进行过程中，也许更早一些，像岩画、陶纹之类，已经在传达信息。比如对于植物的采集，对动物的狩猎，最直观的就是那个"形"，那个样子。经过一段时间以后，需要有所记录，以向同类作一个传达的时候，可能就产生了岩画之类的图像。后来加上一些宗教的意义，用图像来记录的方式更频繁。如国内外很多岩画，动物身上都有一些箭头，或各种各样的标示，就是说它跟当时的狩猎生活和巫术是有关系的。甚至使用物像符号（如树叶信、礼物之类）表达和传播信息，也是人类延续至今的方式。所以我想，图像学和图像史，应该是我们历史的一个补充，是文化的一个重要方面。

从数字艺术迅速发展并带动相关产业的成长这个现实来看，我们今天事实上处在一个越来越视觉化的时代，各种各样的视觉产品已经成为文化工业当中快速增长的部分，从而有力地推动社会经济的发展。这说明今天的视觉领域，包括与视觉相关的整个文化工业，都要比以往的任何时候显得重要。毫无疑问，今天是一个视觉广泛传播的年代，视觉现象已经成为整个社会最为显著的表象，也成为绝大多数人生活中不可或缺的东西。可是，与这个现实不相容的是对视觉的研究相当滞后，甚至是相当的不对称。关于视觉的教育，包括理论与实践，呈现出相对落后的现象。视觉人类学，应该研究视觉工具与人类视觉力的开发，研究视觉认知与视觉思维、视觉符号、视觉表达、视觉传播及视觉文化的传承模式等，另外，关于视觉文化的社会分层（如视觉权力

---

① Koselleck, R.: Critique and Crisis: Enlightenment and the pathogenesis of modern society, 1988, Berg; Future Past: On the Semantics of Historical Time, 1985, Cambridge. 参见李猛：《拯救谁的历史？》，来源：千龙新闻网。

与社会控制，色彩、图形的身份认同、电视新闻中的权力、实相世界与视觉网络虚拟社区、分众传播与视觉"知沟"等)、视觉文化的时代意象（如媒体影像所构造的新视觉环境、全球化和视觉大众传媒）等，都应该是当代人类学关注的问题。

我在中山大学人类学系试开了视觉人类学这门课以后，虽然很初步，但学生似乎还欢迎，因为它可以在传统学科理论和学科优势的基础上，应用一些新的理论、方法和技术，比如图像学、传播学以及多媒体技术等进行一些跨学科的结合，更重要的是它也可能在传统人类学和相邻学科的框架里进行某些整合。

经过几年的尝试，根据学生的反馈和学科发展的需要，我计划在教学中，分这样三个层次来进行：

一、本科阶段——视觉人类学（一），或影视人类学

主要用于本科教学，只讲100多年的事。考虑到这门新兴学科产生的特殊背景（即狭义视觉人类学意义上的影视人类学），本科教学将以主要篇幅讨论通过影视手段记录、表达民族志或人类文化内容及观念的拍摄和研究。在理论层面，侧重于让学生了解一般意义的影视人类学，包括影视人类学的发生和发展、各国影视人类学简介及作品分析等；在实践层面，学生将在拍摄过程、摄影实践以及影像制作方面获得视觉人类学工作室的指导。对静止照相机、数字影像设备以及录音机的使用，不仅可以使学生在观察的细致方面有所提高，而且通过声音和图像的"反馈"，可以使学生在访谈与理解形式上更加精确有效。学生在实践中，不仅可以在照相设备的操作方面，更可以在使用影音设备进行人类学田野工作系统以及民族志文献纪录片及摄影过程中的实践、方法、民族方面获得具体的训练。从2004年开始，我们已让学生在田野考察实习中尝试使用影像工具，在云南、贵州、广西等地记录拍摄了大量民族志影像资料。

二、硕士研究生阶段——视觉人类学（二）

硕士研究生或研究生班的课程内容，学生不仅需要对通过摄影、电影、电视和数字呈像等现代图像或影视手段做民族志有更深入的理解，还需要理解这样一个在国际影视人类学界公认的观点：在民族志研究中，图像的运用会影响我们对民族学资料的认识，改变对文化与行为的关系的理解，同时也可能改变对象的行为及其对现代文化、社会发展的适应过程，改变在文化习俗中的个体及功能角色的认识。这些视角与关注焦点，会影响人们操控摄影或摄像机所记录的内容和对事实的接近程度，新技术或新媒介的应用可能影响研究和记录方法的维度和发展，同样，视频化和网络化的图像也可能影响对象的思想和行为。课程除了在理论层面上讨论这些主题外，还要在讨论和分析民族学影片叙述结构差异的基础上，探讨视觉人类学中多种方法的运用及其和过去民族学影片之间的关系。[1]

同时，我认为也需要对研究人类的群体性图像信息以及通过视觉造型和视觉符号记录、存储、传播信息的传统方法和视觉文化行为有所认识，也就是回到视觉人类学本义。我很希望我的学生有更开阔的视野和对图像信息的学术敏感，并对图像学、传播学以及多媒体技术等进行一些跨学科的互动。例如，关于视知觉及其文化心理的研究，网络图像的全球化传播及其文化的碰撞和冲突，本土文化身份的安全性问题，等等。或许，我现在在传播与设计学院兼职的身份有利于这一跨学科的互动。这个新的学院有新媒体与影视学、新闻传播学和艺术设计学三个系，视觉传播和人文视觉研究将是我们学院的发展重点之一。

---

[1] Steef Meyknecht: Advanced Course in Visual Anthropology (option video or photography) winter-spring 2003. （注：荷兰视觉人类学家 Steef Meyknecht 得知我在筹备上视觉人类学课程，即把他们学校的一份相关课程计划发电子邮件给我，供我参考。谨此致谢！）

三、博士研究生阶段——艺术人类学

艺术人类学将在更大范围和更深领域整合视觉人类学，同时，为了学科建设的需要，应该预留更大发展空间，在传统学科理论和学科优势的基础上，应用一些新的理论、方法和技术，整合诸如象征人类学、民族音乐学、神话学、艺术起源论、仪式理论和表演理论等成果，按国内外学者的分析，艺术人类学也可能在传统人类学和相邻学科的框架里进行某些整合，比如艺术人类学中涉及历史、文物等时间维度的内容（如岩画等所谓"原始艺术"），可以和考古学结合；涉及族群和区域文化、人文地理等空间范畴的内容（类似一般所说"民族艺术"），则和民族学有天然的联系；如果从社会分层的角度看，那类民间影像叙事或象征的内容（如"民间艺术"），则属于钟敬文先生所说的下层文化、老百姓的文化，可以和民俗学互相渗透；而从文化心理的角度看，包括大量因民间习俗和宗教信仰萌生的心理投影或精神图像，更是已经衍生出类似图腾艺术、巫傩艺术、宗教艺术、文化象征等研究的诸多领域。[①]

这样一结合，学生觉得既和平时所学的人类学（主要是文化人类学、考古学）、民族学、民俗学等课程可以接轨，又感到新鲜。所以从 2002 年开始，我便在自编的教材《视觉人类学史》[②]和作为学生参考读物《视觉表达》[③] 及其系列讲座中，按这个思路开始教学，并争取到教育部和香港大学的研究或交流经费，准备进行更系统的研究。

[①] 参阅 Layton, Robert: The anthropology of art, Cambridge: Cambridge University press, 1991；王铭铭、潘忠党主编：《象征与社会：中国民间文化的探讨》，天津人民出版社 1997 年版；以及方李莉发表在《民族艺术》等刊物上讨论艺术人类学的文章。

[②] 《视觉人类学史》最近也被列入国家"十一五"重点出版计划。

[③] 邓启耀主编：《视觉表达 2002》，云南人民出版社 2003 年版。

徐：你这本《视觉表达》，多方面、多角度反映了视觉人类学基本的走向和状况。

邓：其实它还只是一种介绍性的读物。这是因为当时开了这个课以后，由于参考资料少，让学生阅读的书到图书馆借不到，我个人的藏书又不可能全部拿出来，所以只好搞一些讲座，弥补不足，再把讲座里的内容和我到处收集来的一些资料，拿来整合成一个参考读物。

徐：从视觉研究、视觉产业等方面看，可能视觉人类学的社会应用性前景还是很好的。

邓：就是现在大家说的所谓"读图时代"吧，还有"眼球经济"。视觉研究和视觉产业这一块的人才相当紧缺，特别是一些涉及高科技的、原创性的东西，它不但整合了人文学科的东西、社会科学的东西，还有自然科学的东西。现在这种整合就是真正发挥了多学科的优势。那种多学科的跨度真是很大，对综合素质的要求相当高。你要只有单方面的技能，哪怕你能掌握机器，可能都不行，上不去。因为这种所谓设备只是一种表达的笔，最终在于表达本身，在于你要表达什么，表达得如何。所以综合素养就很重要。

徐：是不是还可以这样认识它，视觉人类学是当代应用性最强的人类学分支之一？

邓：其实现在人类学的应用性很多，包括像做社会评估、文化评估、都市现状和诸多公共领域的研究，都是很有应用性的。视觉人类学的应用性也是一种可能。在人类学田野考察中，作为一个工具，一种图像学方法，它在自己学科就很实用。过去，人类学家都要学会画画，测绘，后来照相机、电影机、DV什么的，成为田野考察必备的工具，它的好处在本学科里就已经体现出来了。人类学本身是个多学科交叉的学科，视觉研究可以有很多事干，比如图像学之于考古学、视知觉、视觉心理之于体质人类学，视觉认知、视觉思维、视觉表达、视觉传播之于文化人类学，视觉符号之于语言人类学等。在跨学科领域，视觉研究也有很多可为，比如和传播学、影视学、艺术和艺术史学、心理学、医学或公共卫生学等，都有千丝万缕的关系。在社会上也是一样的，由于人类学纪录片基本是反映社会的、边缘人群的状况，关于新媒体、视觉权力等方面的研究也方兴未艾，它们对于政治、经济和文化的影响不可忽略。最低标准，要是学生掌握了一些相关技术，对就业都有利得多，他可能比较容易进入到一些其他领域里面去做事，比如传媒领域。

其实视觉人类学基础理论的研究，是继续支持它发展的一个重要的方面，不可能丢掉的，没有这个基础什么都不行。我很赞成芭芭拉·艾菲说的，视觉人类学要"超越民族志电影"。其实从20世纪80年代开始，视觉人类学的概念已经有所延伸，除了民族志电影的领域外，两个作为补充的知识领域的定义也被界定。从那时开始，视觉人类学一方面创造和分析关于人类社会的各种视觉信息，比如图画、照片、电影或者计算机动画绘制。另一方面，视觉人类学家调查并比较视觉交流的文化上的多种形式，比如模拟的表达、姿势、舞蹈、戏剧等等。因此对于视觉人类学新的理解的关键词是关于文化的视觉信息和文化内部的视觉交流。随着20世纪90年代的数字革命，和由全球媒体的影响而带来的变化，新的研究领域出现了。视觉人类学现在着眼于视觉媒体和媒体革命的文化影响。像这样一些研究选题，已经进入视觉人类学家的视野：电视新闻中的权力的视觉阶段性研究、身体的视觉阶段性研究、全球化和视觉大众传媒、电视在中国边远乡村的传播及社会交流的转变、视觉网络影迷社区、国际互联网的聊天群体与影迷群体、电子时代的发生地等等。芭芭拉认为，我们已经超越了一个历史时期，在以往的历史中，人文学科进行专门研究的实证材料只来源于文献、声音的记录、考古器物等。有了新的数字化媒体后,我们面对的是代表着认识论挑战的各种新的材料来源。计算机平台模拟只是众多范例中的一个。对于一些新的研究课题而言,古典的、亲身到现场的人们中进行的田野调查已经是不可能的了。例如,对国际互联网上的聊天群体以及影迷社区的研究,就表明了一种"虚拟的田野调查"。[①]

大家还可以读一下我推荐给《广西民族大学学校》的芭芭拉的另外一篇文章,她在谈及影视人类学的当下处境时,指出在后工业化时代和跨国界网络时代这样的语境中,针对人类学包括影视人类学一直忽视研究对象多层面的生活实际的问题,马库斯提出"重新界定访谈对象",因为在社会文化人类学界,越来越多的学者在全球化语境中研究新涌现出的现象时,尤其会意识到,与他们打交道的,不再是以往研究情况下传统的访谈对象,而更多情况下要面对那些处于政治、经济、社会决策等核心部门的专业人士。根据马库斯的观点,这一趋势会根除"学究式观念"。[②]

我由此想到,如果访谈对象需要重新界定的话,访谈者是否也需要重新界定呢?比如对于拍摄人类学纪录片的人来说,从来都是镜头对向他人的,有没有可能把镜头转向自己,或把摄像机交给访谈对象本人呢?这样做,会不会产生一些颠覆性的后果?我想这一定很有意思。年初我到北京做"村民自治影像计划"的评委,看那些第一次操机的村民拍的作品,评委们就产生了许多有关主位和客位、工具象征、工具与权力、认知模式和诠释、分享与误读、视觉表达方式及表达语境甚至本我、原生态、元视觉之类玄乎乎的联想。

[①] Barbara Keifenheim:《超越民族志电影:视觉人类学近期的争论和目前的话题》,杨美健、康乐译(见邓启耀主编:《视觉表达 2002》第 3—18 页),云南人民出版社 2003 年版。

[②] 详见《广西民族大学学报》Barbara Keifenheim《影视人类学的当下处境》,杨昆译,张静红校。

徐：我觉得视觉人类学它一直是比较前沿性的，也是很有发展前景的一个学科。

邓："一直"倒不然。还是那句话：我们不能看表面的工具更换，而要看思想上有没有东西，原创性的东西。现在国内，不说是空白吧（因为毕竟还是有人在做），但是起码是很少，不像其他方向的人类学家的研究，那些著作是成堆成堆出来的，无论田野材料还是思想创意，都是很有分量的东西。视觉人类学作品不少，但理论梳理不够。当然，反过来可以说发展的空间还比较大。

徐：从你2002年开始的这个"视觉表达"讲座来看，你请了不少国外的学者来交流，在这方面能不能谈谈你的一些想法和一些做法？

邓：我的想法就是尽可能地让学生多见识一些东西。因为我们要是不看到天下还有那么多的好东西，不打开自己的视野，很多东西免谈。在学校里要有一段积累，一定要让他们打开视野，理论积累其实说到底就是一个视野问题，就是个思维方式的问题，像知识的东西可以积累，可以找，可以变化，可以消失，换掉，但是你的智慧，或者你的思维方式，你的观察方式、角度，还有观念，这都是很重要的，应该是在学校里好好训练的一个东西。对人才的引进不单只是那些在学术上地位比较高的学者，也有一些自由的独立制片人。我不认那些虚名，只认你实际干的东西，那就都请起来。此外，我们还要跟国外一些朋友搞点出版物，引进一些经典作品、经典论著。好在中山大学对学科发展比较重视，买了一些设备，让学生动手做起来。我很想找点钱来，设个奖项，让学生有展示作品的机会，鼓励新人新作。学生也有这个积极性。他们曾经自己成立数字工作室，自己也在干。这一代玩电脑玩得很厉害，他们就发挥这个长处。等到毕业以后，他们能够对付一些社会上的工作，能够在社会上立足。

对于学科建设，我本人希望尽量务实。在理论上能实实在在地推进一点，在技术和应用上也是要做，让他们动手，动脑，这个是最基本的。开学后，我将带一个由中法大学师生组成的联合考察队，开三辆房车，从广东出发，经湖南、广西、贵州，进入云南，然后在丽江塔城的村子里待一段时间。这是一个属于巡回交流、混合及合作的跨文化观察及视觉表达的项目，严格讲，不能视为一个真正的视觉人类学研究计划或当代艺术创作计划，而应该是兼具田野调查、活动体验交流以及具有创意与主观经验纪录的跨文化视觉观察和分享的社会实践活动。平面摄影（传统的和数字的）、录像、声音、文字、图形将在我们的考察过程中扮演一个重要角色，强调真实的观察、倾听、思考与交流，强调来自不同文化及不同经验的观察角度和视觉表达。这个计划的挑战之一包括参与者在当代全球化的背景下，更加具体地针对交流、创新及文化差异性的各种形态，寻求必要的问题意识。

2006年11月，中国民族学会和中山大学人类学系联合主办一个研讨会，其中有两个分会场，都是视觉人类学方面的，一个民族服饰研究分会场，一个影视人类学分会场暨第五届影视人类学国际研讨会。我受中国影视人类学会委托，负责筹备这一块的事。2006年初国际影视人类学会主席霍斯曼来广州时，我、开森（Karsten Krueger）和他商谈了在中山大学举办的影视人类学国际研讨会的一些细节问题。因为欧洲正好秋天有几个影视人类学方面的电影节，如果机会适当，他们可以带一些作品过来交流。我也邀请了欧盟和国家民政部项目"村民自治影像计划"的组织者吴文光和部分村民作者带作品参会，看看主位的"文化持有者"是怎样进行视觉表达的。我设想重点可以在"文化持有者视角"方面，希望提供一个费孝通先生所说的"我看人看我"的多重视角，可以讨论许多关于"主位"和"客位"、"我者"和"他者"、"观察与被观察"的有趣问题。12月广东连州国际摄影节，我的朋友杨小彦策划的主题，就是"回到原点：观察与被观察"，颇有一些视觉人类学的味道。他是新闻传播学系的系主任，又是画家和影像评论家，现在也对人类学产生了浓厚的兴趣。

徐：我觉得你搞这个视觉人类学越来越有趣了！照这样看来，视觉人类学在 21 世纪里将会有相当大的发展，你们已经从学科建设方面做了这么好的一个建构，现在正在积极实践，衷心地祝愿你们的视觉人类学能做得越来越好，有更大的发展！

邓：谢谢徐老师！

徐：谢谢你接受我的采访！

让村民自己打开眼睛

——吉首大学罗康隆教授访谈录

徐杰舜

罗康隆教授

徐杰舜（以下简称徐）：罗教授，很高兴在第四届人类学高级论坛在吉首大学召开之际采访你，我感到很荣幸。

罗康隆（以下简称罗）：我也很高兴，感谢徐教授对吉首大学人类学与民族学学科多年的关怀与扶持。通过你多年的努力，能把全国乃至世界的人类学家汇集到我们吉首大学，对我校的人类学与民族学发展应该说是一个里程碑。所以，你不要感谢我，而是我要感谢你。

徐：你在吉首大学从事人类学研究，可以说是在民族地区、边缘地区开辟了一个非常好的学术研究平台。吉首大学的人类学研究在国内同类地区来讲，是走在前列的，做得很扎实，这与罗教授的努力是分不开的。你是我们人类学的后起之秀，虎虎生气，我们的读者很想对你有进一步的了解，请罗教授首先把自己的经历向读者作个介绍。

罗：感谢徐教授对我的厚爱。说到吉首大学人类学与民族学的发展，确实是一个艰难的过程。当年我在贵州跟杨庭硕教授做人类学的时候，从他那里学到了很多的人类学理论与方法，但是在20世纪80年代末期，贵州的人类学，乃至整个中国人类学发展，特别是1989年前后是很不利的。所以当时我有自己的想法，我可以去当县长、县委书记，当时黔东南州政府对我有很多的培养，但后来我放弃做行政。1993年，来到了湖南。当时就有很多人觉得奇怪，说你在贵州是一个做官的料子，凭你的性格和能力，下去挂职锻炼，绝对是可以升上来的。

徐：插一句，你是哪一年大学毕业？

罗：我是1983年进校，1987年本科毕业于贵州民族学院。

徐：你是哪一年出生的？

罗：我是1965年6月份，出生在贵州天柱县远口镇潘寨村。

徐：小学在哪里读的？

罗：在村里读的。

徐：中学呢？

罗：在镇里读的。高中也是在镇里读的。这里有一个背景，当时我家的成分不好。我家中华人民共和国成立前是做生意的，中华人民共和国成立后被划为地主。

徐：那是中华人民共和国成立以前的事，是工商业者，是地主，那你当时处在政治的边缘。

罗：对，那是一个边缘化的群体。

徐：小学到高中都是在乡里读的？

罗：当时是1977年，村里所有的人去镇里考试，但录取名额只有5个，一开始没有我的名额，后来我说谁不让我去读书，我肯定要烧房子（笑），村长知道了就赶快把名额给了我。于是我就去镇里，那时我 11 岁。在初中考高中是第一名，本可以去天柱民族中学读的，因为种种原因也没有去，就在远口镇中学读的。初中、高中共在镇里读了六年。可以说，从镇级中学出来，一直读到博士的到现在为止只有我一个人。

徐： 大学毕业以后在哪里工作？

罗： 黔东南苗族侗族自治州地方志办公室。当时也是我老师推荐的。

徐： 你在大学读什么专业？

罗： 历史学，民族史专业。因为我们当时的老师都是很优秀的。可能徐教授有的认识。包括史继中教授、侯绍章教授、杨庭硕教授等。

徐： 还有后来的石开中教授。

罗： 对。这些老师都是学民族学、民族史的。在贵州民族学院读书时我有一个感受，很多人不愿意读民族学，很多人都愿意读通史，世界史。我们班真正跟着杨庭硕老师走下来的只有三个人。一个是我，一个是贵州民族学院的潘盛之，一个是在毕节生态博物馆的，其他的都做了法官。当时政法人才正欠缺，都偏向了法律。真正做学术的只有两三个人。但这一点，我在毕业时跟同学们说了一句话，我们班 60 个同学将来能有 5 个在全国有影响就是我们学校的成功了，当时我们班的同学还笑。当时大家都很有志气，都认为自己是国家的栋梁之才，你为什么说只有 5 个。其实到现在，我看还没有一个在全国有影响。

徐： 你应该是。

罗： 对我来说，这是一种追求，离理想还很远。从这个角度来说，一个人要成才，要成功，不是那么容易的，不仅需要一个好的环境，更需要自身内心的追求。对一件事情执著的追求。如果没有这一点，环境再好，也不会获得成功。

徐： 再回到你在黔东南苗族侗族自治州的情况，你在地方志办公室是做什么的？

罗：做编审。当时我是贵州最年轻的编地理志的主编，黔东南的地理志、地名志是我亲手编的，其他如民族志、人物志、社科志、林业志是与人合编的。

徐：你现在是党员吗？

罗：我现在不是党员。

徐：是民主党派吗？

罗：也不是，无党派。这一点我是考虑到我的家庭背景。这是一个历史问题，我家的背景比较复杂，我的祖父是我们那里唯一的国民党。我的大伯与二伯都在武汉大学读书，我祖父让他们抽签，一个加入国民党，一个加入共产党，抽到共产党的随人民解放军南下，抽到国民党的回到贵州去（笑）。我有7个伯伯，我家的房子很大，有印子屋、洋房子，都很大。现在洋房子还在，印子屋拆了。我祖父也对我说要自己立业，不要参与政治，他觉得当时的抉择，害了儿子。这种家庭背景对我影响很大，一直到今天。为什么我很愿意回家，每年的春节或暑假我都要回家去。这是我对家的文化的一种理解，一种思考。看到老房子，我就会想我的前辈曾经思考过什么问题，为什么他们失败了？为什么成功了？其中的价值和意义，对我们很重要。我的学术理解是基于这样一个背景去思考。

徐：听说1989年后，你去过深圳？

罗：是的。我到深圳去了半年，去深圳的《企业导报》，我在那里上班，半年后感到深圳不是我的世界，它是粤语的世界，尤其是去拉广告，拉广告不懂白话是无法立足的。拉不到广告只有3000块钱的工资，拉到就可能有一两万元。有些北大、清华的同学叫我跟他们做，我还是不想打工，决定回去。我说这是你们理科的世界，我们文科做不了。我就回来了。回来时路过怀化，就去怀化师专，当时一看就觉得怀化师专地方好，有这样好的游泳池、跑道、羽毛球场，就当时来说，怀化师专是全国最好的师专之一。校园对我来说很有吸引力。我马上找他们校长说我愿意到怀化学院来工作。他们问我有什么能力。我说我是学历史学的，我可以教历史。学校校长和书记就组织老师听课。当时我讲的是国际共运史这一块。因为我没有学教育学，板书很乱，但写字还算工整，表达也不错，逻辑依然清楚。他们讨论说决定要我了。安排到学报编辑部。

徐：哪一年？

罗：1992年。当时杨老师叫我去贵阳，我等他们的调函等了很久没有来。到了4月份，我去了怀化学院。在怀化学院做主编，开辟了一个专栏：民族文化研究。以我的文章为主，包括怀化周边的关于苗族、侗族、土家族研究的文章。到了1995年以后这个学报就公开发行了。更重要的是在这期间成立了民族文化研究室，这个研究室现在还在。在怀化几年可以说是我修炼的过程，因为我总是碰上一些好领导。我一个人有一个办公室，在这里，我第一做民族研究，第二是学英语。到了湖南比在贵州工作压力大，当时学校规定30岁以下外语必须过四级，不过不能评职称。所以，我当时每天晚上学外语。我现在为什么能够得到发展，那个时候是一个积淀的过程。我告诫自己一定要把外语学好。当时民族研究所没什么钱，每年只有5000块钱，但都用于我的调查，所以我能够在侗族地区建立自己的点。我的第一个田野工作点是湖南通道的阳烂村，1995年写的《桃源深处一侗家》，这是我做村落的一个基础。到现在为止10多年了，这个田野点还在做。

徐：你在贵州什么单位工作？

罗：黔东南地方志办公室。过来时只是实习研究员，初级职称。到1995年，学校看到我的成果，就叫我直接评副教授，当时就报到了怀化地区。

徐：地区怎么批？

罗：地区批后，再送省里。地区说从来没有一个人是跨级评职称的，所以就被刷下来了。学校很惋惜，但是我很感谢学校的领导有这样的魄力。于是我就改评中级。为了以后的发展，先退一步。当时我有两部专著，20多篇论文。如果是现在，应该是没有问题的。在这种情况下，学校给了我很大的支持，我很感谢他们。后来为什么离开怀化学院，是因为那时湖南省要建设一个民族学重点学科，而且这个学科只能放在吉首大学。吉首大学在全省物色人才，没有找到。那时我只是一个讲师，也没有办法。游俊校长和李汉林院长很有魄力，李院长去怀化问我是否肯去吉首大学，我说我也不追求什么，如果是做学术，我愿意去。吉首大学很快寄来了调函。我就去跟怀化学院谈，说我要去吉首大学，并不是这里不好，我的学科，我以后的发展需要我去。他们就同意我去吉首大学了。然而到了吉首大学，我发现自己的处境很尴尬，学校有许多教授、副教授都是做民族民间文学、民族语言的，我只是讲师。学校任命我做省重点学科带头人，让我觉得责任和压力重大。我现在为什么对吉首大学有如此深的感情，对这些人我是需要报恩的。中国是一个感恩的社会，人是感恩的动物，我决心把这个学科做起来。我明白自己要怎样做。我就开始在第一堂课为全校的教师讲什么是民族学。光这个概念就讲了两个小时。我从《大不列颠百科全书》到吴泽霖的《民族词典》，再到其他著作，把民族学、文化人类学、人类学三个词的内涵、外延、特点、应用对象、应用方法给全校的教师讲。通过这次课使他们知道世界上还有一个民族学、人类学。大家听后感到很新鲜。后来总结时，游校长鼓励大家要全心全意地把省里委托给吉首大学的民族学做起来。当时在吉首大学大田湾老校区给了我一间办公室，每周五的下午我就召集全校有志于民族学研究的人一起讨论、研究，这就形成了我们今天每周二晚上的沙龙。慢慢地让其他的人认识这个学科是做什么的。当时我研究民族学，但上的是历史课。每周六、周日都带学生去鸦溪做田野调查，学生也开始了解人类学，现在还留下了很多珍贵的调查资料。后来许多学生考民族学人类学研究生都是那时培养的兴趣。学校在湘西这个地方就是田野，周边有村落就是人类学民族学的实验场。当然现在城镇化速度太快了。当时有许多资料，如鸦溪的三王庙、村民的交往，以及失去土地之后的生计方式都进行了大量的田野调查。通过这种方式开始积累吉首大学的人类学、民族学资料，包括现在所有的照片、录像。通过这种方式，人类学、民族学开始被学校认同。

徐：你是哪一年调到吉首大学的？

罗：下调令是1997年底，1998年2月份正式上班。当时叫政法学院历史专业，通过历史专业来建设民族学学科。

徐：什么时候去云南大学读博士？

罗：我是2000年考入云南大学人类学系，攻读经济人类学博士研究生的。

徐：你的博导是谁？

罗：陈庆德教授。

徐：你什么时候进入博士后流动站？

罗：2003年博士研究生毕业后，当年10月就进入到中央民族大学民族学与社会学学院博士后流动站从事研究工作，合作导师是宋蜀华先生和杨圣敏先生，直到现在。博士后期间对我来说也是在补课，补以前没有学好的。因为博士研究生期间的三年既要学理论，又要做田野（为完成我的博士论文在田野点上待了8个月），完成毕业论文，这三年的时间是不够的，必须由博士后的时间来弥补。

徐：你的学术背景非常好。

罗：在湖南的压力很大，在贵州很轻松。也正是压力大，才有自豪的方面。我是吉首大学第一个文科博士。这种学术地位是牢固的。通过我在吉首大学的文科形成了读博士之风。

徐：你们所叫人类学民族学研究所，其他的地方都叫民族学人类学研究所，人类学不摆在前面，你对自己的学科建设有什么想法？

罗：以前我们所叫民族学研究所，当时是出于作为重点学科建设考虑的。但后来已经成为事实后，我们就考虑学术传统。以前有许多人认为民族学是研究少数民族的学科，说这是误解也好，是偏见也好，这都是传统的认识。但我们的民族学不仅仅只作少数民族的研究，还要作汉民族的研究。因为在湖南的民族研究中，可能汉民族研究更重要。少数民族是与汉民族连在一起的。我们做民族学，把人类学放在一起，提人与环境、人与文化，这种研究的范式更能理解这门学科。我们这个学科不仅仅是研究少数民族，也要研究汉族，对大和民族、朝鲜民族也要进行研究，我们认为人类学研究的面更加宽广。

徐：人类学关怀的是全人类，民族学关怀的是群体。

罗：对，特定的群体。人类学关注人类整个活动带来的后果，民族学关注群体活动的后果。基于整个学术理念考虑把人类学放前面，而把我们重点学科的牌子放后面。

徐：所以我觉得你们所的名称与国际接轨，十分规范。我个人觉得有些地方叫民族学社会学学院，把它当两门学科，从民族学来讲，把民族学与人类学一个放前，一个放后，这也是我国长期以来的一个特殊的发展状况。有人说是畸形发展，也有人说是一种政治的需要，是种传统的发展，真正地回到原位上去，我个人认为应是人类学与民族学。我有一个新的问题，《族际关系论》是不是你的第一本著作？

罗：是我个人的第一部著作。

徐：我在1998年拜读过，这本书从人际关系去研究族群关系，体现了你的追求，恰恰反映了人类学的本质。如果没有这个本质，人类学就只能是研究民族风俗、习惯。从你的这本著作中看到你的理论功底很扎实。我想今天再回头来看，从1998年出版，7个年头过去了，你自己对这本书有什么看法？

罗：这要从源头说起。在此之前我与杨庭硕老师合著过两本书，其一是《民族、文化与生境》，这个名字是我取的，里面主要是杨老师的思想。这本书确立了一个观点，人类的文化、生存环境与人类的群体民族三者之间是人类不可分割的三个环节，民族、文化、生境是一个链接，三个链构成人类活动的整个框架。一切文化的产生是基于特定的生境，生境是自然与社会构成的空间体系，这个空间体系很大，能产生什么样的民族，民族能产生什么样的文化，它们的关系很清楚，这是我后来写族际关系论的一个基点。任何一个民族的关系都基于这样一个底结构形成的。第二个前提是在1992年出版《西南与中原》，从历史学的角度写西南地区与中原地区的关系问题，用历史事实来阐述西南与中原的关系。从上古讲到民国，也包括中华人民共和国成立后的一些政治，从政治、经济、文化的角度来谈关系，这为我以后的写作奠定了事实基础。这些事实让我认识到那些关系的存在是有历史过程的。从民族、文化、生境这个理论解释文化内部的结构或内部关系的影响提出一个框架。另一方面从历史事实来说，形成西南与中原这样的一种关系就为我1998年个人写族际关系奠定了一个基础。但我现在来看，1998年写这本书的时候主要想探讨一个理论问题。民族与民族之间的关系并不是过去我们认为的那种政治压迫或经济压迫，它可能有更复杂的互动关系在其中。他们的互动关系是一种非对称反应或非线性反应。从结构来说是一个错位的结构。这种错位反应是如何形成的？那是因为对民族间文化的误解、冲突、矛盾就由此而产生。相互关系不是一一对应的，如我们给一个民族经济投资，他可能不用于经济，而是做到精神方面去了。这种反应就与你的期望是不一致的，所谓的扶贫也好，其他投资也好，都与预期的目标不一致，这些关系的处理，实际上都是文化问题。所以这本书主要想讨论作用与反馈之间是否对称。我也从中确定了文化圈、文化层。这些尽管是从播化学派引出的一些概念，但我在这里讲述时，它是以文化关系、反馈关系确定起来的，而不是传播学派的圈与层的结构。在书中，我以27个个案来处理，我想通过这本书确定民族关系如何处理，如何认同。但后来我想，人类社会的发展都是交往的过程，交往的结果。从远古到现在，通过交往对内部文化的改造才导致文化的发展。但这一点也许有许多人不认同，不理解。有些人也许认为原初社会是老死不相往来的社会，我认为在中国，在世界上从来没有一个自给自足的社会，它必然要与外界交流之后才改造自己的文化，使自己的文化更能适应社会的发展。通过外界的影响、文化交流来反映自己的东西有缺陷，人类社会才逐渐自我完善、自我发展。这是族际关系论最核心的东西。我认为社群交往是社会发展的基点。这是后来我对《族际关系论》的补充。

徐：这是你这本书出了以后的进一步的想法？

罗：对。这是我的博士后的选题——文化制衡论。

徐：从《族际关系论》来看，说明你很重视人类学的理论。你还有很多优势，处在湘西，湘西的族群很多，你的田野时间长，涵盖了苗族、土家族、侗族三个民族，对三个民族调查时间长，接触到的东西也很生动，这是你的资源优势。下面我想问你对中国人类学的发展有什么看法？

罗：我对学生讲中国人类学最欠缺的是什么？是第一流的民族志，真正的人类学的调查。现在让学术界认同的东西，国内自己的不是很多。我不知道这是为什么？当然我们不是要问为什么，而是要问要做什么？我从1995年开始第一个点——通道的阳烂村。这是一个很偶然的机会,在1995年的暑假我带80多名学生去做一般性的社会调查,路过阳烂村。到村中一看,我很震惊,全部是青石板,鼓楼与别的村子不同,只有三层,但梁上的字是乾隆五十二年的,下面一块石碑是乾隆二十七年的,水井上的碑是嘉庆四十七年的,老鼓楼还要久远。我觉得这个地方很值得做人类学研究,就把它作为自己的第一个田野点,每年都去。

徐:是哪一年?

罗:1995年。每年去两次。与村里的人建立了很好的关系。通过田野,在方法上,我体会到在中国做田野调查与西方不同,马林诺夫斯基是跑到荒岛上去做,因为那个地方是不懂英语的蛮荒世界,我们的田野点是懂汉语的,这是最大的区别。他们提倡的参与调查法,学习语言是他们的规范,中国当然要提倡,但有人懂汉语,学语言对我们就不是最迫切的任务。我就想了一个乡村日记与学者追踪的办法,找到一个乡村医生,他既懂汉语,也懂侗语,在村中德高望重,他有时间与别人交谈,他成为我的合伙人,去记录他看到的事件。然后我再根据我的理解去解读。这些乡村日记是我们所的镇所之宝。

徐:做了多久?

罗:4年多了。

徐:有多少字了?

罗:二十几万字了。我们有几个村落同时在记。这种乡村日记与学者追踪的方法很实用。学者不可能每天蹲在田野点上,让合伙人去参与,在假期我在他记录的基础上去追踪。每个村子有两个人记录。他们相互不交流意见,两个人记同一件事的看法也不一样。只可惜没有找到女性参与这件事。

徐:有几个这样的村落?

罗:三个村子,六个人。我们所下一步能给民族学提供资料的就是这个。我将会原文出版。用扫描、照相的方式加上我们的批语。当然还要等上五年再出版。通过这种方式，我觉得对于民族学我们应该有底气做。做了这么多年，资料应该是全国一流的。这是我们的学术自信。对一个村落的文化，通过他们自己的眼光和我们的追踪把这个村落做下去，包括我们的学生也去做，去追问，从不同的视角去追问。这是做人类学的一个体会。第二个体会，做人类学不仅是要给自己回报，更多的是要给乡民回报。这不在于给多少钱，而在于他们把自己的眼睛打开了。他们对我说，罗老师你没来之前我们看到的东西都没有文字，你说了之后，我们看了碑文就知道是我家爷爷的爷爷为求子求神而刻的；这碑上记着我爷爷为建桥捐的钱。村民们忽然间眼睛亮了，他们从前是浑浑噩噩地过日子，没有什么意义与价值，但通过我们，他们看到了现实，都是他们的祖宗创造的东西，是祖先留下的要珍惜。他们都在传说自己祖先的东西。田野调查让村民自己打开眼睛看自己的历史。第三个体会是村民在历史追问的过程中，开始追问自己的发展，自发组织民间协会。如老人协会、青年协会、戏班子都在村里建立起来。田野调查给了老百姓自信，我把这种情况叫乡村建构，是自己建构自己的组织、制度，这种建构通过他们现实的资源、智慧来实现，使他们团结起来，对内对外都是一种民族精神的体现。这是人类学的又一个贡献。我们的学生每年都要去田野点上建立关系，这说是一种人文关怀也好，收集资料也好，与村民的互动很重要，它使学生在这样的环境下体会人与人之间的关怀。所以人类学不仅是写好民族志，更是通过人文关怀使他们确立自己社区的一种精神，确立社区的一种发展意识、保护意识和历史观念，这是人类学田野的价值之一。以上是做侗族调查的体会。对于土家族，我觉得土家族族群的建构过程很重要。我于1998年选择了双凤村，这是潘光旦先生在湘西唯一做过人类学调查的村子。我再去追访，村民很高兴，说你们来了就像当年潘先生来了，这么多年没有人来。我们不只做数据的调查，而是从理解的角度去做。我通过这个点认识到土家族文化关怀并不像有些人说的土家族已汉化了，还有许多东西在现实的表面被隐藏起来，还要去发掘，去研究、去整理，所以云南大学1997年做民族村落，我就建议他们做双凤村。通过对双凤村的调查，我觉得一个文化事实挽救了一个民族。因为当时很多人说土家族没有文化了，通过文化事实的确立，民族被确立起来。通过田野反映出文化与文化事实不一样。过去人类学界所有关于文化的定义，包括克拉克洪收集到的100多种，几乎都是从文化事实角度去定义文化，泰勒的定义也是，没有反映文化的本质。后来在田野中，我认识到为什么文化的定义这么多？那是因为我们没有一个统一的文化的概念。我思考什么是文化？我觉得文化是指导人类活动、影响人类发展延续的信息系统。在这种信息系统指导下所产生的事实是文化事实，不是文化。文化所面对的环境不同，产生的文化事实不同。风俗不一样、语言不一样、生计方式不一样，这些不一样都是在它的信息系统指导下。文化是指导这些东西产生的背后的东西。所以这个概念是我做土家族田野的第一个体会。第二个体会是政治方面很重要。土家族能够从毕兹卡到土家族是一个政治的过程。2006年6月我去香港中文大学树人学院开会，提到这个观点。会议的主题是中国的认同方式。我通过这个调查，以双凤村的文化事实为依据引起学术界、国务院、国家民委到地方的一种运动，这种运动与当时的政治背景有关。过去湘西是土家族统领的，苗族受镇压。中华人民共和国成立前民族矛盾就尖锐。中华人民共和国成立后突然一下子政治资源都被苗族占去了，土家族的出路在哪里？引起了很多人的思考，一定要找到一个合理的解决方法，进行一种新的资源的组合。从中我认识到做田野不仅仅是面对田野，掌握历史背景更重要，档案资料、口头传说也重要。做人类学田野调查不仅要关注一个点，更要关注一个面，关注历史背景、历史事实，这是第二点体会。

徐：你的田野对侗族、苗族、土家族都做了，在目前的学术界，你用自己独特的方法开展田野，对于你刚才说的镇所之宝，我想对人类学将来的发展会是很重要的一点。你现在还年轻，再有五年、十年地坚持下去，这些资料将会很重要。我很赞成你所说的让村民自己打开眼睛，我们今天的访谈也就以此为题。你在回顾《族际关系论》时提到文化制衡论，我们做田野，做民族志，从人类学的本质讲你的文化制衡论是对田野内容的升华或者说理论上的概括。

罗：提出了文化制衡论后，我觉得对以后的田野有帮助。这样的思索是从做我的博士论文开始的。当时我也有点自不量力，被陈庆德老师狠狠地批评了一顿。我征求了许多老师的意见，他们建议我还是先做实践，我就做了一个清水江流域的木材贸易，从陈庆德老师的经济人类学的角度去切入这个问题。在中国做博士三年时间太短，不可能学好理论知识，也不可能做好博士论文，但为了工作等原因，我三年毕业了，所以做博士后，我觉得必须完成一个理论建构的问题。当时题目叫做族际互动关系，想用个案把苗族、汉族、侗族的连接写成一个理论。族际互动只是一个过程，人类学研究更多的是要从个案中关注一个本质的问题，于是将题目改为文化制衡论。文本现在已经出来，但不一定成熟。杨老师说可以出版了，我觉得在国内还没有一个人讲这个理论，我是初生牛犊不怕虎。这个理论还是以民族、文化、生境作基点，我从这里出发去探讨人类学本质是什么？我不讲平衡（林耀华先生曾作过平衡问题的研究），我从西方社会为什么没有提出制衡而只提出平衡，它的历史观在哪里？西方历史观是一个进化的理论，用进步的理论来探讨人类社会，这是一个平衡的结果。中国的哲学是一个制衡的关系，它是一种循环的东西。循环中的基准不是平衡的问题，而是制衡的问题，是一种格局的存在。我从西方的哲学思想和中国的哲学思想来考虑中国应该产生自己的民族学理论，以哲学本体论作为一个基石，我从文化去思考文化要素之间是怎样形成适应？文化模式之间是适应，文化与文化之间也是适应，那么人类学本质是适应达成的东西，还是从适应到不适应再到适应之间的关系，它是一个制衡的结果。制衡就成了下一次适应的起点。这个过程我从文化要素、文化模式、文化以及文化与整个人类社会的关系去思考人类的运动过程，文化的发展过程。我提出制衡的关系，用很多的个案去处理为什么叫制衡而不叫平衡。这个理论更多地从哲学角度思考。

徐：传统上讲单一的进化，你讲的是周期的循环，对于循环的看法，我给你补充一下。中国传统是一种循环或者说从原点出发经过一圈又回到原点，但这种循环不是简单的回归，是一种螺旋式上升的状态。对中国的历史，我觉得王铭铭教授说的中国的历史不像西方，即马克思讲的单线进化，中国的历史很明显的是循环，改朝换代，但每一次改变都与过去不一样，不一样的程度也有差距。你在考虑文化制衡理论时要加考虑。

罗：这对我是一个新的起点。我看过张海洋的文章，他的历史学也结合了一些西方的东西，认识到西方在追求一种制度的变化，中国是一个制度性的完善，即文化的修复或文化的再整合过程。在螺旋式上升中没有断裂，制衡就是不断裂的过程，断裂了就无法制衡。我觉得中国的人类学理论主要从中国的哲学、历史去汲取它的营养，从中国自己的哲学思考、哲学命题中去寻求中国人类学建构的方法或理论思考。西方的人类学从经典进化论到符号、深描等，是在他们的文化背景之下，中国的人类学应建立在中国的哲学思想与历史上去思考，才能被国际人类学所认同。不能老是抄袭别人的东西，别人的东西是基于别人的文化背景，我们要思考中国的传统文化背景能够产生什么样的人类学。我们能反省自己的传统与历史，从而建构自己的理论，这对世界人类学是一个贡献。

徐：现在全世界都崇尚和平，常被某些事情搞得不知所措。美国出了"9·11"事件后，颠覆了他们的一些观念。这个世界怎么啦？再到中东一看，伊斯兰向极端方向发展，于是拿反恐来作为霸权论的工具，引起了第三世界的警惕。我觉得这时中国的传统应起作用。为什么现在孔子突然吃香起来，都对他感兴趣？我们现在的世界一片混乱，孔子时代也是一片混乱，七雄争霸，他所看到的世界与现在的世界是一种重复，这种重复是变化的，外表与本质都有变化。这时孔子思想的精华就出来了。"仁者爱人"，太重要了。所谓"己所不欲，勿施于人"，人类学讲的就是尊重他人，善待他人。

罗：我想这就是一种文化自觉。现在世界类似战国，多雄争霸。

徐：美国讲单边主义，实质是多元。

罗：文化的冲突是值得关注的问题。现在既然存在问题，怎样去处理？我们要面对问题，而不是让它发展下去。不能让伊斯兰极端主义，也不能让美国制造这种灾难的格局。人类学应做什么？从中国的传统，从孔子的思想出发，不过现在都只是对孔子思想的翻版。但是，从孔子的人生理念反省现在的世界格局，应该怎么去做？当然每个人能力有限，不可能成为通才。我做人类学是把文化制衡论的东西用到人类学中，人与人之间都是相互依存、相互制衡的，谁也别想把自己的观念强加于人。这是一种文化不认同、文化隔阂的表现。正因为许多人文化不认同、文化不自觉才需要研究。

徐：回到这次人类学高级论坛的一个主题：旅游休闲。为什么说中国人出去旅游最不文明？这是文化不自觉。你现在关注的文化制衡论，我非常赞赏，我也希望你从两个方面加强：一方面把田野坚持下去，把民族志做好。同时在理论方面，把你民族志的东西概括、提炼,将来能升华到你的理论中去。另外现在王铭铭教授很重视这方面,研究的方向改为历史人类学,从中国历史、传统文化思想去寻找营养。中国的传统文化博大精深,我们从"五四"的"打倒孔家店"到批"孔老二",那么现在又回到孔子那里去,这实质是回归人类学,思考人从哪里来?又到哪里去?现在世界人类生存面对这样那样的危机就需要回归到人类学基本的关怀上去,人人都做到这一点,就容易认同、沟通了,就能达到和谐。

罗:和谐本身就是制衡的表达方式。

徐:所以这里的核心就是文化制衡。今天我们就谈到这里。

罗:感谢徐教授对我的支持,由衷感谢人类学界民族学界这么多年来对我的关怀。

徐:我第一次见到你就很欣赏你,像你这样的人越多,中国的人类学就越有希望。这次在吉首大学举办人类学高级论坛年会,我们的合作很愉快。你今天讲的可以说是人类学中国化的问题。在交谈中,你敢亮出自己的观点,对你是一个非常重要的坐标。希望你能用中国的材料、中国的田野、中国的经验、中国的智慧把文化制衡理论建构成熟。衷心地祝你成功!

罗:谢谢!

【录音整理:田红】

民族学考古学本是一家

——云南民族大学汪宁生教授访谈录

徐杰舜

汪宁生教授

徐杰舜（以下简称徐）：汪教授，我真的非常高兴今天您到我们中南民族大学来出席一个女书的研讨会，您是我们的前辈，您今年高寿多少？

汪宁生（以下简称汪）：76。

徐：您比我差不多整整大了一圈。我64岁还不到，63岁。

汪：年轻有为。

徐：年轻是不能讲了，追逐您们而去，所以我想，趁您来武汉的机会，武汉这两天气候特别好，天高气爽的时候，想向我们的读者介绍一下汪教授您一生的治学。因为像我这样年纪的对您都比较熟悉，您的很多著作我们都拜读的，我记得20世纪80年代末期吧，您到广西民族学院做演讲，对我们影响都很大。

汪：这几年没出多少东西……

徐：所以说我想趁这个机会，汪教授您能不能向我们年轻的读者介绍一下您自己的经历？

汪：经历……

徐：您刚才讲您76岁了嘛，您是哪一年出生的？

汪：1930年。

徐：您就从1930年讲起吧，简单一些，跟我们聊聊。

汪：从大学以后讲起吧。

徐：您出生在哪里啊？

汪：出生在南京。我小学，在抗战没有爆发以前，就在南京、上海一带，我的家在这一带。

徐：那您的祖籍在哪里？

汪：祖籍，我父亲的出生地是在苏北，现在的连云港市，我父亲在南京国民政府里面做事情，我家就在上海，一搬搬到南京，就到南京去了。我在小学，那时不叫幼儿园，叫幼稚园，是在上海。抗战以后就回到老家，就是连云港市，后来抗战，小学啊、初中啊，在那读，高中又回到南京，在丹阳，一个教育学院的附中读书，中华人民共和国成立那年我刚好高中毕业，就参加工作，后来我是参加那个苏南新闻专科学院，在无锡，也就是做一般的工作，一直到1954年，调干……

徐：调干到哪？

汪：到北京大学，北京大学历史系，考古专业。1959年毕业以后就到中央民族大学，那时候叫中央民族学院，历史系。1959年去了以后，我就参加云南民族调查组，和费孝通啊……

徐：1959年那应该是调查的尾声了。

汪：不是尾声，调查是这样的，1956年是个高潮，1958年呢又是一个高潮，1959年的时候正好是第三批。那时调查嘛，组织上干扰很多，这个你都知道，"调查要为民族工作服务"。但是我，因为我是搞考古的，领导嘛，还是比较照顾的，与考古有关的，我就搞这个民族考古学，从做调查当时每年差不多有半年时间在田野，20世纪60年代初，一直到"文化大革命"前那几年……

徐：一直在云南做调查？

汪：一直在云南做调查。贵州、四川、凉山我也调查……贵州很多地方我也去过，滇西北啊，滇南……"文化大革命"了嘛，就中断了，大家一样，没办法……"文化大革命"以后就又恢复了。

徐：那您什么机缘从中央民族大学调到云南？

汪：那时我是云南民族调查组啊，我的编制还在北京，但是快到"文化大革命"前夕，因为我……关系转了，就在"文化大革命"前夕。我在云南结婚了，结婚了你可能知道嘛，北京的户口进不去。

徐：是，不能够转的。那这也是很有趣的，您在云南，怎么和您的太太……

汪：我太太也是调查组的，她是北京师范大学毕业的，是搞心理学的，那时候也没有什么心理，中国不开展这个。

徐：跟人类学一样。

汪：一样，后来她分到大理师范教书，我在大理做调查。她是北京人，本来应该在北京挺好嘛，留不成就算了……当时我已经做出兴趣了。

徐：当时的人这种想法比较少，到哪里都一样。

汪：反正这个东西当时也没办法，好像那样的情况那时不太可能……

徐：去北京不行……

汪：儿子也有了，有了两个儿子……在北京有可能吗？所以呢就……"文化大革命"以后就恢复了嘛……

徐：那我还想插一句，当时你们这个调查队户口是在北京的，但是您在云南待的时间很长……

汪：对对，那时候都寄粮票，寄工资，都从中央民族学院寄来，就这样。

徐：那当时叫什么？就叫云南民族调查组？

汪：对，我在云南民族调查组待的时间比较长。后来成立一个云南省少数民族社会历史研究所，就是历史调查组的基础啊。当时云南省也没有社会历史调查组，广西也是一样，就是调查组留下的，每个省的社会科学研究机构大体上都是原来调查组留下的。后来就改成云南省社会科学院，派生出多少组来，还有一部分就叫做云南民族学院了。

徐：就是民族方面的都在……

汪：办公地点我们调查组就在现在的云南民族学院，现在都撤了，但是我们有个红楼，我们的书，我们的文物都留在云南民族学院。

徐：当时云南来讲，把这个调查组和这个研究所跟云南民族学院结合得比较紧。

汪：对，云南民族学院的党委书记也兼研究所的党委。和四川不一样，四川是独立的，云南的民族学研究在名义上挂省，实际上是云南民族学院领导。

徐：广西的也是……它是挂靠民委……

汪：我个人嘛，就是说做田野做得比较多的还是"文化大革命"前的几年，"文化大革命"以后呢，就从1978年算起吧，大家都一样，回来也做了一些，那时候我在"文化大革命"前发表文章不少，都在考古方面，我是学考古出身。慢慢地因为搞考古一个人行不通，也不能发掘，就摸索去做民族考古学。我以后会寄本书给你，是我自己写的，专门讲怎样做民族考古学这个过程。

徐：那太好了。人类学实际上在美国来讲，考古学、文化人类学都是它的四大块之一，但是在我们中国来讲比较特殊，说它乱也好，反正是一种特别状况下的一种中国类型，民族学这块也很发达，考古学这块也很发达。我们不仅民族多，地下文物也多，要把这两个东西结合在一起又很不容易。

汪：应该说民族考古学在中国是大有可为的，因为就像你说的，考古材料很多都有待于去解决，有待于研究。有很多东西光靠考古是解决不了的，需要民族的东西，民族的话中国有多少民族呢……基本上是停留在前资本主义社会中……有时文化方面也找不到民族考古方面有用的材料了。中国的情况，有时候材料多一些，现在一个问题就是"稍纵即逝"。

徐：这个问题已经越来越迫切了。

汪：现在已经晚了一点，现在一些东西奇奇怪怪都是人为的，跟我看见的都不一样。有些人把现在看到的少数民族的东西看成是过去的，跟我以前看到的都不一样。这几年变化很大，特别是衣服，你做调查也知道，首先材料变了，过去它是带花边的，蜡染的，哪有这个五颜六色的，现在都是尼龙、化纤材料做的，不过这个也没有办法，也不能因为要去做研究而停止少数民族的变迁，这也是不可能的。我想除去这个以外，我做了很多工作，就是说从纯考古学这块出发，一些考古资料的整理等等，比如说发现的"苍源岩画"……

徐：跟我们广西的花山崖画一样……

汪：对，只有这两个是全国性文物保护单位，苍源是我发现的，我写的报告，这个也算是早期的一个贡献，后来就慢慢转到民族考古学了，纯考古学就不怎么做了。

徐：民族考古学在我们中国实际上是有很好的发展前景的。

汪：对，搞的人不多。

徐：但是很有意思的是也有人反对，这在20世纪80年代中期90年代初曾有过。这一块做得最实际、具体工作做得最多的可能就是您了，因为您把考古学和民族学结合得比较好。

汪：我希望做专题调查，从专题入手。中山大学，他们做的都是搞理论的探讨，概念的东西，专题做得少。跟我的路子比较相近的是宋兆麟。

徐：对，宋先生，他写《原始社会史》就像你讲的取火。

汪：他也是从专题入手。考古界本身反对的人还是很少的，个别的，不成气候。首先张光直就是同意我的嘛，你看他写过一篇文章，其中讲的是占卜，播化起源，这篇文章影响比较大，他们搞易经，播化起源实际上靠的就是民族占卜。

徐：可以得到一个参照。

汪：最早的是看凉山他们巫师怎么占卜，用树枝，树枝就是古代的戏法，卜就是用兽骨或肩胛骨来。这个嘛，古代有，少数民族也有。戏，就是用树枝数来数去，这个古代也有，古代就是八卦，少数民族呢，就是凉山也有，最典型就是凉山。张光直在他的书里面有论述……他这篇文章影响很大。

徐：学界的很多朋友都讲，你做了很多采访，为什么不去采访汪先生？我说我想采访啊，但是没机会。所以说民族考古学这块，我觉得您做得这么好，您最近写了一本书吧，谈了这个问题，那么在这里能不能用一个简单的……来概括一下我们中国的民族学发展的前景到底在哪？

汪：刚才已经讲了，民族考古学在中国大有可为，但是做的人还是比较少。另外我们也有缺点，就是考古学也好，民族学也好，民族考古学也好，毕竟它是从西方传来的，我们中国历史上也有这种方法……典章制度啊，你可以到边疆地区去找找……毕竟以前没有人专门去搞它，有计划、有系统地搞它，没有形成一个体系。就是说我们还是要借鉴西方的经验。西方经验最重要的一条就是要验证。我做了十几个专题，朋友们看得起就进行引用，所以说我觉得最重要的就是要经过验证。民族考古学随便拿来附会，这样不行，要有一套方法，方法分三步骤。先建立一个假说，就是说大概可能两个东西是相近的；另外就是假设类比，两个要进行细细的比较，要各方面都很符合；然后第三步也是最重要的一步就是验证，验证就是说你再反过来看他的考古材料，看它本身是不是有它的痕迹，物质文化可以，非物质文化也可以，要反复验证，要有反证，弄明白才行。

徐：您这个方法非常严谨，不是说把它随便附会一下。

汪：像我自己找到有用的材料也很多，但是自己写出来的也就十来件吧。

徐：是不是有些东西没有把握住就不发表呢？

汪：对。当然还有一种做法就是中国式的，就是把民族学、考古学、甚至文献性的东西综合在一起来研究，把一个问题搞深搞透搞全。比如我的《文字起源》，这篇文章也有一定的影响，这也是民族考古学，但也成了文化史的一个专题了。每篇文章都相当于一个小说，所以我的《文字起源》很长，当时要发表时考古学报的争论很大，因为里面有大量的民族材料、图片，一些编辑也不习惯。

徐：那您现在手头上还有什么要发表的吗？

汪：有些东西做了一半，现在已经丢失了，也没法挽救，待会我这个讲完再讲。

徐：好的。

汪：刚才我讲到中国的缺点，一个就是我们了解接触的人很少，再一个就是包括我们，包括我自己，像国外有计划地搞很少，还是即兴式的。国外它一般是一个阶段一个阶段地搞，专门全面地搞。这方面我们就做得少，我们受到很多条件的限制。国外甚至可以挖近代人的坟，比如说他们可以挖挖看看，比如说现代的爱斯基摩人、加拿大人他们埋葬是怎么埋葬的，我们挖挖这个坟，进行验证，这要动用多少人力、财力、物力，我们是从来没有这样做的。还有一个就是我们包括我自己都是偏向欧洲，大量的都是来自于欧洲，房屋啊、工具啊、器物啊，主要是技术。埋葬的主要是物质文化，葬书、遗迹等，但是实际上也可以研究社会制度、非物质文化。比如说我们看见两个东西比较相近就说是一个文化，这是对的，但是你不能说它们就是一个民族，文化和民族不是完全等同的，两个不是重合的，一个民族可以有不同的文化；相反，相同的文化可以是不同的民族。有很多民族的房屋都是一样的，但是他们却是不同的民族。语言嘛，这些问题要靠民族考古学的方法来研究，我们要从民族的实际情况出发来进行验证来告诉他，同一个文化不一定是同一个民族；相反呢，不同的文化也可以是同一个民族。

当然我们中国的民族考古学也有自己的优点，就是我们的文献。我们的文献多，每个少数民族都有文献，这个应该好好利用。

我搞这个以后，怎么说呢，因为我在民族学院工作，教教书啊，我也带研究生，但是带得不多。

徐：您现在还带吗？

汪：没有，我带的话也是只带一个两个，现在云南民族大学还没有博士，我想把硕士带好也不容易，我自己还不是硕士生，我是本科生。最早的民族学专业还是我们云南来搞的，1987年就有了。

徐：那时您是在历史系？

汪：我在历史系，也做过一些教学工作。纯文学的研究也做过，古代史料……但是我还是搞考古学。现在年纪大了，一些调查工作不能完成，现在愿意搞考古的年轻人越来越少……因为搞这种东西他不能说是立竿见影地取得什么利益效益。

徐：那您前后带了几个研究生？

汪：没有几个，带是带了五个，有时也是我出国了别人带的。

徐：**能够在民族考古学方面有建树的有没有？**

汪：有一个搞古文字的，他也是民族考古学，考了四川大学的博士，现在在重庆师范大学博物馆，当考古学研究室的主任，他搞的是纯考古。后来改革开放以后，1983年以后我就出去了，出去的时间也比较长，最早第一次出去是一两年……

徐：**是做访问学者还是出去读书？**

汪：访问学者。到处做访问学者，在美国啊，德国啊，后来又陆续出去，加在一起有好几年了。因为出国，有些研究都没有做下去。

徐：**那您有国外的经历，能不能给我们谈谈呢？**

汪：我在国外的经历一本书已经出版了，我会送给你，我的题目用一首诗，叫"此行昆仑别有山"，曾国藩儿子的诗，最早出国的，出使英法，英法特使。他看见国外就说，昆仑山外还有山，山外有山。我说相隔一百年啊，那个时候，改革开放初期我们出国的心情跟走向世界的先驱没有两样，转了一圈又回来了，你可以看看。

徐：**哪个出版社出的？**

汪：文物出版社，我就是搞考古的，他们出书不要我贴钱，我不申请出版基金。这里面是讲我国外的经历，我去的国家也比较多。

徐：**那您就跟我们说说您在国外的感悟吧。**

汪：总的感悟就是觉得山外有山吧。基本上我赚了钱之后就拿这个钱去旅游，所以我去的国家比较多，现在我想，五大洲都去过，凡是我感兴趣的文明古国也大部分都去过了，另外还有少数民族的地方我也都去，比如澳大利亚啊，加拿大的印第安人的保留地啊等等，所以我写过一篇关于易洛魁人的文章，有关这个的小说也要出了，敦煌文艺出版社。我们中国经常引用易洛魁人的材料，那么今天情况究竟如何？我就写的关于这方面的问题。

徐：您在国外的经历也可以说是在国外做田野嘛！国内的田野您是 1959 年以后做起吧，"文化大革命"以前您做得……实际上那是您最宝贵的……

汪：我有些研究民族考古学的材料起溯于国外，国外的材料也可以运用到中国。西方讲究方法论，类比有两种，一种是有限的，就是这个地区的考古材料只能用作这个地区少数民族的研究，这种比较难找。我采取的是国外另外一种就是广泛类比、普遍类比。普遍类比关键在于验证，能验证就可能成功，不能验证就不能成功。我采用爱斯基摩人用的一种石刀来验证中国长江中下游的一种三角形石器，实际上是一种刀，用来剥兽皮的，一个三角形的，有个把子，用来剥兽皮的，把它吊起来剥。光这样说不行，还要验证，因为在山西一个地方发现了一个石刀出土，恰好跟古代的牧主……切药用的一种刀，垫的木板，就是青苔板了嘛，还有那个刀剥的痕迹，找到了，所以这个就把它验证了。

徐：那您中国的田野和海外的田野有没有在您的书里面做过比较呢？

汪：对于田野，我有个看法，这个我曾在国外做的演讲中也说过，所谓田野研究的方法，国外也和中国一样，现在也不如以前，20 世纪 30 年代以前，都有些浮躁，时间也短了。这个情况也会有变化，另外人家材料也多，有的时候搞一些专题，但总的来说，他们比较重视方法的科学性，我们在这方面要差一点。

徐：这两个板块的调查进一步证明了人和自然的平衡是我们人类学的一个永恒的主题，还有人与人之间的和谐，对各民族文化的尊重。

汪：对，这也可以说是文化人类学家、民族学家的一个职业道德。国外也是一样，没有说是写东西不利于民族的研究或挑起争论的。人类学为的是什么？应该说人类学还是为了帮助少数民族的，各个民族和谐相处。我们可持续发展就是讲的这个东西，我们现在不再说发展就是硬道理，因为发展有时不一定就是硬道理，发展如果破坏了环境就不好了，所以说现在提出可持续发展、和谐社会，就是种人文思想。

徐：对，其实科学发展观就是考虑到这个问题，否则的话我们中国的环境破坏得太严重了。

汪：我觉得人类学我们国家应该大力发展，应该说它最终的目的正是我们国家正在提倡的，我们报纸上所提出的总的方针就恰好是人类学最终的目的。但是究竟怎样才能落实好它，落实到每个地区？有些地区不照上面的指示去办了，有很多地方还在拼命搞投资，挣钱找项目，若不照上面的指示办就很难完成，这个怎么办？问题就在这。我觉得这也说明国家应该普及人类学知识。

徐：那您从您丰富的田野调查也可以看到人类学关怀的是人与自然。

汪：对，人类学关怀的是人与自然、人与人之间的关系，古今中外都是这样，我认为这是一个永恒的主题。

徐：其实这就是两个基本层面。您有那么长时间的海外经历，也是一个求学方式和传播中华文化的过程。

汪：我在国外讲过中国考古学，讲过甲骨文简介，也讲过中国的少数民族等等。我想国外一般的人类学教科书都会有这方面的东西。举个例子来说，他们的大学也像我们一样有扶贫，他们人类学家往往会在南美啊，非洲啊设一个基地就是帮助那个地方，帮助少数民族。不是像我们有时一样是一个短期行为，而是长期地与发展中国家或地区建立这样一种关系，帮助他们，观察他们，他们怎样变迁。比如说巴西的热带雨林，它被破坏得很厉害，他们也做研究，当然禁止砍伐是政府的事情，那么他们就研究用什么方法来防止使之不被破坏，他们很注意这些东西，也参与进来，通过这类东西来吸取经验，用来丰富基础研究。还有比如说鸦片，东南亚的鸦片，金三角那一带也有很多少数民族，鸦片还是很严重的，人类学家也参与了，研究可替代的作物，这样也可以禁毒，参与到禁毒行列中来。当然人类学家是站在研究的角度，开始在一个很小范围内取得经验，把它写成文章，供政府决策参考。很多有名的大学他们都有这个，当然这不是一个人的事情，而是一代一代人去做，是一个基地，是长期的，巴西的热带雨林啊，东南亚的毒品种植啊，都是当今的社会问题，有些是环境问题。

徐：那这样的话，我们在人类学的关怀当中，引用您很有名的一句话吧，就是"人类学是民族大众的"。从这个角度来讲，西方对人类学比较重视，学科也比较发达，而中国的情况您也很清楚，人类学比较边缘，比较弱小，声音也比较小。您在海外这么多年，有五年的时间，能否讲一下国外的人类学的教学情况？

汪：据我了解他们这方面的课程比较多，还会有一些自然科学的课，文化人类学会开些自然科学的课，特别是当前，比如数学、计算机等，研究生的情况就不同了。另外他们在掌握语言工具方面也比较重视，差不多都有第二外语，甚至有两门外语，我讲的这些是关于他们本科阶段的教学情况。

徐：那他们普遍都讲授人类学这门课程吗？就是说本科……除了人类学系之外，其他的……

汪：关于人类学的一些知识，他们在高中阶段就有，综合在一起，包括高中，不叫人类学，而是一种通识，叫人文科学概论之类的，里面就会讲到人类学的知识。

徐：那我们现在很缺啊，我们不要说高中了，大学里面学人类学的就比较少。

汪：过去历史系在我们上大学的时候林耀华先生开了这样的课，讲原始社会史与民族志，实际上就是人类学，不讲理论，因为那个时候讲理论是西方的嘛，就不好了，后来不知怎么就取消了。

徐：现在人类学的目标这样明确，它对我们社会的发展有这么重要的关系，所以说在我们中国人类学确实应该有一个很好的发展。这方面汪教授有什么好的建议？

汪：现在我不太清楚，好像新办的人类学系很多是吧？

徐：并不多，民族学这一块要多一点，因为民族学是一级学科，人类学是二级学科，它是在社会学下面。

汪：民族学在国外的话是可以和人类学画等号的。

徐：但是在中国还是不能完全画等号，还是有它不同的范围，我们传统的民族学主要研究少数民族，现在有些情况改变了，有些汉族它也算了，这是最近十几年的变化，人类学的发展呢，它所关注的是人类整个的发展，不是一个族群，某一个种族，因为我们的民族学研究一个民族就是研究一个民族，它不研究各族群的关系，现在中国的人类学在最近十年有一个较大的发展，主要是海归回来得多一点，所以在中央民族大学里有博士生，但是没有人类学系，它还是叫民族学系，真正叫人类学系的除了中山大学一直坚持以外，厦门大学也恢复了，再就是云南大学也叫人类学系，最近听说又被撤销了，现在正儿八经地叫人类学系的国内可能就这些，其他的都叫民族学系，民族学学院。但是博士点现在增加了一些，增加的原因就是除了我们原来有的中央民族大学、厦门大学、中山大学以外，云南大学那里也有，再就是去年的上海大学得了个人类学的博士点，在社会学下面，因为社会学是一级学科，博士点你要成为一级学科博士点，你要有三个博士点，那他们就是社会学一个博士点，社会工作、人口学啊，再加上一个人类学，他们就齐了。所以他们有关社会学的一级学科的博士点就涵盖人类学这一块；南京大学还有一个人类学，它不叫系，它现在还是叫社会学人类学研究所，也是几个海归在那里，但是它也没有正式发展成为人类学系。

汪：国外的大学差不多都有人类学系，他们的民族学与人类学的称呼不同，但内容都是差不多，具体课程设置上我也不太清楚，大概美国就叫文化人类学，欧洲大陆部分，不包括英国，英国也和美国一样，欧洲大陆、法德多用民族学。

徐：但是法国现在也叫人类学。

汪：可能他们偏重不同，可能偏重于体质、医药等方面。据我了解，20世纪90年代初，最近几年不太清楚，联合国统一的命名是这样的：社会的和文化的人类学。因为英国经常用社会人类学，美国用文化人类学。它过几年就会对各个学科总结一次，讲学科这几年的发展及未来发展的趋向。

徐：有人介绍讲，在英国，研究国内问题的就是社会学，研究海外问题的就是民族学，它是这样子来划分的。

汪：这跟我们有点相近，我们研究汉族的就叫社会学，研究少数民族的就叫民族学。

徐：所以现在对中国来讲，人类学也是一个很好的发展时期，需要扩大，需要发展，但是现在碰到一个比较大的瓶颈就是它是一个二级学科，这个制度限制了它的发展，很多资源它没办法得到。其实汪先生您有没有发觉，就整个人类学的学科发展来看，理论和方法已经很成熟，已经形成了一套完整的人类学的学科体系。

汪：是的，国外已经发展了200多年了嘛，时间已经很长了。

徐：对，传到我们中国也100多年了。我就有个比方，它可以说是我们社会科学中的数学的地位，不是特别专，是基础的东西，社会科学的研究哪一门都是离不开人的。我也是学历史出身，现在研究人类学，是觉得人类学它确实是一个特别有用的东西，如果说它对社会没有贡献，没有意义的话，它肯定是要自然的死亡。

汪：有人类学素养的人其实搞别的事情眼光会更开阔一些。现在政策上也都强调以人为本，人与人、人与自然和谐相处，上面已经知道了，觉悟到了，下面如果不知道的话，政令不能贯彻，就应该加强人类学的培养。

徐：是的。汪教授，您现在被聘为云南民族大学首席科学家，那么我还有一个问题，您是哪一年退休的？

汪：我是1998年68岁退休的。

徐：退休后您都做些什么工作呢？

汪：退休后就是搞自己的研究，一些东西在回忆、在出版，今年开始学校找到我，要我出来工作。现在我当务之急是搞好现在成立的民族学报编辑部，按照学校的文件，民族研究中心指导全面的民族研究工作，实际上是全面的文化指导。大学学报是有一定格式的，所以我是采用季刊式的。希望能够在自己身体状况允许的条件下多办几期，多做些贡献，发挥自己的余热。

徐：好！祝汪先生夕阳放出更灿烂的霞光。谢谢您接受我的采访。

【录音整理：周蕾】

附记：谈话时间为2006年10月，地点在中南民族大学接待中心305号房。

唯一剩下的只有挑战

——中南民族大学张玫博士访谈录

徐杰舜

张玫博士

徐杰舜（以下简称徐）：我这次到吴江参加《江村经济》七十周年研讨会，碰到一个北京大学的博士生，他问我你们中南民族大学的那位第一届社会文化人类学高级研讨班的张玫现在在哪里。我说她刚从美国回来，他说难怪这么多年都没有她的消息了，我说现在与张玫在一个学校工作，算是同事加朋友吧。就从那次研讨班说起，费老1995年组织的社会文化人类学高级研讨班在我们中国人类学史上，特别是在改革开放以后人类学的恢复方面具有相当重要的意义，是我国人类学发展的一个新的起点。当时我去的时候还不是那里的学员，我是最后两天过去的，闭幕式时你在不在？

张玫（以下简称张）：闭幕式我应该在吧。

徐：在那个大教室里面？

张：大教室每天都在，但是最后两天记得不是很清楚了。

徐：我当时是以《广西民族学院学报》执行主编的身份参加闭幕式的，在会上宣布了几条对你们学员的"优惠条件"，第一是赠送学报，第二是你们的文章我们优先考虑发表，第三是欢迎你们的田野报告，那次会议上只有二位女士……

张：我和李友梅，她是费老的学生。

徐：她现在是上海大学的副校长。

张：那时李友梅已经留法回来了。

徐：是这样。那今天想请你先简要地谈一下你的经历吧。

张：我是恢复高考以后的第一批大学生，77级华中师范大学历史系，当时章开沅、张舜徽等老师都给我们上过课，同班同学马敏现在是华中师范大学校长。我在还没毕业之前开始对社会学感兴趣，当时社会学刚刚恢复，并没有太多的书籍和相关资料，也不知道哪里找到社会学的教师。而我立志要考北京大学的社会学硕士，但是社会学研究生是要考高等数学的，作为文科学生尤其是"文化大革命"期间并没有系统地学习数学的情况下这还是有相当难度的，但我……可以说是为了考北京大学吧，也觉得自己年轻，又开始自学数学。当时普遍认为自然科学的方法可以解决社会问题，所以崇拜自然科学，对于数学的那种精确性和优美总是很痴迷。现在看来自己是走了很多弯路的，就这样一直为了考北京大学而花大力气加强自己的数学，而且我自己也认定以自然科学为范本和模式的方法才是社会科学的唯一出路，对社会科学中，或者那个时候的社会科学思想随意设置抽象概念，对政治进行庸俗化的学术叙述尤其反感，所以把数学公式当作解放的出路。后来到美国以后才逐渐地明白所谓历史和政治是任何人也无法逃避的，而且也发现数学不是社会科学解放的道路……

徐：我想插一句，你是哪一年本科毕业的？

张：1982 年。

徐：毕业以后到哪里？

张：分配到湖南省湘潭市电机厂中学。

徐：在那里自学？

张：一边上课一边自学，将近三年。

徐：然后就考出来？

张：后来就调到中南民族学院了，在政治系，当时才开始知道吴泽霖先生。

徐：当时教什么课呢？

张：历史方面的，因为我是历史专业毕业的。1985 年前后一直准备考硕士研究生，当时考研究生的人数还不是很多的。后来我的老师把我推荐给吴泽霖先生，就在吴老先生门下读了三年。

徐：你很幸运。

张：真的很幸运，我们是三个学生，他们两个后来都不做人类学了。

徐：那在你以后吴泽霖先生有没有再招学生？

张：有，但那时吴老已经不能上课了。

徐：那你应该是唯一的、吴老身体完全健康时期给上过课的学生。

张：是不是唯一的我不太确定，因为我当时不太注意他是不是还有其他的学生。那时一个星期有几天听吴老讲课，但是……我算不上是非常用功的学生。

徐：上次我采访了费孝通先生的学生徐平，他应该是费老的最后一届学生了，当时他谈到和费老间的那种亲如祖孙的关系，那时费老也是 80 多岁了，他们年龄相差有 60 多岁。那你现在能不能讲讲吴老先生对你的影响，留下的印象。

张：吴老是我终身崇敬的教授，他平静如水的人格魅力，那从骨子里散发出来的让人肃然起敬的精神品格，使得他无论在什么地方、无论他做什么都能使他与其他人群区别开来。我想，当一个人被他的民族视为国宝人物时，就会有这样静静的东西，像深谷幽兰一样，不绝如缕地向人间吐出香气。可能别人并没有视他为国宝级人物，但这并不会影响到我会这样看。

徐：可不可以说得具体一点？

张：嗯……我们经常在南湖边散步，听他讲一些过去的事情，他讲与其他一样有留洋经历的清华同事打网球的经历时显得很开心。经历了那么多的磨难，曾经可以说是家破人亡，依然那样的平和处事，他的这种对大苦大难的平静不是吓破了胆的麻木，不是变得像祥林嫂一样凄凄惨惨，也不是因遭遇恶劣对待，心中便充满仇恨，他的超级不平凡是一种对待苦难的智慧态度，甚至可以说是一种伟大的乐观人生态度，有许多人从宗教里才能获得这种美丽人生感悟，而吴老却不是的，那他是通过怎样的心路历程才达到这样的意境呢？我没有问过，也不知道，我猜想这个世界上只有少数的人，生就注定成为精神贵族，这不论他身居高位，或是贬为贱民，就像吴老被罚去清扫公厕多年，他扫得比真正的清洁工还要好，有这样的品格，世界的丑恶便后退了。

徐：他那时已经没有什么行政事务了，所以你确实是非常非常幸运的。

张：真的是这样。因为我有幸能接触到应该是近现代中国思想缔造者们中的一员，而我的同代人就没有我那样的幸运。我们有时对他讲的东西发表些不同意见，他从来不会感到反感，但也不会告诉我们答案，让我们自己去思考。他从来不会让我们产生这种感觉——我们是来接受的，不能有任何质疑。在吴老那里我们从来不会感觉到有压力。后来吴老住院了以后我们经常去医院探望，他就从病床上起来和我们谈话。那时吴老传授给我们的学术上的理念和观点在我到了美国之后才更加的得到验证。所以，

"怀念老师"是自吴老去世后，从未间断过的感情。其实那时我在学识和思想观念上不算是很成熟的，吴老虽然没说但我想他还是有些失望的。我一直遗憾没有真正从吴老那里学习到他真正思想内涵上的东西，挖掘出我们应该挖掘的东西。因为当时有很多事情不明白也没有意识到，所以就错过了。我想吴老还在的话我会有很多很多事想和他说，说我在美国的收获，说这些年来经历的一切的一切，但是……已经不可能了。

徐：但无论怎么说你已经非常幸运了，吴老在中华人民共和国成立以后真正从头到尾带出的研究生，并仍在人类学领域的可能就只有你了，你可以说是他唯一的一个真传弟子。

张：这我不清楚，是不是只有我一个，因为我后面以他名义又招收了一届，但吴老身体已不太好了……

徐：材料里记载是没有的。那你就这样被吴老推荐到美国去读书了？

张：不是，吴老去世后，我想考北京大学费孝通先生的博士，但却因为外语差两分而没有读成费老的博士。

徐：后来就参加了高级研讨班，1995年？

张：对，后来我申请了1998年的国家留学基金，当时留学政策有所变化，从把名额下放到各学校变成了全国统一考试，送北京评审。大概是因为评审的专家知道张玫参加过社会人类学高级研讨班，考过费孝通的博士，所以就强烈推荐。这样1998年我就去了纽约州立大学人类学系。

徐：直接读博士？

张：直接读博士。因为当时我已经拿到国内文化人类学硕士，也参加过相应的英语资格考试，又有吴老的推荐信，所以他们承认这个硕士学历。

徐：博士读了几年？

张：从开始到拿到学位前后总共五年半时间。

徐：那不算长，读人类学博士五年半拿到学位算是快的。

张：因为我以前有一些西学阅读准备，起码语言和阅读不成问题。

徐：**1998 年去，2004 年回来的？**

张：7 月份回国的吧。回来后先在秦皇岛做了一段时间的环保工作。2005 年 10 月份回到中南民族大学。

徐：比我晚一点，我是 4 月份过来签的约。你到了美国，在那里读的人类学，那我想你应该介绍一下你在美国的经历，首先介绍一下你的老师吧。

张：OK，我的导师 Dr. Moench 是耶鲁和哈佛毕业生，研究海外中国社团和社区生活，他尤其擅长理论人类学的教学，从他那里我知道，现在美国人类学和社会科学其他学科的界限不是非常明显，我的导师比较认可或者说教授得最多的是社会学泰斗吉登斯、法国社会学家布迪尔以及历史学家沃勒斯坦等学者的理论，沃勒斯坦是我们学院历史系的教授，是具有国际声望的知名学者，他的世界经济体系理论在中国有很多人了解，我在华工演讲的时候提到他，大家都比较熟悉。社会科学和人文科学的分界在那里不是特别明显，人类学系教室的门上贴的是美国人类学之父博厄斯的照片，依我的观察来看，美国人类学研究基本上还是遵循博厄斯的路线，强调个体文化的特殊性，重视田野工作，重视收集文化资料的传统还是比较明显的，这与欧洲大陆的重思辨重理论还是有区别的，新大陆独立于旧大陆的倾向从一开始在思想界和理论界就是一个比较突出的特点。博厄斯所倡导的深入异民族地区收集材料，并以该民族的视角看待和解释人类文化现象的理念成为美国人类学研究的一个基本特点，而不是像泰勒等早期进化论者那样着力于研究关于整个人类文化发展路线这样宏大的理论。

徐：**人类学在美国是不是特别发达？**

张：我不是很清楚怎么样来界定"发达"这个概念，是指好就业吗？还是指研究者众多？在美国各个大学，人类学的学科建设是特别完善的，语言学、考古学、体质人类学等相关学科都可以说是人才济济。像我的进化论老师就是一位在美国非常有名的学者，他们都是经过完整而系统的学科训练的学者。到康奈尔大学看到他们人类学系的教学楼就感慨他们人类学的发达，那是与为端饭碗的学习目的完全不同的治学和教学精神。

徐：乔健教授就是康奈尔大学的，多年以前就开始在那里工作了。美国的人类学是很发达的。你在中国读的是吴泽霖先生的硕士，又到了人类学发展非常完善的美国，有了自己的博导，你能不能比较一下两位老师呢？

张：我觉得区别还是很大的。对吴老的感觉是特别的亲近，而对美国的导师感觉就是有点敬畏。因为首先语言的不同就在交流和沟通上形成了一定的障碍。

徐：对吴老更多的是"近"，而对美国教授有更多的"敬"。

张：是这样的。其实在一定程度上还是受中国传统教育模式下产生的对老师的一种"敬畏"心理的影响，尤其是在吴老去世以后。开始对西方的文化我几乎是持着一种全盘接受的态度的，觉得美国是一个可以寻找到真理的地方。当时老师说的每一句话我基本上都是洗耳恭听、完全接受的。

徐：后来你找到真理没有？

张：哈哈哈……没有，这些年在这个幻想之下的努力，被证明是多年受国内改头换面的、神化启蒙理性的影响，认为任何东西贴上科学的标签就具有神力，而科学是唯一能达到真理境界的道路，于是基本思想态度是想去寻找一个一劳永逸的上方宝剑，然后就可以用一种确定的东西应付生活和思想面临的一切问题。通过美国学习以后，这个梦破灭了，转了一圈，面临的仍是同样的难题，不过这回是一个新生，即以前那种轻视当下生活，把当下生活当作工具和手段的态度转变了，那就是人是在过每一个日子中，迎接一个又一个的问题中成长的，轻视每一个现时刻，把一切变成某种幻想的未来上，就会变成实践的跛鹅……过会再说吧。当时对 Moench 教授的话我可以说是真的全盘接受，但是逐渐地发现他也像吴老一样，对于你提出的问题从来不说是怎么样或者是应该怎么样，从来不给出确定的结论性答案，这当然不是有意训练学生思考，而是生活本质就是如此，没有绝对标准，即没有放之四海而皆准的真理。思想也就从迷信转向了怀疑的开放，那么唯一剩下的就是挑战了。

徐：这个问题现在很多学生也提出来，他们都希望老师给他讲，然后他记住了，就解决问题了。当然有些老师是这样的，有的老师就是讲你去看书，看完以后有什么问题你再和我讨论。

张：我当时就不能适应这个，觉得压力很大，感觉什么都要自己来搞，总是在怀疑自己究竟是对的还是错的呢。但是，一段时间以后这种不安就开始停止了，这时你的精神开始自由，思维开始开阔起来，你觉得这个世界上一切都要靠自己去寻找答案。伊拉克战争那段时间，我以为关于这场战争美国的教授们会告诉我什么是对的什么是错的，但是他们表现出来的那种客观态度让我很吃惊，他们很多时候是站在伊拉克一方来思考问题，所以美国文化那种强烈的个人主义的特点也是我在那里学习的收获之一。在美国这种地方，生活每时每刻都存在着挑战，所有的东西每时每刻都是新的，瞬息万变，你无法寻找到一个最后的真理然后就很安全地待在那里，你只有不断地去挑战去争取。做学问也是这样，所有的理论都是开放的和可以挑战的。

另外一个收获就是自己性别观念的觉醒。在去美国之前我自己的性别观念是不清晰的，接受了正统的男女平等宣传教导，把"应该"男女都一样当作"事实"上男女都一样，这种学究式的实践观，是把理论上的东西当作了现实的东西。现实世界有自己的逻辑，它们可以完全不去服从人为的"应该怎样"，它们可以隐匿起来，成为"玻璃幕墙"，其实我这个性别观也是近代中国革命后果的一个缩影，那就是把理想的东西当作现实的东西，把自然科学的法则观强行嫁接到社会现实中，而去掉了现代自然科学得以取得辉煌成就最重要的一点：即所有理论都要和实际观察一致。我们的情况是：把个别社会理念和概念、它的宏大叙述，当作了与自然科学规律同样的东西，我总是认定是社会科学试图偷窃自然科学的名声，钻了社会科学无法做到精确实验的空子，把个别人的理论叙述当作了法则和规律性的东西，而为什么这些就一定是规律、有没有得到实践的检验没有说明，于是思想就成了空洞的标语口号，把它们强行在实践中推行，造成现代中国形式和概念口号满天飞，而人们也几乎变成使用着不相干概念的头脑来行动的假人，比如"文化大革命"中大寨农民学《哥达纲领批判》。

徐：那其实你已经被男性化了。传统的男女平等观念其实倡导的是女性的男性化，男人做的事情女人也应该做。

张：是的。近代中国妇女解放运动的后果可以在我身上体现一点，那就是社会普遍的厌女感在"文化大革命"后期表现出来，或者说全社会对无性别特征的女性厌恶感，甚至作为女人，谈到女人的事务都想躲得远远的，我去美国之前就是这样的状态，所以让我选读第三世界妇女解放运动的课时，我非常的抵触，认为这样低等的阶层没有必要花费精力，这种情况在中国知识阶层女性中，并不是唯一的。那就是说，百年妇女解放运动如果不只是停留在口号上的话，更糟的是结果可能适得其反，那么女人陷入了一个怎样的男女解放运动陷阱呢？从此性别观觉醒。性别观念的觉醒可以说是我到了美国之后的第二个大的收获。

徐：我觉得不要讲不平等，应该说是不同，男女性别的差异是客观存在的，没办法改变的。

张：男女本来就是不一样的，而且男权优势在世界上应该说是比较普遍地存在的，男性在政治、经济和文化等领域的优势应该说是明显的。然后我再来反思中国的妇女解放运动，就发现它其实是一个女性男性化的过程，中国妇女在男女平等的口号下暗藏的东西其实是她们想成为男人那样的人。

徐：**我觉得有一个词是很好的，女强人，你赞成这个词吗？**

张：我……我不是很赞成，因为其实真正处在绝对有效的权力领域的女性是特别少的。

徐：**有一些女性完全达到了男性化的程度，她就是女强人。你去美国以后有段时间这个词是很抢眼的，我就对这些所谓的女强人有些敬佩，感觉她们好厉害。**

张：女强人是指她们的外表特征吗？

徐：**不仅仅是外表，她们的所有的包括思维方式、做事方法等等完全男性化了，很厉害，甚至有一种霸权的味道。再说一下你还在那边有什么收获。**

张：再有一个收获就是对权力现象的解惑。在去美国之前我对权力控制、权力压迫等问题很是不解，感觉到生活特别地受压抑，特别是我这样处于社会底层阶级的人，权力的压迫无时无刻不在，可我们无能为力。这到底是怎样一种东西呢？这样的问题可以说是得到了初步的解决，对生活中的权力现象有了自己的认识和了解，这种了解就使得你对它的恐惧没有了。

徐：**不再怕了，再也没有什么诚惶诚恐的感觉了。**

张：因为我知道它背后的支撑是什么了。当你在更高的层次上去看现实生活中的种种现象的时候，那种迷惑甚至是压抑就消散了。

徐：**三点收获，还有其他的吗？**

张：没有了。

徐：**你的博士论文做的是什么？**

张：是关于中国的妇女解放运动的。

徐：**这么大的题目，什么标题？**

张：《革命·权力·妇女》，讲它们三者之间的关系，当然还没有翻译出来在国内发表，现在只是翻译出来了一部分。

徐：**你回来以后在这边教学，从事人类学的相关工作，那你对现在国内的人类学发展情况有一个怎样的看法？**

张：我觉得，现在国内人类学的发展还……不是特别的成熟和完善，很边缘。如果说要向国际标准看齐还是有一定差距的。我们并没有形成一套成熟的结构和研究梯队，似乎有一定的浮躁的成分在里边，开设了很多相关专业、学科，产生了很多新概念和新名词，在人类学前边加了很多修饰的东西，但是不是真正从实质上了解了学科的内涵，是不是真正有自己的思想和理解。我想……现在我们很大程度上还只是把西方的一套东西搬过来，真正有自己特色的鲜明的东西不多。

徐：**这是一个很重要的问题。那你觉得现在中国的人类学是处在一个恢复的状态还是一个发展的状态？**

张：恢复。我觉得它应该是在恢复。

徐：**还在恢复？**

张：我觉得还有很多基础的东西要完善。我们没有一流的体质人类学家，没有一流的语言学家，还没有建立起真正能够和国际一流水准进行交流的平台。

徐：**但是目前在中国，体质人类学，语言学，其实在其各自的方面还是有一定水准和学术成果的。像语言学我们是很强的，还有体质人类学在古人类和脊椎动物等领域还是有自己的成绩的。问题可能在于把人类学的四部分整合起来，以整个人类学的视角看的话我们可能是弱势的。我们是四块分家，分得很清楚，所以它就没有整合，不能形成一个完整的强大的学科体系。现在针对这一问题也在做一定的相关工作，但是现在还很难看到真正**

的成果，缺少这样一个领军人物，以及我们的教育体制等都是限制因素。但我的观点与你的还是有所不同，我认为中国人类学的恢复期已经过去了，现在是开始在发展，正好是处在从恢复到发展的转型阶段。

张：那指的是文化人类学？

徐：应该是这样子。当然像语言学、体质人类学包括考古学，我们现在正在努力把它们整合起来，像我现在做的研究就需要把语言学整合进来，他们讲是要用文化的角度去分析语言学，而我做的是把语言学引进来，否则我的工作是有困难的。所以我和你的观点还是略微的有点不同，我想完全用像美国的标准来看的话，那我们确实是处在恢复阶段，我们四大块都是分立的，都有各自的发展领域，而且我们的人类学是二级学科。现在我们一些专家学者也在做相关的努力，得出了一个折中的方案是将民族学和人类学并列作为一级学科，现在这一方案还在申报，目前还没有结果。但是在目前中国人类学四块分立，在短时间内不可能完成整合的情况下，单从文化人类学的角度讲我认为恢复阶段已经过去了，是已经开始发展了的，我觉得这样讲是不是合适些。

体质人类学整体来讲在中国还是比较落后的，但有一个特殊情况，有一支异军突起的，那就是分子人类学，在上海复旦大学。他们做了大量的工作，很有成绩。我现在正在和他们合作做一个课题，受到很大的启发。从某种意义上讲如果分子人类学和我们文化人类学结合起来做的话，那某些问题的研究成果可能将是颠覆性的，现在他们最优秀的博士生在耶鲁做博士后，去年我参加了他的博士论文答辩。我现在跟他合作做一个课题。所以现在来讲，中国人类学在某些领域确实已经进入发展阶段了。总体来说，恢复时期是以费老主持的社会文化人类学高级研讨班为起点，差不多经历了八年，这算是一个恢复，是在整合锻炼队伍，培养人才。进入发展阶段如果有一个标志的话我觉得是人类学高级论坛,它提供了一个更自由的交流平台。在这一时期我们的队伍也扩大了,研究机构也多了。第二个方面是我们的研究成果多了,比较规范的人类学研究、民族志研究等成果丰富了。第三点我觉得我们《广西民族学院学报》经过十几年的建设发展,也已经成为学科发展的一个很好的途径和平台。综合以上几点我觉得目前中国的人类学尤其是文化人类学方面应该可以说已经进入了发展阶段。当然现在我们的人类学应该说还没有达到一个可以和国际上进行直接对话的这样一个水平,我们一直在努力,虽然也受到一些限制,比如像制度、体制以及经费上的限制。还有很重要的一点那就是人类学家个人修养和品质问题,我过去没注意这一点,现在觉得这是至关重要的。因为你作为一个人类学家一定要有宽阔的胸怀,像吴泽霖吴老和费老那样,有宽阔的学术胸怀和人格胸怀。我们现在是有一些学者在做学问,研究成果上做得是相当有成绩的,但从人品的角度来讲的话还是缺少一种大家的风范和大气,这是应该让我们大家共同反思的。所以最近我接受了一个访谈用的题目就叫"人类学家也需要反思",我们不应该只是批评别人。

我今天产生采访你的念头是因为像你作为吴老的学生,又是第一届社会文化人类学高级研讨班学员,有过去美国读书的经历。所以现在就有很多同事向我问起你的情况,也想对你这些年来的经历等各方面有一个了解……感谢你今天接受采访,以后有时间我们再聊。

张:好的好的,也感谢徐老师给我这样一个机会。

【录音整理 孙伯阳】

附记:访谈时间是 2006 年 9 月,地点在中南民族大学人类学研究所办公室。

人类学世纪真言

——中共中央党校徐平教授访谈录

徐杰舜

徐平教授

徐杰舜（以下简称徐）：咱们有幸在费老《江村经济》的研究基地吴江市相会，而且有这样一个机会来对话，我感到非常高兴。

徐平：在这样一个学术圣地，在一个特定的时空背景下来进行一次对话，确实令人高兴。对徐老师这种以对话的形式来激发出人类学的一些新观点，尤其是人们的一些真实思想的做法，我一向非常欣赏。

徐：十几年来，我一直热心做这个事情，最重要的是我对人类学有一种不解的情怀。我始终认为人类学在中国太重要了，可惜人类学的声音在中国太微弱了。在我力所能及的范围里，怎样把人类学的声音搞大一点，搞响一点，引起人家的注意，这是一个方面；另外一个方面，我还想尽我们现在的能力，多把我们当下的人类学的状况呈现到我们的学报里面去，为今后中国人类学的发展提供一个历史的资料。因为我觉得我们现在这一代人做人类学的研究，都是非常重要的。我很希望在我们这一代做人类学的人里，特别是你们这一代里，如景军、王铭铭、庄孔韶、周大鸣、彭兆荣等四五十岁之间的人，当然像庄孔韶可能年纪更大一点了。能出现一批20世纪40年代出现的像吴文藻、吴泽霖、费孝通、岑家梧等，如果能出现这样一批人，那么中国人类学的发展，就可以形成一个阶梯。从20世纪进入21世纪，我的感觉是在这10年里，因为有的学者现在真正感到他对人类学的学科的关怀，有潜质和可能成为中国人类学大师。正向你说的缺的是风范和气度。我觉得为什么当下人类学里还有这样那样不协调的声音？最近放的一个电视剧——《真情时代》中有三个人，和平、解放，还有一个叫赵什么辉的老板，三个人那么好，那么苦的时候出来的。后来，解放和赵什么辉也发财了，就互相掐，最后虽然合到一起了，但还是死了一个人。我就觉得有些事很好笑，人类学就应该以人为本，善待他者与自己。如果两个善待都能做到，就不会有这样一种状态了。如果这个问题能够有所改善和协调，多交流和沟通，那么，中国人类学界的大师在21世纪最近10内应该出现了。再者，中国这样一个社会，既有那么丰富的历史文献资料，是世界上任何一个做人类学的学者不可能有的丰富资源，还有我们中国社会现在所处的这样一个伟大的时代，可以说在世界上来说也是有示范意义的转型。我们正在经历这个转型，我是感受特别深，因为我这个年龄，原来的东西对我印象太深了。20世纪50年代，我记忆犹新；60年代，亲身经历；70年代我都跳过来了，死里逃生；80年代获得新生；90年代有所收获；21世纪我已经进入花甲之年。我真正感受到中国社会的转型可以说是几千年来梦寐以求的伟大转型，开始有了可以自己说话的权利。封建时代，不能说话，君要臣死，臣不得不死。毛泽东时代意识形态控制得非常严。现在我觉得讲话比较自由了,学术也有很大的自由。当然还有禁区,还有其他的问题。但是相对于20世纪50年代把人类学枪毙,60年代的高度统一,70年代没有学术,80年代开始恢复,到现在这样一个状态,我们应该感到珍惜。现在人民才可能过好日子。只要你去努力,你的方向对,你肯定能过上好日子。第二,我们学者能做好学问了。只要你真正做学问,你可以做出好东西来。我觉得,这样好的机会,我们如果不珍惜,我们这一代学者就有负于这个时代。所以我现在做这样的事情。但因为我的能力有限,我是在一个边缘的地区,边缘的学校,要做成中心该做的事情,比较难。我今天早上看了一个电视,最近国家民委搞了一个民族民间歌舞会演,有一个学者评价中央电视台这件事时说,这才是中央电视台应该做的。实际上在批评他们很不应该做那些浪费钱财的事情,把屏幕搞得一塌糊涂。我们学者也应该做我们这个时代应该做的事情。这个时代为我们展示了这么波澜壮阔的社会变迁,我们人类学者就应该用时代责任感,或者学者的责任感去面对这个社会。我觉得这个时候,我们中国人类学界关注这个社会了,投身到这个社会,关怀学科建设确实有的,我觉得这是非常重要的。这是我们人类学的希望所在,所以我们愿意做这个事情。愿意采访我们的学者,因为我有一个刊物,采访可以发表。如果不能发表,不就浪费了你们的劳动力了吗?我觉得十几年做下来也有一点点成效,出版过一本《人类学世纪坦言》,现在准备再出版一本《人类学世纪真言》。所以,我采访了你以后,希望先放到这本书里,再到学报发表。

徐平:你说得非常到位。一个学科的产生有它特定的历史背景,它的发展和兴旺也要有一个特定的历史背景。就是说做这个学科的人有没有响应这个时代的需要。人类学传入中国以后,真正兴盛是在20世纪三四十年代,30年代那个时候军阀混战相对平息了,才有一个内部整合需要。要进行整合,就有一个我们国家的多民族文化怎么去认识的问题。在这种情况下，费孝通和王同惠在大瑶山调查就是最典型的例子。广西省政府要搞建设模范省份，怎么样算是模范省呢？既是经济发展较好的省份，同时也是一个团结和谐的省份。就是在这么一种背景下邀请学者去做社会调查研究。那时没有少数民族概念，用的"特种民族"调查的说法。所以，费孝通和王同惠才去的，这就是社会的需求。从费先生的个人事例看，他原来是学医的，他到北京燕京大学后为什么要转入社会学？有很多因素，其中一个很重要的因素就是那个时代青年都有一种很强烈的救民于水火、强国的愿望。无论学什么学科，都希望找到一个利器。而就费先生他们这一批学社会学人类学的人来说，那是非常明确地要"认识中国以改造中国"。首先是要认识中国文化，抱着这种目的来进入这一学科的。为什么吴文藻先生极力支持费孝通和王同惠去大瑶山调查？因为他认为要认识中国的文化应从简单的社会开始。他特别强调要认识中国文化，最好从一个少数民族文化开始。它可能人数比较少，相对的生产和社会都比较简单，就你个人有限的力量，你认识起来是比较容易掌握的。所以费孝通一个是社会需求，一个是学者的学科自觉，上升到更高层面是文化自觉。

至于中华人民共和国成立后，为什么人类学社会学民族学会被取消？又是一种社会的必然反映。什么反映呢？非常简单。我们中华人民共和国成立后，以革命为起始重新改造社会，我们要建立一个什么社会呢？就是中国要想强国富民，我们既不可能像殖民主义者那样，扩张殖民地，历史上我们也不是这么干的。我们和西方的政治架构和文化架构是完全不同的。我们不是做平面扩张，我们是建立一个立体体系。中国中央在金字塔中最高，下面从京畿地区开始，行省，周边是四夷，再到远方的藩属，一层层分化下去。我们不可能走西方殖民者靠掠夺殖民地来实现工业革命，也不可能像日本那样走军国主义道路。日本的资本积累很大一部分靠的是甲午战争和日俄战争积累的。我们只能走国家资本主义道路，即把全国凝聚成一个整体。怎么凝聚呢？城乡分割，工农联盟，靠一套政治概念，很重要的是靠社会主义这么一个意识形态文化。我们看制度都是对思想界知识界的不断侵袭。这个过程就是不断的"统"的过程。费先生在中华人民共和国成立后非常有意思，1950年他写了《我这一年》、《大学的改造》，马上就受重用。直到1957年，包括《知识分子的早春天气》都是响应中央号召，1956年到1957年上半年时的毛泽东，真希望知识分子献言献策，建立一个强大的新中国，他的《论十大关系》，尤其是八大的指导思想，非常明确地认为阶级斗争在新中国已经告一段落了，当时的主要矛盾是人民日益增长的物质和文化需求与落后的生产力的矛盾。但遗憾的是历史从来不会走直线，总是在曲折中前进的。"双百"方针提出来后，外行管内行的问题就出来了，知识分子的意见非常大。所以一有条件后，火就不断上窜，刚开始毛泽东是压党内的领导干部，让你们虚心听群众意见，听知识分子意见，努力使自己成为内行，尊重知识分子。但是以后的苏共二十大和波匈事件对中共上层的震动非常大，立即又绷紧了阶级斗争的弦，也就有了以后政治风云的变幻莫测。

通过建立一种高度"统合"的政治体制，把全国人民凝聚在一块儿，以实现中国的初级工业化。这个时候，虽然人类学被取消，但是人类学的实际运作在，它是以民族学的形式改头换面出来了。应当看到20世纪50年代60年代是民族学的春天，虽然不再用人类学这个词，但是它是在做实际的事。而且从某种意义上说是举世没有的。第一步是中央慰问团，这倒不是一件新鲜事，历代王朝都要搞宣抚。但是这次告诉少数民族他们是毛主席、共产党派来的，一种新的理念渗透到边疆民族地区了。第二个是民族识别。最早是孙中山提出五族共和，汉、满、蒙古、回、藏。到蒋介石时代干脆模糊化，在这方面是没有见识的。我们不管是否受苏联影响,受斯大林四要素民族定义的影响,但是它有个很重要的功能,因为你一定要采取某种方式把民族鉴别出来。你这个国家究竟有多少个民族?这样,一个统一的多民族国家才能成立。所以,我们应该看到那个时候虽然没有用人类学这个词,是用民族学、民族调查,这个学科事实上还在运作,做出了巨大的贡献。那么是什么贡献?第一次弄清楚了我们究竟有多少个民族。我们今天反过来看这些民族的划分有很多不科学的地方,经不起科学推敲。因为它本身不是学术性的,而是政治性的。而且一旦这些民族划定了之后,不管它科学不科学,只能增,不能减,因为这个民族已经不是一个文化概念了,是一个政治概念。

徐:我一直想采访你。2000年我在北京开会时和你认识了,我就开始关注你,我觉得你和别的学者不同的地方是你一直在西藏做田野,这很不简单。我觉得你是走进西藏的人类学家,很不容易做,我到现在都不敢上去,很危险的。在我对你的这几年的观察当中,我觉得你是其中一个非常有强烈责任感的一个学者。所以今天有机会采访你,回到你自身个人的一些情况吧,向我们大家简单介绍一下你的生平和学术背景。

徐平:说到这个上面,我搞人类学可能比别人有先天的优势,什么先天优势呢?我生长在民族地区,而且这个民族地区不是一个单一民族地区。

徐:你是四川哪里人?

徐平:我是四川省阿坝藏族羌族自治州汶川县人。历史上就有一个汶山郡,它的治所就在绵池镇。

徐:现在叫什么?

徐平:现在叫汶川县。《说文解字》上解释说虎有角曰(厂+虎),但是这个字太生僻,现在一般写作水池的池。这个古镇具有两千多年的悠久历史,又是一个多民族聚居区。我从小就生活在这样一个环境里。

徐：你是哪一年出生的？

徐平：我是1962年出生的。

徐：小学和中学都是在那里读的吗？

徐平：对。我一直在这个小镇上长大。在这种多元文化背景下，我从小就有一种多元文化的概念。比如我的许多同班同学，他们上学时穿着羌族或藏族服装，同时使用民族语言和汉语进行交流。

徐：当时你懂几种语言？

徐平：就会讲汉语。

徐：羌语你一点都不懂吗？

徐平：在做调查时学了一点。我能达到什么程度呢？他们在讲话的时候，我大致能听懂他们说什么。我们上学时主要交流语言是汉语，只是不想让外人听懂时他们才用本民族语言。在这样一个多元文化环境中，我从小就切身体会到我们国家的多元一体格局和我们的历史演变。公元前111年，汉武帝就设了西南六郡，但是它的政治整合直到中华人民共和国成立以前都还没有完成。我们县最有名的第一是卧龙大熊猫保护区，第二就是历史上有名的瓦寺土司。他是怎么来的呢？明朝时从西藏调来一支藏兵镇压当地少数民族反抗，之后留在当地驻牧屯垦，瓦寺土司一直被称为"阃内"土司。它虽然是少数民族，但被中央看做是很放心的地方武装。周边一有起义都由它来镇压，包括两次鸦片战争时的抗英作战，都调当地土兵去打仗。大概是镇海一战，土兵晚上冒着雷雨，嘴里含着马刀，爬上城墙，突袭英军。让英军火枪没有发挥作用，取得大捷。为国家立了很大的功劳，有一本书就叫《世代忠贞之瓦寺土司》。

徐：你高中毕业是哪一年？

徐平：1979年。我在1976年初中就毕业了，应当是1978

年高中毕业。当时教育要改革，学制要缩短，初中和高中都变成两年制。1978年高中毕业后我特想下乡接受贫下中农再教育去。我父亲说你什么都没学到，蹲班多学一年吧。所以我在1979年才高中毕业。

徐：你父亲是做什么的？

徐平：我父亲这个人经历比较奇特，他老家是在川陕革命根据地。1957年他师范毕业时，藏区发生了叛乱，从党团员中选人火速支援阿坝州。所以他们每人一长一短两支枪，在解放军的护卫下赶到阿坝州去工作。最早在州政府工作，然后一级一级降，最后降到公社当文书，一干就是20多年。为什么呢？你想想，中华人民共和国成立前能读初中、高中的人，大多是地主家庭出身，成分不好，就不能重用。1979年我考上大学走了，他们这些老知识分子、老大学生开始受到重用，我父亲不愿意从事行政工作，那时刚开始修县志，他就要求去地方志办公室工作。在全国少数民族地区中，大概汶川县志是第一个出版的。修完县志退休后，没过几年我父亲就去世了。

徐：去世时多大年纪？

徐平：67岁。他把汶川当作第二故乡。历史上汶川有几部县志，历史悠久，能把县志修出来，他觉得很满足了。当时入党很难，直到他退休前几年才入党，他很欣慰。我的小弟很不理解，说了几句风凉话，父亲当即大发脾气。他一辈子在为党工作，一辈子的追求就是成为党的一员。在他们那代人心中，党是高尚的、从来没有褪色的旗帜。

徐：你们兄弟几个？

徐平：兄弟三个。

徐：我还想问一下你母亲。

徐平：我母亲早就在当地退休了。她是回族，因而我也就成了回族。我从来没有想过自己是少数民族。我们中学校长直接把我们这些有少数民族血缘关系的人改成少数民族。他是为了提高学校的升学率。

徐：你现在的民族成分是什么？

徐平：回族。我高考时分数在全州名列前茅，能够上中央民族学院，它是重点大学。虽然中央民族学院是我报的最后一个志愿，但还是被直接录取了。

徐：你母亲是干什么工作的？

徐平：她也是一个公社文书。那时的干部真让人感动。父母各在一个公社，相距4公里，10多年过着两地分居的生活。作为组织照顾，仅仅是把他们从比较远的乡调到最近的两个乡而已。从我自己成长的经历，我就感受到什么叫文化，什么叫民族，什么叫民族意识？比那些从书本上看来的东西要深刻得多。

在我家乡的多民族杂居的生活经历，也让我对费老的中华民族多元一体格局理论有一个切身的理解。虽然早在公元前111年，当地就已经纳入到中央王权的统治之下，但是直到中华人民共和国成立前这个地方还不完全听中央指挥。我们绵池镇上就有几个衙门存在，国民党的政府和党部，是在1935年后才真正扎进去的。蒋介石当时一个重要的企图就是通过追击红军，让中央势力渗透到西南地区。原来也有国民党的组织，但是一直拿地方势力没有办法。

徐：谁在那里掌权？

徐平：四川军阀，有好几个派别，互相打来打去。在这个街上，既有国民党的县政府，也有藏族土司的衙门，在各个村寨羌族头人也起很重要的作用。汉族有袍哥、恶霸、地痞、流氓，各有势力范围。因为这里正好是唐藩古道，直到今天，上海至拉萨的318国道从门口经过，历史上也是通西南的一条重要通道，经商、贩卖鸦片、土匪、强盗全汇集在这里。中华人民共和国成立以前，我们当地什么叫做成年人？要有长短两支枪。20世纪三四十年代的鸦片贸易，对当地经济的畸形繁荣起了非常重要的作用。一到收割鸦片的季节，各路军阀、商人就来了，把枪摆在街头，你随便打，相中了就用鸦片换枪。阿来的《尘埃落定》就是描写这个地区，但是更靠藏族聚居区一些。虽然这个地方在公元前就纳入了中央统治，但是从来没有真正统一过。真正统一是在共产党手里实现的。我的家乡是1951年元月解放的，也经历了历次政治运动，其中的故事远比《芙蓉镇》描写的更精彩。我是眼看着它发生剧烈的变化，民族色彩也在不断淡薄。所以我特别能理解20世纪50年代为什么首先要搞民族识别。通过民族识别和民族调查，才能建立起统一的多民族国家体制，对于我们今天各民族团结的大好局面，我们的学科是做出了很大贡献的，甚至可以说远远超出西方人类学作出的贡献。西方人类学在认识文化的多样性，特别是在殖民扩张中，也起到过很大的作用。

徐：你是在这样的环境里走出来的人类学家，在汶川这样一个民族背景和人文背景走出来的，所以你到中央民族学院学习选的是历史系，对吧？你以后读研究生又学的是什么专业？

徐平：我其实是非常幸运的，选择历史系，我纯粹是莽打莽撞。我并不知道历史系当时是中央民族学院最好的系。1952年院系调整后，费先生担任中央民族学院的副院长，他刻意从北京大学、燕京大学、清华大学等单位挑选了一批著名的学者到历史系任教。我上学时的老师已经不是这批著名的学者了，主要是他们培养出来的20世纪50年代的毕业生，受过他们的严格训练，历史系良好的学术传承对我的影响很大。但是不管怎样，我事实上不太喜欢历史专业，这同样与我的生长环境有关。一个最朴素的想法是，我觉得生活在农村的少数民族同学其实比我更聪明，但他们考大学没考过我，我很幸运地来到了北京，而他们依然还沿着世世代代的路线走，我觉得自己有责任帮助家乡的发展。所以后来准备考研究生时，我就不打算报考历史专业，我要找一门应用性强的专业，最早我选择的是民族理论与民族政策。我的学士毕业论文写的就是《论中国共产党对少数民族上层人士的统战政策》，就带有很大的应用取向。后来这篇论文在《内蒙古社会科学》上发表了，这是我发表的第一篇文章。在那个时候研究生招生还非常少，中央民族学院的学生基本只考本校，考上的也不多。我这个人喜欢挑战，于是我报考了中国社会科学院的研究生。那时我的概念里社会科学院肯定要比中央民族学院好。1983年我大学毕业考研究生时要先体检，一体检说我患有肺结核，就取消了我的考试资格。医院说我的免疫能力很强，已经基本痊愈了，可以毕业但不能参加考研。我说既然我不能考研，也就不能学习，打定主意明年再考，是赖着医生出证明办了休学手续。在1983年我们大学毕业时，大学生还被看做社会的栋梁，很多人都指望早些工作，但我坚决要考研究生。1984年我再报考研究生时，中国社会科学院民族研究所不招收民族理论和民族政策的研究生，只好改报台湾高山族研究，由罗致平和卢勋两位先生指导。当然中国台湾高山族的实地调查是不可能去的，但可以去海南岛调查，我连海南岛也没有去，在图书馆发现一大批日文的档案，是当年日本人做的蕃族调查资料，非常详细。于是我就选择日本帝国主义统治台湾时期的高山族政策作为研究方向，做出了毕业论文，在《台湾研究》上还发过两篇文章，成为最早一批的台湾研究会的会员。

1987年我毕业前夕，很偶然在报纸上看到费先生打算在他有生之年要招15个博士生。我刚进中央民族学院读书的时候，说实话根本就不知道费孝通是谁。1979年正是我们国家拨乱反正的时期，"文化大革命"中的许多冤假错案得到平反昭雪，我们没完没了地去八宝山参加追悼会，但并不理解为什么要去，为什么要纪念这些人。毕竟文化的正常传承被中断了。真正认识费先生，是在大学三年级时听他作"四上瑶山"的学术报告，我觉得费先生的路子非常好，就是我要选择的那个方向。所以我一看到他的招生信息，立即决定报考他的博士。我当时说打算考北京大学的博士时，在同学里还引起一定的反响。因为那个时候考博士的人非常少，社会科学院研究生院一届 100 多人中，只有几个人考上了博士，而且基本都是考社会科学院的，那时候全国搞社会科学的人中，就只有屈指可数的那么几个人能够招博士。有人公开笑话我说：谁也别拦他，过两天他就要到北京大学读书去了。我说你等着瞧。我直接找到中央民族学院家属院的费先生家里，他的女儿费宗惠说你去找潘乃谷，她在具体负责招生，我就跑到北京大学社会学系找到潘乃谷。潘老师非常热情地告诉我应该怎么复习，准备哪几门功课。我的运气非常好，也赶了一个巧，1984 年以后，费先生开始转向边区开发，他也希望能招到像我这样来自少数民族地区的学生，今后专门做边区开发的调查研究。有时我也觉得好多事，冥冥之中好像早有安排，我考北京大学没想过考上或考不上的问题。我考完外语笔试以后还有一个口试，人家也通知了，我好像听到了又好像没有听到。反正我没有按时去，按照北京大学的规定，要取消我的资格。潘乃谷老师赶紧去找研究生院斡旋，最终让我进行了补考。后来潘老师给我打电话，说我已经被录取了，而且费先生马上要去内蒙古考察，决定带我一起去。想起来和费先生的见面也很有意思，我是到西直门火车站和费先生他们会合的，进站前我想还是应当有一件拜师礼，于是买了一个最大的西瓜，潘老师焦急地等在站台上，批评我的迟到。抱着西瓜上车以后，费先生正在看书。潘老师就把我引过去介绍说：这是您今年新招的博士生。老先生还没有见过我，本想和我好好谈一谈。我不等他提问，立即就说：先生吃西瓜。就把西瓜放在桌子上，从包里拿出一把刀，切开一看是一个生瓜。我记得当时老先生很爱怜地摇摇头，心想这家伙还是个孩子，居然就让你考上博士了。

那次考察也很有意思，一路非常愉快。那个时候我还年轻，不知道轻重，脑袋也反应快，先生给当地题词的时候，往往要征求大家的意见，我总是第一个脱口而出，也不管合适不合适。每天老先生都很早起床，每次我起床一看，大家都没了。等我追出去时，潘乃谷和马戎已经陪着老先生散步回来了。老先生看着我说：年轻人贪睡啊。在火车上吃饭的时候，都是小碟子小碗的，香肠特别好吃，费先生也喜欢吃。潘老师和马戎他们不好意思夹菜，我就不管那么多，老先生夹一块，我就夹一块，小小的碟子本来就没装几块。可以说我从一开始就没有怕过费先生，在他面前甚至有些放肆，在感情上我更多将他看作我的爷爷。我觉得和老先生学习的这几年对我的教育非常大，我学到了很多的东西，许多是从书本上学不来的。

徐：我觉得我们今天在这里谈论这个问题特别有意义。在老先生做田野的根据地，书上写了很多这些事情，我也看了很多了，我倒是想了解一些书上没有的。你和老先生读社会人类学博士期间，你和他这么融洽，你自己感受最深的是什么？你没有写过的，别人也没有说过的。因为你和他不是很严肃的学生和老师的关系，从你们一开始见面时就是这样的。如果你能把这方面向我们介绍一下，就更好了。

徐平：这个方面我将来是要写点东西的。因为一开始我给两人关系的定位，比起师生关系来，可能更多的是一种爷孙感情。也可以说我没有在学术上被他压住，或者说被他所镇住。或许就是所谓的无知者无畏吧，我那个时候也没有那么高的修养。

徐：那时候你和他的年龄相差多少？

徐平：1987年我读书的时候，老先生是 77 岁。我是 25 岁。差距这么悬殊，所以我说他是我的爷爷，加上老先生特别和蔼可亲，我在他面前也就特别放得开。这种放得开不只是行为上，也体现在思想上。比如说我在理解他的思想方面，不是去记住他的词句,而是去理解,更多的是一种领悟。我和老先生有很多东西有一种暗合,一种灵魂相通的感觉。比如说在谈到他进大瑶山时,他是一个体质人类学者,出来的时候是一个文化人类学者。在跟马林诺夫斯基之前,他已经在用功能主义来写东西了,而且写得非常漂亮。他的博士论文本来是要写大瑶山的社会组织的,后来是弗思让他改作江村经济的。我的博士论文选题时,当时正好是北京大学社会学所和中国藏学研究中心合作在做一个西藏经济和社会发展的大型课题,所以所里希望我选西藏做博士论文。这样课题也做了,我的调研经费也有了。但我坚持要做我的老家调查,我觉得这样才有感觉,也才有把握。在我读博士的三年中,我一有机会就去羌村做调查。最早有意识的调查可能是从1985年我读硕士二年级的时候开始的。那年暑假我自费把阿坝藏族羌族自治州走了一圈,跑了10个县。但最早的起点是从羌村我的房东家开始的,我在他家住了一个晚上,那时候开始有意识地进行人类学调查。所以我就坚持回羌村做调查,因为在那里我已经有了相当多的积累。为什么我的博士论文要用《羌村社会》的题目呢?我在内心深处想对应先生的《江村经济》,做一些理论和方法上的发展。老先生是以经济为主线,我是以社会为主线。我研究羌村时是从血缘、地缘、行政三个关系上入手的。在血缘关系分析上,父系血缘之后,我挖掘母系血缘的功能。调查回来之后,我就和老先生说:先生,我已经把你的思想推翻了。我很狂。他说:怎么推翻的?他很感兴趣。我说:你只谈了父系血缘,没有谈母系血缘。我说:母系血缘是有用的。而你只是谈了它作为婚姻的对象。我说母系血缘对社会有监控功能。所以我的博士论文里说父系血缘是骨架,母系血缘是经络。我是用了这样一个比喻。他说:有意思。袁方先生给了我这样的评价:对乡土理论有所发展。我很尊敬费先生的从实求知的思想,他为什么没有跟马林诺夫斯基学习以前就是功能主义学者了?他是从实际调查研究，从文化是一个有机整体的分析中得出来的。同样道理，我连续跑了羌村那么多年，每年我都在那个房东家住，也就敢对费先生的父系血缘这块进行补充。

徐：你的博士论文了了你的一个心愿，对吗？自己家乡的一个情结。

徐平：一个朦胧的、不是计划很清楚的一个心愿。

徐：开始的时候你说是从汶川一个多民族多元结构地区走出来的一个人类学者。你不像我们这些城市里的人，我们是从城市走向少数民族地区。我觉得感觉完全不一样。我是在岑家梧老师的指导下读的，他是南派大师，但是我是大城市里的人，当时我做梦都想到民族地区去。我的老师是做黎族出来的，他本身是海南岛的。到了四年级突然通知我到广西三江侗族地区去做四清，我们高兴得不得了，对我来讲是一次田野的训练。我们与侗族同胞同吃同住同劳动。后来，为了还这个愿，20年以后，我做了学者，我给那里写了一本书，叫《程阳桥风俗》，而且是和我原来住的房东合作，他也有文化，后来当了小学老师。他写一部分，我写一部分。所以，你做博士论文坚持在家乡做，和你来自民族地区以及家乡的多元结构是分不开的。你这种情结可能更强烈。你毕业以后，到了中国藏学研究中心，必须研究藏族。你到藏族地区做了多少年的田野？我始终认为，你的学术水平和你做田野的时间成正比。你的《羌村社会》这本书，有你从小到大这种经历的基础，积累了这么多的资料，突然灵感来了，下笔如飞，一天一万二，完全可以理解。因为今年暑假我在我工作了20年的浙江做了一个半月的田野，我就拿出一个40万字的稿子给他们。也是和你一样的。所以郑杭生他们评价说：你做了一个月，实际上你有20年的功底在那里。你是从小到大完全参与到那个社会，所以才厚积薄发。所以，你的田野时间和你的学术水平、你的感悟、你做出的东西成正比。

徐平：从某种意义上说，人类学是泡出来的，你一定要花时间，这是个成本很高的学科。

徐：你的第一站，你的博士论文做得很精彩。但是接下来的一站，你进入一个陌生的领域，不能说完全陌生，因为你接触过藏族，但是到西藏去做是陌生的，是要到异文化去做。你把这一站给我们好好说一下。

徐平：我在 1990 年毕业的时候，面临着多种就业选择，国家民委、四川省民委等好几个地方我都可以去。因为当时北京大学和中国藏学研究中心有一个合作，费先生就主张我去藏学中心。第一，他因为身体原因去不了西藏，他希望我去西藏做研究，了却他的一个心愿。第二，他认为西藏值得做。他说：正如我们在做汉族的时候，最好先去研究一个少数民族。要充分认识中国，先从人口最少的省区开始做，西藏是中国人口最少的自治区。那个地方虽然人口少，但也是中国的一个完整行政体。你认识了它，就能更深入地理解中国的整体社会文化结构。你就有了实例，有了更多的感悟。所以我是听了老先生的一句话，一头扎到西藏去的。我到藏学中心报到三天后，就立即赴西藏做田野调查去了。从此以后，我在藏学中心基本上是每年 5 月份进藏，一般要在 10 月以后才出藏。

徐：你是哪年到中国藏学研究中心的？

徐平：1990 年。

徐：哪年离开的？

徐平：2004 年

徐：近 15 年。

徐平：因为我 1988 年就参加两家合作课题，去过西藏。最早是马戎带着我们做的西藏社会经济发展战略研究。1990 年我进去后就专职干这个工作。那么我同样也是采取费先生交给我的方法。什么方法？首先是社区研究；第二是类型；第三是比较这个路子。我首先在拉萨市达孜县邦堆乡的一个村子搞调查。之后，我觉得不够典型，这是一个让人看不出历史的村子。

徐：你做了多久？

徐平： 做了1个多月。因为我听说这个乡是西藏第一个人民公社所在地，我背着行李直接就去了，我找到乡政府，他们把我安排到副乡长家。进入这个家庭后，除了副乡长能说汉语，其他家人没有能说汉语的，包括他的孩子汉语水平都很低，而且大点的孩子都住校，不在家。所以，如果副乡长上班了，我只能靠比划手势和他们交流。藏族人是很好的，非常朴实善良。两天后，他们对我就完全信任，让我把他们家的家务事都承担起来。因为他们觉得我做饭好吃，干农活不行。那时正是农忙，收麦子的时候，所以最合适的工作就是做饭。为了学点牛粪火，我还是费了劲的，刚开始怎么也点不着。反复琢磨和实验，终于点着了。因为藏族很少吃炒菜，我就给他们做炒菜，我在这家如鱼得水，就是语言交流困难，但那种一家人的感觉非常好。房东妻子每天早上挤完牛奶，都要烧一壶给我当茶喝。连续喝了三天后，开始拉肚子，一塌糊涂，拉肚子比什么都厉害，立即就拉趴下了。我带的黄连素、利特灵都吃完了。一把一把吃黄连素。后来房东从墙角里抠出一个藏药丸，像羊屎疙瘩一样，让我试一下。开始时他不敢给我吃，我们的命金贵呀。吃后立刻见效，肚子里哗哗响，有力气了，然后就想吃饭，真神了。藏药治胃病确实很有效。

徐：你为什么得这个病？

徐平： 应该说是因为水土不服。毕竟我们的胃从来没有喝过那么多牛奶。尤其是藏族人待客，他是不能让你的杯子空的。所以，经常闹出笑话。倒满后，你必须喝，喝一点后，他还要倒满。就会形成一种互动，不知不觉就喝多了。我给这个村子取了个学名叫达村，写了两三篇文章。后来我又在曲水县的才纳乡最大的尼姑寺里住了45天，做调查，寺里有160多个尼姑，都是藏族人。我为什么去这里？一是它是藏族地区最大的尼姑寺，二是每次拉萨骚乱游行的尼姑都是这里出去的。我是随着寺庙整顿工作组进去的，只有我一个非藏族。其他都是曲水县抽调的干部。通过在尼姑寺的调查，我对人类学的理解更深入了，特别是对人性和宗教的理解。有很多故事，直到现在我也没有写，好多东西是没办法写出来。

徐：她们能懂汉语吗？

徐平：基本上不懂。所以，我在西藏的调查有一个很重要的缺陷就是语言不通。

徐：你这么多年学藏语了吗？

徐平：我学了，但始终不精。我到藏族人中间生活一段时间，一般有70%的意思我都能理解，但是讲不出来。或者就是蹦单词，我觉得语言这个东西最重要的是应用。别把它当作一种语言去学，直接进行很实际的交流，似乎自然就会了。在一个村里住上一个来月以后，就可以和他们进行初步的交流了。更多的时候，我还是和藏族同事一起结伴做调查。我先后又选择了一些调查点，但总觉得都不够典型。直到有一次国际藏学会后，我陪老外去西藏各地参观，走到日喀则地区的江孜县，有一个帕拉庄园，是一个贵族庄园。人类学特别讲一种灵感或者悟性，一种心灵的震撼。我站在帕拉庄园的房顶上，一下子就找到这种感觉了。

帕拉庄园是西藏唯一保存完好的贵族庄园。我们都知道，旧西藏是由政府、寺庙和贵族三大领主统治。它是唯一保存下来的贵族庄园。这个村庄有历史，能够代表西藏的过去，江孜县也是西藏的一个大县，在现状上也有代表性，而且帕拉家族本身的知名度非常高，在旧西藏的贵族中很有代表性。帕拉家的老大土登维登是十四世达赖喇嘛的大管家，权力非常大，一般的县一级官员都不敢正眼看他。老二扎西旺久是庄园主，具体经营庄园。老三多吉旺久是达赖警卫团的团长。因为西藏军队最大的编制是团，相当于我们的一个军。以后还当过部队后勤部的部长,主管粮饷的。可以说帕拉庄园是西藏封建农奴制度的一个化石,也是一个奇迹,别的庄园大都毁了或改作他用,全西藏就只有它完整地保存下来。这要感谢当年西藏自治区的老书记阴法唐。他这个人很奇特,从山东抗日支队开始,随着十八军一直打到西藏。作为先遣部队的副师长,在昌都战役时截断了藏军退路。他率领部队一直进驻江孜,江孜成立分工委,他是书记,很有水平。他有意识地把帕拉庄园保留下来了,"文化大革命"中也没有遭受到破坏。

1994年,我就以帕拉庄园调查为主题申请到国家社科基金资助。1995年5月带领一个课题组四个人在那里做调查,住了4个月,先后出版了《西藏农民的生活》、《活在喜马拉雅》这两本书。做西藏的调查时,我在方法上和路子上已经较为成熟了。我知道自己需要什么,怎么调查,所以组织调查时比较轻松,也充分调动课题组成员的积极性。在《羌村社会》里面我已经开始进行定量研究,但主要是依托村里的统计材料作了初步的定量分析,还不足以说是采用了定量研究方法。在西藏的调查中,我就普遍使用问卷调查法。采取整群抽样,对一个社区每一户人家都进行问卷调查,指标也涵盖方方面面。我在帕拉村那次的调查问卷内容非常庞大,对民主改革以前、民主改革以后、人民公社时期、改革开放以后的四个时期同时展开调查。每个问题要回答四个时期的内容,最后用计算机统计分析出来。它的好处是非常确切地反映出西藏社会的巨大变迁。比如说吃,封建农奴制时期老百姓的人均口粮只有99公斤,正如老百姓说"我们不是吃糌粑长大的,我们是饿大的"。一个人的年平均口粮不到200斤,而且没有任何蔬菜和肉食。那时的封建农奴制确实是一个非常恶毒的制度,尤其是下层农奴真是被饿大的。以后的各个时期粮食产量都在不断提高,特别是改革开放以后翻倍地增长。

我把定性研究和定量研究结合起来综合运用。我是学历史出身的，因而非常重视历史资料、已有的文献资料的应用。再加上进行深度访谈，我每次都要开很多群体的座谈会：干部的、老人的、妇女的、青年人的，等等。因为不同群体有不同的问题。我把这个村子每家每户的问卷都做完之后，大体的情况我都掌握了。然后我开始选择重点家庭进行访谈，将典型户分为上、中、下。这些家庭我都做深度访谈。但是在西藏调查的缺陷也非常明显，就是语言不通畅，我很难做到没有障碍地和调查对象进行交流。只能通过翻译，靠我的经验去领悟。虽然我也能够很迅速地写成书，而且进度要快多了。我在老家的调查是摸3年，又用了好几年才搞出一本书出来。在帕拉村1995年的第一次调查是4个月，1997年我又一个人调查了一个多月。直到1998年才最后结稿，和郑堆合作完成《西藏农民的生活》，这本书的出版拖了很长时间，反而我增加内容后单独新写的《活在喜马拉雅》在1999年提前出版了。根据出版社的要求，我把它写得更通俗化，也更细腻一些。这时在技能上、技巧上、研究方法上已经基本成熟了。但是西藏调查我始终感觉是隔靴搔痒，许多东西我能感觉到，完全凭我的经验和悟性。但是只凭经验和悟性是不够的，在某种意义上说也是靠不住的，我要是不借助别人就没有办法搞调查。

  1999年在藏学中心的一次会议上，我听阿里的书记随口说到在他们的边境地区还有一个"未改乡"叫楚鲁松杰。就是没有经过民主改革，现在还实行封建农奴制度的地方。我当时一听就来了电，这可是人类学的一个难得标本呀。然后，我就向单位领导提出我要去调查。当时领导们都反对，因为去阿里就不容易，去那个边境乡根本就是不可能的事。我坚决要去。然后领导说：你非要去，你要能吃那个苦，你就去，我们不就是花点钱吗？就给我批了。我也很绝，我一个人在拉萨找了一辆大货车，坐了8天到了狮泉河，人都要虚脱了。而且路上没有宾馆可以住，有兵站就不错了,很多时候都是野宿。从狮泉河到乡里面大卡车还要开2天。从乡里面开始骑马还要2天才能到达那里。在中国地图上就是鸡屁股翘出来的那个地方,许多阿里的当地干部也没有去过,进出实在太艰难了。

徐: 哪年去的?

徐平: 1999年。我到达狮泉河以后,接洽不到合适的领导,工作开展非常困难。最后找到阿里行署的专员,专员把我介绍到气象局,因为气象局是这个乡的对口扶贫单位。气象局派了一个办公室主任和一个大学生,他们刚好要去这个乡扶贫,所以就把我带上了。北京有一个作家叫龙冬,他也刚好去阿里采风,也跟着去了楚鲁松杰。我们四个人就一起出发了。在楚鲁松杰调查了两三个村子之后,龙冬先撤走了,他本身就是去看一看。我把楚鲁松杰所有的村子都走遍了,每家每户都做了问卷调查。

徐: 有多少户人家?

徐平: 96户人家484人。居住在10多个自然村,非常分散,环境太恶劣了,走在路上就像走在月球上一样,许多地方连草都不长,平均海拔5000米以上。

徐: 你的身体吃得消吗?

徐平: 就这样挺过来了。要到楚鲁松杰乡,还必须翻过一座6000米的普布拉雪山。我觉得人最关键的是看你想不想干一件事情。我去阿里时一路都很感触。人家那些到高原打工的内地农民,什么时候想过高山反应? 走的路边就可以看见刚刚埋过的死人,脚还露在外边。死了过后,在路边刨一个坑埋了就完了。

徐: 那个村是未改村吗?

徐平: 是的。

徐: 还是农奴制吗?

徐平: 其实已经变了,不是他们渲染的那一套。但是确实它很独特。当时这个地方也是非常有意思的地方。我们的边防部队驻在区政府所在地曲松。从区政府到楚鲁松杰乡还要骑 2 天马,要翻越一座 6000 米的雪山。在翻越雪山的时候,即使你实在走不动了,也必须下马步行,不然你会摔死。

徐:你会骑马吗?

徐平:不存在会不会的问题。你到那里,就会发现骑马比走路要幸福多少,自然就会骑了。所以我回到北京以后,有朋友拉着我去北京郊区玩,我坚决不骑马。我说像你们这样骑马,纯属没事找事。

徐:那一次你待了多长时间?

徐平:两个多月。我一生中最艰苦的时候就是在这里。刚才说到翻越雪山的时候,我赖在马背上不下来,经过一个山脊的时候,两边都是悬崖。我根本不敢朝下看,是无底的,老鹰就在你旁边飞,已经到了山顶,路窄的只有一条线。当时我就祈祷说:马啊,马啊,你可不要踩滑脚了。因为踩滑任何一只脚,我们都没有戏了。当地人都从来不敢在哪里骑马。我就赖在马背上不下来,实在太累了。第一我闭上眼睛不看,第二我趴下抱住马脖子。最后到了翻越主峰的时候,老百姓说:你不能再骑了,否则会摔死的。因为马身上全是冰,很滑的。如果把不住,摔下去就死了。他们让我拉着马尾巴。你知道吗?马一旦累了之后,屁特别多。拍马屁其实是件不容易的事情,马屁很厉害,嘭的一声冲出来,本来就缺氧,那股气让你简直就要晕了。好在西藏的马比较矮,我用手抱住马脖子,马带着我爬,我就不用力了。根本就没有力气了。那个作家龙冬还行,他还能张牙舞爪地到处照相。越接近山顶风越大,把他的帽子吹走了,不知道飞哪里去了。他还想去捡回来,直嚷我的帽子可贵了。当地人告诉他说找不回来了,这一飘就不知飘到哪里去了。龙冬建议我们一起照张相,我摇了摇头,连说话的力气都没有了,然后就抱着马脖子走。到了山顶后,那里是一个斜坡平台,我一下子就倒下了。当地人说你不能躺下，我想起好像红军长征时翻越雪山一躺下就站不起来了，这可是6000米的地方，比红军翻越的雪山还高。我的马一下子挣脱我跑掉了，我没有力气去抓。我说：马，马，马跑，马跑……藏语我始终不能很熟练，只能蹦单词。后来有一个小伙子帮我去追马，我以为他能抓回来还我。气象局的人说马到这里就必须放生了，就是说你再也不能骑马了。如果再骑，马就要累垮了，第二天你就没有马可骑。所以那些马就哗哗驮着我们的行李全跑了。现在我才知道马有多么重要。虽然是下山，但那是深一脚浅一脚。气象局的曲央身体很好，陪着我们走在最后，他一路走，一路催促，连骂带威胁，说你们这些城里人没有用，你们再不快点走，天就黑了。如果我们到不到宿营地，我们就没有饭吃，没有水喝，我们就要饿死、冻死，老鹰会把你们的肚子给掏了。他骂他的，我根本没有力气理他。后来到了宿营地，草草吃了点烂糊糊的面条，就钻进睡袋里面睡觉，拿块石头当枕头，第二天早上起来发现睡袋上一层冰。在路上走了两天才到达第一个村子。这次调查成果，我写了一本游记体的《西藏秘境》，2001年由知识出版社出版。这本书当时的影响很大，印了1万册。2004年又由民族出版社再版，一本书分成两本，据说也卖得挺好。这点上我比较自豪，我的书市场反响较好。但是作为严肃的学术著作我一直没有写出，尤其是我千辛万苦得来的问卷，到现在都没有用上，这也是我一直遗憾的地方。

徐：为什么还不能用？

徐平：因为一直没有时间。就是这本游记体的书我写了整整10个月。说实话，真要写一本好书，那是要吐血的。课题一个跟一个，根本就挤不出时间来写作。2004年是西藏抗英100周年，我又回到江孜做调查，写了一本《中国历史文化名城江孜》。那年还出版了《红河谷的故事》、《江孜抗英》、《帕拉庄园》等一系列的书。从1995年开始，到2004年，正好10年，我对帕拉庄园进行一个回访性质的调查。2004年以后，我正式调入中央党校工作。我觉得我已经完成了研究西藏的使命，江孜帕拉庄园作为一个农区的类型，我连续做了10年，相继出了好几本书。然后在藏北牧区我也搞过调查，我给那曲还编过一本画册，也做过扶贫等方面的调查。1999年从阿里调查回来以后我就开始掉牙，一年一颗，已经掉了三颗牙了。而且下面这一排也松动了。说实话，西藏研究的成本太高了。

徐：都是因为长期在那里高原缺氧，你要适应那里的环境。

徐平：如果我决心继续做藏学研究，第一我必须过语言关，第二我必须过宗教关。除了在江孜农村、那曲牧区和阿里边境地区这三种类型地区进行了较为深入的调查外，1992年我承担国家民委牵头的重大课题中国边疆民族地区稳定与发展问题研究，西藏这块由我负责。我们共写了18万字的报告，国家民委表扬我们做得认真，跑了5个地区，做得比较有深度。面上的调查这10多年也做了不少，基本走遍了西藏的各个地区，只差昌都没有去过了。我觉得我的目的基本已经达到了，我的身体也不太适应在西藏的工作了，去西藏后的高山反应越来越强烈。

徐：从你前面的研究，从你前面关注的问题，包括你对老家的情结，你在西藏的15年，作为一个人类学者来讲，非常重要的是一种对国家和社会的责任感。在做人类学方面，你的执著，在西藏方面的执著，汶川的执著，你对人类学学科的认识不仅是个人的兴趣，你必须关注我们这个社会。

徐平：这牵涉到我们这个学科究竟要走哪一条路，你要为谁服务，谁是你的东家，谁养活你。

徐：现在有的人只关注理论，但理论从哪里来的呢？都是从西方搬来的吗？西方的理论也是从田野里来的。他们也要做很长时间的田野。然后从田野里慢慢收集资料，再慢慢提炼。我认为一是要关注我们的文献，二是要关注我们的社会。要把两者结合起来。我觉得你这方面的优点、特质非常强。另外，我觉得你有非常好的田野经验的积累，从你的汶川田野到你的西藏的田野。尽管你说你在西藏的田野有很大的障碍，就是语言。但是从你的情况来说也不容易了。我现在还想回到你的西藏，希望你把你的西藏再总结一下。你认为你在西藏的田野最重要的著作，从理论到方法上和人类学联系最密切的是什么？

徐平：我在西藏比较满意的书还是《活在喜马拉雅》，这是一本比较成熟的著作。它是一部西藏社会的变迁史，它可能在理论上的建树并不太多。西藏的田野调查给了我许多的人生感受，很多东西我还来不及做深入的整理。但总的感觉就是对社会和文化的理解更加深刻。任何一个文化构成，都是一个完整体，都是一个平衡的结构体。西藏人是活在来世的，为什么那里藏传佛教还那么流行呢？因为西藏太苦了，所以他们期望来世。宗教在那里起到了非常重要的作用。为什么采取"政教合一"的制度？除了依靠庄园自治外，西藏社会很大一部分是靠宗教来完成整合的。我不太喜欢标榜哪个学科甚至哪个学派，我主张一定要理解之后说你自己的话。我很少去引用哪位名人怎么说，哪个学派怎么说。我觉得理解是最重要的。真正把你的研究对象的构成原理弄清楚。费先生所说的社会学调查的第二个层次，进入心态研究的层次，也是我正想深入研究的课题，这也是我为什么要调入中央党校的原因。我把西藏作为中国相对简单的一个样本来解剖，我觉得我已经基本完成了。就像费先生说的，他的《生育制度》是进入制度层面的研究；他的《乡土中国》和《美国与美国人》进入一个比较层次的研究。他认为他没有完成的是在文化自觉的前提下怎样来进行心态研究。我认为中国当前最重要的问题是文化，对中国整体的研究要落到对中国文化的研究上，我调到中央党校就是想把研究范围扩大到全国。以前我没有机会出去走，甚至没有机会去参加学术会议，因为5—10月我一般都在西藏，使得我和学术界越来越疏远，甚至很多人都不知道我。虽然我的资格算是比较老的，1990年就博士毕业了。

徐：你从西藏回到北京，去了中央党校以后，我感觉你对广西的金秀有一段时期的关注。你知道，费老一向对广西比较关怀，我们到北京后，提什么要求他都答应，帮我们题词都非常热情。费老对于广西的民族学、人类学学者来说，虽然我没有直接做他的学生，但像我来说，他也一直很关注。因为高级研讨班第二期我就是正式的学员了。头两期我都一直坐在他旁边。我那时还请他提了两个词，一个是校庆，一个是我要出一本书。费老提了"加强对汉族人类学的研究"。特别是对瑶族的研究，只要我们提出来，他都非常支持。所以实际上我也算是他的学生。事实上，你的这两本书把费先生在广西的研究都包括进去了，为今后的研究提供了很大的方便。带着你的学生，沿着费老的研究轨迹，对瑶族的研究实际上是一个很大的推动。我在广西也20年了，作为一个学者，真的很感谢你。

徐平：应当说我对广西是不熟悉的，但是这个任务落到我的头上，也是缘分。大瑶山是费孝通作为社会人类学家的一个起点。尤其是它作为实地调查的起点，也是民族研究的起点。从某种意义上说，是他社会学历程的起点。对我来说，也可以说是一个起点。怎么说这个话呢？我是在1982年大三的时候听费先生"四上瑶山"的讲座认识费孝通的。那时中央民族学院有一个地下教室，大概在11月份，天气已经很冷了。费先生穿着一个黑夹袄，戴着一个很厚的眼镜。说实话刚开始听他的话我们是根本听不懂的。他的普通话很糟糕，一直要听到相当一段时间你才能听明白。开始觉得老先生的话漫无边际，听到后来我听出些味来，老先生的几个归纳和几个总结，就把四上瑶山的意义说得清清楚楚，明明白白，我一下子对老先生佩服得五体投地。

我和费老有一种爷孙的感情，和他的家人也非常熟悉，从某种意义上说我更接近他。比如说他的追悼会开完以后,他的遗体送到了火化场,我就是眼看着他怎样作为一个物质的人被轨道车缓缓地带走。骨灰出来的时候,我陪着老先生的家人一起收敛他的骨灰,他们拣完骨灰以后就离开了,也是鬼使神差,我也不知道为什么会留下来。因为老先生作为中国的高级领导人,他的骨灰,警卫是很森严的。有一个是处长,还有两位可能是工人一起在收集先生的骨灰。我把老先生的骨灰仔细地观察了一遍,骨灰里面还有两枚像抓钉状的东西,可能是钉在骨头上的,当年他的骨头是被砸断了的。只有我看到了这些场景,我觉得这是一种缘分。费孝通到大瑶山七十年纪念的到来,张荣华和费宗惠他们很自然地让我把这件事做起来。那时我已经在中央党校工作了。事实上我做这件事情是不太方便的,我没有经费支持,也没有行政权力的支持。但这件工作,他们认为非我莫属,我也认为非我莫属。我是老先生唯一一个边区开发方向的学生。我觉得老先生冥冥中就好像有一种交代,这件事就该由我来做,我毫不犹豫地承担了下来。2005年8月,我带着我的妻子,还有我2004级的3个硕士研究生,主要是在六巷村做挨家挨户的问卷调查,也开了几个座谈会。我的调查路子已很熟练了,经过那么多的调查,虽然这里我并不熟悉,但是我一看就能明白。费先生的《花篮瑶的社会组织》给我们提供了丰富的材料。同时,我们也参照了很多广西学者后来做的调查材料。我们正好赶上当地50年不遇的大洪灾,许多道路完全不通了。我想我们去了就一定要下农村去,最后我们骑摩托车去了下古陈村。我是抱着一个替先生还愿的想法去的,对当年费孝通的房东和与他有关系的人都进行了重点访谈。虽然钱不多,我们给六巷村和下古陈村分别捐了1000元钱。到下古陈村的时候我们自己买的酒肉菜,我知道农村不像城里想买什么都买得到。我们长期做社会学调查都知道,也都有这个习惯。晚上在村长家吃的饭。捐钱的时候我说:当时费先生出了事以后，是你们每家出了两个东毫送他出山的，我这次代表先生家人向你们表示感谢，来替先生还愿。当时村里人都哭了。

说实话，时间还是太短，太匆忙。对我自己来说，党校有一摊子工作，我在中央民族大学带了这么多的硕士生和博士生，每周还要给他们上几次课。当初张老师给我的任务就是写一本书。我说不行，我要把费先生的民族思想做一个总结，工作量就大大增加了。首先我得把费孝通16卷本过一遍，400多万字，把相关涉及民族的文章，不仅要看题目，还要看内容，都挑选出来。然后组织我的学生进行扫描，过程中是错字百出。

徐：我现在不相信扫描，宁可重新输入。

徐平：这个工作量非常大。我们一遍一遍地校对。你想一想，差不多100多万字的东西。但是我想要做就做最好，我的能力有多大，我就要尽多大努力，不能没有尽到心，至于水平有多高，那是客观限制。2006年1月份，张荣华夫妇也抽出时间去大瑶山访问。我们第一次仅仅是对六巷村的追踪调查显然是不够的，当年费先生进去时是想对比几个支系，对里面的亚文化进行调查研究。他是想从花篮瑶开始，到坳瑶，再到茶山瑶这样调查。也包括盘瑶。直到费先生五上瑶山的时候，才确定有五个支系，成了学界的定论。老先生的愿望没有完成。事实上，改革开放后，他的第二次学术生涯也是从大瑶山开始的。1978年，广西壮族自治区20周年时费先生去参加这个大庆。这个二上瑶山完了以后呢，三访江村是在1979年的事，1981年、1982年费先生又三上、四上金秀瑶山，1988年那是第五次。

其实1982年费先生四上瑶山就提出了许多思想，看出民族共同体是怎么形成的，在山里边大家是有差别的，甚至分成许多各种不同的瑶，语言、风俗都是不同的，但是面对山外的压力，彼此又认同为一个统一的瑶，这对费先生的中华民族多元一体有非常直接的影响。还有一个影响就是20世纪50年代在中央民族学院教授少数民族通史，进行梳理，从中看出一些大线索。但是真正在现实中和调查中给他概念和启发的是大瑶山的各个支系。再一个是民族地区怎么发展的问题。三上瑶山，他看到的是生态失衡，以后他在内蒙古提出了自然生态的失衡和人文生态的失衡。尤其是自然生态的失衡先是在大瑶山发现的。在原来以林为主、林农结合的地方，变成以农为主，毁林开荒反而造成更大的损失，而且生态环境破坏很大，老百姓生活反而更苦。四上瑶山时，他看到如果我们单纯地强调民族区域自治，反倒形成了一个画地为牢，比如大瑶山过去同时分属几个县分管，它和汉族地区的经济文化交流没有中断。当我们建立金秀瑶族自治县后，反倒和外界建立了一个隔离。最简单的一个问题就是大瑶山的粮食不够吃，林产品在向外运时有一个行政的比邻问题。费先生说民族区域自治不是画地为牢，这些观点对他的区域合作和区域发展思想是有直接影响的。五上瑶山更多的是一种还愿。这时，他听说金秀六巷村已经通公路了，他坚持要去，他是去还愿的。大瑶山对他影响太深刻了。他在1982年就委托胡起望和广西民族学院的范宏贵秉承这个思路，重新开始大瑶山的调查。两位先生下了很大的工夫，找出了从封闭到开放这么一个主线。作为人类学和民族学方面的探索，可以看出历史学学科的痕迹很重。

徐：我觉得他们的田野不是人类学的比较规范的做法，所以只能是历史的。

徐平：而且仅仅只做一支瑶族的研究。所以，我再去瑶山调查时，我就想不能仅仅是《花篮瑶的社会组织》的再版，我要把目光放在整个金秀瑶族自治县，放在五支瑶族的发展上面。我在中央民族大学的学生很多，所以这次我把我的学生做了总动员，2个博士和7个硕士。

徐：哪两个博士？

徐平：一个是谷家荣，一个是马恩瑜。其他的是2004级和

2005 级的硕士。我和我爱人，张荣华夫妇，还有想拍费先生录像片的人。说实话，经费是相当紧张的，这两次调研都是用的费家拿出的老先生稿费。必须在有限的经费里，做相当多的事情，我们下去时一路都是撒着钱走的，我觉得要替老先生还愿。刚开始，我们是集中活动。此前，在我上课时，我已经让学生对前人有关成果进行系统的梳理，进行文献准备。把我们第一次调查也做了一些总结，对问卷做了大修改。之后，把几个学生在五个点一下子都铺开。在五个支系里各选了一个典型村庄，然后张荣华夫妇和我们把学生送到村里。张荣华和费宗惠确实是一路受到老百姓的欢迎，老百姓追着车跑。房东蓝济君的大孙女，费老在六巷调查的时候，她才 8 岁。现在已经 78 岁了，抱着费宗惠就哭，说她和费先生长得一模一样。为了节省经费，我们从北京带了六箱二锅头去，每个学生分了一箱去村里。给老人买了羽绒马甲。当年费先生给房东后人送了一个很漂亮的毯子，现在已经用得很脏了。但是县博物馆向他作为文物收购时，他还坚决不给。我们这次专门从北京给带了一条更好看的毛毯给他带去。我们做最精细的准备。当时费先生去的时候给他们带的是糖果，这次我们还给乡亲们带了很多北京的糖果。所以老百姓非常欢欣鼓舞，费宗惠也都给那些老人钱了。一路下来过后，可以说效果非常好。

徐：现在的瑶族地区应该还是比较贫穷的。

徐平： 现在的变化应当说还是比较大的。老百姓也是非常掏心窝子地接待我们，我在打好基础之后，把学生一个一个放到村子里。这些孩子基本都是城里的孩子，个别也有农村的孩子，都是内地农村，相对比较发达的地区。说实话，这么艰苦的地区，大山里，他们生平是第一次去。在此之前，虽然我已经给他们灌输了很多吃苦的准备，但是当时也有人承受不住。我到一个点就放下一组，有的孩子马上就哭了。我给他们每人买了一床被子，一个床单。老百姓没有那么富裕的被褥，更没有城里人那么讲究,让他们自带被褥,用起来方便。走的时候,洗干净后送给当地百姓,对他们来说也是很实用的东西。尤其花篮瑶讲究在头上抹猪油,枕头上油越多越黑,表明家里越富裕。

徐:你的准备也是非常充分的。

徐平:我做了20多年的调查,这方面的经验太充分了。我告诉他们:必须同吃同住,同劳动我不要求,但是希望你们适当参加,只当作一个必要的手段,你们不是去打工的。我们选择在春节以前去的,农民有闲暇时间,很多活动在这段时间展开。必须在那里过春节,没有余地。我的这些学生非常好。虽然当时好几个女孩都哭了,但是回来后都不承认。都在每个点扎下来了40多天,我很满意。后来北京服装学院的杨源教授也带了两个研究生去瑶山,我帮她介绍了一下那边的关系。她回来说,徐教授你是太绝了,当地老百姓说你是狠心教授,搞得这些城里娃,你走了他们就哭。但是她说这个办法很好,她说她将来也准备这样培养研究生,这样培养的研究生就不一样了。确实,第一能力不同了,第二是自信心提高了。有了这一趟后,以后做课题,我就非常放心了。我把提纲做出来后,思路告诉他们。我就心里塌实,他们也有信心做好事情,就像费先生当年说的那样,我只是给你开路,剩下的事情由你自己去做。师傅领进门,修行在个人,尤其到研究生阶段更应是这样。第一年认真上课,读书;第二年开始走向田野。

徐:我非常赞成你的做法。所以你的《大瑶山七十年变迁》也是非常有价值的。我也很感动,我招的学生也是这样要求,因为我和你有相同的经历。我是先让拿到通知书的学生暑假就去做调查。而且一个人去一个地方,不允许两个人去一个地方。2003级的学生现在都毕业了,现在个个都很厉害,他们田野锻炼的时间比较长,次数也比较多。

徐平:这样不仅能提高调查研究能力,还可以认识真实的社会，对自己进行校正。否则，现在的大学生，他们的生存环境不一样了，条件也比较优越。他们没有纵向对比，不知道中国底层老百姓是怎么生活的。

徐：你的这个培养学生的办法我是非常赞成的，只有这样的学生，才能够拿得起，放得下，才能对我们的学科有感觉。虽然我们的经费有限，但是我现在是尽量争取经费，有钱都给他们用。我有一个新疆学生，三年没有回家过。有一次她想回家，我不同意。她母亲都不同意她回家。一个假期，在路上就要花掉半个月的时间。

徐平：我的学生基本上所有的假期都在做调查，不光是这个课题，还有别的课题。我就是想让学生成为一个比较过硬的学者，有好的人品和能力。当然光调查也不行。大瑶山调查后，我在《发展社会学》的课上，一学期让学生讨论和总结调查，我只引领大家，从小文章写起。先把思想变成文字，把文字变成铅字。我在《中国民族报》开了一个专栏，我和学生们都写纪念费先生的文章。在此基础上再发学术文章。我不会帮学生找编辑求情，让他们自己投去。这些学生通过不断调查，出成果，自信心大增。我比较满意的谷家荣博士一年级，已经发表了五六篇文章，而且也参与了好多书的写作，是首届费孝通奖学金的获得者。我只帮他修改，他自己去投。他现在自信心很强，觉得已经找到路子了。我为什么敢把我的学生带到这次会议上来，前提就是必须先写出文章，必须做一个正式的会议成员。

徐：我和你一样，有机会就带学生去。这次要在广州开人类学会议，我把我的9个学生都报名了。

徐平：《大瑶山七十年变迁》这本书呢，我觉得还是留有点遗憾，写得不是十分理想，时间太紧，工作量也搞得太大。

徐：但是也够快的了，你今年寒假调查，到现在你书都已经出来了。

徐平：对。按我原来的设想，我甚至是想自己单独写这本书，后来发现根本没有时间，我自己把这活做成大活了。不光是一个大瑶山70年变迁，甚至要对费孝通的整个民族思想做个总结。以70年这么一个框架，采取略古详今的办法，先有这么一个初步的总结，赶在10月份的会前把它赶出来。

徐：你想出一套书，这个是很难的，包括经费来源、出版社，然后一系列协调工作。

徐平：我也知道这里边有多少工作要做，要按时保质保量地赶在会议之前拿出来，因为这次会议国家民委就很重视，中央民族大学也给了10万块钱补贴，我们自己是一分钱的稿酬也没有拿，纯粹就是作为会议用书。只能说把这个事情按时做完了，但还是留了些遗憾，这个遗憾呢可以说是不可避免，时间毕竟太紧了。为了突出大瑶山70年的意义，我在编费孝通民族研究文集的时候，就有意识地将有关广西的全部单列。因为我觉得大瑶山是费孝通的学术起源，就像我刚才说的那样。费老最早有关大瑶山的文章，是1935年的《桂行通讯》和《花篮瑶社会组织》，1951年他作为广西分团慰问团团长，到瑶族地区考察，再到以后几次上瑶山。费先生只是五上大瑶山，那么这本书取名叫《六上瑶山》，就是将费先生的广西研究都集中到这本书上了，要把这三本书拿到才算一套，才构成完整的费孝通民族研究思想。

还有一个想法是如果你没有时间，又想更多地了解费孝通的民族研究，只需要看这本《六上瑶山》，也基本上大致把费孝通民族思想的发展脉络能够把握住，一些重要的思想其实里面都有体现。再有，我在附录部分，有意识地收录了三篇文章，一位是出当过六巷乡副乡长的温永坚，在《金秀文史资料》上面登的一篇回忆费先生的文章。再有一个就是广西金秀瑶族博物馆馆长肖茂兴，他在博物馆里面开辟了一个费孝通和王同惠的专栏，做了很多调查，他掌握的情况较多。还有我让博士生谷家荣在下古陈调查的时候，也把当年费先生的事作为一个重要的任务来完成。这个学生很踏实，他甚至沿着当年费先生的路徒步走到平南县，访问了当年的见证人张善南。费先生出事后，因为与救他的瑶族人语言不通，刚好遇到做小买卖的张善南，这个老人跟费先生同岁，也是95岁高龄，现在还健在。所以这三篇文章就把1935年到2005年拉通了，给大家一个完整的大瑶山变迁的印象。我在时间紧任务重的情况下，只能尽最大力量把这个任务完成好。但是说良心话，作为这么好的一个题目，只做到这个程度是不够的，所以我说有点遗憾。

　　徐：我觉得不是遗憾。如果说费先生的大瑶山调查是费先生人类学民族学研究的起点的话，你这次大瑶山的调查，应该说是你从西藏走出来以后新的转型的起点。这个起点我觉得已经非常不错了。时间这么短，后面的工作肯定还很多。你刚才说的100多万字的资料，再加上你的学生到五个支系都去做了调查，我想他们所有的调查报告加起来也不会少。因为这五个支系我20世纪80年代和苏联的克留科夫一起全部都调查过了，所以说是非常有意义的。调查以后，我们又把它写成东西，还录了像，录了音。从那时开始，我就觉得瑶族的研究内容是非常丰富的。不仅大瑶山有支系，整个瑶族就有六十几个支系。我细数了一下，大概有64个，真是非常的丰富。如果把瑶族的服装专门做一个博物馆也够了。所以我觉得瑶族还有很多内容没有很好地挖掘出来。我还觉得瑶族的研究很长时间一直处于传统的理论影响，特别是斯大林影响非常深。费先生就专门讲过，研究瑶族，一定要和当地的汉族和其他民族结合起来。所以，当时费先生说这段话的时候，我记得非常清楚。研究民族地区的少数民族，一定要研究当地的汉族。不研究这个地方的汉族，就根本研究不清楚这个地方的少数民族。我觉得你现在又开了一个新的头，而且是21世纪开的这个头。我刚才看照片，张老师和他的女儿也都去了。

我觉得你这个头开得很好。我很希望你继续走下去，把你想做的都做完。因为它有一个积累。像我做的平话人也没有人做。我也是在没有任何经费的情况下，慢慢地得到一点经费支持，做了8年。这8年在广西民族大学曾经立过几个小项目，我们学校的支持力度是有限的，5000块钱就是最多的了。最近，算是学校里面的一个重点，准备出"平话人书系"共三本书，还是初步资料性的，真正研究性的还没有着手做。我们把他们的经书全部编起来录入电脑。为了出版，花了近两年的时间。最后还是由广西民族大学资助出版，现在我们已经做到有一定影响了，海外的学者要和我们合作，申请海外基金。如果申请成功的话，再研究可能就更好了。现在的瑶族在广西来讲，本来就是很重要的。我建议你可以和广西民族大学做瑶族研究的人加强合作，因为他们有一个自治区人民政府资金支持的瑶族研究中心。

徐平：我现在有种尴尬，我这里面有一个很大的转型，我做了15年的西藏的调研，要回到一个更广阔的社会研究上来。更何况我现在是中央党校的老师，他的关注点就离少数民族调查研究较远；再者，现在我在中央民族大学兼职，担任客座教授。中央民族大学的钱，暂时还滋润不到我的头上。能够让他们拿10万块钱把这套书出了，我觉得他们已经尽力了。我不奢求更多东西，不谈个人报酬。作为费先生的学生，我该尽这个力，我该做这个事。我到了党校后，我不想始终只搞少数民族，我想有一个更大的视野。今天大会上我也介绍了，参加浙江和谐社会的课题，今年浙江去了三次。今年围绕新农村，我去了安徽凤阳的小岗村，又去了安徽的安庆市做新农村的考察。我提交了这个论文，实在没有时间写别的了。但是我发言不是这个文章。我去贵州的余庆县做调查，还去了趟山西的清徐县做民俗调查。文化问题在当前十分突出，从小的方面说，我们少数民族怎么转型？从大的方面说，我们现在整个中华民族面临着文化转型。费先生提出文化自觉,是从少数民族提出来的,但是他看到的是一个更大的场面。

徐:我觉得你现在是站在更宽阔的视野里面来审视中国的问题,主要探究中国文化问题。现在中国文化问题是非常重要的问题,应该引起各方面更多的关注,就是中国文化的安全问题。我觉得中国文化现在受到很大的威胁。威胁来自哪些方面呢?我觉得一个是外来的,这个是没办法的,全球化席卷你的,你抗拒不了。就好比过圣诞节、吃麦当劳。

徐平:强势文化带来的。

徐:对,他们没有得到的东西,现在他们全都得到了。但是第二个威胁来自我们自己对自己文化自信心的完全丧失。我觉得不理解了。为什么?这么简单的一个问题,为什么不能保护起来?像节日,最重要的四大节日,春节、清明节、端午节、中秋节。那么多人大代表提案要求放假,就不放假。这不是很容易解决的问题吗?文化的安全,内部的问题。所以,我觉得讨论中国文化的安全问题是一个非常严峻的问题。

徐平:我们如果只说文化安全问题,防范的味道比较重。其实从根本上来讲,我们现在必须要重新审视我们的文化。必须要从一个更高的层次来理解费先生的思想。我为什么要去党校?我有一个很重要的原因,除了从一个狭窄的研究范围到面向全国这样一个更大的范围,尤其是面对中国一个大的文化变迁而外,还有一个很重要的原因是中国社会的变迁不可能绕开政府官员,政府官员也需要有学者去给他们灌输些新的思想。我无论在哪个班上课,都会站在一个比较高的层次上去谈中国文化转型和文化建设。中华文明在漫长的农业时期,是前所未有的成功。一个最简单的例子就是我们只用了世界7%的土地养活了世界21%的人口。而且世界四大文明古国,唯有长江流域和黄河流域华夏文明古国,是没有换人,也没有换地方的。

徐：没有中断，绵绵不绝。

徐平：我们的文化是在农业文明成功的，我们唯一不成功的是到了工业文明时期。那么清朝的乾嘉时期，是一个转折。乾嘉时期，英国公使马嘎尔尼来的时候，要想和我们通商，我们不需要。你作为外夷，只有朝贡的权利，我们泱泱大国，不需要和你们交易。要给我们下跪。但是，乾嘉盛世过后，随着西方工业化速度的加快，殖民地的扩张，我们农业文明受到巨大挑战。如果全球没有一体化，没有工业文明，我们仍旧过着优哉游哉的生活是再好不过的了。我们过去那种美好的生活是非常值得人留恋和向往的。遗憾的是，变化不可避免。从鸦片战争、甲午海战，是一个巨大的转折点。我们打不过西洋人也就算了，我们竟然连新兴的日本也打不过。所以，有了戊戌变法，有了六君子的慷慨就义。五四运动要打倒孔家店，彻底否定传统文化。还有十月革命一声炮响，给中国带来一种新的理念，有了中国共产党的革命和牺牲。我们最后采用马克思主义作指导思想，通过一个阶级推翻另一个阶级的暴力，来实现革命的成功。今天中国文化又面临一个全新的变局。

徐：由于时间关系，我想请你再回答几个文化方面的重要问题。你现在的学术关怀到底是什么？

徐平：更多的关注世界一体化过程中，21世纪，中国文化的重建和复兴，我是有信心的。

徐：在这个问题上，你有什么近期的或长远的计划吗？

徐平：我自己明确的计划还说不上来。我现在就是想朝这个方向迈进。我觉得伴随着中国20多年经济的高速增长，伴随着我们的文化复兴，已经可以看出我们这个民族的自信心在逐渐找回。100多年被人家打断脊梁，尤其是搞得文化自信心的丧失，正在慢慢地回归。这种回归，正像费先生说的不是复古，不是回到过去，而是在世界一体化的情况下，如何发挥中华文化的优势。这个优势是什么呢？相对西方的团体格局，我们中国传统是差序格局；相对西方的以个人为单位，要民主、自由和法制，我们是以群体为单位，讲究的是人与人、人与社会、人与自然的和谐关系；相对于西方的自由竞争，尤其是物质上的进取，我们更讲究的是关系的协调。当东西方文化真正交融在一起，既有物质文明的高度增长，也有精神文明的平衡发展，那么天下大同就不远了。我相信中华文明能够给 21 世纪的和谐世界作出自己独特的贡献。

徐：这个我很赞成。但是从两个层面简单来说的话，第一个层面，现在实际上整个世界，在西方世界，在他们的思想库里面，我觉得实际上是很难找到新的东西来解释现在的世界。所以他们已经把眼光转向中国，转向东方。当然这个东方，我觉得可以包括中国，也可以包括印度。如果印度是一个独立的思想文化体系的话，我们中国这个体系绝对是独立的。绝对是最具特色的。为什么老子、孔子、孙子等，别人都在认真学，我们自己反而是一种虚无主义呢？另外我很赞成你刚才讲到的文化眩晕。我们中国经过改革开放 20 多年来，应该是文化眩晕的阶段。为什么？第一，我们原来所崇羡的毛泽东思想，大家已经有这样那样的看法了。我们不讲完全的动摇，总是有很多问题。再者，此时改革开放一开门，很多西方思想都进来了，无论是萨特的存在主义也好，各种各样的思潮都进来了。在中国搞了一圈以后，我们中国学者用这些东西也不能解决中国的问题。有些东西可以借鉴，但是不可能解决中国的问题。包括我们人类学讲的西方的各种各样的学派，无论是解释人类学，还是象征人类学，都要在中国有一个文化的过程。现在我们中国晕了，我们到底有什么信仰？文化的信仰问题，尤其是现在这个时候，你肯定关心到这个问题。刚才你讲的全球化的时候也是这样。世界的竞争，国与国之间的竞争，民族之间的竞争，现在已经进入到文化竞争的阶段了。如果没有对自己的文化进行定位，没有一个准确的把握，那怎样对待将来的竞争？是资源竞争吗？已经不是了。是制度竞争吗？不是。是人才的竞争吗？不是。就是文化。所以，中国现在提出和谐社会的问题，不是一个中国的问题，是世界的问题。我们中国传统的思想库的一些东西是世界上没有的，是中国独有的，而这个东西已经影响我们十几亿人口。尽管我们眩晕了，但是最后我们骨子里的东西还是存在的。所以我刚才和你说的中华文化要重建，要在一个新的历史背景下，能不能够出现我们期待的，甚至比中国历史上任何一个时代文化的发展都要更发达的时代呢？我想它应该要到来了。所以，我觉得徐教授你是站在中央党校这样一个位置上，又有那么丰富的田野经验，尤其是有你自己家乡的经验，加上西藏的经验，还有广西的田野，包括你最近到处跑，你这个做法和曹锦清教授是一样的。曹锦清做了浙江北部的田野后，他觉得光是中国东部地区，不代表整个中国，所以他要到中部去，所以才有了《黄河边的中国》。他本来的计划还要到西部去，但是他暂时不想走了，他在清理他的思路。他也在关注这个问题，但是他关注的角度不同，他是从农村建设、农民问题的解决入手的。你现在是从更大的文化上来考虑的，我觉得你一定会做好。经过两个晚上的谈话，我想到这里就结束了，谢谢你接受我的采访！

徐平：谢谢！

【原载《百色学院学报》2007年第3期】

人类学中国体系的构建

——武汉大学朱炳祥教授访谈录

徐杰舜

徐杰舜（以下简称徐）：今天很荣幸地请到了朱教授来给我们既是上课又是我对他的一次专访，因为我担任《广西民族大学学报》的执行主编十几年，一直在做中国人类学家访谈，到现在为止，已经采访了大概60位了。朱教授是武汉大学社会学系专门做人类学研究的，在学术方面的成就非常大，等一下我们可以听到朱教授对他的各方面的一个介绍。我们现在就正式开始这一次我期盼已久的专访。我对朱教授印象特别深刻的就是他做田野非常地认真，每一年都到他的田野点——在云南的白族，大理吧？这是非常值得我们学习的一个方面。同时朱教授又非常关注中国人类学的理论构建。所以我想今天朱教授在他的百忙之中——朱教授一向很低调，从来不接受专访——能够接受我们的专访，而且能够让我们同学坐在一起来听，我首先表示非常的感谢。下面我就想请朱教授先向我们介绍一下您的背景吧。

一、个人背景

朱炳祥（以下简称朱）：感谢徐教授给我这样一次机会，能向大家汇报和表述我个人的看法和想法。我是江苏靖江人，1949年11月出生，1968年在靖江县中学高中毕业，然后上山下乡，我是回乡。在农村劳动1年，那是一段极为美好的时光，和乡村的农民结下了很深的情谊。1969年我就被推荐到扬州报社去工作了，当时扬州地区8个县2个市，每个县推荐1个人到扬州报社做实习记者，每个月有27元的工资，那时是相当不错了。我是被靖江县推荐的。在10个人当中，我是最年轻的一个，不到20岁，风华正茂，书生意气，当时很想在新闻与文学方面有所作为，表现出很强烈的"个人意识"。

然而，1969年2月中苏边界发生了珍宝岛事件，其后形势越来越紧张。记得当时中央发布了"八二八"命令，我印象很深的是其中有一句话："全党、全军、全国人民要团结得像一个人一样"。我那时是一腔热血，热血青年啊！决心投笔从戎，为国捐躯！报社的领导和一些老记者好心劝我，说"小朱，《扬州日报》和省《新华日报》将来都要招正式的记者，你是最有培养前途的，干吗要去当兵？"县里也不同意我当兵，因为每县选送一人是为了培养县委宣传干事。公社也不同意，加上我母亲也很伤感，认为形势紧张，可能一去不复返。但我认为国难当头，我必须进行这种选择，于是抛弃了所有的既得利益，报名参军。我能够在人生道路转折的关头抛弃既得利益，这是第一次。同时，相对于在报社的个人意识而言，1969年底的这次参军是一种"国家意识"的觉醒。记得第一次穿上军装回家告别父母和乡亲时，我走在那条熟悉的小路上时突然感到：我要去死了！我要去战死沙场！我的生死观就是这个时候树立的。

徐： 当了几年兵？

朱： 哎呀，不堪回首，这个兵当了十几年，当到了正营职干部。开头动员时都说要开赴前线，但坐船到了汉口，却不走了，原来是被武汉空军招来当报务员。如果说乡村生活是我人生的第一愉悦期，那么其后的连队生活则是我人生的第二愉悦期。战友情谊是什么只有在连队生活中才能体会到。后来提了干，到1976年我被选拔给武汉空军司令员李永泰当秘书——集团军首长的秘书，那是个大秘书，出主意，办事情，写文章。李永泰后来到军委空军当副司令员去了。王海是司令员，他是副司令。

也就是在这个时候，我接触到了上层社会。和平环境当中，部队也不纯净，没有敌人的时候就自己斗自己，搞权力斗争。就像普里查德《努尔人》中所说的那种：当上位类型的压力不存在的时候，两个同是下位类型的群体就开始了斗争。我的苦闷由此开始。为什么呢？我本来是怀着一种报国情怀的，可是现在怎么你斗我、我斗你的，这个有什么意思？我过去涉世不深，对人际关系并不了解，看到的只是和谐与宁静，现在看到了另一面。由个人之间的争斗，又想到"群体和群体之间为什么要拼个你死我活"以及"国家和国家之间为什么要进行战争"这些问题，最严重的就是两次世界大战，给人类造成极大的灾难。因为我是军人，所以想战争问题也就较多。

徐： 那你现在还记不记得是哪件事使你感触最深？

朱： 那就是日本侵略者在中国的暴行。我在20世纪70年代的时候就开始做"准田野工作"了，也就是做乡村调查。从20世纪70年开始，部队搞了几年的野营拉练，每次都是走1000多里啊，到一个宿营地就去调查，也请人作报告。后来又利用回乡探亲的机会进行调查。日本鬼子 1937 年 8 月 13 日在上海打了仗，我的家乡一带很快陷入侵略军的铁蹄之下。日本军队对于中国人的暴行几乎无法用人类创造的任何语言来描述。一个中国人被日本鬼子捉住，遭枪毙可能是最幸运了，这样的"待遇"并不是每一个死者都能够得到的，更多的是什么呢，剖腹呀，剥皮呀，活埋呀，强奸以后用刺刀挑开腹部呀，一块一块地割肉呀，把小孩扔进开水锅里呀……等等。麦克阿瑟曾称之为"兽类集团"，然而还可进一步追问：自然界到底有哪一种野兽对同类如此残忍呢？发动战争的民族并不是到了没有饭吃、没有衣穿的地步才不得已而为之，而是征服欲、统治欲、享乐欲的驱使。他们以牺牲别的民族或群体的利益甚至生命来获得自己的快乐。人类为什么会出现这种情况呢？这是我一个极大的困惑。

我陷入了深深的痛苦之中。

忽然有一天，就是 1987 年的 10 月 18 日这一天，我聆听到了"上帝"。这个话说得好像很神秘，什么叫"聆听上帝"？实际上是经过长期的精神苦痛以后的某种觉醒。对我来说，如果参军是相对于个人意识的国家意识的觉醒，那么这时是相对于国家意识而言的"人类意识"的觉醒。这种觉醒对于我自觉走上人类学学习与研究意义重大。做人类学研究，需要有"人类意识"。并不是你在这个学科当中，你是一个人类学教授，你就是这个家那个家的了。当时就想到，"人类"为什么是这个样子？应该是什么样子？一个人为什么不能理解他人？这一群体为什么要去杀戮另一群体？我试图寻找某种理论来解释我所遇到的困惑，如果找不到这种理论我也要创造一种理论。当时我的确想创构一种"人类童年说"，还给自己取了一个笔名"初人"，"人之初"嘛，就是人类仍然处在童年的意思。后来还用这个笔名在《求索》上发表过研究《楚辞》的论文。

觉醒以后读的第一本人类学著作就是 1987 年华夏出版社的本尼迪克特的《文化模式》。我开始学习人类学也就是从这个时候开始的。我感觉与本尼迪克特非常相通：第一，本尼迪克特是从文学转向人类学的，我也是；第二，本尼迪克特的文化相对主义和我的"地球无边缘"的想法相通；第三，本尼迪克特和当时的时代不合，她感觉生错了时代，这个我也是一样的。但我感到我是被上帝悬挂在半空中的一种生物，我生在任何时代都可能是苦闷的。

徐：这一天你聆听了上帝，你能不能说得具体一点，就是你突然明白了什么东西？

朱：第一个问题，是对人类和物类关系的反思获得了新的认识，就是对人类中心主义的否定。《尚书·泰誓》说："唯人，万物之灵。"莎士比亚借哈姆雷特的口也说人是"宇宙的精华，万物的灵长"。我当时想，人可能把自己的地位看高了，看成中心了。如果我能变成一捧泥土，加入宇宙的大循环，而我的思维和记忆又是那么清晰，那就可以看到一路的风景。从无机界开始看起，再到植物界、动物界，再到人，就可以领略各种各样的智慧。比如说门前的那棵松树，它的生存智慧怎么样呢？它不去侵犯别人，不去杀伐征战，不去占领别人的地方，却可以活几百几千岁。这是作为一个个体的生存智慧，作为一个类的生存智慧，比如说三叶虫，存活了 6 亿年。我们人怎么样？你打我、我打你，现在弄得人类生存出现危机。人的智慧到底在什么地方？具备万物之灵的资格吗？是中心吗？

第二个问题，是对个人和他人的关系、此一群体与彼一群体关系的反思而获得了新的认识，就是对自我中心主义和民族中心主义的否定。我们总是觉得自己好，总想统治别人、征服别人、驾驭别人，这是一种自我中心主义、民族中心主义。战争先用棍棒，再用刀枪，再用核武器。狄德罗就说过：本来是一个自然人，后来生出一个人为的人，然后就开始战斗，直到生命结束为止。人为什么不尊重他人呢？为什么不能够理解他人呢？为什么那个人过得还不如我们时我们还要去侵略他、杀戮他？地球本来没有边缘，而我们每个人都要在自己脚下画一条与地面平行的切线，他就以为自己站得最高了，就是中心了。那边有只山羊，胡子一翘，多么了不起啊！群体首领啊！可是一会儿就夹着尾巴逃跑了，因为狼来了。山羊同志，慢走！所以个人中心主义、民族中心主义实际上是非常可笑的东西。

总之，这一次精神觉醒是我对人类前途终极关怀的一种思考。我认为人类学家是苦闷的，原因就在于此。他为什么苦闷呢？因为他总是追求理想的社会与文化。列维—斯特劳斯在《忧郁的热带》里头说，首先他对本文化有一种反思与批评的态度，然后到异文化当中去追寻，回过头来想用异文化的东西来对本文化提出矫正，但是在异文化当中他没有找到理想。这个不理想那个也不理想，他很失望，于是他第一步想构建一种理想的社会模型，第二步呢，再用这个理想的社会模型来改造现有的文化。这说得很好。

徐：这个时候你在哪里？

朱：在武汉水利电力大学。我 1985 年从部队转业到武汉水利电力大学。我在部队当领导的秘书，升迁的机会是很多的。当时与我一起当武汉空军领导秘书的有的已经是省军级以上的干部了。我的性情使我不可能去谋求职位，于是就转业。我在部队是正营职干部，当时省市机关都可以安排我的工作，我没有去，决心到大学当教师。这是第二次放弃既得利益，因为我需要从比助教还低的教师当起。我第一次放弃是准备牺牲自己，第二次放弃是把以前积累起来的社会资本彻底放弃了。

徐：朱教授，我听你讲的这两次放弃，实际上是你的生命史当中的两次转型。我觉得你进入人类学和我所采访的很多人类学家进入人类学是大不一样的。为什么呢？很多人类学家——现在我称他们为人类学家——他们进入人类学都是因为某种机缘，或者说是碰到一个老师了，或者说受哪一本书的影响。我觉得你进入人类学，是你的两次生命转型，是你对"人类"这个意识的觉醒。你的"人类"意识太强烈了，非常强烈，这可以说是一个优秀的人类学家所必须具有的，恰恰是我们很多人并不具有，但是他们已经进入了人类学。所以基于你这两次转型，从你今天的讲话中，我觉得你进入人类学和别人进入人类学的基础不一样。你的思想非常深厚，你有你的人类意识的思考。正因为这样，我才感觉到你做人类学的田野也好，做人类学的理论也好，非常执著，有自己的观点、自己的思想、自己的思考。所以，我觉得今天你能接受我的访谈，而且我能看准你，一定要跟你谈，我觉得真的是非常对的。你可以给我们带来很多的启发，甚至给我们人类学界带来很多的启发。

朱：谢谢徐老师，但我还想告诉徐老师的，是我打算有第三次放弃，就是放弃教授职位，但是我犹豫了，没有做到。我当教授当得有点烦，很多事务需要去做，有违我的性情。每年要争取多少经费啦，发多少文章啦。于是有的文章不想写也得写，因为教授有测评指标。我很郁闷，想逃离。我崇尚东晋法显那种精神。我是1993年去新疆的时候接触到东晋法显的事迹的。他65岁发迹长安，"发迹"这个词用得好，用了本义，就是举脚第一步。65岁，是一个什么样的年龄啊，他要去印度求取真经，从长安出发。我感动他什么地方？同行有11个人，死的死了，病的病了，回的回了，他是靠着死人骨头辨别方向朝前走过千里沙漠的。我在新疆图书馆的时候，读到法显的传记，热泪盈眶。我说这个人是我平生崇拜的第一人。还有东晋陶渊明，县官不当了，"既自以心为形役，曷不委心任去留。"你可以批评他这批评他那，但实际做到很不容易。我们一点既得利益都不愿放弃，他可是放弃得赤条条的。我为什么就不能够放弃教授的职位呢？有几次我都写好了报告，打算放弃。我说这第三次放弃才是彻底的放弃。可是我没有做到。我到底为什么放弃不了呢？我放弃了我将失去人类学研究的条件，比如说，你到了田野工作点，人家知道你是武汉大学的教授才给你吃住的地方，如果你是一个无业游民，你又怎能去做研究？再说我没有工资，我怎么生存？我在哪儿生存？陶渊明还有十几亩地，几间房屋，我呢？如果我到田野中去住，我批不到地基盖房子，我怎么弄？我怎么生存？我的生活费用多少，一笔一笔都算过。还有，我只有那么一点点存款能够活多长时间？这么长时间能够做多少事？这些也算过，所以思前想后，还得当这个教授。

徐：不能放弃，不能离开人类学学科，不能离开人类学的田野，呵呵。

朱：当然不能离开啊，不然我怎么弄啊，所以最后没有放弃。我感到人类学者有两种类型：第一种是生成型的；第二种是学成型的。生成型的，我将其定义为三个要素的合一：第一，生性当中具有某种人类学倾向；第二，后天的文化学习中的某种人类学的选择；第三，生活经验本身暗示给他某种人类学思想。当然生成型和学成型也不是对立的，两种类型也没有哪个好哪个不好的问题，只是不同的类型。

徐：你现在是不是能把刚才讲的问题帮我们展开一下，人类学家分两种，一种是生成型的，另一种是学成型的，就这个再给我们谈谈你的看法，你的体验。

朱：生成型的人类学家，并不能说是天生的。生成型的第一个要素是生性的倾向，关于人的本性问题的思考，在20世纪的初期，文化决定论还是生物决定论有过争论。古代人也思考过这个问题，如孔子说"性相近也，习相远也"。后来到孟子有性善说，荀子有性恶论。到底是生物决定还是文化决定，这并不是马上可以解决的问题。在我的体验当中也无法解释，我只能提供经验上的一些小事，徐老师和同学们帮助分析一下。比方说大概在五六岁的时候，我和邻居一个小朋友去玩，那个小朋友说好先回家一会儿，然后再来玩，但是他就不来了。我感觉到这简直不可理解，为什么他说话不算数。我如果对人说回家一会儿，肯定会来的。这就是说他和我两个人不一样，那么如果我们两个人的灵魂交换一下，我的灵魂进入他的躯体，他的灵魂进入我的躯体，会是一个什么样的情况？他会想到什么问题呢？我又会想到什么问题呢？这个"交换灵魂"有点"交互主体性"的意思。

徐：当时你才五六岁？

朱：五六岁，六七岁吧，好像还没有上学。再比如说，我现在不吃牛肉，我过去吃牛肉。有一次，夏天的时候，看到犁地的农夫打他的牛，天气很热，这头牛大汗淋漓。当时我感触很深，又想到农夫如果是被打的牛又作何感想。从此我不吃牛肉，到现在没有破例。当然这种东西不是什么好不好的问题，只是说明我的生性当中的某种倾向。一些作家也有这种倾向，如托尔斯泰，看到一匹老马，他就好像变成了那头可怜的老马了，看到一棵树，他也感觉到变成了那棵树。这样的性情，使我不愿意去伤害别人，尽量理解别人，我不想去战胜别人、压过别人。这个就是生性当中的那种。第二个要素是后天的文化学习中的某种人类学的选择。我在部队工作的后期就到武汉大学中文系读汉语言文学专业，后来又在中文系读了一年的古典文学助教进修班，再后来又读了文学理论的研究生班，获得了文学硕士学位。中文是充满了人文关怀的一门学科，我对人类前途的具有终极思考的情怀也在这个学科中受到熏陶。后来就转向人类学，还到北京大学社会学人类学研究所做了一年的访问学者。在这些学校教育中，我在没有接触人类学以前的学习选择就与人类学精神相关。至于说第三个要素，就是生活道路暗示给了某种人类学思想，这就是我上面所说的，我的思想中从个人意识到国家意识，再从国家意识到人类意识的发展历程，由经历本身暗示的思想与人类学精神接通。

徐：这个问题我觉得谈得很有意思，对我们的年轻人进入人类学会有很大的启发。你讲的这个生成型和学成型，从生性方面，从后天学习中的文化选择方面，从生活道路的暗示方面，我觉得你进入人类学和我们一般的人进入人类学有很大的差别。你有一个非常深沉的思考，这个思考呢，从你刚才讲的，如果是六七岁的时候，就是学前你就已经想到，你的小朋友他不讲诚信，你们两个灵魂交换一下会怎么样，这个我现在听了都觉得很惊讶，我现在记得我最年轻的时候坐火车从柳州回到武汉，抗战胜利了，回到武汉，我父亲也回到武汉，我只记得这个东西。再就是记得我姐跟我打架，她把我的手指甲给咬坏了，到现在还这个样子。就是一个瓶子，我姐要我不给她，她就来抢，不仅抢，抢不去她就咬我。就是你讲的人和人之间还是蛮残酷的，连我的姐姐都会咬我，何况……

朱：哈哈哈哈……

徐：哈哈，我就是说你那么年幼的时候对人类一些深层次的问题，灵魂的问题，都有一种思考，我觉得你好像天生就具有人类学家的风采，你的习惯，你思考的问题都是在思考人类的意识、人类的前途，所以我觉得你应该是我们中国人类学家也好、工作者也好、学者也好当中最具有人类学学理基础的一个教授。你第二次转型以后，第三次转型你不能够放弃教授职位。你放弃的话，放弃你的职称专心去做陶渊明的话，就无法生存了。时代不同了，因为你需要有一个生存环境，还要有你自己的生存策略。

你第一次放弃，是个人生命史的第一次转型，那是个人意识发展成为国家意识的时候，准备为国献身。第二次，你从部队来到地方，你这一次转型我觉得是比较理性的，因为你在部队 10

多年积累的资源,我们现在讲积累的资源,因为你是给高层领导做秘书出来的,那时候,应该说解放军还是蛮吃香的,姑娘们也是蛮喜欢的,20世纪70年代到80年代初,解放军是最吃香的,那你把你的这一资源,也是你的财富吧,全部放弃。20世纪80年代进入大学是很清苦的,应该说大学一直都是很清苦的,特别是你要做学问,而且不去当官,这个转型我觉得是你的人类意识或者说对人类前途终极关怀的成熟标志。所以你放弃你的资源,到大学当教师,又很快从中文专业进入到人类学专业。这第二次转型,是非常独特的。你的第三次转型并不是说没有转,而是说你转得更理性,更成熟。因为你必须为人类学继续作研究,那你就必须要有一定的生存条件,如果你像陶渊明那样拿把锄头去种田去了,也就很难在人类学中做出成绩。我为什么很想跟你谈一谈这个问题呢,现在对于人类学具有学科意识,或者对于人类学真正具有人类意识的人并不多。很多研究生进来以后,就是学成型的,职业型的。我们有一些出国留学读了博士回来的,他学英语专业,他到美国读博士或者读硕士,他选专业时可能只有选人类学、社会学比较容易一点,对他们来说要读别的有点困难,他们当中有一部分人就选择了学人类学这一条路。他们做人类学完全受到西方的训练。你的人类学的理念多是本身的感悟,本土的感悟,这是从中国土壤里生长出来的,你不是受国外的人类学训练成为一个人类学家的。

朱:我也接受了国外的很多理论观点。现在是全球化时代,网络发达,而且国外新的人类学著作很快就传入了。我读了几百本人类学经典著作,其中到北京大学社会学人类学研究所那一年就读了100本原著。一本一本地往下读,比较喜欢的人类学家是:博厄斯、本尼迪克特、米德、列维—斯特劳斯、涂尔干、莫斯、葛兰言、萨林斯、布朗、格尔兹,后现代的也比较喜欢,因为他们将研究过程以及研究者也作为研究的对象,只承认局部的真理，不垄断真理。从我的偏好来说，更喜欢理论性强的著作。当然对深度田野著作如马林诺夫斯基、普里查德等人的民族志也很喜欢。

二、人类学的中国体系构建

徐：从你的经历来讲，从你的生命史来讲，我觉得你的人类学知识、人类学理论，是从本土生长出来的，所以你这个根是扎在中国土地上的，但是你又不是完全排外的，这个时代也不可能完全排外。全球化了，随着文化的传播交流，有关人类学的知识，大部分在中国都出来了。你吸收了他们的东西，应该说是融会了中西。你融会了中西，在中国本土的土地上生长出来这样的理念，所以你最能够谈一谈人类学的中国体系构建问题。人类学中国体系的构建，第一是背景；第二，我们为什么现在有条件或者是有机会构建人类学的中国体系；第三，如何构建人类学的中国体系。我想听听你这方面的想法。

朱：人类学中国体系的构建，这是要靠很多人来回答的问题，我只谈一点我的想法。在吉首会议上，徐老师给我一个发表评论的机会，我简单地讲了一点，现在我接着那次发言的话题稍稍展开一点。

第一个问题是构建的意义，也就是背景。为什么要提出构建人类学的中国体系这个问题来？如果追溯思想源头，还是根源上面说的某种终极关怀吧。我们这个时代它需要一种新的思想。德国哲学家雅斯贝尔斯在《智慧之路》一书中，说人类开端时的文化是独立发展的，到轴心时代，人类精神出现第一次觉醒。中国的先秦诸子，古希腊出现一大批哲学家，印度出现了佛陀。到了我们这个时代，以地球的统一性来衡量一切，世界变成了一个整体，这是"二次开端"，必将出现人类精神的再次觉醒以及新的轴心时代。新的轴心时代必将有新的思想，第一个轴心时代的思想雄霸几千年的情况将被改变。而当下的情况是什么一种状态呢？在全球化的过程当中，西方的思想被认为具有普适性。这到底怎么形成的呢？就是因为它的经济发展，科学技术发展，军事也发展起来了，船坚炮利。它有力量，它把你打败了，它取得了殖民霸权，刺刀架在你的脖子上，你怎么办？你必须暂时承认它的优势，你必须要向他学习。因此，西方中心主义、西方文化的普适性的看法实际上是建立在经济与军事优势之上的。但经济与军事的优势是不能永存的，文化发展有它自己的规律。梁漱溟有一个思想也很值得借鉴，他认为，世界文化有三块：一块为向前的文化，就是西方文化；一块为持中的文化，就是中国的文化；一块为向后的文化，就是印度文化。过去向前的文化取得了霸主的地位，现在呢，中国的文化在未来要上升到世界文化的主流，再后来呢是印度文化。文化会不会是这么个走向，我们姑且把梁漱溟的这种看法搁置一边，但是起码有一个问题，西方文化不具有普适性。根据美国哈佛大学人类学教授张光直等人的研究，西方文化不但不具有普适性，反倒是普适性之外的特殊性的文化。他从考古人类学的角度发现了这个问题。中国文化、玛雅文化以及其他文化都具有连续性。这就把问题完全颠倒了过来。中国文化是连续性文化的代表，从中国文化出发，将会构建出新的理论。这种新的理论即使不具有普适性，那么起码也是与西方的理论具有同等重要性的另一种理论。这对于人类学的理论构建也是适用的。我是基于这样一个大背景来思考构建人类学的中国体系问题的。

概而言之，从大的人类发展整体的历史背景来看，我们这个以地球统一性衡量的全球化时代是一个需要新的思想也是创造新的思想的时代；从人类当下的现实背景来看，目前世界暂时疏离了大规模的战争年代，霸权正在遭到挑战，西方文化的普适性被怀疑。目前世界的很多问题应该说与西方价值观念带来的问题不无关系，这些问题需要解决，环境问题、人与人之间的关系问题、战争的潜在危险问题。在这种情况下，也需要新的人类学思想体系的出现。

　　徐：你这个问题呢，实际上涉及当前非常热门的国学问题，人类学和国学有没有关系？实际上国学也就是中国传统文化，传统经典，是不是可以这样看。前不久我们在光明日报社有一个小型座谈，王铭铭教授、彭兆荣教授、徐新建教授、叶舒宪教授，再就是《光明日报》国学版的主编梁枢。我和梁枢组织这个座谈，我们感觉到，中国国学实际上正是我们人类学的构建，人类学中国体系是一个巨大的田野，或者是基地或者是土壤，你刚才讲的这个问题我是非常赞同的。就是中国文化对人类学理论构建的作用，中国的文化是连绵不断的，它跟印度文化、希腊文化都不同，梁枢讲的是一个很好的归纳和概括。那么在今天，人类学在西方是非常强势的一个学科，在中国又是一个很弱势的学科，但是人类学要发展。中国人类学、国际人类学都要发展，因为，就像您刚才讲的，现在的社会、现在的世界，族群矛盾非常突出，战争不绝，美国和伊拉克的战争到现在都没有解决，现在又和伊朗搞得不可开交。人类和自然环境的矛盾越来越突出，自然在惩罚人类。当前这个世界既有人与人之间的冲突，也有人与自然的冲突，那在这个情况下，西方原来的理论，就是你刚才讲的，它已经不能回答如何解决这个世界上的问题了，找不出很好的答案。那么他们就把眼光转向中国，转向印度。但是到印度一看呢，这不行啊，印度关怀的是后世，它是人类以后的事情，它都是比较超脱的，所以我们到印度去的人很多，最近两年到印度去的人类学家不少，包括我们中国人，觉得印度是一个特别的国家，一边是非常高级的高楼大厦，很先进的软件，一边是非常穷困的，两个极端。在中国就不同。你刚才讲的中国的文化几千年连绵不绝，有很多很丰富的东西在协调着人和自然的关系。可能你等一下还会说到老庄对自然的态度，对人和人之间关系的看法。无为而治是很重要的。现在大家都想在中国的文化里面寻找解决世界问题、国际问题的答案。实际上又回到你那么年轻的时候，那么小的时候就考虑过的问题，人与人的灵魂交换一下以后会怎么样呢。前不久凤凰台邀请了中国和日本两方的相关学者和知名人士谈两国关系问题，这是民间的一次讨论，就有很多的问题值得思考。在这样的状态当中我们去看人类学的中国体系的构建，在当下时间段它的意义非常重大，既能够从中国的文化里面找到解决世界问题的答案——和谐社会，又能够使中国国学焕发青春，为中华民族精神的构建、中华民族意识的构建提供思想，提供理念。我还是想请朱教授沿着你的思考，特别是你对中国的传统文化有过思考，今天在人类学这样一个理论框架下，这个学科背景下，来探讨人类学的中国体系的构建，它的意义，以及如何构建。

我们现在把它对照一下，现在这个世界也可以说是乱糟糟的冲突。我们把中国传统文化的体系放回到春秋战国时代、夏商周时代。你要是讲战争，那春秋战国时期可以讲天天都有战争，也是一个大动荡、大分化、大冲突的时代，那个时候也是国与国之间，也就是诸侯国之间的冲突，族群也很复杂，夏、商、周、楚、越、蛮、夷、戎、狄，一个多族群的世界。那个时候人类所出现的各式各样的问题，以战争、以冲突为主，人们盼望的还是和平、和谐、统一。所以那个时候我们中国出现一大批的思想家，包括孔子啊、老子啊、庄子啊、墨子啊、荀子啊。如果我们要用人类学的理论把他们通通地网罗起来看的话，他们很多人都已经是人类学家了。因为他们中很多学者是从人类出发再回到人类，所以对当时社会的冲突、战争、和平的问题、统一的问题，给出了很多的答案。当权者、君主、国君，或者诸侯，或者士大夫就运用很多不同的答案去实践着，最后的结果是什么呢？最后的结果是国家统一、族群和谐。当然我们现在用族群来说，当时就是说华夏族横空出世，对不对？蛮夷戎狄，华夷之辩，最后走向华夏的统一、汉族的出现。所以这个背景如果把它抽象化，把当时学者们构建的各种学说抽象出来，放到现在的世界来看的话，那现在的世界可以说也像春秋战国时代，是一个国际性的春秋战国时代，也就是文化也是多样的。这样一个全球化的浪潮，就好像我们中国春秋战国时期大一统的浪潮，成为一个不可逆转的潮流。由于科学技术的发展，现在什么东西都传播得特别快，在这样一个背景下，西方文化生长出来的东西，它要拿来解决现在世界的问题，不要讲解决世界问题，就是解决西方问题都有很多的难题无法解决，它没有答案。所以你讲的从西方文化里面，从罗马文化、希腊文化、英美文化里面出来的东西，从殖民主义里面出来的东西，从帝国主义列强里面出来的东西，它不能解决当代世界面临的问题。所以现在西方人类学家早已批判了西方中心主义，这是人类学最大的进步，批判了自己的西方中心主义。在这个条件下，大家都面临着世界上的那些问题，天天发生的冲突，包括伊拉克战争中对伊拉克战俘的虐待，这些东西都促使我们考虑，不要讲我们在考虑，西方的学者、西方的老百姓也考虑。拿什么答案，拿什么办法来解决这些矛盾、这些冲突。西方人类学家在批判西方文化中心主义，本来它是一面镜子照自己，我是最强的，我是帝国主义文化嘛，是吧？现在一面镜子不够用了，它在找第二面镜子。一段时间找的第二面镜子是印度，看来印度还有很多东西很难回答，所以第三面镜子就找到中国来了。我觉得这是一个大的进步。西方人类学家在西方文化的宝库里、他们的资料库里找答案找不到，这面镜子不够照。所以为什么你到理发店里去，前面一面镜子，后面还有一面镜子，才能看到后面呢。他们特别希望能从对中国的研究里面找到解决这些问题的答案。人类学，就是你讲的人类学对人类的一种终极关怀，这是人类学家最了不起的一点，跟别人不同。经济学家只关心经济，它关怀的是经济发展，赚钱。社会学家最关心的是怎么样解决社会上的问题，如农民进城等这些具体问题。社会上的具体问题，社会分层啊，社会怎么控制啊，这些问题。但是我们人类学的出发点就不同。

这就回到第二个问题了。有什么条件来构建人类学的中国体系？可能性有多大？为什么可能？

朱：当今世界政治多样、文化多元，各种文化都可以在里头说话。而中国文化又能够代表世界文化的一般性特征，是最具连续性的文化。中国文化恰恰提供了这种东西，并不是中国文化凑巧来解决世界的问题，而中国文化历史形成就是一般性的文化。它具有连续性，大多数文化就是这么发展的。过去只是一个特殊时期，你把战争强加在别人头上，现在多样化的时代，战争已经不是时代的主流了，不是发展的方向了。这个世界需要讲和谐，人与自然的和谐，人与社会、人与他人、人与自我的和谐。西方人类学家也在进行自我反思，批判西方中心主义。但我总有这样一个感觉，就是西方人类学者对于西方中心主义的颠覆是有限的，不彻底的。"抉心自食，欲知本味。创痛酷烈，本味何能知？""痛定之后，徐徐食之。然其心已陈旧，本味何由知？"他们的自我反思与批判遇到的正是这两个悖论。而中国文化提供了一种深刻的、和谐的理念，一种深度的人文关怀的思想，所以中国文化具备这个资格，有条件构建新的人类学理论，丰富世界人类学思想宝库。这里讲的是内部条件。

从外部条件来说，当今中国在世界舞台上扮演着重要角色，这就给予中国人说话的机会与场合。徐老师将当今的国际舞台比喻为国际性的春秋战国时期非常精彩，在这个舞台上，它需要中国文化参与里头发表意见,并且起比较大的作用。现在世界上的很多事需要中国参与解决。中国文化本来就不应该因为经济技术的落后而遭到忽视,但是西方文化取得霸权地位就是随着它的经济技术的发展而取得的,故而它们也将它的价值观强加于世界之上,中国文化也就被轻视。现在不同了,随着中国经济技术的发展,中国文化的国际地位也随之提高。同样是经济技术与国际地位的原因,西方即使还用原来的价值观也要对中国文化另眼相看。这也为构建人类学体系提供了条件。

徐:我再插一下话,为什么你刚才讲时机已经到了。十年以前就是20世纪90年代初期,以萧兵和叶舒宪他们为代表对中国古代典籍进行人类学的破译。尽管他们费了很多力气,什么《楚辞》啊、《老子》啊、《诗经》啊、《说文解字》啊等等,已经搞了不少了,但是并没有很大的影响。人类学家不承认他们的东西是人类学的东西,传统的国学那一块也根本不承认,等于是都把它封杀了。今天就不同了,今天的条件下,国学需要把它重新来构建,就是重建国学的新体系,或者重新解读中国传统的经典文献,就是用人类学的理论和方法来解读中国的传统文献,这非常需要。为什么于丹的《论语心得》铺天盖地,老百姓那么喜欢买,就是人家需要,整个社会需要。你是古典的、经典的东西,人家读不懂。你说《易经》有几个人读得懂啊,老子、孔子、庄子的书,有多少人能读得懂啊。《论语》是最好读的,《论语》这个东西不是什么经典,它就是老师上课,学生记下来。就是现在我和朱老师讲的东西,你们记下来,一万年之后可能就是新的《论语》了,对不对呀,那样的东西。孔子教你怎样当学生、怎样当老师、怎样当官,对不对?碰到了对神怎么看,我自己饭还吃不饱,还敬什么鬼神去呀,对不对呀?所以我觉得这都是很深厚的东西。但它现在是经典了。现在需要这些东西,而且确实时机已经到了。这个时候,中国的人类学家在学习西方人类学当中，一定要按照人类学的这种规范去做田野，也就是到一个村，长期做田野，这一点下面我还要请朱老师谈这方面的经验。现在讲的是国学面临着新的人类学解读。

朱：如何构建人类学的中国体系问题，需要许多学者来回答。我认为从体系内涵上说，有两点值得重视。第一，中国传统文化对于探讨人类学的中国体系构建之间的关系，在这里最主要的是需要思考中国传统文化的基本精神怎样切入人类学，使人类学的基本精神显示出一种与西方人类学主流观念不一样的精神来。第二，从中国的本土田野经验出发去构建人类学的中国体系问题。这两个问题相互关联。

关于中国（传统）文化的基本精神，一些国学家认为是"天人合一"，这是非常正确的。所谓"天人合一"，就是强调人与自然、人与社会、人与他人、人与自我四种关系的和谐，进而显示出对人类前途的终极思考。我在这里仅对后世影响最大的儒道两家的思想文化来略展开做一点分析。以老子为创始人的道家特别强调人与自然、人与社会、人与他人、人与自我的和谐关系。道贵乎行，其行曰德。我在《伏羲与中国文化》一书中曾就《老子》"德"的语义内涵，包括本义、借用义、基本义、引申义，包含了老子对人与自然、人与自我、人与他人、人与社会四种关系的哲学见解，提出老子具有一脉相承逻辑关系的四个原则，这就是：在人与自然索取与被索取的关系中用"啬俭"原则去协调；在人与自我的关系上用"寡欲"原则去进行自我道德修养；在人与他人的关系上用"不争"原则去进行行为规范；在处理社会政治问题时则奉行"无为"原则，实行"小国寡民"的社会理想，从而达到人与自然、人与自我、人与他人、人与社会的和谐。这一切所要达到的最终目的在《老子》59章提供了一个完整的回答："治人事天莫若啬。夫唯啬，是以蚤服。蚤服是胃重积（德。重积德则无不克，无不克则）莫知其（极。莫知其极，可以）有国。有国之母，可（以长）久。是胃（深）根固氏、长生久视之道也。"（乙本。前两个方括号内文字据通行本补，后两个方括号内文字据甲本补）这是一个因果链，通过这个因果链，老子将他的最初起点（人与自然的关系）与最终目标（社会关系的和谐和自我修养的完善）统一起来了，达到了"天人合一"。老子的最终目的是要探求人类的"长生久视之道"，现在这条道路终于找到了：只要踩着"啬俭"、"寡欲"、"不争"、"无为"这几个协调人与自然、人与自我、人与他人、人与社会关系的台阶一步一个脚印向前迈进就可到达。道家文化所强调的人与自然、人与社会、人与自我、人与他人四重关系的和谐的深层目的，是在人类生存资源有限和发展方向不可逆转的大前提之下对人类前途的终极关怀。

儒家思想文化的最高哲学范畴也是"道"，讲的也是人与社会、人与他人、人与自我的和谐统一关系，当然较之道家而言，它较少讲人与自然的关系。《论语》一书"道"字使用了60多次。孔子论"道"，他所说的"道千乘之国"中的"道"是治理一国之"道"；"三年无改于父之道"中的"道"是治理一家之"道"；"道之以德"和"不以其道得之"中的"道"是"道德"之"道"，但这里主要讲的是外在的行为规范；而"吾道一以贯之"中的"道"被曾子解释为"忠恕"则是内在的道德修养。至于"君子道者三"中的"道"，被具体化为"仁者不忧，知者不惑，勇者不惧"，这是对君子的素质要求，这在表层次上既是内在的道德修养，也是外在的行为规范。知、勇不仅是对于社会而言，而且也是对于自然界而言，"仁"从人从二，主要是对于他人而言，要具备这种素质，必须以一种对于自然和社会的整体看法的世界观为基础，所以这是一种综合性的要求，具有综合性的内涵。孔子的后人根据他在不同场合的不同的针对性分别发挥了天道和人道，从而发展为两个分支：一是《大学》

的思想,一是《中庸》的思想。而在天道与人道合一上,两个分支的思想则是相同的。《大学》所讲的"道"主要是讲人道的"德",这个"德"就在于"亲民",在于"止于至善"。"亲民"被宋儒理解为"新民",即是儒家"亲亲"思想的引申。这是讲如何处理人与社会的关系,使之达到和谐。而"止于至善",则是人的自我道德修养。《大学》之传第三章中说:"为人君止于仁,为人臣止于敬,为人父止于慈,为人子止于孝,与国人交止于信",这是处理人与人之间关系的准则。但《大学》的作者曾子也并未完全舍弃人与自然关系的论述。他把"格物致知"作为《大学》的基本思想的基点,这是将人道放在天道这个大的背景下来阐述,这个基点就是建立在天与人一致的基础之上的。而《中庸》的作者曾子的学生子思亦较注重阐明天道与人道一。《中庸》一开篇就说:"天命之谓性,率性之谓道,修道之谓教。"这是将自然界与人类的关系,自然与人性的关系的大纲宣布了出来,这种说法与《大学》一样,其基本前提也是承认了天与人的联系。子思继承了子贡将孔子的"道"理解为"性与天道"的思想。"性"与"天道"为什么能够合到一起呢?因为人就是自然界的产物,人的身体属于自然,人类的性情就是自然界所赋予的,所以是符合自然界的"道"。故而子思说:"天命之谓性,率性之谓道"。子思认为,"道"就是性,就是天命。自然规律和社会规律等同,只要是循性而行,其本身就是符合"道"的。因此人的教育就要顺着人性去施教。这里提出的"中和"的境界就是人与自然、人与社会和谐相处的至高无上的境界,也就是"万物并育而不相害,道并行而不相悖"。这也是讲"天人合一"的基本精神。

可见,中国文化的儒道两家的核心思想与西方的思想是不一样的。比方说西方文化讲对自然关系的突破,对他人的某种征服,而中国文化讲的是"天人合一"之"和",就是"和谐"。中华"元典"处处弥漫着这种精神。就举《诗经》首篇《关雎》为例，它怎么讲"和"呢？《关雎》的主题叫做后妃之德也，文王的妻子后妃，她怎么谈恋爱的。好，就这样谈。她没有谈成的时候虽然很哀怨，但是她不伤害自己，不去做极端的事，也不伤害对方。后来谈成了，她做事又不过分，所以谈恋爱都很和谐。这就是所谓"乐而不淫，哀而不伤"。构建人类学的中国体系，有的人类学者提出人类学的中国存在"志国"传统，如《华阳国志》、《西南蛮夷列传》等等。这就等于当时的"民族志"。如果这么说来，也还有"搜神"传统（《搜神记》），"述异"传统（《述异记》），"志物"传统（《博物志》），这些都可以说是人类学的，但是我感觉到最重要的是要从中华"元典"出发，从中国文化的基本精神中去寻求新的人类学思想，从《易经》、《礼记》、《周礼》、《仪礼》、《诗经》、《山海经》、《老子》、《庄子》、《论语》等等经典中来梳理中国的人类学思想，进而反思西方人类学理论与概念，构建新的人类学理论体系。

另外，从形式上看，话语问题当然也很重要。我们要把中国传统中的人类学思想，将中国本土田野经验作出某种理论梳理，必须要用中国式的人类学话语。而人类学又起源于西方，你又不得不受西方人类学话语的影响，应该找到西方人类学话语与中国传统典籍话语、中国田野经验话语之间的契合点。

徐：我觉得还有一个很重要就是人类学家的使命感。因为如果你没有使命感，还完全是用人类学的西方话语、西方体系来研究，就会有一个差距，或者有一个距离。这个距离使得我们既不能够对世界有所贡献，又不能够把西方的理论拿来对我们中国本身的问题有所解读。西方的话语、西方的人类学理论对中国的问题有隔膜。为什么弗里德曼到中国，他拿非洲的宗族理论来研究中国的东南，他对中国东南的宗族研究就有这种隔膜。这种隔膜就使得他对中国宗族的研究没有达到更高的高度和更深的深度。

如果没有这种使命感的话,我们始终是跟着西方人类学话语后面走,那我们的人类学始终处在一种边缘。为什么社会学就目前来讲能够成为显学?全中国那么多的高校有社会学系,社会学的学生找工作也好找一点。为什么现在人类学这么弱小?所以中国的人类学家们、人类学者们应该有这样一种使命感,就是要看到人类学国际发展当中的需要。第二更应该看到中国文化是一个独特的体系,而且还是一个从来没有间断的连绵五千年以上的体系。乔健先生1995年在《广西民族学院学报》发表的《中国人类学的困境以及前景》一文中特别强调它的前景。所以那个时候,乔健的这篇文章这一段话对我印象非常深刻,使我感觉到中国的人类学家要对世界、对国际人类学有所贡献的话,他没有必要到非洲去做田野,也没有必要到美国去做印第安人的田野,所以乔健本身也是走这一条路的,他是从印第安人的田野回到香港做异文化也就是瑶族的田野,现在他说他做汉族的田野,在山西,他做底边社会。他也是从美国回到了中国内地,先做少数民族算是异文化,按照传统的规范做异文化,最后他还是回到他的本土。那我们中国人类学家,因为中国人又是这么多,世界上人口最多,历史又是这么悠久,又是那么连绵不绝,我们中国的东西如果搞好了,中国的东西如果提炼出来了,那对世界的意义就自然而然凸显出来,它的光芒射得非常远,所以为什么孔子的思想到今天还照射着我们这个世界,照射着我们的心灵。打倒孔家店,"文化大革命"批林批孔又批了一顿,从某种意义上差不多把中国传统文化的根都挖出来了,都晒了太阳了,都叫它绝掉了,但是中国文化它就这么顽强地重新生长着。它就可以出现易中天这样的人,他讲三国,三国就是传统文化啊。就可以出现于丹这样的人,因为她讲《论语》,老百姓需要她用最通俗的语言、用当下的生活背景来解读《论语》,她做得对。当然她是从哲学的角度说的,如果人类学家用人类学的理论来解读《论语》,像你讲的,来解读《诗经》,来解读《老子》,像萧兵和叶舒宪那样能够提升一步,不仅仅话语要有人类学的话语,材料用中国材料,还要深入浅出,不要大量地引用原话,这样的话,在对中国历史文献或者国学经典的人类学的解读和重读当中构建人类学的中国体系,这是一个方面。第二个方面,可以讲中国社会现在面临着中华民族生命史当中最大的一次转折。中国从古到今都是多民族国家,可以讲在中国五千年的历史舞台上,有万千个族群或者是民族在这个舞台上都亮过相,当然有的消失了,到哪里去了?是不是在互动当中融合,整合成其他民族,尤其是整合进了汉族?一直到今天,56个民族,实际上都是构建了中华民族的体系。那在这样的状态下呢,这样一个巨大的文化转型,或者是族群、民族转型,或者是民族大认同啊,是吧?如果中华人民共和国成立初期大家最认同我是什么民族,然后我在全国人大代表要有一个代表席位以外,现在更认同中华民族。国家也强调这个,当然它还没有形成法律上的一种地位,但学术上我们强调中华民族的研究,文化上强调中华民族的精神。所以这样一个大的文化转型当中人类学家应该是大有作为的。我们不是为了解读经典而解读经典,解读经典是为了当下。如何更好地解决或认识当下中国的转型,中国是要从穷向富转。实际上历史上中国是很富的。中国富裕的时代,学历史的知道,两汉、隋唐、明清,那应该是很富的。当问到最愿意回到哪里、哪个时代去,有些学者说想活到唐代去。说这个话的是江晓原啊,江晓原他是科技史学者,他说他最想回到唐代。也有学者想回到明代。我觉得实际上现在的时代是最伟大的时代,尤其是现在我们的高层已经把目光转向民间,转向底层,应该说这是中华民族生命史上最伟大的一次转型。那有多少问题可以做田野,多少事情可以做田野?所以我觉得这样一个使命感,再加上你讲的人才素养。还有一点我觉得我们要宣传,宣传人类学的理念,你刚才提到的中央提的三个重大的理念,以人为本、科学发展观、构建和谐社会,这实际上都是人类学的基本取向。

朱:这些和人类学的基本精神是吻合的。从某种意义上可以说,中央是在用人类学的思想在治国。

徐:啊,对,用人类学的思想治国。那么人类学的中国体系的构建应该是时机确实已经到了。

三、田野工作对构建人类学中国体系的意义

徐:下面我们想进入第三个主题,也就是说跟前面有关系的,如何构建人类学的中国体系当中,朱老师刚才已经提到田野,那么在这方面呢,朱老师有非常丰富的经验。我觉得现在我们的很多学者在田野的时间越来越短,次数越来越少。但是人类学的田野工作本身是它的"成年礼",而且也是人类学家的看家本领。如果人类学离开了田野,那人类学的生命我看也就终止了。任何一个人类学家如果离开自己的田野,他就没有生命力。朱教授一直在田野,特别是在白族的那个周城啊。现在朱老师在那里田野时间前后应该有七八年了吧?下面就想请你谈谈,从人类学中国体系的构建方面来谈人类学田野,你自己的体会和感悟。

朱:田野工作的确是人类学者的"成丁礼",你做人类学,这个传统你必须要继承下来。我在大理喜洲镇周城白族村前后加起来有18个月的田野工作时间。2000年在那里做了1年田野调查,而后回访了7次,2001年被当地授予"周城荣誉村民"。在哀牢山摩哈苴彝族村的田野工作时间为:1995年暑假、1996年寒假、2001年暑假、2002年寒假、2003年寒假、2004年3月。另外在湘西土家族和武汉黄陂平峰村也都做过一些田野调查。田

野工作为什么对人类学中国体系的构建具有意义，因为人类学中国体系的构建，其实需要两个方面的结合：一个是典籍，一个是田野。而且二者其实是相通的。不仅如此，我甚至认为田野工作较之文献典籍更具有重要性，这是基于我对"小大之辨"的思考。

　　我认为田野工作是研究真正"大传统"的。我把雷德菲尔德提出的大小传统的概念颠倒了一下，这在《社会人类学》一书中我已有表述。美国的人类学家雷德菲尔德提出文化有两个传统：一个是大传统，一个是小传统。在雷德菲尔德那儿大传统是指殖民者的天主教，小传统是指乡土社会或者民间生活。这个概念传到中国来，一些学者认为大传统就是上层精英文化传统，小传统就是下层民间文化传统。雷德菲尔德提出问题来就是为了矫正过去的看法。过去只注意大传统的研究，上层精英文化的研究，知识分子的研究，忽视小传统的研究。而他说要重视两个文化传统，因为这两个传统都是我们社会里头共同存在的传统，但是这种对传统观念的颠覆是有限的，因为有一个大小之分，好像大传统更加重要些。到中国的解释者这里，大传统被认为具有导引性，小传统只能提供一种生活素材。我对这个问题的看法是关于大传统和小传统的概念可以来一个颠倒，即认为所谓真正大传统是带有浓厚的原始文化传统的下层社会的生活文化，而真正的小传统是上层社会的精英文化。这有三个方面的理由：第一，下层社会的民间文化决定了上层社会的精英文化。精英文化是从下层文化那里产生的。我刚才举的《关雎》的例证就是这样的。民歌竟然成了儒家最重要的经典之一。第二，下层社会的生活文化具有悠远深厚的原始义化的传统，而精英文化到了文字产生以后才出现。第三，下层社会的民间文化是亿万群众的文化，而上层社会的精英文化只是少数人的文化，孰大孰小呢？

　　徐：实际上也就是说中国的这些经典著作、古典文献也是从

草根来的。你说《诗经》，你刚才举的例子我非常赞同你那种解读。比方说君子好逑，这种解读才具有人性，人类的意识在里面，而且教人家怎么对待这个。如果把《诗经》，那个时候也是在谈情说爱，爱情诗嘛，很多都是这个东西。如果你把它有些（拿到现在），那是不是黄色文化呢？对吧？所以我觉得《诗经》它也是草根出来的，它成为经典，很刻板很传统地解读它。只有不是从人性、人类意识、人的和谐这方面去解读，才出现了长期以来中国人所讲的儒家思想。

朱：我原来做过一些大传统的研究，《楚辞》的研究也好，《诗经》和"中国诗歌发生史"的研究也好，"伏羲"的研究也好，都是大传统的研究。每天坐在图书馆或书房里，钻故纸堆，图书馆是早上进去晚上再出来，以为这样才是真正的学问，是高雅的学者为学之道。后来到田野当中去一看，才知道天地广阔，原来的那个图书馆实在是太小了。那个典籍都是从实际经验中提升出来的，为什么我们不直接接触现实生活呢？格尔兹说过"理论接近基础"，理论构建从零开始。如果要构建中国人类学的理论，那么必须从中国的当代经验出发来提炼某种概念，进而构建理论。田野是第一基础，典籍也重要，但它所表现的文化精神在田野当中同样能看到，因为"小""大"是相通的。

我在这里举一个田野工作中所获取的民族志材料也显示了中国"元典"精神所显示的基本的例证。从普里查德、福忒斯利用非洲的经验创建了宗族理论以来，到后来弗里德曼对中国东南地区宗族的研究，他们的理论主要强调对抗。而我在对摩哈苴彝族村、周城白族村、捞车土家族村、平峰汉族村等几个民族村庄的观察中，看到这些宗族更重视内外的和谐。例如摩哈苴彝族村的宗族，是一种图腾氏族制宗族，各宗族皆以不同植物作为图腾祖先，这种图腾植物共有六种，即竹根、松树、粗糠李、葫芦、山白草、大白花。图腾氏族制宗族在处理内部关系上，注重削强扶弱，均衡发展。摩哈苴彝族在宗族裂变分支的过程中，总是较弱的小支留居原地。举竹根鲁宗族为例，该宗族原居老虎山，在宗族裂变分支的过程中，较弱的小支继续居留原地，较为强大的大支、二支搬出老虎山到几里外的背阴地新辟家园。而当这两个支系在背阴地居住几代宗支又发展起来以后进行第二次搬迁时，依然是较小较弱的二支留居原地，大支搬出背阴地迁至迤头村。在处理外部关系上，摩哈苴的图腾氏族制宗族并不依靠宗族裂变分支来增加自己的力量，进而对抗别的宗族，而是更重视不同图腾宗族之间的和谐协作关系的建立与发展。这种关系首先表现在重视姻亲关系。摩哈苴的图腾氏族制宗族实行的是外婚制，不同宗族之间建立起了姻亲关系。这些具有姻亲关系的集团之间存在着协作，也存在着竞争，但各个图腾集团之间的亲密与亲和关系以及与同一图腾集团内部的亲密与亲和关系是平衡的。当两者之间遇到利害冲突时，他们往往采取谦让的方式而不是采取在竞争中胜出的方式来处理。如竹根鲁与山白草杞同居一村，两个群体结成了姻亲关系且互相帮助、合作发展。当宗支发展起来而因山地狭窄生产活动受限时，当时已有三个支系的较为强大的竹根鲁宗族并没有利用这个优势地位挤走当时只有两个支系的山白草杞宗族，反而选择了将自己宗族的大支、二支搬出老虎山到背阴地艰苦创业的道路。也就是说，竹根鲁宗族宁可在宗族势力上削弱自己也要保持在姻亲关系上的稳固与和谐。这种对姻亲宗族的态度也推及地域内其他宗族。在摩哈苴，宗族裂变分支存在着三种类型：（一）在原地扩大聚落进而形成较大的宗族聚居地；（二）搬出原住村落，开辟新的土地，形成新的聚落；（三）宗族分支在摩哈苴地域范围内自由搬迁，与其他宗族合居一村，共同发展。三种类型中，第三种类型是摩哈苴宗族裂变发展的主要模式，因为摩哈苴聚落形态显示：同一宗族并非共居于一个村落内，而同一村落亦有数个宗族居住。摩哈苴9个主要宗族聚居地最初的格局是：竹根鲁与山白草杞居老虎山，松树李居迤头下村，松树鲁居迤头上村，粗糠李居岭岗村，大白花何先居份地平掌后迁何家村，大白花张居龙树山，葫芦李居干龙潭，马姓汉族居马家村。而目前我们看到的摩哈苴各宗族居住情况是：竹根鲁由老虎山散布到背阴地、迤头上村、迤头下村等4个自然村；松树李由迤头下村一地散布到迤头上村、干龙潭、龙树山、岭岗村、麦地平掌、外厂7个自然村；松树鲁由迤头上村散居到麦地平掌、迤头下村等3个自然村；粗糠李仍居岭岗村；山白草杞仍居老虎山；大白花何散居在何家村和岭岗村两个自然村；大白花张散居在龙树山、岭岗村、迤头下村3个自然村；葫芦李散居在干龙潭、迤头下村、马家村3个村庄；马姓汉族散居在马家村、外厂和龙树山3个村庄。9个宗族中有7个宗族都已经散居于摩哈苴整个地域之内，这应该可以代表宗族裂变迁移的一般性趋势，显示出摩哈苴各宗族之间团结和谐的主导倾向。松树李的宗族裂变搬迁的田野资料可以具体说明各宗族重视和谐协作而相互接纳的过程。

因此，我在这个问题上的观点是，构建人类学的中国体系所依托的基础依然是田野工作，典籍研究也可视为田野。中国文化典籍所体现的基本精神已经被凝结在田野材料之中，问题是我们在田野工作中需要发现这种凝结的材料。

既然田野这么重要，但有的人类学家认为田野没有认识论基础。列维—斯特劳斯在《忧郁的热带》中也提出过怀疑。你不是"他者"，你怎么能够研究"他者"？我想讨论一下这个问题。《庄子·秋水篇》说了一个故事：

> 庄子与惠子游于濠梁之上。庄子曰："儵鱼出游，从容是鱼乐也。"惠子曰："子非鱼，安知鱼之乐？"庄子曰："子非我，安知我不知鱼之乐？"惠子曰："我非子，固不知子矣。子固非鱼也，子之不知鱼之乐，全

矣。"庄子曰："请循其本。子曰'女安知鱼乐'云者，既已知吾知之而问我，我知之濠上也。"

这里引出了一个问题：我不需要变成鱼，我就可以理解鱼，理解鱼的文化，用人类学的话语说，就是异文化。惠子看起来提出的是一个反问题，实际上进一步证实了庄子的观点：你不是我，你不是理解我了吗？你不理解的话你怎么会说我不知道鱼的快乐那句话呢？在这里，庄子作为"人"能否理解"鱼"这个问题未被说明，但庄子与惠子之间存在着相互理解的可能性都已被证明。人是怎么认识事物的？人是通过分类来认识事物的，这在涂尔干和莫斯的《原始分类》里头已经说得很清楚了。通过分类，也就是说通过辨别差异性来认识世界，在进行比较的过程中认识世界。认识的基础在于分类。人为什么要对事物进行分类呢？就是这个事物与我们相关，我们才对它进行分类，也就是说我过去曾经提出一个观点：人类实践的"手电光"照亮之处，人类才能"看见"事物。这些事物与你生活相关，你要把它区别开来，于此，实践的观点就引到里头来了。从实践活动来解释认识的发生，这是皮亚杰的工作。皮亚杰认为认识发生于主体与客体之间的中途，他强调实践活动对于认识构建的意义，这里我就不展开说了。那么将其用于田野工作上，我比较强调皮亚杰所说的"活动"，所以《社会人类学》一书中提出了"田野三角"的概念。过去讲参与观察与深度访谈这两个方面，这是"看"与"听"的问题，我加上一个"直接体验"，这是"做"的问题。"看、听、做"，这才是完全的、非常投入的实践活动。这就是努力在解决田野工作的认识论基础问题。

徐：那你这个直接体验怎么做？

朱："田野三角"中的"直接体验"是基于皮亚杰的"活动"对于构建认识的内容以及思维方式的意义提出来的。皮亚杰讲到

"活动"从身体接触点开始,只有你去"做"了,你体验了,你的认识方能形成。"直接体验"提出来的意义在于强调实践活动,它在理论上具有重要性,那么对于具体的田野工作者来说,当然也是重要的。一般来说,因为你不能成为当地人,你的直接体验便是有限的。当然回到故乡做田野工作的人类学者是例外的。社区生活中的生产活动、交换活动,这个是可以去做的。我有时在社区也参与部分劳动。人家去背草我也去帮人家弄一下,人家在地里做一些活你也去帮忙。我年轻时非常喜爱农业劳动,在田野当中做一些事并不难。而在实践中接触到的东西就形成了对社区生活的认识。我是把直接体验当作目的,而不将其当作接近当地老百姓进而得到他们的信任就可以获取田野材料进而可以使研究得以成功的手段,从而构建自己的认识内容与思维方式。这次我带了几名研究生去周城,也要求她们去参与劳动,她们去地里帮助拔大蒜。交换活动可以跟着去做买卖。当然我没有在那里住,我不形成经济单位,所以我自己没有种地,没有东西要买卖,但跟着当地人的全过程是可以的。1995年暑假我跟着摩哈苴人到秀水塘赶立秋街,早上7点出发,晚上10点回,来回走了近百里。一天只吃一顿饭。晚上吃了六颗有些发霉的水果糖过夜。在直接体验中,看到了那个交换的全过程,他们并不是按社会必要劳动时间来计算价值的,而是按照各家各户的需要来交换的。你蹲在那里和他们一起卖东西,她那么大的果子只卖一分钱一个,你如果不是直接体验,只是参与观察,你不能理解她的心境,而正因为你在体验,你从她的全部生活去体验,所以你能够理解。他们很多人卖东西不喊价,不会喊价,也不愿喊价。要买者出价,他并不感到吃亏,他心态平和。你体验到他们的心境如此平和,你进而体验到他们的文化中的一些有意义的东西。直接体验与参与观察不一样,参与观察,你为了观察一个东西,你参与一下,你观察到了,很快就完了,你的目的在于观察,参与只是手段。但是直接体验和那个大不一样,是以"做"本身作为目的的。通过"做"建立起你与当地人的共同的"活动"结构,你对田野材料的认识方能形成。亲属关系,这个无法去做。我调查亲属关系是一家一家慢慢地熟悉。你的哪个亲戚关系在哪里,通婚圈到了什么地方。你不可能变成当地人。人类学家在当地加入亲属集团多半是象征性的,而不是实质性的。他们拜了干爹,当了养子,也并不真的把当地人当作父亲,而只是为了自己研究的方便,这是一种策略考虑。我的田野工作不希望运用某种策略达成目的,我在田野工作中宁愿不成功也不去损害当地人的利益。仪式活动,宗教生活,参与观察与直接体验也是不同的,主要还是人类学者的目的不同。我也许不能改变我的信仰,但我可以体验、进而理解他人的信仰。

徐:你的这个田野三点体会,你称它为"田野三角",我觉得非常好。但是我觉得还要比较明确地来说明,"田野三角"对我们人类学的中国体系的构建到底起什么作用,这是一个问题。另外一个问题,现在也有一种说法,田野是一个广义(概念),除了我们到社区、一个村去做田野以外,其他的任何一些实践活动也都可以称之为田野。费孝通先生曾经在1995年首届人类学高级论坛上说,我们今天在这里开会,举行闭幕式,也是一个田野,因为这个闭幕式是一个仪式嘛。他大约就这样讲。同时这个仪式可以看到我们人类学各个不同的研究的人,也就是不同的辈分吧。他说,这是"六世同堂"。从他那里算起的话,英国伦敦经济学院学了博士回来,到王铭铭,这个也是从那边学了回来的,就是六代嘛,"六世同堂",所以开会那也是这样。现在还进一步说,像英国的一些学者们,都把历史的文献也做一个田野,走进历史田野,所以我觉得有时候我们也可以讲文献,历史文献,经典的解读它也是田野。只不过它田野的内容,和我们传统所说的田野的内容有所不同,但是最根本的一点就是田野,这个田野就是你深入进去，观察它。当然了，文献这一块可能听不到，但是你可以体验它，你对它的那种……你可以想象，你有一个想象的空间嘛。所以它有那个想象的异邦和想象的空间，想象的一个社区，你也可以讲虚拟的，但是它又是过去曾经有的，再一次体验，从而把它那些东西提炼出来，放在今天来看田野的概念就比较宽泛，从你讲的"田野三角"的角度来讲，我觉得对于人类学中国体系的构建应该是一个非常重要的基本的途径。是不是可以这样认为？

朱："田野三角"的参与观察、深度访谈、直接体验又是深入了解普通民众生活文化的一种基本方法，田野工作具有实践的品格，它是区别于自然科学实验室的研究方法、书斋中的文献研究方法的第三种方法。怎么才能够知道中国文化本身的底蕴性的东西，你只有到田野实践当中去，直接体验当地生活，那么你才可能更能理解中国文化的底蕴在什么地方。格尔茨说理论接近基础，任何理论构建都可以从零开始，即从事实开始而不从其他理论开始。我们从中国的田野事实本身出发来构建理论，可以与西方人类学理论比肩而立。

徐：朱教授，我今天问你这个问题，不在于你田野技术上的问题，田野的具体方法的问题，因为你是做得非常规范的，真的是做得非常好，我看你的文章，你从文章当中所提炼出来的一些理论，我觉得非常有意义。比方说，刚刚讲到，你那个时候做周城的田野，那篇文章就是讲"文化叠合论"的问题，所以你讲的"文化叠合"，这就是一个从你的田野当中提炼出的一个基本的理论。这个理论我觉得是非常好的，非常有用的，我记得那次参加厦门会议最大的收获就是这个关键词了！而且我回来以后就把这个观点讲给我夫人听，她觉得非常好，她正在写中国的育俗，就是生育风俗。她用你这个观点把她这本书构建起来，书名叫《中国育俗的文化叠合》。

朱：谢谢徐老师！

徐：所以说这是一个。只是我觉得最重要的是我们在田野，本来我们在村庄，并不是研究村庄，不是研究这个村庄。因为人类学家有一个更宏大的视野，这个"更宏大的视野"是什么？我觉得你今天说得非常经典的就是对人类社会的终极关怀，就人类的意识，这一点，我觉得你跟别人不一样，比别人高。人类学家之所以比别人高，高在哪里？就高在这里！那么既然要建立人类学的中国体系，那田野到底起什么作用？我自己有一点体会。包括你的研究我觉得也是这样。当我们到田野去的时候，人类学家的田野，按照你的"田野三角"这个方法，让我们对我所研究的对象有一种比较宏大的视野。就是"望远镜"我也看了，"显微镜"我也看了。深描，格尔茨指的就是一个"显微镜"嘛。这就是深描嘛。在这样的对比下，田野做得越深，你这个提升理论，提升中国体系的可能性就越大。这就是说在本土里面、在田野的土壤里面生长出的理论才能更扎实，才更有意义，才会更有普适性。我这一次做《新乡土中国》，我自己就有体会，我在那里生活 20 年，我并没有感觉到我是在那里做田野，这是自觉不自觉地融入到那种现实社会里去了。我就是直接体验，所以我对武义县的政治、经济、文化、民间文化、精英文化都很熟悉，很了解，因为这是 20 年的积累，你不熟悉也熟悉了。啊，老婆都讨到那里去了，你说还有什么问题不清楚，对不对？对它整个东西都很透视了，就这样。当时我没有用人类学的理论去关照它，去构建我自己对它的看法，但是我 20 年以后，当我进入人类学以后，我多多少少了解、掌握了一些人类学理论以后，我去年回到武义县是非常偶然的，根本就不想去的，因为我忙啊。我夫人退休了，她回去了两次，她说你一定要来，她说你这个做人类学的，不回来看看会感到可惜的！你会后悔的！再加上很多朋友都知道我现在的情况，包括特别是以前教中学的嘛，中学时候他们都是，读得高的，都到外地去了，读得低的，什么中专的、师专的，都在本地，甚至没有读大学的，都在本地，大大小小都是他们这些。当官的当官，做老板的做老板，所以你应该回来看看。我回去了以后才有这个感觉，我才感到震撼，20年的变化，这个文化的变迁，这个突然把我20年的田野的底蕴的东西都翻出来了，才有了四点文化震撼，所以一个晚上就写了一篇小小的文章，这篇小小的文章就是《重读武义》。才能够使他们县里的领导看了以后，因为它上了网了，又上了地方报纸，（地方领导说）我们一天到晚在那里做，还不知道我们做得有多重要，徐教授这篇文章，就让我们觉得很重要，正是做新农村建设嘛，对不对？所以我才有了这个课题，我就不扯远了。但是我为什么要说人类学的田野调查？对社会的田野还要和历史文献结合起来。我在做这个武义的田野，有一个非常重要的，可以说具有国际意义的一个经验："下山扶贫"。深山里面穷困的农民，下山以后致富了，而且有些是相当不错的。整个县有8万人下了山，没有回去的，就是没有返潮，这在全国"异地移民"当中是一个奇迹，所以它上了世界扶贫峰会，非洲代表团都来参观、考察它。现在非洲有一个扶贫班在办，他们都学它，因为它容易学，它本身就是个贫困县啊。我后来请曹锦清教授来评审我这个课题的时候，他提出的问题又使我引向了更深入的思考。他提出，你现在研究的是他们从山上下来了。因为曹教授也是个人类学家，而且他做《黄河边的中国》，做了以后，这几年他竟然没有声音了。我是说我不是采访他么，第二期我们刚发表他的一个采访录嘛，问他做什么去了，他说他在思考。他本来的计划是要做东部，做完了做中部，所以他的《黄河边的中国》是中部，还准备到西部去，但是到了中部以后他就没有再走了，他说，他是回到历史里去看，就是中国农村。他就问了我一个问题，这些农民，就是上山的农民，是什么时候上山的，这就是一个历史的问题，就是历史文献当中可以找到答案的东西。在我们去看县志,我们就可以发现,基本上,或者说查历史我们可以看见,基本上都是在400年前左右上去的。那400年前左右,是什么原因呢?多种原因:由于战争,由于灾荒。本来这个山上是没有人住的,本来武义400年以前,不要讲400年以前,1958年以前武义的山很多都是原始森林状态,由于1958年的大跃进把它们都砍成了荒山,都烧成了炭,大炼钢铁,所以我离开那里是满目荒山啊。但是20年以后我回去,那个县已经完全变了,生态状态非常好了。为什么上去呢?就是这样的原因。上去以后呢,他们为什么能够活下来?也就是这个时候,玉米、马铃薯、红薯从美洲传到中国。这些东西都是旱地作物,在山上一种就可以活了,活了人就有吃的,所以大片树林就开始被破坏了。他们能住下来了,住下来解决了一个最基本的生存问题,在历史上都有材料,都是做历史田野能够找到的,但是他们不能致富,只能维持最低的生存。从生存策略上来讲,他们只能维持温饱,不会饿死。如果一旦遇到大旱大灾的话,那也就要饿死人啦。所以曹教授就问他们什么时候上去的,为什么能够留在山上。那再来看你后面的,他们为什么要下来?太穷了。下来了以后为什么不回去留了下来,而且能富呢?把这一个田野,把我们今天的田野和历史上的文献的解读串起来,我觉得这样我们才能够构建起一个比较完整的中国体系来,就是做某一个问题的研究它也成为一个体系。因为中国的历史太悠久了,从你的这本著作《村民自治与宗族关系研究》,我觉得精彩的地方在哪里呢,除了你有5个村子的田野以外,还有它的历史,这是中国的宗族历史,你做了一个构建。如果没有前面的铺垫,没有你第二章"村治与宗族关系的历史检视",就不可能很深刻地理解后面的东西。这个就正好使我理解了为什么曹锦清现在没有再发表文章,他还在读书。他说了一句话叫我感到很惊讶,现在共产党提出新农村建设,他说宋代就开始新农村建设了！有道理啊！对不对？这两天电视报纸还在那里批评，叫农民搞新农村建设，把房子粉刷一下，把里面装修一下，甚至于把那些全部都拆掉通通去搞别墅群。农民的别墅群，既没有牲口间，又没有工具间，他怎么过啊？他不能像我们进了家，把鞋子脱掉，是不是啊？所以整个农村的生态，农村建筑的文化生态，居住的生态，都还没有达到全部去住别墅的程度。那当时，中国的农村，构建当时的新农村，最重要的一点就是你研究的宗族，它通过宗族的关系构建祠堂，把这个农村建起来。实际上我们中国农村自治、农村的政治问题，就是政权的问题，中国只到县一级，所以那时候县衙门不要太大，哪像现在，是不是啊？乡村这一级它都是地方、民间治理的。所以曹锦清讲的，我感到很惊讶。因为他对历史的关注是用人类学的眼光去关注的农村村民自治的问题。实际上宗族从传统意义的，周代的"宗法制度"，到宋代才出现民间宗族，就是"宗族民间化"这样的问题。从这个角度讲，我不讲得太具体了，也就是人类，（跟我们）中国社会，如果把现代社会的田野和历史文献的田野结合起来，才能够真正构建起来人类学，少了哪一块，可能都不能成为有普适意义的中国体系的东西。

朱：对！就是说历史的研究、文献典籍的研究，必须要和田野的研究结合起来，文献的精神、文化的历史本身叠合在现实生活当中的，任何历史都是当代史！所以，在现实生活的研究当中，它必然要涉及历史，文化本身既是现实的，也是历史的。从田野得出的结论与由历史得出的结论是相同的，因为结构中融入了历史，历史与结构的对立是可以消除的。我们由田野的线索出发再来看历史，包括典籍文献，也许看得更清楚了。

徐：所以把两者结合起来，就是构建人类学中国体系的方法论。同时我觉得在这个基础上，作为一个人类学者，或者说是一个人类学家，因为他的终极目标就是对人类的关怀，人文关怀嘛，人类关怀的终极目标就是他自己的一个追求。我觉得人类学要比别的学科站得高一些，更宏大一点，它不是看人类社会某一个局部的问题，比如经济啊，或者政治啊，或者信仰啊，它都是整体上来看这个社会的。那在这里来讲，要构建人类学的中国体系，人类学家应该关注人类、关注社会、关注环境——这是自然的问题啦，关注民生。我觉得这四个关注是人类学家应该从书斋里走出来。因为我曾经就听说过有些学者（说），我们不研究理论，或者说我们……有的时候我们就专门研究人类学的理论，是吧？我在台湾的时候，我觉得台湾黄应贵先生做的就是这方面，也是一个很好的代表。他对文化的分类作了新的探索，他从时间、空间、人观、物这四个方面作了探讨，但是他所有这些对人类文化分类的探讨都是从他们的田野里出来的。他在布农族里面已经做了三十七八年，将近四十年的田野了。而他所应用的全部材料，从他个人来讲，所有理论提升的材料都是在布农族里面。那我们有责任的人类学家，就是应该关注人类。你所有思考的事情一定要站在对人类的终极关怀的问题上，然后具体下来就是关注这个社会。你不要脱离这个社会，你所选择的课题也好，不要脱离社会太远了。脱离社会的东西它可能只是一个牛角尖，也可能会有一点意义，但是它对整个人类学的发展，对于人类学的中国体系的构建不会有太大的意义。还要关注环境，这个环境就是自然。因为人永远不可能离开自然而独立生存，人实际上本身就是自然当中的一部分，只是他有了自己，有了人类的意识之后他才和自然分开。再就是关注民生，不要以为你……我觉得……博厄斯也写过一本《人类学与现代生活》，李亦园先生也写过一本《人类学与现代生活》，虽然他们在不同的时代，都是用人类学的眼光，或者用人类学的理论去关注着当下的生活。博厄斯那个时候是100多年前，那个时候的现代生活是什么样的，人类学家如何用人类学的理论去看待当时的社会生活，也可以说当时的时尚。李亦园先生呢，在20世纪60年代写了这样一本书。那我们现在的人类学家，如果你离开现代生活，就等于离开非常鲜活的田野了。即使我们到农村，到一个村子去，这个村里现在也在变，文化变迁是不可抗拒的。如果我们关注社会生活，我觉得像有些美国人类学家他们做很多很多的题目我都觉得……包括我在台湾和香港见到他们做的题目，看起来很小，在我们眼里简直不可能，好像觉得这怎么能做博士论文、硕士论文啦，怎么可能呢！但是人家就做得那么深入，而且做得非常好！我举一个很巧的例子，有个人类学的在读博士，他就到非洲做了一个田野——"肥皂"，就是非洲人，这个肥皂是怎么进去的，怎么用的……产生一系列的影响。前不久我跟一个美国的学者合作，做了一个课题："洗发水"。可能一般的人都不注意民生的问题，洗头发这个东西不是太简单了么，对不对？特别女孩子、女同学洗头发哪个去关注它啊？但是他就是有这个选题，他叫我们来做，做进去以后我觉得非常有意义，从这个洗发水的应用普及来看，我们在田野当中就收集、了解到大量有关洗头发的材料。我曾经采访到一个90岁的老太太，她现在洗头发还是在用稻草灰。60岁左右的妇女，算老年妇女吧，洗头发大部分还是在用茶籽饼。年轻人就是用洗发水了。而且很多年轻人对于用洗发水洗头感到一种非常骄傲的口吻。因为曾经有个过程，曾经用香肥皂洗头发也有的，有一个年轻的导游小姐，问了她，（她说）用香皂？那不是幼儿园的人？像这些采访我们曾经访谈了60户。还有农民，农村社区20户。一个比较贫穷落后的城市贫民社区20户。还有一个稍微好一点的（社区）20户。（一共）60户。还访谈了肥皂厂、洗发水厂。我去（采访了）广西一个洗发水厂，它生产洗发水就是专门供应农村的，你再有名的牌子，飘柔也好、潘婷也好，农村里的人他买不起，它的牌子就直接送到每个村子的代销店，2元1瓶，洗发水，但它比较……质量应该是差的。我甚至到他们厂里去考察过，香港的美国佬，他专门到宝洁公司也考察过。我在南宁市一家肥皂厂考察，这个肥皂厂的肥皂就没有市场，整个这个链条都把它搞完了。那这就是现代生活。现在人类学要关注这些，有很多的问题可以关注啊。你如果不关注民生，说老实话，那老百姓也不认你。像快餐已经深入到我们生活当中，洋快餐也好，土快餐也好，都有它的……我就不展开讲了。还有很多问题，像化学的东西，我们从起床开始到睡觉，没有哪一个小时是离开了化学的东西，但是化学对人体的影响，现在化学没有人去研究它，所以化学它已经……昨天的电视还在讲，化学它已经涉到我们人的生存，吃、穿、住、用，国计民生，甚至国家离开了化学也不行，民生离开了化学也不行。可见，化学对人的发展，对人的影响，各个方面都有很多的影响，但是没有人去研究它。如果我们人类学的理论在研究中国社会当中，建立中国体系当中，关注人的这些东西。你说，如果人类学对化学方面的研究能够上来的话，那是不是对世界上都有贡献呢？还有物理，多少物理的东西啊。我们不讲太多，就是手机对人类的影响就不得了。所以这些例子就不展开去讲了。我觉得人类学要建立中国自己的体系，中国的人类学家就必须关注人类、关注社会、关注环境、关注民生。这样的话，你做的选题，做的课题，做的田野，你从中所提炼出的观点，就有可能从村庄跳出村庄，从你自己的那个课题跳出来，它才有一个宏大的视野，才有一种终极的关怀。这样才能够建立起来。不知道你以为如何？

朱：是的。因为人生也好、民生也好、环境也好、社会也好，都是中国的，中国的民生、中国的社会、中国的环境，关注这些东西，就是关注中国经验，人类学的中国体系必须建立在中国经验之上，它才能出得来。而且从田野出发，自然就引申到历史当中去了，因为你需要追溯它是怎么来的。更何况，田野材料本身就是一种"化合物"——历史的东西它就积淀在里头了，叠合在里头了。

徐：就是这些东西是最重要的，从中国本土出来的这些东西，是真正的人民的东西，或者说真正是人类的东西，它一定会具有普适性。如果你不是这样的，那当然不可能达到这个高度啦。你只有关注到人类的生存，那么你从中国本土所生长出来的东西、提炼出来的东西，才会有世界意义，才具有国际意义。别人才会觉得，这个对我们也有启发。不要如我们一看到别人，他讲文化是进化的，他们有启发。那个时候讲到文化进化论有多么了不起啊？达尔文只是讲生物是进化的，泰勒讲文化是进化的，摩尔根讲社会是进化的。他们两个就变成大师。那我们这里人类学家呢，朱老师你将来搞一个，构建出你的一个什么理论来，哦，人家就觉得，是啊，文化是怎么样的。所以我们要有这样的东西，只有这样的东西出来，而这样的东西只能在中国的土壤里长出来，提炼出来，那才是具有普适性的，才是对国际人类学的一种贡献。我觉得今天我们讨论这些东西，都要有这样一种精神，就是你进入人类学，你不是一般地看到有一本书有灵感了，或者被某个老师影响了。你完全是，因为你是从你自己的人生体验当中，你的生命史当中，感觉到逐渐从个人到国家到人类这样一个过程当中走出来的，所以你更有可能对这个方面做出更多的提炼、更多的关怀，才会有更大的奉献。

朱：呵呵，谢谢徐老师，与在座各位共勉吧。

四、目前的研究及理论追求

徐：那我再问你第四个问题。你的研究我觉得非常好。我们从这里的介绍可以看到，你研究周城的系列著作，还没有出版，还在撰写当中。那么我就想了解一下，你能不能给我们大家介绍一下,你的"周城研究书系"五卷的大体的内容,你的一个最终极的目标,你的理论关怀是什么?朱老师的"周城研究书系"5本书。第1本就是《白族村民的当代智慧:周城段绍升个人生活史研究》,第2本是《周城段氏宗族》,这是一个"宗族卷"的研究,第3本是《地域的构成:从传统到现代》,是"地域卷",第4本是《蟒蛇共蝴蝶:周城本主研究》,是宗教方面的,最后一本是《我与周城:田野的守望》。一个是"个人卷",一个是"宗族卷",一个是"地域卷",一个是"宗教卷",一个是"田野卷"。下面请朱教授介绍一下这5本书撰写的目前的情况以及你这个"周城研究书系",也是你长期在那里做研究的你的目标到底是什么?

朱:我在周城18个月的田野工作中,积累的田野资料大概有四五百万字。徐老师问我最终目标是什么?实际上除此以外还有"理论卷"没写上。因为理论的问题还没有思考得很成熟,我持谨慎态度。

徐:那看来我问的是比较到点的了。我就是想问你,你的理论关怀是什么?

朱:这个"理论卷"呢,就是说我思考中国文化本身的特征问题,将田野中发现的问题与典籍中的文化精神吻合起来。要构建某种理论,我关心的是"绵延"问题。柏格森有"绵延"的概念,但不完全是他的意思。我还是用人类学话语来表述这个概念。"绵延"是怎样的意思呢?比方说2005年我的一个国家社会科学基金项目《地域社会构成》,关于地域社会,它的边缘在什么地方呢?我们现在似乎可以找到它的边缘的,行政区划不是地域社会的边缘吗?但行政区划怎么能替代社会文化的延伸呢?对地域社会构成问题,人类学的理论也有多种,因为这是一个国内外很关注的问题。英国学者的继嗣理论,列维—斯特劳斯等人的联姻理论,施坚雅的市场理论,日本与中国台湾学者的祭祀圈理论，等等。这些理论都是从社会生活某一个方面去构建的，那么现在再来做这个问题的研究，当然要有所超越。起码有几个问题要在新的研究当中被解释。第一，宗族继嗣、社会交换、市场圈和祭祀圈，它们构成的地域社会之间到底是什么样的关系呢？第二，就以上几种模式，对于社会构成多为经验型的描述，到底可不可以用一种基础性的理论对各种经验作出统一的解释？第三，在民族国家现代性建设和全球化的过程当中，地域社会的结构出现了怎样的变迁？这种变迁的依据和规律到底是什么？我对地域社会构成的主要看法是：第一，地域社会的构成并不是只存在一个纬度，而存在多个纬度。社会生活是多种的，哪一个方面也不可能构成地域社会的全部。第二，无论宗族裂变的地域性散布也好，婚姻交换的范围也好，宗教祭祀圈也好，市场交换圈也好，它们构成的地域社会既有重叠的一面，又有不重叠的一面。对于这一点，我原先认为它们是重叠的，2004年第6期《民族研究》发表的文章还是这个观点。后来我反复看田野材料，田野是人类学的生命之树啊。一看，发现并不重叠。它有一部分重叠，另一部分又不重叠。咦，这个关系很有意思。后来呢，我打算提出一个新的东西来，就是此一地域社会与文化和彼一地域社会与文化之间的关系，它是齿轮式的关系。这个圈和那个圈交叉，那个圈和这个圈交叉，它齿轮式的一环扣一环，齿轮式地交错在一起转动。因此，它并没有严格的边缘性。不仅如此，就历史而言，它也是齿轮式的，上面说到我原来提出过"文化叠合论"，我打算拓展一下这个概念，即社会文化历史发展不仅是叠合的，而且是齿轮式转动的。重叠也好，齿轮也好，它的根据在什么地方？这就是我理论上的思考。过去我用文化发生论对典籍进行过一些研究。在这里，我打算用实践的观点，皮亚杰的、布尔迪厄的、马克思的，用他们的观点来分析。它的实践到什么地方,这个市场圈、通婚圈、祭祀圈、信仰圈才能到什么地方。而实践活动存在着三种。恩格斯提出过两种生产活动,第一种生产,是生活资料的生产和工具的生产,即物质生产活动,当然也应该延伸到交换问题。施坚雅其实只用了这一种人类活动的一个部分去解析中国社会与文化,他的理论虽然达到了"片面的深刻",但是人类的实践活动不止这一种,他的理论碰到其他理论的挑战就显得局促了。第二种生产是"种的繁衍",就是人类学的亲属关系研究领域。婚姻圈与宗族问题都属于这个问题。继嗣理论与联姻理论都只是用这一种实践活动去分析社会构成问题,因此其解释力也就有限。除此以外,还有第三种生产活动,就是精神生产活动、祭祀的问题、信仰的问题,都是属于这一种生产活动。祭祀圈概念就是从这一种活动出发构建的。我们需要从这三种生产活动出发而不能只从一种生产活动出发来看地域社会构成问题,这就看到了很多复杂多变的情况,就看到有重叠的那一块,又有不重叠的那一块。那么齿轮式的社会文化构成才能说明这个问题。

徐: 它是齿轮状的?

朱: 是的,这个深入到那儿了,那个又深入到这儿了,就这样来构成不规则的地域社会,只有这样此一地域社会才能与彼一地域社会发生联系。

徐: 朱老师我插一句。你不要做综合,就像格尔兹一样,它实际上是从象征人类学里面走出来的。实际上他的来源里面包括了很多理论,但是他就强调了一个"解释"。你要强调自己的个性,学术个性。将来你的理论卷准备取什么名字呢?

朱: 我还在思考。

徐: 你刚才讲的这个我觉得是很有意义的。"文化齿轮",这是别人没有做过的,是你的创造。或者说"文化绵延"是从别人那里嫁接的,吸收前人的东西,或者吸收别人的东西,你自己独创的东西,把它凸显出来。刚才我个人的一个感觉就是可能"文化齿轮"才真正是你自己的东西。你可以以此为你的理论把它个性化,把它凸显出来。但是个性化也好,突出也好,都是在这样一个很宽大的基础上,因为你完全有条件吸收别人的东西,对不对?现在又不是封锁的时候,又不是信息不发达的时候,什么东西都可以看得到,这是一个小小的建议。那么从你刚才讲的,从田野中,从你做周城的研究当中,我是很希望你能够在理论上有所突破。有所突破,也是你对人类学中国体系建立的一个贡献了。你从你的周城经验当中提升出的东西,它可能就会具有普适性。别人从你这里就会感觉到,就像 2000 年我听到你讲"文化叠合",我觉得对我有启发一样,今天你讲"文化齿轮"对我也有非常大的启发。可能我今天整个跟你的对话当中,得到最大的一个关键的、最重要的就是这个词。我个人是这样感觉的,我不知道你是不是这种感觉。从这里我觉得可以看到,我为什么要提出这个题目来跟你讨论,就是"人类学中国体系的构建"问题,就是因为现在的世界他们都看着我们中国,都想从中国这里找到答案,那么人类学中国体系的构建,就是要把中国的经验,就是把人类前途的中国经验总结出来。这个东西总结出来那就是对全人类的贡献。全人类的发展当中,中国的经验是有用的。同时把中国经验转化成为世界的智慧,那我们人类就可以生存得更好。这就是我想跟你讨论人类学中国体系构建的意义所在。

朱:谢谢徐老师。

徐:反正呢,我供你参考。我觉得历史的一个齿和现代的一个齿可以咬合在一起。

朱:对。

徐:这个村庄的这个齿,你的田野点的齿和整个社会可以咬合在一起。

朱:对!

徐：我觉得你这个词用得非常的形象。别人又好懂，你又能构建自己的东西，而且你又是有基础的，既是从田野，又是从别人、前人那里吸收来的东西提炼出来的。

【录音整理：何菊】
【原载《百色学院学报》2007年第4期】

附录

人类学本土化的必由之路

——访广西民族学院汉民族研究中心主任徐杰舜教授

施宣圆

徐杰舜教授

在世界民族之林中，中国的汉民族是一个拥有12多亿人口，历史连绵而悠久，文化发达而多彩的世界第一大族。广西民族学院汉民族研究中心主任徐杰舜教授长期致力于汉民族研究学术领域的开拓，20世纪80年代他在民族学与历史学的结合上取得了突破性的成果，于1992年出版《汉民族发展史》，结束了汉民族没有专史的历史，填补了中国汉民族研究的空白。20世纪90年代以来，他学习和运用人类学的理论和方法，积极探索，努力创新，于1999年主编出版了130多万字的《雪球——汉民族的人类学分析》，再次为中国汉民族研究做出了突破性的贡献。最近，记者应邀出席了在广西南宁举行的人类学本土化国际学术研讨会，专门采访了担任这次会议秘书长的徐杰舜教授。

施宣圆（以下简称施）：人类学是一门年轻而又古老的学科。从其成为一个专门学科的100多年来，由于它巨大的科学影响和学术成果，在西方国家已成为研究人类文明和比较文化，研究人与人、人与自然、人与心理关系的基础学科。人类学传入中国已近百年，众所周知，20世纪三四十年代它曾有过一段辉煌，现在它在中国的发展进入了一个崭新的阶段。徐教授，您能谈一谈它的学术背景吗？

徐杰舜（以下简称徐）：人类学在中国的发展从20世纪初到现在形成了一个马鞍形，即20世纪三四十年代以费孝通先生的《江村经济》为代表的一个发展高峰，到20世纪50年代至70年代被打成"资产阶级学科"的低谷，再到20世纪90年代以北京大学社会文化人类学高级研讨班的举办为代表的新发展。

人类学为什么能够在20世纪八九十年代获得新的发展，我认为最重要的原因就是中国学术的发展需要人类学。对此，我个人有切身的感受。无须讳言，我们这一代民族学学者是在苏联斯大林的民族理论熏陶下成长起来的，我个人的研究过去受斯大林民族理论的影响很深，这在我撰写的《汉民族发展史》和《从原始群到民族》以及《中国民族史新编》中都留下了很深的烙印。这种受斯大林民族理论的影响而发展起来的民族学一个重要的特点就是刻板性，人们不是从社会实际中去提炼、概括和升华理论，而是把民族学的理论当作一个公式去套用。这一点在民族问题理论的研究上特别突出，所以尽管关于民族问题的理论有近20种不同版本的教科书，但除了体例上的不同外，大多是你抄我，我抄你，都是一样的"麻子哥"。所以20世纪90年代以后，民族问题理论的发展像走进了死胡同一样，很难进行创新了。而人类学的理论和方法却不是刻板的公式。熟悉人类学发展史的人都知道，人类学学科是靠田野调查起家的，人类学界有价值的著作、有影响的理论基本上都是对田野调查的提炼、概括和升华，如泰勒的《原始文化》、摩尔根的《古代社会》，马林诺夫斯基的《文化论》、费孝通的《江村经济》、林耀华的《金翼》等等。可以说人类学各种学说、学派的出现，无一不是在田野调查的基础上提炼、概括和升华的结果。可见人类学理论不是刻板的、停滞的，而是鲜活的、发展的。通过这种对比，学习和运用人类学的理论和方法可以促进中国学术的发展，逐渐成为人们的共识，成为发展学术的需要。在这种学术背景下，人类学在中国重新崛起就成了必然。

施：人类学在中国的发展，使得人们不得不把目光集中到人类学本土化的问题上来。对此问题，目前学术界众说纷纭，您有何见解？

徐：确实，我认为人类学的本土化是中国人类学发展的焦点，对此问题，尽管学术界有一些不同的观点，有的认为人类学发展的焦点是国际化，而不是本土化；有的认为提本土化已过时；有的甚至反对用"本土化"一词。但是，从学术的发展来说，西方任何一种理论传播到中国都有一个和中国的社会实际相结合的问题，即中国化的问题，中国化就是本土化。我们今天学习和研究人类学理论，必须与中国社会实际相结合，否则的话，只把人类学理论当作一支箭，像毛泽东批评的那样，拿"在手里搓来搓去，连声赞曰：'好箭！好箭！'却老是不愿意放出去。这样的人就是古董鉴赏家"，几乎与中国社会实际不发生关系。而人类学理论要与中国的社会实际相结合，也就是人类学研究必须本土化。对此，我认为是不应该有什么怀疑的，也没有必要争论不休。

施：我很赞成您的这个看法。现在问题的关键是人类学本土化应该如何"化"？

徐：人类学本土化究竟应该如何"化"？我觉得您这个问题

提得很好，抓住了关键。我在主编《人类学本土化在中国》一书的"跋"中曾有论述。我认为人类学本土化在中国的"化"有三个使命：一是对浩如烟海的中国历史文献进行人类学的解读。众所周知，中国连绵不断上下五千年（有说上下一万年）的悠久历史是举世无双的。但是，几千年来，对中国历史文献仅限于训诂、校勘和资料收集整理，近代、现代的学者也往往只重史料的考证，忽视对经过考证的材料的理论升华。今天我们要"以史为镜"、"以史为鉴"，为中国的现代化服务，就必须运用人类学的理论和方法，对中国浩如烟海的历史文献重新审视、重新整合，作出新的解读和分析，从中概括出新的论题，升华出新的理论，使人类学在中国的历史文献中接受一次洗礼。二是对中国的现实社会进行人类学的田野调查。当前中国社会正在发生着从计划经济向市场经济、从封闭社会向开放社会的伟大变革，这就为人类学提供了最大最丰富的田野研究场所。中国人类学工作者应该抓住这个千载难逢的机遇，对中国目前正在进行的空前的社会经济文化大变迁展开广泛而深入的田野调查，从中提炼、概括和升华出人类学新的理论，使人类学在当代中国的变革中发挥作用。三是要把中国历史文献的人类学解读与对中国现实社会进行人类学的田野考察结合起来，使人类学在这种结合中得到新的升华。这是人类学本土化的必由之路，舍此别无他途。

施：根据您的这个认识，是不是可以说您主编的《雪球——汉民族的人类学分析》这本书是您对人类学本土化研究所作的一个尝试呢？

徐：完全可以这样说。我在前面已说过，20世纪70年代末到80年代，我所撰写的《汉民族发展史》深深地打上了斯大林理论的学术印记。但从20世纪80年代末到90年代中期，面对人类学在中国重新崛起中所出版的大量有关人类学的译著，面对中国民族研究中种种不能尽如人意的状况，我对中国的民族理论研究进行了深刻的反思。我感到，由于受斯大林民族理论刻板性和停滞性的长期影响，使中国的民族理论研究陷于困境：一是中国的民族理论无法建构成一门独立的学科；二是中国的民族理论无法与国际学术界对话、交流和沟通，尤其是苏联解体以后，使中国的民族理论陷入一种与国际学术界无共同话语的孤立地位；三是中国的民族理论在实际应用中往往使复杂而生动的中国各民族社会经济文化公式化而使人乏味，或往往容易造成误区而影响中国各民族社会经济文化的发展；四是中国的民族理论面对中国从古到今生动、丰富的历史文献资料无从下手进行科学的总结和概括，升华出规律性的东西来。

　　面临这样的学术困境，我下决心进行学术转型，运用人类学的理论和方法进行汉民族研究。我的这个学术转型不是一个晚上完成的，而是经历了近十年的努力，可以说《雪球——汉民族的人类学分析》一书从选题到撰写到出版的过程就是我学术转型完成的过程，也是我尝试人类学本土化的一个过程。

　　施：您的这个"学术转型"十分可贵！可以说有了这个"转型"才有新的学术成果。这在您的学术道路上可谓是"山重水复疑无路，柳暗花明又一村。"

　　徐：是的，1986年《汉民族发展史》交稿后，我一直在思考汉民族研究如何深入的问题。考虑再三，也请教了不少学者，尤其是1993年3月应邀到香港中文大学中国文化研究所就汉民族研究作访问交流时，得到了著名的人类学家乔健、谢剑等教授的指导后，我才豁然开朗，明确了汉民族研究的走向应该从历史走向现实，从面向过去转为面向当代，即从对汉民族进行历史的审视转为对当代汉民族进行考察。于是，我于1994年下半年提出了当代汉民族研究计划，一方面开始对华南汉族中的广府人、客家人、潮汕人、闽南人、福州人、平话人、柳桂人等不同族群进行田野考察；另一方面寻求合作者对全国不同地区汉族的不同族群进行田野考察。我们于1996年、1997年分别在南宁和上海召开了两次当代汉族学术研讨会,从开始以"汉族历史文化"为主题到转为"对汉民族进行人类学分析"为主题,并确定分华南、华东、华中、华北、东北、西北、西南七个大区,既运用历史文献又运用田野调查的方法分别对汉民族的历史、方言、族群和文化进行人类学的分析。

施:在《雪球》座谈会上,您与副主编陈华文、周耀明、徐华龙都在座,会上许多专家发言,他们认为《雪球》是中国人类学本土化研究中的一部创新之作,填补了运用人类学理论研究汉民族的空白。我看这个评价是实事求是的。

徐:《雪球》运用人类学的理论和方法,一方面尽可能充分注意到运用中国历史文献,对各地区汉族发展的历史、对各汉族方言形成的历史,对汉族不同的族群形成的历史进行了人类学的解读和分析;另一方面又尽可能对汉族不同族群的人文特征和文化进行了人类学的田野考察,这正是符合人类学本土化的要求。《雪球》是我们这些有志于人类学研究同行辛勤耕耘的成果,如果说《雪球》有一点创新的话,正是因为它运用人类学的理论和方法使汉民族研究"别有洞天"。前面我说对中国历史文献进行人类学的解读,对中国现实社会进行人类学的田野考察,并把两者结合起来是人类学本土化的必由之路,《雪球》的撰写、实践正是它的一个总结。

施:《雪球》这本书确实既是汉民族研究的一个新突破,又是人类学本土化的一个示范。最后我想问您为什么要用"雪球"作书名呢?

徐:您这个问题问得很有意思。1998年7月《雪球》交给上海人民出版社时书名用的是《汉民族的人类学分析》。在与上海人民出版社的胡小静和施宏俊两位先生交谈时,他们提出能否从人类学的角度,对书名作进一步的概括,如美国人类学家鲁恩·

本尼迪克特写《菊与刀》一样，对汉民族的人类学分析作一个形象的比喻。我听后大受启发，几经斟酌，觉得一方面汉民族的形成和发展如雪球一样，越滚越大，越滚越结实；另一方面汉民族"多元一体"的族群结构也像雪球一样，从整体上看是一个雪球，从局部上看又是许许多多雪花和雪籽，故而决定以"雪球"作为书名，"汉民族的人类学分析"作为副标题。现在看来，《雪球》之名确实是本书的画龙点睛之笔。

【原载《文汇报》1999 年 10 月 30 日】
施宣圆：《文汇报》学林副刊主编

我的人类学情怀

——徐杰舜教授访谈录

海力波

海力波（以下简称海）：徐老师，您好！您能够接受我的访谈让我十分荣幸。今天，恰逢您被中央民族大学聘任为人类学专业博士生导师之时，趁此机会请您对自己数十年来的民族学、人类学研究经历做一个回顾，让人类学专业的后学对您有更多的了解，也请您不吝将自己宝贵的治学与人生经验惠赐给大家。

徐杰舜（以下简称徐）：好的，我今年（2003年）恰好60岁，祖籍浙江余姚，可以说是"河姆渡人"的后代，在1943年抗战期间出生在湖南零陵，生长在武汉。20岁从武汉的中央民族学院分院（现中南民族大学）历史系毕业，这20年是我的成长期。毕业后按当时的政策从哪里来到哪里去，回到祖籍浙江，我被分配到浙江一个偏僻的山区县教中学。由于当时的政治环境，这20年是酸甜苦辣麻的磨难，使我在逆境中成长起来。1985年，经过很多曲折调到广西民族学院从事民族学研究，1995年起主持《广西民族学院学报》的工作，从此才进入学术和人生的丰收期。六十而知天命，回顾自己的一生，觉得人生如白驹过隙过得太快，唯一让我欣慰的是我40年来对民族研究、人类学研究的热情始终不改，付出的努力也终于有了回报。

海：据我所知，您是汉族，是什么样的原因让您走上从事民族研究的道路呢？

徐：这其中既有命运的机缘巧合，也有我本人自觉选择的因素，我想更多的是因为本人的志趣使然吧。我读书较早，17岁高考时考上了武汉大学哲学系，当时我也确实很喜欢哲学，读了很多哲学著作。但是，由于当时的中共中央统战部长李维汉提出要培养汉族青年搞民族研究，所以我最后被调配到当时的中央民族学院分院，也就是后来的中南民族学院，现在的中南民族大学。我读的是历史系，当时班上汉族学生占一半，其他是苗、瑶、壮、回等少数民族学生。在20世纪五六十年代，人类学在大陆已经被作为资产阶级学科被取消，不过少数民族研究还是得到保留甚至是重视的，但搞民族研究的也大多被划归到历史系中，我走上人类学道路就与我当时的导师岑家梧先生有关，大一时岑先生就给我们上原始社会史。说实话，当时只听懂了一些皮毛，但岑先生的确不愧为大学者，在中国人类学、民族学界早就有南岑（岑家梧）北费（费孝通）之说，在当时那样受限制的学术环境下，他仍然将人类学的一些基本概念、观点和研究方法贯通在原始社会史的讲课中，给我打开了一个通向人类学（民族研究）的窗口，马上引起我对民族研究的强烈兴趣，一股脑地钻了进去，直到现在还恋恋不舍地待在里头。当时民族研究领域最火的是民族概念的大讨论，20世纪50年代苏联民族学者叶菲莫夫曾经根据斯大林的民族形成四要素理论把汉民族的形成界定在有资本主义萌芽的明代，这样的观点与中国实际的历史发展历程不符，也是中国学者在民族自尊心和情感上无法接受的，可是政治上的束缚又让中国学者不能直接对此发表反驳批评，党内著名的历史学家范文澜巧妙地利用斯大林的民族定义，提出汉民族是一个特殊民族的观点，体现了中国学者处世上和学术上的双重智慧。但是汉民族为什么是一个特殊的民族？还没有在理论上得到支持。到了20世纪60年代初，牙含章先生在《人民日报》上提出，恩格斯曾经提出"从部落到民族"发展过程的理论，给汉民族形成问题提供了一个学术创新的契机。我从中得到启发，萌生了根据原始社会历史发展规律具体研究汉族从部落发展为民族的过程。岑先生对我的想法很支持,在他的指导下,我与比我高一年级的师兄,后来的中南民族学院院长彭英明教授合作撰写了《试论从部落到民族发展的历史过程》一文。大一开始写,写了大半年,到二年级时才定稿,1963年发表在当时的《江汉论坛》上,这是我的处女作,也是我走上民族研究道路的第一步。以后我一直关注对"民族形成"问题的讨论,大三时又与彭英明合作写了《试论部族与民族的区别》,发表在云南的《学术研究》上。可以说这两篇文章中的观点与那时在中国大陆占权威地位的苏联民族学界的观点不大一样,既借鉴了岑先生传授的人类学理论,也包含了我本人对汉民族形成过程的思考,我后来提出的"雪球"理论在当时那两篇文章中就已经有了某些雏形和影子。

海：您对汉民族形成问题的研究应该说有了**40多年的历史**了,不过您本人是汉族,而做人类学的学者都必须有对异文化的田野调查的经历,扎实的田野调查被认为是人类学家的成年礼,也是学者的理论得到承认的基础。您刚才谈到了您在理论学习上的准备,请问您有哪些主要的田野经历,从中获得什么样的思想灵感呢？

徐：我很赞同费先生的一句话："人文世界无处不是田野"。当然了,学科意义上的田野调查还是必不可少的,我有两个主要的田野,在这两处田野中都经历了强烈的文化震撼,也影响了我一生的学术甚至是人生的走向。

第一处是广西三江侗族地区,大四时正逢"四清"运动搞得如火如荼,我们班级由中央统战部下派到广西三江侗族自治县,在著名的程阳桥边的平寨工作生活了8个月。虽说是到当地协助"四清"运动的展开,其实却是抱着让我们这些大学里的学生与少数民族群众打成一片,向少数民族群众学习的目的去的。8个月里我们住到侗族群众的家中,学会了说侗语,与当地侗族同胞同吃、同住、同劳动，从刚开始时的怕吃酸肉到后来能吃"鱼生"，真正体验到了侗族人民当时仍保留得较完整的传统风俗。此外，我还与他们一起经历了当时的政治运动，一起按上级的指示在寨里建厕所、建小水电站，亲身感受到外部世界的发展对侗族人民的社会生活和思想观念上造成的改变、冲击。当时还不知道何谓人类学的田野调查，但所作所为却与人类学田野调查的精神暗合。8个月的侗寨生活，对我这个在武汉长大的汉族学生是第一次"异文化体验"，也是第一次强烈的"文化震撼"，我深深地为少数民族丰富多彩、原始质朴的文化所吸引，使我切身体验到中国民族文化的丰富多彩，魅力无穷，为我走上人类学道路打下了基础。我后来专业归队时之所以选择了广西民族学院，这8个月的生活应该说是很重要的原因。后来1985年我又回访当地，一起与报告人合作写《程阳桥风俗》，至今这仍然是国内对侗族风俗记载较为详细的民族志材料之一。毕业时，曾主动要求到三江搞民族工作，也好进一步研究侗族历史文化，却意外地被分配到浙江武义县，在这个浙江比较贫穷的山区县里当了20年的中学教师，这也是我的第二次为时20年的田野经历。武义是汉族地区，当时不通火车，距最近的城市金华有40公里，虽然同是汉族地区，但是当地的生活与城市中的生活完全不同，很多汉族文化传统的东西仍然沉淀在当地的日常生活中，让我认识到汉族文化其实是存在于县城以下的乡村社会里，比如农村结婚挑担送嫁妆，箱、鞋、镜是必备的，一定要在黄昏接新娘，与《礼记》中的婚俗相同。生活上保持很多传统习俗，春节前两三个月家家做"米花糖"，很早将糯米蒸熟晒干，叫做阴米，用来做糖。春节前两周，家家户户的妇女都在煮糖切糖，民俗气息扑面而至。家家养狗，晚上行人经过，一家家的狗儿都叫起来，真如同唐诗中的"柴门闻犬吠，风雪夜归人"中的意境，仿佛又回到了几百年前的时空中。

海：可以说您从生于斯长于斯的武汉到了武义，虽然仍在汉族社会中，却也进入了另一个异文化环境中了，在其中是否也经历了第二次的"文化震撼"呢？

徐：是的。我在武义才真正地深入到汉族传统的原汁原味的民俗生活中。乡村生活虽苦，但让我不安的却是在那里没法进行我视之为安身立命根本的民族研究，当然后来对汉族民俗文化的观察让我认识到汉族地区同样有丰富的民俗传统文化，甚至与少数民族文化有暗合之处。比如武义有一座熟溪桥，建于宋代，但它的造桥方式、工艺、形貌几乎与三江侗族建的程阳桥一样，两座桥乃至两种文化之间有着什么样的历史联系呢？这对我震撼很大，也让我安下心来，决定对汉族的传统民俗文化进行研究，将这方面的工作作为我教书之外真正的事业。一旦下了决心，过去学过的民族的东西也就用得上了，心情也安定了。随着工作、生活慢慢稳定下来，我也成为当地社会的一分子，与老百姓关系融洽，我课余、放假时主动到生产队下田劳动，车水割稻，乡农也不把我当作城里来的老师，生孩子、婚丧嫁娶、红白喜事等等活动都请我参加，我也真正地融入当地的民俗世界中。我这时主要是有意识地参与观察，慢慢地积累资料，这些都成为我后来搞汉族民俗研究、汉民族形成研究的重要的资料来源。当然在"文化大革命"中做这些事很不容易，酸甜苦辣麻五味俱全，个中甘苦一言难尽。但是学人类学的人看事物、想问题的角度是与平常人不一样的，现在想来，对我来说，在浙江山区汉族乡村的20年生活也未尝不是塞翁失马，焉知非福，让我真正体验了汉族民间生活小传统文化的方方面面，如果我一直待在大学或研究所的书斋里，我想是绝不会有对汉族文化的深刻体悟的。

海：您从汉族地区到三江侗寨，又从现代都市武汉到武义山区乡村，可以说经历了两次文化上的转换，当时虽无人类学田野调查之名却有田野调查之实，其深度与时间跨度可以说都是少见的。

徐：1985.年到广西民族学院工作后，我还在广西的少数民族地区进行了多次的田野调查，当然这一阶段的调查就与学科规范更为名实相符了，时间最长的一次是1992年在广西贺州南乡镇对当地壮族所做的田野调查。贺州是汉族地区，但是南乡镇居民却有99％是壮族，是400多年前奉调到当地镇守的壮族狼兵后裔，他们形成了一个汉族地区的壮族文化、语言岛，我前后4次共在当地调查了一年多的时间，比较深入地了解当地社会文化，从社会变迁的视角研究了南乡壮族400多年社会文化变迁，尤其是近40年来的文化经济的激变，后来出版了《南乡春色：一个壮族乡社会文化的变迁》一书，应该说其中对壮族的族群认同、文化特色的保持与壮汉经济文化交流等文化变迁问题进行了研究。人类学要出成果，就必须要到田野中，田野有两个，一是现实社会，一是文献资料。在中国搞人类学，两者不可偏废，最后应在调查的基础上把资料综合、分析、概括、提炼、升华，而非单纯地描述，这也是所有人类学理论的基础。

海：当然，您在人类学、民族学界最有影响的还是对汉族形成问题的研究，在这个问题的研究上，我感觉到您是把人类学的田野调查资料和历史文献资料结合在一起加以运用的，从中可以体现出您的两个田野的主张。此外，您在研究中也较多运用了人类学的理论视角和研究方法，而且研究越深入人类学的味道就越浓厚。

徐：这正好反映了我学习和运用人类学理论和方法的过程。我从20世纪60年代中期到70年代末，主要是收集田野资料，也整理了一些汉民族民俗方面的东西，到20世纪70年代末，社会形势日益地宽松，我对汉民族历史发展的思路也基本形成，大致上还是遵循我的处女作中从部落到民族的思路。从1978年开始准备撰写，到处找书看。浙江人文渊薮，图书馆、单位乃至社会上藏书也很多，我看了武义的，又看了永康、金华等地方的中学、图书馆、艺术馆的藏书，假期就跑到上海、杭州等大城市的图书馆查资料，平时白天工作，晚上写《汉民族发展史》。到1980年代初，完成《汉民族发展史》的初稿，当时还是以民族理论为指导，用传统的民族研究方法主要是民族史方法来思考汉民族的形成发展过程，前后研究6年，三易其稿，从6万字写到20万字。1985年调到广西民族学院，1986年终于以50万字定稿。可以说《汉民族发展史》是我第一个学术平台，汉民族有几千年的历史，但是对汉民族的形成发展历史做系统完整的梳理的，这本书算是第一部。但不知为什么，这本书虽然获得不少赞誉，却审稿好几年，几经权威学者评审，才终于在1992年出版，也说得上是好事多磨吧。

海：我插一句，当年我还是一名民族学专业的本科学生，我那时就有一个疑问，为何一提起民族研究总是指少数民族研究呢，难道汉族就不是民族吗，或者说研究汉族就不能用民族学的研究方法吗？这个疑问好长时间都没得到解决，您的书是开汉族的民族学研究风气之先，却也与学术界某些学者的成见相诘抗，大概这就是好事多磨的原因吧？

徐：也许如此，但是书出版时，我的思路却又开始有新的变化，就是从传统的民族研究路径向人类学研究路径转向。1980年代中后期，人类学在国内已开始慢慢恢复。我的同事也是学长、广西民族学院民族研究所所长张有隽教授到香港参加国际瑶学研究会第一次年会时，乔健先生在会上提倡用人类学方法研究瑶族的历史与文化，这对张兄有很大启发。他回到广西民族学院后极力推广人类学研究方法，并从香港带回一批人类学著作。我是最早赞同他的主张的同仁，当时，愿意下工夫读海外引进的人类学的书的人不多，这些书被我收揽一空，拿回去好好地读，这一次感到了与前两次的文化震撼相媲美的理论上的震撼。与国内惯用的民族史方法和民族理论研究方法大为不同，人类学方法让我豁然开朗。人类学的一个术语就可以说出很多过去想说又说不清的内容，比如我们在调查中发现广西很多少数民族地区发展很快，但同时也带来很多社会问题，为什么先进的技术引进了，经济发展了，生活也好过了，却带来很多意想不到的问题呢？人类学文化适应的观点可以让我们少费很多口舌就把问题说清楚，确有立竿见影的作用。从那时起，我开始系统地学习人类学的理论与方法，将自己的研究方法、学术理念与国际人类学的发展接轨，我坚信人类学是很好的理论武器，用人类学的眼光观察社会一定会有茅塞顿开、豁然开朗之感。

在我的汉族形成问题研究上，人类学给我最大的收益就是族群理论。1990年代初，族群理论刚开始盛行，乔健先生到台湾东华大学建立了族群与族群文化研究所，还与我联系，希望在广西开族群文化研讨会。我从他那里第一次接触到"族群"这个概念，感觉很奇妙，认为用"族群"这个概念可以去碰民族研究中说不清、不能碰的问题。尽管族群定义讨论很多，但有一条大家共认，那就是族群与文化有关，我认为而且也一直主张族群是文化的概念，而民族主要是政治性概念。由于政策上的原因使"民族识别"成为禁区，但族群是以文化为边界的人们共同体，它不会要求增设自治区，增设官员和人大代表的位置，用族群概念不会引起别人的误解。当时我正在研究汉族的历史文化，这个传统题目如何新做呢？过去我对汉族发展历史、汉族风俗志等的研究，大多是将汉族作为一个静态的对象来研究，而族群理论给我很大启发，我根据自己的调查、研究心得，在《雪球——汉民族的人类学分析》这本书中提出汉民族的形成发展过程应该是滚雪球式的，结构和形成过程十分复杂，那么对世界上最大的民族能否进行结构性解剖？能，族群就是很好的理论武器。我按华南、华中、华北、东南、东北、西北、西南七大区对汉族加以划分,在每一区中找出若干主体族群,再研究这些主体族群是如何形成文化区的,然后从七大文化区相互交融共生的过程解释汉民族的历史结构。逐渐的海内外学者对《雪球——汉民族的人类学分析》一书认识评论越来越高,复旦大学一位教授主动与我联系,他对我说,过去向学生讲授汉族的历史总是说不清说不全,用《雪球——汉民族的人类学分析》理论来讲,把汉族形成发展的主线说清楚了,同时又没有忽略各地方文化和少数民族的作用。在打开了人类学的汉族研究或者说汉族人类学研究的大门后,我又在贺州八步镇做了较长时间的田野,结合我对少数民族和汉族研究的心得,在我的《从磨合到整合——贺州族群关系研究》一书中从族群理论升华为从多元磨合到整合一体的中华民族发展观,将各族先民族群融合为汉族;汉族与少数民族融合为中华民族的历史过程及其文化特征做了一个梳理。现在我更尝试用人类学、社会学、政治学交叉的方法做国家社科基金 2000 年度的项目《中国民族团结研究报告》,现在大致完成,考察报告 2003 年出版,研究报告 2004 年出版,力争再创新意。[①]"仰俯天地,贯穿古今,融会中西"的视野只有人类学才能提供。

  海:您对人类学研究的热诚令人感动,您不仅搞研究,还办刊物、出丛书、开会议,说起您主持的《广西民族学院学报》,人类学、民族学、社会学界都会有一种亲切感,您和您的刊物为近年来中国人类学的兴旺发展贡献良多,不过这些工作可以说大多是为他人作嫁衣,会耗费一位学者宝贵的时间和精力,甚至会影响到自己研究的进展,您当初是出于什么样的想法将自己投身到这些吃力不讨好的工作上来的呢?

---

  ① 该研究报告的最终成果:《磐石——中国民族研究报告》已于 2007 年 9 月由广西人民出版社出版。

徐：说来话长。简言之，是因为我感到人类学声音在中国还很小，没有得到应有的重视，而人类学值得在中国大力推广、普及、发展。在 20 世纪 90 年代初，人类学仍处于边缘地位，声音很小，我感到最遗憾的是堂堂人类学居然没有一份专业期刊。20 世纪 90 年代中期，一批人类学学者从海外学成归来，这是很好的机遇，国内人类学界慢慢活跃起来，我本人也刚好奉调到《广西民族学院学报》主持工作，决心另辟新路将学报办出特色，用一句现在流行的话来讲，这才能吸引别人的眼球。怎样才能既办出特色同时又保持高水平的学术品位呢？根据我对人类学的理解、对当时学术走向的观察，我认为，人类学一定会火起来，把人类学的旗子举起来，就能使我们的学报与中国其他学报办得不同，办出特色。这时刚好遇到一个契机，乔健先生 1994 年 10 月被香港中文大学聘为讲座教授，作《中国人类学的困境与前景》的就职演讲，这是乔先生多年研究人类学后，对中国人类学发展深思远虑的看法，内容尖锐，但我认为他确实洞察了中国人类学，在征求他本人意见后，我在 1995 年 1 月将这篇文章发表在《广西民族学院学报》第一期的头条，引起中国人类学者的热烈讨论，尤其在中青年学者中反响很激烈，纷纷发表文章提出自己的不同看法，形成 1995 年中国学术热点之一，学报马上吸引了中国人类学者的眼球，在中国人类学界放了个大炮仗。

这时正逢中国人类学的发展到了一个重要时期，费孝通先生在 1995 年 6 月举办中国人类学第一届高级研讨班，我赶印出《广西民族学院学报》当年的第 2、第 3 期带到会场，宣布学报以人类学研究为特色、为主要内容，人类学方面的文章优先发表，还给每一位参加研讨班的学员、讲员免费赠送学报三年，从此相关的人类学稿件开始不断寄来，学报也始终把人类学定为最主要的栏目，学术质量也随之提高。周大鸣教授提出可作中国人类学家的系列访谈，在世纪之交把中国人类学学者的所做、所说、所想立此存照。我觉得这是一个很好的创意，于是我从1999年开始，对相关学者进行了访谈。现已对30多位学者做了访谈。因为访谈语言不受限制，思路开放，把不能放入文章但却可在沙龙中讲的发挥出来，让学者们有了灵性抒发的空间，不再必须做那些四平八稳的"规范文章"，很多学术灵感就是在访谈时"碰撞"出来的，常常让访者和谈者都意犹未尽，欲罢不能，也很受读者欢迎。最近我用庄孔韶教授的《人类学世纪坦言》为题，将已有的访谈约50万字，结集出版，贡献给大家。当然，人类学访谈的栏目不会停，我打算做到2008年，做108个学者的访谈，汇编成书，到2008年世界人类学民族学大会在昆明召开时呈现给世界各国的学者，在世界面前一展中国人类学家的风采。随着人类学本土化等学科发展的热点问题在《广西民族学院学报》中的争论越来越宽、越来越广、越来越深，我开始从2003年推出主打栏目，以便将人类学界学者们思想灵感进一步聚焦，让同仁更好地了解最新的理论发展走向！最热的公共话语是什么？比如2003年第一期的《海外华人研究》，第二期的依山依水族群研究，第三期的口述史研究，第四期的走向第36届世界社会学大会，第五期的文学人类学研究，以及2004年第一期由庄孔韶教授主持的乡村人类学等主打栏目，都很有分量。以后还会陆续推出景军教授主持的医学人类学，周大鸣教授主持的都市人类学，滕星教授主持的教育人类学，邓启耀教授主持的视觉人类学等栏目，都是将西方理论与本土田野资料相结合走向国际人类学前沿的尝试，也是国内人类学最新研究结果的总结。还是那句话，一定要继续吸引大家的眼球。学术要发展，我认为很重要的一点就是要资源共享，我们的稿源越来越丰富，学术质量越来越高，但光靠一本刊物，提供的信息量总是有限，能否把蛋糕做大呢？于是我在1999年与周大鸣教授合作主编了《人类学文库》，由广西民族出版社推出，为学者提供了又一个交流的平台。现在已出 9 本书，最后一本关于巫术的人类学研究的《蛊：财富与权力的幻觉》也即将出版。我为了给刊物和文库组稿，为了更好地联络学界的同仁而尝试着组织学术会议，在 1999 年举办中国人类学本土化第一次研讨会，这是大陆第一次讨论这一问题。英国的王斯福，法国的勒穆，美国、日本等国学者都参加了会议，会后出版了《本土化：人类学的大趋势》一书，反响不错。开学术会议在中国不容易，要钱、要关系、要时间、精力、人手，但是多开高质量的学术会议确实是很必要的，于是在中国台湾、香港和内地学者的支持下又筹划组织了"人类学高级论坛"，第一届在 2002 年以"人类学与中国社会"为主题召开，2003 年在中央民族大学召开第二届"人类学与中国经验"论坛，2004 年 5 月在银川召开第三届"人类生存与生态环境"论坛，被媒体称之为"中国人类学的一个新平台"。我还推出了"人类学高级论坛文库"，其中台湾林美容研究员的《汉人社会与妈祖信仰》已出版，周大鸣教授的《当代华南的宗族社会研究》已出版，还有《人类学世纪坦言》、《金羊毛的寻找者——世纪之交的中国民俗学家》等在 2004 年都可望出版。我今后的任务除了把《广西民族学院学报》继续办好外，还要把人类学高级论坛做好，争取一年开一次，每开一次就出一本文集。所以说研究、办刊、办会、出书都是我学术历程的内容，学者不能仅仅自己写文章出书，还应为学科发展出力，把中国人类学向前推进，我的希望是通过自己和其他同仁的努力，为中国人类学开拓阵地，只要有好文章、好书就能尽快发表、出版，如此就心愿足矣。

　　海：您从青年时代就对民族研究、对人类学抱有浓厚的兴趣，即使在以后艰苦的环境中也没有放弃对人类学研究的追求，屈指算来，您的这份人类学情怀已经有 **40** 年了，可以说是"几经风雨痴心不改"，是什么让您对人类学怀有这样的深情呢？

徐：为什么我把人类学作为终生事业，为什么我要努力推进中国人类学？还是那句话，因为人类学有"仰俯天地，融会古今，贯通中西"的眼光，这是其他学科所没有的。做人类学，可以了解人类文化、生活方式的多种多样性，给你带来的思想上的震撼、冲击是其他学科所没有的，它可以刺激你的神经，给你带来思想上的乐趣。其他学科只要与人类学结合就会有新的眼光、新的成果，比如用人类学方法做文学评论，则可出现文学人类学的流派。历史学本来走到死胡同，但口述史的出现，对历史文本有了新的解读，都受益于人类学。打个可能不大恰当的比方学人类学可以让人上瘾，学了就丢不开了，不管是做人做事还是做学问，你都会用人类学的视角和理念来看问题、解决问题。

更重要的是，当今中国需要人类学，人类学对中国的社会转型有重要的指导意义。人类学对我们做人、做事的意义在价值取向的"以人为本"上、其次是对他者的尊重、尤其是对处于社会文化弱势地位的他者的关怀，第三是批判的眼光，今天特别使人类学家兴奋的是，以胡锦涛总书记为首的新一届党中央在十六届三中全会上提出了"以人为本"的指导思想众所周知，"以人为本"本身就是人类学最基本的价值取向，如果人类学"以人为本"，尊重他者的取向在广大官员、政策执行者、乃至群众中广为推行，我们相信将会极大地推进中国社会的发展，所以人类学在中国的发展前景是很远大的。我多次说过，人类学是基础学科，受过人类学训练的人懂得如何做人，人类学有濡化、人格培养的问题，教会你怎么做人然后才会知道如何做事，像人类学的"和而不同"的主张、文化多样性、对话等概念如果能推而广之，对人类文明的发展都会有很大的好处。在国外，人类学已经是人文社会学科群落中的基础学科，而在国内，人类学即使在学科范围内也还需要大力推广。我愿意做这方面的工作，愿意为人类学的发展俯首甘为孺子牛，我相信人类学之树常青，这就是我的人类学情怀。

海： 时间不早了，谢谢您接受我的采访。

【原载《西南民族大学学报》2004年第3期】

海力波：广西师范大学副教授、博士

颠覆与创新：从边缘走向人类学的学术中心

——徐杰舜教授访谈录

吴 雯

吴雯（以下简称吴）：这几天我在你们编辑部学习，给我的第一印象就是你们的工作条件和管理制度都比较完备，尤其是办公环境非常好，整个一层楼都是你们的办公室、资料室，听说以前是在马路边上一个很小的地方办公，根本不被人重视。可以说，当时去学报工作并不是令人羡慕的差事。您能不能谈一下当初您是如何到学院学报编辑部工作的？当时整个学报的内部情况和外部环境是怎样的？包括当时编辑部的环境，民院的环境，以及整个中国当时的学术和刊物的大环境是怎样的？

徐杰舜（以下简称徐）：我1985年从浙江到广西民族学院之后的9年时间里，主要从事学术研究工作。任何一个学者都知道，自己的学术成果的发表需要有一个阵地。很多学者都有这样的体会，学术论文要发表是比较困难的，尤其是我转向人类学以后，发表就更加困难。当时的人类学学科处在边缘，人类学的研究人员也处在边缘。人类学的文章很多期刊都不发表，包括我国一些比较权威的期刊也是不发或者很少发。所以，中国人类学在20世纪80年代恢复以后，发展非常缓慢。我自己深感人类学学术论文发表的困难，因此我想如果有机会编一个学术刊物，那就是自己学术生命的另外一部分。这个机会在1994年终于来了。

你也看过我们学校以前的学报，可以说是非常的简陋，无论从它的印刷、装帧,到它的学术论文的学术含量都很差。用新闻出版局的话来说,你们的学报送来,我们看都不看,就放在地板上。在这种情况下,我们学校当时的书记奉江和院长荣仕星也感到学报的重要,所以,用他们的话来讲就是要找一个教授来管。当时的学报非常不景气,不能按时出版,稿源枯竭。当时就是四个人,要我去做编辑部主任。我就一个条件,你们要放手让我做,否则我就不去。我当时已经是研究所的副所长。学校的领导非常开明,他们答应了我的要求。我到学报是1994年8月报到,9月上任。上任以后我就观察他们编辑运作的情况,所以第三期还是由他们自己出版的,我从1994年第四期开始做试点。就当时编辑部来讲,他们的编辑意识非常陈旧,而且那个时候,人心都不在刊物上,还在那里办什么自考班创收。我就在这种情况下接手了这个地处边缘学校的小小的学术期刊。

整个大环境来讲呢,人类学还处在边缘。地处边缘的边缘的刊物由我这个边缘的人来做,但是我的信心很足,越是一张白纸越是好画画,我想把它作为自己学术的延伸,把它作为自己学术生命的一个组成部分。

就你讲的内部环境和外部环境来讲呢,我当时所处的外部学术环境,人类学还处在边缘;而校内的环境呢,就是领导的信任,这种信任使我有机会来办这个刊物。

吴:那可以说当时的环境有利有弊,您在那样并不很理想的情况下接管了一个小学报,把它发展到今天著名的学术期刊确实是难能可贵的。另外,我还有个问题,就是您的学报以人类学特色著称,可学报这样一种类型的刊物,相对于其他直接冠以某某研究为名的主题性比较强的学术刊物,可能有它自己独特的优势或者劣势,您是怎样对待这些特殊性,让一个默默无闻的边陲小学报在众多学报和学术刊物中脱颖而出的?

徐:这个问题是我们下面要谈的一个核心问题。我做学报并不仅仅是把它做成一个人类学的刊物，人类学只是它的特色的设计。学报作为一个杂志和一种学术刊物，它的特性是什么？功能是什么？我怎样在办刊过程当中，既得到学术界，尤其是人类学民族学这个相关学科的圈子的承认，也得到学报界、期刊界的承认。这两个承认都非常困难。

吴：对。这二者之间不容易调和，平衡性很难把握。

徐：是啊。我们先不讲人类学特色问题，先从办刊来讲。我在办刊的过程中，颠覆了传统办学报的理念。传统办学报的理念就是，学校的刊物就是发校内的学术成果的窗口。所以，有些学报历来就规定绝对不发校外作者的稿件。比方《厦门大学学报》长期如此，中国人民大学以前也是这样。

吴：对，一般会认为学校自己出资，当然要发自己学校的文章。

徐：对，相当长的时间里面，甚至到现在，我们学校还有人有意见，认为学校出了钱，你却给别人发了稿。但是我认为，你办一个刊物就是要走向全国，走向世界，不能做井底之蛙。因为读者看你的刊物，他是不看你的作者是哪个学校的，他看你的刊物发表的文章的水平。你的作者的来源越是多元就说明你的影响力越大。如果作者仅仅局限在校内，那么你的圈子就很小，辐射力也很小。像厦门大学、北京大学，他们本身学校是处于强势的，而像广西民族学院，一个小小的学校，可以说在全国各个学科领域都是很弱化的，这个学校就决定了它是一个边缘。边缘的学校边缘的刊物，你要走到中心去，你怎么走？所以我颠覆了传统的办刊理念，我就开门办刊。

吴：这其中有个过程吧。据说最初是三七开，四六开，到最后不限。

徐：对，他们给我很多限制。领导规定我最多三七开，后来我悄悄发展成四六开，到现在突破对开，后来上面也不太关注这个事了。但相当长一段时期,他们有人每一期都等着数我的页码。但是我认为,一个边缘的刊物要走向学术的中心,一个边缘的学校要走向高等教育的中心,如果没有一种海纳百川的胸怀,你永远是边缘。所以我实行开放式办刊,我一定要把全国最好的稿件甚至国际上的稿件吸引到这里来,我们就必须走出相思湖,必须走出广西,走向全国,走向世界。你没有这样一个理念和宏图,你永远是井底之蛙。

吴:这是一个眼光的问题。有人看到短期的利益,觉得发自己学校文章最重要;如果目光长远来看,学报走向全国以后,对学校本身是一个很大的宣传。我在网上查阅广西民族学院的介绍,都会有很大一段来专门讲你们学报的成就,甚至于说,很多人是先知道《广西民族学院学报》才知道了广西民族学院。

徐:对,很多人这样讲。包括教育部来我们这里做本科水平评估,教育部专家组的人就说,清华紫光、北大方正是靠学校的名气,你们学院是靠学报的名气。

吴:是啊,您的这个颠覆的理念确实在实践中取得了很大的成功。那么您的具体措施是什么呢?

徐:嗯,这正是我要讲的。要知道办刊物是有很多的清规戒律的。比如说,有规定一个学者一年只能在刊物上发一篇文章,现在不少学术刊物还是这样。另外,刊物办得很死板,没有审美概念,装帧也没有,文章是多长就是多长,下面空上一大块,空就空在那里了。甚至很多学报打开,封二光版,封三光版,封底一个版权,完了。

那么,我颠覆传统的办学报的理念,开门办刊,第一个具体的措施就是打破了一个学者一年只能发一篇的传统规定,我就发系列文章,系列文章发出来就有规模效应。这可以说是我们的一个创造吧,我发得最多的是连续发了九期。这样就给学者们提供了发表自己系列成果的机会。

第二个颠覆传统的具体措施，是我融入了时尚杂志的一些元素，强调视觉冲击，体现人文关怀。我在重要文章发表的时候，同时发表作者照片。让人们在看到学术文章的时候也看到作者的形象。作者本身也很满意。我认为一本杂志，它所有的版面都是资源，不能浪费啊。所以我就补白。我们学报补白有两种内容，一个是发相关著作的书讯，一个是相关学术活动的简讯。封面方面，我从1995年开始推出封面学者，就从我们学校的学者推起。我们也是找广西最好的装帧设计者来做的，但是第一期照片做得比较小，放在一个角落里，我看了觉得效果不行，第二期我就叫他改，现在封面设计全是我自己做了。一个是封面作者，那么封二我就推出相思湖学者，只要是副教授以上的，只要是有成果的我都放。现在相思湖作者发表了这么多年，使我们学校的学者也都走向全国了。封三我最开始介绍我们学校的系、部、研究所，后来就发展到介绍全国的民族研究所。封底我也不留空，放上我们广西民族学院的风景，现在很多人看我们学报就知道我们学校环境很好。这样一本学报承载的信息就丰富起来了，让外界了解到我们的学校和学者，也让他们了解到相关学科的书讯和活动。这样我们就给读者提供了大量的多元的信息。所以大家就喜欢看我们的杂志。用有些出版社负责人的话来讲，就是你们的杂志具有视觉冲击力。我为什么要这样做呢？因为我们的杂志本来就是边缘，学校也不是名校，而我们这种封面设计就能够在千篇一律的杂志中跳出来，别人就会来看我们的内容，加上我们的内容也是非常好的，这样我们的杂志就慢慢地站住脚了。

而我们的封面设计还不光是吸引眼球，它还体现人文关怀和学者资料的收集作用。比方我发了中山大学的老系主任黄淑娉老师的封面，人家就说，哎呀，黄教授，你也成封面女郎了。这是玩笑话，但是黄教授自己也是觉得很高兴的。为什么只有明星可以上封面啊，我们学者难道不能上吗？所以，我们发了这么多期封面人物照片，很多学者是很喜欢的。比如说李亦园先生的照片是我亲自拍的，他对我拍的照片非常满意。于是他弟弟有一次就从泉州打电话跟我说，你拍的我哥哥的照片非常好，把我哥哥的精神气质都反映出来了，还说我们发的李先生的人生掠影的照片也编排得非常好，那么，他哥哥现在要回来，赶上他的小学母校建校九十周年庆祝，于是我们马上特快专递寄了 20 本。李先生收到杂志就发给相关的亲戚朋友老师校长啊，起到非常好的宣传效果。后来，我们不光做封面学者，还把他们一生的照片精选出来，作为他的人生阅历的回顾，读图时代嘛，这样人们能对学者的生平有更全面的了解，同时我觉得也为将来中国人类学发展历史的编写者提供了非常好的资料。这就在学术性的基础上又有了资料性。办刊物做到以上这些，我们才能慢慢地从边缘走到中心。

而走进人类学学术的中心，还不光是上面那些措施。我开始以人类学为特点来办刊是在 1995 年第一期，当时打了一炮，刊登了乔健先生的文章，讨论中国人类学发展的前景和困境，这就吸引了人类学界的眼球，后来就成为 1995 年中国学术热点之一。1995 年 6 月底，我带着学报新出版的两期，去参加北京大学费孝通先生举办的中国社会人类学高级研讨班，我还不是正式的学员，是去旁听的。闭幕的前一天我去参加他们的讨论会，当时全体学员有 40 多个，我当时就对他们说了几条：第一，每人赠送一本学报，赠送三年；第二，你们的论文优先发表；第三，你们做的田野报告我这里也可以发表，田野报告一般是很难发表的。这样就开始建立了我们的作者网络。第二年，我成为正式学员，一直参加到第七届。通过这个研讨班，我逐渐与人类学界的联系越来越紧密。有些学者长期得到我们寄去的学报，从中获取了很多信息，因此他也很愿意把自己的好文章投给我们学报，以表示支持，这样我们的稿源就丰富起来了。

从办刊的角度来讲，我们吸引人们眼球的封面和新颖的内容，慢慢地引起了学界的关注。1996年的全国学报界的会议，我当选广西学报研究会的理事长，全国学会的常委，我本人也就成为中国学报界的重要参与者，后来成为全国学会对外交流委员会的主任，我就组织我们中国的学报界出访美国、欧洲、越南，到香港组织中国学报展。我提出的一条理念就是，学报要发展的话，要走专业化和国际化的道路。学报界的同仁也给予我很高的评价。比如原来学报研究会的会长，中国人民大学杨焕章教授，非常优秀的学者和编辑家，他就曾对我们学报的同事说："徐教授是办学报最用心的人。"我自己认为，首先从办学报的角度来讲，我是获得了成功的。我们的学报颠覆了传统的办刊理念，开拓了新的模式，这种模式至少可以和其他模式在同一个舞台上表演，而且我们有自己的特色。这样就使得《广西民族学院学报》在学报界得到了承认，学报的各种评比奖项我们都得到了，无论是哪一家制定的核心期刊都有我们学报，甚至于编辑规范我们也是最早执行的，清华大学光盘中心就曾经拿着我们的学报到中国社会科学院去做示范，说这样一个小刊物都能办得如此规范，我们这些大刊物为什么不能做得更规范一点呢？从这方面讲，我们也是优秀刊物。我们《广西民族学院学报》可以说是对中国学报界的一个贡献，也是我自己十年做学报的成果。

另外，对传统办刊理念的颠覆还有一点措施，就是我们编辑部不单纯地枪毙作者来稿。尤其是对于校内的作者，我们还举办沙龙，找专家学者，帮他们修改。这样可以缓和一下校内对我们办刊改革的意见，也是为学校培养自己的学者的一种帮助。比如，现在1998年秦红增写的论文，关于先秦神话和儒道思想的，刚开始他只写了一篇，题目还不错，但做得还不够，我建议他修改，于是他修改了一年多，做成三篇论文，我给他发了，这下子，评了副教授又上了《新华文摘》。又比如一个女教师写了一篇关于潘金莲的文章评职称，的确没有新意，于是我就建议她研究一下少数民族文学，因为写这方面的文章太少了。于是她就写了关于少数民族史诗的文章，我又推荐给民间文学的专家来审稿，通过后就给她发表，这样她顺利地评上了职称。还有些老师的文章实在写得太差，我不发，有人甚至要流氓威胁我，但是我还是坚持原则，要他必须修改到达到要求为止。他得了这次教训后，才真正地走上学术的道路。还比如中文学院的金丽，她从美国回来，写的关于国外素质教育的文章我连给她发了六篇，后来又写关于圣经的论文，我给她发了九篇，还有副院长容本镇，他的张承志系列研究，也是发了九篇，后来结集成书，还开了个评论会。这样的例子很多，原来我们学校的书记奉江就说过，学报为学校培养了很多的教授。所以，我们办学报还对校内教师的科研能力、写作能力的发展提供了园地，也为学校赢得了很多声誉。

吴：这方面您真是付出了很多心血，我在其他人的访谈中也听到了这方面的评价。您不光尽到一般编辑的责任，还像老师一样地指导提携年轻的学者。这样您才能在学报的校内科研发展需求和开门办刊的改革创新之间找到一个相对的平衡。这也是您颠覆传统办刊理念的第三点具体措施。

另外，这10年来你们学报的确是一步一步地往上走的，那您能不能总结一下，学报这10年的发展可以分为几个阶段，具有标志性或者突破性的事件有哪些？

徐：如果从组稿的角度划阶段，我想大致可以分为这样三个阶段：第一个阶段是等米下锅的阶段，是1995年到1996年；第二个阶段是我们去买米下锅，就是主动组稿，这个时期比较长，大概到2002年。这个阶段，我们的组稿还缺乏好的主题和策划，反正只要能从名家组到稿就不错了，不成规模，比较散。第三个阶段，从2003年开始，我们做主打栏目，形成规模和方向，这个可以叫做培养优良品种。从等米下锅，到买米下锅，到培养优良品种下锅，可以说是我们学报组稿方面的三个阶段。

至于重大的标志性的事件呢，第一件是1995年第一期，发了乔健先生的一篇文章《中国人类学发展的困境与前景》，引发了中国人类学的一次大讨论，这个前面已经提到过了。第二件就是2002年第一期，钟敬文先生百年华诞。当时我们在做民俗学这一块，考虑到钟先生快100岁了，很早就开始策划做一次专题，也得到了他家人的支持，取得了照片和资料。当时李岚清准备给他在人民大会堂做寿，我们就打算把我们的杂志在会上发出来，人手一册。就在我们杂志印好的时候，老人家刚刚走，1月10日，我们接到通知后，马上派人出发，把那期学报全部带到北京去，直奔八宝山，在八宝山人手一册。当时《北京晚报》登了一幅照片，就是北京师范大学的学生哀思钟敬文先生，一个女学生手上捧的就是我们《广西民族学院学报》，这下子，整个北京的学术界都知道了我们的学报。《北京师范大学学报》的主编就说，"《广西民族学院学报》真大气！"第三个重大转变是，从2004年第一期开始，我们把封面学者和主打栏目结合起来，影响也是很大的。人类学的学科地位是个千手观音，所有的学科都要和她牵手，所以我们的主打栏目有都市人类学啊，乡村人类学啊，教育人类学啊，生态人类学啊，审美人类学啊，女性人类学啊，文学人类学啊，医学人类学啊……这就算是第三件有突破性的事情。

吴：那么这10年的办刊经历，让您觉得自己有成就和收获的事情有哪些？

徐： 10年下来，我们的学报和我个人都得到了很多肯定。乔健先生一直是我们忠实的读者，钟敬文先生那次策划不用说了，还有一件让我感动的事情。一次在黑龙江遇到我们学报的订户，他把我们学报整整齐齐地摆在那里，甚至还把我和李亦园对话提到他们东北民族研究的那部分勾画出来，到处给相关的人看，他以订有我们的学报感到自豪。台湾那边李亦园先生把我们的一套学报摆在他书架最显眼的地方，让到他家的客人来看，他还专门为我们学报写过一篇文章《来自南疆的人类学呼唤——十年来〈广西民族学院学报〉对人类学的经营》在《光明日报》上发表，这很不容易，李先生年纪大了，写文章已经不多了，说明他对我们学报非常地看重，这也让我很高兴。所以办刊物是很有乐趣的，通过办刊物你可以和学者有非常广泛的交流，这种交流跟不办刊物是很不一样的，而且你通过办刊物，拜读各种学者的论文，是种很好的学习，你就可以很快地发现前沿，发现新的问题，这对自己做学问是很有收获的。所以从办刊角度来讲，我既有成就，又有收获。

吴：在采访广西师范大学王杰教授对你们学报的评价的时候，他给予了你们学报高度的评价，认为你们学报的发展是中国人类学从复苏到逐渐兴旺的过程的一个缩影。那么，您自己对学报在中国近10年的人类学复兴中的作用和地位如何评价？

徐：王杰教授的这种说法是一种，还有一个教育部的说法，据专家透露，我们学报的"人类学研究"栏目之所以被评为名栏，那是因为，一个边缘学校的学报的一个栏目，能够推动和引导一个学科的发展，这是绝无仅有的，所以我们这个栏目具有示范性的作用。这给我提了一个醒，回忆我们办刊10年设立建设人类学栏目的过程，觉得确确实实是起到了推动中国人类学发展的作用。怎么推动呢？我觉得具体有这么几个方面吧。

第一个方面，我们为中国人类学提供了一个园地，到目前为止还是唯一的园地。当然现在也有些杂志零零星星地发表一些人类学的文章，但是在1995年前后几乎是没有地方可发的。用李亦园先生的话讲，那就是形成了中国人类学的一个中心，你要看中国人类学近10年的发展，你就去看《广西民族学院学报》。

第二个方面，用乔健先生的话讲，我们学报不仅团结了中国内地的人类学者，而且还包括港澳台以及全球华人人类学学者，他称我是中国人类学的核心联络人。

第三个方面，我们学报反映了中国人类学10年学术发展变迁的情况。开始就是乔健先生的文章，他指出了中国人类学发展的困境，但是也很乐观地指出了发展的前景，这个时候正好是一批在国外留学的学者回来的时候，比如庄孔韶、景军、王铭铭等等，我们的刊物就正好把他们聚集在一起展开讨论。学者之间也有不同的派别，但是我们的学报跟中国所有的人类学者保持着密切的关系，几乎所有的重要的人类学者都在我们学报上亮了相。

第四个方面，刊会结合也是我们推动中国人类学发展的一个重要方式。最开始我们还没有形成规模性的会议，我们第一次开的是"人类学的本土化"国际学术研讨会，本土化问题是人类学在中国恢复发展的一个非常重要的命题，当时还是第一次在中国内地讨论，而且我们这个会议真是具有国际性，英国的、法国的、美国的、西班牙的、中国内地的、台湾的、香港的学者都有，那次的影响是不小的。比较连续的会议最开始是费老办的社会人类学高级研讨班，那个时候中国人类学还在恢复过程中，很多人还不懂人类学，不懂田野，所以是个讲习班的形式，主要请东亚的专家学者来讲。但是五六年以后，我们年轻的学者成长起来了，从国外回来的学者越来越多，就必须要以一个新的形式展开，不能老让别人当学生。所以，2001年我到香港、台湾的时候，就跟一些学者商量，成立一个中国人类学高级论坛，大家用论坛的形式平等地交流和讨论。于是，回来我就发了一个倡议书，联合了26家相关单位，开了第一次会议，2002年开的，非常成功，出了一本书，主题是《人类学与当代中国社会》，是非常好的一个开头。第二年本来准备在中央民族大学开，但是由于非典，就取消了。于是宁夏大学就决定在2004年举办第二届人类学高级论坛。非典过后，2003年10月中央民族大学搞了一个特别论坛。今年第三届准备在武汉中南民族大学开，成员单位已经发展到40多家。最开始我们不是很有经验，论题不是很集中，到了第二届银川会议的时候，主题就非常明确，就谈生态问题，圆桌会议也举行得很成功。我们还发表了生态宣言，《光明日报》有评论，《文汇报》把李亦园先生的主题发言全文发表。第三届准备谈乡土中国，做一个乡土中国白皮书。中国人类学高级论坛，适应了中国人类学发展的新需要，给大家提供了一个交流讨论人类学的平台，而且从我们的主题来看，我们是根据中国社会的发展状况，比较紧密地结合现实的情况来讨论的。这样不仅促进了中国人类学的理论的发展，还将人类学理论与中国实际问题结合起来。现在，我们这个人类学高级论坛已经得到了比较广泛的承认。我不仅是论坛的秘书长，而且每次会议的主题都会成为学报的主打栏目，论坛的活动我们也都予以全面的发表。这对一个小小的刊物来说，能做到这点是非常不容易的。2001年12月杜维明先生曾经在广州的一次早餐会上，把我介绍给其他学者的时候说，广西有两个东西很厉害：一个是广西师范大学出版社，他们把我们燕京学社的馆藏书都影印出来了；另外一个是《广西民族学院学报》，它把所有的华人人类学家都团结起来了。这是很高的评价。

第五个方面，我们的主打栏目也对中国人类学的发展起到了推动作用。我们对人类学现在出现的一个现象抓得比较牢，人类学在中国发展到这个状态，为什么其他的学科都要和它互动，都要去它那里找方法和理论？这正反映了人类学作为以全部社会科学知识和自然科学知识为支撑的基础学科的特征，就是我讲的牵手现象。人类学是千手观音，我们学报抓住了这个最新的动态，可以说这是中国人类学发展的一个新阶段的开始。最开始是文学人类学，接着是历史人类学，然后教育人类学，又比如经济人类学和旅游人类学，不能只关注经济效应，还要体现人文关怀。现在党中央提出的以人为本的理念，实际上是我们人类学最根本的价值取向。所以说，我们学报强势推出的主打栏目就体现了中国人类学当前的发展。

第六个方面就是刊书结合的问题。我们的学报容量太小，还有很多学者的研究需要更好的发表平台，所以，比较早的时候，我们就开始推出了一个"人类学文库"。比如我们的黑衣壮考察，高山汉的研究等等都比较有影响。还有就是我们的"人类学高级论坛文库"，已经出了四本，都卖得很好。再加上会议论文集，第一次会议的论文集已经出版了，2003年和2004年的马上要出版。另外我们主打栏目形成的"人类学千手观音书系"也出版了第一本。这就形成了规模效应，记录沉淀了人类学研究成果，反映我们人类学发展的一部分成果，当然其他出版社也出了不少好的人类学书籍。

所以，我们一个小小的学报能够推动一门学科的发展，就是通过我们的学报不断地把蛋糕做大，做强。如果说某种意义上我们学报反映了中国人类学近10年发展的一个缩影可能有点溢美之词，但是一定程度上反映了我们学报对中国人类学发展所作的贡献，这是我们想做的，愿意做的。用我自己的话来说，我这10年把自己的学术研究扩大了，在这个过程中我学到很多东西，结交了很多朋友，我觉得很满足。

吴：很多人都跟我提到，办刊物的话，人是至关重要的因素。在我这些天对你们编辑部成员的采访中，大家都提到您的特殊作用，可以说没有您就不可能有现在的《广西民族学院学报》。包括和人类学界的这种互动也是由您牵头做起来的。那么下面我会问一些比较个人化的问题。您做成了这么多事情，一个好汉三个帮，您如何评价你的工作团队，您的用人标准是怎样的？我从不同侧面听到对您的性情的评价，感觉您一方面待人热情，办事执著，有魄力有毅力；另一方面性格又刚直暴烈，甚至招人怨恨。您如何评价自己的性情，您的处世原则和人生理念是什么？

徐：我们这个团队应该说很不错，10年来我们比较团结，大家对我都很尊重，所有的分工都能很好地完成。可以说这10年当中，除了中间那个插曲（1996年突然新来了个主任），都是很不错的。比如黄世杰，他这个人要么不做，要么他会做得很漂亮。他来了之后，校对工作做得很好，后来也参加编稿，包括编排规范上的问题都是他管。再加上他脑子很活，也肯钻研，很快他就转到民族学人类学领域来了。我们编辑部的成员都要派出去进修，像廖老师去北京大学进修，黄世杰去中山大学进修，业务能力有了很大提高。自然科学版的黄祖宾本身也是被别人边缘化了的，我把他要进来后，工作非常努力。廖智宏老师是老编辑了，本身也是新闻编辑专业出身的，写了系列的主编意识论。于是，我们就在人少任务重的情况下，真的是非常兢兢业业地做，对待稿件也很民主，大家一起做得非常愉快。

我个人的性格，据黄世杰的说法呢，既具有湖北人的实干，湖南人的豪气，又有浙江人的精明。我既会做学问，又会策划，所以我做一件成一件，我要么不做，要做就要做成，而且尽量做到最好，这就是我的信条。但就我一生的经历来讲，我的性格就四个字：坚忍不拔。我要做成事情就要克服一切困难，决不低头。湖北人做事情就是敢说敢干，浙江人做事情就是比较精明，考虑问题比较周到，湖南人的特点呢，我觉得有一种霸气，我是有点霸气的。我批评人是不留情面的，但是都在桌面上，我不会在背后说别人，没有必要。我这种霸气可能跟我的工作和人文环境都有关系，我自己喜欢在比较快的时间里把事情做好，有的人做事拖拖拉拉的我就要批评，对学生也是这样。我这个人的性格呢的确是有点急，但是人如果没有点性格就做不成事情。我的这种霸气说得好听就是魄力。但我也有我的人格魅力，我对我的学生毫无保留，个个当孩子一样对待。包括一些不认识的本科生也把心里话告诉我，我太太说我都成心理医生了。本科生听我课最多的时候有 400 多人，做田野我也都带下去，而且我每一年讲的都不一样，学生很喜欢听我的课。我对学生很平等地相处，希望还能是朋友，尽量给他们机会去发展。不光学生，还有同事，我也尽量。我很愿意帮助别人，因为我最困难的时候都是别人帮了我。

吴：最后一个问题，您现在要离开这个你辛苦经营了 10 年的学报。回过头去看，有没有遗憾的地方和未能实现的抱负？对学报的将来有什么建议和期望？

徐：遗憾是有的。我们学报做到现在这样的程度，是中国人类学一个重要的刊物，应该让我做到 2008 年世界人类学大会在中国开完，把我想做的东西都做完，但是因为我已经担任了两届主任了，按制度我必须退下来。对学报的以后我没有什么要说的了。你这次来这里访谈我们学报 10 年的发展，我感到很高兴。

吴：我冒昧总结一下，您目前事业上的成就大致可以分为以下三个方面：第一点是学术研究的成就，主要以您倡导的汉民族研究为代表；第二点是学术建设的成就，包括您主编的《广西民族学院学报》，编辑的各种人类学学术丛书，举办承办和参与的各种会议，这些工作对中国人类学学术繁荣和学科建设起到了很大的作用；第三点是培养学生，尽量给学生创造发展的平台，为下一代的学术传承作贡献，我在与您的研究生的交流里面感觉到他们都很尊重和感激您。

非常荣幸这次有机会来到你们编辑部学习，并和您面对面地交流。

人类学家也要反思自己

——人类学高级论坛秘书长徐杰舜教授访谈录

吕永锋

吕永锋（以下简称吕）：首先非常感谢徐老师接受我们的采访，第四届人类学高级论坛能在吉首大学召开，对我们来说是一个难能可贵的机会，我们为此一直在努力地准备，在此我想了解一下您为什么会选择在我校召开第四届人类学高级论坛？

徐杰舜（以下简称徐）：这是我第三次来美丽的湘西吉首大学。1987年，我参加由中南民族学院彭英明教授主持的《民族理论》教材的编写，住在吉首一个偏远的招待所讨论了三五天，其间彭教授带我们到吉首大学会见了一些中南民族学院毕业的校友，当时的吉首大学感觉就像一所破庙，房子既破又旧，心想这也算一所高校？

吕：那时是我校前期的艰苦奋斗办学阶段。

徐：我那时的印象就是吉首大学太乡土了。第二次是在十九年后，也就是今年4月底，为召开第四届人类学高级论坛，特前来考察。之所以把本次论坛定在吉首大学召开，因为它是我们民族院校中近10年来发展特别快的一所。据我所知有两所大学发展很快，一个是你们吉首大学，另一个是湖北民族学院。吉首大学发展之迅速，可以说整个学校完全鸟枪换炮。从照片上看，学校很美，特别是你们那个拱桥，很有特色。我所在的广西民族学院，有个相思湖，但你们风雨湖上的桥比我们相思湖上的同心桥更为秀丽，更有特色。现在吉首大学已经变成了一所非常现代化的高等学府。

这几年我也一直与罗康隆教授保持着学术往来,早在5年前,第一届人类学高级论坛举办时,罗教授就参加了会议。第二届人类学高级论坛在银川举行时,游俊校长又亲自带队参会,杨庭硕教授、李汉林教授、罗康隆教授都到场,看得出你们非常重视人类学、民族学研究。游校长当时就表示如果有机会,希望能在吉首大学承办此会。我就在那时认识了游校长,感到作为一所综合性高校的校长,能如此重视这个学科,这在高等学校中还是不太容易的。很多学校的校长是理工科出身,而文科方面的也就是中文专业或政治学专业的居多,民族学专业出身的学者担任校长的几乎没有。所以我觉得吉首大学对民族学是非常重视的,它完全有能力办好论坛。2005年在中南民族学院召开第三届人类学高级论坛会议期间,罗教授明确表示了承办下届会议的决心,另外还有两所学校也表示了意向,经综合考虑确定由吉首大学承办。其理由是:1.吉首大学是一所全新的民族地区综合性高校;2.学校领导高度重视民族学,会议能得到有力支持;3.该校人类学、民族学经多年的学科建设,取得了非常大的成果,学科的四个研究方向人员结构合理,团队整齐。基于这三条理由,吉首大学有实力承办。事实证明,从整个论坛的筹备到召开,吉首大学与我们秘书处合作良好。至此会议已尘埃落定,可以说会议过程紧张有序,学术氛围浓厚,学术水平很高。

吕:感谢徐教授对我们承办此次论坛的整体评价,这毕竟是我院首次承办人类学会议。请您对此次会议提交的论文作一个整体评价。从这些论文中,您觉得人类学研究的总体趋势是什么?

徐:首先从论文的角度来讲,本次主题是"人类学与当代生活"。有三个分论题:"人类学与公共卫生"、"人类学与旅游休闲"、"人类学与当代时尚"。其中以人类学与公共卫生为重点,从提交论文的情况上看也正如此。在收到的50多篇论文中,公共卫生的文章占了1/3强,旅游休闲的文章也是近1/3,二者之和占总数的 70％，当代时尚略少，还有一些其他方面的文章。论文情况通过在会上听到相关学者，如湖南科技大学的潘年英教授看了这次会议论文后认为主题集中，论文与主题演讲相符，主题内容非常好。再从其他学者的反映上看，对我们此次会议的论文质量有比较好的评价，这是好的一点。第二，再从我们这次会议的主题演讲看，七篇论文质量很高，第一组是关于"人类学与公共卫生"方面的，庄孔韶教授的论文专门谈的是艾滋病问题和其研究情况，特别提出对艾滋病防治及目前中国艾滋病的发展趋势新的分析，尤其强调从以前的血液和吸毒角度占多数转向现在性传播为主要研究对象，这是很重要的研究成果。第二篇张有春的论文从理论和方法的角度对中国整个的公共卫生情况做了一个评估，也是很宝贵的。还有杨庭硕教授对公共卫生总体的关怀，所以在公共卫生这块反映了当前人类学界对其前沿的关注。张有春在会上提出人类学要注意的两个问题：一个是人类中心主义，一个是人类学中心主义，这都说明我们人类学家在关注这个问题的时候，所站的理论高度和理论视野，我觉得还是比较准确的。第二组谈到的是"人类学与旅游休闲"的问题，有两篇文章，一篇是彭兆荣教授的，他以广西的车水村为例，说明在旅游发展中碰到的各项重要问题，我们怎样去思考生态家园问题，而且这个对我们当前旅游事业的发展、旅游的开发，特别是旅游资源的开发，很有指导作用。张敦福教授的文章完全是从人类学角度按人类学方法做的，通过他的田野，通过他的感受、采访和自身经历说明现在在旅游当中所存在的一种状态，对旅游的发展提出质疑，反思旅游业的发展怎样才能更人性化、更文明、可持续发展，所以这两篇文章应该都是目前人类学界研究旅游方面有自己创见的作品。第三组是"人类学与当代时尚"，我们特别邀请了美国夏威夷大学柏桦教授，他的论文向我们系统地介绍了美国人类学界对服装时尚认识的基本状况，而且他还附上了很好的课件，我们能够从一些图片与文字说明中了解美国人类学家关注时尚问题，特别是关于服装时尚问题的理论分析和架构。中南民族大学的周丽娅教授关于时尚元素的研究，非常全面地对服饰时尚元素做了一个分析，也给我们耳目一新的感觉。从论文的征集到主题演讲都反映出人类学对这三方面问题的前沿观点。第三，从圆桌论坛来讲，提出把公共卫生和旅游休闲打通，实际上公共卫生和旅游休闲是相关的，就像彭兆荣教授的发言中所说，两者打通后可以看出人类如何能够健康地生活，庄孔韶教授在圆桌论坛中提出终极关怀的问题，张有春提出的人类中心主义和人类学中心主义都是值得注意的问题，还有罗树杰博士提出的对公共卫生的反思，再有我所谈到的人类生存要健康生活，如何善待自己，善待他者。相关的发言，即兴的、自由的发言，正像柏桦的发言一样，中国学者所关注的当代生活问题，也是世界所共同面临的问题，可以反过来说明我们现在讨论的问题也应该是前沿，这是比较好的方面。但是这个会议也像有些学者评论中提到的，此次参会人员所写的论文有些并未完全用人类学的理论方法来撰写，而是从其他的角度、以其他的学科理论方法来撰写的。我觉得这是不可避免的，因为这是一个开放性的论坛，欢迎大家都参与其中。这种开放性恰恰是我们要搭建的一个学术平台的目的所在。我们不能把自己的圈子搞得很小，我们的开放性表明现在关注人类学、关心人类学、喜欢人类学的人都能到此进行交流。在交流中，邀请一部分在人类学方面有造诣的专家、资深学者，他们的论文与发言就给那些不是科班出身的、非专业的人类学爱好者提供一个范本与样式，他们要借鉴这样的理论去思考，那才是一个人类学的作品。好比在圆桌论坛上谈到的人从生到死的问题，人类学的关怀是什么样的？那就给其他学科的朋友，做民俗学的、文学的、历史学的、宗教学的朋友一些启发。这本身也是互动，实际上他们也给人类学研究提供了新的信息。像昨天涉及的苗族终极关怀的问题、哈尼族终极关怀的问题、土家族终极关怀的问题，那是庄孔韶教授在研究汉民族终极关怀的问题中不太了解的，就从中获取了新的信息，这就是一种互动，学科式互动。人互动了，学科就互动了，任何一门学科不能包打天下。所以我们反对人类学的中心主义，人类学并不能包办世界一切的问题，但是也不能说人类学太边缘，我们要站稳，我们要发言，我们要关怀，要关注世界上各种各样的问题，我们先要关注中国各种各样的问题，提出我们的意见、看法，来推动人类社会的生存，使它更好，用我们的话说就是要使人类健康地生活。所以我们提出要善待自己。从圆桌论坛的情况看，我们充分展示了这个论坛的开放性、民间性，当然这也是平等，无论是学者还是学生，无论是专业的还是非专业的，无论是男是女，大家都平等发言。从会议的学术成分上讲，这次会议应该是很成功的。所有的代表都一致认同会议的成功。所存在的问题也不一定是问题，因为有些文章不是很规范、经典，它是由其他学科展开的，但是它关注了人类学问题，给我们提供了新的视角参照，我们也用较规范的形式给别人提供了一个参照，所以说既是问题又不是问题，这就是我们人类学开放的心态、边缘的战略。参会人员并非都是中心学者，中心学者也有，像中国人民大学的庄孔韶教授、厦门大学的彭兆荣教授、上海大学的张敦福博士，而大多数的代表来自边缘学校，这说明一大批人在关注人类学，喜欢人类学，这是人类学今后发展真正的力量所在，人类学不能搞孤家寡人，要不断扩大自己的队伍、自身的影响。这次会议非常成功，要感谢吉首大学，感谢吉首大学人类学与民族学研究所。

吕：我非常赞同您对人类学或对人类学论坛会议的包容性和开放性的阐述，那么在现代社会中人类学要接触不同的学科，另一方面也要接触不同的人，这样就需要更强的包容性，而且它本身就是一门很包容、开放的学科。我个人认为，从本次会议中的三个主题对现代社会问题的反思和人类学的理解，这也反映了人类学本身在一个学科的应用性研究的强烈倾向。中国人类学研究在面临应用性越来越强的趋势下，这次会议也给我们提出了一些精彩的应用性研究个案。在聆听发言后，我在思考这样一个问题，我们做的很多应用性研究是在反思人类学定位，人类学者在实践中的自我定位问题，或个人身份问题，或道德等相关的问题，可能相对西方应用人类学研究略显缺乏，我想问，在参与一个社区或一个政府行为中，包括旅游、公共卫生，该如何把人类学学者的自身定位弄清楚，使之争取更多发言机会，把声音传给政府，达到促进社会发展的目标。人类学是一定要参与到社会发展中的，但如何才能做得更好？

徐：你提到的实际上是人类学的应用性，人类学在中国目前还是一门边缘学科，定位问题还没有很好地解决。它现在属于社会学下的二级学科，很难出头。制度上安排，往往是一级学科得到的资源较多，二级学科分配得较少，这种状态跟人类学的国际地位很不相符。从人类学的国际地位来讲，它是一门显学。在西方国家，人类学无人不晓，它又是联合国科教文组织下的一级学会，在国际上是一个非常重要的学科，但在中国却变成了边缘学科，这当然是历史造成的。20世纪50年代被当作资产阶级学科撤销，20世纪80年代社会问题较多，极力发展社会学。人类学在兴起、恢复时就处于边缘，人类学好像是门纯理论的学科，与当代社会发展不那么密切，所以恢复过程中，学科的中心不在北京。中国人类学会一直挂靠在厦门大学，中心处在了边缘，在中国目前的体制下，处在边缘，学科力量就很微弱。当时社会学的学科带头人费孝通先生，按照中央的精神把社会学很快地恢复，而人类学却只是较慢地发展着。20世纪90年代中期后，费老思考的方式转变，因为有很多问题最后回归到人类学。1995年由费孝通及北京大学相关的教授建议，开办"社会文化人类学高级研讨班",培养一批人才,这样人类学才得以凸显;另一原因是海归派的返回,他们是美、英、法等国的人类学博士,给人类学界增添了新鲜血液,他们成为中坚力量。这批人已成为今天人类学界的领军人物。另一背景是这段时期人类学的著作、翻译介绍很多,在向西方学习的过程中,人类学的著作是大量的,普及中对国外有了新的了解,高度注意人类学。高层的重视、海归的归来、西方著作的大量翻译,促进了人类学的发展。1995 年至今已开办了八届"社会文化人类学高级研讨班"。这时期以培养人才为主,特别强调田野,强调应用,但当时人类学的应用还没站在很高的地位。经过七八年队伍越来越壮大,人类学者开始对理论和方法的关注,这是很重要的。中国在 20 世纪 90 年代中期至 21 世纪初,五六年的时间里,相当一部分是西方人类学对中国问题的研究有很多的回应。继续按照费孝通提出的社区研究,对一些村庄进行个案研究,就是我们所称的社区研究。其中一个重要的研究方法是回访,很多学者对 20 世纪 30 年代的汉族社会的农村研究进行了回访。如周大鸣对广东潮州凤凰村的回访;庄孔韶教授指导的博士论文所作的一系列的回访;最近王铭铭教授主持的对云南乡村的一些回访。这都是从社区的角度做的。还有弗雷德曼对中国中南地区的宗族问题投入了比较多的精力,所以这一段时期对宗族问题研究成绩也是比较突出的。还有一部分是与经济人类学相关的内容,如施坚雅的市场理论,有一部分学者在做,这个理论与经济相关。真正的人类学家对武雅士的民间信仰问题、宗教问题,在 20 世纪 90 年代末关注比较多。在这样一个层面上,我个人的看法是在这一段历史时期里,我们很多的学者基本上是在根据西方,如弗雷德曼的理论,要么验证他们的理论,要么反驳解释不同的看法。像弗雷德曼的宗族理论我们就有好多学者从反面去研究,像兰林友就提出不同的看法。他们觉得为我们开了一条新的思路,武雅士影响了一批宗教研究者。这里出现了一批好的社区研究个案，特别是庄孔韶教授的《穿越时空》已经出版了，王铭铭主编的《云南的回访》也出版了，相对来说各有特点。一个可能做得更深一点，从理论和方法论层面关怀的情况下，人类学在中国就不以人的意志为转移渐渐扩大自己的影响，发展着自己。这个发展最重要的是应用。周大鸣教授曾经在《光明日报》发表短文叫《人类学的应用性格》。我觉得任何学科它一定要有用，没有用就不能得到发展。实际上中国社会的发展，特别是改革开放20多年了，社会上所有的问题都暴露了，但怎么解决这些问题？它真的不能像社会学家那样提出一个解决具体问题的方案来。比如对农民工的管理，用社会学家的方式去管理他们，用暂住证限制他们的流动，这对改革开放的东部发展很不利。所以人类学家的介入，提出要善待农民工。又提出任何一个发展快的城市多是移民城市，像上海，它成为中国最大的城市。深圳为什么发展快？它也是移民城市。所以不要小瞧农民工，人类学家提出关怀农民工。如中国科学院的黄平以及周大鸣，这样的学者很多。人类学关注农民工问题显然与社会学家关注农民工问题有所不同，那就是人类学的应用性体现出来了，人类学的作用在这里悄悄地出现了。我觉得这个时候许多其他的学科，它们在自己的学科发展当中也都碰到危机，如历史学在改革开放以后就碰到危机，许多高校的历史系就撤销了。像吉首大学还保留着历史与文化学院，而广西师范大学历史系本来是很有名的，现在竟然叫旅游文化学院，历史都没有了。人类学的应用性格决定了它一定是有用的。我很欣赏黄金搭档最早的一句广告词：乖乖，真的有效。你学人类学以后，会懂得怎么做人，这是从个人角度来说的，现在不去讲它。如果从学科角度来说，其他学科如果运用人类学理论和方法来进行研究，肯定能够别开生面，柳暗花明又一村，能另辟蹊径。我记得很清楚的是福建的一个教育学家，写了一篇文章在《光明日报》上发表，讲人类学对教育学的影响。因为对教育学来讲，传统教育学的研究方法比较保守，而将人类学的方法引进到教育学以后，就是用前沿的方法，以人的整体性、整合性来进行教育学的研究，马上就有新的成果出来了。历史学也是这样，史学危机喊了多少年了，但中山大学把历史学与人类学结合得非常好，历史人类学在他们那里成为一个基地，搞得很火热。凡是从事历史学研究的学者，他们的成果就多，都引人注目，如北京的杨念群、赵世瑜，包括山西大学的北方乡村研究，都渐成气候，渐成自己的特色，影响就扩大了。在这个过程当中，我们就觉得它的应用性越来越大。像"非典"发生以后，医学人类学引起人们的重视。因为生病的是人，不是单纯一个病，是对人的关怀。医生不仅是在看病，更是在看病人。柏桦教授讲他们大学有两个方向，一个是生态人类学，一个是医学人类学。从这个角度讲，教育人类学、医学人类学都在发展，在中国逐渐有了影响。所以医学人类学博士特别吃香，因为"非典"让人感到生病不再是一个生病的问题。再就是我们的经济方面，所有经济都是人做的，所以经济人类学与一般的经济学家不同，经济学家仅仅在强调怎么发展，怎样给老板做参谋，所以有人去做执行董事，受到媒体的质疑。人类学家关注的经济问题是关注人的经济问题，所以经济人类学也得到发展。包括建筑人类学，"非典"以后，北京的建筑就在考虑建筑是否适合人的居住。在北京，冬天窗户只开一点点，空气不流通，居住环境怎么适合人的需要？现在在上海的同济大学就有建筑人类学。我举这些例子是想说明人类学的理论与方法具有应用性。任何一个学科与它互动就会有新的发展。而实际上我们人类学的应用，尤其是党中央提出的一些新的理念，如以人为本、科学发展观、构建和谐社会，这些都是人类学蕴涵的基本学理。党中央作为自己执政的理念提出来，我觉得一下子就把人类学的地位提高了，这实际上也是人类学的应用性在起作用。现在还没有人写这方面的文章，我觉得这三个执政的理念就是人类学的基本内涵。如果这个时候人类学家还是关起门来只关注他的理论那就会大大地落伍了，就会被时代所淘汰。边缘不会成为中心，不会成为显学。这时候，人类学家就要反思自己，要加强这方面的力量。人类学家在应用中如何定位自己？这是很重要的事情。

吕：是的。人类学家定位有两大意义，在实际的人类学应用或者实践中，我们会发现一方面人类学家希望站在一个中立的角度，他会倾向弱势群体，所以他研究视角很多时候是从弱势群体角度发出的，他可能会提出许多强势的话语，如国家权力、一些强力的经济机构等，这就会发生一些观念上的冲突，出现一些很不协调的情况；另一方面，人类学不是一门工具性的学科，它不是说怎样做这件事情，它讲的是一种观念，给人们一个提示。它与别的学科参与到一个项目的时候，人类学只是提供一个想法，在具体要解决问题时，还是要靠其他学科，这又让人类学感觉到被排挤到边缘的地位。对这两种应用中出现的问题，您是如何看待的，有什么方法来解决人类学家所处的这两种境地？

徐：你的这个困惑，实际上是在人类学应用领域都会碰到的问题。我可以用两个例子来说明如何解决这个问题。首先人类学家进入到应用领域当中，像世界银行贷款在中国的情况，以前世界银行在中国的贷款没有人类学家的参与，都是政府官员、某些经济学家在那里咨询，做个可行性报告，预算如何、开支怎么样就完了。但在20世纪90年代末期，由于某个特别的事件，如青海的移民项目，这个移民项目是把汉族的贫困人口迁移到藏族地区，这个问题马上引起达赖的高度敏感，美国国会议员就抗议，然后世界银行就很紧张，马上冻结贷款。这就使世界银行做了一个决定，以后中国的贷款一定要经过人类学家的评估，才能够实施。这个时候美国的一位教授叫顾定国，被世界银行聘为中国项目的顾问，从此在中国的所有项目都要经过人类学家的评估。所以中国的人类学家有一个很好的机缘进入到应用领域去,参与世行的评估。这时周大鸣教授起了很重要的作用。他们对中国各个地方,所有与世行相关贷款的项目都去做。我就参加过江西农业的世界银行贷款项目,到过九江地区的几个县。世界银行要我们评估什么?这是很重要的。因为世界银行把钱给这个地方用,它要保证这个钱真正发挥作用,这是一方面。还要知道那个地方的情况,钱要保证用到老百姓身上去,用到项目上去。还要弄清这个项目是不是只有少数的官员知道,这个地方的不同族群是不是了解。它要求你了解弱势群体,如妇女、宗教信仰者、少数民族,他们是不是知道这个项目。我们在江西做评估时就发现这里的妇女了解项目的情况不是很普遍,它就要求你要进行宣传。我们发现许多少数民族人口,但在他们的户口册里没有注明民族,这个少数民族是两江移民到江西去的,而且多半是畲族,那就是少数民族的人,而这些少数民族又有相当一部分人离开了江西,他们回到浙江去,因为浙江的工业发展以后,农民自己不种田了,江西的农民跑回浙江把土地包回去种,他们只交农业税,不交租金。所以少数民族人口就少了。这个地方真的还有基督教徒存在,还在偷偷地发展,教堂建在山上。通过我们的调查,也让他们知道有这个项目。第三,这个项目下来以后,这笔钱怎么管理啊?谁来管理?它不会让政府来管理,要让钱真正发挥效应。这样评估人类学家就完全是用人类学的理论参与其中。这些理念如以人为本、关怀弱势族群、在社会控制方面要防止地方官员的非法行为,我们参与就要站在这个角度。这是有外国资金进来的情况下我们这样做。那么国内的怎么办呢?我参加过一个项目,一个很偶然的机会,发现现在的新农村建设非常有特点,完全不像目前所讲的抓一个村庄,这个县是整个县整体推进新农村建设。我们现在不是有一个新的名词叫"县域经济"吗,这可以说成"县域推进新农村建设"。我写了篇很短的文章,地方官员看了觉得徐教授对这个问题的看法蛮新鲜，蛮重要。他们做的每一项都是很具体的，我管农业局这一块就管双季稻；我管教育局这一块就管教育，互相之间没有一个整体性。我一看就知道这是整体推进，我们用人类学的整体观一眼就看穿了这个事情。一个人类学的小小理论的应用，他们就觉得很重要，他们就请我去做了一个课题。我就把他们县里新农村建设的整体情况进行了总结，提出了新的看法，加以整合。我也向他们提出了19条建议，以利于他们进一步的发展。也就是我们要对一个人进行沟通，我发现你的缺点，光讲你的缺点，你肯定不会马上接受。我就借用人类学人文关怀的方法先将你肯定，然后再建议你怎样完善自己，怎样发展自己，这样你就肯定会接受了。反过来说，人类学更重要的在于它的批判性，在正常社会里能听到批判的声音是有利的；若在不正常的情况下，人家不听你的怎么办？我想有两种情况：一个我们是人类学家，我们不能违背良心，本来不好，你一定要说他好，那肯定不行。这种情况我们一定要说出来，不管政府能不能接受。至于个人的力量够不够，我们还是要说出来，这是很重要的。能不能被采纳，那是另外一个问题。还有一个你说出来以后，可能有好的领导，好的企业，他觉得你讲得太对了，他接受。这些在西方来讲是很正常的，西方经常是批评，可以骂总统，也没有什么问题。我们这里当然要注意我们有我们的原则，我们不能把西方的都拿来乱用。我们对政府的批评往往都是出于公心的。我们是出于一种主客位的立场，我们是旁观者清。好比城市里搞建设，到处拆房子，把我们的传统丢光了等等。碰到这种情况，作为人类学的批判性，那也不能把它丢掉。我们该说什么，就说什么。就像彭兆荣所讲的人家请他去做旅游规划，他要站在人类学的立场上去做，人家不喜欢他，你不喜欢，那我就不做了，彭兆荣的研究在有些县就受到尊重。我在浙江调查时他们有一个国家森林公园批下来，我提的意见就是：第一，不要开发得太快，对于国家森林公园要定好位；第二，路不要修得太好。他们接受了这个意见，正在做。中国到处在破坏，我们看了很心痛，但也只能是讲。如果换人类学家去做一个市长，我相信他会比别人做得更好。人类学只有做得好才有位，有为才有位。像周大鸣忙得不得了，到处去评估；像有些专门研究时尚问题的学者，什么舞蹈学院、电影学院都请他们去上课，所以人类学的发展前途是非常大的，人类学的应用前途也是非常大的。我再举一个例子，现在我们人类学与物理、化学还没有什么联系，我想不久物理人类学、化学人类学一定会发展起来。因为我们现在离不开化学，什么都是化学做的。如果我们做不好就会毒害人类。我们怎么样在运用化学制品时关注人类呢？医学人类学明显趋于这方面。拿白色污染来讲，100年都难分解，有的地方在搞可分解的，但有的地方改得不彻底，这就是化学人类学应该关注的问题。化学人类学一定会有新的发展，包括物理人类学，手机现在已经影响了人，还有网络，这都属于物理的范围，网络人类学实际上是物理人类学的具体化。还有将来机器人对人类会有什么影响？物理人类学将来一定会出现。虽然我们反对人类学中心主义，但人类学的应用价值非常大，人类学应用前景非常广，如果将人类学与其他相关学科结合起来，那很多问题会解决得更好一些，思路会更开阔些。

吕：我觉得您对人类学的信心跟关爱之情溢于言表，让我非常感动。跟您谈话获益匪浅。

吕永峰：吉首大学讲师、硕士研究生